表面科学研究系列丛书

丛书主编: D.Möbius
R.Miller

液体界面吸附动力学

——理论、实验和应用

【乌克兰】S.S.杜肯 【德】G.克雷奇马尔 【德】B.米勒 著
张 星 李兆敏 译

中国石化出版社
·北京·

著作权合同登记 图字 01-2021-0175

Atlas of Dynamics of Adsorption at Liquid Interfaces, 1st edition
S. S. Dukhin, G. Kretzschmar and R. Miller
ISBN: 9780444881175

《液体界面吸附动力学》(张星,李兆敏 译)
ISBN: 978-7-5114-6674-7

图书在版编目(CIP)数据

液体界面吸附动力学:理论、实验和应用/(乌克兰)S. S. 杜肯(S. S. Dukhin),(德)G. 克雷奇马尔(G. Kretzschmar),(德)B. 米勒(B. Miller)著;张星,李兆敏译.—北京:中国石化出版社,2022.4
(表面科学研究丛书)
ISBN 978-7-5114-6674-7

Ⅰ.①液… Ⅱ.①S… ②G… ③B… ④张… ⑤李… Ⅲ.①液体-液体界面-吸附动力学 Ⅳ.①O357.4

中国版本图书馆 CIP 数据核字(2022)第 071790 号

中国石化出版社出版发行
地址:北京市东城区安定门外大街 58 号
邮编:100011 电话:(010)57512500
发行部电话:(010)57512575
http://www.sinopec-press.com
E-mail:press@sinopec.com
北京富泰印刷有限责任公司印刷
全国各地新华书店经销
*
787 毫米×1092 毫米 16 开本 26.5 印张 580 千字
2023 年 12 月第 1 版 2023 年 12 月第 1 次印刷
定价:158.00 元

《表面科学研究丛书》简介

在对表面活性、粘附和润湿现象等的传统和后续的研究基础之上，与界面相关的表面过程获得了越来越多的关注。在此领域内，对无机活性材料以及确定固体表面的催化过程进行了大量基础研究和工业应用。另一方面，生物膜则代表了一类由有机分子构成的、具有分子识别和信号处理能力（控制论）以及催化和电荷输送能力（动力学和热力学）等特性的界面。特别是有机分子在界面上的有序排列可构成分子尺度的功能单元，例如超分子结构。现代化学中构建分子机器的另一种方法即为按照严格的方法和几何结构连接活性亚基来合成具有类似功能的复杂超分子体系。

界面科学旨在描述基于超分子结构和分子间作用的现象。本丛书致力于介绍和回顾此领域的最新理论和实验进展。编者希望内容涵盖以下领域：界面现象，如接触角和润湿过程的静力学和动力学；表面自由能、粘附、吸附、电化学现象、界面的机械和光学性质；单分子层和有序结构，包括不可溶单分子层、单分子层相、长程有序、相图、多元单分子层、可设计的有序单分子层聚集体的形成和功能；胶体体系，如乳液、分散体系、泡沫体系、液晶相等的形成和稳定性；涉及表面张力的固体间薄层，含水结构对固体表面相互作用的影响，以及近表面偶极子层效应；界面现象相关的环境问题，阐释以下问题：污染物在膜和细胞模型中的吸附和渗透、表面活性剂和污染物的系统效应、污染物的界面富集和分离、基于界面现象的新技术，如包括基于有序系统的生物传感器、用于非线性光学现象的可设计有序聚集体、新型润滑剂、粘附性可控的涂料等。

本丛书重点为阐述上述科学问题，同时也介绍最新实验技术。所涉及的材料种类则不受限制，例如：生物高分子与高分子或小分子表面活性剂、染料和任何种类的固体材料都将作为讨论的对象。然而，用于研究气体在固体表面的吸附现象所用的超高真空技术以及气体在固体表面的催化反应将不列入本丛书的议题。本丛书首选热点领域的综述或专著，但传统领域的新进展也将列入。本丛书中的每一卷都有单一主题，但本丛书并非教科书，可供界面科学领域的专业人员或研究生参考。我们希望本丛书可为界面科学的发展做出贡献。

Dietmar Möbius

Reinhard Miller

丛书编辑

《表面科学研究丛书》简介

前　言

液体界面吸附过程的重要性质之一为被吸附分子的横向迁移，这种迁移使吸附层的平衡状态出现了扰动。在许多重要的体系，如乳液、泡沫和发泡系统中，非平衡吸附层的性质至关重要。这些问题已由俄罗斯和保加利亚的多所学院的专著进行了阐述，如 Ivanov 所著的《薄液膜》，Dukhin、Rulyov 和 Dimitrov 所著的《薄膜的凝聚和动力学》，以及 Krugljakov 和 Exerowa 所著的《泡沫和泡沫膜》等。这些专著重点讨论了厚膜排液和薄液膜的稳定和扰动等现象。本书的重点在于综述液体界面的其他动力学过程或与乳液和泡沫相关的过程。

泡沫和乳液体系的动力学研究发展的一个重要主题是吸附动力学理论模型的实验验证以及复杂实验技术新理论基础的发展。已有模型不能够解释吸附层的弛豫时间超出表面活性剂的特征迁移时间这一现象。由于这两种参数的大幅度变化，此现象较为常见。因此，至少有必要在吸附动力学模型的应用范围内进行系统的实验研究，对所谓动力学控制的吸附动力学机理的进一步理解也需要进行特别的实验研究。液-液界面吸附动力学理论和实验基础则为本书讨论的首要重点。

本书的次重点为将吸附动力学理解为一种迁移现象进行研究。在对表面活性剂溶液中上升气泡动态吸附层理论近 30 年的研究过程中，一直将雷诺准数作为衡量泡沫缺陷强弱的重要机制。最值得关注的现象之一为小雷诺准数下阻滞帽的形成。即使采用纯水溶解可观数量的表面活性物质，以提供完全阻滞的气泡表面使阻滞帽层不能形成，这种机制也是可以忽视的。

迄今为止，除复杂系统之外，仅有吸附动力学和表面流变学交叉领域获得了满意的研究成果。Edwards、Brenner 和 Wasan 所著的教科书《表面迁移过程和流变学》已对这一问题进行了探讨，因此在本书中仅作简要介绍。对界面动态过程的表面流变学及其与吸附层弛豫过程的联系这两种高度相关的议题将在本书中进行重点讨论。

动态吸附层（DAL）对所有的子过程均具有实际影响，可作为气泡表面碰撞和滑动过程的基础颗粒单元。动态吸附层的表面滞后效应可影响气泡的运动速度和流体力学性质，导致气泡-颗粒的惯性流体力学相互作用，同时也可影响气泡排液过程，导致一次和二次碰撞或滑动过程后最小液层厚度的出现。在本书中，首次对考虑动态吸附层的微浮选和浮选基础过程进行了系统探讨。对强或弱气泡表面阻滞的极限情况也进行了讨论，有助于阐明气泡和颗粒尺度对浮选过程的影响。

本书中的许多课题最初由B. V. Derjaguin及其研究院提出或在其启发下提出，因此本书献给B. V. Derjaguin，以向其在吸附层动力学及在胶体与表面科学其他领域的应用作出的贡献表示致敬。

著者虽然有针对性地从数量繁多的材料中有所选择，但并没有控制此书的篇幅。通过浏览书中十二章内容的概要，即可了解其内容和未来发展方向。

最后著者对成书过程中做出贡献的同事表示感谢。感谢J. Eastoe/Bristol，A. Howe/London，L. Simister/London，和N. van Os/Amsterdam在文本润色过程中的有益讨论。与V.B. Fainerman/Donetsk，H. Linde/Berlin，S. Karabomi/Amsterdam，C.J. Radke/Berkeley，以及J. Ralston/Canberra在最新进展方面的讨论帮助我们编入了许多最新的成果。同时也感谢B. Buchmann/Berlin，D. Knight/London，S. Kozubovsky/Kiev，和S. Siegmund/Berlin在书稿准备过程中的技术支持。

目　录

第1章　概　述

本书主要内容涉及双亲分子在液-液界面吸附层的动力学。该过程的主要特征为吸附层非平衡状态导致的许多界面现象。基于非平衡吸附层的许多效应在工业界和自然界中广泛存在，如泡沫和乳液有关的科学技术、浮选和微浮选、强化采油、润湿、纺织、涂料、表面活性剂溶液中的泡沫生产、表面波、动态接触角、液膜减薄过程及其流动性、液体界面的 Marangoni 不稳定性所致的传质过程、沉降和过滤、清洗过程等。

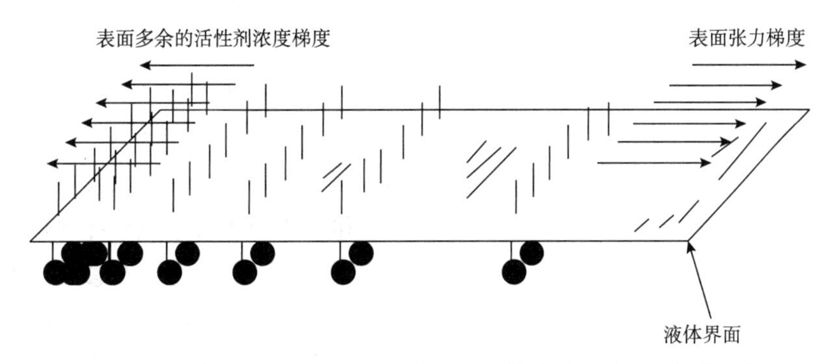

图 1.1　表面活性剂吸附层的压缩和扩张的流体力学流动过程耦合示意图；吸附/解吸过程由图中箭头方向表示

本书的主要议题之一为表面作用力与流体动力学耦合的物理和数学模型。这种耦合是许多过程，包括液膜减薄、表面活性剂溶液中的气泡上升、表面波的传播和衰减等的固有性质。图 1.1 简要说明了这种耦合过程。两种作用力指向相反并相互抵消。

从图 1.1 中可知，由尾基（线）和头基（圆）表示的被吸附表面活性剂分子在界面的流体力学流动方向更紧密地聚集，由于被吸附分子的热力学势在界面的任何位置都必须相同，紧密聚集区域的表面活性剂分子解吸进入体相或向表面活性剂分子聚集程度低的低表面浓度区域扩散。

1.1　表面、表面张力和表面现象

液体界面是许多形式的毛细现象的首要条件。其中至少一相必须为理想的流体。与空气或其他液体接触形成界面的液体的形状由表面或界面张力决定。只要固体边界保持固定的尺寸和角度，静止液体表面或界面的形状仅随表面张力、重力，以及某些情况下还有电场力（洛伦兹力）的变化而变化。固体基面上的悬滴和躺滴的形状呈半月状，所谓表面波的长度是毛细现象的熟知实例。由于两相界面的状态无法由其体相的性质外推而得，这些现象需对液体界面进行单独考察。

表面张力的检测一般仅限于机械力的测量。有许多机械方法可检测表面作用力。近年来直接由表面形状检测表面或界面张力的方法得到了发展。通过计算机程序用液滴坐标测量的实验数据拟合基本的高斯-拉普拉斯方程（Gauss 1830，Laplace 1806）可获得表面张力的精确数据。这种方法既可用于悬滴也可用于躺滴。最有效的拟合方法为轴对称滴形分析，由 Neumann 及其同事首先采用（Rotenberg 等 1983，Cheng 等 1990）。

以热力学观点来看，表面或界面张力为强度量，其数值与表面的尺度无关。起始于表面物理和化学，表面热力学现今已成为一门独立的学科。

在此有必要对表面张力和表面自由能做一简要定义。表面张力的尺度与单位长度相关。Lenard 的经典实验（1924）是线形材料与液体表面接触时液体表面作用力的最佳例证之一。通过小心地将线从液体表面拉起，在悬垂薄层与液体体相保持接触时，可测量到一种作用力。采用此方法测得的作用力除以线材的长度，即可得到符合定义的表面张力。显然，自由薄层表面的贡献需在计算表面张力时扣除。采用环或薄板代替线材，称为 Wilhelmy 板，也同样可用于测量。表面张力计测量环和液体的接触区域所导致的问题首次由 Harkins 和 Jordan（1930）进行了充分的考察，但其工作仍需要进一步修正。其卓越的工作引入了包含测量环几何参数的函数作为界面张力测量的校正因子。Lunkenheimer 和 Wantke（1981）及 Lunkenheimer（1982，1989）近期对环法张力测量中的未知现象进行了系统的实验和理论研究，发现了此技术中 Harkins 和 Jordan 校正因子未考虑到的严重误差，是由液膜在亲水容器壁表面及液体表面的扩张引起的。液体在环表面的接触角效应随后由 Lunkenheimer（1989）进行了校验。基本上，当环法的上述误差可忽略时，Wilhelmy 法和环法具有相同的测量精确度。图 1.2 显示了界面张力的直接机械测量基本原理。同时还有其他成熟的方法，如液滴形状分析、液滴容量，以及泡压检测，均可用于测量。Padday（1976）对半月液面及其他表面张力精确测量方法的问题做了详细的讨论。

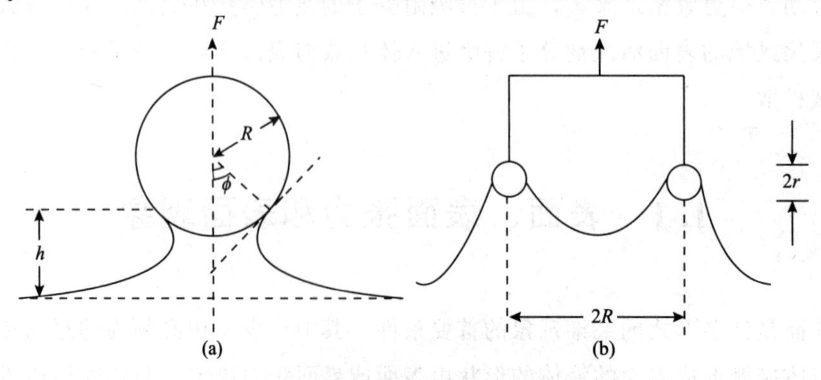

图 1.2　液体表面张力的直接力学测量方法

(a) 直径 $2R$ 的线材；(b) Lecomte du Nouy（1919）环法

与作用于单位长度上的表面张力的定义相反，表面自由能定义为扩展单位面积（如 $1cm^2$）的表面所需的可逆功。定义式为

$$\gamma=\left(\frac{d\overline{G}}{dA}\right)_{P,T,i} \tag{1.1}$$

式中，γ 为表面或界面张力；$\overline{G}$ 为表面吉布斯自由能；A 为单位表面积；i 为构成表面的组分。

表面张力为代表作用于体相的未补偿分子间作用力的参数（参见图 1.3）。体相中，每个分子由相同的分子围绕，作用于体相中任意一点的所有近程和长程作用力之和均相同。表面附近分子周围的分子则情况不同，这些作用力无法获得补偿。水和空气的界面张力如图 1.3 所示，图中采用球体简单表示分子（Dynarowicz 1993）。

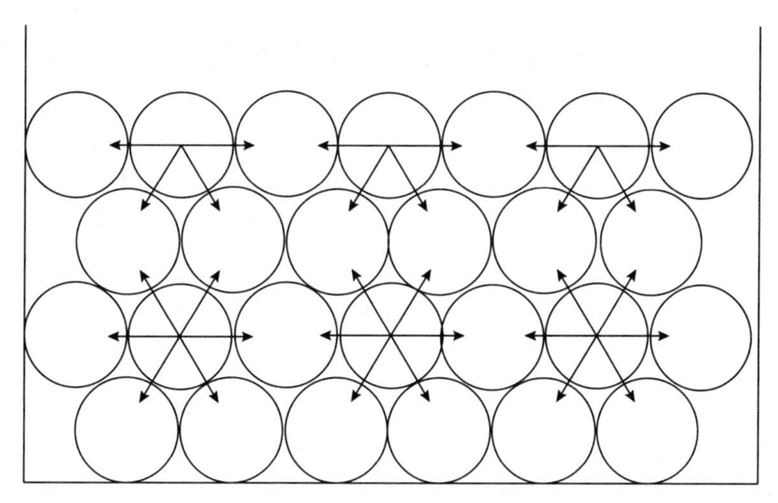

图 1.3 作用于近表面分子上的非对称作用力示意图（Dynarowicz 1993）

此处，需对固体表面如金属、聚合物、半导体、玻璃、陶瓷和木材等的行为进行一些说明，这些固体基材具有与液体相似的表面张力。但是与液体不同的是，固体的分子间作用力足够强（如晶格能），因此其表面形状并非由相应的表面张力决定。在熔点以上，若固体可以熔化，该系统具有典型液体的性质。因此在表面张力的作用下，会出现弯曲表面。

表面平衡态可在某些条件下进行表征，其中就包括平衡热力学适用的情况。其他必要条件为不存在以下情况：

温度梯度；

切向和法向扩散层；

传质、传热和动量传递；

双电层的极化；

吸附层中的流体力学应力；

外加电场。

实际上所有表面性质均可被适当的表面活性物质所改变。这些清洗剂为一大类有机

物，其产量在世界上仅次于聚合物而居第二位。

由于本书旨在描述表面活性剂吸附层的动力学性质，因此有必要指出该结构的一些典型性质。后面的章节将对表面活性剂吸附层的结构和形成过程、吸附动力学模型和实验、双电层的构成和动态吸附层对不同流动过程的影响等进行详细探讨。其中将阐明吸附/解吸动力学不仅由扩散定律支配，同样在某些实例中遵照其他机理，例如静电排斥作用。该机理由 Dukhin（1980）进行了详尽的研究。并且，静电阻滞作用可影响包含具有吸附层的运动气泡和液滴系统的流体力学阻滞过程（Dukhin 1993）。在开始对非平衡吸附层的复杂关系进行理论基础研究之前，在此对表面活性剂化学的基本原理及其对吸附层的影响做一简介。

1.2 表面活性剂的表面化学和基础吸附现象

过去 20 年间，由于表面活性剂的广泛应用，其生产在世界范围内获得了巨大的进步。虽然其中很大一部分表面活性剂仍发挥传统用途（洗涤和清洗），但其在很多其他领域的应用仍不可忽视。这些应用之一是作为乳液、泡沫、液膜、悬浊液的稳定剂及润湿剂。烷基硫酸盐、烷基磺酸盐及聚氧乙烯类表面活性剂是最多用于此类用途的产品。随着非传统结构表面活性剂数量的不断增加，相关构效关系研究的建立和发展也面临越来越复杂的局面。乳化剂、破乳剂、润湿剂、起泡剂或浮选剂等的分子设计即可作为这种效应的实例。

在此，我们试图阐明胶体与界面化学的某些问题对表面非平衡态的重要性。将对新提出的作用机理进行探讨，表面活性剂吸附动力学的影响将占用最大的篇幅。

1.2.1 表面活性剂表面化学

首先，图 1.4 中说明了两种典型表面活性剂的化学结构。该物质的表面活性化学基础为其所谓的双亲性质，其中包含了非极性的烃类基团，多数情况下为烃类长链和/或芳香环或烷环，以及一个极性基团，例如羧基、硫酸根、磺酸根、磷酸根、氨基或聚氧乙烯基等。其中的非极性集团决定其清洁活性，可通过在气/水或气/油界面吸附的分子数量与相关表面活性剂的体相浓度之间的关系进行表征。极性基团负责提供水溶性，并且在某种程度上抵消部分表面活性。延长分子中非极性基的碳链长度可提高界面的吸附量。

近期新型表面活性的研究取得了显著进展，如含硅表面活性剂（Schmauks 1993）。

阴离子表面活性剂十二烷基硫酸钠（SDS）的吸附可能是研究最多的表面活性剂，常被用作空气/水和癸烷界面研究的模型物质，如图 1.5 所示。表面和界面张力在图中表示为 SDS 溶液浓度的函数。根据图 1.5 中曲线的斜率，不同界面张力下的表面过剩浓度（吸附浓度）Γ 可以直接用吉布斯基本吸附等温方程计算（参见 2.4.1 节）。

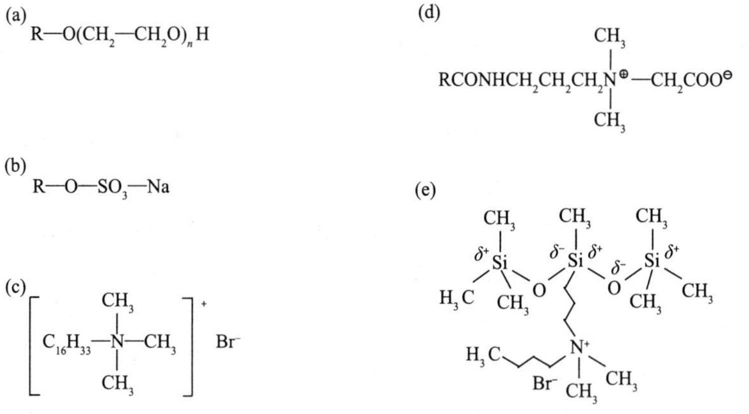

(a) $R—O(CH_2—CH_2O)_nH$

(b) $R—O—SO_3—Na$

(c) $[C_{16}H_{33}—N(CH_3)_3]^+ Br^-$

(d) $RCONHCH_2CH_2CH_2N^{\oplus}(CH_3)_2—CH_2COO^{\ominus}$

(e) $(CH_3)_3Si^{\delta+}—O^{\delta-}—Si^{\delta+}(CH_3)(CH_2CH_2CH_2N^+(CH_3)_2CH_2CH_2CH_3\ Br^-)—O^{\delta-}—Si^{\delta+}(CH_3)_3$

图 1.4　多种类型的表面活性剂

(a) 非离子型基于长链醇和聚氧乙烯基；(b) 阴离子型，以十二烷基硫酸钠为代表；(c) 阳离子型，以十六烷基三甲基溴化铵为代表；(d) 甜菜碱型，以脂肪酸酰胺丙基二甲基氨基乙酸盐为代表；(e) 聚硅氧烷表面活性剂，以溴化 N，N，N-三甲基-3-（1，1，1，3，5，5，5-四甲基三硅氧烷-3-代）正丙基铵为代表

$$\Gamma = -\frac{1}{RT}\frac{d\gamma}{d\ln c} \tag{1.2}$$

吉布斯吸附等温式是吉布斯热力学的逻辑结论，在 2.3 节将做简要介绍。根据此处数据，单个被吸附的分子占据的面积可通过计算得到。在极限情况下，对于紧密堆积的吸附层，分子占据最小的面积。对 SDS 而言，此数值为 $4nm^2$/分子，而对于聚氧乙烯类分子，由于其占据更大的空间，此值明显更高。吉布斯等温式来源于基础热力学（参见第 2 章），还有很多其他类型的等温线是由经验或其他假设推导得到。以下等温线对于描述表面活性剂吸附过程尤为重要：von Szyszkowski 等温式（1908）

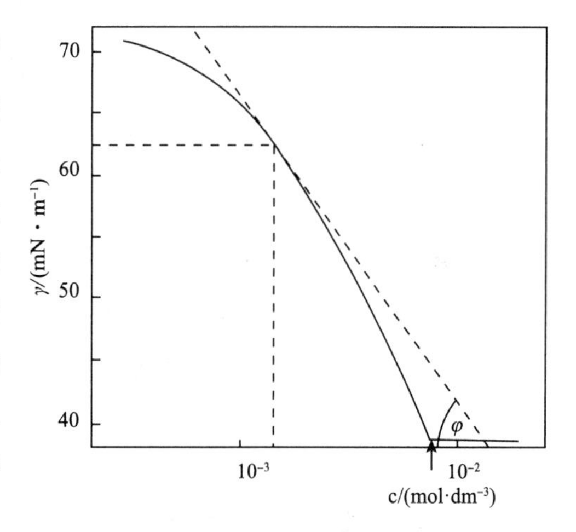

图 1.5　从吸附等温线曲线图中计算表面浓度，SDS 吸附于水/空气界面（Vollhardt 和 Wittig 1990）

$$\Delta\gamma = \gamma_0 - \gamma = \alpha\log(1 + c/\beta) \tag{1.3}$$

Langmuir 吸附等温式（1918）

$$\Gamma = \frac{\Gamma_\infty x}{x + \exp(\Delta\mu_0^s/RT)} \tag{1.4}$$

式中，x 为表面活性剂的体相摩尔分数。

Frumkin 吸附等温式（1925）

$$\Delta\gamma = -\Gamma_\infty RT \cdot \ln\left(1 - \frac{\Gamma}{\Gamma_\infty}\right) - \alpha'\left(\frac{\Gamma}{\Gamma_\infty}\right)^2 \tag{1.5}$$

式中，γ_0为水相的表面张力；γ为具有某一体相浓度c的表面活性剂溶液的表面张力。考虑电场效应并适用于近似平衡状态体系的吸附等温式近期由 Borwanker 和 Wasan（1983）提出。

Von Szyszkowski 吸附等温式将表面张力γ和表面活性剂体相浓度的变化联系起来。Stauff（1957）对此半经验吸附等温式中的参数进行了考察，发现其符合界面热力学原理。Frumkin 吸附等温式最近常被用于描述不同类型表面活性剂的吸附过程，如 Lunkenheimer（1983）、Miller（1986）、Wüsteneck 等（1993）。本书的目标之一就在于展示在许多表面活性剂的应用过程中，对平衡吸附行为的充分了解对于了解吸附平衡状态扰动的重要性。从吸附平衡出发，在此状态下，界面及双电层其他部分的吸附浓度可导致其他不同的效应。非平衡吸附层与表面电性、双电层极化、非线性电动效应、液体表面形状的弛豫和动态接触角等现象密切相关（参见图 1.6）。

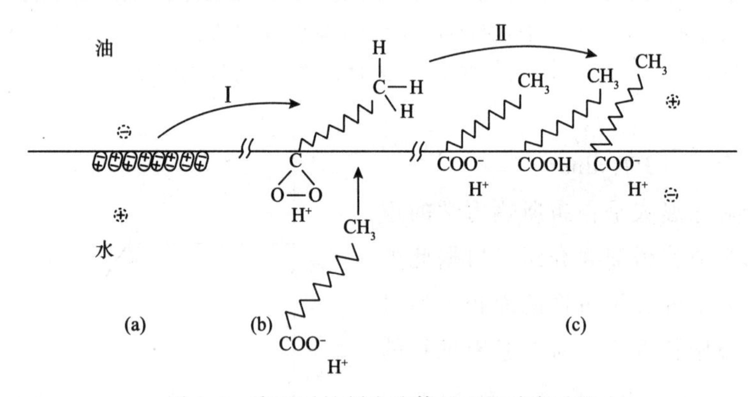

图 1.6　表面活性剂在液体界面的动态过程

Ⅰ—通过单个表面活性剂分子的吸附进行重新排列；Ⅱ—吸附层中的分子间相互作用所致的重新排列

（Kretzschmar 和 Voigt 1989）

1.2.2　基础吸附现象

吸附等温式适用于任何表面。下面我们将关注动态条件下被吸附层覆盖的表面，以表面活性剂在可溶解吸附层中的吸附和解吸动力学为例。另一种现象为当吸附层为非均质时，表面活性剂分子在表面的切向铺展（参见图 1.1）。

在此需指出，吸附层、单层和双层（稀薄泡沫和乳液膜、脂质体）除可由可溶双亲分子形成外，还可由几乎在体相中不溶的物质形成。这些物质，多数为卵磷脂，可形成生物结构，如生物膜等。甚至泡沫膜也可由不可溶双亲物质形成，见 Exerowa 等（1987）的成果。生物膜稳定性和薄液膜机械稳定性的控制因素之一为静电力。图 1.7 显示了膜上典型的形变因素，如伸展和弯曲作用等。平坦膜经弯曲作用获得了高低不同的堆积密度。静电力的相似效应同样可在可溶表面活性剂的吸附层中观察到。

表面膨胀弹性由 Gibbs（1957）首先以公式形式描述：

$$E_0 = \frac{d\gamma}{d\ln A} \tag{1.6}$$

在第 3 章中，我们将会看到表面弹性模量的复杂性。液/气和液/液界面的流动性质主要由静电力决定，而固/液界面则主要与润湿过程相关。

其他对表面活性剂应用具有重要意义的效应包括强制和自发乳化、乳液和分散体系稳定性、表面活性剂溶液对憎水表面的润湿等等。

在此我们讨论表面活性剂在液体界面的吸附。当表面活性剂溶液的表面形成之时，需要一定时间才能达到吸附平衡。该过程由从体相到表面的迁移决定，主要为扩散过程（无扰动扩散、层流或对流扩散）。

在所谓“亚层”模型中，表面活性分子从亚层到界面的跃动具有决定性的作用。这种吸附机理称为动力学控制过程。复杂的静电场或位阻控制机理仍有待完善。一些初步的理论将在第 4 章和第 7 章中进行讨论。研究吸附/解吸动力学过程的主要方法是测定动态表面张力。许多在不同时间窗口测定动态表面张力的方法在第 5 章中介绍。瞬时研究方法包括振荡射流、最大泡压和滴形分析等。对于较长时间间隔，如 30s 到数小时的时间内，可采用静态研究方法，如环法界面张力测量、Wilhelmy 板或悬滴界面张力测量。Lord Rayleigh（1879）首先采用振荡射流法对瞬时吸附过程进行了研究。Bohr（1909）提出的公式可通过射流波长计算得到表面张力，即动态表面张力。

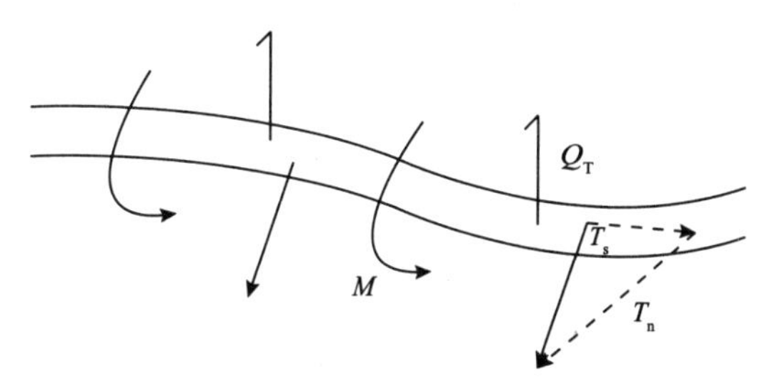

图 1.7　具有压缩和膨胀区域的弯曲生物膜模型

M—合动量；Q_T—横向剪切合量

动态测量方法可测量从 0.005～1s 间隔内的动态表面势，该方法由 Kretzschmar（1965）提出。该装置包含一个旋转浸入表面活性剂溶液的柱体。该旋转柱体可将部分表面活性剂溶液的薄膜迁移至一个可变平板电容下以测量表面电势。由于液体表面的形成时间是旋转速度的直接函数，可通过此原理获得表面电势的时间相依性关系，如图 1.8 所示。

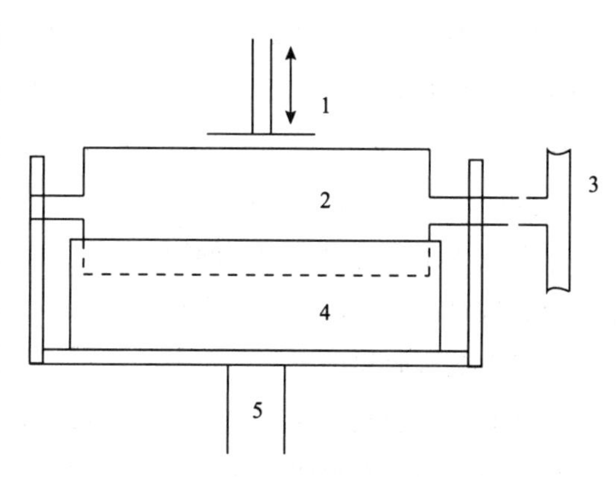

图 1.8　旋杆法原理示意图

1—振动板；2—杆；3—驱动机；4—溶液；5—升降台（Kretzschmar 1975）

该装置可测定表面电势的时间相依性关系。根据此方法，我们可建立表面张力和表面电势的关系，如图 1.9 所示。有显著证据

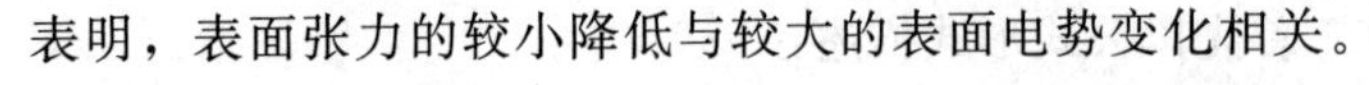

表明，表面张力的较小降低与较大的表面电势变化相关。

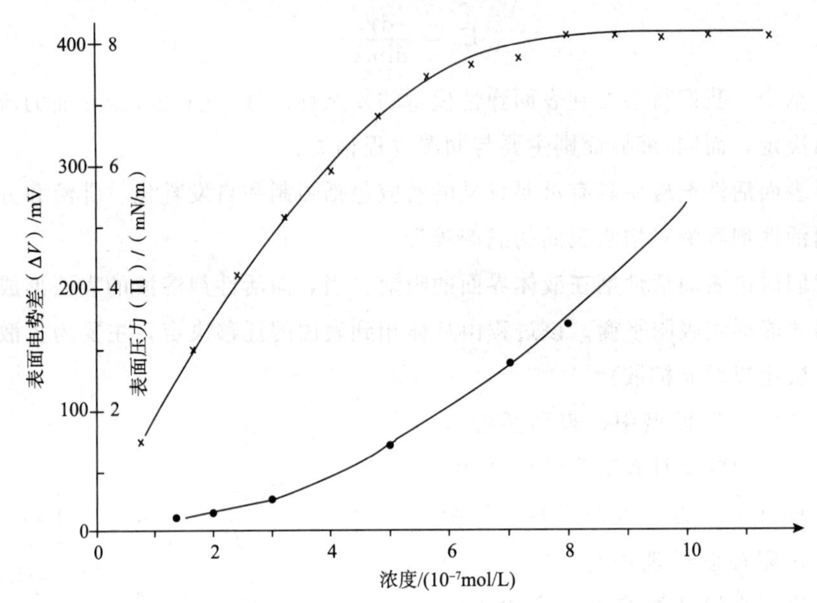

图 1.9　表面势（x）和表面压（•）为双十二烷基七聚乙二醇醚浓度的函数（Kretzschmar 1976）

1.3　吸附动力学和动态吸附层的定性研究

我们已阐明表面活性物质如何通过吸附于表面而显著改变其表面性质。这种方法已经获得广泛应用，许多新技术就是基于这种吸附效应。通常，这些技术在动态条件下起作用，其效率可通过运用适当的界面活性物质加以改进。为更有效地使用表面活性剂，聚合物通常与其混合使用，其动态吸附行为比平衡吸附性能更值得关注（Kretzschmar 和 Miller 1991）。在许多领域，吸附动力学的重要性近年来进行了详尽的探讨，如：泡沫浮选（Malysa 1992）、发泡（Fainerman 等 1991）、破乳（Krawczyk 等 1991）、乳化（Lucassen-Reynders 和 Kuijpers 1992）。

许多技术中一直存在两个问题。一方面所涉及的界面通常为新鲜形成的，其形成时间通常仅有数秒，有时甚至少于毫秒级。另一方面界面的运动，例如乳液中的液滴或泡沫中的气泡可对其吸附层的平衡产生干扰。

当新表面（或近似裸露的表面）形成后，将发生吸附过程直至达到平衡状态。液体在表面横向流动时，产生浓度和表面张力梯度，引起进一步的表面流动。这种效应称为 Marangoni-Gibbs 效应。

与平衡态相比，吸附动力学过程的特征为时间相依性及表面和体相浓度的不均匀分布。与之相伴的是流体力学对流和体相与作为吸附层之间的分子传递方式的对流扩散。

动力学意味着时间相依性，而“吸附动力学”这一术语则涵盖扩散传质和流体动力场两种因素的耦合。其中既包含表面浓度的变化，也包含表面浓度和表面运动速度的分布相关性。表面附近的体相液体中，与扩散和流体力学流动相互影响。“动力学吸附层”这一术语因而仅用于描述非平衡状态下的吸附层。

目前有关吸附动力学的研究模型仅限于与简单流动几何特征相关的传递现象，更复杂的动态吸附层（DAL）问题有待进一步研究解决。

在简化理论中，任何液体的运动都被忽略。这些理论的主要特点在于将吸附/解吸过程中的交换描述为两步过程：表面活性剂在体相中的扩散迁移以及吸附层和附近的亚层（或亚表面）之间的分子交换，可得到两个独立的方程。表面和亚层浓度两个未知函数可由这两个方程解得。

在更复杂的模型中，两个方程需要考虑表面和体相间对流扩散和流体力学以推广应用。表面运动影响动力学吸附层的形成，反之亦然，因此需谨慎处理上述情况。吸附量沿液体运动方向增加，而表面张力随之降低，致使流动方向出现反作用力，阻碍了表面运动。因此，动态吸附层理论应基于扩散方程的通解，同时应考虑表面运动对吸附-解吸过程的影响，并与包含吸附层对液体界面运动影响的流体力学方程联立处理（Levich 1962）。

单个上升气泡的吸附动力学量化模型将在第8章中进行讨论。对此问题进行数学化处理的难度较大，数个研究小组（如 Dukhin、Harper、Maldarelli、Saville）只提出了某些极限条件下的近似解，如小雷诺数体系及具有强和弱表面迟滞作用的大雷诺数体系。

总之，液体界面吸附动力学是一种非常特殊的传递现象，对数理方法是一种挑战。具有任何表面阻滞程度的大雷诺数体系作为最重要的实例之一，目前还未得到解决，我们希望本书有助于解决此问题。

对于低表面覆盖度的体系，许多理论仍存在局限性，虽然较大覆盖度体系具有更重要的实际意义。吸附层堆积高度越高，流变学（表面黏度和弹性）机理越重要。现存的模型均基于普遍存在的表面阻滞条件下的 Marangoni 机理。

1.4 某些表面现象

本节旨在从众多受表面活性剂吸附动力学影响的表面现象中选择一些实例进行介绍。有许多书籍和专著对这些实例和其他问题进行了更详尽的探讨（Adamson 1990，Dörfler 1994，Hunter 1992，Ivanov 1988，Krugljakov 和 Exerowa 1990，Lyklema 1991，Schulze 1984）。然而，为使读者熟悉这些实例，我们仍在本书中加入了这一部分内容。

1.4.1 动态接触角和润湿现象

上文提到曾用于溶液对固体表面的润湿行为进行测量的方法。若一个憎水固体表面不能采用此方法润湿而形成连续稳定的液膜，则在其表面将形成孤立的液滴。如果表面活性剂拥有足够的润湿性能，即使溶剂自身不具备这种能力，表面活性剂溶液也能够在固体表面铺展。铺展系数为粘附功和液体内聚能之差，是铺展的决定因素。如果该系数为正值，液体在固体表面将自发铺展。这是一种动态效应，由薄液膜的流体力学性能、表面活性剂在液膜表面的吸附动力学性能和三相接触角决定。该过程的动力学特性在于吸附发生于表面积增长的短时间内。

“内聚能”和“粘附功”这两个术语可定义如下。当液体和固体发生接触时，新表面将会形成（1 代表液体，2 代表固体，12 代表界面）。过程自由能的总减少量可由下式得到

$$\Delta F = A(\gamma_1 + \gamma_2 - \gamma_{12}) \tag{1.7}$$

其中（$\gamma_2 - \gamma_{12}$）即为润湿张力 b，液体内聚能为表面张力的 2 倍，即 $2\gamma_1$，粘附功和内聚能的差值即为铺展系数，可定义为

$$S = \gamma_1 + \gamma_{12} - 2\gamma_1 = \gamma_2 - \gamma_1 - \gamma_{12} \tag{1.8}$$

因此铺展系数等于 $b - \gamma_1$，即润湿张力与液体表面张力的差值。鉴于假设液体铺展后液体和固体之间的接触角 $\theta = 0$，则 S 的数值必定为正值，这种情况只有当液体的表面张力低于固体时才能成立。液体的表面张力的定义较为简单，而固体的表面张力则无法直接定义。假设一种表面活性剂水溶液的最低表面张力在 25～30mN/m 的范围内，那么蜡只有具备更高表面张力才能够被润湿。

在确定一种具有固定表面能的溶液分散体系作为模型物质的润湿能力时常常遇到问题。假定分散相的接触角 $\theta > 0$，力平衡的基础方程由 Young（1855）和 Dupré（1869）提出。该方程的物理意义见图 1.10a。由此我们可得到

$$\gamma_2 = \gamma_{12} + \gamma_1 \cos\theta \tag{1.9}$$

在上述情况下，接触角 $\theta > 0$，粘附功可写作

$$A_A = \gamma_1 (1 + \cos\theta) \tag{1.10}$$

可用于测定润湿张力的实验装置见图 1.11。考察表面改性的玻璃毛细管浸入液体的情况，当接触角 $\theta < 90°$，管中液面高出管外液面的高度 h 可用于测量润湿张力。毛细管内液柱的重量 $\pi r^2 h\rho$ 等于作用于毛细管内周长上的润湿张力 $2\pi\gamma_1\cos\theta$ [参见图 1.10（b)]。

因此润湿张力为

$$b = \gamma_1 \cos\theta = \frac{rh\rho}{2} \tag{1.11}$$

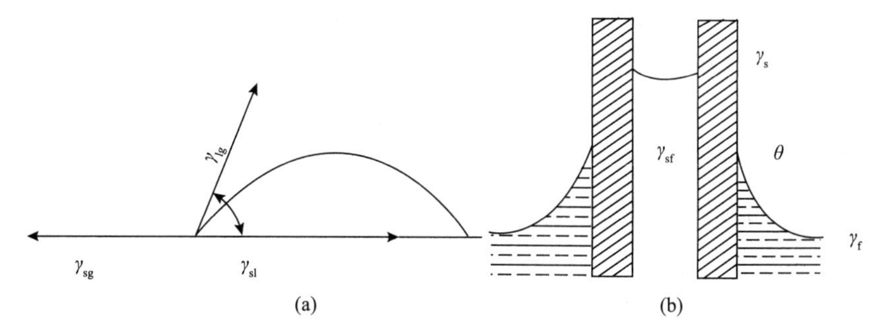

图 1.10 三相接触情况下的力平衡

(a) 三相接触点上的作用力；(b) 毛细管中的半月形液面

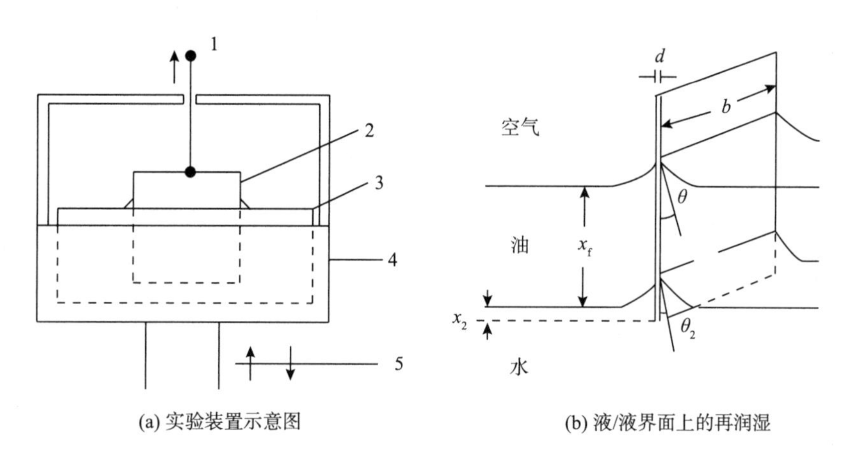

图 1.11 液体润湿张力的测量（Richter 1994）

1—测力天平；2—板；3—液面；4—控温夹套；5—升降台

两种极限情况可在憎水表面润湿时加以区分。表面活性剂溶液无需除去固体表面的憎水层即可使其表面变得亲水。不管固体表面自身由憎水材料如有机聚合物构成，或憎水层牢固地粘附在固体表面，这种现象均能够发生。后者的实例为脂肪蜡层在其熔点以上粘附在固体表面时。当固体表面被憎水液层覆盖，或许存在另一种机理，如图 1.12 所示。表面活性剂溶液对固体表面比憎水油脂具有更高的亲和力。这种现象常见于再润湿的情况，此时固体表面的薄油层变形成为接触角 $\theta=180°$ 的液滴，取而代之的是连续的水溶液层。如图 1.12 所示，γ_{so}、γ_{sw} 和 γ_{ow} 分别代表固/油、固/水和油/水之间的界面张力。

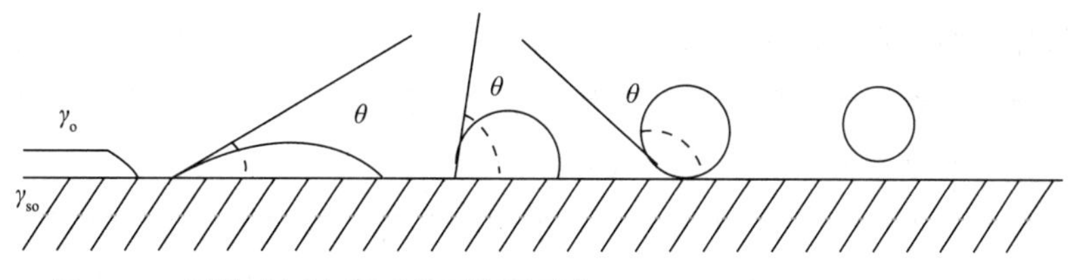

图 1.12 固体/油/水界面的再润湿平衡（Richter 和 Kretzschmar 1982）

Young 方程（1.9）所示的润湿和接触角，是表面能的重要组成部分。Gibbs 首次对液滴与其他流体或固体接触的现象进行系统考察，发现液滴的尺度变得很小，以致于三相接触线的能量特性不再可以忽略。Young 方程中的四个参数可由三相接触线的能量给出。与连续相类比，此线可通过二维的压力量来表征，即线张力 κ。当接触区域的半径 r 足够小时，线张力显得尤为重要，此时 Young 方程可改写为

$$\gamma_{sl} - \gamma_l \cos\theta - \gamma_s - \frac{r}{\kappa} = 0 \tag{1.12}$$

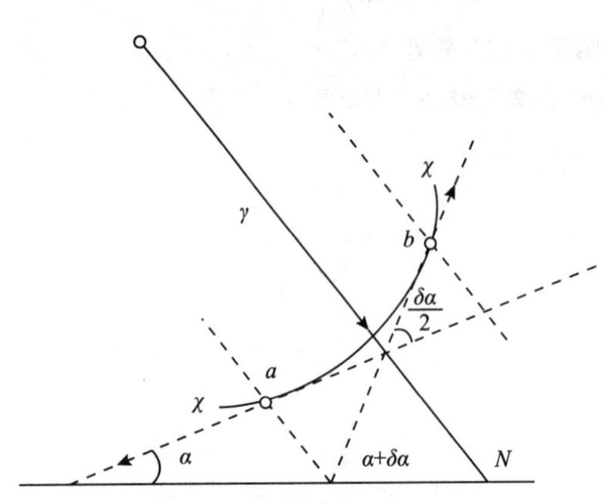

图 1.13　三相接触区域的作用力分析，包括线张力 κ，r—弯液面曲率半径（Scheludko 等 1981）

依据 Scheludko 等（1981）的工作，线张力的定义参见图 1.13。作用力 $F=2\kappa\sin(\delta\alpha/2)$ 平行于 N 作用，则 ab 的距离趋向于 0。Gibbs（1957）之后，Gershfeld 和 Good（1967），Torza 和 Mason（1971），Good 和 Koo（1979），Platikanov 等（1980），Kralchevsky 等（1986）致力于线张力的实验和理论研究。

润湿现象不仅限于在固/液体相间发生，一个小液滴与固体表面接触时可铺展为薄液膜，成为润湿膜。其在固体表面，如抛光石英表面的稳定性，取决于作用在此液膜上的所有成分、长程作用力、范德华力及双电层的作用力。

润湿膜的平衡厚度由 Derjaguin 在 1940 年通过尽量减小范德华力和重力影响的实验获得。该方法中，一块高度为 H 的平板水平置于液体上方，液体蒸气在板上形成润湿膜。分离压 Π 和膜厚度 h 存在如下关系

$$\Pi(h) = \rho g(h+H) \tag{1.13}$$

De Gennes（1985）分析了不同润湿现象中的静态和动态问题。在其著作中，仅对铺展和润湿转变过程中的动力学问题进行了探讨。润湿转变在特定温度下发生，此时接触角逐渐减小，并形成润湿膜。

Churaev 等（1994）最近发表了关于润湿膜厚度 h 和分解压 Π 之间关系的研究成果，其中液体在基片上的宏观接触角可以计算得到。如今致密单分子层被比喻为法式煎饼，双分子层为瑞典煎饼，更厚的膜则为美式煎饼。总之，润湿膜及其转变过程是许多动态过程的综合，具有相当的复杂性，并有许多未解决的问题。

从上述能量平衡中可导出再润湿张力为正值的条件，该过程的前提条件如图 1.12 所示。应承认再润湿是固体表面憎水层移除的复杂过程中的首要步骤。形成的油滴必须能够被表面活性剂稳定以免其再发生聚集。这种现象常见于清洗过程。当不溶于水的物质需要

分散在水中时，我们可以从热力学上判断其分散的稳定与否。热力学不稳定的分散体系通常包括乳液或固体悬浊液。可溶体系和透明乳液，称作微乳，为热力学介稳体系，其中碰撞和聚集导致的液滴增长现象不能够完全消除。而这些体系常被认为是热力学稳定的。

制备乳液、增溶质和微乳的关键问题下面进行详细讨论。由于基本定理的可转换性，稳定和絮凝的课题将使我们局限于乳液体系而不是一般的分散体。然而，固体颗粒分散体比乳液更难以处理，因其表面结构通常更加粗糙和不均。乳液制备过程中的机械搅拌输入的机械功导致的液滴尺寸分布、乳液性质及其时间依赖性，都是值得考虑的重要问题。

1.4.2 乳液稳定性判断标准

由静电斥力和空间位阻效应稳定分散体系的两种极限情况如图1.14所示。当两个携带同号静电荷的液滴彼此接近时，相互之间的静电斥力使系统得以稳定。液滴的静电荷来自吸附的离子型乳化剂，以Ψ_0—界面电势表示。一定量的平衡离子存在于附近的扩散层，其后效厚度为κ^{-1}，对于1∶1型电解质，Debye长度κ^{-1}定义为

$$\kappa=\left(\frac{2e^2c_{\mathrm{el}}}{\varepsilon kT}\right)^{1/2} \tag{1.14}$$

式中，e为单位电荷；c_{el}为电解质体相浓度；ε为介质的介电常数。根据DLVO理论，液体中胶体颗粒的稳定性可通过颗粒间相互作用的最大能量值来表征。两种类型的作用力，即静电斥力和范德华力，决定了能量最大值的位置。对于大颗粒，静电斥力的自由能永远为正值，此时$\kappa a_{\mathrm{p}}\gg1$（$a_{\mathrm{p}}$为颗粒半径），其数值可根据Groves（1978）的近似公式来计算

$$V_{\mathrm{E}}(h)=2\pi\varepsilon a_{\mathrm{p}}\Psi_{\delta}2\ln[1+\exp(-\kappa h)] \tag{1.15}$$

两个颗粒之间的狭小间隙处的力平衡由范德华力决定。两块由同样材料制成的平板，由另一种介质隔开时，在短距离接近时将发生相互吸引的作用。

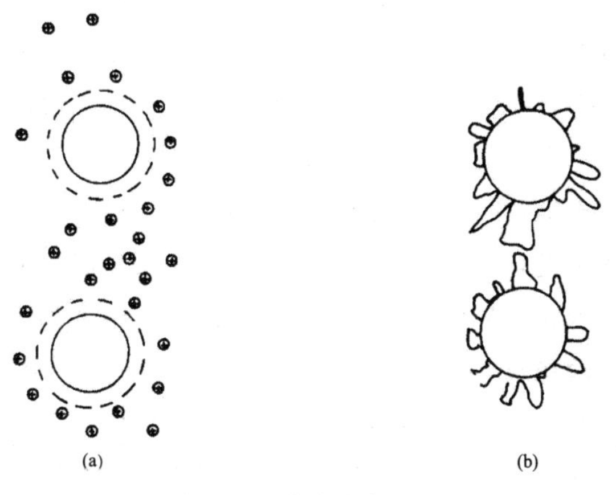

图1.14 乳液稳定机理

(a) 静电斥力；(b) 空间位阻效应

根据 Hamaker（1937）的工作，引力自由能的近似计算公式为

$$V_A(h) \approx -\frac{a_p(\sqrt{A_1}-\sqrt{A_2})^2}{12h} \tag{1.16}$$

A_1和 A_2 分别为颗粒和溶液的 Hamaker 常数。大多数材料的 Hamaker 常数在 5～100kT 的范围内，如水为 10.6kT。图 1.15 显示了静电斥力自由能（点状线）和范德华引力作用（短划线），实线为两种作用之和。

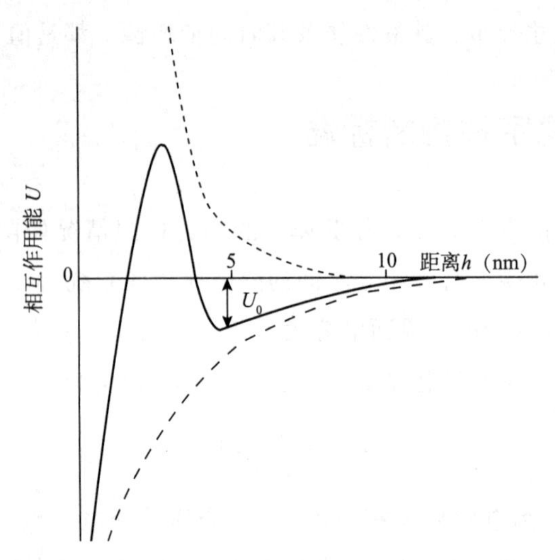

图 1.15　两颗粒（固体）间的能量-距离函数，
为静电斥力（点状线）和范德华引力（短划线）的和函数

从 Derjaguin、Landau、Verwey 和 Overbeek（DLVO）理论的概要中，可得出以下三个重要结论，适用于泡沫和乳液体系：

通过离子型表面活性剂的强烈吸附作用，可提高表面电荷密度，获得较高的 Ψ_0－电势，使稳定颗粒间距增大。能量最小化可获得更稳定的平衡位置。

可通过提高缓冲电解质（如 NaCl 和 $CaCl_2$）的浓度减小分散颗粒间的静电斥力。多价离子比单价离子的效率更高。每种体系均具有一定的临界电解质浓度，可控制颗粒的絮凝或凝聚。硬度较高的水中制备乳液体系应特别考虑此问题。

能量最小状态对应于颗粒间最稳定的平衡距离，此距离可通过加入电解质而减小。

能量最小状态可通过提高颗粒的动能而打破，例如提高温度或施加离心力。颗粒动能与其质量和速度相关，因此当其他条件，如乳化剂浓度、温度和盐浓度等不变时，颗粒越小，分散体系（乳液）越稳定。

环氧乙烷加成物这类物质在乳液制备过程中获得广泛应用。这类表面活性剂以非离子形态或以硫酸盐、羧酸盐或磷酸盐等离子化合物形式存在。非离子形态的乳液稳定机理如图 1.14b 所示。虽然质子或其他离子的吸附可改变界面电势 Ψ_0，位阻效应可起主导作用。这种现象可通过吸附层的自身强度或链段（环状取代基）的位阻效应所致的颗粒间排斥作

用来解释。对单个油滴间的平衡距离进行考察显示增加乙氧基的数量使能量最小值发生改变可增大粒间平衡距离，证明了位阻效应机理的成立。

对分子中平均乙氧基数目和稳定乳液能力之间关联的理解使非离子表面活性剂在此领域的应用尤为重要。用于延长乳液保存期的表面活性剂浓度 c_{st} 可用作其稳定效率的衡量标准。图 1.16 显示了十二烷醇聚氧乙烯醚的上述关系（Müller 和 Kretzschmar 1982）。分子中亲水和憎水部分的比例与稳定甲苯/水体系所需的浓度直接相关。环氧乙烷加成物具有高度可调性，并很易于获得。

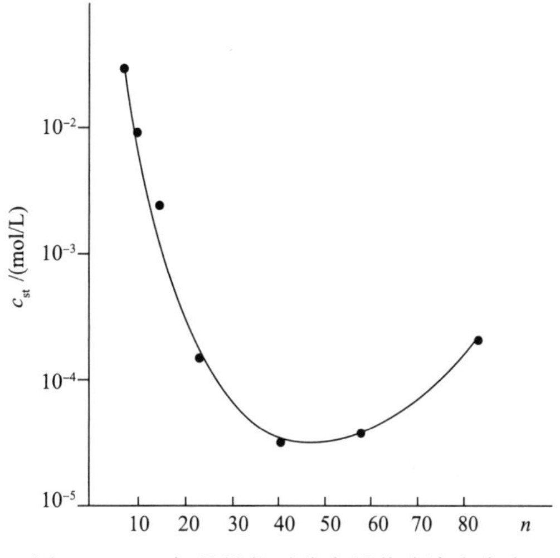

图 1.16 乙氧基链长对稳定甲苯液滴在水中稳定性的影响（Müller 和 Kretzschmar 1982）

根据 Bancroft 的准则，最佳形式的乳液体系中，乳化剂在均质相中具有较高的溶解度。因此较低乙氧基含量的非离子环氧乙烷加成物，如十二烷醇四乙二醇醚，可用于稳定油包水型乳液；而较高乙氧基含量的产品，如 EO10，可以稳定水包油型乳液。在表面活性剂具有足够溶解度的条件下，在水和非水溶剂中均可形成胶束。这种性能称为增溶。最简单的例子是油包水和水包油体系中的增溶。在所有情况下，均质相中存在胶束是增溶的必要条件。

1.4.3 增溶和微乳液

光学透明胶束溶液通常可溶解可观数量的纯溶剂不可溶的物质分子。该溶液的透明性不受溶解量的影响。增溶作用受胶束体积和尺寸的影响，决定了胶束内能够容纳的物质的量（Schulman 等 1959）。

图 1.17a 显示了油在水中和水在油中的增溶量随温度变化的函数关系。体系中含有 5wt%的 8，6 -壬基苯基聚氧乙烯醚、47.5wt%的水和 47.5wt%的环己烯（Shinoda 和 Friberg 1975）。

当温度升高时，水相体积增加，胶束发生膨胀，直至达到所称的逆转温度时，油相突然占有更大的体系。这种现象可通过聚氧乙烯链随温度升高发生的脱水作用得到解释。温度升高时，分子的亲水/憎水平衡发生改变，随即其在油相中的溶解度提高。当浓度达到一定数值时，胶束在油相中形成，水则被增溶。当两相不以分层的形式而以乳液形式存在时，体系具有更高的逆转温度。在逆转温度 PIT 下，可观察到最低的界面张力（图 1.17b）。

Müller 和 Kretzschmar（1982）观察到类似的现象。当含有环氧乙烷加成物的乳液中缓冲电解质浓度显著提高时，乳液出现了云点。

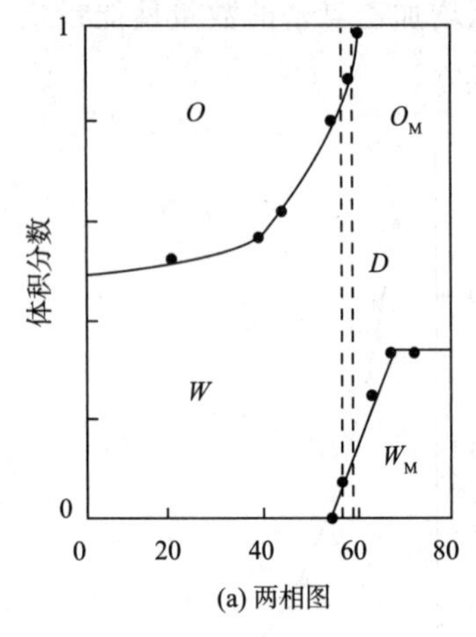

(a) 两相图

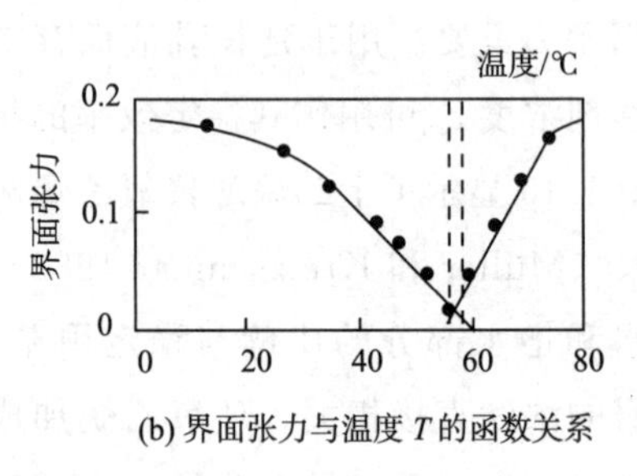

(b) 界面张力与温度 T 的函数关系

图 1.17 油或水在非离子表面活性剂胶束溶液中的增溶

O—油；W—水；O_M—胶束溶液中的油；W_M—反胶束溶液中的水；D—相分离温度区间

胶束中可增溶的不溶物数量很大程度上依赖于表面活性剂的化学结构，并被其他物质的存在所影响，这些物质可影响临界胶束浓度或胶束的几何参数（聚集数、形状）。增溶向其他重要现象的转变，如形成微乳液的过程是连续的。微乳液可自发形成，典型的增溶体系通常在对两相进行长时间的剧烈搅拌后才能达到平衡态。

与前述的乳液相同，微乳液同样以水包油和油包水的形式存在。与宏观乳液不同，微乳液具有光学透明性，并且通常是热力学稳定系统，没有分相倾向。微乳液中的液滴直径在 10～100nm 范围内，小于可见光波长。

典型的微乳液在非离子表面活性剂的存在下生成，不需要助表面活性剂，或在离子型和助表面活性剂的共同作用下生成。助表面活性剂通常为低级醇，如丁醇、戊醇或氨基醇类，如 2－氨基-1-甲基丙醇，这些醇类可与环氧乙烷加成物共同使用。表面活性剂在均质相中的溶解度决定了形成乳液的类型。如油酸钾在水中可溶，戊醇在苯中可溶，因此可形成水/苯型的微乳液。聚氧乙烯-3-壬基酚醚在苯中可溶，而聚氧乙烯-20-壬基酚醚在水中可溶，采用这种表面活性剂/助表面活性剂体系，可制备苯/水型微乳液。需特别指出的是微乳液只有在特定的表面活性剂/助表面活性剂浓度比和较高浓度条件下才能制备。图 1.18 所示的是水/油/表面活性剂/助表面活性剂的四元系统（Friberg 1982）。

增溶效应和微乳液在某些领域具有重要意义，使用少量的水和相对高的表面活性剂/助表面活性剂浓度不会使体系破坏或产生协同效应。与宏观的乳液相比，形成典型微乳液的优点之一是可制备高比例的水包油或油包水型分散体，并不会发生聚集，同时过程还可自发进行。并且组分添加的顺序也并不重要。微乳液的自发形成具有重要意义，因为制备过程只需要很少的机械搅拌。

伴随新相形成的是新的界面，需对相转变动力学过程和稳定体系的相关吸附层动力学性质进行深入了解。

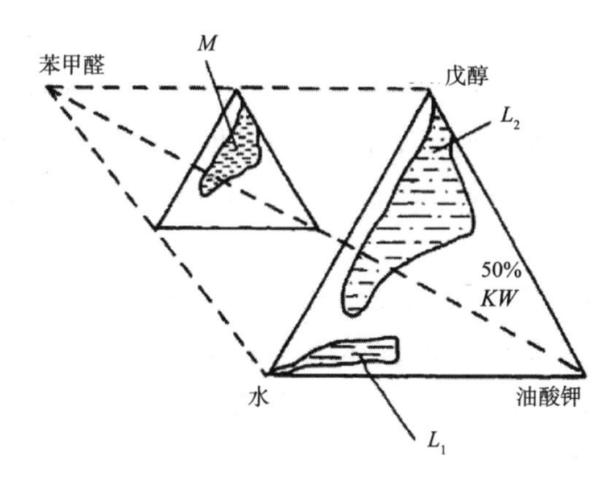

图 1.18 四元相图

L_1—胶束溶液；L_2—反胶束溶液；M—微乳液（Friberg 1983）

Langevin（1986）认为，在微乳液中占主导地位的油水界面表面活性剂吸附层可看做溶致液晶。与典型的溶致液晶体系不同，该结构具有高度柔顺性，可使其中的组分发生快速的动力学交换。

1.4.4 自发乳化

在制备乳液（如水包甲苯体系）过程中，需以搅拌或振荡形式输入一定量的功以克服分散相的内聚能。假如甲苯相中含有 10wt%的甲醇，则乳化可自发进行，因甲醇可由甲苯相向水相迁移。这种机制被称作“kicking”，与醇类穿过界面的传质过程相关。这导致了醇类在甲苯/水界面的不均匀分布，并导致界面张力梯度。液体界面具有不同界面张力的区域不稳定，会发生流动过程，即为熟知的 Marangoni 不稳定性。该过程具有形成漩涡的特征，来源于界面的运动过程，并可向各相内部延伸。图 1.19 显示了戊醇/水系统中漩涡的形成过程以及表面活性剂的传质过程。图中同样可见细胞结构形成的强烈时间依赖性。

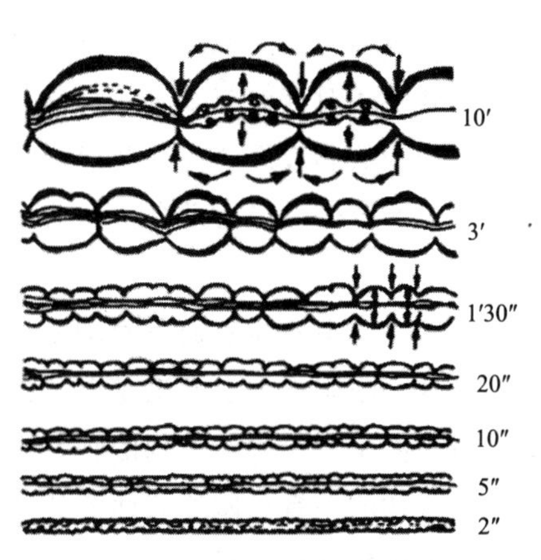

图 1.19 SDS 穿过异戊醇/水界面过程中的一阶卷筒涡胞流线，图 3C.1a 部分放大图（Linde 1978）

漩涡的形成使某一连续相发生断裂，形成液滴，并最终成为分散相。

另一实例是二甲苯/十六醇混合物在十二烷基硫酸钠溶液中的自发乳化。由于烷基硫酸盐和十六醇的吸附使界面张力大幅度降低，发生了自发乳化现象。各相的自发分散使体系的自由能相应降低。

混合吸附层通常可使界面张力大幅降低，并使乳化过程容易甚至自发进行，该现象由 Shinoda 和 Friberg（1975）进行了系统研究，采用了两种表面活性剂，分别是 $CH_3(CH_2)_8$-$(OCH_2CH_2)_{8.5}OP(OH_2)$ 和 $CH_3(CH_2)_8(OCH_2CH_2)_3OP(OH)_2$，通过改变体系中混和组分的比例，确定了能够使水/庚烷自发乳化形成液体/晶体结构的条件。实验结果显示使用两种能够相容的乳化剂通常比采用单一表面活性剂体系具有更高的效率。

乳液或微乳液的形成与数个动力学过程相关，如吸附动力学导致的表面张力时间相依性、动态接触角、作为表面机械性质之一的吸附层弹性对油滴界面液膜厚度减薄的影响、通过界面的传质过程等等。Kahlweit 等（1990）近期拓展了 Widom（1987）有关弱结构混合物和微乳液油-水界面的润湿或非润湿性质研究工作，认为微乳液的相行为与其他四元体系没有本质区别，特别在短链双亲分子混合物体系中更是如此（参见 Bourrell 和 Schechter 1988）。

第 10 章和第 11 章主要讨论浮选和微浮选过程。作为这些过程中的主要部分，薄液膜的形成和稳定性在附录 2D 中进行讨论。

1.5 本书结构

本书包括正文、概要和附录。为保留每章内容的主旨，次要的相关附加材料收入附录。附录中还对其他与本书主题关联性稍弱的内容进行了介绍。实验方法中的校正因子表、特殊函数和表面活性剂及溶剂有关数据也收录在附录中。

前三章可作为吸附动力学内容的介绍，后续章节包括原创研究成果，许多内容尚未发表。

在开始介绍液体界面吸附动力学效应之前，对吸附平衡态进行了描述，并综述了吸附等温式这一吸附动力学理论基础。第 2 章介绍了吸附由热力学向宏观动力学的转变过程。第 7 章对离子型表面活性剂的独特吸附性能及双电层的性质进行了介绍。

第 3 章的主旨是阐述表面流变学和体相传递过程的协同复杂性。同样介绍了表面流变学和界面弛豫过程的紧密联系。

阅读章节概要可对本书的各章内容进行把握，其中包括对尚未解决问题的分析，可为某些特定领域的研发提供思路。

参考文献

Adamson, A. W., "Physical Chemistry of Surfaces", John Wiley&Sons, Inc., New York, Chichester, Brisbane, Toronto, Singapore, 1990.

Bohr, N., Phil. Trans. Roy. Soc., London Ser. A, 209 (1909) 281.

Borwankar, R. P. and Wasan D. T., Chem. Eng. Sci, 43 (1983) 1323.

Bourrell, M. and Schechter, R. S, "Microemulsions and Related Systems,", Marcel Dekker, Inc., New York and Basel, (1988).

Cheng, P., Li, D., Boruvka, L., Rotenberg Y. and Neumann, A. W., Colloids&Surfaces, 43 (1990) 151.

Churaev, N. V. and Zorin, Z. M., Colloids Surfaces A, (1994), submitted.

De Gennes, P. G., Rev. Modern Physcis, 57 (1985) 827.

Derjaguin, B. V., Zh. Fiz. Khim., 14 (1940) 137.

Derjaguin, B. V. and Dukhin, S. S., Trans. Amer. Inst. Mining Met., 70 (1960) 221.

Dörfler, H.-D., Grenzflächen-und Kolloidchemie, VCH, 1994.

Dukhin, S. S., Croatica Chemica Acta, 53 (1980) 167.

Dukhin, S. S., Adv. Colloid Interface Sci., 44 (1993) 1.

Dupré, A., Theorie Mechanique de la Chaleur, Paris, 1869.

Dynarowicz, P., Adv. Colloid Interface Sci, 45 (1993) 215.

Exerowa, D., Cohen, R. and Nikolova, A., Colloids and Surfaces, 24 (1987) 43.

Fainerman, V. B., Khodos, S. R., and Pomazova, L. N., Kolloidny Zh. (Russ), 53 (1991) 702.

Friberg, S., Progr. Colloid Polymer Sci., 68 (1983) 41.

Frumkin, A., Z. Phys. Chem. (Leipzig), 116 (1925) 466.

Gauss, C. F., "Commentationes societaties regiae scientiarium Gottingensis recentiores" Translation "Allgemeine Grundlagen einer Theorie der Gestalt von Flüssigkeiten im.

Zustand des Gleichgewichts" (1903), Verlag von Wilhelm Engelmann, Leipzig, 1830.

Gershfeld, N. L. and Good, R. J., J. Theor. Biol., 17 (1967) 246.

Gibbs, J. W., "The Collected Works of J. Willard Gibbs", Vol. 1, New Haven, Yale University Press, 1957.

Good, R. J. and Koo, M. N., J. Colloid Interface Sci., 71 (1979) 283.

Groves, M. J., Chemistry&Industry, (1978) 417.

Hamaker, H. C., Physica (Utrecht), 4 (1937) 1058.

Harkins, W. D. and Jordan, H. F., J. Amer. Chem. Soc, 52 (1930) 1751.

Hunter, R. J., Foundations of Colloid Science, Volumes I and II, Clarendon Press, Oxford, 992.

Ivanov, I. B., (Ed.), "Thin Liquid Films", Marcel Dekker, Inc. New York, Basel (Surfactant Science Series), Vol. 29, 1988.

Kahlweit, M., Strey, R. and Busse, G., J. Phys. Chem., 94 (1990) 3891.

Kralchevsky, P. A., Ivanov, I. B. and Nikolov, A. D., J. Colloid Interface Sci., 112 (1986) 108.

Krawczyk, M. A., Wasan, D. T., and Shetty, C. S., I&EC Research 30 (1991) 367.

Kretzschmar, G., Kolloid Z., 206 (1965) 60.

Kretzschmar, G., Proc. Intern. Confer. Colloid Surface Sci., Budapest, 1975.

Kretzschmar, G., VII Intern. Congr. Surface Active Substances, Moscow, 976.

Kretzschmar，G. and Voigt，A.，Proceeding of “Electrokinetic Phenomena”，Dresden，1989.

Kretzschmar，G. and Miller，R.，Adv. Colloid Interface Sci. 36（1991）65.

Krugljakov，P. M. and Exerowa，D. R.，“Foam and Foam Films”，Khimija，Moscow，1990.

Langevin，D.，Mol. Cryst. Liqu. Cryst.，138（1986）259.

Langmuir，I.，J. Amer. Chem. Soc.，15（1918）75.

Laplace，P. S. de，“Mechanique Celeste”，1806.

Lecomte du Noüy，P.，J. Gen. Physiol.，1（1919）521.

Lenard，P.，von Dallwitz-Wegener and Zachmann，E.，Ann. Phys.，74（1924）381.

Levich，V. G.，Physicochemical Hydrodynamics，Prentice-Hall，Englewood Cliffs，N. Y.，1962.

Linde，H.，Sitzungsber. AdW der DDR 18N（1978）20.

Lord Rayleigh，Proc. Roy. Soc.（London），29（1879）71.

Lucassen-Reynders，E. H. and Kuijpers，K. A.，Colloids&Surfaces，65（1992）175.

Lunkenheimer，K.，Tenside Detergents，19（1982）272.

Lunkenheimer，K.，Thesis B，Berlin，1983.

Lunkenheimer，K.，J. Colloid Interf. Sci.，131（1989）580.

Lunkenheimer，K. and Wantke，D.，Colloid&Polymer Sci.，259（1981）354.

Lyklema，J.，“Fundamental of Interface and Colloid Science”，Vol. I-Fundamentals，London，Academic Press，1991.

Malysa，K.，Adv. Colloid Interface Sci.，40（1992）37.

Miller，R.，Thesis B，Berlin，1986.

Müller，H. J. and Kretzschmar，G.，Colloid Polymer Sci.，260（1982）226.

Padday，J.，Pure&Applied Chem.，48（1976）485.

Platikanov，D.，Nedyalkov，M. and Scheludko，A.，J. Colloid Interface Sci.，75（1980）612.

Richter，L. and Kretzschmar，G.，Tenside Detergents，19（1982）347.

Richter，L.，Tenside Detergents，31（1994）189.

Rotenberg，Y.，Boruvka，L. and Neumann，A. W.，J. Colloid Interface Sci.，93（1983）169.

Scheludko，A.，Tchaljovska，S. and Fabrikant，A.，Disc. Faraday Soc.，（1970）1.

Scheludko，A.，Schulze，H. J. and Tchaljovska，S.，Freiberger Forschungshefte，A484（1971）85.

Scheludko，A.，Toshev，B. V. and Platikanov，D.，“On the mechanism and thermodynamics of three-phase contact line systems”，in “The Modern Theory of Capillarity”，Akademie-Verlag，Berlin，1981.

Schmauks，G.，PhD Thesis，Merseburg，1993.

Schulman，J. H.，Stoeckenius，W. and Prince，L. M.，J. Phys. Chem.，53（1959）1677.

Schulze，H. J.，“Physio-chemical Elementary Processes in Flotation”，Elsevier，Amsterdam，Oxford，New York，Tokyo，1984.

Shinoda，K. and Friberg，S.，Adv. Colloid Interface Sci.，4（1975）285.

Stauff，J.，Z. Phys. Chem.，N. F.，10（1957）24.

Szyskowski, B. von, Z. Phys. Chem., 64 (1908) 385.

Torza, S. and Mason, S. G., Colloid Polymer Sci., 253 (1971) 558.

Vollhardt, D. and Wittich, M., Colloids and Surfaces, 47 (1990) 233.

Widom, B., Langmuir, 3 (1987) 12

Wüstneck, R., Miller, R. and Kriwanek, J., Colloids and Surfaces, 81 (1993) 1.

Young, T., Miscellaneous Work, Vol. 1, G. Peacock (Ed.), Murray, London, 1855.

第2章 吸附热力学和宏观动力学

2.1 液体界面的定义

在第一章中，我们简要地将界面描述为具有未补偿分子间作用力的层。覆盖有可溶或不可溶单分子层的液体界面热力学已由许多杰出的研究者进行了详尽的描述，在此我们仅对后续章节内容所需的基础热力学进行介绍。考虑水和空气界面的情况，体相水的特殊性质，如冰点、沸点、蒸气压、黏度、团簇的形成和疏水键等，可通过长程和近程分子间作用以及强弱分子内作用力进行描述。Israelachvili（1992）最近在一篇短评中指出这种分类方法是切实有效的，虽然同一种作用是否被重复计算，或两种单独的作用通常发生强烈的协同效应等问题尚存在一些模糊认识。

然而，我们仍需处理化学中相同的分子间作用力。此外，在胶体与表面化学中，也存在宏观体的相互作用，所有分子间作用力的综合可产生另一种作用，遵从特定的作用力-距离函数关系。首先，范德华力作为一种引力，随距离增加以6次方的关系衰减。其他引力作用还包括：

极性分子间的引力；

永久和诱导偶极之间的引力；

非极性分子之间的引力。

其他分子间相互作用则为化学力（Prausnitz 1969）。与物理作用相比，这些作用是平衡的。典型例子包括共价键、电子给体-受体相互作用、酸性溶质和碱性溶剂的相互作用等。缔合和溶剂化作用对于化学家来说是非常熟悉的。

按照Tanford（1980）的观点，表面活性剂分子之间的相互作用导致了胶束和液体界面吸附层的形成。这种疏水相互作用依赖于水分子的自由度。例如，双亲分子的疏水部分之间的相互作用即为范德华力。在吸附或胶束形成过程中，双亲分子疏水部分与水分子的接触面积减小，水分子的无序程度增加。按照热力学的观点，吸附或缔合导致熵增加可看做这种双亲效应的驱动力。

当分子间距足够小而使荷电壳层重叠时，Mie（1903）提出了一个经验常数及其随距离衰减的高次方关系。随后，基于Mie的关系式和范德华力的计算公式，Lennard-Jones（1936）提出了分子间相互作用势的关系式

$$u(r)=-\frac{A}{r^{6}}+\frac{B}{r^{12}} \tag{2.1}$$

单个双亲分子和溶剂分子在液体界面的作用力由 Bourrell 和 Schechter（1988）进行了阐明（参见图 2.1）。

除上述作用力外，库仑相互作用也被看做是最强的吸引和排斥作用。这种作用力与荷电表面活性剂的吸附层有关。荷电双亲分子的吸附形成双电层，并产生多种表面效应，对相应吸附层的性质以及吸附动力学产生影响。在将关注点转移到与液体界面的双电层相关问题之前，有必要先对纯液体的界面有所了解。最常用的溶剂，水，具有两种对界面现象非常有意义的属性：界面层的厚度和水分子偶极在界面处的取向、动力学及波动。这些问题目前都还没有得到充分理解。表面作用力对体相水的作用幅度首先由 Derjaguin 及其研究组通过实验得到检测。

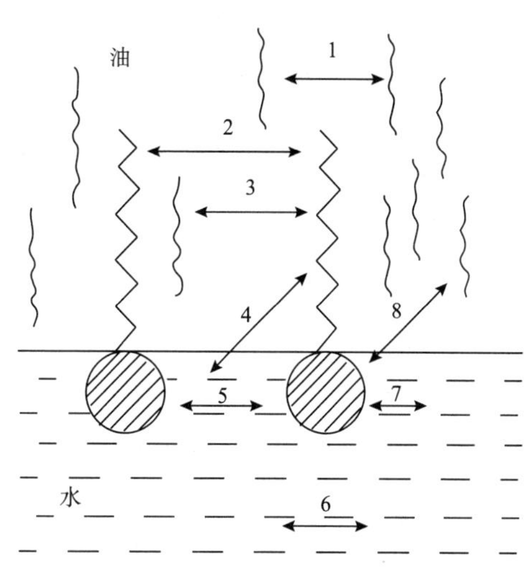

图 2.1　双亲分子在油/水界面的作用势能

1—油/油；2—尾基/尾基；3—油/尾基；4—水/油；5—头基/头基；6—水/水；7—头基/水；8—头基/油（Bourrell 和 Schechter 1988）

Derjaguin 和 Obuchov（1936）及 Derjaguin 和 Kussakov（1939）的先驱性工作中，提出厚度超过单分子层的表面层的存在。通过对薄液膜的考察，Derjaguin 和 Zorin（1955）对石英表面液膜的分解压进行考察，并以蒸气压的形式测得，推断了液膜的结构组成。Rabinovich 等（1982）最近对这个问题进行了理论和实验考察。常用的吹净法基于如图 2.2 所示的原理。在密闭容器中，液膜被置于固体基片表面，氮气流沿表面将液面吹成楔形，切向作用力 τ 按照牛顿定律为

$$\tau = \eta \frac{\mathrm{d}v}{\mathrm{d}h} \tag{2.2}$$

式中，η、v 和 h 分别为黏度、液体速度和液膜厚度。

为考察水界面发生介电常数突变处，如水变为空气时，水分子层的结构有序度，必须设置适当的实验装置。最佳及最简单的方法之一是测量界面处的表面势的变化。绝对表面电势，如单电极电势一样，是无法测量的。因此，需找到一个参照系统。电化学中常用的氢电极的电势约定为 0。为解决此问题，采用蒙特卡洛或分子动力学进行了计算机模拟研究（Stillinger 和 Ben-Naim 1967，Aloisi 等 1986，Matsumoto 和 Kataoka 1988，Wilson 等 1988，Barraclough 等 1992）。所得结果的量级（超过 10 倍）和

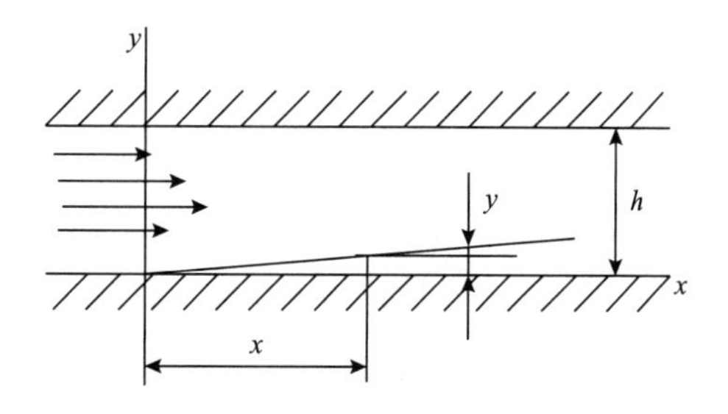

图 2.2　吹净法原理（Derjaguinhe Karasev 1957）

符号均不相同。因此本书中讨论的表面势与纯溶剂的表面状态相关，多数情况下溶剂均为水。当存在吸附层，如水/气界面时，界面层中的水分子被表面活性剂分子替代，水分子发生再取向以形成界面，同时需计算界面处溶剂分子间作用力的变化。相应地应对纯液体界面层的分子结构做出假设。

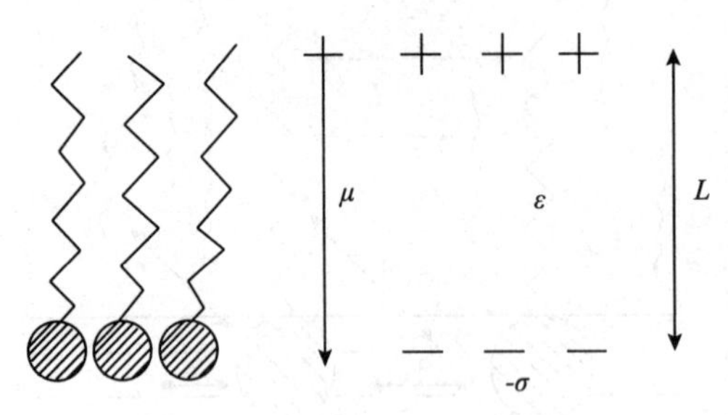

图 2.3　基于 Helmholtz 电容模型的表面偶极取向（Dynarowicz 1993）

μ—偶极矩；σ—电荷

Dynarowicz（1993）近期对这些问题进行了综述。一种液体界面的模型基于取向偶极层的假设，等价于经典的 Helmholtz 电容模型（参见图 2.3）。水分子和被吸附的分子均具有偶极，针对不同类型的偶极和偶极之间及与固定界面的距离，可提出不同的模型。

如前所述，描述液体表面的分子状态时有两个问题，首先是规整表面的尺度，其次是表面结构的类型。自 Derjaguin 和其他人的研究之后，并没有出现与一个或多个取向水分子层具有本质不同的表面结构模型。

因此 Irvin Langmuir 的早期文章值得关注。Langmuir（1918）的文章中写道："由本人 1916 年提出，后又由 Harkins 完善的表面张力理论，有力地证明了纯液体中表面层的存在，该层的厚度通常只有一个分子的水平，这些分子具有特定的取向。虽然对于液体而言，已获得单分子层存在的有力证据，但对于固体表面的吸附，只能通过间接方法证明。只有一个特例，即氢原子在玻璃表面的吸附，能够找到这种单分子层存在的直接证据。"

2.2　水的表面模型

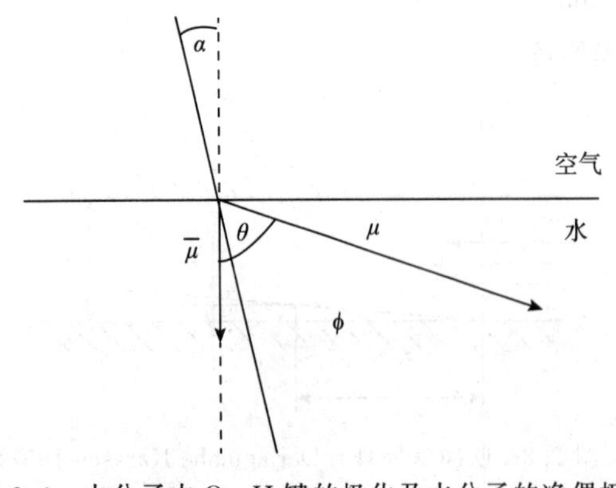

图 2.4　水分子中 O—H 键的极化及水分子的净偶极矩

获得界面的水分子存在取向的证据非常复杂。Gibbs（1906）和 Bakker（1928）的热力学处理方法并不能导出界面层的分子排列结构。液体界面水分子偶极的取向取决于永久和诱导偶极的静电特性。水分子可按图 2.4 的方式极化。

构成界面的水分子层的净偶极主要绕一根以一定角度倾斜于界面的轴发生波动。不需做任何假定即可确定可能存在两种相反方向的水分子取向：指向空气（或油）相的是氧原子或氢原子之一。Frumkin（1956）认为指向气相的应为氧原子。最近 Goh 等（1988）对实验数据的倍频效应分析确定了 Frumkin 的观点。

几乎所有被双亲分子吸附层覆盖的表面均涉及偶极-偶极、偶极-诱导偶极和偶极-离子之间的相互作用，纯物质界面偶极的取向具有重要意义。

为理解表面电性质这一术语，需要区分内部和外部电势，或称 Galvani 和 Volta 电势。2.8 节中将讨论界面的静电性质，在此基于 Lange 和 Koenig（1933）的命名规则对这些电势做出定义。为描述构成界面层所有组分的偶极取向，假定界面上的每个分子均具有净偶极矩，为表面分子偶极矩 μ_s 的矢量和，其与表面所成的夹角为 α。通常需要区分沿吸附或平铺分子的主轴的取向和沿分子净偶极矩主轴的取向。

进一步地，可假设形成表面的分子，以其净偶极矩来代表，在两个类似 Helmholtz 平板电容器模型（图 2.3）的分隔表面间发生取向。在基础物理中，众所周知电容器板间的电势差由电荷密度 σ、平板间距 d 及板间介质的介电常数 ε 决定

$$\Delta V = \frac{4\pi\sigma d}{\varepsilon} \tag{2.3}$$

式中，ε 为介电常数；d 为板间距。我们可将此公式进行转换，以获得构成界面层的水分子偶极或被吸附的双亲分子的偶极的取向。引入吸附密度 Γ 或构成表面的水分子数量 n，作为单位面积上偶极的密度，$\sigma d = n\mu_s$，e 为单位电荷，n（Γ）为电荷数量。

考虑表面偶极的净偶极矩 μ_s 的取向倾斜角度，可得

$$\Delta V = \frac{4\pi\mu_s n(\Gamma)}{\varepsilon} = 4\pi n\mu\cos\alpha \tag{2.4}$$

式中，α 为倾斜角；$\mu_s = \mu\cos\alpha$；μ 为实际偶极矩，并假定 ε 固定不变（见图 2.3）。在此公式中电荷密度 σ 采用厘米-克-秒制静电单位。则 ΔV 的单位为伏特，静电单位中的 1V 等于普通意义上的 300V。在国际单位制中，需引入 $\varepsilon_0\varepsilon$，则

$$\Delta V = \frac{n\mu_s\cos\alpha}{\varepsilon_0\varepsilon} \tag{2.5}$$

式中，$\varepsilon_0 = 10^7/4\pi c^2 = 8.85\times10^{-12}$，电荷密度 σ 的单位为 C/m^2，ΔV 的单位为普通的 V。

实际上，采用普通 V 作为 ΔV 的单位，μ_s 的单位为 Debye，10^{-18} 静电单位为 1Debye。

如上所述，界面的 Helmholtz 模型使静电场 $\Delta V/d$ 极化所致的有效偶极矩 $\bar{\mu}$ 可通过计算得到

$$\bar{\mu} = P_N A d \tag{2.6}$$

式中，P_N，A 和 d 分别为平板法向的极化、界面单分子所占面积和板间距。有效偶极矩见图 2.3，等于一个分子在界面法向的净偶极矩的大小。

Davies 和 Rideal（1963）的文章中提出的界面模型常被用到。其中被吸附分子的表面净偶极矩是 μ_1、μ_2 和 μ_3 之和，其中 μ_1 代表表面水分子的极化，μ_2 和 μ_3 分别代表亲水头基和疏水尾基的偶极矩贡献值。

Demchak 和 Fort（1974）提出了三层电容模型，如图 2.5 所示。其主要特点为引入有效偶极矩的三参数

$$\bar{\mu} = \bar{\mu}_1/\varepsilon_1 + \bar{\mu}_2/\varepsilon_2 + \bar{\mu}_3/\varepsilon_3 \tag{2.7}$$

式（2.7）中的三项分别与水相、亲水头基层和气相中的疏水尾基相关。

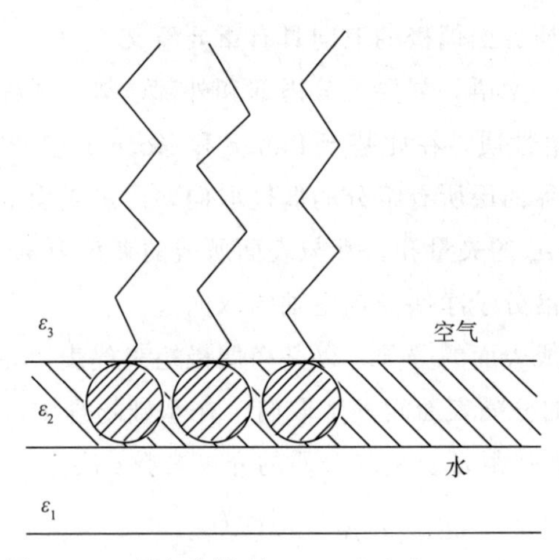

图 2.5　三层电容模型（Demchak 和 Fort 1974）

通过引入实际界面中水和空气部分的局部介电常数，Vogel 和 Möbius（1988a，b）提出了如图 2.6 所示的双层电容模型，与其实验结果吻合。此模型考虑了离子型头基的极化效应以及双电层的影响。

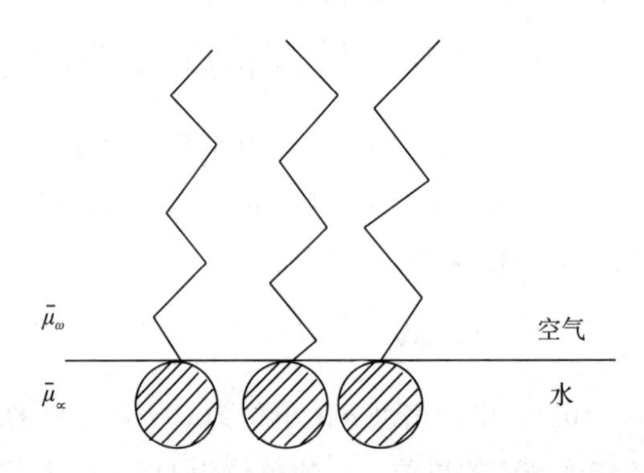

图 2.6　水表面的双层模型（Vogel 和 Möbius 1988a）

2.3　平衡表面热力学的基本原理

液体系统界面状态的热力学特征是考察液体界面吸附密度 Γ、表面张力和表面活性剂体相浓度之间关系的基础。此外，界面张力是决定弯液面形状和其他毛细现象的本质因素。

有三种方法处理界面状态。Guggenheim（1959）指出 van der Waals Jr 和 Bakker（1928）的处理方法比 Gibbs 的分解表面概念更加简要。Good（1976）、Defay 等（1966）和 Rusanov（1981）均提出了表面热力学的实质性课题。Hunter（1992）近期对这些课题进行了明晰的综述。Li 等近期将 Gibbs 相律应用于润湿过程。Jaycock 和 Parfitt（1981）及 Widom（1990）关注固/液界面问题，而 Derjaguin（1993）、de Feijter（1988）和 Ivanov（1988）对薄液膜的热力学研究具有重要贡献。为便于理解，我们基于界面的真实物理模型，采用体相和表面相的压力来定义表面张力。不同于 Gibbs 的工作，而与 Guggenheim（1959）相同地，我们假设了一个三相系统，如图 2.7 所示。α 和 β 为流体体相，例如 β 可为气相。在 α 和 β 相之间为表面相 s，由具有非对称相互作用力的所有分子组成。

表面相 s 的厚度取决于构成界面的分子的伸展，介于边界 $A-A'$ 和 $B-B'$ 之间。在这些平面之外，分子间作用力与体相 α 和 β 中完全相同。因而表面相 s 可被描述为一种性质连续变化的区域。其性质的变化与某些固有参数相关，因表面模型取决于分子的状态，并不依赖于表面积的大小。换言之，s 相的性质才与 $A-A'$ 平行的方向保持不变，而在 $A-A'$ 法向则并非如此。

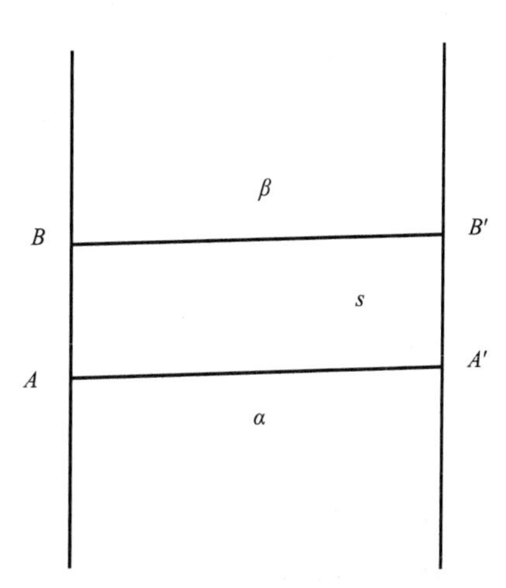

图 2.7　三相表面模型（Guggenheim 1959）

s 相的溶剂与分子的尺寸和形状有关。根据 s 相的分子组成，存在三种极限情况：

ⅰ）β 相由空气组成，s 相中含有与 α 相相同的分子；

ⅱ）α 和 β 相部分混合。实际上所有液/液体系均存在此现象。因而 s 相含有 α 和 β 相的分子。不同的分子具有不同的界面吸附倾向（s 相），导致 s 相的非连续性。界面相结构的形成是由于不同分子相互作用的结果，而不是同种分子的相互作用；

ⅲ）典型表面活性剂在界面发生吸附。种类繁多的表面活性剂分子量在 200～2000 之间，还不包括表面活性高分子化合物，如蛋白质。

按照 Gibbs 的观点，表面过剩量是吸附等温式和表面流变学的基础。对于平坦或起伏较小的表面，可定义表面过剩量以便讨论某些问题。假定存在这种自由情况，并且对上述ⅰ）和ⅲ）的情况可进一步作出简化，因为溶液可在忽略蒸气压的前提下假定为体相（ⅰ），或表面活性剂实际上仅在一个体相内可溶（ⅲ）。

组分 i 的表面过剩量，或 Gibbs 吸附量，以 n_i^s 表示，可以为正也可以为负，其数值为

$$n_i^s = n_i - V^\alpha c_i^\alpha \tag{2.8}$$

其中 n_i 为体系中组分 i 的总量，c_i^α 和 V^α 分别为组分 i 在 α 相内的浓度和 α 相的体积。也可用下式来表达

$$n_i^s = \int_{phase\ \alpha} (c_i - c_i^\alpha)\mathrm{d}V \tag{2.9}$$

仅在 s 相内，积分式内的浓度差才不为 0。因此式（2.9）可变为熟知的表面浓度定义

$$\Gamma_i = \int_0^{\infty} (c_i(x) - c_i(\infty))\,dx \tag{2.10}$$

当表面位于 $x=0$ 坐标处，此定义在 ii）中，或表面活性剂在两个液相中的溶液度均需考虑的情况下才成立，两体相界面的准确定位则成为一个问题。

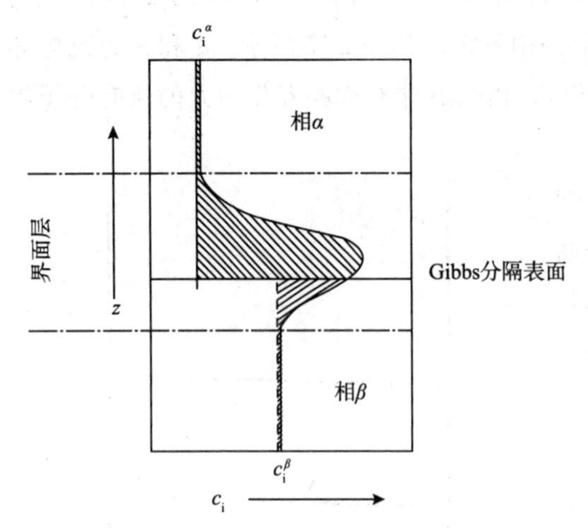

图 2.8 Gibbs 分隔表面示意图

Gibbs 的主要观点在于引入一个分隔（数学意义上）表面：其位置（在 Bakker 模型的 s 相中）定义为其中一种组分的吸附量为 0，并且表面能与表面曲率无关。该表面可通过表面张力指定。实质上可采用 IUPAC 在胶体与表面化学中的推荐方法，由 Everett（1971）提出，用于限定 Gibbs 热力学方法。Gibbs 关于分隔表面的定义与上述 Rusanov（1981）的定义相同。

体系中组分 i 的过剩量与相同体积的真实系统可进行参比，真实系统中的两相体相浓度保持一致，直至 Gibbs 分隔表面为止。如图 2.8 所示。

表面过剩量可表示为 $n_i^s = n_i - V^{\alpha}c_i^{\alpha} - V^{\beta}c_i^{\beta}$，其中 n_i 为组分 i 在系统中的总量，c_i^{α} 和 c_i^{β} 分别为体相 α 和 β 中的浓度，V^{α}和 V^{β}分别为 Gibbs 分隔表面分开的两相体积。

如果 C_i 为组分 i 在体积微元 dV 中的浓度，则

$$n_i^s = \underbrace{\int (c_i - c_i^{\alpha})\,dV}_{\text{相}\,\alpha\,\text{到 Gibbs 分隔表面}} + \underbrace{\int (c_i - c_i^{\beta})\,dV}_{\text{相}\,\beta\,\text{到 Gibbs 分隔表面}} \tag{2.11}$$

通过引入表面积 A^s，Gibbs 表面浓度或表面过剩浓度 Γ_i^s 如下式

$$\Gamma_i^s = n_i^s / A^s \tag{2.12}$$

相应地，可给出组分 i 的表面过剩质量定义 n_i^s，以及相关表面过剩摩尔浓度和表面过剩质量浓度。

总之，Gibbs 分隔表面的位置是任意指定的。通过选择其位置，可定义一个不变的量。若 $\Gamma_i^{(1)}$ 或 $\Gamma_{i,1}$ 为相对吸附量，Γ_i^s 和 Γ_1^s 分别为组分 i 和 l 的 Gibbs 表面过剩浓度，则组分 i 相对于组分 l 的相对吸附量定义为

$$\Gamma_i^{(1)} = \Gamma_i^s - \Gamma_1^s \left\{ \frac{c_i^{\alpha} - c_i^{\beta}}{c_1^{\alpha} - c_1^{\beta}} \right\} \tag{2.13}$$

并且此数值与 Gibbs 分隔表面的位置无关。

Rusanov（1981）认为 Gibbs 表面热力学在不同情况下可简可繁。Gibbs 首先在不依靠 Laplace 和 Gauss 的情况下独立地发展出了有关界面现象的系统理论，Guggenheim

(1959) 评论道"使用 Gibbs 公式比理解该公式更容易"。

在均质的体相中，除表面相 s 外，作用于任意单位面积上的力在各个方向上均相等。在表面相中，作用力与方向相关，并被称作压力，并可假定为一种张量（体相中压力为标量）。压力张量的法向和切向分量决定了界面张力 γ。按照 Bakker (1928) 的定义，可得

$$\gamma = \int_{-\infty}^{\infty} (P_N - P_T) dz \tag{2.14}$$

式中，P_N和 P_T分别为压力张量的法向和切向分量（参见图 2.9）。

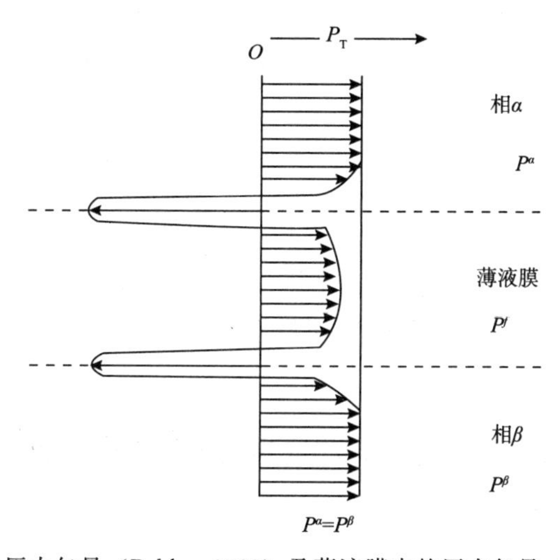

图 2.9 界面的压力矢量（Bakker 1928）及薄液膜中的压力矢量（de Feijter 1988）

Sanfeld (1968) 将 Bakker 的公式推广到用于垂直于界面的带电平面层

$$\gamma = \int_{-\infty}^{\infty} \left(P_N - P_T - \frac{\varepsilon E^2}{4\pi}\right) dz \tag{2.15}$$

球形界面的表面张力 γ 的定义也可由 Bakker 公式给出（Ono 和 Kondo 1960，Buff 1955）：

$$\gamma = \frac{1}{r_\gamma^2} \int_{r_i}^{r_e} (P_N^{tot} - P_T^{tot}) r^2 dr \tag{2.16}$$

参数 r_e、r_i和 r_γ可分别由如图 2.10 所示的弯曲界面示意图解释：

表面或界面张力引起液体界面的压力降低，对于球形气泡，可得著名的 Thomson 公式 (1871)

$$\Delta p = \frac{2\gamma}{R} \tag{2.17}$$

球形以外的液体表面的压力降可通过表面的主曲率半径 R_1和 R_2表示

$$p^\alpha - p^\beta = \gamma\left(\frac{1}{R_1} + \frac{1}{R_2}\right) \tag{2.18}$$

该公式由 Laplace 和 Gauss 首先采用力学方法推导得到。

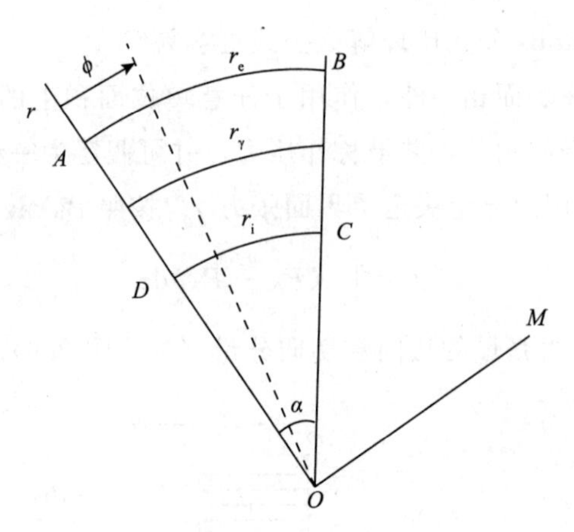

图 2.10　距离为 r_γ 的弯曲界面示意图

式（2.18）是实验方法测量压差和弯液面曲率以确定表面张力的准确定义。该关系式是许多测量表面和界面张力的实验方法的基础，如分离滴体积法（5.2 节）、泡内（5.3 节）或滴内（5.5 节）压力法、以及悬滴和躺滴法（5.4 节）等。

2.4　液体/流体界面的吸附

另一种观点是 $\Gamma_i^{(1)}$ 可看做当 Gibbs 表面选定后，组分 i 的 Gibbs 表面浓度，因此 Γ_i^s 等于 0。例如，当 Gibbs 表面选定为参照系统含有与真实系统相同的组分量时，此时 $\Gamma_i^{(1)} \equiv 0$。

2.4.1　Gibbs 吸附等温式

Gibbs 热力学可导出以下表达式，以及有关流体界面过剩量相关的最重要的吸附等温式

$$U^s = U - U^1 - U^2 \quad \text{(energy)} \tag{2.19}$$

$$S^s = S - S^1 - S^2 \quad \text{(entropy)} \tag{2.20}$$

对于过剩（Helmholtz）自由能，则为

$$F^s = U^s - TS^s \tag{2.21}$$

过剩焓

$$H^s = U^s - \gamma A \tag{2.22}$$

表面过剩 Gibbs 自由能则为

$$G^s = H^s - TS^s = F^s - \gamma A \tag{2.23}$$

因而表面组分 i 的化学势为

$$\mu_i^s = \left(\frac{\partial F^s}{\partial n_i^s}\right)_{T,A,n_j^s} = \left(\frac{\partial G^s}{\partial n_i^s}\right)_{T,p,\gamma,n_j^s} \tag{2.24}$$

若 $\mu_i^s = \mu_i^1 = \mu_i^2$，则组分 i 在整个系统中存在平衡，表面 Gibbs 自由能为

$$G^s = \sum n_i^s \mu_i^s \tag{2.25}$$

表面张力可写作

$$\gamma = \left(\frac{\partial G^s}{\partial A}\right)_{T,p^s,n_i^s} = \left(\frac{\partial G}{\partial A}\right)_{T,p,n_i^s,n_i^1,n_i^2} \tag{2.26}$$

表面张力、化学势和 Gibbs 自由能的关系符合下式

$$\gamma A = F^s - \sum n_i^s \mu_i^s = F^s - G^s \tag{2.27}$$

或对于单位面积

$$\gamma = f^s - \sum \Gamma_i \mu_i^s \tag{2.28}$$

因此

$$\mathrm{d}G_i^s = \mu_i^s \mathrm{d}\Gamma_i + \Gamma_i d\mu_i^s \tag{2.29}$$

对于平衡吸附

$$\mathrm{d}\Gamma_i = 0 \text{ 以及 } \mathrm{d}\mu_i^s = \mathrm{d}\mu_i^{1,2} \tag{2.30}$$

根据热力学基本原理，存在以下关系

$$\mathrm{d}\mu_i^s = RT\,\mathrm{dln}a_i^{1,2} \tag{2.31}$$

以及

$$\Gamma_i = -\frac{1}{RT}\frac{\mathrm{d}\gamma}{\mathrm{dln}a_i} \tag{2.32}$$

a_i 为组分 i 的体相活度。对于仅含有一种表面活性组分的体系，Gibbs 吸附等温式为

$$\Gamma_i = -\frac{1}{RT}\frac{\mathrm{d}\gamma}{\mathrm{dln}c} \tag{2.33}$$

其中活度用表面活性剂的体相浓度代替，因 $a_i \cong c_i$ 。

至此，Gibbs 吸附等温式是用于计算表面活性剂吸附过剩密度的最佳理论基础。统计热力学有望通过考虑表面活性剂的化学结构以计算吸附密度。除通过 $\Gamma-\log c$ 曲线直接计算过剩吸附密度 Γ 外，Γ 和界面张力 γ 作为表面活性剂体相浓度的函数关系也大有用途。

这些吸附等温式包括 Henry（1801）、von Szyszkowski（1908）、Langmuir（1916）、Frumkin（1925）、Volmer（1925）或 Hückel-Cassel（Hückel 1932，Cassel 1944）吸附等温式。这些吸附等温式中的常数与吸附/解吸动力学模型、被吸附分子之间的相互作用和/或被吸附物种的最小占据面积相关。

后面在 2.4.4 节和附录 2B 中，将对最常用的吸附等温式及其物理学背景知识进行更详细的讨论。Langmuir 和 Frumkin 吸附等温式在实验中的应用实例在附录 5D 中进行总结。

2.4.2 荷电表面活性剂的吸附

另一类非常重要的吸附等温式类型是通过归纳离子型表面活性剂吸附层中的电斥力规律得出，Davies 和 Rideal（1961）和 Lucassen-Reynders（1981）的专论中解释了这种现象。

狭义地讲，对膜压力或界面张力降低贡献最大的是渗透因素和离子型表面活性剂双电层及平衡离子的斥力。吸附层中的相互作用在描述表面活性剂吸附层的状态时具有重要意义。为澄清液体界面的吸附机理，溶剂分子的取代，主要是被水分子取代的过程，由 Lucassen-Reynders（1981）进行了深入的研究。

在本书中，我们仅考虑有关荷电表面活性剂表面行为的静电斥力方面的因素，即后文中的静电阻滞效应。这种动力学效应在某些情况下决定了液体界面的动力学性质，对胶体科学与技术的应用具有重要意义。

Lucassen-Reynders（1981）推导了膜压力中的静电力项。其模型为一个带有长链离子的荷电表面，而不考虑相应的无机平衡离子。从 Davies（1951）的公式出发，表面膜中的静电斥力为

$$\pi_i = \int_0^{\Psi_0} \sigma \mathrm{d}\Psi \tag{2.34}$$

式中，σ 为表面电荷密度，Ψ 为荷电表面的外电势。应用 Gouy-Chapman 的双电层模型（参见 2.8 节关于双电层的内容），作用于表面膜上的静电斥力为

$$\pi_{\mathrm{r}} = \frac{2\pi kt}{\beta}\sqrt{c_{\mathrm{c}}}\left\{\cosh\,\sinh^{-1}\left(\frac{\beta}{A\sqrt{c_{\mathrm{c}}}}\right)^{-1}\right\} \tag{2.35}$$

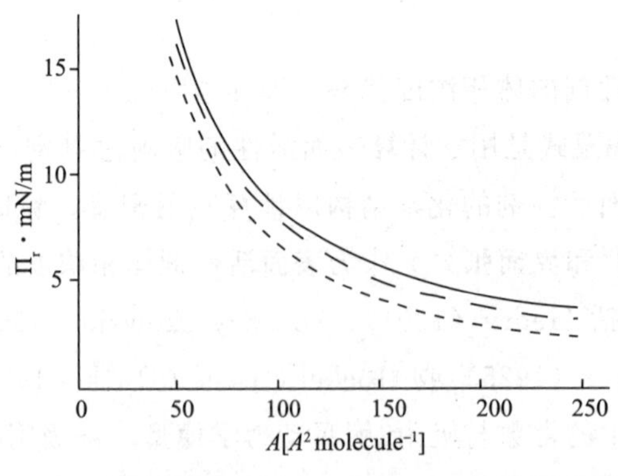

图 2.11 离子型表面活性剂吸附层的静电斥力，为不同浓度下单个吸附分子占据面积的函数：C_{el}=0.0001M（实线）、0.01M（短划线）、0.1M（点状线）（Lucassen-reynders 1981）

系数 β 依赖于温度和基质的介电常数。c_c 为平衡离子在双电层中的浓度。按照 Lucassen-Reynders（1981）的观点，可获得 π_{el} 对 A 的依赖关系（图 2.11）。

Kretzschmar 和 Voigt（1989）最近考察了表面活性剂吸附层中的相互作用力对膜压力的影响。对与界面相关的双电层几何形状的详细了解对于理论描述荷电单分子层和薄液膜至关重要。图 2.12 显示了表面活性剂单分子层的结构和能量特征。

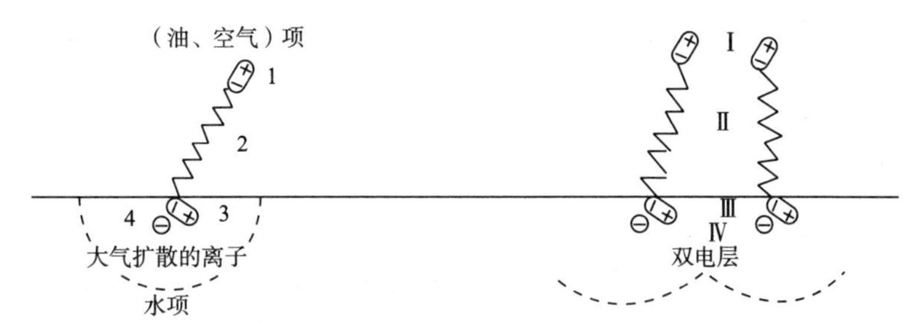

图 2.12　表面活性剂单分子层的吸附和相互作用能的贡献。

相转移：1—非极性相中的偶极；2—烃链；3—极性相中的极性基团；4—荷电基团。

相互作用能：Ⅰ—非极性相中的偶极；Ⅱ—烃链；Ⅲ—极性相中的极性基团；Ⅳ—荷电基团

（Kretzschmar 和 Voigt 1989）

2.5　Langmuir 吸附等温式的处理及吸附动力学介绍

Langmuir 对吸附等温式的基本处理方法见于其论文“气体分子的凝聚和蒸发”（1917）。Langmuir（1917，1918）和 Volmer（1925）采用相近的公式用于解释吸附/解吸过程的动力学。在这些论文中，吸附过程首次被视为动态过程。描述吸附的动力学机理的基础关系式来自吸附流 j_{ad} 和解吸流 j_{des} 的平衡。

$$\frac{d\Gamma}{dt} = j_{ad} - j_{des} \tag{2.36}$$

在非局部吸附假定的前提下，可得到简化的结果（Baret 1968a，b），此时 $j_{ad} \sim c_0$，$j_{des} \sim \Gamma$。与采用式（4.31）得到的结果相同，其中 k_{ad} 和 k_{des} 分别为吸附和解吸速度常数，c_0 为吸附物种的体相浓度。而基于局部吸附的前提，结果则为 Langmuir 机理，即式（4.32）。更深入地描述吸附动力学的传递机理见 4.4 节式（4.31）～式(4.34)。将这些传递机理用于吸附层的动力学模型时，需将其与体相的传递过程共同考虑。Baret（1969）提出将 c_0 用亚表面或亚层浓度代替，其定义为与坐标为 $x=0$ 的吸附层 c（0，t）邻近的体相浓度。以下为分子传递的两个流动平衡方程

$$\frac{d\Gamma}{dt} = k_{ad} c(0,t)\left(1 - \frac{\Gamma}{\Gamma_\infty}\right) - k_{des}\frac{\Gamma}{\Gamma_\infty} \tag{2.36a}$$

$$\frac{d\Gamma}{dt} = k_{ad} c(0,t) - k_{des}\Gamma \tag{2.36b}$$

在吸附平衡态，当吸附流量等于解吸流量时，可得到 Langmuir 和 Henry 吸附等温线。

本书中，吸附和解吸过程具有重要意义，因此探讨吸附等温式的物理背景及其用于描述表面活性剂在液体界面吸附层弛豫过程中的作用也相当重要。

Langmuir（1917，1918）考察了气体在石英表面的吸附过程，Volmer（1925）通过循环过程得到了吸附等温式，他们得到了和描述表面活性剂浓度 Γ 和体相浓度 c_0 的公式基本相同的结果。

$$\Gamma = \Gamma_\infty \frac{c_0}{a_L + c_0} \tag{2.37}$$

与式（2.36a）相比，可得 $a_L = k_{des}/k_{ad}$。继以热力学为基础的 Gibbs 吸附等温式（2.33）之后，Langmuir 吸附等温式是另一个用于描述表面活性剂吸附状态的重要公式。与 Gibbs 吸附等温式相比，Langmuir 吸附等温式是在确定系统中获得，如气体在平坦晶体表面的过程，并且远未达到其饱和态。

Volmer（1925）首先提出了 Langmuir 和 von Szyszkowski 吸附等温式的等价性，当后者为以下形式时

$$\gamma_0 - \gamma = B\ln\left(\frac{c_0}{a_L} + 1\right) \tag{2.38}$$

当 $B = RT\Gamma_\infty$ 时，式（2.37）可通过 Gibbs 基本吸附等温式变为式（2.38）。另一种关系可用以下方法得到（Traube 公式 1891）

$$\gamma = \gamma_0 + RT\Gamma_\infty\left(1 - \frac{\Gamma_0}{\Gamma_\infty}\right) \tag{2.39}$$

许多对长链脂肪酸和其他双亲分子在液体/空气界面上的吸附实验数据与 von Szyszkowski 吸附等温式的吻合在逻辑上是 Langmuir 吸附等温式用于解释典型表面活性剂水溶液的 $\gamma-\log c$ 曲线图的合理性的证据之一（参见附录 5D)。该现象也证明了基于 Langmuir 模型的动态吸附/解吸机理用于解释表面活性分子吸附动力学的合理性。

这些成果也与某些大分子在界面附近的体相中的动力学过程相关。

2.6 单一和混合表面活性剂体系的吸附等温式

von Szyszkowski（1908）的吸附等温式（2.38）来源于经验关系。Stauff（1957）后来探讨了常数 a_L 和 B 的物理意义。对于长链脂肪酸在非常低的浓度条件下，此时其溶液表面张力与纯溶剂接近。Traube（1891）发现了界面张力和表面活性剂体相浓度的线性关系：

$$\pi = \Delta\gamma = \gamma_0 - \gamma = RTkc \tag{2.40}$$

参数 k 与长度相关，为式（2.36b）中的吸附和解吸速率常数的比值，$k = k_{ad}/k_{des}$。将吸附层描述为二维气体具有更深的热力学基础。

$$\pi A^s = RT \tag{2.41}$$

其中 π 为膜压，关联单分子在界面上占据的面积，可得 Henry 吸附等温式

$$\pi = \Gamma RT \tag{2.42}$$

等价于 Traube 关系式，可通过 Gibbs 吸附等温式（2.33）直接实现相互转换。式（2.40）是 Langmuir-Szyszkowski 吸附等温式在低浓度条件下的转换形式，此时当 $k = RT\Gamma_\infty / a_L$，$c_0 \ll a_L$。

可用两种方法得到 Langmuir 吸附等温式。其中之一是基于吸附分子的吸附/解吸传递动力学机理。另一种则为热力学方法，来源于吸附分子的化学势在体相和吸附态间的平衡。Frumkin（1925）引入了吸附分子间的额外作用力，得到了 Langmuir 吸附等温式。

这种方法是将三维范德华作用关系式转换为 Cassel 和 Hückel 界面模型（参见附录 2B.1）。Frumkin 的方法的优势在于对可溶表面活性剂吸附层的二维表面状态采用了更接近真实情况的考察方法。其公式可与真实气体的吸附等温式相比。这意味着已考虑了吸附物质的表面分子占据面积。Frumkin（1925）后来又基于范德华作用关系式进一步引入吸附分子的分子内作用力，用 a' 表示

$$\gamma = \gamma_0 - RT\Gamma_\infty \left[\ln\left(1 - \frac{\Gamma}{\Gamma_\infty}\right) + a' \left(\frac{\Gamma}{\Gamma_\infty}\right)^2 \right] \tag{2.43}$$

通过 Gibbs 公式（2.33），可得到 c 和 Γ 之间的关系

$$c = a_F \frac{\Gamma}{\Gamma_\infty - \Gamma} \exp\left(-2a' \frac{\Gamma}{\Gamma_\infty}\right) \tag{2.44}$$

c 和 γ 并无直接关系，将实验所得 γ—log（c）数据与 Frumkin 等温式进行对比则不可忽视。该吸附等温式几十年来一直是最常用的公式，成功地被用于描述很多表面活性剂体系的性质。

Lucassen-Reynders（1976，1981）考虑不同分子，包括溶剂分子 ω_1 和溶质分子 ω_2 自身的面积，得到了更通用的热力学关系。当 $\omega_1 = \omega_2 = 1/\Gamma_\infty$ 时，其关系式转换为 Frumkin 等温式。

$$\pi = -RT\Gamma^\infty \left[\ln\left(1 - \frac{\Gamma}{\Gamma_\infty}\right) + \frac{H^s}{RT}\left(\frac{\Gamma}{\Gamma_\infty}\right) \right] \tag{2.45}$$

其中 H^s 是界面微分混合热。

Lucassen-Reynders（1981）同样得到了表面活性剂混合物的吸附等温式，后由 Pomianowski 和 Rodakiewicz-Nowak（1980）及 Wüstneck 等（1993）用作实例。作为最简单的表面活性剂混合物吸附等温式，可采用推广的 Henry 吸附等温式

$$\Gamma_i = k_i c_{oi}, i = 1, 2, \cdots r. \tag{2.46}$$

此式中未考虑被吸附分子间的任何相互作用。推广的 Langmuir 等温式则考虑了所有表面活性组分 r 在界面上的竞争吸附

$$\Gamma_i = \Gamma_\infty \frac{c_{oi}/a_{Li}}{1 + \sum_{j=1}^{r} c_{oj}/a_{Lj}}, i = 1, 2, \cdots r. \tag{2.47}$$

然而，此等温式并未考虑不同组分分子的界面比表面积，此概念由 Damaskin（1969，1972）提出，可应用于真实表面活性剂混合物体系（Wüstneck 等 1993）。

2.7 Langmuir 理论的宏观动力学特征及其在吸附动力学中的应用

如 2.5 和 2.6 节中所述，存在多种可用于描述吸附密度 Γ 或界面张力 γ 与已知表面活性剂体相浓度 c_0 函数关系的等温式。以热力学的观点，难以确定在非平衡条件下平衡吸附等温式的有效性。

用于计算双亲分子界面吸附流量的基础模型如图 2.13 所示。此模型中包含所谓的“亚层”，x 坐标指向界面的法向。另一个假设是亚层和界面之间时刻都处于平衡状态。此物理模型最大的弱点在于在非平衡态下平衡吸附等温式是否成立。但在接近平衡的状态，吸附等温式具有良好的近似性。

亚层的位置 $x=0$ 为任意指定的，但是确是扩散模型必须的边界条件。

式（2.36）为通用模式，而式（4.31）和式（4.34）则是特例，必须做出基本的修正才能用于描述吸附动力学过程。该修正为将体相浓度 c_0 用亚层浓度 c（0，t）代替，首先由 Baret（1969）提出，得到了第四章中的式（4.35），为动力学控制吸附模型的基础。

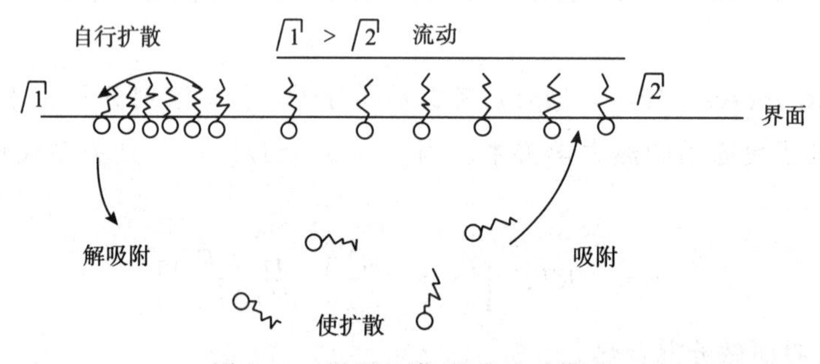

图 2.13 界面吸附/解吸流动模型

从吸附热力学本身，不能确定亚层模型的正确与否。为考察亚层模型在物理意义上是否为可接受的边界条件，Fordham（1954）研究了非平衡体系中平衡吸附等温式的应用。其结论为在考察体系自由能平衡时应考虑扩散梯度特性。

后期 Hansen（1961）指出，由于界面附近的浓度梯度的存在，Gibbs 的表面过剩定义存在偏差，因此

$$\Gamma = \int_0^\infty (c(x,t) - c_0)\mathrm{d}x + n(t) = 0 \tag{2.48}$$

该式看起来是矛盾的，来源于将式（2.48）的积分范围为整个扩散层。然而，Gibbs

热力学定义的吸附量涵盖了整个表面相 s［参见式（2.11)］。因此在式（2.48）中，c_0应由亚表面浓度代替，积分范围应为整个表面层的厚度。

Kretzschmar（1974，1975，1976）试图找到在动态条件下应用 Hückel 和 Cassel 吸附等温式（2B.7）的修正项。这种半定量关系基于体系中溶剂/溶质的配分函数及其对非平衡体系自由能的影响。

Vollhardt（1966）及 Kretzschmar 和 Vollhardt（1967）进行了动态吸附体系的实验，对计算出的吸附流量与实验结果的区别基于 Fordham 的处理方法进行了解释。

必须强调式（2.36）的边界条件与传递方程（扩散方程）的解的关联以计算亚表面浓度是非常重要的。在 4.4 节中，这种模型的复杂性将进行详细讨论。

另一困难之处在于在许多理论模型中，Gibbs 热力学定义在吸附层非平衡条件下的应用（参见第四章）。从非平衡热力学中可知（参见 2C.8，Defay 等 1966，附录 2C)，扩散传递在 Gibbs 公式中增加了一项。然而，该项似乎在许多实验中是可忽略的。第五章中讨论了在不同时间窗口中测量得到的实验数据，支持 Gibbs 基本公式（2.33）在非平衡条件下也同样成立的结论。

2.8　荷电液体界面

在涉及某些特定荷电界面及其邻近体相的模型之前，首先需对此书中使用的定义进行讨论。不幸的是界面电现象与通常的热力学相比，液体界面电荷和电势降并无明确的准则。例如表面电荷的大小和位置、扩散层和 Stern 或 Helmholtz 层电荷均基于许多不同的理论。这种情况由于需将电势降分解为来自偶极和自由电荷的处理方法而变得更加复杂。

2.8.1　荷电界面的命名规则总论

液体界面所有的热力学性质均可在 Gibbs 分隔表面模型中找到对应量，无需对吸附层尺度进行假定。扩散双电池压缩概念的延伸对所有的界面电性质则至关重要，如电动学和膜压贡献量等。并且，吸附层行为易于受平衡离子的吸附影响，并与界面相荷电数量和位置密切相关。表面电荷和电荷电动学是不同的参数，不应混淆。电荷与电势相比，通常是需首要考虑的参数。IUPAC 推荐在界面电化学中将非特定和特定的离子吸附区分开来。非特定离子通过库仑力进行吸附，特定吸附离子除库仑相互作用外，还对表面具有特殊的化学亲和力。此处“化学”的意义为包含范德华力、疏水作用、π 电子交换和络合物形成等相互作用的集合。特定吸附离子可在原先无荷电的表面发生吸附，并赋予表面电荷。

电荷具有明确的来源。明确产生电势的自由电荷和界面取向偶极层的局部电荷的分布更为困难。在表面，电势指内部、Galvani 和 Volta 电势（参照 Lange 1951，1952)。其定义在下文给出。

2.8.2 双电层

如果单位电荷 e 从无穷远处接近理想孤立相的表面（直至约 10^{-4}cm 的距离），需做 $e\Psi$ 的功，Ψ 代表 Volta 电势。换言之，Volta 电势代表了相内的电势差。

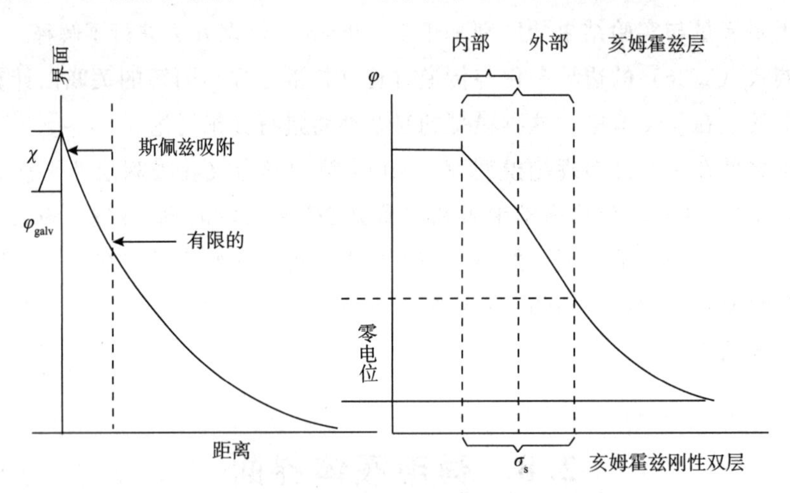

图 2.14　双电层模型及不同类型电荷在界面的吸附

将荷电粒子（电子、离子）从一相中转移至另一相，必须穿过表面。表面自身及表面活性剂吸附层由载运偶极构成。这是额外的表面电势突变的原因。该电势或许可用表面电势的偶极部分 χ 代替（Lange 1951）。

最简单的双电层模型为 Helmholtz 电容。体相中可用 Boltzmann 分布描述的平衡离子的分布符合 Gouy-Chapman 理论。基于 Langmuir 吸附等温式，Stern（1924）总结了 Helmholtz 和 Gouy 提出的双电层模型。Grahame（1955）考察了水合和脱水离子的吸附可能性，拓展了此模型。由此产生了内部和外部 Helmholtz 双电层模型。图 2.14 显示了离子和偶极的特定吸附模型示意图。

2.8.3 从吸附分子的已知偶极矩计算界面法向 $\Delta\chi$ 的实例

假定吸附表面活性剂分子在界面上占据的面积为 50Å²，即相当于 2×10^{14} 个偶极/cm²。我们也使用亥姆霍兹方式

$$\Delta V=4\pi n\mu \tag{2.49}$$

式中，n 是单位面积上的偶极子数；μ 是垂直于界面的方向上产生的偶极矩。

采用合理的偶极矩值为 500mDebye，则可得到 $\mu=0.5\times10^{-18}$ 静电单位，相应地，$\Delta V=12\times2\times10^{14}\times0.5\times10^{-18}\approx1.2\times10^{-3}$ 静电单位/cm²。若考虑厘米克秒制中 1 静电单

位约为300V，即 $\Delta V=1.2\times10^{-3}/3.3356\times10^{-3}=0.360$V。此值为实验测定表面电势的典型值。

2.8.4 离子吸附和双电层

被吸附的离子表面活性剂作为电荷载体，是构成表面电荷的基础。在界面上，与动态吸附同步的是双电层的形成。有证据表明双电层能够通过静电屏障阻碍表面活性离子的吸附流。

界面双电层的结构近期由 Watanabe（1994）按照 IUPAC 推荐的描述界面双电层不同部分及电中性条件和不同离子界面行为的规则进行了总结。

表面电荷形成的关键因素是离子与界面的特定相互作用，平衡层、Stern-Helmholtz 和扩散层的形成机理依赖于当平衡离子与界面无亲和力时的静电引力和屏蔽作用。这些离子形成了电荷屏蔽。反之，形成表面电荷的离子称作电势或电荷决定离子。电荷决定离子和特定吸附离子两种不同概念的引入强调其在双电层中的不同角色。而这两种离子都存在特定的吸附。然而，仅有一种类型的离子是优先吸附的，并决定了表面电荷。因此，表面电荷的符号与形成电荷的离子的符号相同，故而我们可将这种离子称为电荷决定离子。

2.8.5 荷电表面附近电场中的离子分布

以浓度特征表示的扩散层中的离子分布是静电引力和热平衡相互作用的结果。

因此，平衡离子在静电场的作用下向表面发生迁移。因其浓度沿此方向提高，此种电迁移完全由扩散流来补偿。扩散补偿电迁移条件可用以下数学公式来表示

$$j_x^{\pm}=-D^{\pm}\frac{\mathrm{d}C_{\mathrm{el}}^{\pm}(x)}{\mathrm{d}x}\mp\frac{F}{RT}D^{\pm}z^{+}z^{-}C_{\mathrm{el}}(x)\frac{\mathrm{d}\Psi}{\mathrm{d}x}=0 \tag{2.50}$$

采用包含三个函数 Ψ_{el}（x），$C_{\mathrm{el}}^{\pm}(x)$ 的两个方程式，可用电势分布表示离子浓度分布。通过变量分离，可进行积分，得到

$$C_{\mathrm{el}}^{\pm}(x)=C_{\mathrm{o,el}}^{\pm}\exp\left[\frac{\mp z^{\pm}\Psi(x)}{kt}\right] \tag{2.51}$$

相应边界条件为

$$C_{\mathrm{el}}^{\pm}\big|_{x\to\infty}=C_0^{\pm},\Psi\big|_{x\to\infty}=0 \tag{2.52}$$

不出所料地，离子按照 Boltzmann 方程沿双电层分布。电势 Ψ_{eq}（x）和 x 点的电荷密度的通用关系式可用 Poisson 方程表示

$$div[\varepsilon(x)\mathrm{grad}\Psi(x)]=4\pi\rho(x) \tag{2.53}$$

变换为一维空间，可得到

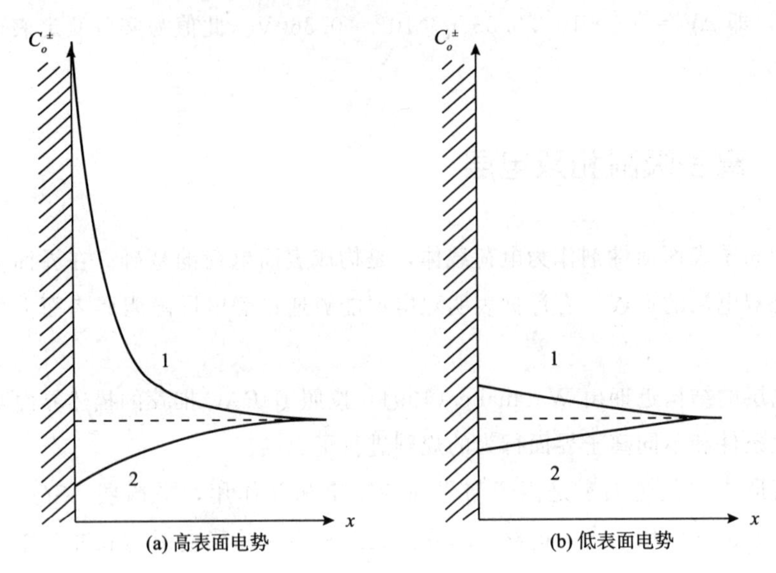

图 2.15 荷电表面附近电场中的离子分布

1—平衡离子的分布；2—共离子的分布（Dukhin 1974）

$$\frac{\mathrm{d}}{\mathrm{d}x}\left[\varepsilon(x)\frac{\mathrm{d}\Psi}{\mathrm{d}x}\right]=4\pi\rho(x) \tag{2.54}$$

对式（2.51）和式（2.54）进行代换，可得到

$$\frac{\mathrm{d}}{\mathrm{d}x}\left[\varepsilon(x)\frac{\mathrm{d}\Psi}{\mathrm{d}x}\right]=-4\pi e\sum_i z_i c_{i\infty}\exp\left[-\frac{z_i e\Psi(x)}{kT}\right] \tag{2.55}$$

式（2.55）可直接积分得到

$$\frac{\mathrm{d}\Psi}{\mathrm{d}x}=\pm\left(\frac{8\pi RT}{\varepsilon}\sum c_{i\infty}\left\{\exp\left[\frac{\mp z_i e\Psi_{\mathrm{eq}}(x)}{kT}\right]-1\right\}\right)^{1/2} \tag{2.56}$$

若 ε 的变化可忽略，可得到将 Debye-Hückel 理论处理强电解质时的近似结果（线性公式）

$$\Psi(x)=\Psi_0\exp(-\kappa x) \tag{2.57}$$

其中

$$\kappa^2=\frac{4\pi F^2\sum_i C_{i\infty}z_i^2}{\varepsilon RT} \tag{2.58}$$

2.8.6 Stern-Gouy-Chapman 模型

在界面电化学简介中，说明了表面补偿电荷在界面附近的压缩部分（Stern-Helmholtz 层）和扩散部分（Gouy-Chapman 理论）发生的分裂。表面电荷及相反电荷，通常称为平衡离子，其总和必须为 0。因此公式必定成立

$$\sigma_s+\sigma_{St}+\sigma_d=0 \tag{2.59}$$

此处下标 s、St 和 d 分别指表面、Stern 层和扩散层。邻近界面的相反电性压缩双电层是最为复杂的问题之一。采用理论和实验方法仅能部分解决一些主要问题：

平衡离子距荷电表面的距离；

与点电荷、脱水电荷和水合电荷的存在相关的理论问题。

在此情况下，采用 Stern 电势符合较为方便。Stern 电势可表征 Stern 层和扩散层边界处的电势。若此电势经过 Stern 层的降低可忽略，则层内平衡离子的状态也可用 Stern 电势进行表征。因此 Stern 层和扩散层的电荷均可用同一个电势表示。在低电解质浓度下，扩散层厚度超过 Stern 层厚度，后者可用离子尺度的倍数来进行估算。这意味着穿过 Stern 层的电势降低与 Stern 电势相比非常小，可以忽略。然而，在高电解质浓度下，扩散层厚度通常较小，是否可忽略穿过 Stern 层的电势降低，值得商榷。

2.8.7　双电层内部模型

在 Stern-Gouy-Chapman（SGC）理论中，双电层被分为 Stern 层，靠近表面，其厚度为 d_1，以及具有点电荷的扩散层。扩散层从表面距 Stern 平面 d_1 处开始。在最简情况下，Stern 层是无负荷的。在真实情况下，Stern 层由特定吸附的离子构成。式（2.59）规定了电中性条件。除 σ_{St} 和 σ_d 之外，表面电荷可用 Stern 电势表示。这将电中性条件转换为 Stern 电势的定义式。

Cooper 和 Harrison（1977）对 SGC 模型提出了异议，但实验表明，该模型中将双电层分割为扩散和非扩散两部分在实际应用中是切实可行的。采用现代统计方法对本课题的讨论已有 Carnie 和 Torrie（1984）进行了综述。

2.8.8　吸附模型和表面电荷

如前所述，界面上的离子吸附可分为不同情况。固体可为展开面，也可为分散颗粒，如胶乳，并且特定和非特定吸附均可发生。在固体表面，活性位存在分布。这些活性位是发生局部吸附的几何点。可存在两种不同的吸附平面。其一是固/液界面本身，可将吸附有与氨基具有相反电荷的磷酸根离子作为固体表面的一部分即为实例之一，磷酸根离子作为经典的非点电荷模型，其接近界面的距离取决于亲水头基的几何伸展程度，这种吸附作用称作局部吸附，可用与 Langmuir 吸附等温式类似的等温式进行描述。平衡离子吸附层和界面层构成了一个 Helmholtz 电容。平衡离子的吸附层称作 Stern 层。Stern（1924）采用电荷密度关系在有限范围内描述了特定吸附的离子。

$$\frac{\Theta_i}{1-\Theta_i}=\frac{c_i}{55.5}\exp\left(-\frac{W_i}{RT}-\frac{z_i F\Psi_{St}}{RT}\right) \tag{2.60}$$

式中，Θ_i 为特定吸附的离子 i 占据的表面点位分量；W_i 为 Gibbs 吸附自由能；$C_i/55.5$ 为 i

的摩尔分数；$z_i F\widetilde{\Psi}_{St}$为吸附能的库仑作用贡献部分。

相反地，液体界面可看做是均匀的，这是非局部吸附的先决条件。液体界面上的任何空间均可发生离子吸附。当局部吸附转换为非局部吸附时，Stern-Langmuir 公式中的指数项可保持不变，而指前乘数则需改变。Martynov（1979）进行了此项工作。其方法的基础是指定液体界面作为一个整体，具有均匀的电势。

液体表面的均匀性使在其表面各处的吸附条件相同，采用具有均匀电势的厚度为 Δ 的层来表示。其深度等于吸附自由能，其厚度表示离子和界面相互作用随距离减小而降低的过程。Martynov 注意到这种降低，并首先提出了复杂构型的势阱模型。在此模型中，吸附通过势阱中的总离子数，例如，势阱深度与其中的离子浓度的乘积来表征。

经 Martynov 理论基于 Boltzmann 分布和 Lennard-Jones 势能的重组，“模糊吸附”的等温式可简化为

$$\Gamma = \Delta e^{-W/kt-\overline{\Psi}_{St}} \tag{2.61}$$

在选择 Δ 时存在一定的不确定性。Martynov 理论中使用了一个未知参数 $\Delta e^{-W/kT}$，而 Stern 理论中则有两个。具有不同吸附能的被吸附有机离子存在许多稳定态这一现象与某些尚不明确的表面效应相关。因此 Martynov 模型需要进一步归纳处理。

近期，以电化学的观点，强弱有机电解质的吸附由 Koopal（1993）进行了检测，并考察了被吸附的离子型表面活性剂的电化学特性。

表面活性剂吸附层随其体相浓度的提高，其结构也变得更复杂。本书旨在探讨液体界面的动态吸附过程。界面的动力学问题非常复杂，以致于其只能用于解释由稀表面活性剂溶液形成最简单的吸附层模型。因此我们未涉及任何与表面活性剂吸附层结构相关的特定问题。

2.8.9 双电层内部模型的拓展

双电层内部高扩吸附层和特定吸附的平衡离子。电荷决定离子和特定吸附的平衡离子的状态取决于其局部吸附所确定的电势。

通常需区分以下平面：部分脱水的局部吸附电荷中心点所在的平面、内部 Helmholtz 平面和距离为 d_1 的 Stern 平面，也称作外部 Helmholtz 平面。双电层模型包括一个内部和外部 Helmholtz 层及扩散层。这种模型通常称作三层模型。

目前的处理中，通常使用简化的 Stern 层模型，其中特定吸附的离子位于 Stern 平面，即将内部和外部 Helmholtz 平面重合。然而，由被吸附表面活性剂分子的头基，可指向水相并距界面一定距离，其位置的不确定性导致了特殊情况的出现。

由于电解质的低浓度，Debye 半径可超过上述距离许多倍，因此可合理地采用吸附离子的电势来表示此区域中的电势。在高电解质浓度条件下，扩散层厚度则可与此距离相

比，即使平衡离子不同，其在层中的分布也不可忽视，因为平衡离子部分屏蔽了表面活性剂离子吸附的静电作用，即增强了其吸附作用。在这种情况下，必须考虑电荷的不连续性，被吸附离子周围平衡离子云的形成，及其与附近被吸附离子的重合。

有两种平衡离子的特定吸附行为的极端情况可以进行识别。通常，平衡离子可与界面及被吸附离子的荷电基团发生特定相互作用。值得注意的极端情况是当只有一种相互作用占据绝对优势的情况。假如离子与界面的相互作用占主导地位，则吸附为非定位的，需采用 Stern-Martynov 理论处理。相反地，当被吸附离子与平衡离子的相互作用占主导地位时，需采用 Stern 理论进行处理。

对于液/液体系，只考虑平衡离子从水中的吸附，因水溶性无机离子在油相中的溶解度可忽略。无机离子与水/油界面的非荷电部分的静电相互作用表现为排斥作用，因水的介电常数远超过油。这种效应称作由于界面极化所致的镜像 Onsager 力（Dukhin 等 1980）。阳离子通常无法特定吸附于非荷电水界面。平衡离子与被吸附电荷决定离子的带电头基之间的特定相互作用最为常见，并具有重要意义。因此只有 Stern 等温式可以应用。

2.9　小结

从热力学到宏观动力学

Langmuir 首先提出了热力学和宏观动力学之间联系的理论。该理论在吸附理论中引入了吸附流和解吸流的概念，并将吸附层的平衡态定义为等式关系。吸附平衡态的扰动导致净吸附流和净脱附流的产生。这种观点成为热力学与宏观动力学之间的桥梁，将吸附平衡态更深入地理解为动态过程，并由 Boer 在其专著“吸附的动态特性”中进行了阐述。

这种吸附平衡的动态特性对非平衡热力学的发展具有重要贡献。吸附流和脱附流之间的平衡作为描述吸附动力学的第一步，是本书的关键点。第二步是引入亚层浓度和扩散层的概念以描述体相中的非平衡态。当体系中表面-体相处于非平衡态时，吸附层和亚层之间局部平衡的假定则是重要的第三步。制样，我们可以将式（2.36）推广为式（2.36a）和式（2.36b）。上升气泡中的动态吸附层作为第一个实例，由 Frumkin 和 Levich（1947）及 Levich 在其著作“物理化学流体力学”（参见第八章）提出了最初的理论。同时，Frumkin 和 Levich（1947）强调了局部平衡仅为极限情况，吸附平衡的扰动导致了弛豫过程（后续第 3 章中介绍）。

在对吸附过程的理解由热力学向动力学转变过程中，该过程的传递和能量特征具有重要意义。能量方面的主要问题在于非平衡条件下 Gibbs 等温式的成立与否。Defay 等（1966）验证了此课题中非平衡热力学的成果。该研究方向值得进一步关注。实验数据与理论的对照可确定 Gibbs 理论在非平衡体系中的应用范围。

吸附等温式

对动态吸附层的研究需使用平衡吸附等温式，这将在第四章中进行详细论证。Langmuir 吸附等温式仅适用于具有较大吸附分子占据面积的大分子体系，因为其未考虑某些特定相互作用。但由于形式简洁，并与实验数据有较好的相符性，该等温式仍是最常用的关系式。

对各种吸附等温式进行了综合分析，并对它们在非平衡吸附层中的实用性进行了讨论。

水表面的离子表面活性剂

此处考虑了两种主要因素。其一为由于偶极优先取向和离子分布的不均匀性共同作用所致的电势降，其二为水-空气界面由离子表面活性剂构成的双电层的内部结构特性。

当偶极和扩散层厚度的尺度可相比较时，其相互关联相的重要性至今仍被低估。然而，Debey 长度随电解质浓度的降低而增加，扩散层变得相对独立。双电层内部的平衡离子分布可在某些条件下描述为局部或非局部吸附。

参考文献

Adamson, A. W., "Physical Chemistry of Surfaces", John Wiley&Sons, Inc., New York, Chichester, Brisbane, Toronto, Singapore, (1990).

Aloisi, G., Guidelli, R., Jackson, R. A., Clark, S. M. and Barnes, P., J. Electroanal. Chem., 206 (1986) 131.

Bakker, G., in "Handbuch der Experimentalphysik", Akademische Verlagsgesellsch., Leipzig, VI (1928).

Baret, J. F., J. Phys. Chem., 72 (1968a) 2755.

Baret, J. F., J. Chim. Phys., 65 (1968b) 895.

Baret, J. F., J Colloid Interface Sci., 30 (1969) 1.

Barraclough, C. G., McTigue, P. T. and Leung Ng, Y., J. Electroanal. Chem., 329 (1992) 50.

Bockris, J. O. M. and Reddy, A. K. N., "Modern Electrochemistry" Plenum Press, New York, (1973).

Boruvka, L., Rotenberg, Y. and Neumann, A. W., J. Physical Chemistry, 90 (1986) 125.

Bourrell, M. and Schechter, R. S, "Microemulsions and Related Systems", Marcel Dekker, Inc., New York and Basel, (1988).

Buff, F. P. , J. Chem. Phys. , 23 (1955) 419.

Butler, J. A. V. , Trans. Faraday Soc. , 19 (1924) 734.

Butler, J. A. V. , Trans. Faraday Soc. , 28 (1932) 379.

Carnie, G. C. and Torrie, G. M. , Adv. Chem. Phys. , 56 (1984) 141.

Cassel, H. , J. Phys. Chem. , 48 (1944) 195.

Chapman, D. D. , Phil. Mag. , 25 (1913) 475.

Corkill, J. M. , Goodman, S. P. , Harold, P. and Tate, J. R. , Trans. Faraday Soc. , 63 (1967) 247.

Cooper, I. L. and Harrison, J. A. , Electrochim. Acta, 22 (1977) 519.

Damaskin, B. B. , Frumkin, A. N. , Borovaja, N. A. , Elektrochimija, 6 (1972) 807.

Damaskin, B. B. , Elektrochimija, 5 (1969) 346.

Davies, J. T. , Proc. Roy. Soc. , Ser. A, 208 (1951) 244.

Davies, J. T. and Rideal, E. K. , "Interfacial Phenomena", Academic Press, New York, (1963).

de Boer, J. H. , "The Dynamical Character of Adsorption", Oxford Univ. Press, London, (1953).

Debye, P. and Hückel E. , Physik. Z. , 24 (1923) 185.

Defay, R. , Prigogine, I. , Bellemans, A. and Everett, D. H. , Surface Tension and Adsorption, Longmans, Green and Co. Ltd. , London, (1966).

Defay, R. and Petré, G. , in "Surface and Colloid Science", Matijevic', E. , (Ed.), John Wiley, New York, 3 (1971).

Defay, R. , Prigogine, I. and Sanfeld, A. , J. Colloid Interface Sci. , 58 (1977) 498.

de Feijter, J. A. , "Thermodynamics of Thin Liquid Films" in "Thin Liquid Films", Ivanov, I. B. , (Ed.), Marcel Dekker, Inc. New York, Basel (Surfactant Science Series), 29 (1988) 1.

de Groot, S. R. and Mazur, P. , Non-Equilibrium Thermodynamics, Dover Publications, Inc. , New York, (1984).

Demchak, R. J. and Fort, T. , J. Colloid Interface Sci. , 46 (1974) 191.

Derjaguin, B. V. and Obuchov, E. , Acta Physicochim. USSR, 5 (1936) 1.

Derjaguin, B. V. and Kussakov, M. , Acta Physicochim. USSR, 10 (1939) 153.

Derjaguin, B. V. and Landau, L. , Acta Physicochim. USSR, 14 (1941) 633.

Derjaguin, B. V. and Zorin, Z. , Zh. Fiz. Khim. , 29 (1955) 1010.

Derjaguin B. V. and Karasev, V. V. , Proc. 2nd Int. Congr. Surface Activity, Butterworth, London, Vol. 2, (1957), pp 531.

Derjaguin, B. V. and Churaev, N. V. , J. Colloid Interf. Sci. , 49 (1974) 249.

Derjaguin, B. V. , Colloids&Surfaces A, 79 (1993) 1.

Dukhin, S. S. , Glasman, J. M. and Michailovskij, V. N. , Koll. Zh. , 35 (1973) 1013.

Dukhin, S. S. , Croatica Chemica Acta, 53 (1980) 167.

Dukhin, S. S. and Derjaguin, B. V. , in "Surface and Colloid Science", Matijevic', E. , (Ed.), John Wiley, New York, 7 (1974).

Dynarowicz, P. , Adv. Colloid Interface Sci, 45 (1993) 215.

Everett, D. H. , "Manual of Symbols and Terminology for Physocichemical Quantities", Appendix II,

Butterworth, London, (1971).

Everett, D. H., Pure&Appl. Chem., 52 (1980) 1279.

Exerowa, D., Nikolov, A. D. and Zachariova, M., J. Colloid Interface Sci., 81 (1981) 491.

Exerowa, D., Kachiev, D. and Balinov, B., in "Microscopic Aspects of Adhesion and Lubrication", Elsevier, Amsterdam, (1982) 107.

Exerowa, D., Balinov, B., Nikolova, A. and Kachiev, D., J. Colloid Interface Sci., 95 (1983) 289.

Exerowa, D. and Kachiev, D., Contemp. Phys., 27 (1986) 429.

Fijnaut, H. M. and Joosten, J. G. H., J. Chem. Phys., 69 (1978) 1022.

Frumkin, A., Z. Phys. Chem., 116 (1925) 466.

Frumkin, A. N. and Levich, V. G., Zh. Phys. Chim., 21 (1947) 1183.

Frumkin, A. N., Zh. Phys. Chim., 30 (1956) 1455.

Gibbs, J. W., Scientific Papers, Vol. 1, 1906.

Goh, M. C., Hicks, J. M., Kemnitz, K., Pinto, G. R., Bhattacharaya, K. and Eisenthal, K. B., J. Phys. Chem., 92 (1988) 5074.

Good, R. J., Pure&Applied Chem., 48 (1976) 427.

Gouy, G., J. Phys., 9 (1910) 457.

Gouy, G., Ann. Phys., 7 (1917) 129.

Grahame, D. C., Chem. Rev., 41 (1947) 44.

Grahame, D. C., Z. Elektrochem., 59 (1955) 773.

Grimson, M. J., Richmond, P. and Vassiliev, C. S., in "Thin Liquid Films", Surfactant Science Ser., I. B. Ivanov, Ed., Vol. 29, Marcel Dekker, 1988.

Guggenheim, E. A., Thermodynamics, North-Holland Publishing Company, Amsterdam, (1959).

Hamaker, H. C., Physics, 4, (1937) 1053.

Hansen, R. S., J. Colloid Sci., 16 (1961) 549.

Hansen, R. S. and Beikerkar, K. G., Pure&Appl. Chem., 48 (1976) 435.

Henry, W., Nicholson's J., 4 (1901) 224.

Hückel, E., Trans Faraday Soc., 28 (1932) 442.

Hunter, R. J., Foundations of Colloid Science, Volumes I and II, Clarendon Press, Oxford, (1992).

Israelachvili, J., "Intermolecular and Surface Forces", Academic Press, London, San Diego, New York, Boston, Sydney, Tokyo, Toronto, 1992.

Ivanov, I. B. and Toshev B. V., Colloid&Polymer Sci., 253 (1975) 593.

Ivanov, I. B., Ed., Surfactant Science Ser., "Thin Liquid Films", Vol. 29, Marcel Dekker, 1988.

Jaycock M. J. and Parfitt, S. D., Ellis Horwood Ltd., John Wiley&Sons, New York, Chichester, Brisbane, Toronto, (1981).

Klevens, H. B., J. Am. Oil Chem. Soc., 30 (1953) 74.

Kohler, H. H., "Surface Charge and Surface Potential" in: "Coagulation and Flocculation" Dobias, B., (Ed.), Marcel Dekker, New York, 37 (1993).

Kohler, H. H. , "Thermodynamics of Adsorption from Solution" in "Coagulation and Flocculation", B. Dobias, (Ed.), Marcel Dekker (Surfactant Science Series), New York, (1993).

Koopal, L. K. , Wilkinson, G. T. and Ralston, J. , J. Colloid Interf. Sci. , 126 (1988) 493.

Koopal, L. K. , "Adsorption of Ions and Surfactants" in: Coagulation and Flocculation, B. Dobias, (Ed.), Marcel Dekker, New York, 101 (1993).

Kretzschmar G and Vollhardt D, Berichte d. Bunsengesellschaft, 71 (1967) 410.

Kretzschmar, G. Z. Chemie, 14 (1974) 261.

Kretzschmar, G. , Proc. Intern. Confer. Colloid Surface Sci. , Budapest, 1975.

Kretzschmar, G. , VII Intern. Congr. Surface Active Substances, Moscow, (1976).

Kretzschmar, G. and Voigt, A. , Proceeding of "Electrokinetic Phenomena", Dresden, 1989.

Lange, E. and Koenig, F. O. , Handbuch der Experimentalphysik, Vol. 12, Leipzig, (1933).

Lange, E. , Z. Elektrochem. , 55 (1951) 76.

Lange, E. , Z. Elektrochem. , 56 (1952) 94.

Langmuir, I. , Physical Review, 8 (1916) 2.

Langmuir, I. , Proc. Nat. Academy of Sciences, 3 (1917) 141.

Langmuir, I. , J. Amer. Chem. Soc. , 15 (1918) 75.

Langmuir, I. , J. Chem. Physics, 1 (1933) 187.

Lennard-Jones, J. E. , in "Fowler's Statistical Mechanics", Cambridge, 1936.

Levich, V. G. , Physico-Chemical Hydrodynamics, Prentice-Hall, Englewood Cliffs, N. Y. , 1962.

Li, D. , Gaydos, J. and Neumann, A. W. , Langmuir, 5 (1989) 1133.

Lucassen-Reynders, E. H. , Progr. Surface Membrane Sic. , 3 (1976) 253.

Lucassen-Reynders, E. H. , Adsorption at Fluid Interfaces, in "Surfactant Science Series", Marcel Dekker, New York, 11 (1981).

Matsumoto, M. and Kataoka, Y. , J. Chem. Phys. , 88 (1988) 3233.

Martynov, G. A. , Elektrokhimiya, 15 (1979) 494.

Mie, G. , Ann. Physik, 11 (1903) 657.

Milner, S. R. , Phil. Mag. , 13 (1907) 96.

Motomura, K. , J. Colloid Interf. Sci. , 48 (1974) 307.

Ono, S. and Kondo, S. , in "Handbuch der Physik", Flügge, S. , (Ed.), Springer, Berlin, (1960) Verwey, E. J. W. and Overbeek, Th. G. , Theory of Stability of Lyophobic Colloids, Elsevier, Amsterdam, (1948).

Platikanov, D. , Nedyalkov, M. and Scheludko, A. , J. Colloid Interf. Sci. , 75 (1980) 612.

Platikanov, D. , Nedyalkov, M. and Nusteva, V. , J. Colloid Interf. Sci. , 75 (1980) 620.

Pomianowski, A. and Rodakiewicz-Nowak, J. , Polish J. Chem. , 54 (1980) 267.

Rabinovich, Ya. I. , Derjaguin, B. V. and Churaev, N. V. , Adv. Colloid Interface Sci. , 16 (1982) 63.

Richter, L. , Platikanov, D. and Kretzschmar, G. , Proc. Intern. Conf. Surface Active Agents, Akademie-Verlag, Berlin, (1987).

Rotenberg, Y., Boruvka, L. and Neumann, A. W., J. Colloid Interface Sci., 93 (1983) 169.

Rusanov, A. I., "The Modern Theory of Capillarity", Goodrich, F. C. and Rusanov, A. I., (Ed.), Akademie-Verlag, Berlin, (1981).

Sanfeld, A., Thermodynamics of Charged and Polarized Layers, Wiley Interscience, London, New York, Sydney, Toronto, (1968).

Scheludko, A., "Colloid Chemistry", Elsevier Amsterdam, London, New York, (1966).

Scheludko, A., Radoev, B. and Kolarov, T, Faraday Soc., 69 (1968) 2213.

Scheludko, A., Exerowa, D. and Platikanov, D., Bulgarian Academy of Sciences, Communication of the Chemistry Dept., 11 (1969) 499.

Sonntag, H. and Strenge, K., "Koagulation und Stabilität disperser Systeme", VEB Deutscher Verlag der Wissenschaften, Berlin, (1970).

Stauff, J. and Rasper, J., Kolloid Z., 151 (1957) 148.

Stern, O., Z. Elektrochem., 30 (1924) 508.

Stillinger, F. H. and Ben-Naim, A., J. Phys. Chem., 47 (1967) 4431.

Szleifer, I. and Widom, B., Molecular Physics, 75 (1992) 925.

Szyskowski, B. von, Z. Phys. Chem., 64 (1908) 385.

Tanford, C., "The Hydrophobic Effect", Wiley Interscience, New York, 1980 Thomson, W., Phil. Mag., 42 (1971) 448.

Toshev, B. V. and Ivanov, I. B., Colloid&Polymer Sci., 253 (1975) 558.

Traube, I., Liebigs Ann., 265 (1891) 27.

Usui, S., Vol. 7 "Electrical Double Layer" in: "Electrical Phenomena at Interfaces", Vol. 15, Marcel Dekker, New York, (1984).

Vogel, V. and Mübius, D., Thin Solid Films, 159 (1988a) 73.

Vogel, V. and Mübius, D., J. Colloid Interface Sci., 126 (1988b) 408.

Vollhardt, D., PhD Thesis, Berlin, (1966).

Volmer, M., Z. Phys. Chem., 115 (1925) 253.

Vrij, A., Disc. Faraday Soc., 42 (1966) 23.

Ward, A. F. H. and L. Tordai, J. Phys. Chem., 14 (1946) 453.

Watanabe, A., "Electrochemistry of Oil-Water Interfaces", Matijevic', E. and Good, R. J., (Ed.) Plenum Press, New York, London, Surface and Colloid Sci., 1 (1994) 13.

Widom, B. and Clark, A. S., Physica A, 168 (1990) 149.

Wilson, M. A., Pohorille, A., and Pratt, L. R., J. Chem. Phys., 88 (1988) 3281.

Wüstneck, R., Miller, R. and Kriwanek, J., Colloids and Surfaces, 81 (1993) 1.

Yao, Y. L., Irreversible Thermodynamics, Van Nostrand Reinhold Company, New York, Cincinatti, Toronto, London, Melbourne, (1981).

Zimmels, Y., J. Colloid Interf. Sci., 130 (1988) 320.

第3章　表面现象、表面流变学和液体界面的弛豫过程

液体界面吸附过程的重要特性为其横向流动性，导致被吸附分子的横向过量迁移。横向迁移还导致了非平衡吸附层的产生，可引起弛豫过程和流体力学流动。反之，液体流动也可产生非平衡吸附层，并引发横向流动。这是非平衡吸附层在液体界面具有重要意义的原因。

表面流变学在描述表面运动和吸附/解吸动力学过程中应予以考察。表面流变学的某些主要内容在3.2节中进行介绍。法向和横向表面活性剂迁移及动态表面张力对外来扰动的响应依赖于弛豫性质，这些内容将在3.1节中介绍。

表面流变学和吸附/解吸动力学的关联给动态吸附层的量化模型带来了巨大困难。乳液和泡沫是研究吸附非平衡状态的重要体系。虽然泡沫和乳液动态模型的构建带来了额外的复杂性，美国科学家Edwards、Brenner和Wasan等已获得了卓越的成果，并在其著作(1991)“界面迁移过程和流变学”中进行了探讨，同时，保加利亚的Ivanov在其专论“薄液膜”(1988)中也进行了相关内容的阐述。

本书主要涉及双亲分子在液/气和液/液界面，而非固/液界面的动态性质。静态和动态接触角在附录3B中进行讨论，虽然这些现象取决于表面活性剂的吸附动力学，同样也发生在液体界面。许多研究人员对某些横向迁移现象特性的研究结果在附录3D中进行综述。

或许由吸附动力学引起的令人印象最深的现象为Marangoni不稳定性。少量观察到的可验证此现象及其特性在附录3C中进行简介。

3.1　弛豫和化学反应

如前所述，可溶和不可溶单分子层的状态可由固定温度、压力、体相和表面浓度的平衡状态决定。相应吸附层由平衡态的偏离可由吸附/解吸过程或流体力学及气动剪切应力所致的垂直和横向浓度梯度引发，如图3.1所示。

其他类似的实验为不可溶单分子层在Langmuir槽上的压缩或扩张。通过该操作，薄膜可经历不同的状态，如中间相等。薄膜从一种状态转变为另一种需要一定时间，这种过程从一种非平衡态开始，向重新建立平衡的方向发展，该过程的时间为此过程的特征参数之一。许多过程的“弛豫”原理首先由Maxwell(1868)在其张力松弛的研究工作中引

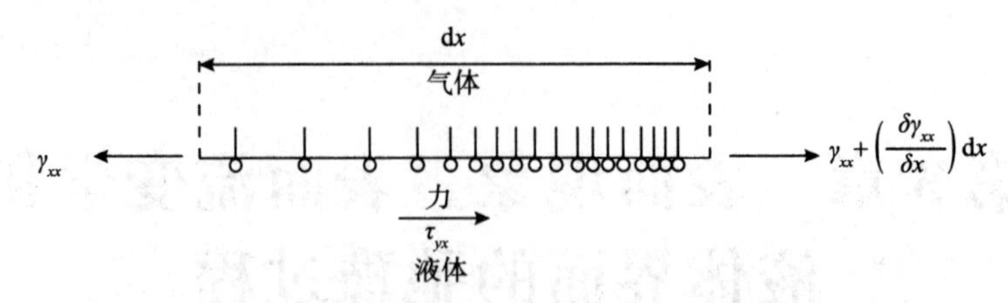

图 3.1　不可溶表面活性剂吸附层上的流体力学或气动剪切应力

入。根据其观点，经历形变的液体可由剪切应力描述

$$\tau = e^{-\frac{G}{\eta}t}\left[\tau_0 + G\int \dot{\xi} e^{\frac{G}{\eta}t}\,dt\right] \tag{3.1}$$

式中，G/η 等于弛豫时间 τ；G 为弹性模量；η 为黏度。当位移 ξ 为常数时，可得到弛豫曲线，此时 $\dot{\xi}=0$，弛豫时间可描述为

$$\tau = \tau_0 e^{-\frac{G}{\eta}t} \tag{3.2}$$

时间 η/G 成为阻滞时间，可用于除 Maxwell 体系之外的其他体系。按式（3.2）得到的弛豫曲线或其谱线（过程，有可能复杂到具有不止一个弛豫时间）可与通过在特定表面压下突然停止对单分子层的压缩得到的压力降低趋势拟合。典型实验结果如图 3.2（Tabak 等 1977）所示

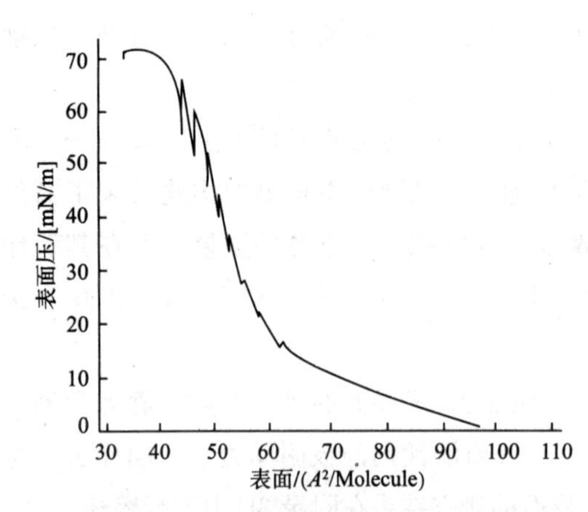

图 3.2　当单分子层中特定分子占据面积上的持续压缩突然停止后的典型压力弛豫（Tabak 等 1977）

考虑双亲分子在界面的动态行为，需对某些动态过程进行考察。不仅包括吸附/解吸过程，还包括具有时间依赖性的取向和横向迁移现象。每种过程均有其特征时间，称为弛豫时间。存在两种极端情况：

$$\tau_1 \ll \tau_{exp} \tag{3.3}$$

及

$$\tau_2 \gg \tau_{exp3} \tag{3.4}$$

式中，τ_1 和 τ_2 为与过程如扩散或取向相关的弛豫时间，τ_{exp} 为实验的时间分辨率。例如，当小分子双亲化合物的取向时间可非常短，假定为纳秒级，而界面处表面活性蛋白质的再取向时间则长达数分钟甚至数小时。在这些情况下，这些弛豫实验都不能得出适当的弛豫机理。只有当真实弛豫时间与实验检测方法的时间分辨率具有近似数量级接近时，实验才能够得出合理的结果。

Lucassen-Reynders（1981）及 van den Tempel 和 Lucassen-Reynders（1983）分析了不同界面弛豫过程，并作出了分类：

表面-体相物质交换的扩散导致的弛豫；

胶束形成或破坏导致的弛豫；

多层颗粒间物质交换导致的弛豫；

吸附-屏障过程导致的弛豫。

胶束体系的吸附动力学首先由 Lucassen（1975）进行了研究，其胶束弛豫时间定义为

$$\tau^{-1}=\frac{-\partial\ln\Delta c_{\mathrm{M}}}{\partial t}=\frac{\partial\ln\Delta c_0}{\partial t} \tag{3.5}$$

式中，Δc_{M}和 Δc_0分别为平衡胶束和单体浓度值派生而来的参数。

在涉及表面流变学的主要原理（2D 流变学）之前，首先需要处理通过流体体相中的弛豫（或阻滞）现象考察黏弹性的问题。

每个化学反应均有其弛豫时间，可通过许多途径进行考察。Moelwyn Hughes（1971）对化学反应的弛豫过程中的问题进行了系统介绍。从中可了解到很多溶液弛豫现象从实验到理论的原理，可用于研究界面相关课题。同样也可将弛豫理论的主要原理从体相应用至界面。该步骤可为采用体相流变学（3D 流变学）建立表面流变学提供强有力的支撑。然而，体相和表面的流变学仍存在显著的区别。表面的某些部分可视条件选择忽略与否，这种情况在体相中则不成立。在 3D 流变学中张力由某个主体的体积变化决定，而表面张力则很大程度上取决于表面相的成分。

质量传递效应引起的反应体系中的组分变化与粒子（原子、分子）的位移是溶液化学反应的典型特征。此外，流体中的弛豫可由各种波，如超声波、震波、交变电场或压力波动等的传递引起。界面压力波动实验由 Loglio（1986a，b，1988，1991）和 Miller 等（1992）进行了描述。Loglio 等（1986a）引入傅立叶变换以分析跃升扰动的作用面积。Hachiya 等（1987）也发表了类似的实验研究结果。

3.2　应力-应变关系综述

如前所述，描述弛豫的经典形式由 Maxwell（1868）提出。后来 Moelwyn-Hughes（1971）提出弛豫时间 τ 与颗粒的位移相关，可用一简单公式来表达。值得注意的是，表面流变学性质可通过疏水颗粒在黏弹性界面上的位移进行研究（Maru 和 Wasan 1979），所用公式如下

$$-\frac{\mathrm{d}(x-x_{\mathrm{e}})}{\mathrm{d}t}=\frac{1}{\tau}(x-x_{\mathrm{e}}) \tag{3.6}$$

或

$$-\frac{\mathrm{d}\Delta x}{\mathrm{d}t}=\frac{\Delta x}{x}\frac{1}{\tau} \tag{3.7}$$

上式可作为弛豫过程的基本公式。在推广的应力-应变关系式中，可用 s（ξ）代替位移

$$\frac{\mathrm{d}\xi}{\mathrm{d}t}=\frac{1}{\beta}\frac{\mathrm{d}s}{\mathrm{d}t}-\frac{\xi}{\tau} \tag{3.8}$$

在固体表面，τ 足够长，而是上式中的最后一项接近于 0。假若考察对象具有黏度，则 ξ 将不会保持不变，意味着对象发生弛豫。在简化的压缩实验中，ξ 与外压 Δp 成正比，应变为 $\mathrm{dln}V$。弛豫公式变换为

$$\frac{\mathrm{d}p}{\mathrm{d}t}=-\frac{1}{\beta}\frac{\mathrm{dln}V}{\mathrm{d}t}-\frac{\Delta p}{\tau} \tag{3.9}$$

当 $\mathrm{d}p/\mathrm{d}t$=常数时，式（3.9）可写作

$$B=-\frac{1}{\beta}\frac{\mathrm{dln}V}{\mathrm{d}t} \tag{3.10}$$

经积分

$$\frac{\mathrm{d}p}{\mathrm{d}t}=B-\frac{\Delta p}{\tau} \tag{3.11}$$

可得

$$\Delta p=B\tau[1-\exp(-t/\tau)] \tag{3.12}$$

式（3.12）描述的弛豫过程如图 3.3 所示。

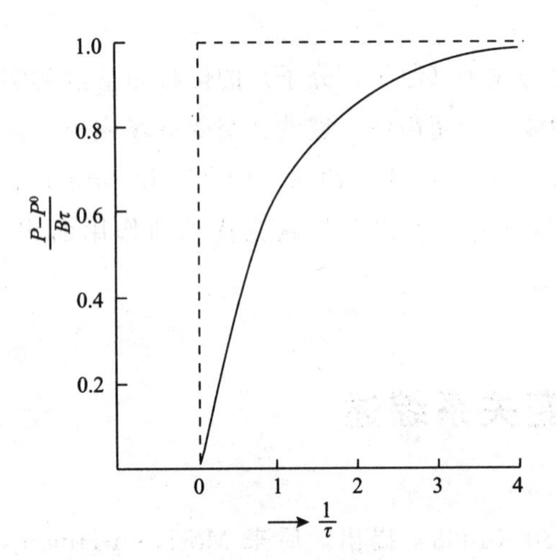

图 3.3　具有真实及假想定态液体的弛豫过程示例（Moelwyn-Hughes 1971）

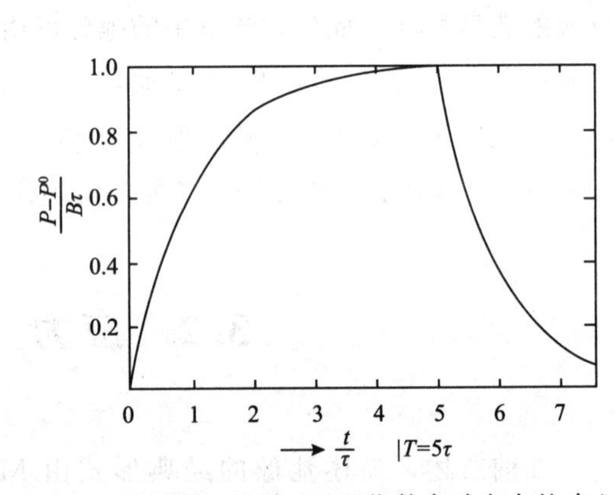

图 3.4　应力从 $B\tau$ 到 0 过程指数衰减定态的确立

弛豫时间是一阶常数的倒数，决定了平衡建立过程。另一方面，在实验中可将 $t=\tau$ 时刻的应变设定为常数，这种过程可通过 $B=0$ 情况下的压力-时间关系进行表征。因而

$$\frac{\mathrm{d}p}{\mathrm{d}t}=-\frac{\Delta p}{\tau} \tag{3.13}$$

也有下式的形式

$$\ln\Delta p=-t/\tau+const \tag{3.14}$$

当 $t=\tau$，则

$$\ln B\tau = -t_0/\tau + const \tag{3.15}$$

以及

$$\Delta p = B\tau \exp[-(t-t_0)/\tau] \tag{3.16}$$

式中，t_0为达到稳态所需时间。该过程如图 3.4 所示。

从现象学观点出发，弛豫是简单的能量流（de Groot 1960）。只要体系作为一个整体未达到热力学平衡态，体系中存在的不同温度 T'和 T''就将引起两部分间的能量流。因此，以上边作为建立热力学平衡的“驱动力”，可写出如下关系式

$$\mathrm{d}S = \frac{\mathrm{d}U'}{T'} + \frac{\mathrm{d}U''}{T''} \tag{3.17}$$

对于包含任何数量子系统的绝热系统，以″符号来表示子系统，则下式成立

$$\mathrm{d}U = \mathrm{d}U' + \mathrm{d}U'' = 0 \tag{3.18}$$

与式（3.17）联立，则

$$\frac{\mathrm{d}S}{\mathrm{d}t} = \frac{\mathrm{d}U'}{\mathrm{d}t}\left(\frac{1}{T'} - \frac{1}{T''}\right) = \frac{\mathrm{d}U'}{\mathrm{d}t}\left(\frac{T''-T'}{T^2}\right) \tag{3.19}$$

若 $\mathrm{d}U'/\mathrm{d}t$ 为流量，则 $T''-T'$可定义为作用于两个子系统之间的力。

从现象学关系可得

$$\frac{\mathrm{d}U'}{\mathrm{d}t} \leqslant \frac{T''-T'}{T^2} \tag{3.20}$$

de Groot（1960）提出，式（3.20）描述的弛豫现象理论通常可由下式进行描述

$$\frac{\mathrm{d}T}{\mathrm{d}t} = \frac{1}{\tau}(T''-T') \tag{3.21}$$

该式来自 $\mathrm{d}U' = C'\mathrm{d}T''$，其中 C' 为其中一个系统的比热，$C'T^2/L = \tau$，称作“弛豫时间”。

声波的传播是研究不可逆热力学的成熟方法，伴随声波传播，会产生热量、黏性流、弛豫现象和化学反应，每种现象均具有特定的弛豫时间。

为验证受某种特定弛豫时间控制的化学反应和表面过程的“重合”条件，可对两种过程在某些方面进行比较，包括：组分的扩散、新相的形成（如结晶）、蒸发、凝固、从聚集态向单体状态的转化或相反的过程等。例如，当组分 A 可产生组分 B，而与温度、压力或其他作用如电场等无关的过程。

为描述表面状态，必须考虑为使液体界面处单个吸附分子和聚集分子（团簇）达到相同平衡化学势所需的垂直和横向扩散过程。这样就可对化学反应和表面化学过程采用相同的热力学表达式进行描述，包括熵增、流动、作用力和亲和力及其随坐标变动的偏移等。

3.3　表面流变学简介

本节旨在介绍一些一般概念，并简介界面流变学性质的课题。吸附层能够彻底改变界

面的流动性质。当今的表面流变学或2D流变学已成为表面科学中的独立领域。表面流变学的符号和定义来自于明确的体相或3D流变学。这两种流变学的不同主要在于表面流变学处理的是开放体系，因在可溶吸附层压缩或扩张的同时，可发生吸附和脱附。对完整的流变学状态进行直接测量比体相流变学更加困难。因此表面流变学更加局限于简化的流变学模型，如Maxwell-Oldroyd液体，以及对包含相关相位角的应力-应变关系的弹性和黏性部分进行线性叠加。

表面流变学的主要原理由Landau和Lifschitz（1953）、Stuke（1961）、Levich（1962）、Lucassen（1968）、Wasan等（1971）、van den Tempel（1977）、Goodrich（1981）等建立。Goodrich（1969）、Izmailova（1979）、Lucassen-Reynders（1981）、Wüstneck和Kretzschmar（1982），以及最近Edwards等（1991）和Miller等（1994）进行了综述。

在张量分量的符号体系中，采用了某些来自Landau和Lifschitz（1953）的经典成果中的符号，特别有：

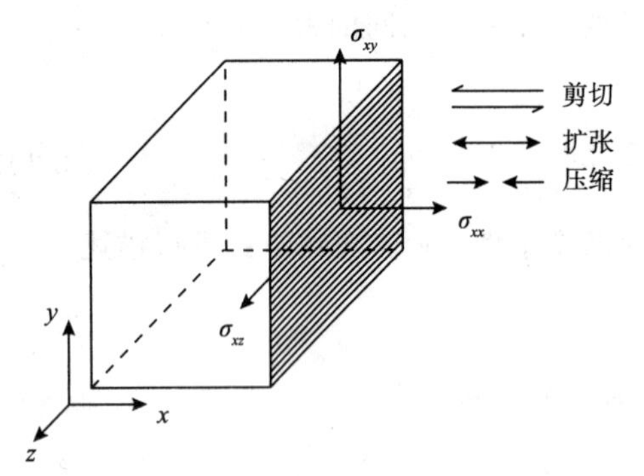

图3.5 作用于立方体的剪切和压缩张量分量的描述（Landau和Lifschitz 1953）

u_{ii}——相对体积变化；

γ_{ik}——表面张力张量；

u_{ik}——形变张量分量。

图3.5显示了小立方体处的剪切和压缩/扩张张量分量。

从图中可见，考虑了没有尺寸变化的纯形变（纯剪切）和没有形状变化的尺寸变化（扩张或压缩）两种情况。对后者应变张量变为$u_{ik} \sim \delta_{ik}$（Landau和Lifschitz 1953）。变形可归结为对纯剪切和扩张形变之和。这样可得到

$$u_{ik} = \left(u_{ik} - \frac{1}{3}\delta_{ik}u_{ii}\right) + \frac{1}{3}(\delta_{ik}u_{ii}) \quad (3.22)$$

其中第一项对应纯剪切，第二项对应纯扩张形变。对于扩张形变，所有分量$u_{ik,i\neq k}$减小，整个体积的应变张量保持不变，围压压缩或棒的普通拉伸即可作为实例。

对最简单的流变学模型进行检验，采用Hooke定律检测弹性，Newton定律检测黏性。按照Hooke定律，应变张量u_{ik}为应力张量s_{ik}的线性函数，即形变与作用力成正比。若惯性应力、弹性或Hooke应力及黏性应力具有加和性，可得到

$$\left(\frac{m}{g_c f}\right)\frac{d^2\xi}{dt^2} + \eta_k \frac{d\xi}{dt} + G_k\xi = s(t) \quad (3.23)$$

式中，ξ为应变；s为应力；t为时间；G为剪切模量；f为未定义函数A/L_2的形状因子；g_c为与作用力相关的量纲常数；m为质量；α为角度。

Newton 第二运动定律的形式为 $F=m\cdot(d^2L_1/dt^2)/g_c$，因此加速度可写作（图 3.6）

$$dL_1 = L_2\partial\xi \tag{3.24}$$

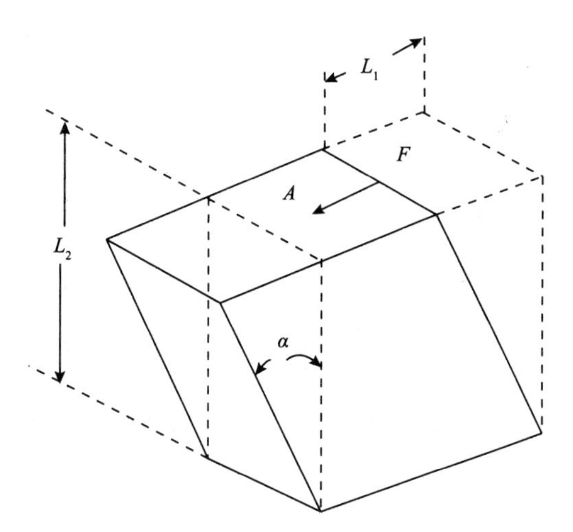

图 3.6　液体分量中的加速度关系示意图

从 3D 流变学到 2D 流变学，即表面流变学，最好在对复杂变量如应力 s^*、应变 ξ^*、复数黏度 η^*、复数剪切模量 G^* 等分别采用矢量处理。η^* 和 G^* 为黏度矢量。剪切形变中的相关应变矢量处理如图 3.7 所示：

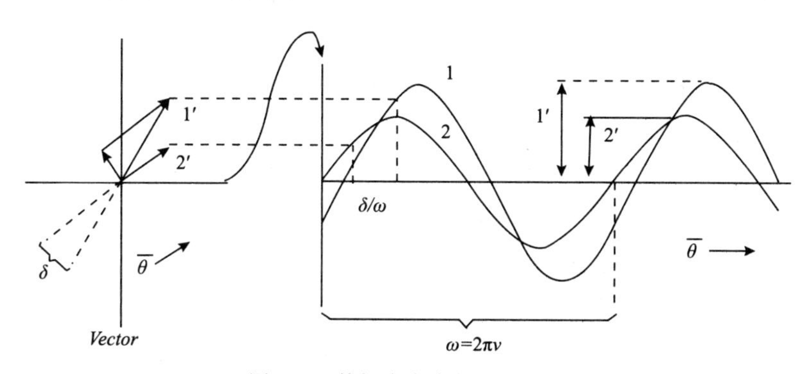

图 3.7　剪切应变中的矢量处理

$\omega=2\pi v$ 对应矢量 s_0 的全周期；Θ—时间；δ—相位角；s—应力；σ—剪切速率

应力和应变的复数变量可写作：

$$\xi^* = \xi_0 e^{i\omega\Theta} \tag{3.25}$$

$$s^* = s_0 e^{i(\omega\Theta+\delta)} \tag{3.26}$$

这些表达式的微分等价于矢量逆时针旋转 90°。

$$d\dot{\xi}/d\Theta = i\omega\xi_0 e^{i(\omega\Theta+\pi/2)} \tag{3.27}$$

下标“0”指向量的幅度。因此可得到两个复数量

$$G^* = s^*/\xi^* \tag{3.28}$$

及

$$\eta^{*} = s^{*}/\mathrm{d}\xi^{*}\,\mathrm{d}\Theta \tag{3.29}$$

或

$$G^{*} = G' + iG'' \tag{3.30}$$

及

$$\eta^{*} = \eta' - i\eta'' \tag{3.31}$$

G'、G''、η'、和 η''的关系为

$$G' = \omega\eta'' \tag{3.32}$$

和

$$G'' = \omega\eta \tag{3.33}$$

因此，$G''/G' = \eta'/\eta''$，以及 $G''/G' = \tan\Theta$，式中，$\tan\Theta = \eta_{\mathrm{k}}/(G_{\mathrm{k}}/\omega) = I\omega/g_{\mathrm{c}}f$。

与电系统类比，可规定机械阻抗 Z 的幅度为有效应力与有效应变率的比值。机械阻抗方向与流动方向相反，与非弹性体系相同，为表观黏度。因此，可得到

$$Z = |\eta^{*}| = \sqrt{(\eta^{*})^{2} + (\eta'')^{2}} \tag{3.34}$$

$$\eta' = \eta_{\mathrm{k}} \tag{3.35}$$

$$\eta'' = [(G_{\mathrm{k}}/\omega) - (I\omega/g_{\mathrm{c}}f)] \tag{3.36}$$

在实际情况中，发现弹性和黏性效应在应力-应变关系中存在叠加。特定系统的 3D 流变性质可用机械弹簧和阻尼原件-黏壶的组合来描述。Maxwell、Kelvin、Burgers 和 Voigt 等流变学模型都是这些机械元件的组合。

Maxwell 和 Kelvin 模型如图 3.8 所示，为最重要的机械元件组合模型。

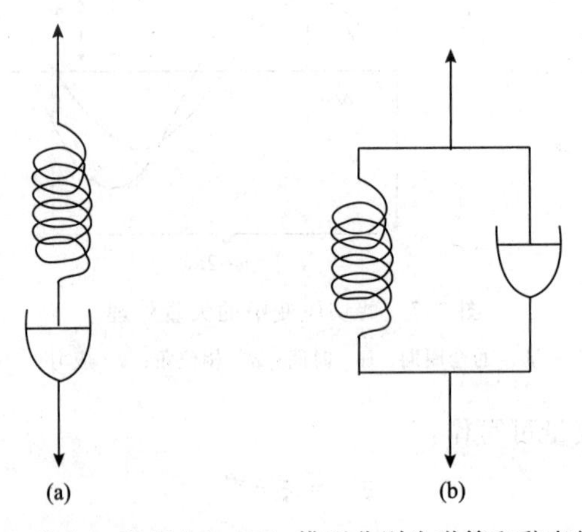

图 3.8　Maxwell (a) 和 Kelvin (b) 模型分别为弹簧和黏壶的串联和并联

剪切 Maxwell 模型可用下式表达

$$\mathrm{d}\xi/\mathrm{d}t = (1/\eta_{\mathrm{M}})_{\mathrm{s}} + (1/G_{\mathrm{M}})\mathrm{d}s/\mathrm{d}t \tag{3.37}$$

Kelvin 模型为

$$S = \eta_{\mathrm{k}}/\mathrm{d}t + G_{\mathrm{k}}\xi \tag{3.38}$$

剪切黏度和剪切模量的比值通常用时间 $\tau=\eta/G$ 来表示。对于 Maxwell 模型，τ 为应力弛豫时间。在 Kelvin 模型中，τ 是弹簧在固定应力下拉伸至其平衡长度所需的时间，τ 称作阻滞时间。

已知许多表面活性剂的效应，如表面波的衰减、液膜减薄速率、发泡和泡沫稳定以及乳化，不能简单地用界面张力降低或两个界面间的范德华力和静电相互作用来解释。覆有表面活性剂吸附层界面处的流体力学剪切应力是许多重要表面现象成因的典型实例之一。这种效应如图 3.9 所示，称作 Marangoni 效应。

考虑最简单的状态方程 $\pi=RT\Gamma$，每一个 Γ 对应于一个膜压值 π。换言之，表面密度 Γ 的梯度，如图 3.9 所示，等价于表面张力梯度。表面或界面的这种梯度引起平坦表面的变形，是 Gauss-Laplace 公式的结果。这种效应如图 3.10 所示。

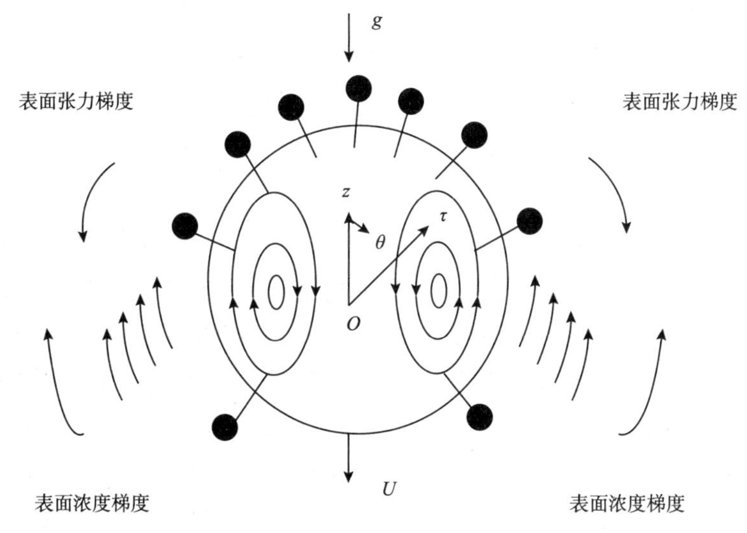

图 3.9　液动力作用所致吸附物种的密度不均匀性引起反方向的 Marangoni 流动（Edwards 等 1992）

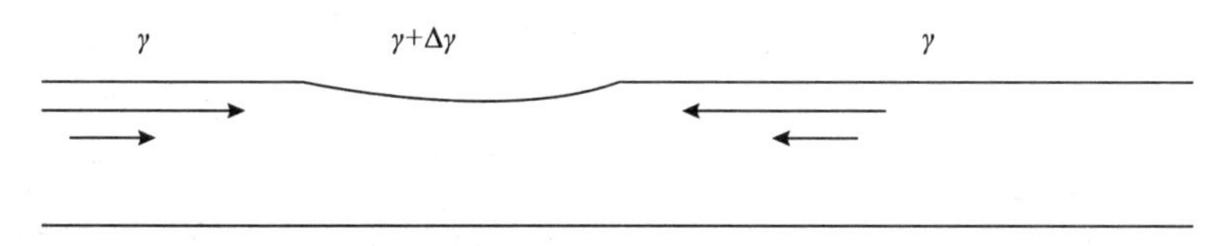

图 3.10　平坦表面在表面张力梯度影响下发生的变形

在实际体系中，气泡或液滴在表面活性剂溶液中的运动受到表面张力梯度的强烈阻滞。图 3.11 明晰地显示了上升气泡或沉降液滴受到的阻滞效应。在表面活性剂溶液中，重力和 Marangoni 效应作用方向相反。

该课题是本书的重要主题之一。在第 8～12 章中，这种效应用于定性及在某些情况下定量地解释许多与表面活性剂溶液中上升气泡相关的现象。

有证据显示表面流变学遵从与体相流变学相同的成熟原理和术语体系。关注于典型应用，液体界面的流动性质常受到表面流变学液动力阻滞效应的影响，如表面弹性、表面黏度和相关损耗角。这些参数在压缩和扩张过程，以及剪切过程中起作用。

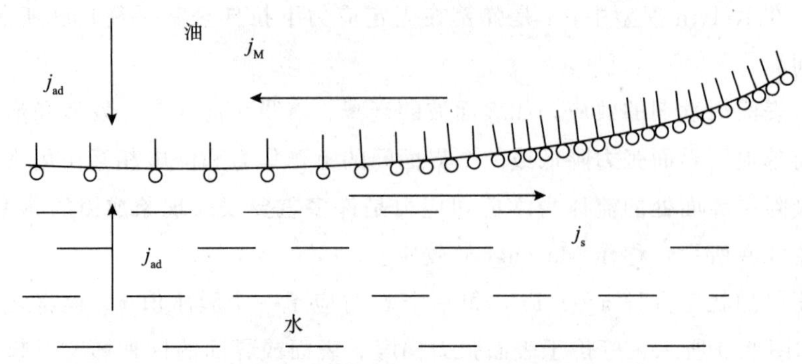

图 3.11　液动力剪切应力 j_s 和 Marangoni 流动 j_M

j_{ad}—吸附流（Edwards 1992）

在图 3.5 所示的立方体中，可见 3D 主体应力-应变关系的张量分量。忽略 z 坐标，张量从 3×4 矩阵变为 2×2 矩阵。只有引入弛豫行为类似 3D 体系的模型时，才可用 3D 流变学原理处理相关表面问题。在对吸附层的理想弹性行为缺乏理解的情况下，这是唯一可用于处理表面状态问题的方法。

有几种可观测到或可能的效应，可归类为分子取向、分子结构变形（缔合或形成区域）、横向或垂直迁移过程等。在真实非平衡体系中，需考虑两种或更多效应的叠加。

对可溶表面活性剂吸附层，垂直传质在两种情况下发生，在表面活性剂溶液的新表面形成后以及表面积周期或非周期性的变化过程。按照热力学的观点，“表面相”为一开放体系。许多经典文章在理论和实际方面对该问题进行了讨论，包括 Milner（1907）、Doss（1939）、Addison（1944，1945）、Ward 和 Tordai（1946）、Hansen（1960，1961）、Lange（1965）。检测表面张力时间依赖关系的新技术及许多关于表面活性剂吸附动力学的理论新观点近期由 Kretzschmar 和 Miller（1991）、Loglio 等（1991）、Fainerman（1992）、Joos 和 Van Uffelen（1993）、MacLeod 和 Radke（1993）、Miller 等（1994）发表。这些课题将在第 4 章和第 5 章中进行详细讨论。法向物质交换与表面弛豫过程的相关性将在第 6 章中进行讨论。

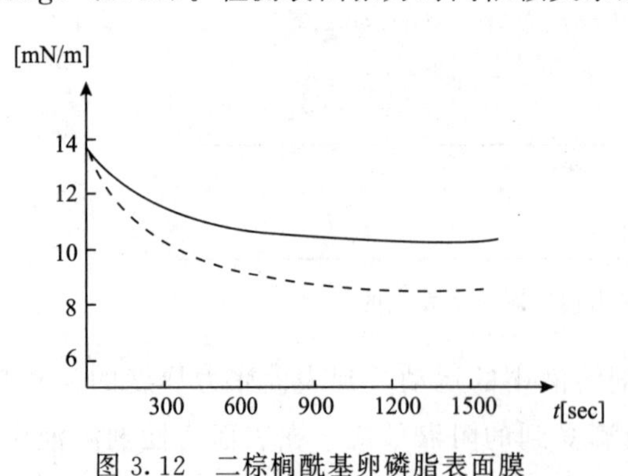

图 3.12　二棕榈酰基卵磷脂表面膜

压缩终止后的弛豫

压缩速率：2cm/min—实线，10cm/min—虚线

与表面弛豫相关的典型效应可通过测定不可溶单分子层的 $\pi-A$ 吸附等温式观察到。在多数铺展双亲分子的测定过程中，表面膜的压缩和扩展曲线存在明显差别。通常这种特征行为描述为滞后。铺展二棕榈酰基卵磷脂分子的实例如图 3.12 所示。这种现象对应一个或多个表面弛豫过程。

所有这些现象都可归结为应力-应变关系的损耗角。3D 流变学处理的是封闭体系，体系边界不发生传质。相反，具有吸附层的表面相可与体相在边界条件下发生物质交换，如新表面形成后的吸附或由于表面积周期变化所致的周期吸附/脱附情况。

首先，表面流变学可由四个流变学参数完整描述：压缩/扩张过程的弹性、黏性及剪切。在任何情况下，表面流动总与附着液体体相的流体力学行为相伴。从界面热力学可知，对来自体相压力的剪切应力张量变化进行积分可获得界面张力 γ（Bakker 1928）。

从联立界面微元和粘附体相液体的运动基础公式出发，可得到以下方程，根据 Goodrich（1969）和 van den Tempel（1977）的成果

$$\frac{\partial \gamma_{xx}}{\partial x}+\frac{\partial \gamma_{yx}}{\partial x}=(\xi_{zx}^{\mathrm{a}}-\xi_{zx}^{\mathrm{b}})_{z=0} \tag{3.39}$$

其中 $\xi^{a,b}$ 分别为 a 和 b 相中的剪切应力，界面张力为 γ。通过在液体运动 Newton 方程中引入剪切应力 s，以及考虑统一的膨胀 $\gamma_{yx}=\gamma_{xy}=0$，表面张力张量变为标量，式（3.39）可写作

$$\frac{\partial \gamma}{\partial x}=-\eta^{\mathrm{a}}\left(\frac{\partial v_x}{\partial z}+\frac{\partial v_z}{\partial x}\right)_{z=-0}+\eta^{\mathrm{b}}\left(\frac{\partial v_x}{\partial z}+\frac{\partial v_z}{\partial x}\right)_{z=+0} \tag{3.40}$$

对于气/液界面，$\eta^a \gg \eta^b$，边界条件简化为

$$\frac{\mathrm{d}\gamma}{\mathrm{d}x}=\eta^{\mathrm{a}}\frac{\mathrm{d}v_x}{\mathrm{d}z}\Big|_{z=0} \tag{3.41}$$

表面膨胀弹性首先由 Gibbs（1906）定义为

$$E=\frac{\mathrm{d}\gamma}{\mathrm{dln}A} \tag{3.42}$$

式中，A 为吸附或铺展的分子占据的表面积。与式（3.41）联立，可得

$$\frac{\mathrm{d}\gamma}{\mathrm{d}x}=E\frac{\mathrm{d}^2\xi}{\mathrm{d}x^2} \tag{3.43}$$

式中，ξ 为表面微元在 x 方向上的位移。

经典力学中，E 为“理想”系数，类似 Hooke 模型中的弹性模量。多数实际吸附层的压缩/膨胀实验可与材料学中弹性材料的筛选相类比。在表面流变学中，与 3D 弹性理论中的系数相类比，必须考虑复合的系数。表面弹性系数可写作复合的模量形式：

$$E=E'+E'' \tag{3.44}$$

式中，E' 是复合模量中的实际部分，而 E'' 是其中的假想部分。

3.4　薄液膜排液过程的表面流变学和吸附动力学

液膜减薄（排液）的速率受到相关吸附层流变学性质的显著影响。在此仅对有限的实例进行讨论。薄液膜问题的不同方面 y 由 Ivanov（1988）和 Hunter（1993）进行了详细

的描述。圆柱形平面膜固定化是Scheludko等（1961）采用动力学方法使用Reynolds方程决定分离压等温式的先决条件。Ivanov和Dimitrov（1988）将液膜的状态描述为近似润滑过程，指出影响薄液膜排液速率的基本原理是将体相中表面活性剂量的恒定所致的动量守恒（由Levich提出，1962）与表面动量守恒（Scriven 1960，Aris 1962，Maru 1977）联系起来。

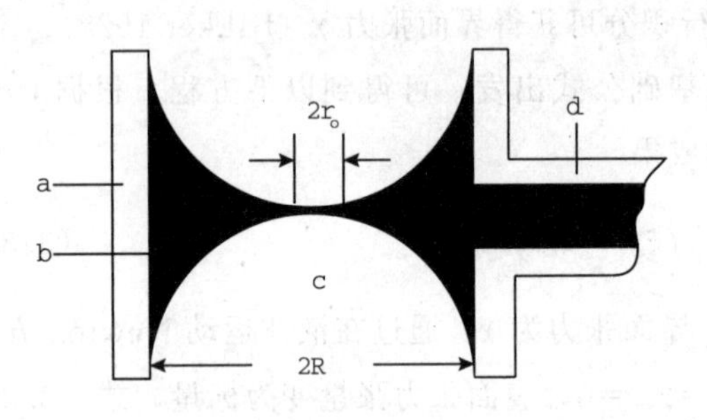

图 3.13 “Scheludko单元”中的轴对称液膜示意图

a—直径 $2R$ 的玻璃环；b—表面活性剂溶液；c—直径为 $2r_0$ 的薄液膜；d—从相对较厚液膜中吸出液体的管子

应用润滑过程近似需要液膜的半径超出其厚度 10^6 倍以上。在薄液膜研究中，薄膜的厚度通常用 h 表示，R 表示薄液膜的平坦部分的半径，按照Manev等（1976）的方法。对于具有几何对称性的Scheludko单元，Reynolds方程（1886）可用于计算排液速率。决定薄液膜分离压的主要条件是液膜的两个表面完全固定。“Scheludko单元”如图3.13所示。在最简条件下，液体流出液膜的驱动力是液膜平坦部分和直径约为0.5cm的玻璃管壁之间弯曲界面的毛细管压力。

对于刚性表面的减薄速率，Reynolds方程可写作以下形式（Scheludko 1967）

$$V_{\mathrm{R}} = \frac{\mathrm{d}h}{\mathrm{d}t} = \frac{2}{3}\frac{h^3}{\mu R^2}\Delta P \tag{3.45}$$

此公式是Scheludko用于决定薄液膜分离压的动力学方法（1961）的基础。其附加条件为

$$\Delta P = P_{\mathrm{c}} - \pi \tag{3.46}$$

其中 P_{c} 是半径为 $R_{\mathrm{c}} \sim R$ 的弯曲界面的毛细管压力，如图3.14所示。薄液膜排液速率常数与液膜界面的流变学性质有关。这些流变学性质包括弹性以及黏性部件。在真实体系中，还需考虑如3D流变学中的黏弹性。

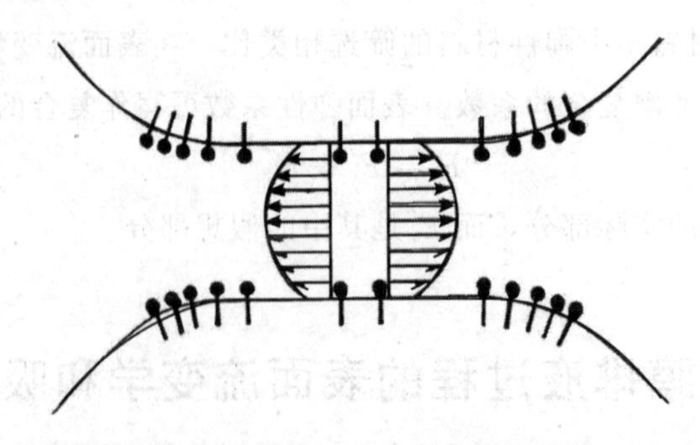

图 3.14 液膜排液速率与液膜界面流变学性质的关联（Scheludko 1966）

泡沫和乳液体系中的薄液膜通常采用可溶表面活性剂稳定。在这些液膜形成过程中，液体流出过程对表面活性剂在体相和液膜表面的平衡态产生扰动。两油滴间含有表面活性

剂的液膜如图 3.15 所示（Ivanov 和 Dimitrov 1988）。其中 j^{d} 和 j^{f} 分别为进入液滴和薄膜的体积流量，j^{s} 和 j^{c} 分别为 Marangoni 效应引起的表面扩散或铺展的流量。

当液体流动的轨迹可进行比较时，会产生不同类型的吸附和解吸机理，导致分别不同的边界条件。表面动量守恒的主要原理为表面张力作为标量参数，受到以张量 s' 表示的表面黏性应力影响。从相关表面应力张量 $s\underline{\underline{I}}_{s}$（Landau 和 Lifschitz 1953），其中 $\underline{\underline{I}}_{s}$ 是单位表面张量，按照表面应力平衡出发，可得

$$\nabla^{s}\times(s\underline{\underline{I}}_{s}+\underline{\underline{s}}')=\underline{n}\times[|\underline{\underline{P}}|] \tag{3.47}$$

其中 $[|\underline{\underline{P}}|]=P^{f}-P^{d}$ 是薄膜两侧的体积应力 $\underline{\underline{P}}$ 之差。

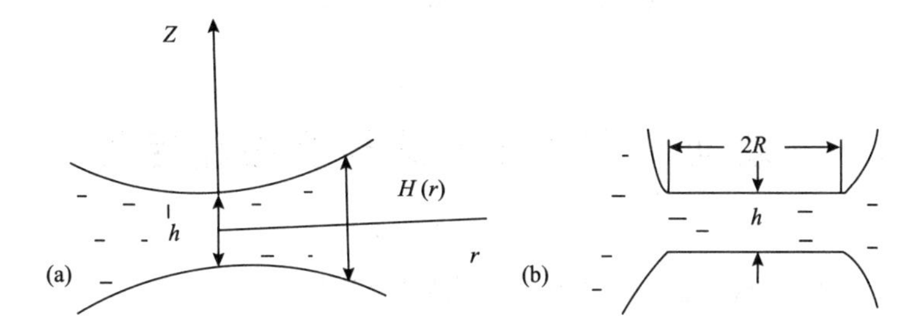

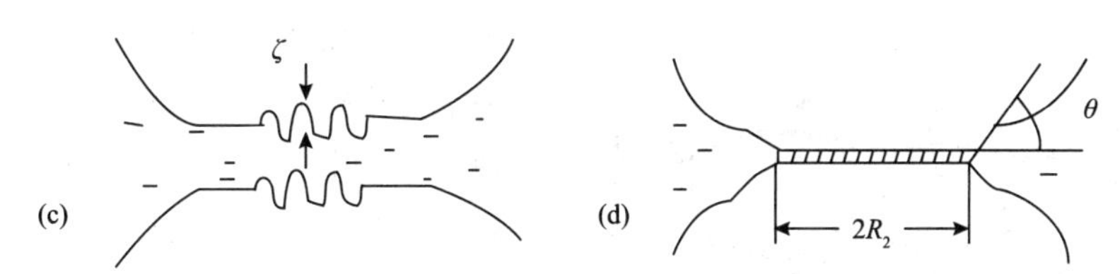

图 3.15　两油滴或气泡间含有表面活性剂的液体排液过程

(a) 接近，(b) 排液形成的平面薄膜，(c) 热扰动，(d) 平衡态

$2R$—薄膜半径；h—薄膜厚度（Ivanov 和 Dimitrov 1988）

Ivanov 和 Dimitrov（1988）给出了表面笛卡尔坐标系中表面黏性应力张量的各组成项

$$s'_{ik}=\eta_{s}\left[\frac{\partial v_{i}}{\partial x_{k}}+\frac{\partial v_{k}}{\partial x_{i}}\right]-\delta_{ik}\left(\frac{\partial v_{l}}{\partial x_{l}}\right)+E_{d}\delta_{ik}\left(\frac{\partial v_{l}}{\partial x_{l}}\right) \tag{3.48}$$

式中，η_{s}、E_{d}、δ_{ik} 分别为表面剪切黏度、表面膨胀黏度和 Kronecker 符号。通过引入泡沫薄膜运动参数 ε^{f} 和运动表面速度 U，在缓慢扩散和近似润滑过程的情况下，可得

$$U=\frac{V_{r}}{2h(1+\varepsilon^{f})} \tag{3.49}$$

以及

$$\varepsilon^{f}=-\frac{(\partial\gamma_{0}/\partial c_{0})\Gamma_{0}}{3\mu D}\left[1+\frac{2D_{s}(\partial\Gamma_{0}/\partial c_{0})}{Dh}\right] \tag{3.50}$$

V_{r} 是薄膜膨胀速率。对于乳液系统，定义 ε^{e} 为乳液薄膜运动参数，上述公式同样成立。Radoev 等（1974）及 Ivanov 和 Dimitrov（1974）引入了附加的表面效应以描述刚性

表面相对于 Reynolds 速率 V_{Re} 的减薄速率 V。

$$\frac{V}{V_{Re}} = 1 + b + \frac{h_s}{h} = 1 + \frac{1}{\varepsilon^f} \tag{3.51}$$

式中，$b=3\beta_d$；$h_s=6\beta_s h$；β_d 和 β_s 分别为体相和表面扩散参数。

Ivanov 和 Dimitrov（1974）提出式（3.51）与近似润滑过程不符。通过联立式（3.74）和 γ_{ik}，Aris（1962）得到

$$\nabla_s \times (s\,\underline{\underline{I}}_s) = \underline{\underline{I}}_s \times \nabla_s s + s\,\nabla_s \times \underline{\underline{I}}_s\,\nabla_s s + 2sK_m \tag{3.52}$$

K_m 表示主曲率。总体切向应力平衡可由下式给出

$$\mu_{sh}\Delta_s^2\,\underline{V}_s + \mu_d\,\nabla_s(\nabla_s \times V_s) = \nabla_s s + \underline{n} \times [\,|P|\,] \times \underline{I}_s \tag{3.53}$$

3.5 表面流变学和泡沫与乳液稳定性

如 3.4 节所述，液膜排液速率取决于表面流变学性质，对于泡沫和乳液薄膜均成立。然而，流体颗粒之间薄膜的排液仅是实现稳定性的第一步。DLVO 理论通过 π－A 等温线中的第二最小值控制了薄膜和薄膜稳定过程。

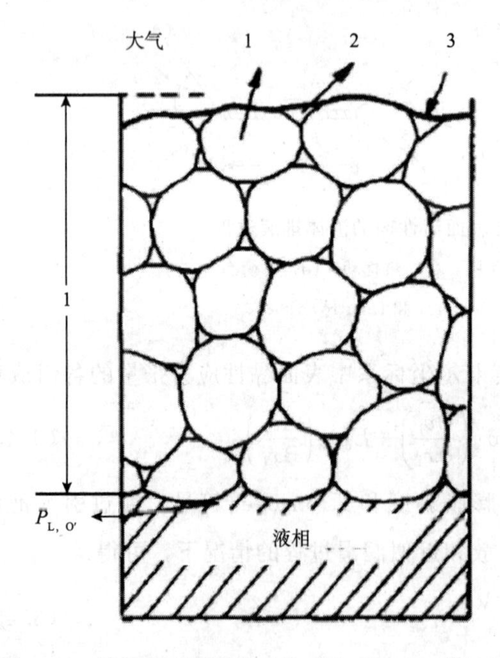

图 3.16　液体界面的泡沫结构（Kruglyakov 等 1991）

为避免在此课题上涉入过深，此处仅限于讨论控制泡沫寿命和稳定性的总体机理。乳液中的机理与此类似，虽然由于油滴直径和形状的分布及其布朗运动，情况变得更为复杂。Kruglyakov 等（1991）经验证，认为泡沫为规则系统，如图 3.16 所示。

Khristov 等（1984）指出在泡沫中，稳定作用（弹性力）足够抗衡泡沫形成过程中的破坏作用。因此泡沫中的液体膜可达到一定厚度，在此厚度下，表现出特定的热力学性质，如 2.10 节所述。

基于微分公式，Ivanov（1977）描述了薄液膜演变过程的各个步骤，区分了 Marangoni-Gibbs 和表面黏度效应。此外，还考虑了表面扩散和缓慢吸附（屏障或动力学控制机理）等本质过程。第四章中介绍了一些基础关系式。

总之，可区别以下内容：

厚液膜的减薄以建立所有作用力平衡的速率以及普通黑体膜的寿命。

按照 Vrij（1966）的理论，表面波具有重要意义。考察表面波行为得到的薄液膜破裂的临界厚度比其平衡厚度要小得多。图 3.17 显示了薄膜在挤压产生的表面波作用下的减薄过程。

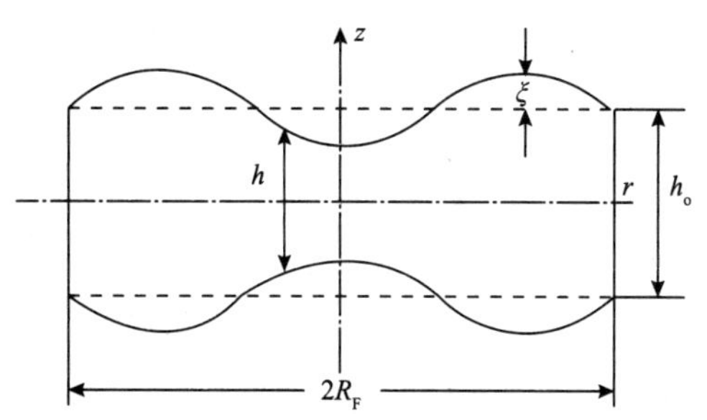

图 3.17　自由液膜在表面波作用下的减薄，通过扰动达到了膜破裂的临界厚度

ξ—液体微元的位移；$2R_F$—薄膜直径；h_0—平衡薄膜厚度（Vrij 1966，Fijnaut 和 Joosten 1978）

在后续工作中，Krugljakov 和 Exerowa（1990）采用实验和理论方法对微观泡沫薄液层和宏观泡沫进行了机理研究。Exerowa 和 Kashiev（1986）的理论中，采用类似吸附层的点阵中空穴的横向扩散来解释薄液膜的稳定性。作为示例，Exerowa 等（1983）的一些实验结果如图 3.18 所示。

Malhotra 和 Wasan（1988）对稳定泡沫和乳液的表面活性剂吸附层的界面流变性质进行了实质性综述。Khristov 等（1984）提出的泡沫寿命对 Plateau-Gibbs 边界两侧压差的依赖关系如图 3.19 所示。

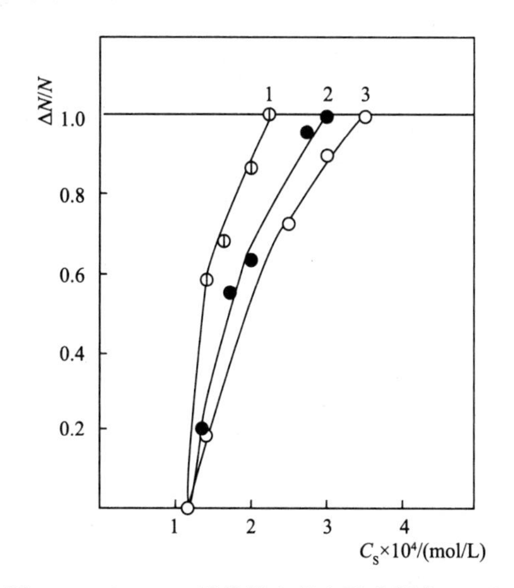

图 3.18　Newton 黑体膜中斑点形成概率 $\Delta N/N$ 为 SDS 在 0.5M NaCl 溶液中的浓度的函数，膜半径 R=0.005cm（1），0.01cm（2），0.05cm（3）（Exerowa 等 1983）

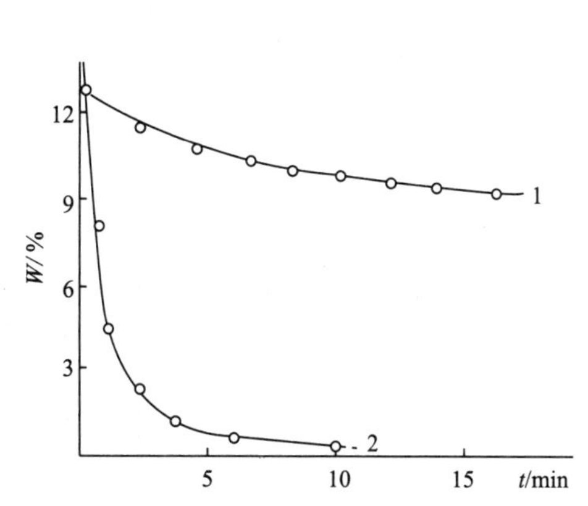

图 3.19　作用于 BSA 泡沫膜中水含量 W 的压力

1—无附加压力；2—附加压力 $\Delta P=10^4\,N/m^2$（Lalchev 等 1979）

作为临界现象的另一证据，Boyd 等（1972）发现了乳液凝聚速率对表面弹性和黏性的依赖关系，Malhotra 和 Wasan（1988）对此进行了综述，见图 3.20。

Malysa 等（1985）测定了泡沫在正构醇类水溶液中的保持时间。表面活性剂的表面活性及其吸附动力学决定了相关吸附层的弹性。稳定体的膨胀弹性还受到外界扰动频率的影响。图 3.21 显示了保持时间对脂肪酸浓度的函数关系。相关有效膨胀弹性对脂肪酸浓度的函数关系如图 3.22 所示。

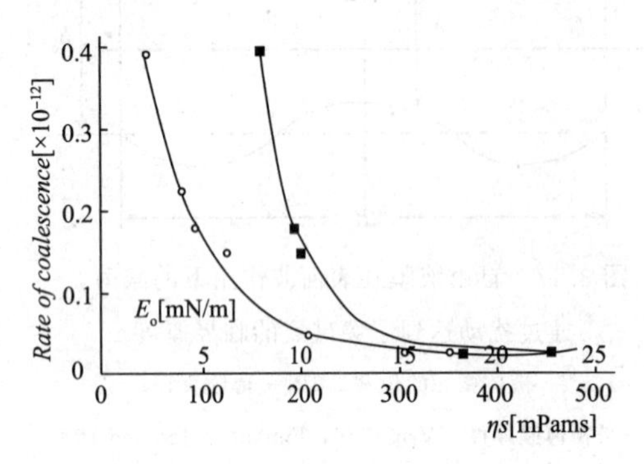

图 3.20　乳液凝聚速率对表面弹性（○）和黏性（■）的依赖关系（Boyd 1972）

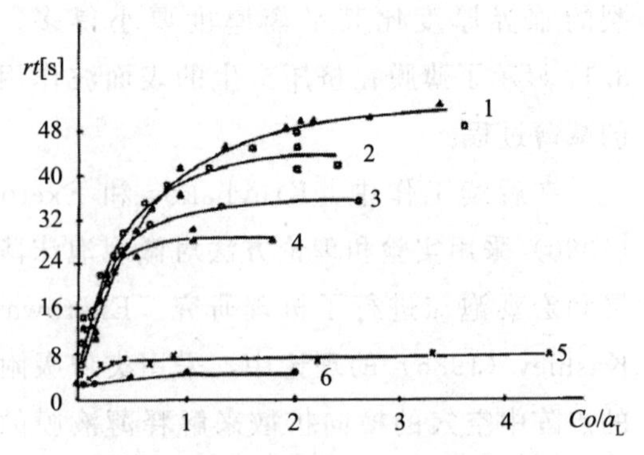

图 3.21　泡沫保持时间对不同烷基链长的直链脂肪酸浓度的函数关系

1—辛酸；2—庚酸；3—己酸；

4—戊酸；5—壬酸；6—癸酸

（Malysa 等 1985）

Malysa 等（1991）后来对其结果进行了更理论化的解释。高度动态的体系导入了“界面动力学性质”的许多重要课题。近期 Wantke 等（1994）对实验数据以半定量理论的形式进行了更深入的描述。

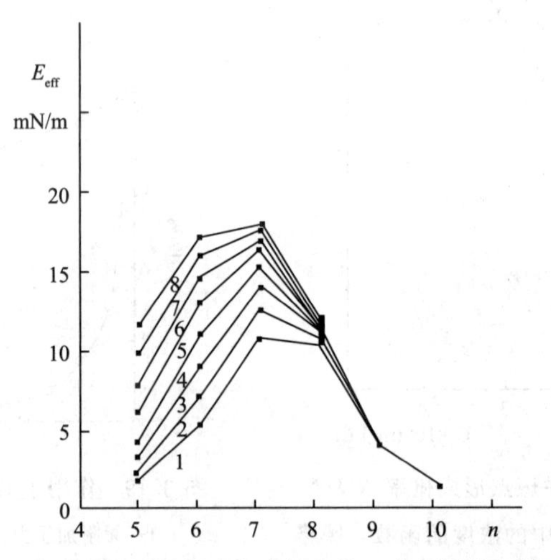

图 3.22　有效表面弹性对不同链长直链脂肪酸链长数 n 在不同外界扰动频率下的函数关系

$C_0/a_L=1$，$t_{ad}=0.15$s

1—200Hz；2—400Hz；3—800Hz；4—1600Hz；

5—3200Hz；6—6400Hz；7—12800Hz；8—25600Hz（Malysa 等 1991）

3.6　表面波

表面流变学中最值得关注及最常被研究的效应是表面波的衰减。表面波无论为横波或纵波，可用色散方程来描述。Mann（1984）近期对动态表面张力和表面张力波的新进展进行了综述。

Levich（1941）提出表面横波可用下式描述

$$\rho\omega^2 = \gamma k^3 \tag{3.54}$$

式中，$k=2\pi/\lambda$，为波数。Hansen 和 Mann（1964）及 Tempel 和 van de Riet（1965）提出了式（3.54）对横波衰减的解。测定这些波与表面活性剂体相浓度相关的衰减系数，与该理论吻合很好。在特定表面活性剂浓度下可见明显的衰减系数最大值，如图 3.23 所示。

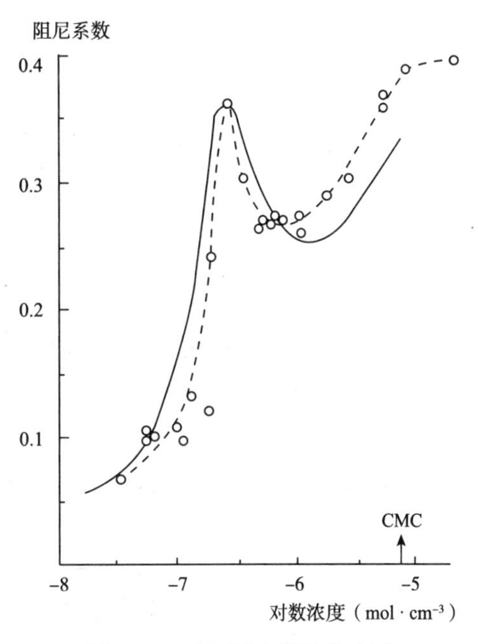

图 3.23　表面张力纵波的衰减

（van den Tempel 和 van de Riet 1965）

Lucassen（1968）和 Lucassen-Reynders（1969）研究得出了表面纵波相关理论，该波在弹性模量高于 30mN/m 时出现，其行为类似拉伸膜。相关色散方程有以下形式

$$\eta\rho\omega^3 = i\varepsilon^2 k^4 \tag{3.55}$$

横波的测量与较小表面积变化相关，并在几百到几千 Hz 频率范围内进行，而纵波的测量则在远低于此的频率下进行。

表面波的传播特征为较小的表面积变化，安装于 Langmuir 槽的可移动挡板则在更高的振幅下工作。van Voorst Vader 等（1964）、Lucassen 和 Barnes（1972）、Lucassen 和 Giles（1975）及 Kretzschmar 和 König（1984）对该原理及困难之处进行了描述。图 3.24 显示了振荡挡板法的实例。

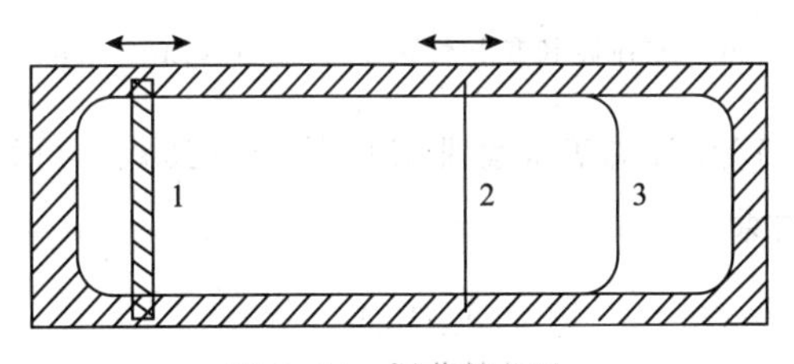

图 3.24　振荡挡板法

1—压缩挡板；2—振荡挡板（0.5—1Hz）；3—力天平

另一种近期发展的测定表面流变学性质的方法是采用径向振荡气泡的衰减，首先由 Lunkenheimer 和 Kretzschmar（1975）进行描述，并由 Wantke 等（1980）进行理论解释。这种技术将在第 6 章中进行详细描述。该技术是基于衰减效应并通过衰减系数获得膨胀流变学参数。振荡挡板法是通过测量表面压的振荡以及振荡源和生成压力振荡的相位角对复数弹性进行直接测量。单分子层弹性的复数模量按下式给出

$$E = \frac{-\mathrm{d}\pi}{\mathrm{dln}A} = E' + iE'' = |E|\cos\alpha + i|E|\sin\alpha \tag{3.56}$$

图 3.25 给出了 $\Delta\pi$ 与时间的关系用于测定相位角 α 的实例。E 可通过以下近似计算得到

$$\frac{-\mathrm{d}\pi L}{\mathrm{d}L} \approx \frac{\Delta\pi L}{\Delta L} \tag{3.57}$$

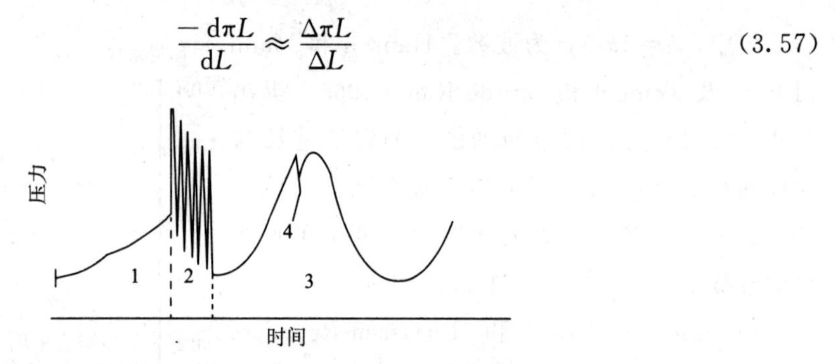

图 3.25 磷脂单分子层膜压变化 $\Delta\pi$ 与时间的关系

1—以 10cm/min 的速度压缩；2—以 $f=0.05$Hz 的频率振荡；3—在更高时间分辨率下振荡；4—相位滞后标记

（Kretzschmar 1988）

根据 Lucassen（1968）的观点，纯粹弹性和黏弹性表面可在图 3.26 中清晰地描述。

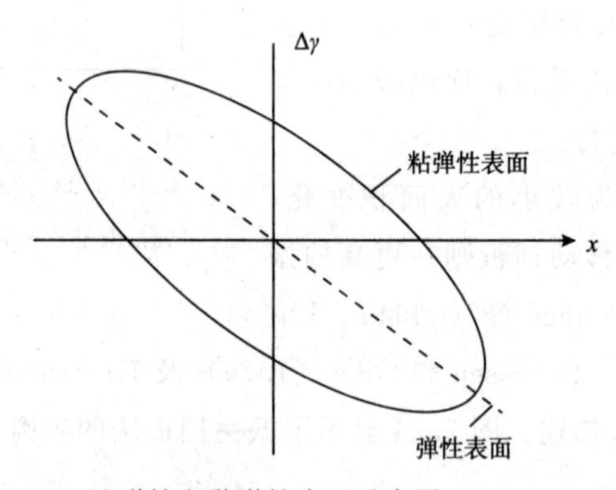

图 3.26 纯弹性和黏弹性表面示意图（Lucassen 1968）

使用 Boussinesq（1913）计算表面膨胀黏度的经典公式，可得到表面张力变化、表面弹性和表面膨胀黏度的关系。

$$\Delta\gamma = E\Delta\ln A + \frac{\mathrm{dln}A}{\mathrm{d}t} \tag{3.58}$$

为描述表面流变学性质，需考虑由膨胀/压缩以及剪切作用引起的表面应力。在表面

积变化的情况下，存在两个与表面剪切流相关的系数。采用与图 3.4 中剪切和应力张量相同的符号，可得

$$\gamma_{yx} = \eta_s \frac{\partial v_x}{\partial y} \tag{3.59}$$

为表面剪切黏度 η_s 的定义式。

3.7　小结

表面流变学及其与吸附动力学的联系

在液/液分散体系（如乳液、泡沫）中，液体界面通常被吸附层覆盖，并存在横向运动。这种运动引起沿界面的横向传递并使吸附层的平衡状态被打破，因而产生吸附/解吸过程的物质传递。

横向的液体和表面层运动受到表面流变学的影响，并与传质过程（表面弛豫）相关联。这种关联使得对动态吸附层（DAL）进行量化描述存在很大困难。对表面流变学和表面弛豫过程及其应用在第 8～11 章内进行介绍。

吸附动力学现象及液体界面和分散体系中的表面弛豫

第 3 章旨在介绍受到流体力学、吸附动力学和表面流变学强烈影响的过程。由于化学反应、横向和垂直流动、吸附动力学和界面不稳定性导致的弛豫过程，在描述表面流动性质时存在某些不足。

Sanfeld 等（1990）从理论上分析了表面和体相化学反应的竞争。将表面弹性定义为由所有过程的动力学决定的过程，并推断毛细管力效应或许可作为一种作用于反应体系的外加力场。其观点与对化学反应弛豫过程的总体描述一样，均来自于 De Donder 的原理。总结界面弛豫现象，可与通常的化学反应同样的方式进行描述。大体上体相和界面应用的化学动力学定律并无不同。

这种思路为化学技术和环境保护技术打开了一扇新的大门。例如，化学反应在体相和界面的反应速率常数的差异可用于提高分离过程的选择性。

除表面流动性质“经典”的应用，如提高分散体系稳定性、减小表面扰动和控制气泡附近颗粒的流动等之外，受表面活性剂影响的表面力的复杂作用可解释海洋气溶胶中的微悬浮物的存在及开发其富集技术（Loglio 等 1985）。Loglio 等（1986a）也明确了上升气泡在海面重金属富集中的作用。

钒和铬的吸附在地球化学循环中具有直接意义。含羟基表面在很大程度上决定了这两种元素的转化和配合物的形成过程。这种表面还具有薄附着水层的结构。氧钒根（Ⅳ）和铬（Ⅲ）的吸附动力学取决于表面羟基配体（Wehrli 和 Stumm 1988）。为解释上述现象，Hachiya 等（1984）通过实验获得了不同离子的吸附速率和水分子交换速率之间的关系。

对于重金属离子迁移到具有粘附水膜的固体表面（如氧化铝）的过程，电场力的黏弹性和重金属离子的浓度或许对吸附速率具有重要影响。为此，不仅需要了解铺展液体表面的弛豫过程，也需要对吸附剂表面的粘附水层的弛豫过程进行考察。后者或许可作为薄液膜热力学和流动性质之间的桥梁，已由一些卓越的研究组进行了相应的研究。

尚待解决的问题包括有关界面化学反应在弛豫谱中的贡献的总体理论和相关实验结果，以更好地对表面流变学参数进行更好的理论描述。如前所述，每个化学反应均具有至少一个特征弛豫时间。另一方面，表面流变学性质，如膨胀弹性，也与界面弛豫过程密切相关。

与建立液体界面流动性质模型这种基础工作同时，相关设备的研制、计算机模拟、解释表面流变学相关传递现象也在进行，应对界面化学反应中出现的新弛豫现象有所关注。这些化学反应可以是单一分子团簇在液体界面的形成、重金属离子配合物的形成、界面反应减少的几何效应（Astumian 和 Schelly 1984）、金属液滴与气体的反应（Sanfeld 等 1990）、聚合过程、缩聚反应、立体定向化学反应、吸附染料的滤除、即酶催化反应等。也需承认的是，聚合物熔体的表面流变学，虽然对许多技术至关重要，但仍未被充分研究。

高剪切应力及润湿剂存在条件下的动态接触角建模问题非常复杂。例如在涂料工艺中，针对与流体力学应力复杂作用相关的动态接触角、润湿剂在流场中的吸附动力学及补偿毛细管力等问题，已进行了较为透彻的数学研究，以期解决上述问题。

参考文献

Addison，C. C.，J. Chem. Soc.，(1944) 252.

Addison，C. C.，J. Chem. Soc.，(1945) 98.

Aris，R.，“Vectors，Tensors and the Basic Equations of Fluid Mechanics”，Prentice-Hall，Englewood Cliffs，New Jersey (1962).

Astumian，R. D. and Schelly，Z. A.，J. Am. Chem. Soc.，106 (1984) 304

Bakker，G.，“Handbuch der Experimentalphysik”，Vol. VI，Akademie-Verlagsgesellschaft，Leipzig，1928.

Bénard，H.，Ann. Chim. Phys.，23 (1901) 62.

Blake，T. D. and Haynes，I. M.，J. Colloid Interface Sci.，30 (1969) 421.

Blake，T. D.，Ver. Deut. Ing.，Berlin，182 (1973) 117.

Blake，T. D.，AIChE Internat. Symp. Mechanics of Thin-Film Coating，New Orleans，1988.

Boussinesq，J.，Ann. Chim. Phys.，29 (1913) 349.

Boussinesq，J.，Acad. Sci. Paris，156 (1913) 1124.

Boyd，J.，Parkinson，C. and Sherman，F.，J. Colloid Interface Sci.，41 (1972) 359.

Cerro，R. L.，and Whitaker，St.，J. Colloid Interface Sci.，37 (1971) 33.

Cherry，B. W. and Holmes，C. M.，J. Colloid Interface Sci.，29 (1969) 174.

Clark，D. C.，Dann，R.，Mackie，A. R.，Mingins，J.，Pinder，A. C.，Purdy，P. W.，Russel，E. J.，Smith，L. J. and Wilson，D. R.，J. Colloid Interface Sci.，138 (1990a) 195.

Clark，D. C.，Coke，M.，Mackie，A. R.，Pinder，A. C. and Wilson，D. R.，J. Colloid Interface Sci.，138 (1990b) 207.

de Boer，J. H.，"The Dynamical Character of Adsorption"，Oxford Univ. Press，London，(1953).

de Groot，S. R.，Thermodynamics of Irreversible Processes，North-Holland Publ. Comp.，Amsterdam，(1960).

de Donder，Th.，"L'affinité"，Gauthier-Villars，Paris，(1927).

Dimitrov，D. S.，Panaiotov，I.，Richmond，P. and Ter-Minassian-Saraga，L.，J. Colloid.
Interface Sci.，65 (1978) 483.

Doss，K. S. G.，Koll. Z.，86 (1939) 205.

Edwards，D. A.，Brenner，H. and Wasan，D. T.，Interfacial Transport Processes and Rheology，Butterworth-Heineman Publishers，1991.

Einstein，A.，Sitz. ber. Akad. Wiss.，Math.-Phys.，Berlin，K1 (1920) 380.

Fainerman，V. B.，Colloids&Surfaces，62 (1992) 333.

Fijnaut，H. M. and Joosten，J. G. H.，J. Chem. Phys.，69 (1978) 1022.

Frenkel，J. and Obraztsov，J.，Zh. Fiz. (USSR)，3 (1940) 131.

Fritz，G.，Z. angew. Physik，19 (1965) 374.

Gibbs，J. W.，Scientific Papers，Vol. 1，1906.

Giordano，R. M. and Slattery，J. C.，AIChE J.，25 (1983) 483.

Goodrich，F. C.，"Rheological properties of fluid Interfaces" in：Solution Chemistry of Surfactants，Mittal，K. L.，(Ed.)，Plenum Press，New York，Vol. 1，(1969) 738.

Goodrich，F. C.，"Surface viscosity as a capillary excess transport property" in "The Modern Theory of Capillarity"，Akademie-Verlag，Berlin，1981.

Grader，L.，PhD Thesis，Leuna-Merseburg，1985.

Hachiya，K.，Sasaki，M.，Ikeda，T.，Mikami，N. and Yasunaga，T.，J. Phys. Chem.，88 (1984) 27.

Hachiya，K.，Takeda，K. and Yasunaga，T.，Adsorption Science&Technology，4 (1987) 25.

Hansen，R. S.，J. Phys. Chem.，64 (1960) 637.

Hansen，R. S. and Mann，J. A.，J. Appl. Phys.，35 (1964) 152.

Hansen，R. J. and Toong，T. Y.，J. Colloid Interface Sci.，37 (1971) 196.

Hard，S. and Neumann，R. D.，J. Collolid Interface Sci.，120 (1987) 15.

Heckl，W. M.，Miller，A. and Möhwald，H.，Thin Solid Films，159 (1988) 125.

Hoffmann，R. L.，J. Colloid Interface Sci.，94 (1983) 470.

Huh，C. and Scriven，L. E.，J. Colloid Interface Sci.，35 (1971) 85.

Huh, C. and Mason, S. G., J. Fluid Mech., 81a (1977) 401.

Ismailova, V. N., "Structure Formation and Rheological Properties of Proteins and Surface-Active Polymers of Interfacial Adsorption Layers" in: Progress in Surface and Membrane Science, 13 (1979).

Ivanov, I. B., Thesis, University of Sofia, (1977).

Ivanov, I. B., Ed., Surfactant Science Ser., "Thin Liquid Films", Vol. 29, Marcel Dekker, 1988.

Ivanov, I. B. and Dimitrov, D. S., in "Thin Liquid Films", Surfactant Science Ser., Vol. 29, I. B. Ivanov, Ed., Marcel Dekker, 1988.

Joos, P., Bracke, M. and van Remoortere, P., AIChE Meeting, Orlando, (1990).

Joos, P. and Van Uffelen, M., J. Colloid Interface Sci., 155 (1993) 271.

Joosten, J. G. H., Vrij, A. and Fijnaut, H. M., Int. Conf. Phys. Chem. Hydrodyn., Levich. Conference 1977, Advances Publications, Guernscy, 2 (1978) 639.

Kretzschmar, G. and König, J. SAM, 9 (1981) 203.

Kretzschmar, G., Progr. Colloid Polymer Sci., 77 (1988) 72.

Kretzschmar, G., J. Inf. Rec. Mat., 21 (1993) 439.

Kretzschmar, G., Lunkenheimer, K. and Miller, R., Material Science Forum, 25—26 (1988) 211.

Khristov, Khr., Malysa, K. and Exerowa, D., Colloids&Surfaces, 11 (1984) 39.

Krugljakov, P. M. and Exerowa, D. R., "Foam and Foam Films", Khimija, Moscow, 1990.

Kruglyakov, P. M., Exerowa, D. Khristov, Khr. I., Langmuir, 7 (1991) 1846.

Laddha, S., Machie, A. R. and Clark, D. C., Membrane Biology, 142 (1994), in press.

Landau, L. and Lifschitz, E., "Theoretical Physics", Moscow, 1953.

Lange, H., Koll. Z. Z. Polymere, 201 (1965) 131.

Langevin, D., J. Colloid Interface Sci., 80 (1980) 412.

Levich, V. G., Acta Physicoxchimica U. R. S. S., XIV (1941) 307.

Levich, V. G., Physicochmical Hydrodynamics, Prentice Hall, Inc., New York, 1962.

Liebermann, L., Phys. Rev., 76 (1949) 1520.

Linde, H., Mber. Detsch. Akad. Wiss., 1 (1959) 586, 699.

Linde, H. and Kretzschmar, G., J. prakt. Chemie, 15 (1962) 288.

Linde, H., Chu, X. L., Velarde, M. G. and Waldheim, W., Phys. Fluids, A5 (1993) 3162.

Linde, H. and Friese, P., Z. phys. Chem. (Leipzig), 247 (1971) 225.

Linde, H. and Shuleva, N., Monatsberichte DAW Berlin, 12 (1970) 883.

Linde, H. and Schwartz, P., Nova acta Leopoldina, NF61 (1989) 268.

Linde, H. and Engel, H., Physica D, 49 (1991) 13.

Linde, H. and Zirkel, Ch., Z. phys. Chem. (München), 174 (1991) 145.

Linde, H., Schwartz, P. and Wilke, H., "Dynamics and Instability of Fluid Interfaces", Lecture Notes in Physics, 105, Springer, Berlin, (1979).

Loglio, G., Tesei, U. and Cini, R., J. Colloid Interface Sci., 71 (1979) 316.

Loglio, G., Tesei, U. and Cini, R., Colloid Polymer Sci., 264 (1986a) 712.

Loglio, G., Tesei, U. and Cini, R., Bolletino Di Oceanologica Theorien ed Applicata, IV

(1986b) 91.

Loglio, G., Tesei, U. and Cini, R., Rev. Sci. Instrum., 59 (1988) 2045.

Loglio, G., Tesei, U., Miller, R. and Cini, R., Colloids&Surfaces, 61 (1991) 219.

Lucassen, J., Trans. Faraday Soc., 64 (1968a) 2221.

Lucassen, J., Trans. Faraday Soc., 64 (1968b) 2230.

Lucassen, J. and Barnes, G. T., J. Chem. Soc. Faraday Trans. 1, 68 (1972) 2129.

Lucassen, J. and Giles, D., J. Chem. Soc. Faraday Trans. 1, 71 (1975) 217.

Lucassen, J., Faraday Disc. Chem. Soc., 59 (1975) 76.

Lucassen, J., "Dynamic Properties of Free Liquid Films and Foams", in Surface Science Series, Vol. 11, Marcel Dekker, New York, (1981) 217.

Lucassen-Reynders, E. H. and Lucassen, J., Adv. Colloid Interface Sci., 2 (1969) 347.

Lucassen-Reynders, E. H., J. Colloid Interface Sci., 42 (1973) 573.

Lucassen-Reynders, E. H., "Surface Elasticity and Viscosity in Compression/Dilatation", in Surfactant Science Series, Vol. 11, (1981) 173.

Lucassen-Reynders, E. H., Marcel Dekker, Surface Science Series, 11 (1986) 1.

Lucassen-Reynders, E. H., J. Colloid Interface Sci., 117 (1987) 589.

Lucassen-Reynders, E. H., Colloids&Surfaces, 25 (1987) 231.

Ludviksson, E. N. and Lightfoot, J., AIChE J., 14 (1968) 674.

Lunkenheimer, K. and Kretzschmar, G., Z. Phys. Chem. (Leipzig), 256 (1975) 593.

MacLeod, C. A. and Radke, C. J., J. Colloid Interface Sci., (1993).

Malhotra, A. K. and Wasan, D. T., Surfactant Science Ser., Vol. 29, (1988) 767.

Malysa K, Lunkenheimer K, Miller R, and Hempt C., Colloids&Surfaces, 16 (1985) 9.

Malysa K, Miller R, and Lunkenheimer K., Colloids&Surfaces, 53 (1991) 47.

Manev, E. D., Vassilieff, Chr. St. and Ivanov, I. B., Colloid Polymer Sci., 254 (1976) 99.

Mann, J. A., in "Surface and Colloid Scince", E. Matievic and R. J. Good (Eds), Vol. 13, Plenum Press, New York, London, 1984.

Maru, H. C., Wasan, D. T. and Kintner, R. C., Chem. Eng. Sci., 26 (1971) 1615.

Maru, H. C. and Wasan, D. T., Chemical Eng. Sci., 34 (1979) 1295.

Maxwell, J., Phil. Mag., 4 (1968), 35, 129, 185.

Miller, R. and Kretzschmar, G., Adv. Colloid Interface Sci., 37 (1991) 97.

Miller, R., Loglio, G. and Tesei, U., Colloid Polymer Sci., 270 (1992) 598.

Miller, R., Kretzschmar, G. and Dukhin, S. S., Colloid Polymer Sci., 272 (1994) 548.

Moelwyn-Hughes, E. A., The Chemical Statics and Kinetics of Solutions, Academic Press, London, New York, (1971).

Moffat, H. K., J. Fluid Mechan., 18 (1964) 1.

Neumann, A. W. and Good, R. J., J. Colloid Interface Sci., 38 (1972) 341.

Petrov, J. G., Kuhn, H. and Möbius, D., J. Colloid Interface Sci., 73 (1980) 66.

Petrov, I. G. and Radoev, B. P., Colloid Polymer Sci., 259 (1981) 753.

Prigogine, I. and Glansdorff, P. ," Thermodynamic Theory of Structure, Stability and Fluctuations, Whiley-Interscience, London, 1971.

Princen, H. M. , Surfaces and Colloid Sci. , 2 (1969) 1.

Radoev, B. P. , Dimitrov, D. D. and Ivanov, I. B. , Colloid Polymer Sci. , 252 (1974) 50.

Reynolds, O. , Phil. Trans. Roy. Soc. , London, A177 (1886) 157.

Sanfeld, A. , Passerone, A. , Ricci, E. and Joud. , J. C. , IlNuovov Cimento, 12 (1990) 353.

Scheludko, A. and Platikanov, D. , Koll. Z. , 175 (1961) 150.

Scheludko, A. , "Colloid Chemistry", Elsevier Amsterdam, London, New York, (1966).

Scheludko, A. , Adv. Colloid Interface Sci. , 1 (1967) 391.

Schwartz, P. , Bielecki, J. and Linde, H. , Z. phys. Chem. (Leipzig), 266 (1985) 731.

Scriven, L. E. , Chem. Eng. Sci. , 12 (1960) 98.

Stemling, C. R. and Scriven, L. E. , AIChE J. , 5 (1959) 514.

Stuke, B. , Chemie Ing. Techn. , 33 (1961) 173.

Tabak, G. A. , Notter, R. H. and Ultman, J. S. , J. Colloid Interface Sci. , 60 (1977) 117.

van den Tempel, M. and van de Riet, R. P. , J. Chem. Phys. , 42 (1965) 2769.

van den Tempel, M. , J. of Non-Newtonian Fluid Mechanics, 2 (1977) 205.

van den Tempel, M. and Lucassen-Reynders, E. H. , Adv. Colloid Interface Sci. , 281 (1983).

van der Waals, jr. , J. D. and Bakker, G. , Handbuch der Experimentalphysik, Vol. 6, Leipzig, 1928.

van Voorst Vader, F. , Erkelens, Th. F. and Van den Tempel, M. , Trans. Faraday Soc. , 60 (1964) 1170.

Velarde, M. G. and Chu, X. L. , "Waves and Turbulence at Interfaces", Phys. Ser. , T25 (1989) 231.

Velarde, M. G. and Normand, C. , Convection, Ser. A, 243 (1980) 92.

Voinov, O. V. , Dokl. Akad. Nauk SSSR, 243 (1976) 1422.

Vollhardt, D. , Zastrow, L. and Schwartz, P. , Colloid Polymer Sci. , 258 (1980) 1174.

Vollhardt, D. , Zastrow, L. , Heybey, J. and Schwartz, P. , Colloid Polymer Sci. , 258 (1980) 1289.

Wantke, K. D. , Miller, R. and Lunkenheimer, K. , Z. Phys. Chem. (Leipzig), 261 (1980) 1177.

Wantke, K. D. , Malysa, K. and Lunkenheimer, K. , Colloids Surfaces.

Wasan, D. T. , Gupta, L. and Vora, M. K. , AIChE J. , 17 (1971) 1287.

Wassmuth, F. , Laidlaw, W. G. and Coombe, D. A. , Chem. Eng. Sci. , 45 (1990) 3483.

Wehrli, B. and Stumm, W. , Langmuir, 4 (1988) 753.

Weidman, P. D. , Linde, H. and Velarde, M. G. , Phys. Fluids, A4 (1992) 921.

Wilde, P. J. and Clark, D. C. , J. Colloid Interface Sci. , 155 (1993) 48.

Wüstneck, R. and Kretzschmar, G. , Z. Chemie, 22 (1982) 202.

Yao, Y. L. , "Irreversible Thermodynamics", Van Nostrand Reinhold Comp. , New York, Cincinnati, Toronto, London, Melbourne, (1981).

Yin, T. P. , J. Phys. Chem. , 73 (1969) 2413.

第 4 章　液体界面的吸附动力学

表面活性物质能够通过吸附显著改变界面性质。这种现象在许多基于吸附效应的过程和新技术中得到应用。通常，这些技术工作在动态条件下，其效率可通过控制使用界面活性材料得到提高。所涉及的界面为新鲜形成的，有效期限短至数秒甚至有时少于 1ms。

为优化使用表面活性剂、聚合物及其混合物，对其动态吸附行为而不是平衡性质的了解值得关注（Kretzschmar 和 Miller 1991）。近期对吸附动力学在不同领域中的重要性进行了综述：浮选（Malysa 1992）、泡沫生成（Fainerman 等 1991）、破乳（Krawczyk 等 1991），或乳化（Lucassen-Reynders 和 Kuijpers 1992）。

表征液体吸附层动力学性质最常用的参数是动态界面张力。许多用于测量液体动态界面张力的技术具有不同的时间窗口，从几毫秒到几小时甚至数天。

本章旨在介绍液体界面的吸附基础理论，并介绍一些用于研究该过程的实验技术。本章中将总结描述表面活性剂及其混合物、聚合物和聚合物/表面活性剂混合物的吸附动力学的理论模型。这些数学模型的解析解在某种程度上非常复杂，难以应用，除此之外，给出其近似和渐进解，并探讨其应用范围。对于如动态滴体积法、最大泡压法及谐波或瞬态弛豫法等，讨论了理论中的特定初始和边界条件。本章结尾将介绍几种实验技术，并讨论了不同方法获得的数据。

4.1　吸附动力学基本概念

界面活性分子在液体界面的吸附过程，如表面活性剂在水溶液/空气或溶液/有机溶剂界面，其吸附动力学可用量化模型描述。首个面积不随时间变化的界面的物理模型由 Ward 和 Tordai（1946）提出。该模型基于界面张力的依时性由界面处分子的迁移产生的假定，而界面张力与被吸附分子的界面浓度 Γ 直接相关。在外部因素作用之下，这种迁移受扩散控制，因此所谓扩散控制吸附动力学模型具有以下形式：

$$\Gamma(t) = 2\sqrt{\frac{D}{\pi}}\left(c_0\sqrt{t} - \int_0^{\sqrt{t}} c(0, t-\tau)\,\mathrm{d}\sqrt{t}\right) \tag{4.1}$$

式中，D 为扩散系数；c_0 为表面活性剂体相浓度。积分项描述了 Γ（t）随时间的变化。复杂如式（4.1）的公式应用于动态表面张力 γ（t）意义非凡，并且该理论的进一步发展，可用于许多液态体系。

有两种基本概念可描述液体界面的吸附动力学。扩散控制模型假设界面活性分子从体相到界面的扩散迁移为一速率控制过程，而所谓动力学控制模型则基于分子从溶液到吸附态相互之间的迁移机理。界面区域如图 4.1 所示，显示了分子在体相和界面间的迁移过程。

若不存在液体流动，溶液体相中的迁移受到吸附分子扩散的控制。分子从液体靠近界面区域—即亚表面—向界面的迁移，假定在没有传递的情况下发生，则该过程取决于分子运动，如旋转或翻转。如第二章中所述，表面活性分子在界面的吸附为一动态过程。在平衡态时，两种流动，吸附流和解吸流达到平衡。若表面实际浓度小于平衡浓度，$\Gamma<\Gamma_0$，则向界面的吸附流占主导地位；而当 $\Gamma>\Gamma_0$ 时，实际界面吸附数量高于平衡值，解吸流占主导地位。

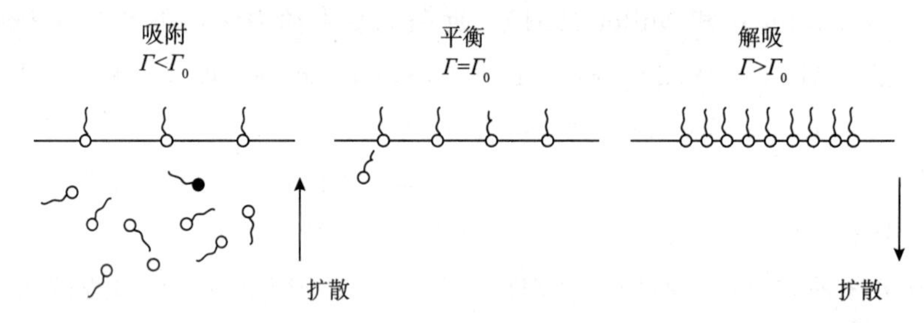

图 4.1　不存在强制液体流动时液体界面附近的吸附分子流动示意图

Milner (1907) 首先讨论了扩散对皂液表面张力的时间相依性的决定作用。后续几种参考迁移机理的模型具有速率方程的形式 (Doss 1939，Ross 1945，Blair 1948，Hansen 和 Wallace 1959)。更复杂的模型则同时考虑了扩散和迁移机理 (Baret 1968a，b，1969，Miller 和 Kretzschmar 1980，Adamczyk 1987)。如果界面处出现张力梯度，Marangoni-Gibbs 效应将导致沿界面的流动。体相中的温度或密度梯度也可引起沿梯度方向的流动。

将体相中的扩散作为唯一速率控制过程的模型称作扩散控制模型。而假设体相扩散比亚层和界面之间的分子迁移要快，这种模型称为动力学控制或势垒控制模型。扩散-动力学控制模型中则同时考虑了这两个步骤。

在应用技术和科学实验中，常指定特定的边界条件，例如界面面积的有限变化。图 4.2 显示了不同表面活性分子的体相和界面传递过程：体相中的扩散、界面扩散、不同起因的体相流动、界面压缩和膨胀等。

为解释实验数据及定量描述特定技术中的过程所需的理论模型需考虑这些特殊条件，常使该模型变得非常复杂。

假如界面附近的某层存在液体流动，则会产生浓度梯度。界面处的浓度梯度将产生界面张力梯度，进而导致物质沿界面向高界面张力的方向流动。这种效应称为 Marangoni 效应。这种情况常发生在吸附层被压缩或拉伸之下。在压缩实验中，当接近能垒时，将发生表面浓度的升高，并开始发生解吸。在拉伸实验中，接近能垒将引发吸附过程。在每一种情况下，Marangoni 流动同时发生。

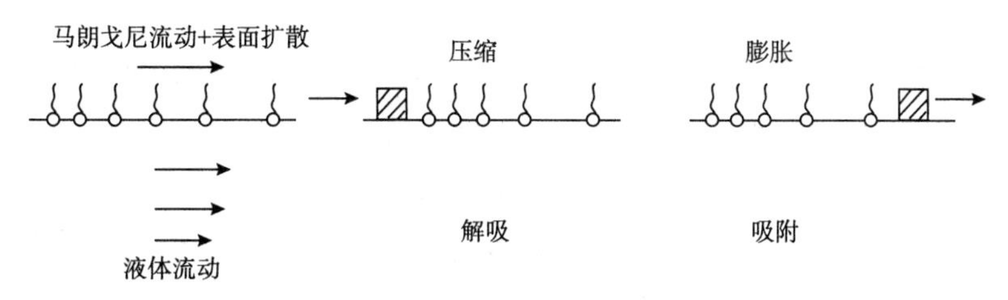

图 4.2　表面活性剂在表面上和液体体相中的迁移示意图

4.2　扩散控制吸附动力学理论模型

表面活性剂分子在液体界面的吸附动力学控制因素为体相中的迁移过程及分子从溶液状态到吸附状态或相反情况的传递过程。本节将讨论其定性和定量模型。

4.2.1　定性模型

从简单的边界条件即可得到第一个模型。为采用简单模型描述表面活性剂在界面的吸附过程，可假设如图 4.3 所示的情况。

时间 $t=0$ 时，表面活性剂在溶液体相中的浓度分布假设在 $x<0$ 时等于 c_0，而在 $x>0$ 时为 0。即

$$c(x,0)=\begin{cases} c_0 & at\ x<0 \\ 0 & at\ x>0 \end{cases},t=0 \quad (4.2)$$

若扩散过程在 $t>0$ 时开始，则浓度分布由下式给出

$$c(x,t)=\frac{c_0}{2}\left[1-\operatorname{erf}\left(\frac{x}{2\sqrt{Dt}}\right)\right] \quad (4.3)$$

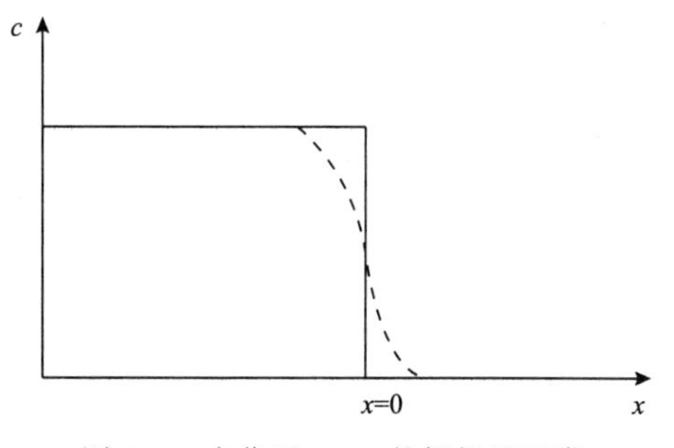

图 4.3　在位于 $x=0$ 的假想界面附近不同时间的浓度分布

c (x, t)，—$t=0$；···—$t>0$

吸附量可由表面浓度随时间变化量与界面位于 $x=0$ 处的浓度梯度成比例的假想模型计算得到。这种模型与第一扩散定律相符。

$$\frac{\mathrm{d}\Gamma}{\mathrm{d}t}=-D\frac{\partial c}{\partial x},x=0 \quad (4.4)$$

从式（4.3）和式（4.4）中可得到第一个关系式（4.5），其中描述了吸附随时间变化的简单关系。

$$\Gamma(t) = c_0 \sqrt{\frac{Dt}{\pi}} \tag{4.5}$$

这种关系式来自忽略右边第二项后的式（4.1），常用作粗略估计吸附量。

当吸附假设位于一理想二维层 Γ_d（图 4.4），并且层中的浓度相对于初始浓度随时间的变化为 $\Gamma(t)-\Gamma_0$ 时可得到吸附过程的最简模型。

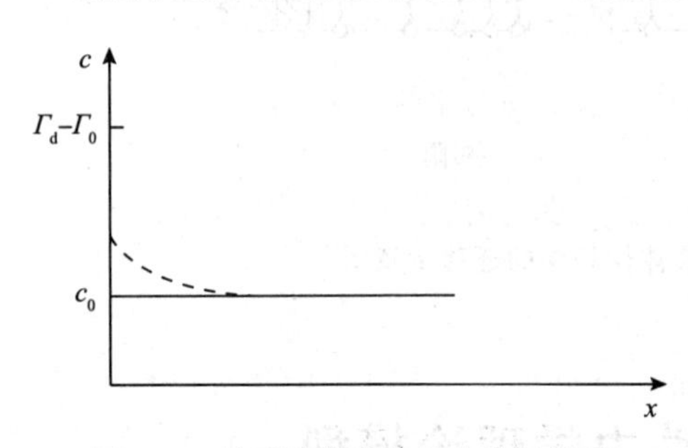

图 4.4　界面脱附过程的点状源模型

—t=0；···—t>0

界面近层浓度即亚层浓度的变化，可由下式给出

$$c(0,t) = c_0 + \frac{\Gamma_d - \Gamma_0}{\sqrt{\pi D t}} \tag{4.6}$$

假定吸附量 Γ_d 存在于厚度为 δ 的界面近层，且为表面活性剂体相浓度 c_0 的增量，则浓度 c（0，t）的变化可由下式计算

$$c(0,t) = c_0 + (c_\delta - c_0)\,\mathrm{erf}\left(\frac{\delta}{2\sqrt{Dt}}\right) \tag{4.7}$$

上述关系式为定性的处理方法，需慎重使用。在错误的条件下使用时，估算值误差可高达几个数量级。

4.2.2　扩散控制吸附的定量模型

定量描述吸附动力学过程比上述采用简化模型的方法更加复杂。近期的综述（Miller 等 1994a）介绍了多种理论模型及相应的边界条件。扩散控制模型假设从亚表面到界面的传递步骤比从体相到亚表面的传质步骤更快，此项假设基于下式

$$\frac{\partial c}{\partial t} + (v \times grad)c = D\, div\, grad\, c \tag{4.8}$$

若忽略体相中流动，则扩散方程如下

$$\frac{\partial c}{\partial t} = D\frac{\partial^2 c}{\partial x^2} \quad at\ x > 0, t > 0 \tag{4.9}$$

传递问题仅可在定义相应的初始和边界条件后才可得到解。采用 Fick 第一定律作为位于 x=0 的表面边界条件，具有以下一般关系式

$$\frac{\partial \Gamma}{\partial t} + (v_s \times grad_s)\Gamma = D_s div_s grad_s \Gamma - \Gamma div_s v_s + D\frac{\partial c}{\partial x} \tag{4.10}$$

该条件适用于描述表面活性剂在吸附中从体相到界面的流动。若表面活性剂浓度 Γ 高于平衡值 Γ，则解吸过程产生相反方向的表面活性剂流动。再次忽略除体相扩散之外的流动，如表面扩散，则边界条件变得十分简单

$$\frac{\partial \Gamma}{\partial t} = j = D\frac{\partial c}{\partial x} \quad at\ x = 0; t > 0 \tag{4.11}$$

表面活性剂混合物的扩散问题可采用类似方法处理。通用扩散方程为

$$\frac{\partial c_{\mathrm{i}}}{\partial t}+(v\times grad)c_{\mathrm{i}}=\sum_{j=1}^{r}D_{\mathrm{ij}}div\,grad\,c_{\mathrm{i}} \tag{4.12}$$

采取最初的近似，在低表面活性剂浓度下（Haase 1973），混合扩散系数 D_{ij} 可用单独扩散系数 D_{i} 代替。

$$D_{\mathrm{ij}}=\begin{cases}D_{\mathrm{i}} & at\ i=j\\ 0 & at\ i\neq j\end{cases} \tag{4.13}$$

忽略体相液体的流动，则

$$D_{\mathrm{i}}\frac{\partial^2 c_{\mathrm{i}}}{\partial x^2}=\frac{\partial c_{\mathrm{i}}}{\partial t}\quad at\ x>0,t>0,i=1,\cdots,r. \tag{4.14}$$

式中，r 为体系中的表面活性剂物种。采用前述的方法，可获得每个组分的边界条件，其形式如式（4.11）。为解决传递问题，需增加额外的边界条件和初始条件。在多数情况下，体相体积是无限大的假设较为有利。

$$\lim_{x\to\infty}c(x,t)=c_0\quad 当\ t>0 \tag{4.15}$$

对于体相深度为 h 的体系，可假设其具有逐渐减小的边界浓度梯度。

$$\frac{\partial c}{\partial x}=0\quad at\ x=h;t>0 \tag{4.16}$$

通常初始条件为均匀的浓度分布及新鲜形成的界面，其中无表面活性剂吸附。

$$c(x,t)=c_0\quad 当\ t=0 \tag{4.17a}$$

$$\Gamma(0)=0 \tag{4.17b}$$

在表面活性剂混合物中，每种组分的初始条件等价于单表面活性剂体系的初始条件。解出给定的初始和边界条件问题后，可得式（4.1）。解出过程采用 Green 函数（Ward 和 Tordai 1946，Petrov 和 Miller 1977），或采用 Laplace 算子方法（Hansen 1961）。附录 4E 验证了算子方法解决此类传递问题的过程。

Panaiotov 和 Petrov（1968/69）通过 Abel 积分公式得到了与式（4.1）等价的关系式如下

$$c(0,t)=c_0-\frac{2}{\sqrt{D\pi}}\int_0^{\sqrt{t}}\frac{\mathrm{d}\Gamma(t-\tau)}{\mathrm{d}t}\mathrm{d}\sqrt{\tau} \tag{4.18}$$

Hansen（1960）及 Miller 和 Lunkenheimer（1978）研究提出的数值算法可用于解式（4.1）或式（4.18）的积分方程。其计算方案采用梯形法则近似计算式（4.1）的过程在附录 4A 中进行介绍。采用 Langmuir 吸附等温式，从式（4.1）计算得到的某些 Γ（t）值具有以下形式

$$\Gamma(t)=\Gamma_\infty\frac{c(0,t)}{a_{\mathrm{L}}+c(0,t)} \tag{4.19}$$

如图 4.5 所示，依据采用时间相依吸附量 Γ（t）代替式（2.39）中的 Γ_0，可得到相应的 Langmuir-Szyszkowski 方程，计算可得到动态表面张力

$$\gamma = \gamma_0 + RT\Gamma_\infty \ln\left(1 - \frac{\Gamma(t)}{\Gamma_\infty}\right) \tag{4.20}$$

扩散吸附 D 以及表面活性剂浓度的效应在图中较为明显。

式（4.1）或式（4.18）在实验数据中的应用需要非常复杂的数值计算，如附录 4A 中所示。因此，导出了其他关系式以简化实验结果的解释。

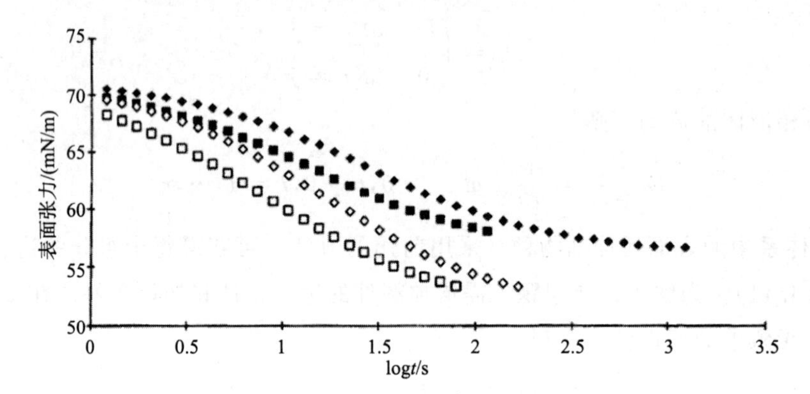

图 4.5 采用式（4.18）计算所得数值及 Langmuir 吸附等温式（4.19）中的不同 C_0/a_L 数值

其中 $\Gamma_\infty = 4\times10^{-10}$ mol/cm²；$a_L = 5\times10^{-9}$ mol/cm³；$c_0 = 2\times10^{-8}$（◆■）；3×10^{-8} mol/cm³（□◇）；

$D = 1\times10^{-5}$（◆◇），2×10^{-5} cm²/s（■□）

4.2.3 线性吸附等温式的解析解

Sutherlan（1952）得到的简单公式可作为最初的近似，但其应用范围非常有限（Miller 1990）。Sutherland 的推导基于以下形式的线性吸附等温式

$$\Gamma(t) = Kc(0,t) \tag{4.21}$$

可得以下解析关系式

$$\Gamma(t) = \Gamma_0(1 - \exp(Dt/K^2)\mathrm{erfc}(\sqrt{Dt}/K)) \tag{4.22}$$

式中，参数 Γ_0 代表吸附平衡态下的界面浓度。函数 exp（ξ^2）erfc（ξ）的确定非常复杂，其函数值或者通过查表得到，或者需进行特殊的数值计算（如附录 4B 所述）。

通过以下形式的 Gibbs 方程 2.33

$$\Gamma(t) = -\frac{1}{RT}\frac{\mathrm{d}\sigma(t)}{\mathrm{dln}c(0,t)} \tag{4.23}$$

上式仅在界面和邻近体相（亚表面）之间达到局部平衡时才成立，可得如下动态界面张力表达式

$$\gamma(t) = \gamma_0 - RT\Gamma_0[1 - \exp(Dt/K^2)\mathrm{erfc}(\sqrt{Dt}/K)] \tag{4.24}$$

如前所述，上述关系仅在非常低的界面覆盖率下才能成立。因此，当界面覆盖率变得足够大时，除采用式（4.1）进行数值计算得到 Γ（t）［进而得到 γ（t）］外，或需找到其

他解法。为说明式（4.24）的应用范围，可进行模拟计算，同样采用 Langmuir 等温式（Miller 1990）。在 $c_0/a_L \ll 1$ 的情况下，Henry 等温式（4.21）则成为特例。当 $c_0/a_L > 0.5$ 时，可出现显著的 Γ（t）相关性效应，采用式（4.24）的近似将导致很大的误差。

4.2.4 Langmuir 型吸附等温式的配置解

近期，扩散控制吸附模型采用 Langmuir 等温式（2.37）通过所谓的配置法得到了配置解（Ziller 和 Miller 1986）。假如定义无因次时间为 $\Theta = Dt/(\Gamma_0/c_0)^2$，则扩散控制吸附问题可用以下多项式形式表达

$$\frac{\Gamma(\Theta)}{\Gamma_0} = \sum_{i=1}^{N} \xi_i \tau^i \tag{4.25}$$

其中系数 ξ_i 为简化的 c_0/a_L，τ 定义为

$$\tau = 1 - \frac{1}{1 + \sqrt{\Theta + \Theta^2 c_0/a_L}} \tag{4.26}$$

对于应实际关注的 $0 \leqslant c_0/a_L \leqslant 100$ 的范围内，系数 ξ_i 由 Miller 和 Kretzschmar（1991）在表中列出。在附录 F 中，在 $0 \leqslant c_0/a_L \leqslant 10$ 范围内列出了这些系数。McCoy（1983）得到了另一种多项式解，但应用起来更加复杂。

式（4.25）的实际应用可按照以下步骤进行。首先，从测得的 γ（t）值可通过式（4.27）计算得到相应的 Γ（t）值，与式（4.20）的值相等

$$\Gamma(t) = \Gamma_\infty \left(1 - \exp\left[\frac{\gamma(t) - \gamma_0}{RT\Gamma_\infty}\right]\right) \tag{4.27}$$

通过变量 D，所有式（4.25）和式（4.26）的 Γ（Θ）值与相应的 Γ（t）值，如实验 γ（t）值进行拟合。进行这些计算需知所考察表面活性剂的特定参数 Γ_∞ 和 a_L。这些参数需提前通过相应平衡界面张力等温式中获得。若 D 的拟合值是合理的，则考察的表面活性剂吸附符合扩散控制机理。对足够纯的表面活性剂体系进行的系统考察显示表面活性剂通常均通过扩散控制机理发生吸附（Kretzschmar 和 Miller 1991，Miller 和 Lunkenheimer 1986）。不同表面活性剂体系的实验结果将在 4.3 节中讨论。

上述解析解多数由非常简单的 Henry 等温式或更具物理意义的 Langmuir 等温式得到。此外，也可对扩散控制模型初始和边界值问题进行直接积分。为此，微分将用差值代替。此近似将产生解每个时间间隔产生的线性方程组问题。结果可获得所有的时间函数，Γ（t）、c（0，t）和 γ（t）。直接积分的优势在于其可用于任何吸附等温式。Miller（1981）提出了一种差分方案，采用不同的吸附等温式得出了数值解。数值计算数据实例见图 4.6 所示。

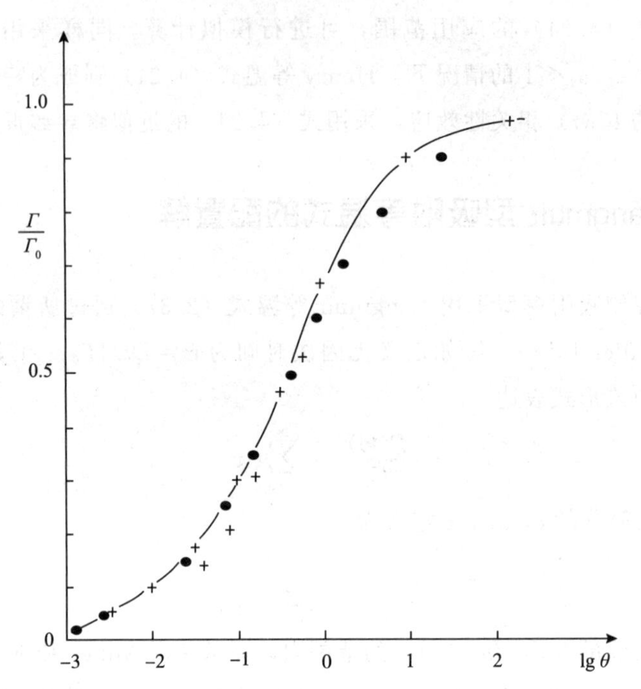

图 4.6　采用有限差分方案的扩散问题数值积分，步长对计算方案的影响

$\Delta\Theta_0=10^{-4}$；$\Delta\Theta_{i+1}=\Delta\Theta_i\times1.01$；$\Delta X=0.1$（+），$\Delta X=0.01$（·），变量 ΔX（+）实线为积分解

上述计算中当步长不够大时，其影响显著。当步长足够小时，时间和空间步长相结合可获得非常好的吻合（见附录 4C）。附录 4C 中对差分方案将进行更详细的讨论。

4.3　表面活性剂混合物的扩散控制吸附

描述表面活性剂混合物的吸附动力学可采用描述单独表面活性剂的类似方法。一组传递方程式（4.14）可代替式（4.9），其中每一个 r 均代表不同的表面活性剂。类似于式（4.11）、式（4.15）和式（4.17），每个组分均可定义其初始和边界条件。可得到以下一组 r 的积分公式

$$\Gamma_i(t)=2\sqrt{\frac{D_i}{\pi}}\left(c_{oi}\sqrt{t}-\int_0^{\sqrt{t}}c_i(0,t-\tau)\mathrm{d}\sqrt{t}\right),i=1,\cdots,r \tag{4.28}$$

或

$$c_i(0,t)=c_{oi}-\frac{2}{\sqrt{D_i\pi}}\int_0^{\sqrt{t}}\frac{\mathrm{d}\Gamma_i(t-\tau)}{\mathrm{d}t}\mathrm{d}\sqrt{t},i=1,\cdots,r \tag{4.29}$$

此组关于 r 的积分公式相互关联，如通过多组分吸附等温式。在最简单的情况下，当假定应用线性吸附等温式（2.40）可用于每一种表面活性剂时，可得到一组关于 r 的独立关系式（Miller 等 1979）

$$\Gamma_i(t)=\Gamma_{oi}(1-\exp(D_i t/K_i^2)erfc\sqrt{D_i t}/K_i),i=1,\cdots,r \quad (4.30)$$

上述公式相互独立，且只在表面活性剂混合物浓度非常低的情况下才能得到合理的结果。除在非常简化的情况下，不存在解析解。在图 4.7 中，给出了含有两种表面活性剂情况下，采用归一化 Langmuir 吸附等温式（2.47）的模型计算结果。其中的数据采用附录 4D 中的有限差分方法计算。

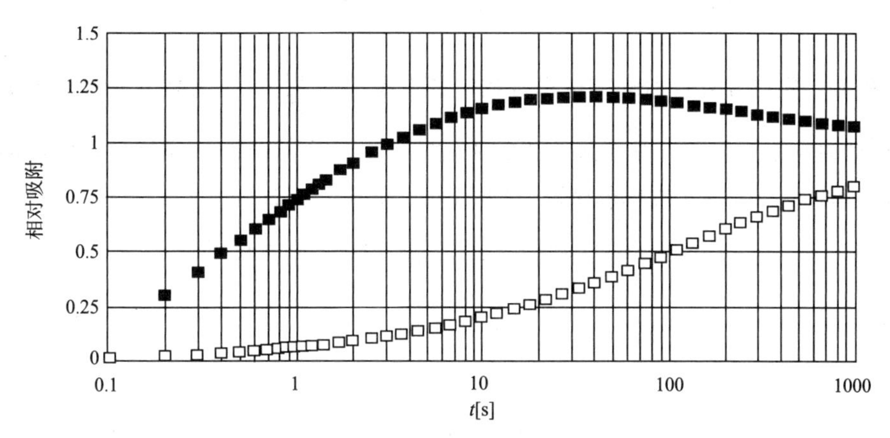

图 4.7　含有两种表面活性剂体系的扩散控制吸附动力学模型计算：

$\Gamma_\infty=3\times10^{-10}$ mol/cm^2；$c_{01}=10^{-6}$ mol/cm^3；$c_{02}=10^{-7}$ mol/cm^3；$c_{01}/a_1=0.5$；$c_{02}/a_2=0.8$；$D_1=D_2=5\times10^{-6}$ cm^2/s 组分 1—■；组分 2—□

（Miller 等 1979）

图中显示了两种表面活性剂的竞争吸附。在吸附过程开始之时，较少的表面活性组分 1 优先吸附，随后组分 2 开始吸附。当组分 2 的吸附量变大后，组分 1 分子不得不离开界面，此组分的吸附量越过其最大值。当经过更长时间后，每种组分的吸附量趋于平稳，并达到平衡值。

4.4　动力学控制模型

许多作者在文献中提出了进一步的吸附动力学模型并作出讨论。这些模型考虑了从亚表面到界面以及反方向解吸过程中的分子传递特定机理（Doss 1939，Ross 1945，Blair 1948，Hansen 和 Wallace 1959，Baret 1968a，b，1969，Miller 和 Kretzschmar 1980，Adamczyk 1987，Ravera 等 1994）。只要传递机理假设为速率限制步骤，这些模型都可称为动力学控制的。更先进的模型则考虑体相中由扩散引起的迁移，分子从溶液到吸附态的迁移以及相反的情况。这种混合吸附模型称作扩散-动力学控制模型。最先进的传递模型，关联了体相中的扩散传递，由 Baret（1969）提出。这些扩散-动力学控制吸附模型可通过式（4.1）关联任何形式的传递机理。最常用的传递机理或许为通用形式 Langmuir 机理的

速率方程（参见 2.5 节）

$$\frac{d\Gamma}{dt}=k_{ad}c_0\left(1-\frac{\Gamma}{\Gamma_\infty}\right)-k_{des}\frac{\Gamma}{\Gamma_\infty} \tag{4.31}$$

在 $\frac{\Gamma_0}{\Gamma_\infty}\ll 1$，即低表面覆盖度下，可得到 Henry 机理

$$\frac{d\Gamma}{dt}=k_{ad}c_0-k_{des}\Gamma \tag{4.32}$$

K_{ad} 和 K_{des} 分别为吸附和解吸速率常数，其来源为在 $\frac{d\Gamma}{dt}=0$ 情况下的吸附平衡态。这些吸附模型的解较为简单，其结果为指数表达式。对于更复杂的传递机理，解析解也相应复杂，例如采用 Frumkin 机理的情况（MacLoed 和 Radke 1994）

$$\frac{d\Gamma}{dt}=k_{ad}c_0\left(1-\frac{\Gamma}{\Gamma_\infty}\right)-k_{des}\frac{\Gamma}{\Gamma_\infty}\exp\left(a'\frac{\Gamma}{\Gamma_\infty}\right) \tag{4.33}$$

或 Langmuir-Hinshelwood 机理（Chang 和 Franses 1992），其中考虑了附加的吸附能垒 B。

$$\frac{d\Gamma}{dt}=k_{ad}c_0\left(1-\frac{\Gamma}{\Gamma_\infty}\right)\exp\left(-B\frac{\Gamma}{\Gamma_\infty}\right)-k_{des}\frac{\Gamma}{\Gamma_\infty}\exp\left(-B\frac{\Gamma}{\Gamma_\infty}\right) \tag{4.34}$$

可得到复杂的关系式，也需进行数值计算验证。

纯粹扩散控制和动力学控制的模型仅为极限条件下的特例。许多真实表面活性剂体系需采用两种机理的组合来描述。按照 Baret（1969）的组合方法，传递机理与扩散物质交换机理的组合通过将体相浓度 c_0 用亚表面浓度 c（0，t）代替来实现。对于 Langmuir 机理，可得

$$\frac{d\Gamma}{dt}=k_{ad}c(0,t)\left(1-\frac{\Gamma}{\Gamma_\infty}\right)-k_{des}\frac{\Gamma}{\Gamma_\infty} \tag{4.35}$$

通过亚表面浓度 c（0，t），式（4.33）和式（4.1）关联可得到一积分-微分方程组，仅可通过各种数值方法得到解（Miller 和 Kretzschmar 1980，Chang 等 1992，Change 和 Franses 1992）。

Fainerman 等尝试用另一种方法将扩散理论与传递机理关联，采用的方法为通过以下式平均两种不同过程的速率获得其近似解

$$\frac{d\Gamma}{dt}=\frac{(d\Gamma/dt)_{diff}\,(d\Gamma/dt)_{kin}}{(d\Gamma/dt)_{diff}+(d\Gamma/dt)_{kin}} \tag{4.36}$$

其中下标“diff”和“kin”分别代表扩散和传递步骤。近期，表面活性剂吸附动力学理论模型考虑了特定的实验条件或表面活性剂性质，如分子电荷（Dukhin 等 1983，1991，Borwankar 和 Wasan 1986，Chang 和 Franses 1992，Miller 等 1994a），胶束形成（Rakita 和 Fainerman 1989，Dushkin 和 Ivanov 1991，Fainerman 1992，Serrien 等 1992），或其他特殊效应（Lin 等 1991，Ravera 等 1993，1994，Jiang 等 1993）。某些模型将在后续章节中进行讨论。

4.5　时间相依界面面积模型

到目前为止讨论的所有吸附动力学模型均基于面积不变的界面。在滴体积法中，此情况仅在液滴快速形成后的所谓准静态模式下才能成立。在“经典”动力学模式中，液滴在形成过程中由于持续的液体流动不断变大，则上述情况不再成立。因此，必须考虑随液体流入液滴，液滴表面积的变化。在适度的增长速率下，这种流动为径向的。在液-液体系中，流体沿径向流入或流出液滴。相似的情况也在泡压实验中存在，在解释实验数据时，应考虑气泡从其初始状态增大为半球形的过程。并且表面法向的流动也需在考察界面面积变化时一并考虑。本节将讨论时间相依界面面积变化过程的吸附动力学模型。这种面积变化常与附近体相的流动同时发生，其流动方式也需关联考察。

4.5.1　界面面积随时间变化问题的一般考虑

如前所述，界面面积变化常与附近体相中的液体流动相关。在某些条件下，这种流动小到可以忽略。于是扩散控制吸附动力学可用与体相扩散传递如式（4.9）相同的方式进行描述。所有的初始和边界条件，除表面 $x=0$ 外，均成立。因此需考虑面积 A（t）在吸附过程中的变化，并作相应修正。这种修正可基于 Fick 第一定律，设置穿过 A（t）面积的流量等于此面积上吸附量的变化 Γ（t）A（t）：

$$\frac{\mathrm{d}(\Gamma A)}{\mathrm{d}t} = A(t)D\frac{\partial c}{\partial x};x=0;t>0 \tag{4.37}$$

这种吸附模型可采用 Laplace 变换得到解析解（Hansen 1961，Miller 1983），但其结果为一非线性 Volterra 积分方程，与 Ward 和 Tordai 方程（4.1）类似

$$\Gamma(t) = \Gamma_{\mathrm{d}} - \int_0^t \Gamma\frac{\mathrm{dln}A}{\mathrm{d}t}\mathrm{d}t + 2\sqrt{\frac{D}{\pi}}\left(c_0\sqrt{t} - \int_0^{\sqrt{t}}\frac{\mathrm{d}\Gamma(t-\tau)}{\mathrm{d}t}\mathrm{d}\sqrt{\tau}\right) \tag{4.38}$$

该积分方程不可直接用于解释实验数据，此时需再次使用数值计算方法。另一种可能性是直接使用数值计算方法解出初始和边界数值。在附录 4C 中列出了计算边界条件（4.37）的算法实例。

更通用的具有时间相依界面面积的扩散控制吸附模型由 Joos 和 van Uffelen（1993a）提出。在其中考虑了成因为面积的扩大或缩小的流动因素 $\Omega=\frac{\mathrm{dln}A}{\mathrm{d}t}$，在这种情况下，传递方程（4.9）可修改为

$$\frac{\partial c}{\partial t} \pm \Omega x\frac{\partial c}{\partial x} = D\frac{\partial^2 c}{\partial x^2},x>0,t>0 \tag{4.39}$$

不同的符号表示不同的意义，（+）代表缩小，（−）代表扩大。

Joos 和 van Uffelen 讨论了固定扩大率 Ω 下的动态界面行为。将 Loglio 提出，后由 Miller 等（1991）总结的理论与 van Voorst Vader 等（1964）的理论进行了比较。对于具有固定扩大率的界面，存在以下关系

$$\Delta\gamma(t)=\frac{\varepsilon_0\Omega}{\omega_0}\int_0^{\omega_0 t}\exp(x)\operatorname{erfc}(\sqrt{x})\mathrm{d}x \tag{4.40}$$

当 $t\to\infty$，界面张力差别趋于无限大，这表明了近似理论的局限性。Van Voorst Vader 等（1964）针对较小固定扩大率的体系获得了稳定状态

$$\Delta\gamma_{ss}=\frac{\varepsilon_0}{\sqrt{\omega_0}}\sqrt{\frac{\pi\Omega}{2}} \tag{4.41}$$

与计算得到 $t\to\infty$的界面张力差（1993c）具有完全相同的表达式。

$$\Delta\gamma=\frac{RT\Gamma^2}{c_0}\sqrt{\frac{\pi\Omega}{2D}}\sqrt{\tanh\frac{\Omega t}{2}} \tag{4.42}$$

这些关系式可用于解释实验数据，如 van Uffelen 和 Joos（1993c）提出的等表面膨胀。该实验称为“峰值张力测量”，表面张力由于表面积的增大与表面活性剂吸附速率的叠加，可达到一最大值。在增大液滴表面也可观察到相似的现象，将在下一节中进行讨论。

4.5.2 增大液滴的界面面积变化和径向流动

增大液滴或气泡表面吸附过程的动力学在解释滴体积或最大泡压实验数据时具有重要意义。其他基于增大液滴或气泡的实验也同样存在需解决的问题，如连续、谐波或瞬时面积变化的泡压或滴压测量（例如 Passerone 等 1991，Liggieri 等 1991，Horozov 等 1993，Miller 等 1993，MacLeod 和 Radke 1993，Ravera 等 1993，Nagarajan 和 Wasan 1993）。

Ilkovic（1934，1938）首先对增大液滴表面的吸附过程进行了讨论。后 Pierson 和 Whittaker（1976）提出了考虑增大液滴内部径向流动的完全扩散控制吸附模型。描述进入和流出球形液滴或气泡的传递过程扩散方程如下

$$\frac{\partial c}{\partial t}+V_r\frac{\partial c}{\partial r}=D\left(\frac{\partial^2 c}{\partial r^2}+\frac{2}{r}\frac{\partial c}{\partial r}\right) \tag{4.43}$$

对于表面活性剂溶液液滴，此扩散方程在 $0<r<R$ 范围内成立，其中 R 为液滴半径。对于溶剂液滴或表面活性剂溶液中的气泡，扩散过程在液滴或气泡外发生，则式（4.43）在 $R<r<\infty$范围内成立。如图 4.8 所示。

与液滴增长相关的是向液滴内的流动和表面积增大。可假设向液滴内的流动是径向的。虽然面积扩大并非完全各向同性，但并无显著的偏差，因而也并不会引起界面法向的流动。然而，界面的扩大同时也会是附近液体层伸展，结果扩散引起的浓度分布也被压缩，如图 4.9 所示。

结果，两种过程同时发生，其方向相反：由液滴增大导致的扩散层压缩和由液滴表面积增大及吸附层覆盖率提高导致的扩散层膨胀。这两种相互抵消的过程在当前的理论中都进行了考虑。

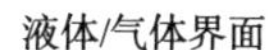

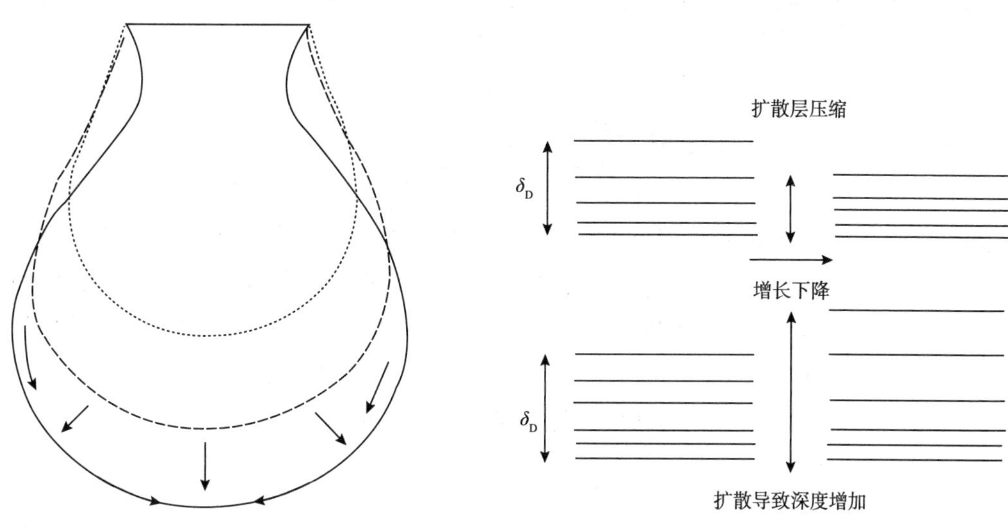

图 4.8　液滴内部扩散传递示意图

图 4.9　增大液滴表面附近扩散层厚度的变化

径向流动，作为真实流动模式的很好近似，可由下式（Levich 1962）描述

$$v_r = \frac{R^2}{r^2}\frac{\mathrm{d}R}{\mathrm{d}t} \tag{4.44}$$

与 Ward 和 Tordai（1946）方程 4.1 类似，以下非线性积分方程基于上述关系得到（Miller 1980）：

$$\Gamma(t) = 2c_0\sqrt{\frac{3Dt}{7\pi}} - \sqrt{\frac{D}{\pi}}t^{-2/3}\int_0^{\frac{3}{7}t^{7/3}} \frac{c\left(0,\frac{7}{3}\lambda^{3/7}\right)}{\left(\frac{3}{7}t^{7/3}-\lambda\right)^{1/2}}\mathrm{d}\lambda \tag{4.45}$$

式（4.45）可用于描述增大液滴表面的吸附过程。这种采用复杂方程的分析方法显示体积线性增大的液滴表面的吸附速率，如在通常的滴体积实验中一样，大约是等面积表面吸附速率的 1/3。实验结果（Davies 等 1957，Kloubek 1972，Miller 和 Schano 1986，1990）和由 Delahay 和 Trachtenberg（1957）及 Delahay 和 Fike（1958）首先提出的近似解均支持此结论

$$\Gamma(t) = 2c_0\sqrt{\frac{3Dt}{7\pi}} \tag{4.46}$$

Fainerman（1983）在讨论从动态滴体积的动力学数据时考虑了不同的流动方式（包括湍流）的影响。

MacLeod 和 Radke（1994）提出了更先进的增大液滴表面吸附过程的理论。与上文讨

论的理论相反，该理论并未假设起始点状源，而是有限的滴体积。基于指定的函数$R(t)$，可得到扩散和动力学控制吸附理论

$$\frac{\partial \Gamma}{\partial t}=\pm D\frac{\partial c}{\partial r}-\Gamma\frac{\mathrm{dln}A}{\mathrm{d}t},r=R(t) \tag{4.47}$$

其中右边第一项的符号取决于液滴内的扩散方向是向内还是向外。结果可得到以下方程

$$\frac{\mathrm{d}\Gamma}{\mathrm{d}t}=-(R(t))^2\sqrt{\frac{D}{\pi}}\int_{t_0}^{t}\frac{\left(\frac{\mathrm{d}c(0,t)}{\mathrm{d}t}\right)_{t_0}}{\int_{t_0}^{t}(R(\xi)^4d\xi)^{1/2}}\mathrm{d}t_0-\Gamma\frac{\mathrm{dln}A}{\mathrm{d}t} \tag{4.48}$$

虽然此方程非常复杂，但其中考虑了得自增大液滴或气泡实验的函数 $R(t)$ 及 $A(t)$。关联吸附等温式（扩散控制的情况）或传递机理（扩散-动力学控制混合模型），可描述增大甚至缩小液滴上的吸附过程。式（4.48）在其上述形式下，只能通过数值计算得到应用，MacLeod 和 Radke（1994）提出了一种可行的算法。

假设液滴为半径为 $R(t)$ 的球形，其表面积 $A(t)$ 可由下式计算得到

$$R(t)=\frac{r_{\mathrm{cap}}^2}{2h}+\frac{h}{2} \tag{4.49}$$

$$A(t)=2\pi r_{\mathrm{cap}}h \tag{4.50}$$

两式中均存在的特定参数——液滴高度 h 可简单地通过下式计算得到

$$h=\sum_{i=1}^{2}\left[\frac{3}{\pi}(Qt+V_0)+(-1)^i\sqrt{r_{\mathrm{cap}}^6+\frac{9}{\pi^2}(Qt+V_0)^2}\right]^{\frac{1}{3}} \tag{4.51}$$

式中，Q 为液体体积流量；V_0为剩余液滴的初始体积；r_{cap}为毛细管半径。

纯动力学控制吸附过程可通过任何传递机理和随时间变化的吸附过程在表面积变化条件下的组合进行模拟。Miller（1983）提出的模型如下

$$\frac{\mathrm{d}(\Gamma A)}{\mathrm{d}t}=A(t)(j_{\mathrm{ad}}-j_{\mathrm{des}}) \tag{4.52}$$

式中，j_{ad}和 j_{des}分别为吸附和解吸流量，考虑 Langmuir 机理，式（4.52）最终变换为

$$\frac{\mathrm{d}\Gamma}{\mathrm{d}t}=k_{\mathrm{ad}}\left(1-\frac{\Gamma}{\Gamma_\infty}\right)-k_{\mathrm{des}}\frac{\Gamma}{\Gamma_\infty}-\Gamma\frac{\mathrm{dln}A}{\mathrm{d}t} \tag{4.53}$$

与 $A(t)$ 的形式相关，式（4.48）可得到解析解或用数值算法获得近似解。

4.5.3 最大泡压法的吸附动力学模型

最大泡压测量仪器是基于在增大气泡内压可经历一最大值的原理。此压力最大值在气泡呈半球形时出现。越过最大值后，气泡增大速度加快，最终脱离。为定量解释泡压实验数据，需要了解气泡随时间变化而增长的详细情况（参见图 5.8）。首先，气泡达到其半球形尺寸之后到其脱离所需的湮灭时间必须进行精密测量。在特殊的条件下（Fainerman

1990，Joos 等 1992，Fainerman 等 1993a，b，Makievski 等 1994），最大泡压实验可在湮灭时间可简单地通过仪器参数计算得到的条件（参见第 5 章 5.3 节）下进行

$$\tau = \tau_b - \tau_d = \tau_b\left(1 - \frac{Lp_c}{L_c p}\right) \tag{4.54}$$

气泡增长至半球形的时间 τ 是气泡总寿命 τ_0 和湮灭时间 τ_d 的差值，p 和 L 为压力和气体流速，p_c 和 L_c 分别为其临界值。从上述对增长液滴表面吸附过程的讨论中可得出增长气泡的情况也具有类似特征的结论，至少在半球形气泡的情况下是成立的。因此气泡增长过程不进行特殊控制的话，则由于较快的增长速度，在脱离后基本没有残留。

Fainerman 等（1993c，1994b）提出了一种气泡表面吸附过程的分析方法以获得气泡寿命和有效表面寿命 τ_a 之间的关系。这种分析的基础是确定气泡寿命中 $0<t<\tau$ 时间间隔内任意时刻的瞬时压力 p

$$p(t) = \frac{2\gamma(t)}{r_{cap}}\cos\varphi(t) = \frac{2\gamma(t)}{r_{cap}}\cos 0 = \frac{2\gamma_0}{r_{cap}}\cos\varphi_0 = const \tag{4.55}$$

式中，φ 为气泡表面和顶部直径为 $2r_{cap}$ 的毛细管前段之间的夹角。当气泡达到半球形之后，其增长速度非常快，因此可假设存在一裸露表面，其表面张力 γ（0）$=\gamma_0$。假设气泡为球形，则其顶部面积为

$$A(t) = \frac{2\pi r_{cap}}{1+\sin\varphi(t)} \tag{4.56}$$

其面积随时间的变化可从式（4.55）和式（4.56）得到，为

$$dA = \frac{2\pi r_{cap}^2}{(1+\sin\varphi)^2}\cos\varphi d\varphi = \frac{2\pi r_{cap}^2}{(1+\sin\varphi)^2}\cos\varphi\left(-\frac{\gamma(\tau)}{\gamma^2\sin\varphi}\right)d\gamma \tag{4.57}$$

式中，γ 和 φ 分别为气泡增长过程中的相应数值，γ（τ）为半球形状态时的表面张力。为估算气泡表面的有效寿命，必须知道气泡表面积的形变速率。从相对表面积的变化量可知

$$v = \frac{d\ln A}{dt} \approx \xi\frac{1}{\tau} \tag{4.58}$$

以及

$$\xi = -\gamma^2(\tau)\int_{\sigma_0}^{\sigma(t)}\frac{d\gamma}{\gamma^3(1+\sin\varphi)\sin\varphi} \approx \frac{\sin\varphi_0}{1+\sin\varphi_0} \tag{4.59}$$

式中，$\varphi_0 = \arccos\left(\frac{\gamma(\tau)}{\gamma_0}\right)$。气泡表面附近体相中的传递由修正扩散方程决定（Joos 和 Rillaerts 1981）

$$\frac{\partial c}{\partial t} + vx\frac{\partial c}{\partial x} = D\frac{\partial^2 c}{\partial x^2} \tag{4.60}$$

从以下变换

$$z = x\tau^{2\xi+1} \text{ 以及 } t = -\frac{\tau^{2\xi+1}}{2\xi+1} \tag{4.61}$$

可得到相同形式的扩散方程，在无体相和表面流动的条件下成立。因此，经典扩散方

程（4.9）可参考式（4.61），通过简单坐标逆变换得到解。最终得到

$$\tau_a = \frac{\tau}{2\xi + 1} \tag{4.62}$$

当表面张力 γ 接近溶剂表面张力 γ_0 时，有效表面寿命等于气泡寿命。函数 $1/(2\xi+1)$ 的值在低表面张力下从 1 降低至 0.5，因而在低表面张力情况下，有效表面寿命 τ_a 相当于气泡寿命 τ 的 50%。

4.6 液/液界面表面活性剂吸附动力学

表面活性剂在液-液界面的吸附总体上遵循相同的规则。仅有一点显著差别，即表面活性剂分子在表面两侧体相中的溶解度差别。建立此种界面上的吸附动力学模型，需考虑每一相中的扩散传递。同样表面活性剂也可能穿过界面，也需加以考虑（参见图 4.10）。

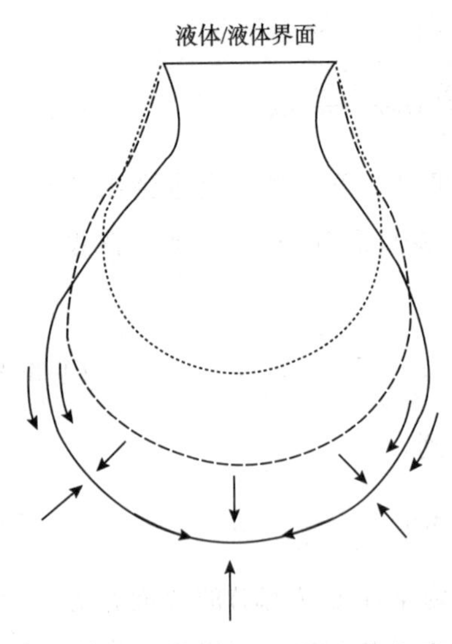

图 4.10 液滴向内和向外扩散传递过程示意图

假定 α 和 β 分别表示两液相，其界面位于 $x=0$ 处，传递方程为

$$D_\alpha \frac{\partial^2 c_\alpha}{\partial x^2} = \frac{\partial c_\alpha}{\partial t} \quad at\ x > 0, t > 0 \tag{4.63}$$

$$D_\beta \frac{\partial^2 c_\beta}{\partial x^2} = \frac{\partial c_\beta}{\partial t} \quad at\ x < 0, t > 0 \tag{4.64}$$

界面处边界条件变为

$$\frac{\partial \Gamma}{\partial t} = D_\alpha \frac{\partial c_\alpha}{\partial x} - D_\beta \frac{\partial c_\beta}{\partial x} - \Gamma \frac{\mathrm{d}\ln A(t)}{\mathrm{d}t} \quad x = 0, t > 0 \tag{4.65}$$

对于时间相依性界面面积，此为更普遍的情况，同样没有考虑产生的流动。对于 $A=$ 常数的情况，上式中右边最后一项减小。MacLeod 和 Radke（1994）讨论了液滴在第二种液体中增大过程中的吸附，对两种液相均采用式（4.43）形式的扩散方程和边界条件（4.65）。其结果具有式（4.46）的结构但包含两个等价项，对应每一种液相。该方程仅可通过数值计算求解。MacLeod 和 Radke（1994）给出了适当的算法。

4.7 胶束溶液中的吸附动力学

至此，所有的理论模型均基于存在表面活性剂分子单体分布的溶液。表面活性剂的特殊性质之一为在达到特定浓度，即临界胶束浓度 CMC 时，可发生聚集。聚集体的形状和

尺寸根据分子结构和链长不同而存在差异。在远高于 CMC 的浓度下，相行为通常非常复杂，导致体系出现许多新的物理性质（Hoffmann 1990）。

溶液体相中出现胶束可对吸附过程的动力学特征产生显著影响，此现象可解释如下，当新表面形成后，表面活性剂单个分子发生吸附，并产生单体浓度梯度。该梯度通过扩散重新建立均匀分布而达到平衡。同时，胶束不再与单体在浓度梯度范围内处于平衡状态。因此发生胶束的溶解或重新排列以重建局部平衡。结果产生了胶束的浓度梯度，可通过胶束的扩散而达到平衡。基于这种理论，单体浓度 c_{ol} 和胶束浓度 c_{on} 之比、聚集数 n、胶束形成速率 k_f 和溶解速率 k_d 共同影响了吸附速率。这种复杂过程如图 4.11 所示。

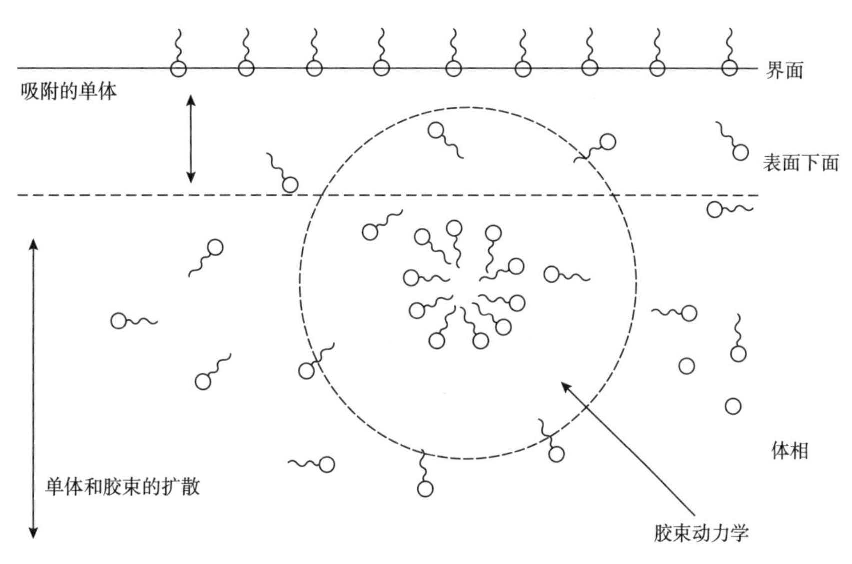

图 4.11　自胶束溶液中的吸附过程示意图

如图中所示，单体和胶束的迁移以及胶束的动力学因素都应在合理的物理模型中进行考虑。

为解释胶束效应，需知每个表面活性胶束的特定参数。关于确定表面活性剂聚集数和胶束动力学速率常数问题已发表了许多文章（如 Aniansson 等 1976，Hoffmann 等 1976，Kahlweit 和 Teubner 1980）。存在不同的胶束动力学机理，Zana（1974）进行了总结。图 4.12 展示了其中三种机理。

形成-溶解机理假设胶束可发生完全溶解以重建局部单体浓度平衡。该模型基于仅有单体和确定聚集数胶束的理想化分布。第二种机理基于不同尺寸胶束的存在及宽胶束尺寸分布的假设。第三种机理是最有可能也是最复杂的一种，其中允许单体向胶束中聚集或从其中溶解。假设胶束尺寸存在分布，如实验现象所见，则对每一种胶束尺寸，必定存在大量形成和溶解速率常数。

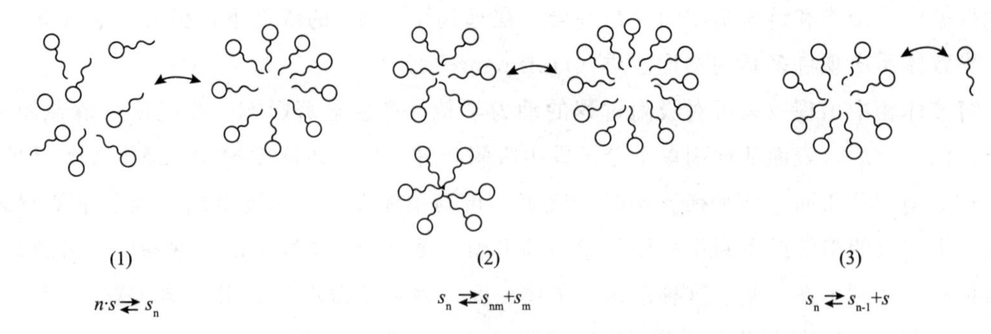

图 4.12　胶束动力学机理

（1）形成-溶解机理；（2）重排机理；（3）逐步聚集-分解机理

基于第一种胶束动力学机理的物理模型具有以下形式，其中单体的迁移可表示为

$$D_1 \frac{\partial^2 c_1}{\partial x^2} = \frac{\partial c_1}{\partial t} + q_1 \quad x > 0, t > 0 \tag{4.66}$$

浓度为 c_n 的胶束的扩散可由下式描述

$$D_n \frac{\partial^2 c_n}{\partial x^2} = \frac{\partial c_n}{\partial t} + q_n \quad x < 0, t > 0 \tag{4.67}$$

其中 q_1 和 q_n 项为源项，取决于胶束动力学机理。假设形成-溶解机理（McQueen 和 Hermans 1972，Lucassen 1976）成立，这些项可写作

$$q_1 = - nk_f c_1^n + nk_d c_n \tag{4.68}$$

$$q_n = k_f c_1^n - k_d c_n \tag{4.69}$$

对于单体，界面边界条件与式（4.11）的相同，假定胶束不发生吸附，则

$$\frac{\partial c_n}{\partial x} = 0 \quad t > 0, x = 0 \tag{4.70}$$

对于吸附层平衡的微扰，Lucassen（1976）得到了一种解析解（参见 6.1.1 节），Dushkin 和 Ivanov（1991）及 Dushkin 等（1991）对胶束动力学逐步聚集-分解机理的影响及胶束多分散性效应进行了分析。虽然得到了解析式，但其基于特定的线性化条件，如对于吸附等温式的线性化，因而其表达式仅适用于近似平衡的状态。

Fainerman（1981）、Fainerman 和 Makievski（1992a，b）和 Fainerman 等（1993d）采用线性源项，并忽略胶束的迁移，描述了胶束的缓慢弛豫过程。

$$q_1 = k(c_{cmc} - c); q_n = 0 \tag{4.71}$$

式中，c 为表面活性剂总浓度；c_{cmc} 为临界胶束浓度；k 为胶束动力学弛豫常数，但与前述的各种机理均不相关。Fainerman 等（1993d）最后得到了此速率常数的表达式，可用于解释实验数据

$$k = \frac{4}{\pi}\left[\frac{(\mathrm{d}\gamma/\mathrm{d}t^{-t/2})_{c=c_{cmc}}}{(\mathrm{d}\gamma/\mathrm{d}t^{-1})_{c>c_{cmc}}}\right]_{t\to\infty} \tag{4.72}$$

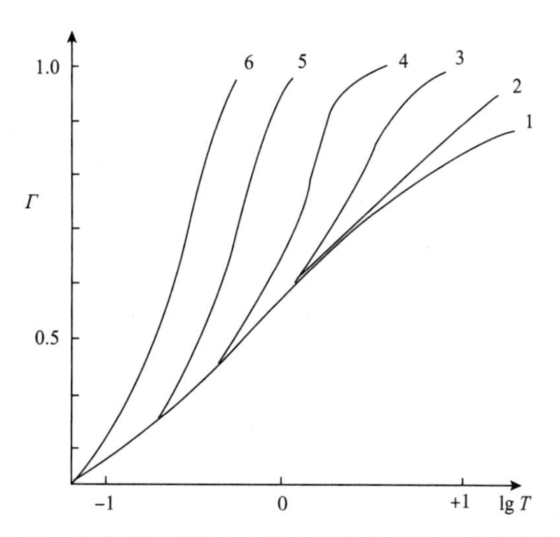

图 4.13　胶束溶液吸附动力学中的形成-溶解速率常数效应

$D_n/D_1=1$，$c_{on}/c_{ol}=10$，$n=20$，$nk_f c_{ol}^{n-3}\Gamma_0^2/D_1=0$ (1)，0.2 (2)，2.0 (3)，20 (4)，200 (5)，2000 (6)

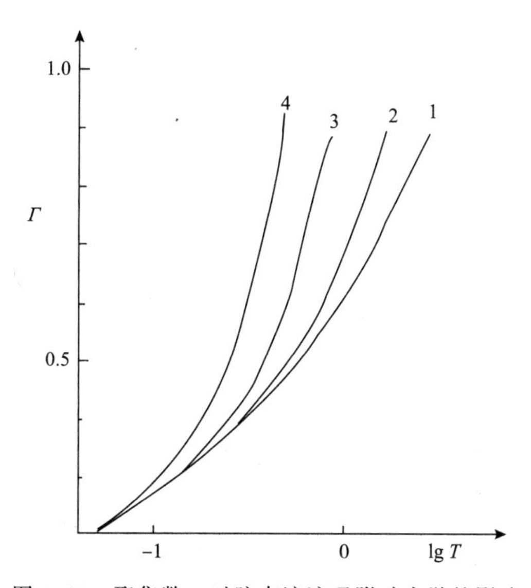

图 4.14　聚集数 n 对胶束溶液吸附动力学的影响

$D_n/D_1=1$，$C_{on}/C_{ol}=10$，$k_d\dfrac{\Gamma_{ol}^2}{c_{ol}^2 D}=1$，n=2 (1)，5 (2)，20 (3)，100 (4)

Miller (1981) 基于形成-溶解机理模型得到了数值解。图 4.13 和图 4.14 展示了胶束对吸附动力学的影响。胶束形成和溶解速率，以无因次系数 $nk_f c_{ol}^{n-3}\Gamma_0^2/D_1$表示，在其高于 0.1 时，值得引起注意。在特定条件下 ($D_n/D_1=1$，$c_{on}/c_{ol}=10$，$n=20$)，快速的胶束动力学因素可使吸附动力学速度提高一个数量级。

聚集数在自胶束溶液中的吸附总速率中也起到重要作用。由于二聚体的出现，假定其不发生吸附，则吸附速率显著加快，即使仅有 10% 的表面活性剂聚集在二聚体中（图 4.14)。

扩散系数之比 D_n/D_1，以及表面活性剂分子聚集在胶束中的部分，以 c_{on}/c_{ol} 表示，同样可使吸附速率改变一个数量级（Miller 1991）。

4.8 层流液膜表面的吸附过程

在涂料工艺中，控制液体沿倾斜平板向下流动是一个关键的问题（Scriven 1960，Kretzschmar 1974）。因此，需描述这种液膜与表面流变学及吸附动力学模型结合的流体力学流动过程。由于流动薄膜的原理也可作为独立的方法用于研究毫秒级的吸附过程，此处对这些原理进行介绍，相关实验内容将在下一章进行详细讨论。

液体薄膜沿平板向下流动的情况如图 4.15 所示。

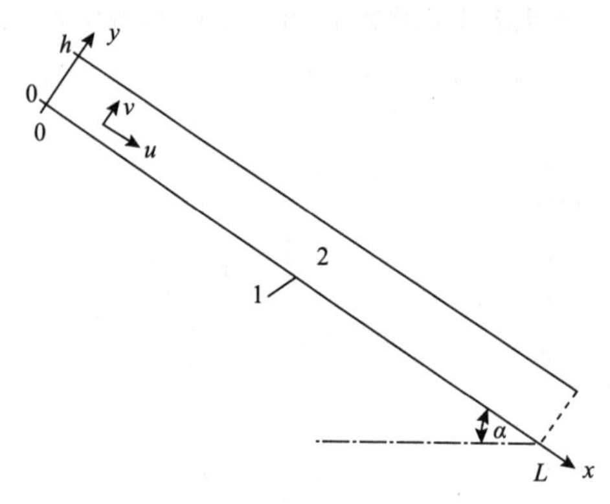

图 4.15 液体薄膜沿倾斜平面的向下流动——定义图

1—平板；2—液膜

流速 u 和 v 分别为沿流动方向和其法向的速度，x、y 和 z 分别为相应的空间坐标，α 为倾斜角，h 为液膜厚度。通过忽略 $x=0$ 处附近的入口区，可简化该流体力学问题（van den Bogaert 和 Joos 1979）。

$$\frac{\mathrm{d}h}{\mathrm{d}x} \ll 1, v \ll u, u\frac{\partial u}{\partial x} \ll g, \frac{\partial^2 u}{\partial x^2} \ll \frac{\partial^2 u}{\partial y^2} \tag{4.73}$$

因而，Navier-Stokes 方程可简化为

$$\eta\frac{\mathrm{d}^2 u}{\mathrm{d}y^2} + \rho g \sin\alpha = 0 \quad 0 \leqslant y \leqslant h \tag{4.74}$$

g、ρ、η 和 γ 分别为由重力、密度、黏度和液体表面张力引起的加速度，忽略表面剪切和膨胀黏度，表面动量方程为（Scriven 1960）

$$\eta\frac{\mathrm{d}u}{\mathrm{d}y} = \frac{\mathrm{d}\gamma}{\mathrm{d}x} \quad 0 \leqslant x \leqslant L, y = h \tag{4.75}$$

对流动问题的二级分可得（van den Bogaert 和 Joos 1979）

$$u = -\frac{\rho g \sin\alpha}{2\eta}y^2 + \left(\frac{1}{\eta}\frac{\mathrm{d}\gamma}{\mathrm{d}x} + \frac{\rho g h}{\eta}\sin\alpha\right)y, \quad 0 \leqslant x \leqslant L, 0 \leqslant y \leqslant h \tag{4.76}$$

对在入口区新鲜形成的液膜表面吸附动力学过程进行描述有必要考虑此区域的情况，如式（4.76）所示。体相中和表面 $y=h$ 处的传递方程分别为

$$\frac{\partial c}{\partial t}+u\frac{\partial c}{\partial x}=D\frac{\partial^2 c}{\partial x^2},\quad 0<x<L,0<y<h \tag{4.77}$$

$$\frac{\partial \Gamma}{\partial t}+\frac{\partial[u(x,y=0)\Gamma]}{\partial x}=D_s\frac{\partial^2 \Gamma}{\partial x^2}-\frac{\partial c}{\partial y},\quad 0<x<L,y=h \tag{4.78}$$

Ziller 等（1985）基于线性吸附等温式，采用有限差分技术得到了数值解。图 4.16 中给出了数值解的实例。在 $x=L/k$ 处表面浓度的突然降低可解释为边界条件，此处假定界面发生了 10 倍的膨胀。由于此问题的复杂性，不进行进一步的合理简化，几乎不可能得到解析解。

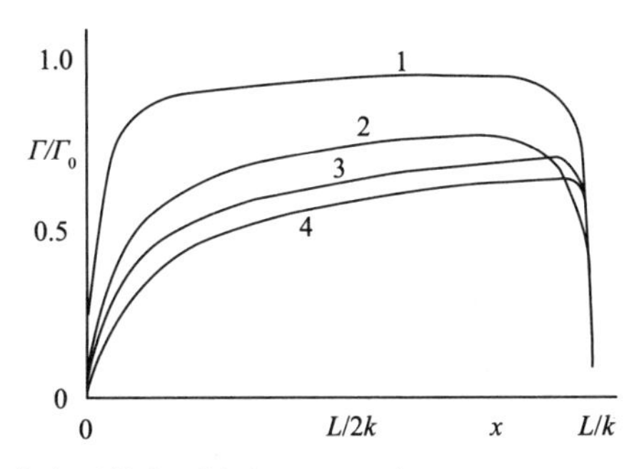

图 4.16　沿流动薄膜表面的表面浓度；$k=\Gamma_0/c_0$，u（x，0）$=u_s=$5cm/s（1，2），15cm/s（3），25cm/s（4）；$D/k^2=1000\text{s}^{-1}$（1），10s^{-1}（2，3，4）（Ziller 等 1985）

4.9　聚合物吸附动力学

有许多理论描述了一般聚合物和特定蛋白质的吸附过程。对于模型聚合物，具有中性链的线型弹性聚合物在良溶剂中的吸附过程，de Gennes（1987）针对其吸附结构和动力学进行了综述。采用一般尺度的概念，对聚合物吸附层的结构进行了定性讨论（de Gennes 1980，1981，1982，1985a，b）。相反地，Scheutjens 和 Fleer（1979，1980，1986，Fleer 等 1982）考虑文献中的聚合物吸附过程的细节，基于数值计算方法提出了相应的理论。后一种理论的不足在于其仅为一计算机程序，因而在体相聚合物浓度和界面吸附数量之间的关系未知的情况下，不能应用其结果。

似乎不存在用于描述聚合物吸附的统一理论。有的分子可在吸附后在界面处发生伸展，而其他分子则保持其致密结构（图 4.17）。

在文献中，曾试图找到状态方程的解析表达式以描述聚合物在界面的吸附。同时，这种关系式可作为理论描述动态界面过程的基础。Graham 和 Phillips（1979，1980）就曾将熟知的平方根近似方法用于蛋白质吸附动力学。

$$\Gamma(t) = 2c_0\sqrt{\frac{Dt}{\pi}} \tag{4.79}$$

该式为式（4.1）在短吸附时间内的第一近似形式。

（a）　　（b）

图 4.17　大分子在液体界面的吸附

（a）伸展分子；（b）具有致密结构的分子

Graham 和 Phillips 也提出了谐波干扰引起的弛豫过程的简单关系式，可与任何明确的吸附公式相结合。MacRitchie（1963，1986，1989，1991）及 Damodaran 和 Song（1988）也采用这种近似方法，进一步得出了考虑一个分子吸附所需面积 ΔA 的线性反应方程

$$\frac{\mathrm{d}\Gamma}{\mathrm{d}t} = K_{\mathrm{a}}c_0\exp\left(-\frac{\prod\Delta A}{RT}\right) - K_{\mathrm{d}}\Gamma(t)\exp\left(-\frac{\prod\Delta A}{RT}\right) \tag{4.80}$$

式中，Π 为表面压，定义为 $\Pi(t)=\gamma_0-\gamma(t)$。上述方程与式（4.32）～式（4.34）给出的速率方程等价。

另一种值得关注但却复杂的模型由 Douillard 和 Lefebvre（1990）进行了讨论。其最终线性微分方程组可描述许多实验数据，但其中包含 8 个独立的速率常数，并且从吸附动力学实验中获得如此大量的参数非常耗时。另一个更适合的动力学关系式由 de Feijter 等（1987）提出，可方便地应用于实验吸附数据。其他基于聚合物溶液扩散传递和动力学方程的吸附动力学及弛豫模型由 Miller（1991）提出。

4.10　渐近解

由于其复杂性，Ward 和 Tordai 方程的通式（4.1）的应用常涉及大量数值计算。因此，许多工作都致力于寻找其渐进解。近期 Fainerman 等（1994a）及 Miller 等（1994b）发表了数个易于用作实验数据解释的渐进解。首个近似解由 Sutherland（1952）采用线性吸附等温式以式（4.22）的形式发表。进一步的近似由 Hansen（1960）提出，可用于较小表面覆盖度及短或长吸附时间的条件下，其表达式为无因次时间 $\Theta = Dt/(\Gamma_0/c_0)^2$ 的函数。

$$\frac{\Gamma(t)}{\Gamma_0} \approx 2\sqrt{\frac{\Theta}{\pi}}\left(1 - \frac{\sqrt{\pi\Theta}}{2} \pm \cdots\right) \quad 当\sqrt{\Theta} \leqslant 0.2 \tag{4.81}$$

$$\frac{\Gamma(t)}{\Gamma_0} \approx 1 - \frac{1}{\sqrt{\pi\Theta}}\left(1 - \frac{1}{2\Theta} \pm \cdots\right) \quad 当\sqrt{\Theta} \geqslant 5.0 \tag{4.82}$$

Rillaerts 和 Joos（1982）通过假设 c（0，t）为近似常数，并可置于积分式（4.1）之外，提出了长时间 t 时的近似解，为

$$\Gamma(t) = 2\sqrt{\frac{D}{\pi}}(c_0\sqrt{t} - c(0,t)\sqrt{t}) \tag{4.83}$$

以 $\frac{\mathrm{d}c}{\mathrm{d}\Gamma}\Gamma(t)$ 代替 c（0，t）并进行相应调整，可得到长时间下的近似式

$$\Gamma(t) = \frac{2c_0\sqrt{\frac{Dt}{\pi}}}{1 + \frac{\mathrm{d}c}{\mathrm{d}\Gamma}\sqrt{\frac{4Dt}{\pi}}} \tag{4.84}$$

最简单和最常用的短时间近似式为

$$\Gamma = 2c_0\sqrt{\frac{Dt}{\pi}} \tag{4.85}$$

来自式（4.1），忽略了积分。应用 γ 和 Γ 的线性关系

$$\gamma = \gamma_0 - nRT\Gamma \tag{4.86}$$

表面活性剂溶液的界面张力在 $t \to 0$ 时为：

$$\gamma_{t\to 0} = \gamma_0 - 2nRTc_0\sqrt{\frac{Dt}{\pi}} \tag{4.87}$$

式中，γ_0 为溶剂的表面张力；n 对于非离子表面活性剂为 1，对离子表面活性剂为 2。式（4.87）对 $t^{1/2}$ 的微分为

$$\left(\frac{\mathrm{d}\gamma}{\mathrm{d}t^{1/2}}\right)_{t\to 0} = -2nRTc_0\sqrt{\frac{D}{\pi}} \tag{4.88}$$

因此，对于无形变表面的扩散控制吸附过程，γ（$t^{1/2}$）的实验值必定存在一直线，其

斜率等于式（4.88）右项的值。

对于多组分溶液，采用同样的扩散控制机理，当 $t\to 0$ 时，可得总吸附量为

$$\Gamma_{\mathrm{T}} = \sum_{i=1}^{r}\Gamma_{\mathrm{i}} = \sum_{i=1}^{r}2c_{\mathrm{oi}}\sqrt{\frac{D_{\mathrm{i}}t}{\pi}} \tag{4.89}$$

最终

$$\left(\frac{\mathrm{d}\gamma}{\mathrm{d}t^{1/2}}\right)_{t\to 0} = -2RT\sum_{i=1}^{r}n_{\mathrm{i}}c_{\mathrm{oi}}\sqrt{\frac{D_{\mathrm{i}}}{\pi}} \tag{4.90}$$

从式（4.89）和式（4.90）中可见，当溶液中共存在主表面活性剂之外的其他表面活性污染物时，并不能影响 γ（t）在 $t\to 0$ 时的相依关系。

若吸附机理不遵从扩散控制机理，而符合 Langmuir 型动力学方程（4.31），在短时间 t 内，可得

$$\Gamma = k_{\mathrm{ad}}tc_0 \tag{4.91}$$

与式（4.86）联立，可得

$$\gamma = \gamma_0 - nRTk_{\mathrm{ad}}c_0t \tag{4.92}$$

假如此机理成立，则 $\left(\frac{\mathrm{d}\gamma}{\mathrm{d}t}\right)_{t\to 0}$ 可得到一条直线。在近期的文献中，Fainerman 等（1994a）另外总结了采用扩散控制、能垒控制及混合动力学模型的短时间和长时间近似式。

对于径向增大的液滴，MacLeod 和 Radke（1994）得到了在空气中增大的液滴的长时间近似式

$$\Gamma(t) = \Gamma(0) + 2\sqrt{\frac{3Dt}{7\pi}}[c_0 - c(0,t)] \tag{4.93}$$

或在第二种液体中增大时

$$\Gamma(t) = \Gamma(0) + 2\left(\sqrt{\frac{3D_{\alpha}t}{7\pi}}(c_{\alpha 0} - c_{\alpha}(0,t)) + \sqrt{\frac{3D_{\beta}t}{7\pi}}(c_{\beta 0} - c_{\beta}(0,t))\right) \tag{4.94}$$

采用适当的状态方程，如 Langmuir-Szyszkowski 方程，可得

$$\gamma = \gamma_0 + RT\Gamma_{\infty}\log\left(1 - \frac{\Gamma(t)}{\Gamma_{\infty}}\right) \tag{4.95}$$

可得接近平衡时表面张力随时间的变化关系。

4.11 小结

本章中介绍了表面活性剂和聚合物吸附动力学的定性和定量模型。完整阐述了最成熟的物理模型，即扩散控制吸附和解析模型，讨论了得到模型生成的微分方程解的不同方法（Miller 和 Kretzschmar 1991）。直接数值积分使我们可以考虑任何类型的吸附等温式，将

表面活性剂体相浓度与界面吸附量进行关联。

除扩散控制吸附理论之外，还介绍了其他机理，包含溶液体相中的传递过程及从亚表面到界面的传递机理（Chang 和 Franses 1992）。

时间相依界面面积在实验研究中具有重要意义。对不同的模型进行了描述，其中对于较小面积变化的线性化理论属于弛豫理论范畴，将在第六章中进行概述。邻近时间相依变表面积区域的液层也包含在理论模型中。对沿倾斜平板向下流动的液膜或增大气泡及液滴等体系进行了定量描述，其中假定流动采取径向层流的方式（MacLeod 和 Radke 1993）。

在对胶束溶液吸附动力学的讨论中，考虑了不同的胶束动力学机理，如形成/溶解机理、逐步聚集/解聚机理（Dushkin 和 Ivanov 1991）等。显然溶液中的胶束显著影响了吸附速率。在特定条件下，聚集数、胶束浓度及胶束动力学速率常数成为整个吸附过程的速率控制参数。但尚不存在考虑表面活性剂体系增溶作用的模型。

对表面活性剂混合物溶液中的吸附动力学描述基于广义的 Langmuir 等温式。同步吸附的发生致使较低表面活性的物质被高表面活性的物质取代，通常在低体相浓度下发生。基于 Frumkin 和 Frumkin-Damaskin 等温式可对该过程做出进一步描述，其中包含单独表面活性物种的特定界面性质。对这种非常复杂的模型进行定量研究，只能采用数值计算方法。

对于聚合物在液体界面的吸附过程基于非常简单的假定也可建立模型。更复杂的模型包含了大量独立的体系参数，这些参数通常是未知的（Douillard 和 Lefebvre 1990）。考虑吸附分子的特定性质对聚合物吸附进行定量描述仍需进一步的工作。Scheutjens 和 Fleer（1979，1980）的理论仍无法对聚合物吸附过程进行描述，因其在动态条件下不成立。

在本章结尾，给出了许多不同吸附条件下的近似和渐近公式（参见 Fainerman 等 1994a)。渐近关系在确定吸附机理和特征吸附参数时尤为重要。

在后续章节的讨论中，即使可溶表面活性剂也可形成非均质吸附层。这种非均质性目前仍未得到充分认识。或许这是混合吸附层的特性之一，在低纯度商品表面活性剂或特定配方的混合体系中均可见。此种分区结构或由吸附层中显著的作用强度区别引起。界面二维和三维聚集体的形成可见于不溶单分子层的研究中（Möhwald 等 1986，Barraud 等 1988，Vollhardt 1993）。不溶单分子层中聚集体形成的动态模型由 Retter 和 Vollhardt（1993）和 Vollhardt 等（1993）首次进行了理论描述。这些最新的复杂理论与体相传递过程相结合，提出了首个非均质可溶吸附膜的物理模型，与 Berge 等（1991）、Flesselles 等（1991）或 Hénon 和 Meunier（1992）所观察到的现象相同。即便已熟知的体系如脂肪酸和醇类单分子层的许多效应仍需进行进一步研究，例如 Gericke 和 Hühnerfuss（1993）以及 Gericke 等（1993a，b）采用红外反射-吸收光谱对溶剂铺展效应的考察。

分子动力学模拟可对体相和表面活性剂溶液表面的动态过程获得更新的了解。只有在当今计算能力足够强大的条件下，才有可能进行模拟而不作太多简化。最新的分子动力学模拟成果由 van Os 和 Karaborni（1993）进行了总结，显示复杂如胶束形成的过程

(Karaborni 和 O'Connell 1993)、乳液形成或增溶过程(Smit 等 1993)均可进行模拟。未来计算能力和算法的进步可对与动态界面现象相关的更复杂过程,如吸附层结构和形成过程、表面活性剂和聚合物混合体系中界面和体相分子相互作用等进行更深入的研究。

参考文献

Adamczyk, Z., J. Colloid Interface Sci., 120 (1987) 477.

Aniansson, E. A. G., Wall, S. N., Almgren, M., Hoffmann, H., Kielmann, I., Ulbricht, W., Zana, R., Lang, J. and Tondre, C., J. Phys. Chem., 80 (1976) 905.

Barraud, A., Flörsheimer, M., Möhwald, H., Richard, J., Ruaudel-Texier, A., and Vandervyver, M., J. Colloid Interface Sci., 121 (1988) 491.

Baret, J. F., J. Phys. Chem., 72 (1968a) 2755.

Baret, J. F., J. Chim. Phys., 65 (1968b) 895.

Baret, J. F., J Colloid Interface Sci., 30 (1969) 1.

Berge, B., Faucheux, L., Schwab, K., and Libchaber, A., Nature (London), 350 (1991) 322.

Blair, C. M., J. Chem. Phys., 16 (1948) 113.

Borwankar, R. P. and Wasan, D. T., Chem. Eng. Sci., 41 (1986) 199.

Bronstein, I. N. and Semendjajew, K. A., Taschenbuch der Mathematik, B. G. Teubner Verlagsgesellschaft Leipzig, 1968.

Chang, C. H. and Franses, E. I., Colloids&Surfaces, 69 (1992) 189.

Chang, C. H., Wang, N. -H. L. and Franses, E. I., Colloids&Surfaces, 62 (1992) 321.

Cody, W. J., Math. Comp., 23 (1968) 631.

Davies, J. T., Smith, J. A. C. and Humphreys, D. G., Proc. Int. Conf. Surf. Act. Subst., 2 (1957) 281.

de Feijter, J., Benjamins, J. and Tamboer M., Colloids&Surfaces, 27 (1987) 243.

de Gennes, P. -G., Adv. Colloid Interface Sci., 27 (1987) 189.

de Gennes, P. -G., Macromolecules, 13 (1980) 1069.

de Gennes, P. -G., Macromolecules, 14 (1981) 1637.

de Gennes, P. -G., Macromolecules, 15 (1982) 492.

de Gennes, P. -G., C. R. Acad. Sc. Paris, 301-II (1985a) 1399.

de Gennes, P. -G., Scaling Concepts in Polymer Physics, Cornell University Press, 1985b.

Damodaran, S. and Song, K. B., Biochim. Biophys. Acta, 954 (1988) 253-264.

Delahay, P. and Trachtenberg, I., J. Amer. Chem. Soc., 79 (1957) 2355.

Delahay, P. and Fike, C. T., J. Amer. Chem. Soc., 80 (1958) 2628.

Doss, K. S. G., Koll. Z., 86 (1939) 205.

Douillard, R. and J. Lefebvre, J. Colloid Interface Sci., 139 (1990) 488.

Dushkin, C. D. and Ivanov, I. B., Colloids&Surfaces, 60 (1991) 213.

Dushkin, C. D., Ivanov, I. B. and Kralchevsky, P. A., Colloids&Surfaces, 60 (1991) 235.

Fainerman, V. B., Koll. Zh., 43 (1981) 94.

Fainerman, V. B., Zh. Fiz. Khim., 42 (1983) 457.

Fainerman, V. B., Rakita, Yu. M. and Zadara, V. M., Koll. Zh., 49 (1987) 80.

Fainerman, V. B., Koll. Zh., 52 (1990) 921.

Fainerman, V. B., Khodos, S. R., and Pomazova, L. N., Kolloidny Zh. (Russ), 53 (1991) 702.

Fainerman, V. B., Colloids&Surfaces, 62 (1992) 333.

Fainerman, V. B., Makievski, A. V., Koll. Zh., 54 (1992a) 75.

Fainerman, V. B., Makievski, A. V., Koll. Zh., 54 (1992b) 84.

Fainerman, V. B., Makievski, A. V. and Joos, P., Zh. Fiz. Khim., 67 (1993a) 452.

Fainerman, V. B., Makievski, A. V. and Miller, R., Colloids&Surfaces A, 75 (1993b) 229.

Fainerman, V. B., Makievski, A. V. and Joos, P., Zh. Fiz. Khim. 67 (1993c) 452.

Fainerman, V. B., Makievski, A. V. and Joos, P., Zh. Fiz. Khim. 67 (1993d) 452.

Fainerman, V. B., Makievski, A. V. and Miller, R., Colloids&Surfaces A, 87 (1994a) 61.

Fainerman, V. B., Miller, R. and Joos, P., Colloids Polymer Sci., 272 (1994b) 731.

Fleer; G. J. and Scheutjens; J. M. H. M., Adv. Colloid Interface Sci., 16 (1982) 341.

Flesselles, J. M., Magnasco, M. O., and Libchaber, A., Phys. Rev. Lett., 67 (1991) 2489.

Gericke, A. and Hühnerfuss, H., J. Phys. Chem., 97 (1993) 12899.

Gericke, A., Simon-Kutscher, J. and Hühnerfuss, H., Langmuir, 9 (1993a) 2119.

Gericke, A., Simon-Kutscher, J. and Hühnerfuss, H., Langmuir, 9 (1993b) 3115.

Graham, D. E. and Phillips, M. C., J. Colloid Interface Sci., 70 (1979) 403.

Graham, D. E. and Phillips, M. C., J. Colloid Interface Sci., 76 (1980) 227.

Haase, R., in "Grundzüge der physikalischen Chemie, Band II-Transportvorgänge", Dr. Dietrich SteinkopffVerlag, Darmstadt 1973.

Hansen, R. S. and Wallace, T., J. Phys. Chem., 63 (1959) 1085.

Hansen, R. S., J. Phys. Chem., 64 (1960) 637.

Hansen, R. S., J. Colloid Sci., 16 (1961) 549.

Hénon, S. and Meunier, J., Thin Solid Films, 210/211 (1992) 121.

Hoffmann, H., Nagel, R., Platz, G. and Ulbricht, W., Colloid Polymer Sci., 254 (1976) 812.

Hoffmann, H., Progr. Colloid Polymer Sci., 83 (1990) 16.

Horozov, T., Danov, K., Kralschewsky, P., Ivanov, I. and Borwankar, R., 1st World.
Congress on Emulsion, Paris, Vol. 2, (1993) 3—20—137.

Ilkovic, D., Collec. Czechoslow. Commun., 6 (1934) 498.

Ilkovic, D., J. Chim. Phys. Physicochem. Biol., 35 (1938) 129.

Jiang, Q. Chiew, Y. C. and Valentini, J. E., Langmuir, 9 (1993) 273.

Joos, P. and Rillaerts, E., J. Colloid Interface Sci., 79 (1981) 96.

Joos, P., Fang, J. P. and Serrien, G., J. Colloid Interface Sci., 151, 144 (1992).

Joos, P. and Van Uffelen, M., J. Colloid Interface Sci., 155 (1993a) 271.

Joos, P. and Van Uffelen, M., Colloids&Surfaces, 75 (1993b) 273.

Kahlweit, M. and Teubner, M., Adv. Colloid Interface Sci., 13 (1980) 1.

Karaborni, S. and O'Connell, J. P., Tenside Detergents, 30 (1993) 235.

Kloubek, J., J. Colloid Interface Sci., 41 (1972) 1.

Kiesewetter, H. and Maeβ, G., Elementare Methoden der numerischen Mathematik, Akademie-Verlag, Berlin, 1974.

Krawczyk, M. A., Wasan, D. T., and Shetty, C. S., I&EC Research, 30 (1991) 367.

Kretzschmar, G., Z. Chemie, 14 (1974) 261.

Kretzschmar, G. and Miller, R., Adv. Colloid Interface Sci., 36 (1991) 65.

Levich, V. G., Physicochemical Hydrodynamics, Prentice-Hall, Englewood Cliffs, New York, 1962.

Liggieri, L., Ravera, F., Ricci, E. and Passerone, A., Adv. Space Res., 11 (1991) 759.

Lin, S. -Y., McKeigue, K. and Maldarelli, C., Langmuir, 7 (1991) 1055.

Lucassen, J., J. Chem. Soc. Faraday I, 72 (1976) 76.

Lucassen-Reynders, E. H. and Kuijpers, K. A., Colloids&Surfaces, 65 (1992) 175.

MacLeod, C. A. and Radke, C. J., J. Colloid Interface Sci., 160 (1993) 435.

MacLeod, C. A. and Radke, C. J., J. Colloid Interface Sci., 166 (1994) 73.

MacRitchie, F. and Alexander, A. E., J. Colloid Sci., 18 (1963) 453.

MacRitchie, F., Adv. Colloid Interface Sci., 25 (1986) 341.

MacRitchie, F., Colloids&Surfaces, 41 (1989) 25.

MacRitchie, F., Analytica Chimica Acta., 249 (1991) 241.

Makievski, A. V., Fainerman, V. B. and Joos, P., J. Colloid Interface Sci., 166 (1994) 6.

Malysa, K., Adv. Colloid Interface Sci., 40 (1992) 37.

McCoy, B. J., Colloid Polymer Sci., 261 (1983) 535.

McQueen, D. H. and Hermans, J. J., J. Colloid Interface Sci., 39 (1972) 289.

Miller, R., Colloid Polymer Sci., 258 (1980) 179.

Miller, R., Colloid Polymer Sci., 259 (1981) 375.

Miller, R., Colloid Polymer Sci., 261 (1983) 441.

Miller, R., Colloids&Surfaces, 46 (1990) 75.

Miller, R. and Kretzschmar, G., Colloid Polymer Sci., 258 (1980) 85.

Miller, R., in "Trends in Polymer Science", 2 (1991) 47.

Miller, R. and Kretzschmar, G., Adv. Colloid Interface Sci., 37 (1991) 97.

Miller, R. and Lunkenheimer, K., Z. phys. Chem., 259 (1978) 863.

Miller, R. and Lunkenheimer, K., Colloid Polymer Sci., 264 (1986) 357.

Miller, R. and Schano, K. -H., Colloid Polymer Sci., 264 (1986) 277.

Miller, R. and Schano, K. -H., Tenside Detergents, 27 (1990) 238.

Miller, R., Loglio, G.; Tesei, U., and Schano, K. -H., Adv. Colloid Interface Sci., 37 (1991) 73.

Miller, R., Lunkenheimer, K. and Kretzschmar, G., Colloid Polymer Sci., 257 (1979) 1118.

Miller, R., Sedev., R., Schano, K. -H., Ng, C. and Neumann, A. W., Colloids&Surfaces, 69 (1993) 209.

Miller, R., Kretzschmar, G. and Dukhin, S. S., Colloid Polymer Sci., 272 (1994a) 548.

Miller, R., Joos, P. and Fainerman, V. B., Adv. Colloid Interface Sci., 49 (1994b) 249.

Miller, R., Fainerman, V. B., Schano, K. -H., Heyer, Wolf, Hofmann, A. and Hartmann, R., Labor Praxis, (1994c) 56.

Milner, S. R., Phil. Mag., 13 (1907) 96.

Möhwald, H., Miller, A., Stich, W., Knoll, W., Ruaudel-Texier, A., Lehmann, T., and Fuhrhop, J. -H., Thin Solid Films, 141 (1986) 261.

Nagarajan, R. and Wasan, D. T., J. Colloid Interface Sci., 159 (1993) 164.

Oberhettinger, F. and Bardii, L., Tables of Laplace Transforms, Springer-Verlag, Berlin, 1973.

Panaiotov, I. and Petrov, J. G., Ann. Univ. Sofia, Fac. Chem., 64 (1968/69) 385.

Passerone, A., Liggieri, L. Rando, N., Ravera, F. and Ricci, E., J. Colloid Interface Sci., 146 (1991) 152.

Petrov, J. G. and Miller, R., Colloid Polymer Sci., 255 (1977) 669.

Pierson, F. W. and Whittaker, S., J. Colloid Interface Sci., 52 (1976) 203.

Rakita, Yu. M. and Fainerman, V. B., Koll. Zh., 51 (1989) 714.

Ravera, F., Liggieri, L. and Steinchen, A., J. Colloid Interface Sci., 156 (1993) 109.

Ravera, F., Liggieri, L., Passerone, A. and Steinchen, A., J. Colloid Interface Sci., 163 (1994).

Retter, U. and Vollhardt, D., Langmuir, 9 (1993) 2478.

Rillaerts, E. and Joos, P., J. Phys. Chem., 86 (1982) 3471.

Ross, S., Amer. Chem. Soc., 67 (1945) 990.

Scheutjens, J. M. H. M. and Fleer, G. J., J. Phys. Chem., 83 (1979) 1619.

Scheutjens, J. M. H. M. and Fleer, G. J., J. Phys. Chem., 84 (1980) 178.

Scheutjens, J. M. H. M., Fleer, G. J. and Cohen Stuart, M. A., Colloids&Surfaces, 21 (1986) 285.

Scriven, L. E., Chem. Eng. Sic., 12 (1960) 98.

Serrien, G., Geeraerts, G., Ghosh, L., and Joos, P., Colloids&Surfaces, 68 (1992) 219.

Smit, B., Hilbers, P. A. J., and Esselink, K., Tenside Detergents, 30 (1993) 287.

Sutherland, K. L., Austr. J. Sci. Res., A5 (1952) 683.

van den Bogaert, P. and Joos, P., J. Phys. Chem., 83 (1979) 2244.

van Os, N. M. and Karaborni, S., Tenside Detergents, 30 (1993) 234.

van Uffelen, M. and Joos, P., Colloids&Surfaces, 158 (1993c) 452.

van Voorst Vader，F.，Erkelens，Th. F. and Van den Tempel，M.，Trans. Faraday Soc.，60 (1964) 1170.

Vollhardt，D.，Adv. Colloid Interface Sci.，47 (1993) 1.

Vollhardt，D.，Ziller，M.，and Retter，U.，Langmuir，9 (1993) 3208.

Ward，A. F. H. and L. Tordai，J. Phys. Chem.，14 (1946) 453.

Zana，R.，Chemical&Biol. Appl. Relaxation Spectroscopy，Proc. NATO Adv. Study Inst.，Ser. C，18 (1974) 133.

Ziller，M.，Miller，R. and Kretzschmar，G.，Z. phys. Chemie (Leipzig)，266 (1985) 721.

Ziller，M. and Miller，R.，Colloid Polymer Sci.，264 (1986) 611.

第5章　吸附动力学实验技术

本章旨在讨论研究液体界面吸附过程的不同技术。这些研究方法的最终目标是确定表面活性剂及其混合物和聚合物及与其他聚合物或表面活性剂的混合物在液体界面的吸附机理（参见 Kretzschmar 和 Miller 1991）。对几种常用的或最近发展的吸附动力学实验方法进行描述，包括振荡射流、滴体积、最大泡压、轴对称滴形分析、增大液滴张力测量及其他方法。这些方法的理论背景在第 4 章中进行了介绍。表 5.1 概括了本章中涉及的动态表面和界面张力测量方法的特点。Miller 等（1994b）对这些研究吸附动力学的动态方法以及其他一些方法进行了综述。

与液滴相关的方法，如滴体积、滴形和滴压法等，可能是最通用的方法，常在经过少量改进后用于气泡相关的方法。这些方法可用于液-液和液-气界面，仅需要少量溶剂和溶质。此外，即使是在高温条件下，温度控制也较为方便。

有几种方法适合进行动态吸附研究。特定方法的选择取决于所需的实验条件、温度和时间间隔。这些实验条件由研究的表面活性剂或聚合物的表面活性及浓度确定。表 5.2 总结了一些动态表面张力测量方法的特点。

所有方法在从几秒到几小时的时间间隔内，其精度通常为±0.1mN/m。特殊仪器可在毫秒尺度下进行测量。此时测量精度将降低，有时会达到±1.0mN/m 的程度。

在介绍实验装置及基于实际理论解释实验数据之前，需对界面现象研究的先决条件进行讨论：即研究对象的性质。假如表面活性剂和溶剂的纯度没有达到必须的程度，即使最有力的技术也不能得到合理的结果。杂质的影响和判断表面活性剂与溶剂体系纯度的标准也将在本章中进行讨论。

表 5.1　动态表面张力和界面张力测量方法特点

方法	对液/液体系的适用性	对液/气体系的适用性	问题
毛细管上升	可能	良好	无商业化装置
毛细波	可能	可能	繁琐，无商业化装置
滴体积	良好	良好	流体动力学效应
增大液滴和气泡	良好	良好	无商业化装置
倾板	不佳	良好	短时间间隔，无商业化装置
最大泡压	可能	良好	数据解释
振荡射流	不佳	良好	短时间间隔，无商业化装置

续表

方法	对液/液体系的适用性	对液/气体系的适用性	问题
悬滴	良好	良好	无商业化装置
板法张力计	可能	良好	接触角
环法张力计	不佳	良好	润湿
躺滴	可能	可能	无商业化装置，精度低
旋转滴	良好	可能	应用范围小
静滴体积	良好	良好	耗时

表 5.2 动态表面和界面张力测量方法特点

方法	时间范围	温度范围	液/气体系适用性	液/液体系适用性
滴体积	1s～20min	10～90℃	是	是
最大泡压	1ms～100s	10～90℃	是	否
悬滴	10s～24h	20～25℃	是	是
环法张力计	30s～24h	20～25℃	是	否
板法张力计	10s～24h	20～25℃	是	否
增大液滴和气泡	0.01s～600s	10～90℃	是	是
滴弛豫	1s～300s	10～90℃	是	是
弹性环	10s～24h	20～25℃	是	否
脉冲气泡	0.005s～0.2s	20～25℃	是	否
振荡射流	0.001s～0.01s	20～25℃	是	否

5.1 表面活性剂和溶剂纯度的表征

Lunkenheimer（1984）和 Miller（1987）综述了有关量化杂质的影响并用于界面现象研究的液体纯度标准的工作。其中指出作为 log（c_0）函数的表面张力 γ 等温式缺少最小值，是最常用的判断表面活性剂纯度的标准。另一方面 Krotov 和 Rusanov（1971）认为这些并不够，在某些情况下，如某些补偿效应或加入电解质均可使最小值消失（Weiner 和 Flynn 1974）。此外，有些表面活性剂并不形成胶束或溶解度不足以达到足够高的浓度。

Mysels 和 Florence（1970，1973）首先系统地研究了表面活性杂质对界面性质的影响，证明了表面活性剂溶液纯度的重要性，在动态界面研究中尤其重要，并得出了用于评估的定量关系。其关系式基于若干简化，因此作为纯度标准尚显不足。后来 Lunkenheimer 和 Miller（1979，1987）及 Lunkenheimer 等（1982b，1984）、Lunkenheimer 和 Czichocki（1993）针对不同情况进行了讨论，得到了若干判断表面活性剂溶液纯度的标准。

5.1.1 表面活性剂溶液的纯度

Lunkenheimer 和 Miller（1979）定义了属于“表面化学纯度”，基于其发现，少量高表面活性的污染物即能够控制吸附层的性质。对于表面活性剂改变界面性质能力的研究的对象是主要由表面活性剂分子构成的吸附层。因此，任何关于可能的杂质百分含量信息，如商品标签上的标注，是无用的。这种情况在图 5.1 中一目了然。

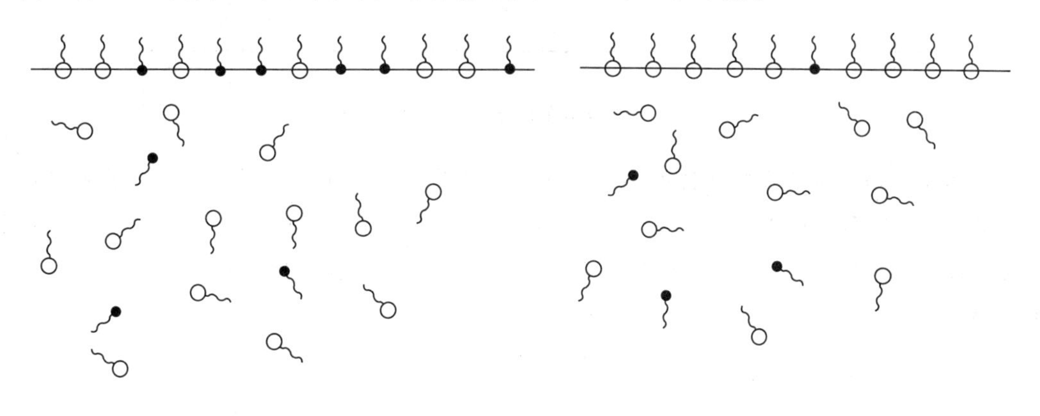

图 5.1　表面活性剂纯度与主要物质（A）和微量组分（B）的体相和界面浓度关系示意图

溶液中 B 分子与 A 分子相比数量很少，但平衡吸附层由几乎相互数量的两种分子构成（图 5.1a），在这种情况下，污染物（B 物质）的表面活性远高于主要组分（A 物质）。相反，图 5.1b 显示了当两种物质的表面活性相近时的情况。此时，界面吸附层主要由 A 物质分子控制。其溶液则达到了足够高的纯度以满足界面现象的研究。

对溶液进行考察，在图中（a）的情况下，依据实验条件的不同，可导致非常令人困惑的结果。例如，温度的变化可不同程度地改变两种组分的表面活性，因而吸附层的组成也随温度变化而变化。在进行动态界面研究时，结果则强烈地受到测量方法时间窗口的影响。图 5.2a-c 的三幅示意图说明了上述几种情况。

在上图中，当时间 $t=t_1$ 时，吸附层达到中等覆盖度，吸附层几乎仅由 A 分子构成。随后，当时间 $t=t_2$ 时，尚未达到平衡，但 B 组分已经占据了相当一部分界面面积。当时间 $t>t_3$ 时，吸附层达到了最终平衡状态，界面性质主要由污染物 B 决定。吸附层组成变化与时间存在对数关系。绝对时间范围为绝对浓度、时间差、界面浓度比及两种组分表面活性的函数，在实际情况下，表面活性剂不但受到一种组分，而且常受到表面活性不同的几种组分的污染。这使得提纯过程和制备的表面活性剂溶液纯度分析变得非常复杂。

判断表面活性剂溶液纯度的热力学标准由 Lunkenheimer 和 Miller（1987，1988）提

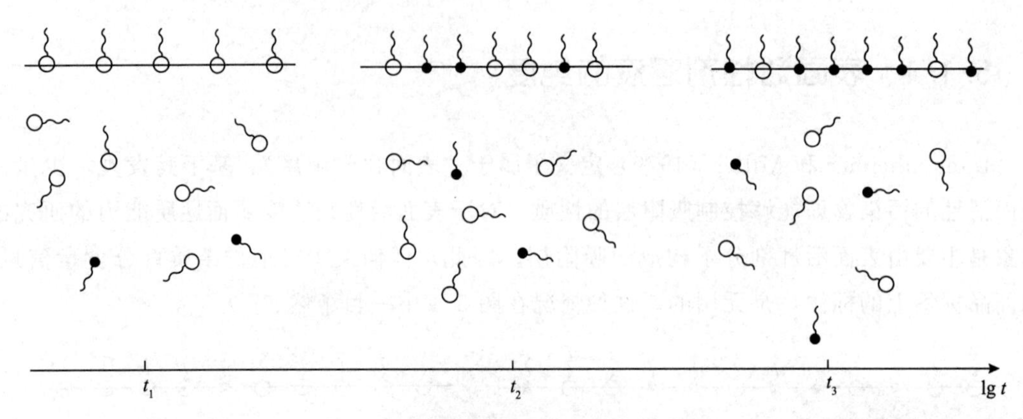

图 5.2 混合吸附层组成随时间的变化

出。该标准的基础是从表面活性剂溶液中除去杂质的提纯程序。若以 ξ 为代表溶液中表面活性剂分子去除程度的变量，则 γ_e（ξ）关系式可应用于定义纯度标准。图 5.3 显示了平衡表面张力作为提纯循环数 j（细节参见 5.1.3 节）的函数的变化。首先去除污染物引起表面张力的提高，然后 γ_e（j）趋于平缓。

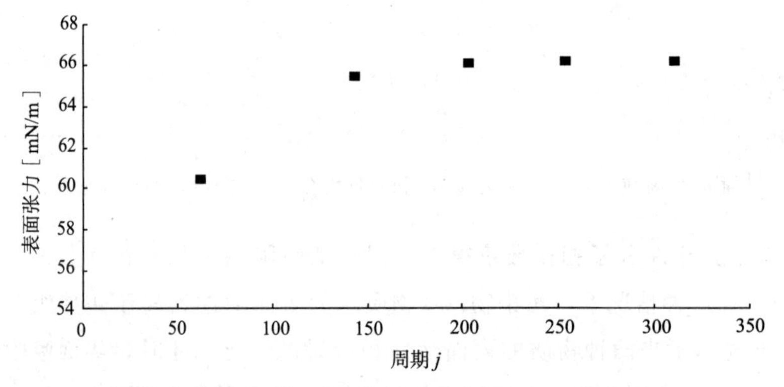

图 5.3 0.2mol/L 三乙基苄基氯化胺水溶液表面张力随提纯循环数 j 的变化（Lunkenheimer 和 Miller 1988）

若满足下式，则纯度达到要求

$$\left(\frac{\mathrm{d}\gamma_e}{\mathrm{d}\xi}\right)_{p,T,c_1}=0 \tag{5.1}$$

上式表示平衡表面张力不再因提纯过程而改变。随着 γ_e（j）的变化，建立平衡所需的时间 t_e 也发生变化。这样，可基于吸附时间得到平衡判据公式

$$\left(\frac{\mathrm{d}t_e}{\mathrm{d}\xi}\right)_{p,T,c_1}=0 \tag{5.2}$$

以上两个关系式在压力 p、温度 T 和主表面活性剂浓度 c_1 不变的情况下均成立。对于极低主要组分浓度的表面活性剂溶液，函数 γ_e（j）即使在达到很高纯度的条件下也会发生变化。这种变化或多或少地与 j 成线性关系，式（5.1）的标准变为

$$\left(\frac{\mathrm{d}\gamma_e}{\mathrm{d}\xi}\right)_{p,T,c_1} = \alpha_\xi \tag{5.3}$$

以及

$$\alpha_\xi = \left(\frac{\mathrm{d}\gamma_e}{\mathrm{d}c_1}\right)\left(\frac{\mathrm{d}c_1}{\mathrm{d}\xi}\right)_{p,T} \tag{5.4}$$

假如采用广义的 Langmuir 等温式

$$\Gamma_i = \Gamma_\infty \frac{c_i/a_{Li}}{1+\sum_{j=1}^{r} c_j/a_{Lj}};i = 1,2,\cdots,r \tag{5.5}$$

并且提纯是通过从体积为 V 的溶液中除去面积为 A 的吸附层实现（参见 5.1.3 节），可得以下关系式

$$\frac{\mathrm{d}\gamma_e}{\mathrm{d}\xi} = \frac{\mathrm{d}\gamma_e}{\mathrm{d}j} = -\frac{RT\Gamma_\infty \frac{A}{V}\frac{\Gamma_\infty}{a_{L1}}\left(1+\frac{c_2}{c_1}\left(\frac{a_{L1}}{a_{L2}}\right)^2\right)\frac{c_1}{a_{L1}}}{\left(1+\frac{c_1}{a_{L1}}\left(1+\frac{c_2}{c_1}\frac{a_{L1}}{a_{L2}}\right)\right)\left(1+\left(1+\frac{c_2}{c_1}\frac{a_{L1}}{a_{L2}}\right)\right)} \tag{5.6}$$

从上式中可以估计纯度标准的可用范围。假如实验精度为±0.1mN/m，则满足下式时，表面活性剂溶液可称为“表面化学纯”

$$\frac{\mathrm{d}\gamma_e}{\mathrm{d}\xi} \leqslant 0.1\mathrm{mN/m} \tag{5.7}$$

这样，最终可得到判断标准的敏感度，取决于主要组分和污染物的表面活性。主要组分的表面活性越高（以参数 $\frac{\Gamma_\infty}{a_{L1}}$ 表征），越容易检测到杂质。例如，当 $\frac{\Gamma_\infty}{a_{L1}}$ ～10－3cm 时，痕量高表面活性的杂质即可检测到，$\frac{a_{L1}}{a_{L2}}>10$。以式（5.6）和式（5.7）为标准，杂质的检出极限总结如表 5.3 所示。主表面活性剂与杂质表面活性的比值越大，则标准敏感度越大。在低表面活性 $\frac{\Gamma_\infty}{a_{L1}}$ 和活性比 $\frac{a_{L1}}{a_{L2}}$ 的情况下，该标准则不成立。

这种热力学标准的不足在于只能与提纯过程联合使用。因此，如果这种过程情况不明时，则表面活性剂溶液的纯度在表面研究中是否可用则无法判断。由此，发展出了第二种判断依据，基于吸附动力学模型。假如主要组分和杂质的吸附过程均是扩散控制的，则在经过吸附和解吸之后确定的时间 t_{ad}，分别对溶液表面张力进行测量，其差值可用于确定溶液的纯度。

表 5.3　式（5.6）和式（5.7）纯度标准的敏感度

$\frac{\Gamma_\infty}{a_{L1}}$/cm	$\frac{a_{L1}}{a_{L2}}=10$	$\frac{a_{L1}}{a_{L2}}=100$	$\frac{a_{L1}}{a_{L2}}=1000$
4×10^{-5}	—	—	10%
4×10^{-4}	—	10%	1%
4×10^{-3}	10%	1%	0.1%
4×10^{-2}	1%	0.1%	0.01%

表 5.4　表面活性剂混合溶液的表面张力差 $\Delta\gamma$ (t_{ad})$=\gamma_{ad}$ (t_{ad})$-\gamma_{des}$ (t_{ad}) (mN/m)，$t_{ad}=60$s，$D_1=D_2=5\times10^{-6}$ cm²/s，$\Gamma_\infty=5\times10^{-10}$ mol/cm²，$a_{L1}=10^{-7}$ mol/cm³，$a_{L2}=10^{-9}$ mol/cm³，压缩比 $A_{ad}/A_{des}=2$

c_2/a_{L2}	$c_1/a_{L1}=0.1$	$c_1/a_{L1}=0.2$	$c_1/a_{L1}=0.4$	$c_1/a_{L1}=0.8$
0.0	0.26	0.45	0.69	0.86
0.1	0.36	0.54	0.77	0.94
0.3	0.54	0.73	0.96	1.11
0.9	1.12	1.30	1.52	1.65

对两种特定表面活性剂的混合溶液的计算结果见表 5.4，其表面活性之比 $a_{L1}/a_{L2}=100$，下标“*ad*”和“*des*”分别代表测量表面张力时的吸附和解吸状态（吸附层经压缩面积由 A_{ad} 到 A_{des}）。

基于这样的表格，可判断表面活性剂溶液的纯度。这样的表格需要进行很多计算，因此其应用不太方便。从此表格出发，可得到简便的关系式以方便应用。该关系式在 $c_1/a_{L1}=1$ 及 $\gamma_e=65$mN/m 的条件下，计算达到出现表面张力差所需的时间 t_{ad}。

$$\Delta\gamma(t_{ad}) < 0.2\text{mN/m} \tag{5.8}$$

此值与许多实验的精度相当，

$$t_{ad} = t_0 \exp\left(-18-\frac{3}{2}\ln\left(\frac{a_{L1}}{a_0}\right)\right) \tag{5.9}$$

以及

$$t_0 = 1\text{s}; a_0 = 1\ \text{mol/cm}^3 \tag{5.10}$$

为确定一种表面活性剂是否达到了表面化学纯，需进行以下处理。首先需计算式 (5.9) 的特征时间 t_{ad}，其次测量当 $c_1=a_{L1}$ 时的表面张力差 $\Delta\gamma$ (t_{ad})$=\gamma_{ad}$ (t_{ad})$-\gamma_{des}$ (t_{ad})。假如式 (5.8) 成立，则该溶液达到了表面化学纯。

式 (5.8) ～式 (5.10) 给出的判断标准应用范围涵盖了以下区间

$$3\times10^{-8}\text{mol/cm}^3 \leqslant a_{L1} \leqslant 10^{-6}\text{mol/cm}^3$$

$$10\leqslant\frac{a_{L1}}{a_{L2}}\leqslant100, \frac{c_1}{a_{L2}}\leqslant0.1 \tag{5.11}$$

有一种重要现象值得注意。在时间标度下判断表面活性剂溶液纯度的热力学和动力学标准，仅取决于吸附/解吸时间 t_{ad} 的选择。若检验纯度的测量在 $0<t<t_{ad}$ 的时间间隔内进行，结果仅在 $t<10t_{ad}$ 的时间间隔内成立。当时间延长，界面的状态将发生改变，以上条件均不成立。

为验证式 (5.8) ～式 (5.10) 的检验标准的可行性，对含有癸基二甲基氧化膦作为主要组分及十二烷基二甲基氧化膦作为模拟杂质的水溶液的 $\Delta\gamma$ (*tad*) 值进行了测量，结果如图 5.4 所示，确定上述假设是成立的。

表面活性剂溶液中杂质的存在可以导致非常有误导性的结果。在近期的一篇论文中，

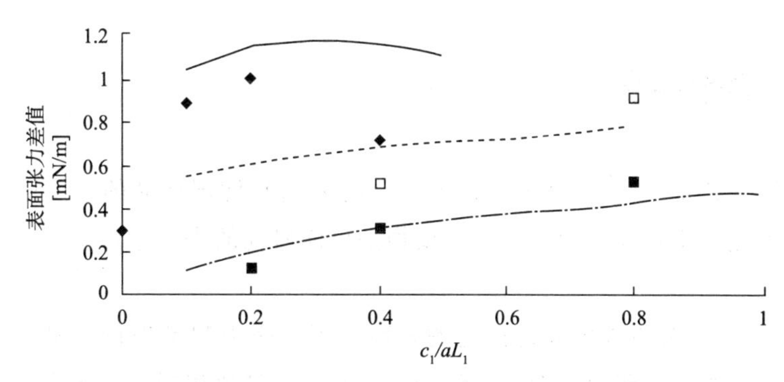

图5.4　含有癸基二甲基氧化膦作为主要组分及十二烷基二甲基氧化膦作为模拟杂质的体系的理论（曲线）和实验结果（符号）的对比；$c_2/a_{L2}=0.0$（■，—·—·—·），0.1（□，…………），0.3（◆，—）；$D_1=D_2=5\times10^{-6}\,cm^2/s$，$\Gamma_\infty=5\times10^{-10}\,mol/cm^2$，$a_{L1}=5\times10^{-8}\,mol/cm^3$，$a_{L2}=5\times10^{-9}\,mol/cm^3$，$A_{ad}/A_{des}=2$（参见 Miller 和 Lunkenheimer 1982）

十二烷基硫酸钠（SDS）的实验动态界面张力由 Fainerman（1977）基于混合扩散-动力学控制吸附模型进行了解释。结果得到了吸附速率常数 k_{ad} 作为时间的函数（参见图5.5），虽然此参数曾被认为是一个常数。

在“理论实验”中，Miller 和 Lunkenheimer（1982）证明了 k_{ad} 随时间的变化可通过杂质的存在进行模拟，这些杂质通常为同系醇类，如十二烷醇（Vollhardt 和 Czichocki 1990）。采用扩散控制吸附模型，含有 $10^{-6}\,mol/cm^3$ SDS 及1%十二烷醇的混合表面活性剂体系可计算得到其 γ（t）。这些数据可用常规的单表面活性剂溶液的混合扩散-动力学控制模型进行解释，而通过模拟可得到几乎相同的结果（参见图5.5）。此实例证明表面活性杂质的存在可引起误导性数据的出现，其中，模拟过程中设置了一个吸附能垒，虽然主表面活性剂和污染物均以扩散控制机理发生吸附。

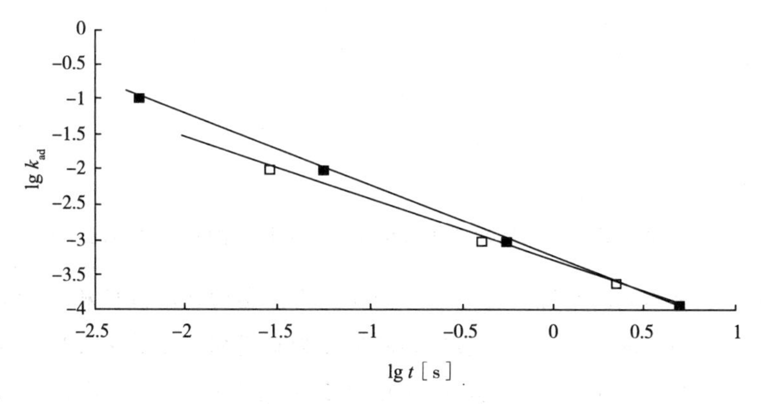

图5.5　$10^{-6}\,mol/cm^3$ SDS 溶液吸附速率常数 k_{ad} 与时间 t 的关系

（■）Fainerman 的实验数据（1977），（□）模拟数据（参见 Miller 和 Lunkenheimer 1982）

5.1.2 溶剂纯度

溶剂的纯度，特别是在液-液界面研究中，与表面活性剂样品的纯度同样重要。表面活性剂样品和溶剂中不存在表面活性剂污染物是界面研究的先决条件。图 5.6 说明了这种情况。

液-液界面纯度的分析也可通过前述的表面或界面张力测量进行。假如两相中均不存在界面活性物质，则界面张力不会随时间变化，并与文献值相同。由于许多实验仪器并不能得到绝对值，因此这种准则常无法使用。

检验裸露界面纯度更好的方法是进行瞬态弛豫实验。经表面积压缩或膨胀之后的界面张力变化是衡量界面纯度极好的工具。纯物质体系应不能观察到面积改变后界面张力的变化，而界面张力发生变化则指示杂质的存在及其动态吸附过程。图 5.7 显示了两个癸烷样品采用悬滴法实验的弛豫行为（Miller 等 1994a，d）。商品癸烷样品在表面压缩或膨胀后发生了明显的界面张力变化，而经过提纯的样品并未出现可观测到的变化。

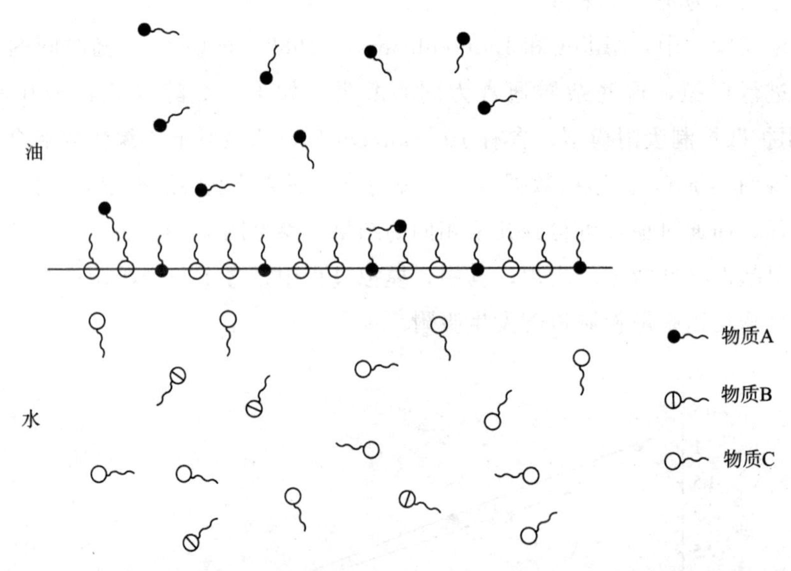

图 5.6 考虑杂质从表面活性剂样品和有机溶剂中吸附的液-液界面吸附过程

杂质有两种显著不同的来源。表面活性剂样品中的杂质在溶液体相中为微量组分，其浓度与主表面活性剂的浓度成比例。假如杂质来源为有机相，则其浓度应为常数，并且与表面活性剂浓度无关。因此两种不同来源的杂质对吸附动力学和吸附平衡的影响是不同的。

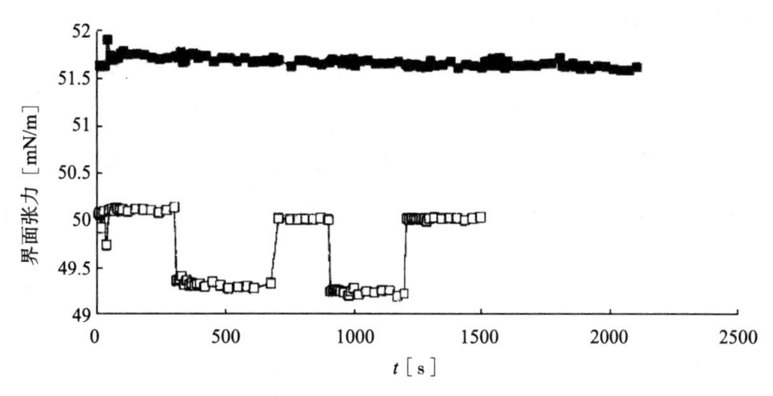

图 5.7　水-癸烷界面的弛豫行为

商品癸烷（□），特殊方法提纯的癸烷（■）

（Miller 等 1994c）

5.1.3　提纯表面活性剂溶液的方法

表面活性剂的提纯必须考虑其对界面性质的特殊影响。因此，化学提纯方法，如重结晶、蒸馏、絮凝以及用有机溶剂洗涤，虽然是非常重要的步骤（Czichocki 等 1981），但常不能得到足够的纯度，即表面化学纯。因此，有效的提纯方法均基于界面现象的原理。

一种可能的提纯方法是应用分散固体，如胶乳颗粒。表面活性杂质优先吸附在这些颗粒相对巨大的表面上，在用过滤方法除去分散相后，就可得到提纯后的溶液（Rosen 1981，Carroll 1982，Lunkenheimer 等 1984）。但这种方法存在两个不足：主表面活性剂会发生显著且数量不明的损失，以及分散相也可能将新的杂质带入表面活性剂溶液中。

第二种提纯方法基于泡沫浮选原理（Brady 1949，Elworthy 和 Mysels 1966，Lemlich 1968，Somasundaran 1975，Gilanyi 等 1976）。将需提纯的表面活性剂溶液装入柱内，提纯气在柱底部产生气泡，并在溶液中上升，气泡表面携带吸附层上升到柱顶。吸附层由主表面活性剂和污染物构成。由于杂质具有较高的表面活性，其将在柱顶部的泡沫中富集。通过出去顶层的泡沫，柱内的溶液可逐步地被提纯。同样的方法也可成功应用于提纯含有表面活性剂物质的水样（Loglio 等 1986，1989）。

另一种更进一步提纯表面活性剂溶液的有效方法为采用循环除去吸附层的方法。其大体原理为建立接近平衡的吸附层，其中高表面活性的杂质与主表面活性剂相比相对富集。假如吸附层被移除，则表面活性剂/杂质之比将发生改变［参见式（5.6）］。该原理可在自动执行以下步骤的仪器上实现（Lunkenheimer 等 1987a）：

①在较大表面上经时间 t_{ad} 形成吸附层；

②压缩吸附层；

③移除压缩后的吸附层；

④将表面恢复其初始较大面积。

该提纯单元的全貌如图 5.8 所示。在 1 处，玻璃容器内的溶液表面较大，表面活性剂和杂质发生吸附。经时间 t_{ad}后，马达将容器倾斜以使出口细管直立，溶液表面被压缩至出口管的较小截面。当溶液静止后，毛细管尖被置于接近表面处（采用电导率及反馈控制进行微调），将表面液体吸走。整台仪器采用计算机控制，对于选定的吸附时间 t_{ad}，允许进行确定数量的循环。

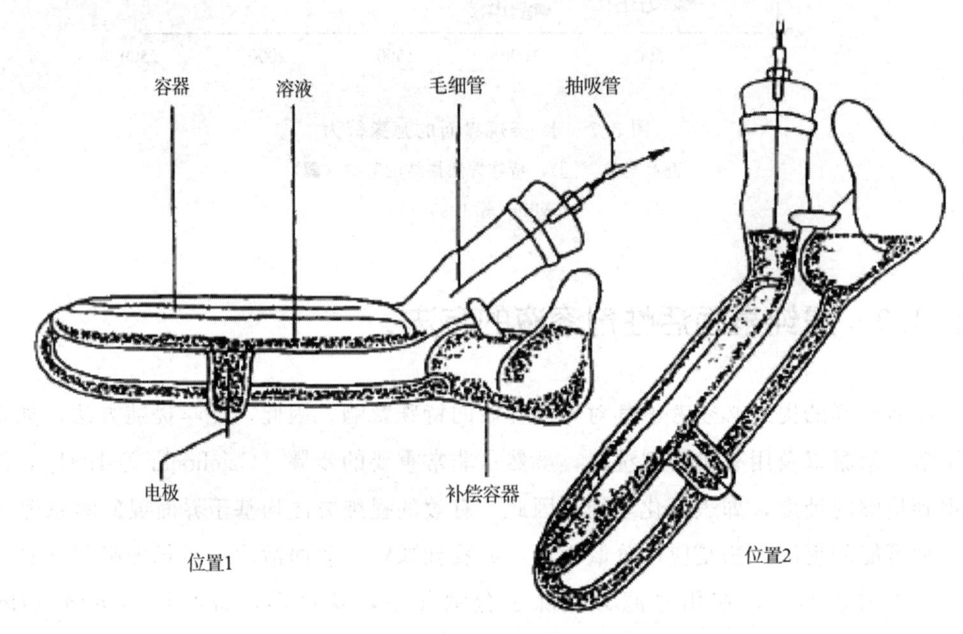

图 5.8　自动仪器提纯单元，可循环工作除去吸附层

位置 1—较大表面上发生吸附；位置 2—吸去压缩吸附层

（Lunkenheimer 1987a）

制备溶液的纯度可用前述的检验标准进行检查。对于特殊的表面活性剂，有可能需采用高灵敏度的方法以检验其中的杂质。Czichocki 等（1981）及 Vollhardt 和 Czichocki（1990）证明了同系醇类杂质对烷基硫酸钠的吸附性质具有强烈的影响。在这种情况下，溶液纯度可用高灵敏液相色谱法进行检测，但此法不能简单地用于其他表面活性剂体系。

5.2　滴体积技术

在 20 世纪，滴体积法已经成为表面和界面研究中的标准方法。从 Lohnstein（1906，1907，1908，1913）的早期理论工作以及 Addison 与其同事（1946a，b，1948，1949a，b）的大量实验研究开始，其他许多人（Tornberg 1977，1978a，1978b，Joos 和 Rillaerts 1981，Nunez-Tolin 等 1982，Carroll 和 Doyle 1985，Miller 和 Schano 1986，Babu 1987，

Doyle 和 Carroll 1989，Miller 和 Schano 1990，Wawrzynczak 等 1991，Paulsson 和 Dejmek 1992，Fainerman 等 1993b，Miller 等 1994a）应用该原理进行了动态表面和界面张力的测定。长期以来仅有实验室装置可用，直到商业化装置（LAUDA 公司的 TVT1）设计出来，该装置可在很宽的温度和吸附时间范围内操作。除基于恒定液体流量的连续滴体积增长的版本之外，还有可进行所谓“准静态”测量的版本，该版本的仪器可与其他静态方法相比，对许多相对慢的吸附过程进行了研究（Addison 1946a，Tornberg 1978b，Van Hunsel 等 1986，Van Hunsel 和 Joos 1989，Miller 和 Schano 1990，Fang 和 Joos 1994）。

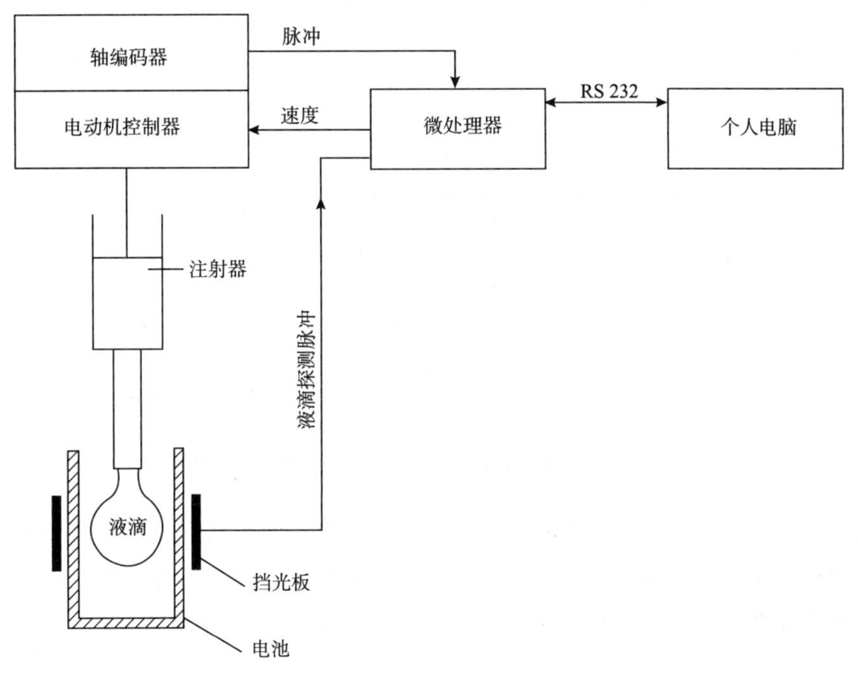

图 5.9　自动滴体积实验装置示意图（Miller 等 1992）

上述商业化装置的原理如图 5.9 所示。马达驱动的注射器组成的计量系统使液滴在置于密封室内的毛细管顶部形成，密封容器或充满少量测量液体，与空气饱和，或者在进行界面现象研究时充满第二种液体。形成的液滴下放置挡光板，以便检测液滴从毛细管顶部脱离。注射器和挡光板采用计算机控制，整套装置可进行自动化操作。注射器和密封容器通过水夹套控温，使界面张力研究可在 10～90℃的温度范围内进行。

样品处理便利、温度控制范围宽以及不需改动就可直接用于液/气和液/液界面，是滴体积法应用广泛的原因。精度和重现性与其他方法相当，可达±0.1mN/m。此外，滴体积法的优势还在于仅需少量溶液和溶剂就可进行一系列测量。

滴体积法的原理为动态特性，可用于在数秒到数分钟的时间范围内研究吸附过程。在较小滴落时间内，必须考虑流体力学效应，在许多论文汇总讨论了此问题（Davies 和 Rideal 1969，Kloubck 1976，Jho 和 Burke 1983，Van Hunsel 等 1986，Van Hunsel 1987，Miller 等 1994a）。这种流体力学效应在液体以恒定流速进入液滴，且滴落时间较小时出现，可使表面张力显著升高。Davies 和 Rideal（1969）讨论了两种影响液滴形成及其从毛细管尖端脱落的因素：即所谓的“胀大”效应和液滴内的“环流”效应。前者使脱离液滴的体积增大并使表面张力提高，而后者导致液滴的早期脱离并引起相反的影响。上述两种效应对滴体积测量的影响如图 5.10 所示。

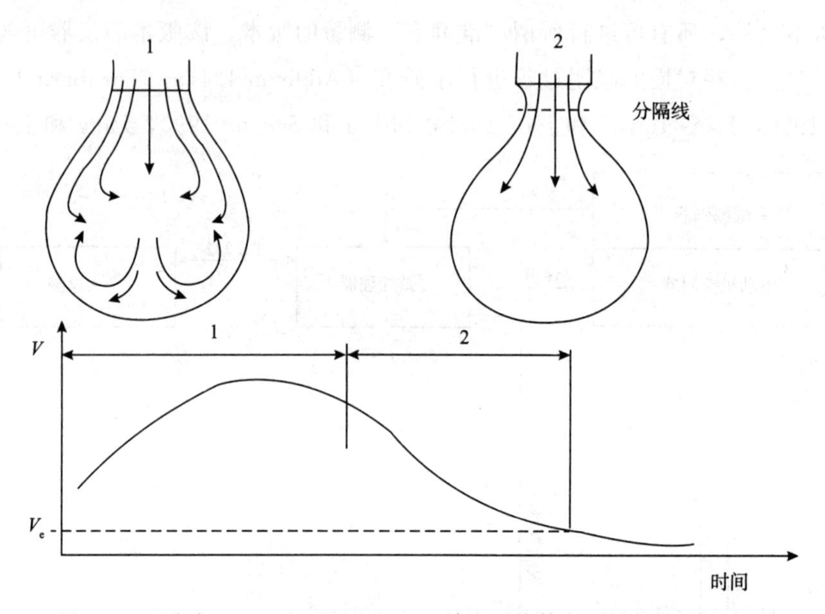

图 5.10 “胀大”（1）和“环流”（2）效应对滴体积测量的影响示意图

为定量考察流体力学效应，Kloubek（1976）采用不同形状和直径的毛细管，测定了较小滴落时间的纯液滴体积。结果获得了一个经验关系式以测定滴体积 $V(t)$。

可用下式从测定的滴体积函数 $V(t)$ 计算得到未受影响的滴体积 V_e

$$V_e = V(t) - \frac{K_v}{t} \tag{5.12}$$

其中 K_v为比例系数。Jho 和 Burke（1983）采用不同直径的毛细管对不同液体进行了研究，并采用另一个经验关系式解释实验数据，Davies 和 Rideal（1969）曾采用该式。

$$V_e = V(t) - \frac{K_v}{t^{2/3}} \tag{5.13}$$

发现 K_v与表面张力 γ、密度差 $\Delta\rho$ 及尖端半径 r_{cap}，存在依存关系。

Van Hunsel（1986，1987）对多种纯液体进行了类似的测量，并确认了上述发现。Van Hunsel（1986）同样研究了液-液界面滴体积测量中的流体力学效应，并用相同的关系式（5.13）进行了描述。

Miller 等（1994a）说明了由于流体动力学原因引起的滴体积测量中的误差，但仅限于讨论“胀大”效应。当毛细管直径和滴落时间并非很小以及液体黏度并不很高时，忽略湍流的影响具有合理性。在较小滴落时间内，明显更大的纯液体滴体积可通过 t_0时间内有限液滴的脱落过程解释。在此时间内，脱落液滴仍与注射器泵出的液体相连，因而有额外

体积的液体流入液滴。脱离液滴的实际体积可最终计算为

$$V(t)=V_{e}+t_{0}F=V_{e}\left(1+\frac{t_{0}}{t-t_{0}}\right) \tag{5.14}$$

F 为液体流量的时间函数，定义为

$$F=\frac{V(t)}{t}=\frac{V_{e}}{t-t_{0}} \tag{5.15}$$

从发表的数据（Miller 等 1994a）中可得出结论，液滴脱离时间 t_0 是观察到的较小滴落时间内流体力学效应的特征参数，直接与毛细管尖端半径 r_{cap} 和液体的毛细管常数 $a=\sqrt{\frac{2\sigma}{\Delta\rho g}}$ 相关。作为对于低黏度液体的第一个假设，t_0 可由数据回归而得的线性关系式计算得到（Miller 等 1993a）

$$t_{0}=\alpha+\beta r_{cap} \tag{5.16}$$

系数 α 和 β 是毛细管常数 a 的函数。在 0.19cm$<a<$0.39cm 范围内进行平均，可获得平均值 α=0.08s 及 β=0.041s·cm^{-1}。测量的滴体积可用以下关系式进行校正

$$V_{e}=V(t)\left(1-\frac{\alpha+\beta r_{cap}}{t}\right) \tag{5.17}$$

采用准静态测量方法，从滴体积实验中可得到从 10s 到几小时范围内的动态界面张力数据。这些数据可用常规吸附动力学理论进行解释。在进行动态滴体积实验时，液滴体积在连续增大的情况下（采用使体积线性增大的计量系统），动态界面张力测量结果为液滴形成时间的函数。这样的数据在进行理论解释时，必须考虑界面的膨胀和液滴内部的径向流动。理论分析显示［参见式（4.43）］将液滴形成时间 t_{drop} 转换为有效表面寿命 τ_a，$\tau_a=t_{drop}/3$（Miller 等 1992）。动态滴体积技术的优势在于其允许进行 1s 至 20～30min 或更长时间的测量。采用此方法获得的数据与其他方法的数据将在下一章中进行对比。从滴体积数据计算表面和界面张力时，需使用校正因子，以考虑有效脱离半径而非毛细管尖端半径（Wilkinson 1972）。校正因子表列于附录 5A 中。

Fainerman 和 Miller（1994a）近期对滴体积技术应用的限制条件进行了讨论。在快速液滴形成和较大毛细管尖端半径的条件下，液滴形成过程中表现出反常的行为。根据几何形状的不同，测量的滴体积可见分叉的情况，可通过沿驻留和脱离液滴之间的液体桥发生的波动效应解释（Milliken 等 1993）。

5.3　最大泡压技术

最大泡压技术是界面科学中的传统方法。由于新技术的快速发展以及近年来对极短吸附时间的实验研究的重视，出现了许多商业化装置可供研究者使用。Rehbinder（1924，1927）最初使用最大泡压法测量了表面活性剂溶液的动态表面张力。该方法的进一步研究

成果见于许多研究文章中（Sugden 1924，Adam 和 Shute 1935，1938，Kuffner 1961，Austin 等 1967，Bendure 1971，Finch 和 Smith 1973，Kragh 1964）。Austin 等（1967）提出两个气泡相继出现的时间间隔包含表面寿命及所谓“湮灭时间”τ_d，该时间的意义为气泡达到半球形后脱离所需的时间。Kloubek（1968，1972a，b）对此方法的进一步发展做出了显著贡献，建立了确定湮灭时间的简单方法，并对气泡有效表面寿命做出了估计(1972b)。采用电压传感器测量压力及气泡形成频率（Bendure 1971，Razour 和 Walmsley 1974，Miller 和 Meyer 1984，Woolfrey 等 1986，Hua 和 Rosen 1988，Mysels 1989）大幅简化了测量程序。Ramakrishnan 等（1976）、Tzykurina 等（1977）、Papeschi 等（1981）、Markina 等（1987）、Hua 和 Rosen（1988）、Schramm 和 Green（1992）、Ross 等(1992)、Holcomb 和 Zollweg（1992）、Iliev 和 Dushkin（1992）等举例说明了最大泡压法测量动态表面张力的仪器设计原理，Lunkenheimer 等（1982）使用双毛细管的改进方法对气泡寿命不同阶段进行了测量。

针对高气泡生成频率情况设计的最大泡压测量方法需考虑三个问题：泡压测量、气泡生成频率的测量和表面寿命及有效表面寿命的估值。

假如与气泡相关的系统体积大到可与毛细管中脱离的气泡相比，则第一个问题很容易解决。在这种情况下，体系压力等于最大泡压。相反地，采用电压传感器测量气泡生成频率需假定体系中的压力波动具有足够的分辨度。而这种情况仅在相对体积较小的体系中才能满足。如 Mysels（1989）所述，小体积系统的最大泡压值测定值可能是错误的。

为将表面寿命从不同泡沫之间的总时间中区分开来，需对湮灭时间参考毛细管几何参数和气泡体积进行近似处理（Fainerman 和 Lylyk 1982，Fainerman 1990）。对表面寿命的精确测定及计算方面的实质性改进由 Fainerman（1992）完成，在“压力-气体流量”实验曲线中定义了一个临界点。该点对应于从单个气泡形成到气体喷射状态的流态变化。从气泡表面寿命中计算所谓有效表面寿命（有效吸附时间）的内容由不同作者进行了讨论：Joos 和 Rillaerts（1981），Garrett 和 Ward（1989），Fainerman（1992），Joos 等（1992）。气泡寿命中的不同特征时间如图 5.11 所示。

LAUDA 公司的 MPT1 为基于最新科学发现的最先进装置，其原理如图 5.12 所示。空气通过微型压缩机首先进入流量毛细管，空气流量通过以电传感器 PS1 测量流量毛细管两端的压差确定，然后空气进入测量室，系统中过量空气的压力由第二个电传感器 PS2 测量。在空气流入测量室的管道中，置有一高灵敏麦克风。

测量室配有水夹套用于控温，测量毛细管和两个铂电极均置于测量室内，其中一个铂电极浸入测量液体，另一个铂电极准确地置于毛细管对面以控制气泡尺寸。传感器 PS1 测得的气体流量和压力传感器 PS2 的电信号、麦克风、电机以及压缩机均与 PC 相连，完成测量操作并获得数据。τ_d的数值等于生成半径为 R 的气泡所需的时间，只要满足体系 $p=$常数的条件，即可用 Poiseuille 定律计算得到（Fainerman 1979，1990，1992）。

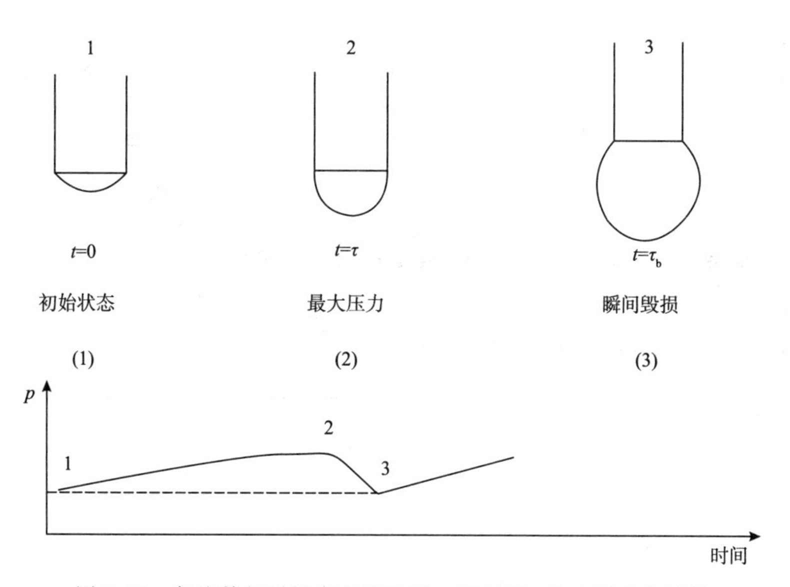

图 5.11　气泡特征时间定义及泡压 p 随时间 t 的主要变化过程

$$\tau_d = \frac{\tau_b L}{K_p}\left(1 + \frac{3r_{cap}}{2R}\right) \tag{5.18}$$

其中 $K = \pi r^4/8l\eta$ 为 Poiseuille 定律常数（对于未浸没毛细管，式（5.18）为 $L = Kp$），η 为气体黏度，l 为毛细管长度，r_{cap} 为毛细管尖端的半径。湮灭时间 τ_d 的计算可通过考虑气体流出毛细管时，存在两种流态而得以简化：当 $\tau>0$ 时的气泡流态和当 $\tau=0$，因而 $\tau_b=\tau_d$ 时的喷射流态。对双液系统，典型的 p 对 L 的相依关系如图 5.13 所示。

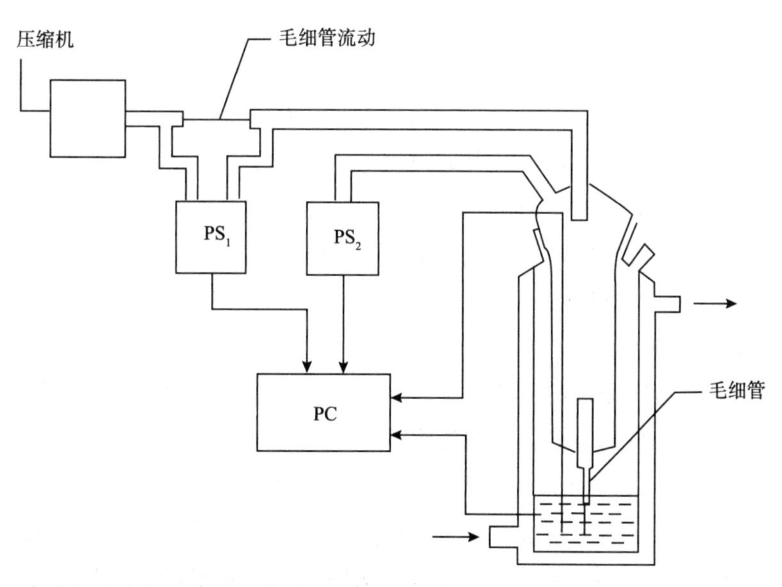

图 5.12　自动泡压法分析仪器示意图（Fainerman 等 1993a，b），PS1 和 PS2 为压力传感器，用于确定气体流量及体系压力，M 为麦克风

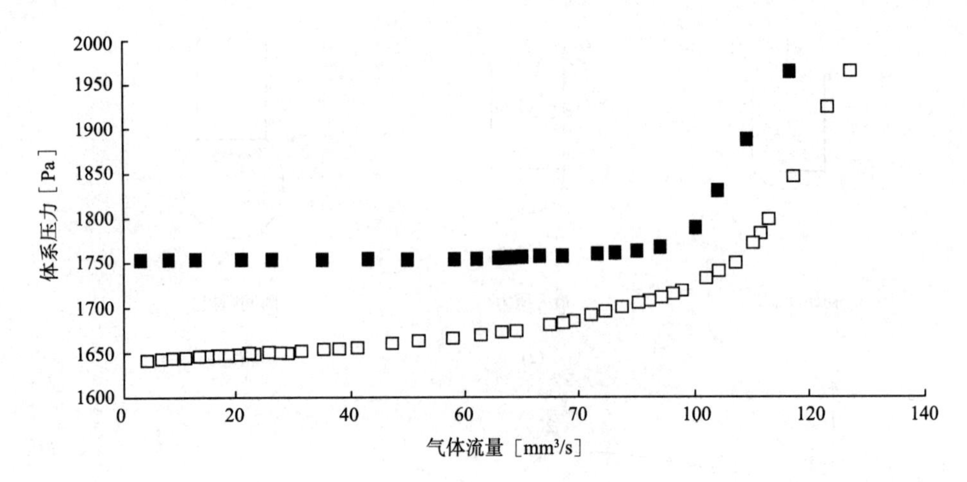

图 5.13 体系压力 p 与气体流量 L 的相依关系（Fainerman 等 1993b）

水（■），水/甘油（2∶3）混合物（□），温度：30℃，r=0.0824mm

在 $p-L$ 关系曲线的临界点右边，$p-L$ 为线性关系，符合 Poiseuille 定律。置于毛细管对面的电极控制了气泡的尺寸。在此情况下，气泡半径，及相应的气泡体积，当在一定气泡流态中的给定 L 条件下，均为常数（Fainerman 1990）。因此，以下简化公式可替代式（5.13）用于计算 τ_d

$$\tau_d = \tau_b \frac{Lp_c}{L_c p} \tag{5.19}$$

其中 L_c 和 p_c 与临界点相关，而 L 和 p 为关系曲线中临界点左边的实际值。

表面寿命可由以下公式计算

$$\tau = \tau_b - \tau_d = \tau_b \left(1 - \frac{Lp_c}{L_c p}\right) \tag{5.20}$$

如式中所见，式（5.20）仅涉及可通过实验获得的数据。$p-L$ 关系曲线中的临界点因而可方便地定位。在软件中，该位置可通过基于 Poiseuille 定律的算法自动计算得出。有效表面活性寿命（有效吸附时间）的计算可采用第 4 章中的式（4.62）。相对表面形变速率的推导基于 p=常数的条件。对于不太接近 γ_0 的 γ 值（例如低于 60mN/m 的水溶液），ξ 近似等于 0.5，因而 $\tau_a \approx \tau/2$。

大多数基于最大泡压原理的仪器无法计算得到有效表面寿命，因为气泡生成过程的条件不明。这些方法仅能得到表面张力与气泡频率或气泡寿命 τ_b 的关系。图 5.14 显示了三种最终数据 γ（τ_b）、γ（τ）和 γ（τ_a）的可能形式之间的显著差别。

最大泡压法的表面张力值通过 Laplace 公式计算得到。对于所讨论的仪器，毛细管半径很小，因此可假定气泡形状为球形，气泡形状偏离球形的因素可忽略并无需校正。这样可得到以下公式

$$p = \frac{2\gamma}{r} + \rho g h + \Delta p \tag{5.21}$$

式中，ρ 为液体密度；g 为重力加速度；h 为毛细管浸入液体的深度；$\Delta\rho$ 为考虑到流体力学效应的校正值。$\Delta p<0$ 时，$\Delta\gamma=\gamma_{app}-\gamma_{corr}>0$（符号“app”和“corr”分别代表表观和校正表面张力），可用以下公式进行估算

$$\Delta\gamma=\frac{3}{2}\frac{\eta r}{\tau} \tag{5.22}$$

近期的研究（Fainerman 等 1993b）定性地验证了式（5.22）的正确性：$\Delta\gamma$ 值随液体黏度 η 增加、毛细管半径 r 增大以及表面寿命 τ 减小而升高。Kao 等（1993）和 Edwards 等（1993）对泡压实验中气泡的增大和上升过程进行了表面和体相流变学效应分析，发现了可与式（5.22）相比的计算体相黏度影响的应用范围。对表面活性剂水溶液，这种效应可忽略，与 Fainerman 等（1993b）的结果相符。在高黏度情况下，体相黏度效应对气泡生成过程具有显著影响，应予以考虑，Kao 等（1993）在研究膨胀黏度时也有同样的发现。附录 5B 和 5C 中的表格列出了常用液体的密度、黏度和表面张力。

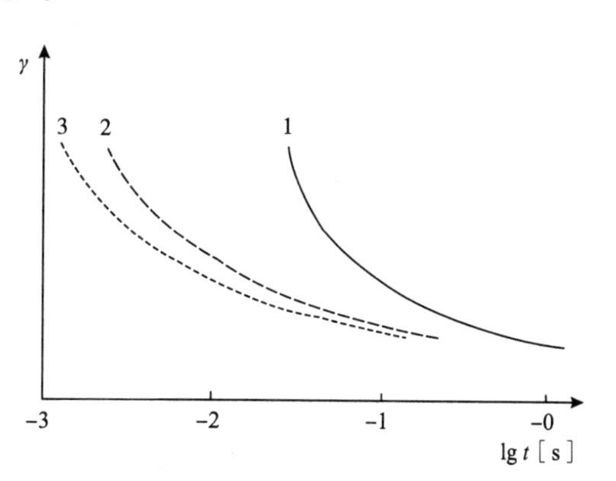

图 5.14　动态表面张力 γ 和发泡时间 τ_b、气泡寿命 τ 和有效表面寿命 τ_a 的关系

上文讨论的实现最大泡压法测量的装置，可实现从 1ms 到数秒及更长时间间隔内的测量。目前，这是仅有的能够完成毫秒甚至亚毫秒级吸附数据测量的商业化仪器（Fainerman 和 Miller 1994b，参见附录 G）。另外，在这种时间间隔内，仅在实验室内采用振荡射流、倾板或其他更加复杂的方法才能够实现测量。毫秒级的表面张力测量精度约为 ±0.5mN/m，有效表面寿命 $\tau_a>0.01$s 时，精度为 ±0.1mN/m。这种技术获得的实验数据以及与其他测量技术的对比见下文。由于其时间窗口的特点，最大泡压法甚至可进行表面活性剂吸附过程中胶束动力学的研究，可作为胶束形成或溶解速率常数的实验数据来源之一（Fainerman 和 Makievski 1992a，b）。

5.4　悬滴技术

悬滴或躺滴技术从与界面没有直接接触的液滴形状确定界面张力。最初的实验通过测量液滴特征直径并用不同数据表格进行解释（Fordham 1948，Stauffer 1965）。后来对液滴形状坐标直接拟合 Gauss-Laplace 公式，以确定界面张力和接触角（Maze 和 Burnet 1971，Rotenberg 等 1983，Girault 等 1984，Anastasiadis 等 1987，Cheng 1990，Cheng 等 1990）。Padday（1969），Neumann 和 Good（1979），Ambwami 和 Fort（1979）或

Boucher（1987）等对悬滴和躺滴技术进行了综述。

Padday 和 Russel（1960）和 Padday 等（1975）对 Gauss-Laplace 公式在描述半月液面中的应用进行了讨论。轴对称液滴的外形可用以下公式在无因次坐标中进行计算（Rotenberg 等 1983）

$$\frac{d\Phi}{dS} = 2 - \beta Y - \frac{\sin\Phi}{X} \tag{5.23}$$

$$\frac{dX}{dS} = \cos\Phi \tag{5.24}$$

$$\frac{dY}{dS} = \sin\Phi \tag{5.25}$$

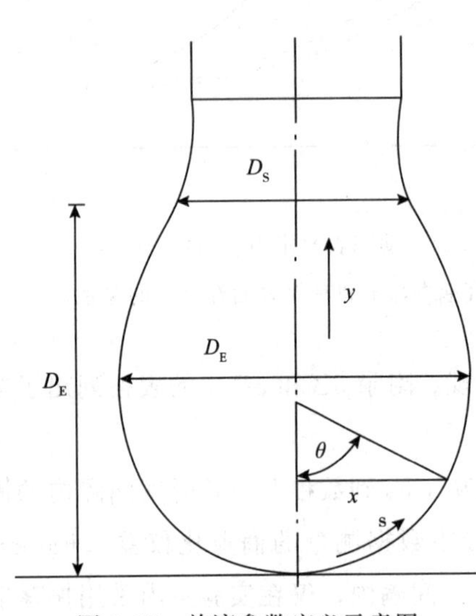

图 5.15 旋滴参数定义示意图

其中 X、Y 和 S 通过分别以 x、y 和 s 除以 R_0 无因次化。x 和 y 分别为水平和垂直坐标，s 为从液滴顶部开始测量的液滴轮廓长度。R_0 为液滴顶端的曲率半径，Φ 为曲率半径和 y 轴之间的夹角。$\beta = \frac{\Delta\rho g R_0^2}{\gamma}$ 为包含液体密度和表面张力的参数。所有的坐标和特征参数定义如图 5.15 所示。

除用液滴外形坐标拟合 Gauss-Laplace 公式外，基于最小二乘法，可得到从特征直径 D_E 和 D_S 计算表面张力的关系式（Andreas 等 1938，Girault 等 1984，Hansen 和 Rϕdsrud 1991）。

Girault 等（1984）得到以下关系式，可从 D_S/D_E 计算 γ

$$\frac{\Delta\rho g R_0^2}{\gamma} = 0.02664 + 0.62945\left(\frac{D_S}{D_E}\right)^2 \tag{5.26}$$

Hansen 和 Rϕdsrud（1991）推导得到了改进的关系式

$$\frac{\Delta\rho g R_0^2}{\gamma} = 0.12836 - 0.7577\left(\frac{D_S}{D_E}\right) + 1.7713\left(\frac{D_S}{D_E}\right)^2 - 0.5426\left(\frac{D_S}{D_E}\right)^3 \tag{5.27}$$

式（5.26）或式（5.27）的应用需要直径 D_E 和 D_S 以及曲率半径 R_0。对于 $0.1 < \beta < 0.5$ 的范围，Hansen 和 Rϕdsrud（1991）提出了一个多项式用于确定 R_0：

$$\frac{D_E}{2R_0} = 0.9987 + 0.1971\beta - 0.0734\beta^2 + 0.34708\beta^3 \tag{5.28}$$

这样，应用式（5.27）和式（5.28），表面张力 γ 可直接从液滴的两个直径数据 D_E 和 D_S 计算得到。

采用特征直径的计算较为快速，但精度低于拟合方法。后者的精度更高，因而更为常用。图 5.16 说明了拟合方法的原理。

4 个参数需要进行调整以将实验坐标与液滴形状拟合：液滴顶部的定位 X_0、Y_0，曲率

半径 R_0 和参数 β。名为 ADSA 的软件包可进行液滴边缘坐标的检测以及将实验数据用 Gauss-Laplace 公式拟合。适用于解 Gauss-Laplace 方程的算法见附录 5F。

为从悬滴或躺滴形状分析确定表面和界面张力，开发了很多不同的实验装置（Nahringbauer 1987，Bordi 等 1989，Cheng 等 1990，Hansen 和 Rϕdsrud 1991，Carla 等 1991，MacMillan 等 1992，1994，Racca 等 1992，Naidich 和 Grogerenko 1992）。图 5.17 所示的是 Cheng 等（1990）的实验装置。

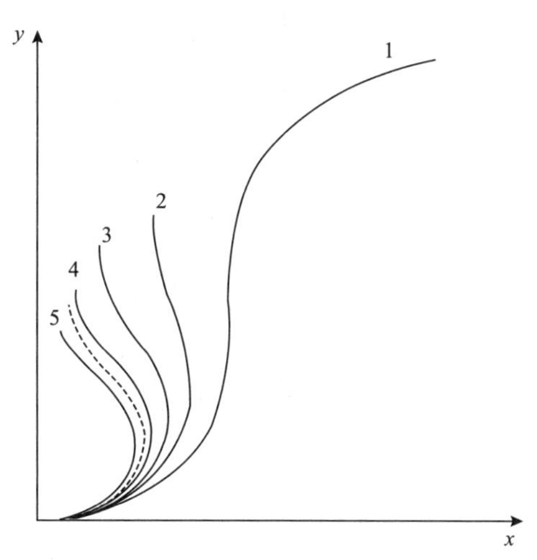

图 5.16　采用 Gauss-Laplace 方程拟合实验滴形坐标（0）的过程，系列曲线代表从不同参数 β 计算得到的不同理论滴形

悬滴或躺滴的影像信号传送至以数字影像处理器，完成框架采集和液滴影像的数字化。采用计算机获得图像，并进行图像分析和计算。取决于进行图像分析和必要计算的硬件和软件的效率，在 PC 上采用完全滴形拟合程序，以完成界面张力的测量需要 10s 或更长时间。假如需要进行更快的测量，或者采用更快的计算机，如工作站，或者将液滴图像暂存在硬盘上，稍后再进行分析。另一种提高分析速度的可能性为采用式（5.19）和式（5.20）的方程组。悬滴测量的精度依赖于滴形分析的算法。当仅采用特征液滴直径方法的分析精度达到 ±1mN/m 的时候，用实验数据拟合 Gauss-Laplace 方程的全液滴形状分析可得到精度为 ±0.1mN/m 的测量值。

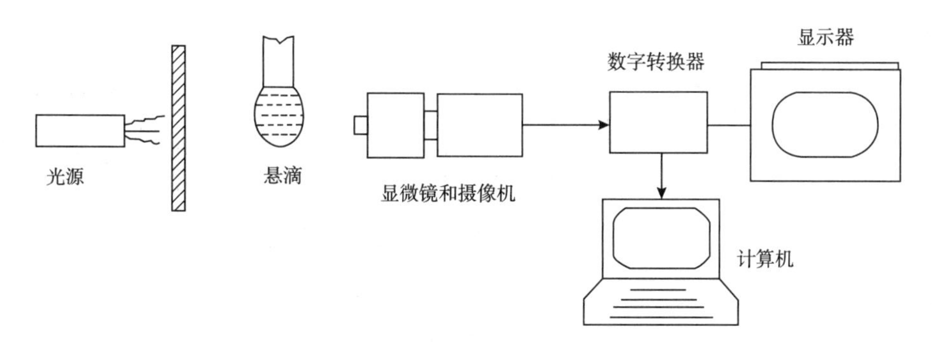

图 5.17　图像增强悬滴试验示意图（Chang 等 1990）

5.5　增大液滴法

基于直接测量增大液滴和气泡中的压力的原理，可比目前的悬滴试验更快地得到吸附动力学数据。最近 Passerone 等（1991），Liggieri 等（1991，1994），Horozov 等（1993），

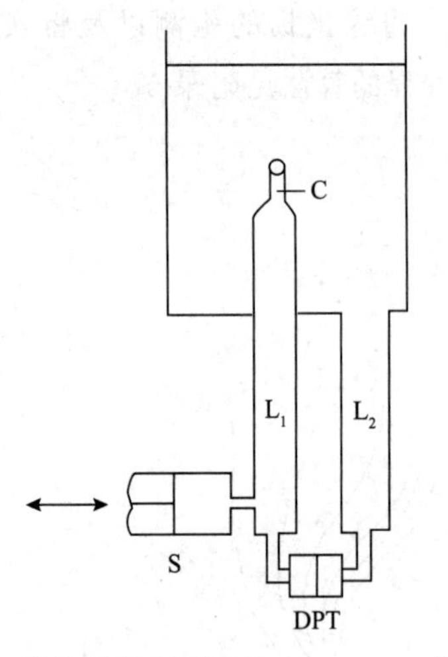

图 5.18　增长液滴实验原理（Passerone 等 1991）
S—马达驱动注射器；C—毛细管；
DPT—微分压力传感器；L_1、L_2—两种液体

MacLeod 和 Radke（1993），Nagarajan 和 Wasan（1993）开发了不同的装置。所有这些方法的共同点是在毛细管尖端形成的液滴内部压力均用一非常灵敏的压力传感器进行直接测量。Passerone 等（1991）的装置使用微分压力传感器测量增大液滴内外的压力差（图 5.18）。马达驱动的注射器作为计量系统以产生高精度连续液流，注入持续增大的液滴。

其他增大液滴实验装置在设计上的不同主要在于采用直接压力传感器而非微分传感器。一般情况下，数据采集由一在线计算机完成。Nagarajan 和 Wasan（1993）的仪器中，注射器也由计算机控制，因此可获得不同类型的体积，进而可测量液滴表面积的变化。MacLeod 和 Radke（1993）及 Horozov 等（1993）采用了附加的影像系统记录液滴的演化并从其中获得精确的液滴几何形状数据。

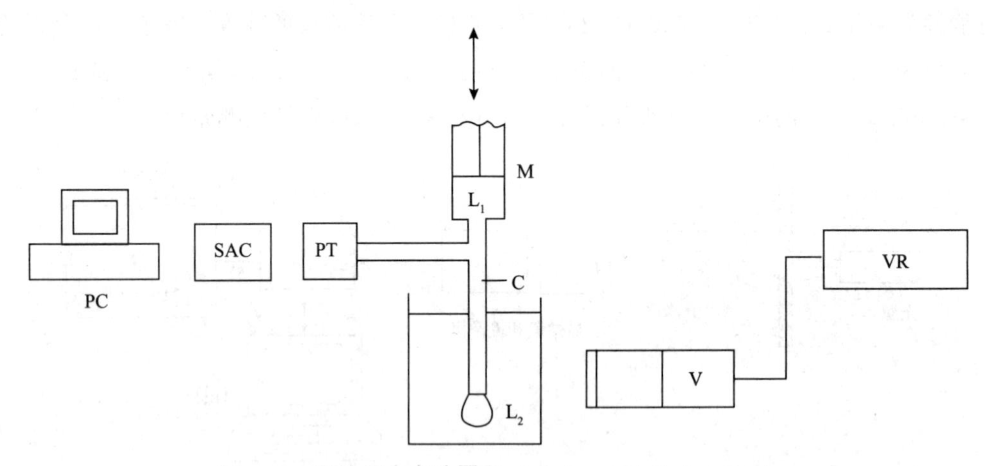

图 5.19　液滴压力实验原理（MacLeod 和 Radke 1993）
C—毛细管；M—液体 1 马达驱动注射器；L_1—液体 1；L_2—液体 1 贮液池；PC—计算机；
V—目标摄影机；VR—影像记录仪；PT—压力传感器；SAC—信号放大器和转换器

数据采集和处理相对较快，可对时间标度在数十 ms 到 100s 范围的过程进行研究。该方法的精度与压力传感器直接相关。以 Nagarajan 和 Wasan（1993）的装置为例，其精度可达±0.1mN/m。通过应用确定的体积变化方法，例如线性或步进形式，该装置可与弛豫研究同步进行。相关实验在下一章中介绍。

按 MacLeod 和 Radke（1993）的观点，如图 5.19 所示的增大液滴实验装置可进行三种实验：最大泡压、连续液滴增长和滴体积实验。记录下的压力为时间和精确流量控制系统产生的连续液体流量的函数，可用于确定液滴中的最大压力及脱离液滴的体积。上述三组从增长液滴实验中获得的不同液体体积流量 Q 下的数据如图 5.20 所示，其中的溶液为 1 -癸醇的水溶液。

在某些条件下，增长液滴的流体力学性质根据液体流量的不同，可引起液滴内外流型的变化。这种情况在上文中联系滴体积法进行了介绍。

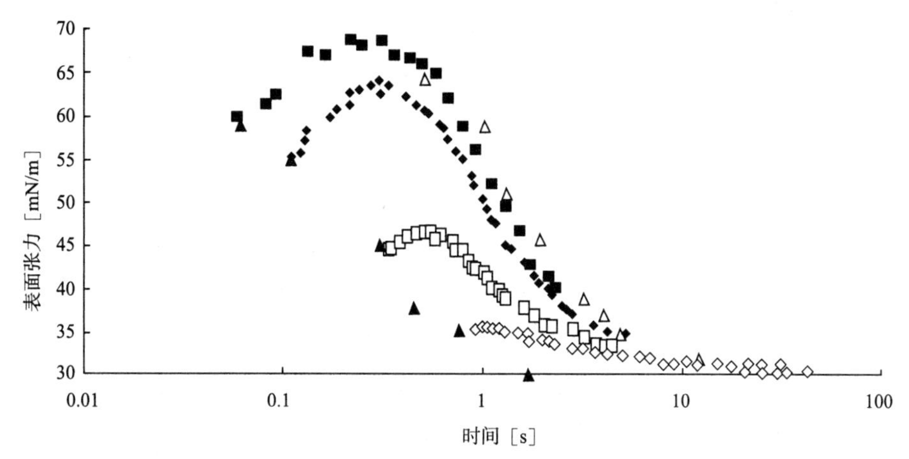

图 5.20　2.5×10^{-7} mol/cm^3 1一癸醇水溶液的动态界面张力（MacLoed 和 Radke 1993）

(▲) 滴体积数据；(△) 增长液滴数据；Q=100mm^3/min；(■) 50mm^3/min；(◆) 20mm^3/min；(□) 5mm^3/min，(◇)；r_{cap}=0.255mm

按照 Liggieri 等（1990）的观点，气泡或液滴的增长过程稳定的条件是：稳定指数 BSN＞1

$$BSN = \frac{27\pi\ Pr_{cap}^2}{8\gamma V} \tag{5.29}$$

MacLeod 和 Radke（1994）对液滴增长及液滴表面吸附过程进行的详细分析在第四章中已有介绍。

5.6　振荡射流法

测量表面活性剂溶液动态表面张力最古老的方法之一是振荡射流（OJ）法。这种方法的原理是基于从毛细管中流出到空气中的静止射流，会围绕其平衡圆截面发生振荡，对该过程进行的分析。Defay 和 Pétré（1971）对该方法及相应远离进行了详细介绍。Bohr（1909）首先提出了水平液体射流分析的基本理论，后来 Hansen 等（1958）将 Bohr 方程式扩展到了垂直射流。

图 5.21 显示了从直径为 $2r_{cap}$ 的圆形毛细管中喷出的液体射流。在断开形成单独液滴

之前，液体射流表面以波长 λ 和振幅 $\Delta r = r_{\max} - r_{\min}$ 振荡。从相邻节点的波动参数，采用 Bohr 方程可计算得到表面张力

$$r = \frac{2\times10^{-3}\rho u^2\left(1+1.542\frac{b^2}{r^2}\right)\left(1+2\left(\frac{\eta\lambda}{\rho u}\right)^{3/2}+3\left(\frac{\eta\lambda}{\rho u}\right)^2\right)}{3r\lambda^2+5\pi^2 r^3} \tag{5.30}$$

式中，P 和 η 分别为液体的密度和黏度；u 为液体流速［mL/s］。

液流半径 r 和波动振幅 b 定义为：

$$r = \frac{1}{2}(r_{\max}+r_{\min})\left(1-\frac{1}{6}\frac{b^2}{r^2}\right) \tag{5.31}$$

及

$$\frac{b}{r} = \frac{r_{\max}-r_{\min}}{r_{\max}+r_{\min}} \tag{5.32}$$

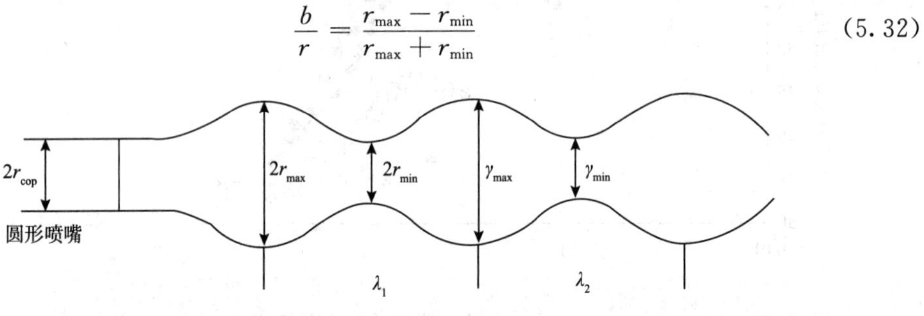

图 5.21　振荡射流示意图

对射流几何形状的分析可得到距孔口不同距离处的表面张力值。每个表面张力值对应的时间 t 来自距离 d 和孔口处线速度的平均值。

$$t = \frac{d}{u/\pi r^2} \tag{5.33}$$

式中，d 为波形中点距孔口的距离。

振荡射流法可得到从 3ms～50ms 时间间隔内的动态表面张力，许多研究者都曾采用此方法（Bohr 1909，Addison 1943，1944，1945，Rideal 和 Sutherland 1952，Delay 和 Hommelen 1958，Thomas 和 Potter 1975a，b，Fainerman 等 1993a，Miller 等 1994d）。

5.7　倾板法

对于从 50ms 到数秒的较长时间间隔，另一种可以使用的方法为所谓的倾板（IP）法，由 van den Bogaert 和 Joos（1979）开发。表面活性剂溶液在一块倾斜角度为 α 的倾斜板上流动，溶液由泵送至板上，其流量由转子流量计计量。入口处新鲜形成的溶液表面的表面张力由一块平行于流动方向的 Wilhelmy 板测得。该装置如图 5.22 所示。

测得的表面张力为距入口的距离的函数，吸附动力学数据可通过重新计算距离 x 处有效表面寿命得到。Hansen（1964）对流型及表面张力梯度的影响进行分析，从流动液体

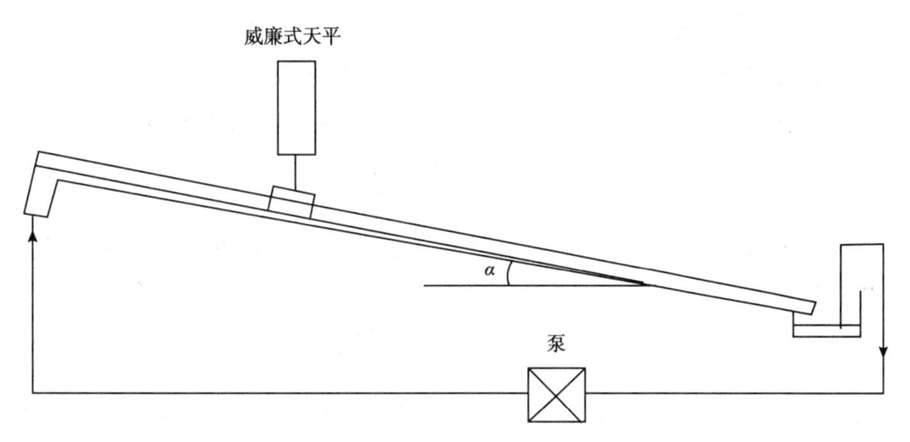

图 5.22　倾板法示意图（van den Bogaert 和 Joos 1979）

α—板倾斜角

的表面速度 v_s 计算得到了有效表面寿命 $\tau_a = x/v_s$。

Ziller 等（1985）液体流动及吸附动力学等复杂问题进行了分析（参见 4.8 节）。在不同边界条件的假定下，线性化流体力学和传递方程采用数值方法得到了解。结果显示定量解释倾板实验数据需要进行大量耗时的分析。然而忽略流动反方向的表面张力梯度引起的 Marangoni 流动这一假设是合理的。

倾板法仅适用于液/气界面。温度控制似乎也较为复杂。该方法测量的时间间隔为 25ms 至数秒，因此仅可用于某些特定情况。但是将其结果与其他方法得到的结果进行对照，显示了良好的吻合性（Van Hunsel 和 Joos 1987a，Fainerman 等 1993a，Miller 等 1994b，d）。

5.8　其他动态界面研究方法介绍

有许多其他的方法可用于研究液体界面的动态吸附过程。首先是其他测量动态表面和界面张力的技术。以下几节的内容偏重实验方面的进展进行介绍。此外，还介绍了除表面和界面技术之外的内容，如放射性示踪、椭偏仪、电势和光谱法等。

5.8.1　其他动态表面和界面张力测量方法

以下介绍的动态毛细管法由 van Hunsel 和 Joos（1987b）开发，在应用领域是其他方法的补充。该方法可测量的时间范围为 50ms～1s，与前述的倾板法和增长液滴法类似，不需改进即可用于液/液和液/气界面。这种方法的原理如图 5.23 所示。两种液体置于直径为 R 的管中，界面（在研究对象为水/气时为表面）位于其界面张力可用下部液体的在连接两种液体的毛细管 c 中的上升测量的位置。毛细管上升的高度 h 用高差计测定。

当液体以固定流速流经经管 T 时，界面以速度 v 向下移动。假定液膜可粘附在毛细管壁上，液体弯月面的后退形成了新的表面。假设弯月面的形状为半球形，膨胀率为

$$\Theta = \frac{1}{A}\frac{\mathrm{d}A}{\mathrm{d}t} = \frac{v}{R} \tag{5.34}$$

根据流动速率的不同，当达到静态的时候（van Voorst Vader 等 1964），表面或界面张力为膨胀率的函数

$$\gamma(\Theta) = \gamma_e + \frac{\Delta\rho g\,\Delta h R}{2} \tag{5.35}$$

其中 Δh 为界面张力为 γ_e 的吸附平衡时的毛细管上升高度差。对流动系统的分析可得有效界面寿命 $\tau_a = 1/2\Theta$.

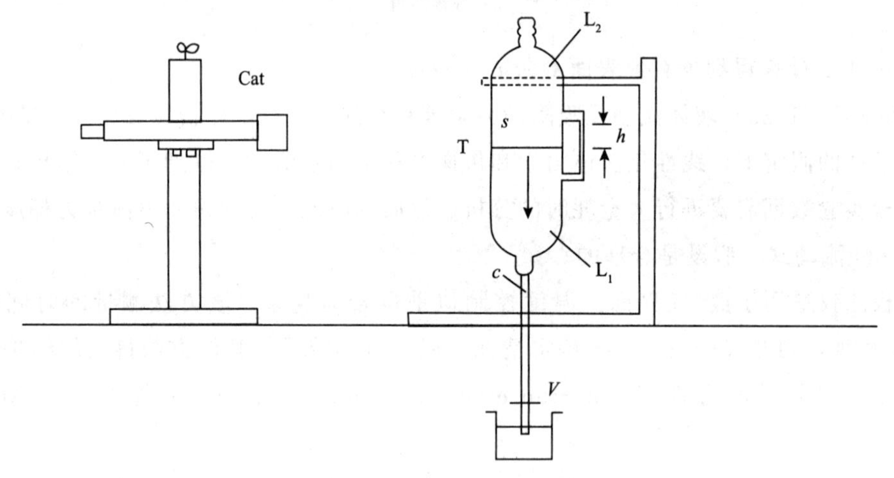

图 5.23　动态毛细管法实验装置示意图（van Hunsel 和 Joos 1987b）

Cat—高差计；c—毛细管；L_1 和 L_2—两种不相容液体；s—界面；h—毛细管上升高度；T—管

虽然开发了许多其他实验装置，主要通过表面和界面张力研究表面活性剂和聚合物溶液的动态吸附过程，但这些装置无法在此全部进行详细描述。在表面化学教材中，如 Adamson（1990）或 Edwards 等（1991）有进一步的介绍。本章中最后介绍的原创技术是 Bergink-Martens 等（1990）使用的溢出缸法。

在此方法中，液体在泵的驱动下向上流过圆筒（参见图 5.24），为保证层流场，液体首先通过有小斜坡的圆锥管，当液体到达圆筒处时，使其从顶缘溢出。这种流动方式是液体表面沿径向连续扩张。当达到稳态时，存在一种确定的表面膨胀方式。在圆形表面的中心，动态表面张力采用 Wilhelmy 板法测定。

这种方法也可用于考察吸附动力学。Bergink-Martens 等（1990）将其发现的系数

$$\frac{\gamma(v_r) - \gamma_e}{\mathrm{d}\ln A/\mathrm{d}t} \tag{5.36}$$

成为膨胀黏度，其中 v_r 为表面径向速度。虽然其单位为 Ns/m，该系数主要由表面活

性剂的吸附动力学控制。至少在实验中能够区分内部黏度和表面活性剂的交换。

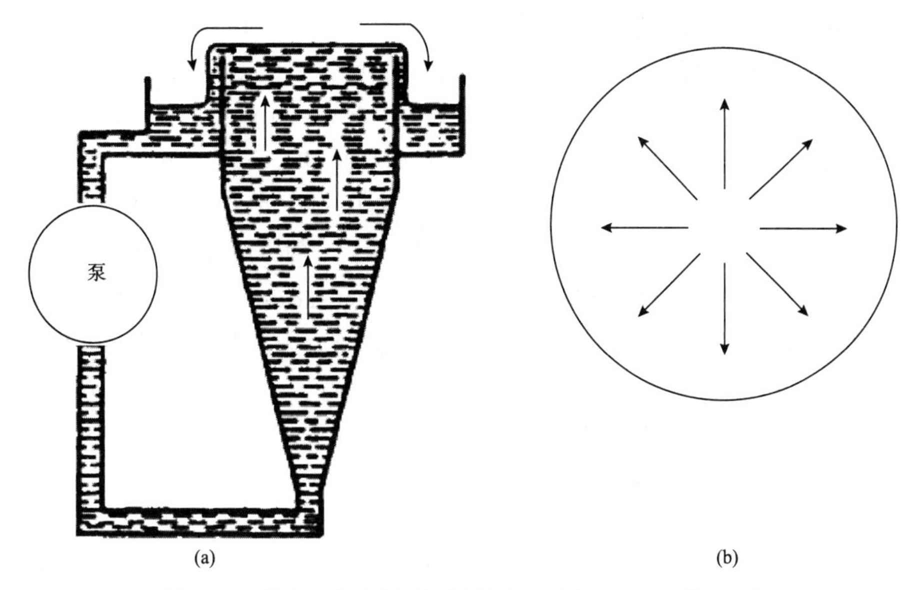

图 5.24 溢流缸实验装置示意图（Bergink-Martens 等 1990）

5.8.2 可选的吸附动力学实验研究技术

除非常常用的测量动态表面和界面张力的方法外，液体界面的吸附动力学过程也可用其他方法，如动态表面电势、椭圆光度法和其他光学散射和反射方法、X 射线技术、中子散射、放射性示踪技术等进行研究。这些方法可或多或少地得到吸附随时间变化的、不同时间分辨率下的相对信息。

一般地，表面电势的测量，尤其是 ΔV 电势，其原理或者基于振动极板电容，或者采用放射性探测器，在第 2 章中已讨论过。事实上仅有电势变化值 ΔV 可以确定，因裸露表面已存在一定的 ΔV 电势。

许多研究者（Kretzschmar 和 Vollhardt 1968，Kretzschmar 1972，Carroll 和 Haydon 1975，Sharma 1978，Dragcevic 等 1986，Bois 和 Baret 1988，Vogel 和 Möbius 1988a，b）在研究表面活性剂吸附层时对动态表面电势进行了测量。不同的实验装置的时间分辨率从数秒到数小时，可用于测量 $\Delta[\Delta V(t)]$ 的关系。Kretzschmar（1965，1976）采用了一种包含旋转圆柱的特殊装置，测定了几分之一秒内的动态数据。Geeraerts 等（1993）设计了另一种实验装置，采用齿轮制成的特殊振动电容器，沿平行于振动喷射的液体的轴转动，该电容沿振动射流运动，可获得 ms 级的 $\Delta[\Delta V(t)]$ 数值。

对 $\Delta[\Delta V(t)]$ 的测量通常不能给出表面活性剂或聚合物吸附状态变化的直接信息。目前的模型在一定程度上都是定性的。定量模型应能够描述界面附近双电层的复杂结构，并解释一些特殊现象，如裸露界面的表面电势以及非离子表面活性剂吸附引起的电势变化。

研究液体界面表面活性剂和聚合物吸附的最新方法为椭圆光度法。其原理为测量表面反射光线的偏振。光的偏振取决于吸附层的厚度、其反射指数及其各向异性。现代测量仪器可以对吸附层的厚度和反射指数进行逐秒测量，因此这种仪器在进行数秒至数小时时间范围内的吸附动力学研究时非常有用。椭圆光度法可用于研究表面活性剂（Privat 等 1988，Hirtz 等 1990，Meunier 和 Lee 1991，Jiang 和 Chiew 1993）以及蛋白质（de Feijter 等 1978，Kawaguchi 等 1988a，b，Krisdhasima 等 1992）的界面行为。虽然采用模型已可计算单位面积上的表面活性剂或聚合物吸附量（McCrackin 1969，de Feijter 等 1978，Cuypers 等 1983），但其精度较其他张力测量方法仍较低。将椭圆光度法和其他动态表面或界面张力研究方法，如倾板或溢流缸等结合，值得进行尝试。这种类型的仪器可同时测量表面张力和吸附量。

光谱方法，如荧光恢复和猝灭，傅里叶变换红外光谱（FT－IR），以及光反射技术，已用于研究蛋白质的吸附（Burghardt 和 Axelrod 1981，Thompson 等 1981，van Wagenen 等 1982）和表面活性剂吸附层（Lösche 等 1983，Lösche 和 Möhwald 1989，Daillant 等 1991，Henon 和 Meunier 1992，Möhwald 1993）。近年来检测器灵敏度和计算机效率取得大幅进步，因而这些方法的能力也获得了显著的提高。

其他最新的方法也逐渐用于吸附研究。同步加速器作为很好的 X 射线源，可用于研究液体界面（Möhwald 等 1990，Meunier 和 Lee 1991，Daillant 等 1991）。小角中子散射（SANS，基于氢和氘不同的散射截面）也可用于同样的领域。不同研究者（Grundy 等 1988，Bayerl 等 1990，Vaknin 等 1991）将 SANS 用于界面膜的动态研究。该方法具有快速数据采集的特性，某些研究者（Blake，Howe，Penfold，私人通信）用于进行新形成表面的动态研究。

一种用于直接测量表面活性剂分子或聚合物在液体界面吸附量的较早方法为放射性示踪技术。其原理为测量吸附于界面的放射性标记分子的辐射（Sally 等 1950，Flengas 和 Rideal 1959）。由于背景辐射的存在，该法仅能获得相对数据。采用平衡吸附等温式，也可用放射性示踪方法也可用于研究吸附动力学。不同表面活性剂体系（Matuura 等 1958，1959，1961，1962，Tajima 1970，Konya 等 1973，Muramatsu 等 1973，Okumura 等 1974）和吸附的聚合物（Frommer 和 Miller 1966，Adams 等 1971，Graham 和 Phillips 1979b）均采用该法进行了实验。由于更有效的方法的出现，这种技术的应用已经逐渐减少。

总之，与产生新表面和界面的设备联用，所有这些方法为研究吸附层形成过程及其动力学提供了极大的便利。这些联用方法将可用于研究可溶吸附层的界面动力学。

不可溶单分子层的研究中值得关注的是界面聚集体的形成。例如，Möhwald 等（1986）和 Barraud 等（1988）研究了单分子层中的 3D 聚集体的形成过程。聚集体在不溶单分子层中形成的动力学由 Vollhardt（1993）进行了研究，2D 和 3D 成核过程采用不同模型进行了理论讨论（Retter 和 Vollhardt，Vollhardt 等，1993）。这些理论与体相传递过程一起，将为处理非均质可溶吸附层问题提供最初的物理模型，如 Berge 等（1991）、Flesselles 等（1991）、Hénon 和 Meunier（1992）的观点。

5.9　液体界面表面活性剂的实验研究

本节中将选择性地列出一些实验数据，以说明不同实验技术应用范围的重合及互补之处。重合部分不应认为是无用的开发，而更应看做动态吸附过程数据的补充来源。一方面，同一种表面活性剂溶液的实验数据可用于验证不同实验技术的一致性，Miller 等（1994b，d）在近期的一篇论文中介绍了许多不同实验技术的实例。

另一方面，对不同实验方法和测量技术的不足之处也进行讨论。如前所述，对表面活性剂吸附等温式的了解在吸附动力学研究中具有基础性的重要意义。对本章中讨论的表面活性剂，Frumkin 等温式中的参数在附录 5D 中总结列出。在界面相互作用参数 a' 为 0 的情况下，Frumkin 等温式变换为 Langmuir 等温式。

在液/液界面研究中的实验数据采集过程中，两种液体必须相互饱和。例如，即使是溶剂如烷烃，在水中也有一定的溶解度，迁移穿过界面的溶剂分子可对表面活性剂吸附动力学产生影响。附录 5E 总结了某些溶剂与水的相互溶解性数据。

5.9.1　吸附动力学实验中的有效表面寿命

确定有效表面寿命是比较不同实验技术所得结果的关键所在。例如，当滴体积技术以其“经典”方式应用时，其基础是连续增长的液滴，获得的动态表面张力为液滴形成时间的函数。在前面章节中，增长液滴表面的吸附过程与液滴内部的径向流动重合，这样就使扩散特征发生了改变。此外，液滴表面积的增长同时吸附量则在下降。该过程的作用与吸附动力学相反，降低了吸附速率。

相反地，所谓“准静态”滴体积方法基于近似具有不变体积和表面积的液滴。这样，这些实验的结果为作为吸附时间函数的动态表面张力。图 5.25 列出了表面张力对 $1/\sqrt{t}$ 的函数曲线以比较两种形式的实验数据。

在比较经典和准静态方法时，达到同样的表面张力值需要不同的时间。两种值之比约为 3，与前面的理论描述相符（参见 4.5 节）。

在其他方法中存在同样的情况。在应用定量化理论进行数据解释时，需考虑每种方法的特性。但是，并不能将不同方法所得的实验结果直接进行比较，因其时间范围不同，实验条件也不同。解决这个问题的方法是确定有效表面寿命，可以直接比较实验数据而与其来源无关。

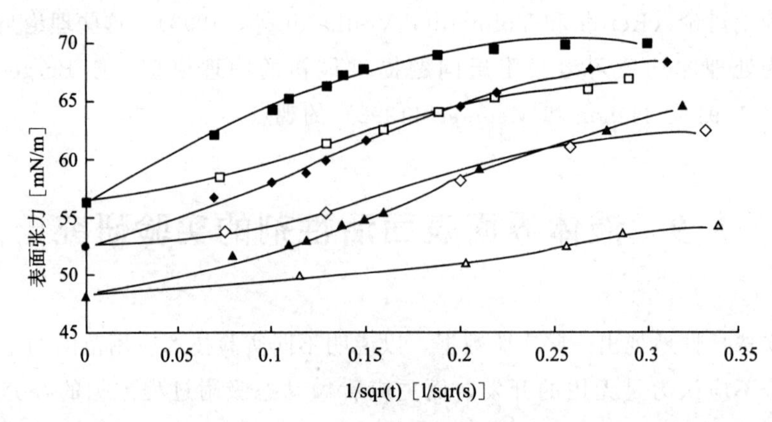

图 5.25 三种不浓度的十二烷基二甲基氧化膦溶液的"经典"和"静态"滴体积实验所得动态表面张力数据的比较；$c_0 = 2\times10^{-8}$ mol/cm³ (□■)，3×10^{-8} mol/cm³ (◇◆)，5×10^{-8} mol/cm³ (△▲)；动态液滴-（■◆▲）和静态液滴-（□◇△）

（Miller 和 Schano 1990）

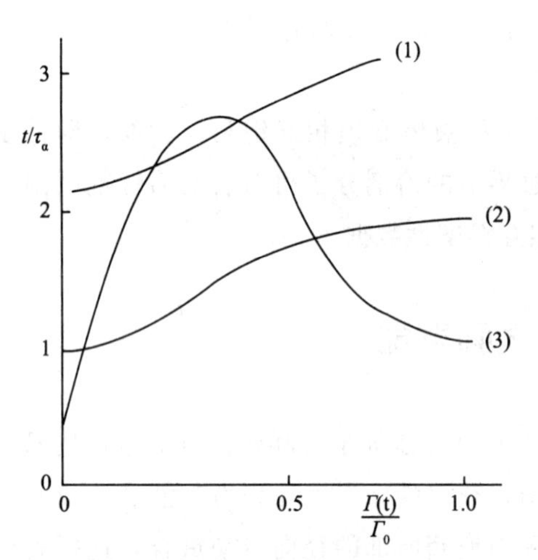

图 5.26 几种实验方法的特定实验时间范围和有效表面寿命（吸附时间）的比值
滴体积（1），最大泡压（2），增长液滴（3）

图 5.26 显示了实验时间 t 的比值，分别为液滴或气泡的寿命以及有效吸附时间 τ_a。显然每种实验方法在特定条件下进行，因而特定实验时间和有效吸附时间或表面寿命存在不同的关系。当最大泡压实验的有效寿命 τ_a 为气泡达到最大压力时刻寿命的 50%或更多时，τ_a 值小于滴体积实验的 30%。在增长液滴实验中，由于液滴表面积的不同变化，t 和 τ_a 的关系非常复杂，目前仅能以曲线图进行估算。

在此对不同方法获得的某些实验数据进行比较。所有的数据以有效吸附时间的函数表示，因而可以用理论化的标准条件进行解释，而忽略任何液体流动和表面积变化等条件。

5.9.2 几种实验方法的比较

本节旨在比较从不同实验方法得到的吸附动力学数据。将证明若前述的先决条件成立，则不同来源的实验结果具有较好的一致性。

在近期的一篇论文中，Miller 等（1994d）对同一表面活性剂溶液采用不同方法的平行实验结果进行了讨论，包括：最大泡压和滴体积实验（分别使用 LAUDA 公司的 MPT1 和 TVT1），振荡射流和倾板实验。如图 5.27 所示，这些实验方法具有不同的时间窗口。滴体积和泡压法的时间窗口仅有较小的重合，而倾板和振荡射流法与泡压法完全相同。当吸附时间延长，静态和准静态方法存在巨大的差别，可达数小时至数天。

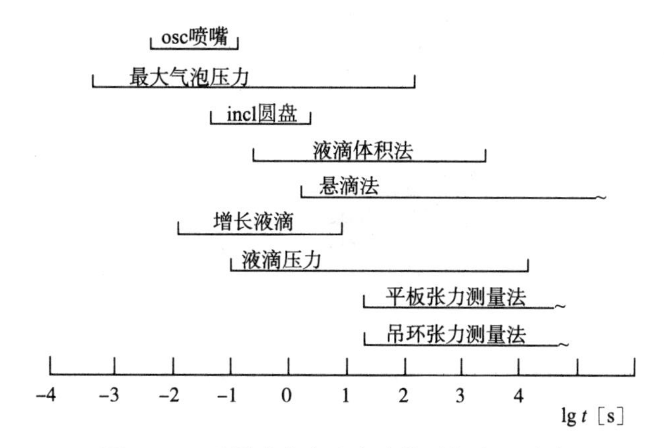

图 5.27　不同动态实验方法的时间窗口重合

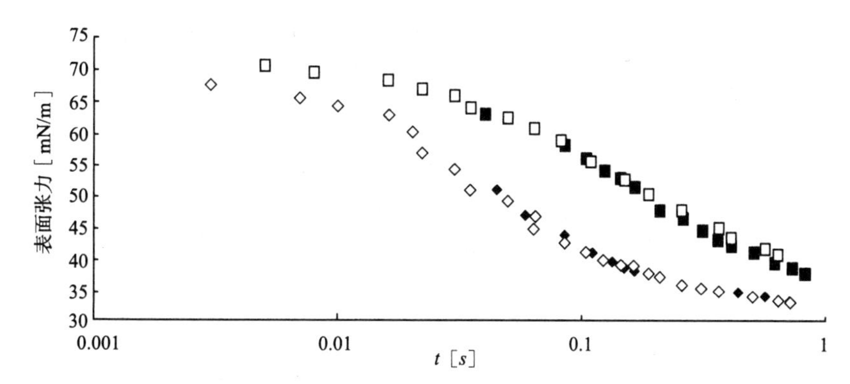

图 5.28　两种 TRITON X－100 溶液采用最大泡压法（□◇）和倾板法（■◆）的动态表面张力测量结果 c_0＝0.2（■□），0.5（◆◇）g/L

(Fainerman 1994a)

对 Triton X－100（辛基酚聚乙二醇醚，$C_{14}H_{21}O(C_2H_4O)_{10}H$，SERVA）水溶液进行泡压法和倾板法的对比，如图 5.28 所示。倾板法的时间范围为 50～1000ms，完全被泡压法的时间范围覆盖，后者为 1ms～10s。基于两种方法计算得到的有效表面寿命 τ_a 的 γ－$\log\tau_a$ 曲线具有良好的一致性。

同样用 Triton X－100 水溶液也进行了泡压法和振荡射流法的对比。部分结果如图 5.29 中的 γ－$\log\tau_a$ 所示。与倾板法相比，振荡射流法既能获得数毫秒时间间隔范围内的数据。在此范围内，振荡射流法和最大泡压法的实验结果吻合良好，之间的偏差不超过这两种方法的测量精度。

采用最大泡压法和滴体积法装置对含有 10 个 EO 基团的对叔丁基苯酚聚氧乙烯醚，pt-BPh-EO10（由 Max-Planck 胶体化学研究所的 Dr. G. Czichocki 合成并提纯）溶液进行了考察。浓度为 0.0025mol/L 的 pt-BPh-EO10 溶液的动态表面张力如图 5.30 所示。

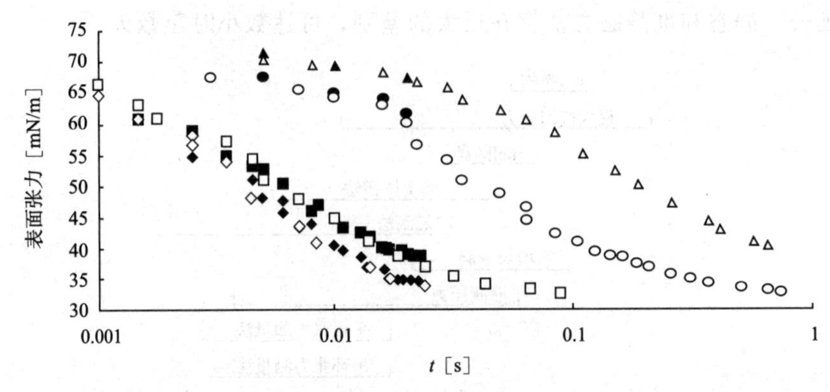

图 5.29 采用最大泡压法（□◇○△）和振荡射流法（■◆●▲）的四种 TRITON X-100 溶液动态表面张力测量结果；c_0=0.2（△▲），0.5（●○），2.0（■□），5.0（◆◇）g/L

（Fainerman 等 1994a）

图中包含了原始数据以及重新计算得到的表面张力作为有效表面寿命 τ_a 函数的值。泡压法的原始数据通过在 $\gamma/\log t$ 曲线中的偏移转换为 γ（τ_a），如式（4.62）。滴体积数据首先结合流体力学效应，在液滴形成时间 $t<30$s 内用式（5.17）进行校正，然后从液滴形成时间出发，采用近似关系式 $\tau_a=t_{drop}/3$ 计算得到有效表面寿命 τ_a（参见 5.9.1）。

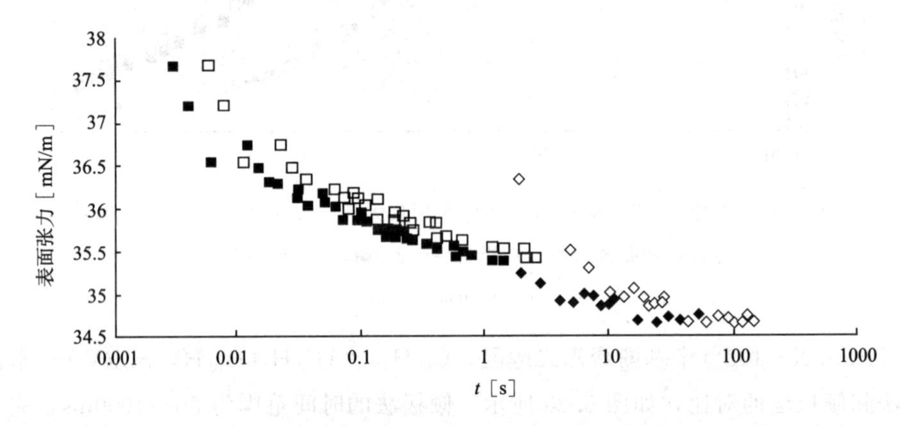

图 5.30 0.025mol/L pt-BPh-EO10 溶液的最大泡压法（■□）和滴体积法（◆◇）测量结果

原始数据（□◇），校正数据（■◆）

（Miller 等 1994d）

显然，由于流体力学效应，在液滴形成时间约 10s 时，表观表面张力增大了 1mN/m。以下图 5.31 和图 5.32 仅显示了校正后的动态表面张力 γ，为重新计算的有效表面寿命 τ_a 的函数。

采用最大泡压法和滴体积法测量得到的 5 种浓度的 pt-BPh-EO10 溶液的动态表面张力如图 5.31 所示。图中 γ（$\log\tau_a$）曲线具有典型的扩散控制吸附过程的特征。在中等浓度下，可观察到曲线存在轻微的肩型特征，这在纯表面活性剂体系中并不常见。扩散控制的表面活性剂吸附过程的 γ（$\log t$）曲线不具备此种形状特征。因此，曲线中的肩型或者是

由于试样中的表面活性污染物，或者是由于吸附机理的改变引起。

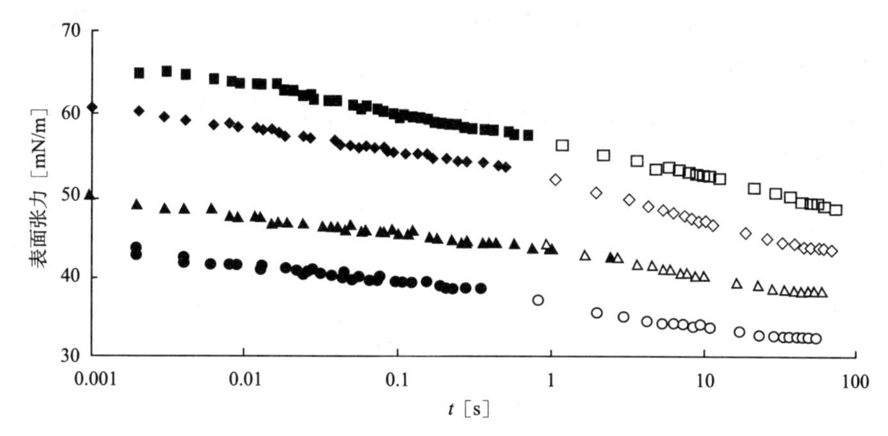

图 5.31　5 种 pt-BPh-EO10 溶液的最大泡压法（■◆●▲）和滴体积法（□◇○△）动态表面张力测量结果

C_0＝0.0001（■□），0.0005（◆◇），0.001（▲△），0.0025（●○）mol/L

（Miller 等 1994d）

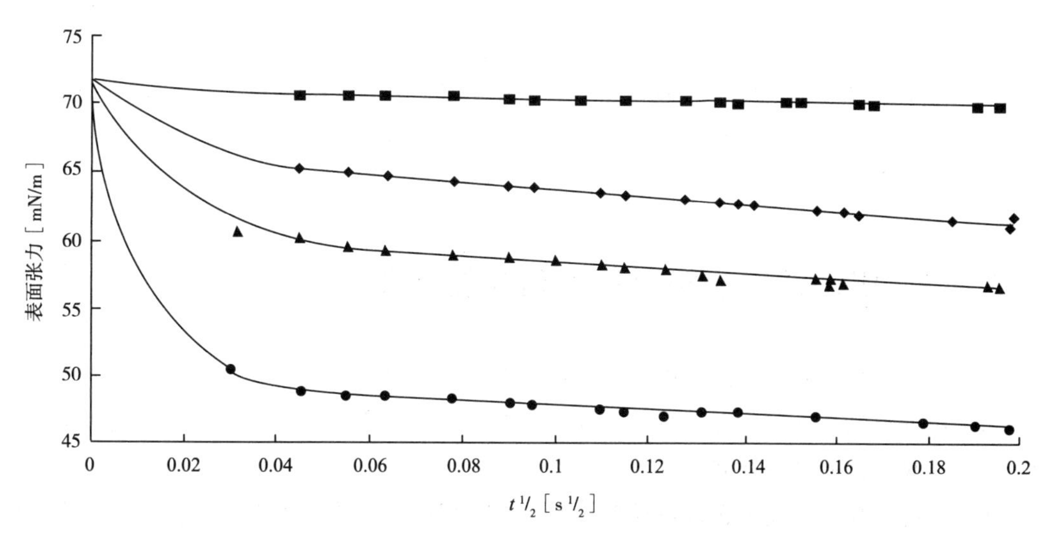

图 5.32　采用最大泡压法测得的 4 种 pt-BPh-EO10 溶液与表面寿命平方根存在函数关系的动态表面张力数据

c_0＝0.0001（■），0.0005（◆），0.001（△），0.0025（●）mol/L

（Miller 等 1994d）

对吸附机理的定量分析（参见 Miller 和 Kretzschmar 1991）显示全浓度范围内吸附均采取扩散控制机理，扩散系数 D 随吸附时间和表面活性剂浓度的变化有轻微的改变。对不同化学结构的丁基苯酚的详细数据分析正在进行中。

在对较短吸附时间范围内的数据进行分析时，γ（$\sqrt{t}$）曲线较有用处（van Hunsel 和 Joos 1987a，Fainerman 等 1994a）。图 5.31 的结果在图 5.32 中以此形式表示。仅在低浓度下才能够计算出合理的扩散系数。对于高浓度区间，γ（$\sqrt{t}$）曲线的最终斜线超出了实验范围，因此在图中无法确定 D 的数值。

前述的动态毛细管法也能得到时间范围为50ms至数秒的实验数据（参见图5.27）。与图5.33所示的其他方法对Triton X-100溶液的结果进行比较，一致性也较好，且偏差不超过每种方法的误差范围。

总之，当对有效表面寿命的函数进行考察时，基于不同物理原理的方法所得实验数据的符合度均较好。

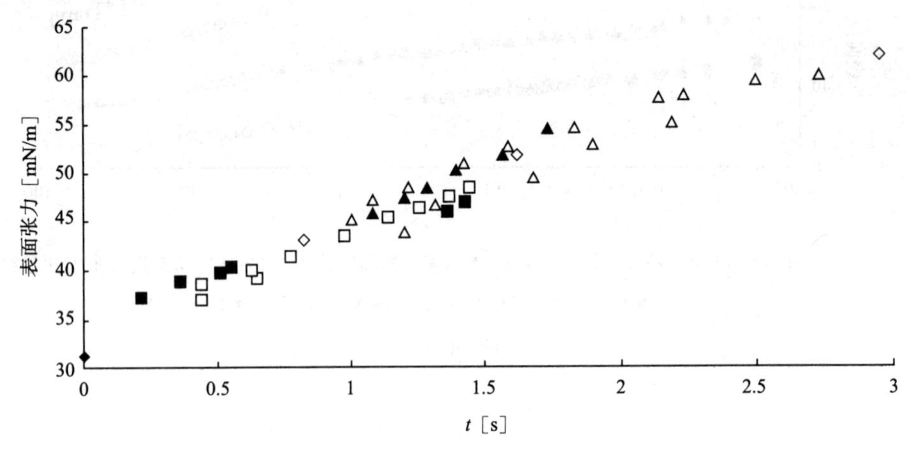

图5.33 采用动态毛细管法（◇）、倾板法（▲△）、滴体积法（□）、条带（■）和Wilhelmy板法（◆）考察1.55×10^{-7} mol/cm^3 Triton X－100水溶液的动态表面张力测量结果（Rillaerts和Joos 1982）

5.9.3 吸附动力学模拟过程和界面传递

如前所述，在实验和理论讨论中，应考虑表面活性剂和溶剂体系的特性。若表面活性剂可通过蒸发至气相或溶解进入溶剂，则其将在界面发生流失，然后分子将通过吸附从表面活性剂富集的体相进行补充。

在第一种情况下，或者在理论模型中对蒸发过程进行补偿，或者在实验条件下采取特殊手段避免蒸发。MacLeod和Radke（1994）采用增长液滴法研究了1－癸醇在水溶液界面的吸附动力学，将以下三种情况进行了区分：癸醇仅存在于水相，癸醇仅存在于气相，癸醇在两相中均存在。吸附动力学显示不同情况下具有不同的行为模式，并且对于癸醇存在于两相时速度最快（图5.34）。癸醇吸附动力学的扩散控制机理（Miller 1980，MacLeod和Radke 1994）适用于所有三种情况。

Van Hunsel和Joos（1987b）进行了不同类型的实验。采用滴体积法（图5.35）对不同醇类在烷烃/水界面的稳态吸附过程进行了研究，稳态与平衡态有显著不同。因此对吸附过程的描述需考虑己醇分子穿过己烷/水界面的迁移。考察的两种稳态的区别取决于己醇在水和己烷中的分布。如4.6节以及Miller（1980）更详细的讨论所示，由体相分配系数决定的表面活性剂在界面的局部分布平衡，对吸附过程有直接影响。

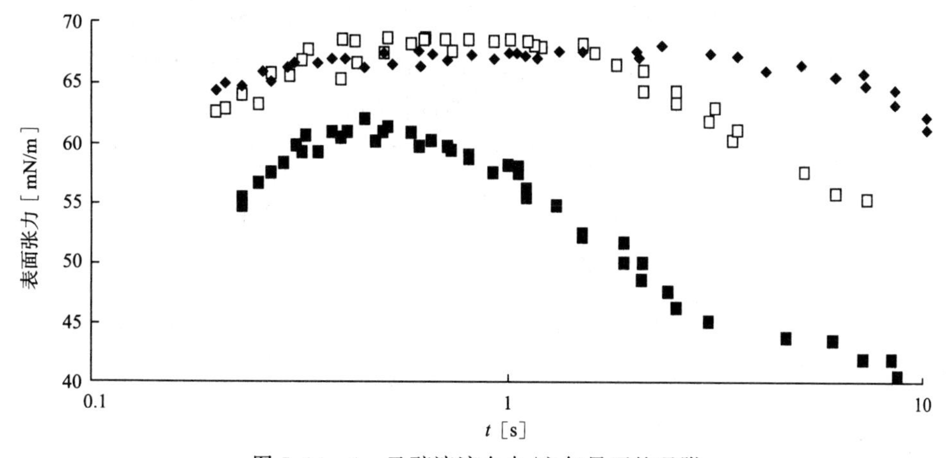

图 5.34　1—己醇溶液在水/空气界面的吸附

(■) —水相中的己醇，(□) —气相中的己醇，(◆) —两相中的己醇

(MacLeod 和 Radke 1994)

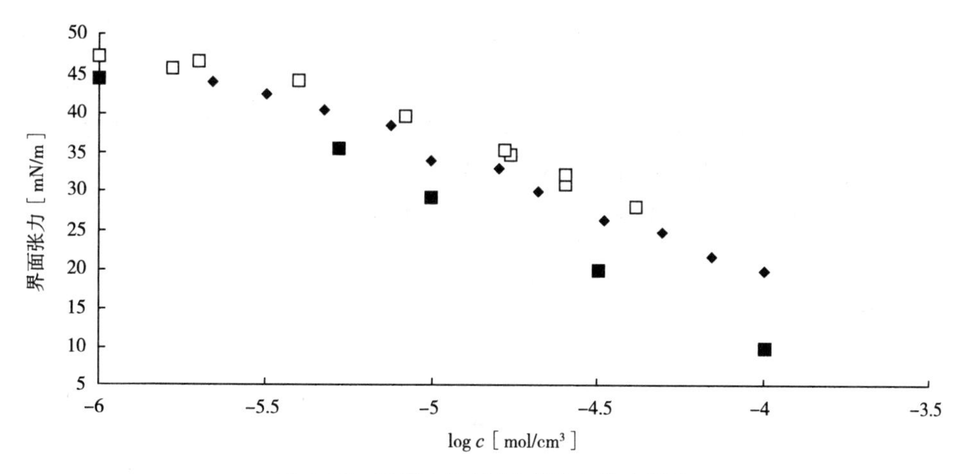

图 5.35　己醇在己烷/水界面的稳态实验

(■) —平衡值，己醇溶解于水 (□) 和己烷 (◆) 时的稳态

(van Hunsel 和 Joos 1987)

5.9.4　慢吸附表面活性剂平衡吸附数据的确定

吸附等温式在表征表面活性剂时具有核心作用。基于吸附等温式，可将表面活性剂以其效率分类。此外，吸附等温式，或称状态方程，也是评价吸附层吸附动力学和流变学性质的基础。确定吸附等温式需要表面或界面张力的精确平衡数据。对于具有低表面活性的表面活性剂（如辛基或癸基硫酸钠、己醇或己酸），达到其吸附平衡状态所需的时间在数秒到数分钟的数量级。更高表面活性将使建立吸附平衡态的时间延长，有时甚至不能用已有的实验手段实现。为避免过长时间的实验，经常采用外推的方法来获得平衡数据。文献（参见 Miller

和 Lunkenheimer 1983）中对不同的外推方法和吸附平衡态的判据进行了讨论。

将平衡态定义为表面或界面张力在一定时间间隔内不变的状态，同时应考虑测量方法的精度。但这种处理方法的固有困难之处在于时间间隔和所选方法的精度具有一定的主观性。例如，当某体系在 10min 内的表面张力变化小于 0.1mN/m 时，该状态可用以下关系式表达

$$\frac{d\gamma}{dt} \leqslant 1.7 \times 10^{-4} \frac{mN}{ms} \tag{5.37}$$

Miller 和 Lunkenheimer（1983）提出了一种模拟计算方法，说明这种条件仅适用于相对较弱的表面活性剂。假如表面活性剂用以下参数表征

$$RT\Gamma_\infty = 10\text{mN/m}, D = 10^{-5}\text{cm}^2/\text{s}, \Gamma_\infty/a_L = 10^{-2}\text{cm} \tag{5.38}$$

在相对浓度 $c_0/a_L=0.5$ 下，式（5.37）的条件在 $\Gamma(t)/\Gamma_\infty=0.95$ 时已成立，相应的表面张力与实际平衡值的差异为 0.25mN/m。对于 $\Gamma_\infty/a_L=10^{-1}$cm 的具有较高表面活性的表面活性剂，使用式（5.37）将得出与实际表面张力的差值可达 0.95mN/m 的结果。从计算结果可知，通过式（5.37）的条件，仅有 $a_L \geqslant 10^{-7}$ mol/cm^3 的表面活性剂可得到平衡值。

测量作为不变吸附时间函数的表面张力以获得吸附等温式数据的方法是完全错误的。这种方法可能模拟不同的吸附行为，如额外的界面相互作用。

为获得表面活性剂溶液的平衡表面张力，文献中采用了不同的外推方法。例如，曾采用了以下的外推方法：

$$\lim_{t\to\infty} (\gamma_0 - \gamma(t^{-1}))^{-1} \text{(Kloubek 1975)} \tag{5.39}$$

$$\lim_{t\to\infty} \gamma(1/\sqrt{t}) \text{(Bendure 1971)} \tag{5.40}$$

$$\lim_{t\to\infty} (\gamma_0 - \gamma(1/\sqrt{t}))^{-1} \text{(Baret 和 Roux 1968, Baret 等 1968)} \tag{5.41}$$

$$\lim_{t\to\infty} \left(t\frac{d\gamma(t^{-1})}{dt} + 2\gamma(t^{-1})\right) \text{(Nakamura 和 Sasaki 1970)} \tag{5.42}$$

基于扩散控制吸附的原理，以上任何一种外推方法均非普适方法，仅在特定时间和浓度范围内才能获得足够高精度的结果。

种可成功地确定平衡吸附数据的方法是外推连续的膨胀/压缩循环的数据（Miller 和 Lunkenheimer 1983）。若 γ_{ad} 和 γ_{des} 分别代表吸附和解吸后（当吸附层压缩至其面积的一半之后）t_{ad} 和 t_{des} 时刻的表面张力，通过下式可得到平衡表面张力的较佳近似值

$$\gamma_e \approx \frac{\gamma_{ad} + \gamma_{des}}{2} \tag{5.43}$$

取 $t_{ad}=t_{des}=900$s，式（5.43）可得到 $a_L \geqslant 10^{-8}$ mol/cm^3 的表面活性剂的精确数据。按下式外推

$$\gamma_e = \lim_{1/\sqrt{t}\to 0} \frac{(\gamma_{ad} + \gamma_{des})}{2} \tag{5.44}$$

可得到高表面活性物质（$a_L \leqslant 10^{-8} mol/cm^3$）的良好平衡数据，其平衡表面张力值采用传统方法无法获得，因吸附过程需数天至数周的时间。Wüstneck 等（1992）给出了式（5.44）外推的实例。十二烷基硫酸钠经 3 个连续的吸附/解吸循环的结果如图 5.36 所示。

显然，每个吸附/压缩循环 90min 的时间无法使体系达到吸附平衡，γ_{ad} 和 γ_{des} 的差值约为 0.9mN/m。基于式（5.44）的外推如图 5.37 所示。烷基硫酸根离子的缓慢吸附可通过扩散机理解释。同时，第 7 章所述的静电阻滞作用也不能解释达到吸附平衡需较长时间的事实。因此，表面活性污染物可能是较长吸附时间的原因，虽然已经采取了必要的措施以制备表面化学纯的表面活性剂溶液。

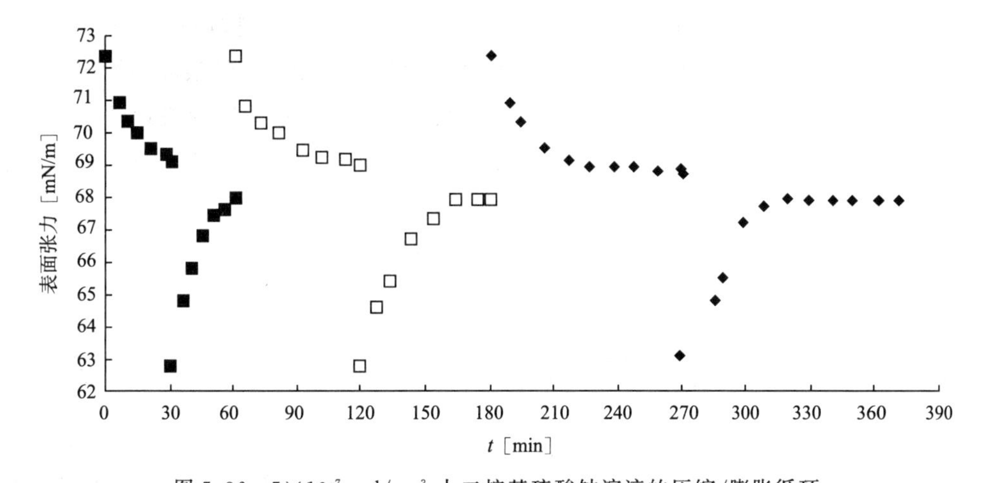

图 5.36　$5 \times 10^{-7} mol/cm^3$ 十二烷基硫酸钠溶液的压缩/膨胀循环

在 30（■）、120（□）、270（◆）min 时压缩，在 60 和 180min 时进行吸附层膨胀

Wüstneck（1992）

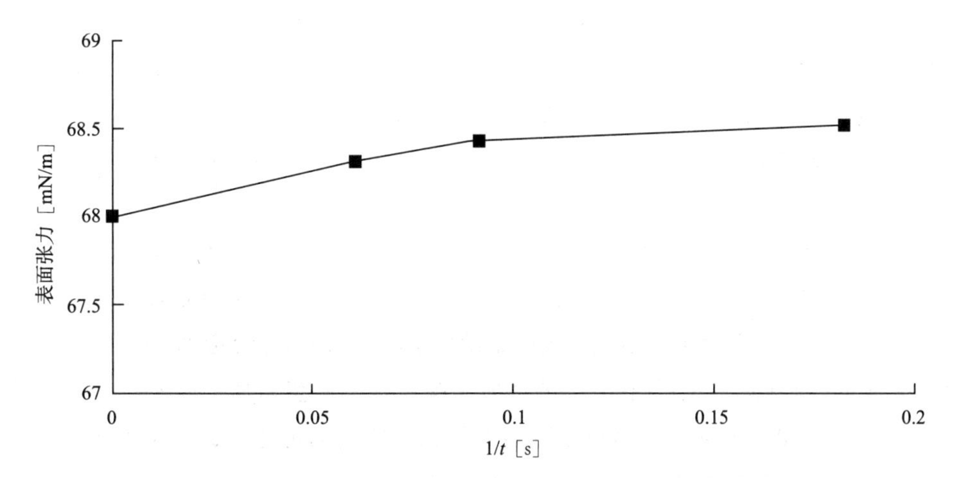

图 5.37　（$\gamma_{ad} + \gamma_{des}$）/2 对 $1/\sqrt{t}$ 曲线外推至 $t \to \infty$，数据来自图 5.36

Wüstneck（1992）

基于扩散控制吸附机理的高精度外推计算方法，经验证也适用于表面活性剂混合物。

例如 Wüstneck 等（1993，1994）和 Fiedler 等（1994）成功地将此方法应用于不同的混合表面活性剂体系。

5.9.5 对含氧乙烯基非离子表面活性剂吸附层形成过程的测定

在非离子表面活性剂如 Triton X－405 的实验中，Geeraerts 等（1993）同步进行了动态表面张力和电势测量，以讨论含有不同链长氧乙烯基作为亲水基的非离子表面活性剂的特性。对扩散控制吸附机理的偏差可通过偶极弛豫来解释。在最近的文献中，Fainerman 等（1994b，c，d）及 Fainerman 和 Miller（1994a，b）提出了一种解释一系列具有 4～40 个氧乙烯基的 Triton X 分子吸附动力学的新模型。该模型假定非离子表面活性剂分子具有两种不同取向，并可以很好地解释观察到的实验数据与纯扩散控制吸附机理的偏差。在作为结构破坏这的盐存在条件下，进行较宽温度范围内的测量，结果支持不同分子界面取向的新概念。在较小浓度和较短吸附时间下，动力学可用通常的扩散模型描述。Liggieri 等（1994）对 Triton X－100 在己烷/水界面的实验得到了同样的结论。

5.10 生物聚合物在液体界面的吸附动力学实验研究

对于蛋白质在液体/流体界面的吸附研究由来已久。对于聚合物特别是蛋白质在液体/流体界面吸附动力学的多数研究均通过测量作为时间函数的界面张力或在周期性变化的界面上的物质交换进行（参见第六章）。不同实验技术已用于确定界面张力的时间相依关系 $\gamma(t)$ 或表面压 $\pi(t)=\gamma_0-\gamma(t)$（如 Ghosh 等 1964，Glass 1971，Tornberg 1978a，Sato 和 Ueberreiter 1979a，b，Ward 和 Regan 1980，Trapeznikov 1981，Schreiter 等 1981，Kretzschmar 1994）。其他技术如放射示踪直接确定 $\Gamma(t)$ 的方法也得到了采用（如 Frommer 和 Miller 1966，Khaiat 和 Miller 1969，Adams 等 1971，Graham 和 Phillips 1979a）。最常用于研究的蛋白质为牛血清蛋白（BSA）、酪蛋白、溶菌酶、卵白蛋白、明胶、人血清蛋白（HA）（Miller 1991）。对于几种吸附的蛋白质在水/气界面和水/油界面吸附性质，如吸附动力学和等温式及膨胀和剪切流变行为等的研究由 Graham 和 Phillips（1979a，b，c，1980a，b）进行。即使在进行了如此系统的工作之后，对该过程的基础性了解方面仍有显著的缺陷。

MacRitchie 和 Alexander（1963）的早期实验显示不同蛋白质的吸附行为可用简单如式（4.80）的关系式进行描述。其他研究者对蛋白质吸附的可逆性进行了重要研究。最初 MacRitchie（1991，1993）采用 Langmuir 槽技术，在固定表面压下记录铺展蛋白质分子的损失，同样也进行了解吸实验以确定吸附蛋白质的变性。MacRitchie（1986，1989）的结果显示许多吸附的蛋白质都具有高度的可逆性。

对于多种蛋白质，在新鲜表面形成后，均可观察到表面张力变化的时间滞后。De Feijter 和 Benjamins（1987）将此时间滞后定义为诱导期。Wei 等（1990）讨论了几种蛋白质的诱导期，包括细胞色素-c（CYTC）、肌红蛋白（MYG）、超氧化物歧化酶（SOD）、溶菌酶和核糖核酸酶-a 等。在低浓度下，可观察到长达 25min 的诱导期，图 5.38 显示了上述 5 种蛋白质中 3 种的诱导期。

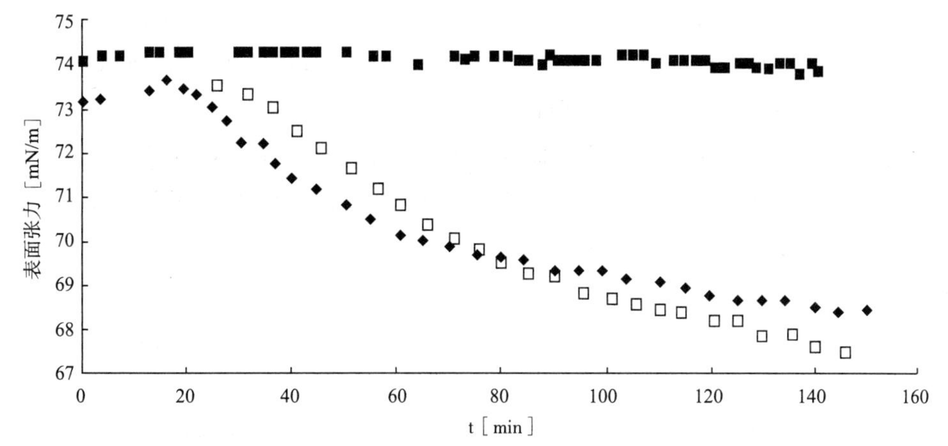

图 5.38　浓度为 0.01mg/mL 的三种蛋白质在水/气界面的动态表面张力

SOD（■）、MYG（□）、CYTC（◆）

（Wei 1990）

Wei 等（1990）将较长的诱导时间解释为吸附蛋白质分子的变性过程的结果。在较高浓度下，同种蛋白质吸附时则没有可观测到的诱导期。实验数据采用基于两种独立过程的经验速率方程进行描述（Wei 等 1990）。

对于低浓度的溶菌酶、β-酪蛋白和 HA，在水溶液/空气界面处观察到了同样的诱导期（如 Douillard 等 1994，Xu 和 Damodaran 1994）。β-酪蛋白的诱导时间小于 10min，而溶菌酶的时间滞后则长达约 1h（Graham 和 Phillips 1979a，参见图 5.39）。

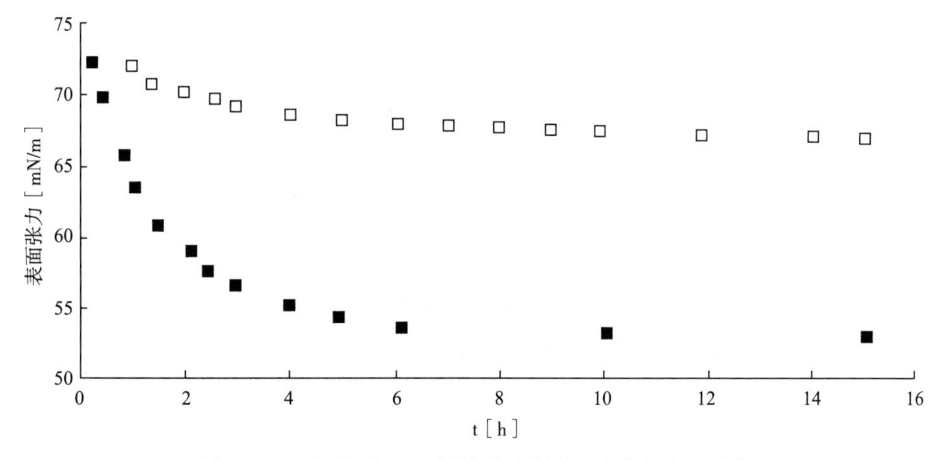

图 5.39　两种蛋白质溶液在水/气界面的动态表面张力

7.3×10^{-5} wt%β-酪蛋白（■），7.6×10^{-5} wt%溶菌酶（□）

（Graham 和 Phillips 1979a）

迄今为止，没有证据表明高浓度蛋白质溶液存在诱导期。采用实验技术考察更低表面寿命的情况，如采用最大泡压法，或许可以获得更多信息，有助于澄清蛋白质吸附过程。

采用 ADSA 技术（参见 Rotenberg 等 1983，Cheng 等 1990），对 HA 在水/癸烷界面吸附过程进行了研究（Miller 等 1993a）。在低浓度下可观测到诱导时间（图 5.40）。在高浓度下，如 0.015 和 0.02mg/mL，界面张力趋向于同样的平衡值。相似的现象也可在水/气界面观察到。即使在极高的 HA 浓度下，如约 50mg/mL，平衡表面张力值也小于 51mN/m，此值在浓度低至 1mg/mL 时即可达到。

值得注意的是图 5.38 中所示的两种低浓度 HA 在水/癸烷界面的相关性，在图 5.40 中同样可见。当新表面刚形成时，表面张力比纯水/气界面或水/癸烷界面的要高。这种效应大大超过了测量方法的精度（Wei 等 1990 所采用的 Wilhelmy 板法，Miller 等 1993a 所采用的悬滴技术），该现象的原因目前尚不清楚。

BSA 中间体的动态表面张力行为由 Damodaran 和 Song（1988）采用 Langmuir 槽技术进行了测量。不同的中间体被认为能够在不同重折叠程度下对白蛋白分子具有位阻作用。基于简单扩散模型［参见式（4.79）和式（4.80）］对数据的解释显示，扩散系数是 BSA 分子重折叠重折叠程度的函数。这是一条非常重要的证据，证明吸附分子的结构对其吸附和弛豫机理具有重要影响。

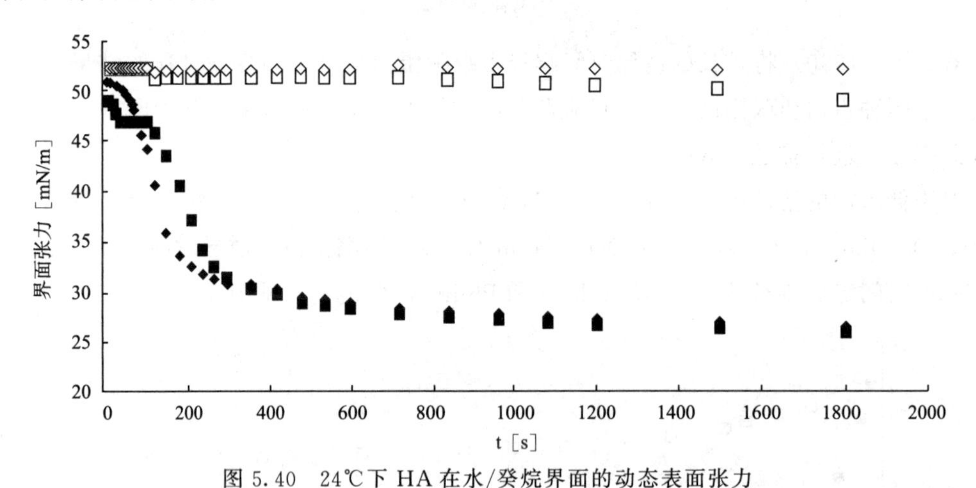

图 5.40　24℃下 HA 在水/癸烷界面的动态表面张力

C_0＝0.0075mg/mL（◇）、0.01mg/mL（□）、0.015mg/mL（■）、0.02mg/mL（◆）

（Miller 等 1993a）

BSA 在水/气界面的吸附动力学也采用准静态滴体积实验（参见图 5.41）进行了考察（Serrien 等 1992）。4 种不同浓度下的实验结果由考虑扩散和重取向过程的近似方程进行了描述（Serrien 和 Joos 1990）。

还有一种值得注意的蛋白质吸附动力学现象。如图 5.42（Miller 等 1993a）所示，0.1mg/mLHA 溶液吸附层的轻微压缩将表面张力降低至 42mN/m，虽然在 50mg/mL 浓度下的平衡表面张力约为 52mN/m。

这种现象也仍未得到解释。或许暂时的压缩并不一定导致较高的表面覆盖度，但可能导致吸附层厚度的增加或者大分子的重拍，结果可能会导致上述的表面张力降低。在第 6 章中将对蛋白质在液体界面的弛豫行为进行更广泛的讨论。

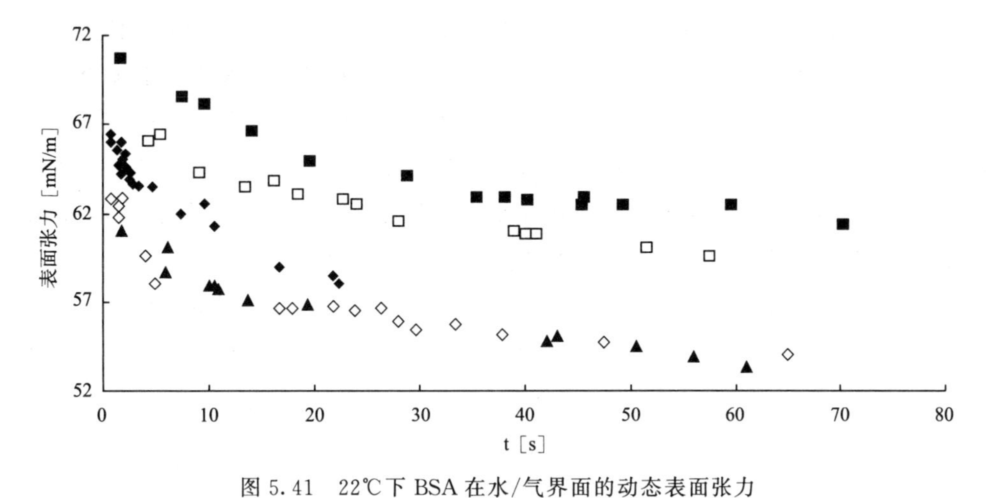

图 5.41　22℃下 BSA 在水/气界面的动态表面张力

C_0＝0.0335mg/mL（■）、0.1mg/mL（□）、1.0mg/mL（◆）、2.3mg/mL（◇）、4.8mg/mL（▲）

（Serrien 等 1992）

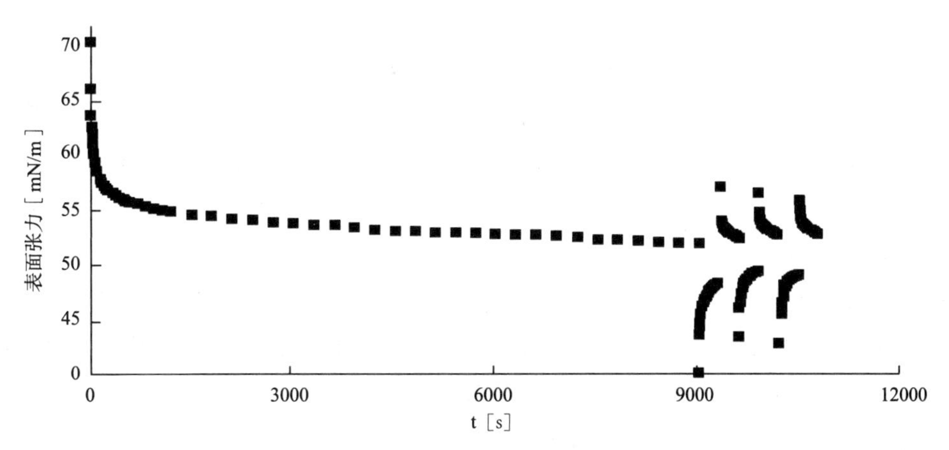

图 5.42　24℃下 HA 在水/气界面的动态表面张力

C_0＝0.05mg/mL（■），3 个矩形脉冲代表约 20％的变化

（Miller 等 1992）

5.11　小结

本章介绍了最新的用于测量动态表面和界面张力的实验设备。简介部分阐述了表面活性剂和溶剂特定纯度的决定性作用，在界面研究中，此纯度称作表面化学纯。表面活性剂

吸附层的研究可极大地受到表面活性杂质的影响，获得的吸附层性质可能由污染物而不是考察的表面活性剂决定。

在线计算机辅助测量技术的发展开辟了新的实验领域。最新研发的界面性质测量仪器配备有可直接控制测量过程的界面以及高效数据采集和处理系统。例如，滴体积和最大泡压法等经典方法目前已可在相当高的精度和效率下进行在线测量。悬滴和躺滴技术只有在滴形检测并拟合 Gauss-Laplace 毛细管方程等过程计算机化之后才具有实际应用价值。最近研发的软件包 ADSA（Rotenberg 等 1993 和 Chen 等 1990）可同时进行界面张力、滴体积及面积的高精度测量。数据与高精度测量系统的联合使用首次允许界面张力可在保持界面面积不变的条件下进行测量。同时也可使界面面积发生可控的改变。

在用于液体的高精度压力传感器出现后，一大类新型实验方法成为可能。这些实验方法基于测量液滴内的毛细管压力。此技术目前仅有实验室装置，但比其他技术具有明显的优势（MacLeod 和 Radke 1993，Nagarajan 和 Wasan 1993）。同时，与高精度测量系统联合，这些技术可望发展成为表征液体表面性质的有力工具。

如前一章所述，在不溶单分子层中可见吸附层的相转变（Möhwald 1993），同样的现象也可在可溶表面活性剂体系中观察到。Hénon 和 Meunier（1993）特别对混合单分子层的结构进行了考察。在平衡性质研究（参见 Lin 等 1991，Lunkenheimer 和 Hirte 1992）或不溶单分子层动态成核过程的研究（Vollhardt 等 1993）中，已开始考虑这些重合的过程。目前在可溶吸附层的动力学研究中，尚未考虑这种过渡或结构形成过程。

未来的挑战必然在于进一步发展可将时间窗口转变到 μs 范围的更快测量方法。泡压技术的最新进展已可获得 ms 范围的有限信息（Fainerman 等 1994a）。由于研究方法要求能够在更短时间范围内进行考察，泡压技术的进一步发展可在不远的将来获得数百至数十 μs 内的动态吸附数据。

进一步的发展也集中在不同技术的联合使用方面，如滴压和滴形方法的联合。宏观和微观甚至分子方法的联合更为有效，例如滴形或压力实验与椭圆偏振及光谱技术的联用。其他有效的联用方法还包括倾板或溢流池技术与散射技术的联用，可考察动态条件下的及在新形成表面上的结构形成过程（Howe 等 1993）。

对于非离子表面活性剂在低于 CMC 的范围内进行了或多或少的系统性研究，但对于胶束和混合表面活性剂溶液尚缺乏系统研究。并且对于离子型表面活性剂几乎没有进行研究，如第七章所讨论的内容。对于吸附动力学的综合实验可在最新理论的基础之上进行，对于实验技术的改进可更好地理解动态吸附层的形成及其行为。这些技术必然也可用于蛋白质和混合表面活性剂/蛋白质体系，虽然对其了解水平远低于表面活性剂溶液体系（de Feijter 和 Benjamins 1987，Serrien 等 1992）。

参考文献

Adam, N. K. and Shute, H. L., Trans. Faraday Soc., 31 (1935) 204.

Adam, N. K. and Shute, H. L., Trans. Faraday Soc., 34 (1938) 758.

Adams, D. T., Evans, M. T. A., Mitchell, J. R., Phillips, M. C. and Rees, P. M., J. Polymer Sci., Part C, 34 (1971) 167.

Adamson, A. W., Physical Chemistry of Surfaces, 5th Edition, John Wiley&Sons, Inc., New York, 1990.

Addison, C. C., J. Chem. Soc., (1943) 535.

Addison, C. C., J. Chem. Soc., (1944) 252.

Addison, C. C., J. Chem. Soc., (1945) 98.

Addison, C. C., J. Chem. Soc., (1946a) 570.

Addison, C. C., J. Chem. Soc., (1946b) 579.

Addison, C. C., Bagot, J., McCauley, H. S., J. Chem. Soc., (1948) 936.

Addison, C. C. and Hutchinson, S. K., J. Chem. Soc., (1948) 943.

Addison, C. C. and Hutchinson, S. K., J. Chem. Soc., (1949a) 3387.

Addison, C. C. and Hutchinson, S. K., J. Chem. Soc., (1949b) 3406.

Ambwami, D. S. and Fort, Jr., T., in "Surface and Colloid Science" (R. J. Good and R. R. Stromberg, Eds.), Vol. 11, pp. 93—119, Plenum, New York 1979.

Anastasiadis, S. H., Chen. J. -K., Koberstein, J. T., Siegel, A. F., Sohn, J. E. and Emerson, J. A., J. Colloid Interface Sci., 119 (1987) 55.

Andreas, J. M., Hauser, E. A. and Tucker, W. B., J. Phys. Chem., 42 (1938) 1001.

Austin, M., Bright, B. B. and Simpson, E. A., J. Colloid Interface Sci., 23 (1967) 108.

Babu, S. R., J. Colloid Interface Sci., 115 (1987) 551.

Baret, J. F. and Roux, R. A., Koll. Z. &Z. Polymere, 225 (1968) 139.

Baret, J. F., Armand, L., Bernard, M. and Danoy, G., Trans. Faraday Soc., 64 (1968) 2539.

Barraud, A., Flörsheimer, M., Möhwald, H., Richard, J., Ruaudel-Texier, A., and Vandervyver, M., J. Colloid Interface Sci., 121 (1988) 491.

Bayerl, T. M., Thomas, R. K., Penfold, J., Rennie, A., and Sackmann, E., Biophys. J., 57 (1990) 1095.

Bendure, R. L., J. Colloid Interface Sci., 35 (1971) 238.

Berge, B., Faucheux, L., Schwab, K., and Libchaber, A., Nature (London), 350 (1991) 322.

Bergink-Martens, D. J. M., Bos, H. J., Prins, A. and Schulte, B. C., J. Colloid Interface Sci., 138 (1990) 1.

Bohr, N., Phil. Trans. Roy. Soc., London Ser. A, 209 (1909) 281.

Bois, A. G. and Baret, J. F., Langmuir, 4 (1988) 1358.

Bordi, S., Carla, M. and Cecchini, R., Electrochimica Acta, 34 (1989) 1673.

Boucher, E. A., Evans, M. J. B. and Jones, T. G. J., Adv. Colloid Interface Sci., 27 (1987) 43.

Brady, A. P., J. Phys. Chem., 53 (1949) 56.

Burghardt, T. P. and Axelrod, D., Biophys. J., 33 (1981) 455.

Carla, M., Cecchini, R. and Bordi, S., Rev. Sci. Instrum., 62 (1991) 1088.

Carroll, B. J. and Haydon, D. A., J. Chem. Soc. Faraday Trans. 1, 71 (1975) 361.

Carroll, B. J., J. Colloid Interface Sci., 86 (1982) 586.

Carroll, B. J. and Doyle, P. J., J. Chem. Soc. Faraday Trans. 1, 81 (1985) 2975.

Cheng, P., PhD Thesis, University of Toronto, 1990.

Cheng, P., Li, D., Boruvka, L., Rotenberg Y. and Neumann, A. W., Colloids&Surfaces, 43 (1990) 151.

Cuypers, P. A., Corsel, J. W., Janssen, M. P., Kop, J. M. M., Hermens, W. T., and Hemker, H. C., J. Biol. Chem., 258 (1983) 2426.

Czichocki, G., Vollhardt, D. and Seibt, H., Tenside Detergents, 18 (1981) 320.

Daillant, J., Bosio, L., Benattar, J. J., and Blot, C., Langmuir, 7 (1991), 611.

Damodaran, S. and Song, K. B., Biochim. Biophys. Acta, 954 (1988) 253.

Davies, J. T. and Rideal, E. K., "Interfacial Phenomena", Academic Press, New York, 1969.

Defay, R. and Hommelen, J. R., J. Colloid Sci., 13 (1958) 553.

Defay, R. and Pétré, G., in "Surface and Colloid Science", Vol. 3, E. Matijevic (Ed.), Wiley-Interscience, New York, 1971.

de Feijter, J. A., Benjamins, J. and Veer, F. A., Biopolymers, 17 (1978) 1759.

de Feijter, J. and Benjamins, J., in "Food Emulsions and Foams", E. Dickinson (Ed.), Special Publ. no. 58, Royal Soc. Chem., (1987) 72.

de Feijter, J., Benjamins, J. and Tamboer M., Colloids&Surfaces, 27 (1987) 243.

Douillard, R., Daoud, M., Lefebvre, J., Minier, C., Lecannus, G. and Coutret, J., J. Colloid Interface Sci., 163 (1994) 277.

Doyle, P. J. and Carroll, B. J., J. Phys. E: Sci. Instrum., 22 (1989) 431.

Dragcevic, D., Milunovic, M. and Pravdic, V., Croat. Chem. Acta, 59 (1986) 397.

Edwards, D. A., Brenner, H. and Wasan, D. T., Interfacial Transport Processes and Rheology, Butterworth-Heineman Publishers, Stoneham, 1991.

Edwards, D. A., Kao, R. L. and Wasan, D. T., J. Colloid Interface Sci., 155 (1993) 518.

Elworthy, P. H. and Mysels, K. J., J. Colloid Interface Sci., 21 (1966) 331.

Fainerman, V. B., Koll. Zh., 39 (1977) 106.

Fainerman, V. B., Koll. Zh., 41 (1979) 111.

Fainerman, V. B. and Lylyk, S. V., Koll. Zh., 44 (1982) 598.

Fainerman, V. B., Koll. Zh., 52 (1990) 921.

Fainerman，V. B.，Colloids&Surfaces，62 (1992) 333.

Fainerman，V. B.，Makievski，A. V.，Koll. Zh.，54 (1992a) 75.

Fainerman，V. B.，Makievski，A. V.，Koll. Zh.，54 (1992b) 84.

Fainerman，V. B.，Makievski，A. V. and Joos，P.，Zh. Fiz. Khim.，67 (1993a) 452.

Fainerman，V. B.，Makievski，A. V. and Miller，R.，Colloids&Surfaces A，75 (1993b) 229.

Fainerman，V. B.，Miller，R. and Joos，P.，Colloid Polymer Sci.，272 (1994a) 731.

Fainerman，V. B.，Makievski，A. V. and Joos，P.，Colloids&Surfaces A，90 (1994b) 213.

Fainerman，V. B.，Miller，R. and Makievski，A. V.，Langmuir，(1994c)，submitted.

Fainerman，V. B.，Makievski，A. V. and Miller，R.，Colloids&Surfaces A，87 (1994d) 61.

Fainerman，V. B. and Miller，R.，Colloids&Surfaces A，(1994a)，submitted.

Fainerman，V. B. and Miller，R.，J. Colloid Interface Sci.，(1994b)，submitted.

Fang，J. P. and Joos，P.，Colloids&Surfaces A，83 (1994) 63.

Fiedler，H.，Wüstneck，R.，Weiland，B.，Miller，R. and Haage，K.，Colloids&Surfaces，(1994)，in press.

Finch，J. A. and Smith，G. W.，J. Colloid Interface Sci.，45 (1973) 81.

Flengas，S. N. and Rideal，E.，Trans. Faraday Soc.，55 (1959) 339.

Flesselles，J. M.，Magnasco，M. O.，and Libchaber，A.，Phys. Rev. Lett.，67 (1991) 2489.

Fordham，S.，Proc. Roy. Soc. London，A 194 (1948) 1.

Frommer，M. A. and Miller，I. R.，J. Colloid Interface Sci.，21 (1966) 245.

Garrett，P. R. and Ward，D. R.，J. Colloid Interface Sci.，132 (1989) 475.

Geeraerts，G.，Joos，P. and Villé，F.，Colloids&Surfaces A，75 (1993) 243.

Ghosh，S. and Bull，H. B.，Biochemistry，2 (1963) 411.

Ghosh，S.，Breese，K. and Bull，H. B.，J. Colloid Sci.，19 (1964) 457.

Gilanyi，T.，Stergiopulos，C. and Wolfram，E.，Colloids Polymer Sci.，254 (1976) 1018.

Girault，H. H. J.，Schiffrin，D. J. and Smith，B. D. V.，J. Colloid Interface Sci.，101 (1984) 257.

Glass，J. E.，J. Polymer Sci.，Part C.，44 (1971) 141.

Graham，D. E. and Phillips，M. C.，J. Colloid Interface Sci.，70 (1979a) 403.

Graham，D. E. and Phillips，M. C.，J. Colloid Interface Sci.，70 (1979b) 415.

Graham，D. E. and Phillips，M. C.，J. Colloid Interface Sci.，70 (1979c) 427.

Graham，D. E. and Phillips，M. C.，J. Colloid Interface Sci.，76 (1980a) 227.

Graham，D. E. and Phillips，M. C.，J. Colloid Interface Sci.，76 (1980b) 240.

Grundy，M.，Richardson，R. M.，Roser，S. J.，Penfold，J.，and Ward，R. C.，Thin Solid Films，159 (1988) 43.

Handbook of Chemistry and Physics，60th Edition，1983.

Hansen，F. K. and Rodsrud，G.，J. Colloid Interface Sci.，141 (1991) 1.

Hansen，R. S.，Rurchase，M. E.，Wallace，T. C. and Woody，R. W.，J. Phys. Chem.，62 (1958) 210.

Hansen, R. S., J. Phys. Chem., 68 (1964) 2012.

Hénon, S. and Meunier, J., Thin Solid Films, 210/211 (1992) 121.

Hénon, S. and Meunier, J., J. Chem. Phys., 98 (1993) 9148.

Hirtz, A., Lawnik, W. and Findenegg, G. H., Colloids&Surfaces, 51 (1990) 405.

Holcomb, C. D. and Zollweg, J. A., J. Colloid Interface Sci., 154 (1992) 51.

Horozov, T., Danov, K., Kralschewsky, P., Ivanov, I. and Borwankar, R., 1st World Congress on Emulsion, Paris, Vol. 2, (1993) 3—20—137.

Howe, A., 1993, private communication.

Hua, X. Y. and Rosen, M. J., J. Colloid Interface Sci., 124 (1988) 652.

Iliev, T. H. and Dushkin, C. D., Colloid Polymer Sci., 270 (1992) 370.

Jho; C. and Burke, R., J. Colloid Interface Sci., 95 (1983) 61.

Jiang, Q. and Chiew, Y. C., Langmuir, 9 (1993) 273.

Joos, P. and Rillaerts, E., J. Colloid Interface Sci., 79 (1981) 96.

Joos, P., Fang, J. P. and Serrien, G., J. Colloid Interface Sci., 151 (1992) 144.

Joos, P., Vollhardt, D. and Vermeulen, M., Langmuir, 6 (1990) 524.

Kao, R. L., Edwards, D. A., Wasan, D. T. and Chen, E., J. Colloid Interface Sci., 148 (1993) 247.

Kawaguchi, M., Tohyama, M., Mutoh, Y., Takahashi, A., Langmuir, 4 (1988a) 407.

Kawaguchi, M., Tohyama, M., andTakahashi, A., Langmuir, 4 (1988b) 411.

Khaiat, A. and Miller, I. R., Biochim. Biophys. Acta, 183 (1969) 309.

Kloubek, J., Tenside, 5 (1968) 317.

Kloubek, J., J. Colloid Interface Sci., 41 (1972a) 1.

Kloubek, J., J. Colloid Interface Sci., 41 (1972b) 7.

Kloubek, J., Colloid Polymer Sci., 253 (1975) 754.

Kloubek; J.; K. Friml and F. Krejci, Czech. Chem. Commun., 41 (1976) 1845.

Konya, J., Kovacs, Z., Joo, P. and Madi, I., Acta Phys. Chim. Debrecina, 18 (1973) 203.

Kragh, A. M., Trans. Faraday Soc., 60 (1964) 225.

Kretzschmar, G., Kolloid-Z. Z. Polymere, 206 (1965) 60.

Kretzschmar, G. and Vollhardt, D., Monatsber. DAW, 10 (1968) 203.

Kretzschmar, G., Tenside Detergents, 9 (1972) 267.

Kretzschmar, G., Int. Konferenz über Grenzflächenaktive Stoffe, Vol. 1, (1976) 567.

Kretzschmar, G. and Miller, R., Adv. Colloid Interface Sci., 36 (1991) 65.

Kretzschmar, G., J. Inf. Rec. Mats., 21 (1994) 335.

Krisdhasima, V., McGuire, J., Sproull, R., Surface and Interface Analysis, 18 (1992) 453.

Krotov, V. V. and Rusanov, A. I., Koll. Zh., 39 (1971) 58.

Kuffner, R. J., J. Colloid. Sci., 16 (1961) 797.

Lemlich, R. Ind. Eng. Chem., 60 (1968) 16.

Liggieri, L., Ravera, F. and Passerone, A., J. Colloid Interface Sci., 140 (1990) 436.

Liggieri, L., Ravera, F., Ricci, E. and Passerone, A., Adv. Space Res., 11 (1991) 759.

Liggieri, L., Ravera, F. and Passerone, A., J. Colloid Interface Sci., 168 (1994), in press.

Lin, S. -Y., McKeigue, K. and Maldarelli, C., Langmuir, 7 (1991) 1055.

Loglio, G., Legittimo, P. C., Mori, G., Tesei, U. and Cini, R., Chemistry in Ecology, 2 (1986) 89.

Loglio, G., Degli-Innocenti, N., Tesei, U., Cini, R. and Wang, Q. S., IlNuovo Cimento, 12 (1989) 289.

Lohnstein, T., Ann. Physik, 20 (1906a) 237.

Lohnstein, T., Ann. Physik, 20 (1906b) 606.

Lohnstein, T., Ann. Physik, 21 (1907) 1030.

Lohnstein, T., Z. phys. Chem., 64 (1908) 686.

Lohnstein, T., Z. phys. Chem., 84 (1913) 410.

Lösche, M. and Möhwald, H., J. Colloid Interface Sci., 131 (1989) 56.

Lösche, M., Sackmann, E. and Möhwald, H., Ber. Bunsengesellschaft Phys. Chem., 87 (1983) 848.

Lunkenheimer, K. and Miller, R., Tenside Detergents, 16 (1979) 312.

Lunkenheimer, K., Miller, R. and Becht, J., Colloid Polymer Sci., 260 (1982a) 1145.

Lunkenheimer, K., Miller, R. and Fruhner, H., Colloid Polymer Sci., 260 (1982b) 599.

Lunkenheimer, K., Habilitation, Academy of Sciences of the GDR, Berlin 1984.

Lunkenheimer, K., Miller, R., Kretzschmar, G., Lerche, K. -H. and Becht, J., Colloid Polymer Sci., 262 (1984) 662.

Lunkenheimer, K. and Miller, R., J. Colloid Interface Sci., 120 (1987) 176.

Lunkenheimer, K., Pergande, H. -J. and Krüger, H., Rev. Sci. Instrum., 58 (1987a) 2313.

Lunkenheimer, K., Haage, K. and Miller, R., Colloids Surfaces, 22 (1987b) 215.

Lunkenheimer, K. and Miller, R., Material Science Forum, 25—26 (1988) 351.

Lunkenheimer, K. and Hirte, R., J. Phys. Che., 96 (1992) 8683.

Lunkenheimer, K. and Czichocki, G., J. Colloid Interface Sci., 160 (1993) 509.

MacLeod, C. A. and Radke, C. J., J. Colloid Interface Sci., 160 (1993) 435.

MacLeod, C. A. and Radke, C. J., J. Colloid Interface Sci., 166 (1994) 73.

MacRitchie, F. and Alexander, A. E., J. Colloid Sci., 18 (1963) 453.

MacRitchie, F., Adv. Colloid Interface Sci., 25 (1986) 341.

MacRitchie, F., Colloids&Surfaces, 41 (1989) 25.

MacRitchie, F., Analytica Chimica Acta., 249 (1991) 241.

MacRitchie, F., Colloids&Surfaces, 76 (1993) 159.

Makievski, A. V., Fainerman, V. B. and Joos, P., J. Colloid Interface Sci., in press.

Markina, Z. N., Zadymova, N. M. and Bovkun, O. P., Colloids&Surfaces, 22 (1987) 9.

Matuura, R., Kimizuka, H., Miyamoto, S. and Shimozawa, R., Bull. Chem. Soc. Jpn., 31 (1958) 532.

Matuura, R., Kimizuka, H., Miyamoto, S., Shimozawa, R. and Yatsunami, K., Bull. Chem. Soc. Jpn., 32 (1959) 404.

Matuura, R., Kimizuka, H. and Matsubara, A., Bull. Chem. Soc. Jpn., 34 (1961) 1512.

Matuura, R., Kimizuka, H., Matsubara, A., Matsunobu, K. and Matsuda, T., Bull. Chem. Soc. Jpn., 35 (1962) 552.

Maze, C. and Burnet, G., Surface Sci., 24 (1971) 335.

McCrackin, F. L., Natl. Bur. Stand., (US), Tech. Note, 479 (1969).

McMillan, N. D., Fortune, F. J. M., Finlayson, O. E., McMillan, D. D. G., Townsend, D. E., Daly, D. M., Fingleton, M. J., Dalton, M. G. and Cryan, C. V., Rev. Sci. Instrum., 63 (1992) 3431.

McMillan, N. D., O'Mongain, E., Walsh, J. E., Orr, D., Ge, Z. C. and Lawlor, V., SPIE, 2005 (1994) 216.

Meunier, J. and Lee, L. T., Langmuir, 7 (1991) 1855.

Miller, R., Koll. Zh., 42 (1980) 1107.

Miller, R. and Lunkenheimer, K., Colloid Polymer Sci., 260 (1982) 1148.

Miller, R. and Lunkenheimer, K., Colloid Polymer Sci., 261 (1983) 585.

Miller, R. and Lunkenheimer, K., Colloid Polymer Sci., 264 (1986) 273.

Miller, R. and Schano, K. -H., Colloid Polymer Sci., 264 (1986) 277.

Miller, R., Habilitation, Academy of Sciences of the GDR, Berlin 1987.

Miller, R. and Schano, K. -H., Tenside Detergents, 27 (1990) 238.

Miller, R. and Kretzschmar, G., Adv. Colloid Interface Sci., 37 (1991) 97.

Miller, R., in "Trends in Polymer Science", 2 (1991) 47.

Miller, R., Hoffmann, A., Hartmann, R., Schano and K. -H., Halbig, A., Advanced Materials, 4 (1992) 370.

Miller, R., Policova, Z., Sedev., R. and Neumann, A. W., Colloids&Surfaces, 76 (1993b) 179.

Miller, R., Sedev., R., Schano, K. -H., Ng, C. and Neumann, A. W., Colloids&Surfaces, 69 (1993c) 209.

Miller; R., Schano, K. -H. and Hofmann, A., Colloids&Surfaces A, (1994a) in press.

Miller, R., Joos, P. and Fainerman, V. B., Adv. Colloid Interface Sci., 49 (1994b) 249.

Miller, R., Policova, Z. and Neumann, A. W., Colloid Polymer Sci., (1994c), submitted.

Miller, R., Joos, P. and Fainerman, V. B., Progr. Colloid Polymer Sci., (1994d) in press.

Miller, T. E. and Meyer, W. C., American Laboratory, February, 91 (1984).

Milliken, W. J., Stone, H. A. and Leal, L. G., Phys. Fluids, A5 (1993) 69.

Möhwald, H., Miller, A., Stich, W., Knoll, W., Ruaudel-Texier, A., Lehmann, T., and Fuhrhop, J. -H., Thin Solid Films, 141 (1986) 261.

Möhwald, H., Kenn, R. M., Degenhardt, D., Kjaer, K., and Als-Nielsen, J., Physica, 168 (1990) 127.

Möhwald, H., Rep. Prog. Phys., 56 (1993) 653.

Muramatsu, M., Tajima, K., Iwahashi, M. and Nukina, K., J. Colloid Interface Sci., 43 (1973) 499.

Mysels, K. J. and Florence, A. T., in "Clean Surfaces: Their Preparation and Characterization for Interfacial Studies" (G. Glodfinger, Ed.), Marcel Dekker, New York, 1970.

Mysels, K. J. and Florence, A. T., J. Colloid Interface Sci., 43 (1973) 577.

Mysels, K. J., Langmuir, 5 (1989) 442.

Nagarajan, R. and Wasan, D. T., J. Colloid Interface Sci., 159 (1993) 164.

Nahringbauer, I., Acta Pharm. Suec., 24 (1987) 247.

Naidich, Y. V. and Grigorenko, N. F., J. Mater. Sci., 27 (1992) 3092.

Nakamura, M. and Sasaki, T., Bull. Chem. Soc. Japan, 43 (1970) 3667.

Neumann, A. W. and Good, R. J., in "Surface and Colloid Science" (R. J. Good and R. R. Stromberg, Eds.), Vol. 11, pp. 31—91, Plenum, New York 1979.

Nunez-Tolin, V., Hoebregs, H., Leonis, J. and Paredes, S., J. Colloid Interface Sci., 85 (1982) 597.

Okumura, T., Nakumura, A., Tajima, K. and Sasaki, T., Bull. Chem. Soc. Jpn., 47 (1974) 2986.

Padday; J. F. and Russell; D. R., J. Colloid Sci., 15 (1960) 503.

Padday, J. F., in "Surface and Colloid Science" (E. Matijević and F. R. Eirich, Eds.), Vol. 1, Wiley-Interscience, New York 1969.

Padday; J. F.; Pitt; A. R.; Pashley; R. M., J. Chem. Soc. Faraday Trans. 1, 61 (1975) 1919.

Passerone, A., Liggieri, L., Rando, N., Ravera, F. and Ricci, E., J. Colloid Interface Sci., 146 (1991) 152.

Papeschi, G., Bordi, S. and Costa, M., Naa. Chim., (1981) 407.

Paulsson, M. and Dejmek, P., Journal Colloid Interface Sci., 150 (1992) 394.

Privat, M., Bennes, R., Tronel-Peyroz, E. and Douillard, J. -M., J. Colloid Interface Sci., 12 (1988) 198.

Racca, R. G., Stephenson, O. and Clements, R. M., Opt. l Eng., 31 (1992) 1369.

Ramakrishnan, S., Mailliet, K. and Hartland, S., Proc. Indian Acad. Sci., 83A (1976) 107.

Razouk, R. and Walmsley, D., J. Colloid Interface Sci., 47 (1974) 515.

Rehbinder, P. A., Z. Phys. Chem., 111 (1924) 447.

Rehbinder, P. A., Biochem. Z., 187 (1927) 19.

Retter, U. and Vollhardt, D., Langmuir, 9 (1993) 2478.

Rideal, E. K. and Sutherland, K. L., Trans. Faraday Soc., 48 (1952) 1109.

Rillaerts, E. and Joos, P., J. Colloid Interface Sci., 88 (1982) 1.

Rosen, M. J., J. Colloid Interface Sci., 79 (1981) 587.

Ross, J. L., Bruce, W. D. and Janna, W. S., Langmuir, 8 (1992) 2644.

Rotenberg, Y., Boruvka, L. and Neumann, A. W., J. Colloid Interface Sci., 93 (1983) 169.

Sally, D. J., Weith, A. J. jr., Argyle, A. A. and Dixon, J. K., Proc. Roy. Soc., Ser. A, 203 (1950) 42.

Sato, H. and Ueberreiter, K., Macromol. Chem., 180 (1979) 829.

Sato, H. and Ueberreiter, K., Macromol. Chem., 180 (1979) 1107.

Schramm, L. L. and Green, W. H. F., Colloid Polymer Sci., 270 (1992) 694.

Schreiter, W., Wolf, F. and Walther, W., J. Signal AM, 9 (1981) 63.

Serrien, G. and Joos, P., J. Colloid Interface Sci., 139 (1990) 149.

Serrien, G., Geeraerts, G., Ghosh, L. and Joos, P., Colloids&Surfaces, 68 (1992) 219.

Sharma, M. K., Indian J. Chem., 16 (1978) 803.

Somasundaran, P., AIChE, Symposium Ser., No. 150, 71 (1975) 1.

Sörensen, J. M. and Arlt, W., in "Liquid-liquid equilibrium data collection", Vol. V, Part I: Binary Systems, Frankfurt/M., 1979

Stauffer, C. A., J. Phys. Chem., 69 (1965) 1933.

Sugden, S., J. Chem. Soc., 125 (1924) 27.

Tagaya, H. and Watanabe, A., Membrane, 8 (1983) 31.

Tajima, K., Bull. Chem. Soc. Jpn., 43 (1970) 3063.

Thomas, W. D. E. and Potter, L. J. Colloid Interface Sci., 50 (1975a) 397.

Thomas, W. D. E. and Potter, L. J. Colloid Interface Sci., 51 (1975b) 328.

Thompson, N. L., Burghardt, T. P. and Axelrod, D., Biophys. J., 33 (1981) 435.

Timmerman, J., Physico-Chemical Constants of Pure Organic Compounds, Elsevier, New York 1950.

Tornberg, E., J. Colloid Interface Sci., 60 (1977) 50.

Tornberg, E., J. Colloid Interface Sci., 64 (1978a) 391.

Tornberg, E., J. Sci. Fd Agric., 29 (1978b) 762.

Trapeznikov, A. A., Koll. Zh., 43 (1981) 322.

Tzykurina, N. N., Zadymova, N. M., Pugachevich, P. P., Rabinovich, I. I. and Markina, Z. N., Koll. Zh., 39 (1977) 513.

Vaknin, D., Kjaer, K., Als-Nielsen, J., and Lösche, M., Biophys. J., 59 (1991) 1325.

Van den Bogaert, P. and Joos, P., J. Phys. Chem., 83 (1979) 2244.

Van Hunsel, J., Bleys, G. and Joos, P., J. Colloid Interface Sci., 114 (1986) 432.

Van Hunsel, J., "Dynamic Interfacial Tension at Oil-Water Interfaces", Thesis 1987, University of Antwerp.

Van Hunsel, J. and Joos, P., Colloids&Surfaces, 24 (1987a) 139.

Van Hunsel, J. and Joos, P., Langmuir, 3 (1987b) 1069.

Van Hunsel, J. and Joos, P., Colloid Polymer Sci., 267 (1989) 1026.

van Os, N. M., Haak, J. R. and Rupert, L. A. M., Physico-chemical Properties of Selected Anionic, Cationic and Nonionic Surfactants, Elsevier, Amsterdam, London, New York, Tokyo,

(1993).

Van Voorst Vader, F., Erkelens, Th. F. and Van den Tempel, M., Trans. Faraday Soc., 60 (1964) 1170.

van Wagenen, R. A., Rockhold, S. and Andrade, J. D., Adv. Chem. Ser., 199 (1982) 351.

Vogel, V. and Möbius, D., Thin Solid Films, 159 (1988a) 73.

Vogel, V. and Möbius, D., J. Colloid Interface Sci., 126 (1988b) 408.

Vollhardt, D. and Czichocki, G., Langmuir, 6 (1990) 317.

Vollhardt, D., Ziller, M., and Retter, U., Langmuir, 9 (1993) 3208.

Vollhardt, D., Adv. Colloid Interface Sci., 47 (1993) 1.

Ward, A. J. F. and Regan, L. H., J. Colloid Interface Sci., 78 (1980) 389.

Wawrzynczak, W. S., Paleska, I. and Figaszewski, Z., Journal of Electroanalytical Chemistry and Interfacial Electrochemistry, 319 (1991) 291.

Wei, A. P., Herron, J. N. and Andrade, J. D., in "From Clone to Clinics", D. J. A. Crommelin and H. Schellekens (Eds), Kluwer Academic Publishers, The Netherlands, (1990) 305.

Weiner, N. D. and Flynn, G. L., Chem. Pharm. Bull., 22 (1974) 2480.

Wilkinson, M. C., J. Colloid Interface Sci., 40 (1972) 14.

Woolfrey, S. G., Banzon, G. M. and Groves, M. J., J. Colloid Interface Sci., 112 (1986) 583.

Wüstneck, R., Miller, R. and Czichocki, G., Tenside Detergents, 29 (1992) 265.

Wüstneck, R., Miller, R. and Kriwanek, J., Colloids&Surfaces A, 81 (1993) 1.

Wüstneck, R., Miller, R., Kriwanek, J. and Holzbauer, R., Colloids&Surface A, (1994) in press.

Xu, S. and Damodaran, S., Langmuir, 10 (1994) 427.

Ziller, M., Miller, R. and Kretzschmar, G., Z. Phys. Chem. (Leipzig), 266 (1985) 721.

第6章　液体界面的弛豫研究

在本章中，将介绍关于可溶吸附层界面弛豫研究的相关理论和实验装置。在第3章中，已经对体相和界面相的弛豫过程进行了概要讨论。在对吸附层机械性质的重要性及具有实际应用意义的物质交换过程进行简介之后，对吸附动力学研究和弛豫过程研究的主要区别进行解释。然后，对物质交换的普遍理论及不同实验技术的特定理论进行了介绍。最后，对基于谐振和瞬态界面形变的实验装置进行描述，对表面活性剂和聚合物吸附层的实验结果作出讨论。

6.1　界面弛豫研究简介

关于吸附和解吸的动力学机理及物质交换的知识在许多技术中具有重要的实际意义，一系列自然现象也受到界面非平衡性质的影响。例如，多相催化和电化学反应（Adamczyk等1987），或液相萃取（Szymanowski和Prohaska 1988）均受吸附动力学控制。在含有明胶和表面活性剂的感光胶乳涂装过程中，膨胀和剪切性质以及界面物质交换也非常重要。在Dorshow和Swafford（1989）或Kovscek等（1993）描述的提高原油采收率过程中也存在同样的现象。这些性质与在大气-海洋界面上发生的现象如气溶胶形成、蒸发、波浪传播和衰减等之间的相关性，由Loglio等（1985，1987，1989）进行了讨论。

6.1.1　可溶吸附层机械性质和物质交换的实际意义

对于基础知识的了解目前已达到定性甚至定量的水平，以描述表面活性化合物在复杂液体分散系统中的某些效应，如泡沫和乳液的形成及其稳定过程。动态表面性质在不同应用领域的作用由van den Tempel和Lucassen-Reynders（1983）进行了介绍。泡沫和乳液的形成及稳定取决于一些特定的参数，对其的讨论基于如薄液膜稳定、两液滴或气泡的凝聚、液滴在流场中的崩裂过程、气泡和液滴在溶液中的运动等基元过程（Stebe和Maldarelli 1994）。膨胀性质与物质交换机理、剪切流变学参数等和发泡及乳化等现象的关联已得到了足够的关注，并以泡沫或乳液形成过程中表面的快速扩张进行解释（Garrett和Joos 1976，Lucassen-Reynders和Kuijpers 1992，Garrett和Moore 1993）。

气泡在表面活性剂溶液中的运动取决于气泡尺寸及溶液/气泡界面性质（Malysa

1992）。吸附的表面活性剂通过尚未完全清楚的机制控制了气泡的运动。当表面活性剂浓度提高时，气泡上浮速度也提高，经历一最大值后再次降低（Loglio 等 1989）。上浮速度的最大值在非常低的表面活性剂浓度下出现，因而此现象可用于测定水中表面活性污染物的含量。

在近期的一篇综述中，Malysa（1992）讨论了有效膨胀弹性和物质交换在润湿泡沫液膜抵抗扰动过程中的作用。润湿泡沫的稳定为一复杂过程，其中表面活性、吸附动力学和所含表面活性剂的有效弹性等产生复合效应。对一些简单表面活性剂，已有润湿泡沫稳定性和有效膨胀弹性的定量关系式。

Wasan 等（1992）对润湿泡沫的流变学进行了分析，得到了关于泡沫膨胀黏度 K_F 和表面膨胀弹性 E_0 的关系式

$$K_F = \frac{4E_0}{3h} \frac{\dfrac{\gamma_F}{\gamma} - \cos\vartheta}{1 + \dfrac{\cos\vartheta\tan^2\vartheta}{\dfrac{3}{2\pi} - \tan^2\vartheta}} \tag{6.1}$$

其中

$$\cos\vartheta = \frac{\gamma_F}{\gamma} - \frac{h\prod(h)}{2\gamma} \tag{6.2}$$

式中，$\Pi(h)$ 为分离压；γ_F 为液膜张力；h 为液膜厚度。Wasan 等（1992）也在 Plateau 边界内对含有油滴的表面活性剂溶液的泡沫稳定性以动态界面参数进行了讨论，在最近的一篇论文中，Lucassen-Reynders 和 Kuijpers（1992）将乳化过程分为三个阶段：最初的分散相液滴在流场中的扩张、扩张液滴的崩裂以及液滴在乳液中的重新聚集。Lucassen-Reynders 和 Kuijpers（1992）对前两个阶段进行了定性及某种程度的定量讨论，而第三阶段与乳液液膜的层化和稳定相关，由 Wasan 等（1992）进行了分析。乳液液滴尺寸与有效界面张力直接相关。假定起稳定作用的表面活性剂进行扩散传递，并定义该过程的特征时间为

$$\tau_{\mathrm{diff}} = \frac{2}{D}\left(\frac{\mathrm{d}\Gamma}{\mathrm{d}c}\right)^2 \tag{6.3}$$

乳化过程的界面张力可分为两个区域。

若满足以下条件

$$\frac{\partial \ln A}{\partial t} \gg (\tau_{\mathrm{diff}})^{-1} \tag{6.4}$$

则界面张力接近纯溶剂系统的值。

若满足以下条件

$$\frac{\partial \ln A}{\partial t} \ll (\tau_{\mathrm{diff}})^{-1} \tag{6.5}$$

则界面张力接近平衡值。对这些条件进行分析，可估计乳液液滴尺寸及其稳定性。作

者也对界面黏弹性行为对乳化过程的直接影响进行了讨论。虽然已澄清了许多独立现象，目前仍没有找到关于泡沫或乳液形成过程的普遍理论。

这些问题将在后续章节中进行详细讨论。显然机械性质和界面物质交换对于深入了解起泡和乳化过程具有重要意义。研究吸附层这些性质的实验方法为能够同时得到物质交换和界面膨胀弹性的弛豫实验，其中后者定义为

$$E_0 = -\frac{d\gamma}{d\ln\Gamma} \tag{6.6}$$

在讨论有关不同弛豫方法的理论及几种实验装置的细节之前，应澄清一个重要的事实，吸附动力学和弛豫行为的研究具有显著的区别。吸附动力学实验通常在近于裸露的表面上开始，并考察吸附随时间的变化。相反地，弛豫实验则基于对平衡的微小偏移，需要提前建立这种平衡。组分、结构和相互作用的本质都可能存在巨大的差别，因而有可能获得分歧性的结果。

在本章中，先对现有的弛豫理论进行描述：包括谐振衰减所致干扰和瞬时扰动的弛豫。然后，基于毛细管和纵波衰减及气泡振荡行为对实验进行描述。同样也对悬滴和泡压测量中的瞬态弛豫进行展示。最后，对于在表面活性剂、表面活性剂混合物、聚合物及聚合物/表面活性剂等不同界面的应用进行讨论。

6.1.2 界面吸附动力学和弛豫现象的不同问题

在开始描述现有界面弛豫理论之前，需指出其与吸附动力学研究的不同之处。二者最普遍的区别在于吸附层的组成。前面章节所述的吸附动力学过程通常起始于一未被覆盖的界面。具有最大浓度和表面活性的物种首先发生吸附。估计过程最初吸附速率的最佳方法是确定表面浓度Γ_0对体相浓度c_0的比值。采用式（4.85）的简化方法，可比较两种表面活性物质的吸附速率，其中某种表面活性剂达到95%平衡吸附所需的时间t_{ad}为

$$t_{ad} = \frac{\pi}{4D}\left(\frac{\Gamma_0}{c_0}\right)^2 \tag{6.7}$$

该吸附时间并不一定代表达到吸附平衡所需的时间，而只是一种用于比较的特征吸附时间，Γ_0/c_0的比值可由 Langmuir 等温式计算得到，如式（2.37）。

$$\frac{\Gamma_0}{c_o} = \frac{\Gamma_\infty/a_L}{1+c_o/a_L} \leqslant \frac{\Gamma_\infty}{a_L} \tag{6.8}$$

因此，特征吸附时间可由下式估算

$$t_{ad} \approx \frac{\pi}{4D}\left(\frac{\Gamma_\infty}{a_L}\right)^2 \tag{6.9}$$

扩散系数和最大表面浓度的典型值为$D=5\times10^{-6}\,cm^2/s$及$\Gamma_\infty=5\times10^{-10}\,mol/cm^2$。辛基硫酸钠的特征吸附时间在$a_L=3.5\times10^{-6}\,mol/cm^3$时为$t_{ad}\approx0.00004s$，而十二烷基硫酸钠的$t_{ad}\approx0.009s$，后者比前者约高两个数量级（参见附录5D）。

从这些近似出发，可得到以下结论：在时间间隔为 $100t_{ad}$范围内，吸附动力学由相应的表面活性剂控制，对于十二烷基硫酸钠，其过程可达数秒。在更长的时间内，必须考虑表面活性污染物的影响。在 $t \gg 100t_{ad}$的时间范围内，吸附层的性质甚至可由杂质决定。

与吸附过程相比，解吸过程或多或少地从已有的平衡吸附层开始。由于引起解吸过程的压缩作用通常意义重大，该过程可与吸附过程相对照，虽然其受表面活性杂质的影响更大。

若吸附或解吸过程可在 $t \gg 100t_{ad}$的时间范围内观察到，则区分杂志影响和表面活性剂体系的特定效应较为困难，如静电阻滞、吸附层内的相转移、构象变化、构造形成等。

在弛豫实验中，情况则完全不同。这些实验在建立吸附平衡态后进行。弛豫可定义为平衡态在受到微扰后发生的过程。对吸附层的微扰可来自表面浓度、压力或温度及其他参数的变化。然后弛豫过程开始，以达到体系的另一种平衡状态。在第 3 章中对弛豫过程已进行了一般性讨论。

重新考察表面活性杂质的存在，界面区域在扰动后的弛豫行为由主表面活性剂、杂质浓度及两者的比例同时控制。后者则取决于建立平衡的时间。在多数情况下，真实系统仅能达到准平衡态。

在理想情况下，当体系中无杂质存在时，弛豫过程可用于研究吸附层的动态行为。这种考察方法可获得关于吸附机理和界面相互作用以及共存相转变的相关信息。由于弛豫过程发生在对平衡态的微小偏离情况下，其线性化特征的确证使该实验通常较易实现。因此，研究复杂过程采用弛豫方法优于吸附动力学方法。

6.2　界面弛豫技术

有两种弛豫方法，分别基于谐振和瞬态的表面积变化，在本节中首先进行理论探讨，然后从实验角度进行讨论。由此可知物质交换函数通常均可用于上述两种弛豫方法，如 Loglio 等（1991b）所述。最后，对表面活性剂和生物聚合物的几种实验研究方法和文献实例将进行详细描述。

6.2.1　基于谐振界面扰动的技术

考察界面毛细波衰减为所有界面弛豫过程的经典方法。谐振波可由机械力、热或电的作用产生。体系的响应通常采用机械方法测量相应波传播过程的衰减进行表征。毛细波的详细描述包含很多综述中给出的特定理论（如 Lucassen-Reynders 1973，Lucassen-Reynders 等 1975，van den Tempel 和 Lucassen-Reynders 1983，Kretzschmar 和 Miller 1991）。近期的工作集中于这种技术的理论完善（de Voeght 和 Joos 1984，Hård 和 Neuman 1987，Stenvot 和 Langevin 1988，Earnshaw 等 1990，Earnshaw 和 Hughes 1991，Henneberg 等 1992，Jiang 等 1992，Romero-Rochin 等 1992，Sun 和 Shen 1993）以及实验技术的改进和新设备的研发（Hühnerfuss 等 1985，Thominet 等 1988，McGivern 和 Earnshaw 1989，Earnshaw 和 Robinson 1990，Earnshaw 和 Winch 1990，Sakai 等 1991，1992，Jiang 等 1992）。

研究谐振扰动引起的可溶吸附层表面弛豫过程的最新技术之一为振荡气泡方法。该方法涉及在浸没与所研究溶液中毛细管尖端的气泡发生的径向振荡。Lunkenheimer 和 Kretzschmar 1975 最早对该设备进行了描述，Wantke 等 1980 采用了新型压力传感技术检测气泡或液滴内部的压力变化（MacLeod 和 Radke 1992，1993，Stebe 和 Johnson 1994，Wasan 等 1993，Chang 和 Franses 1993，Nagarajan 和 Wasan 1993，Horozov 等 1993）。

假如表面积变化采取各向异性的形式发生，如水槽实验中一样，则理论模型中必须考虑吸附分子的横向传递（Lucassen 和 Giles 1975，Dimitrov 等 1978，Kretzschmar 和 König 1981）。假设面积变化为各向同性，则界面扩散流量为

$$\frac{1}{A}\frac{\mathrm{d}(\Gamma A)}{\mathrm{d}t}=D\frac{\partial c}{\partial x}\quad \text{at } x=0 \tag{6.10}$$

其中 A（t）为界面面积的时间函数。体相中的分子扩散传递符合 Fick 扩散定律（4.9）该问题的解具有以下一般形式（Lucassen 和 van den Tempel 1972a）

$$c(x,t)=c_0+\alpha\exp(\beta x)\exp(i\omega t) \tag{6.11}$$

经整理，式（6.10）的边界条件变为

$$\frac{\mathrm{dln}\Gamma}{\mathrm{dln}A}=-\left(1+D\frac{\partial c/\partial x}{(\mathrm{d}\Gamma/\mathrm{d}c)(\partial c/\partial t)}\right)^{-1} \tag{6.12}$$

采用膨胀弹性的定义（参见 3.6 节）：

$$E_c=\frac{\mathrm{d}\gamma}{\mathrm{dln}\Gamma}\frac{\mathrm{dln}\Gamma}{\mathrm{dln}A} \tag{6.13}$$

可得到以下关系式

$$E_c=-\frac{\mathrm{d}\gamma}{\mathrm{dln}\Gamma}\left(1+D\frac{\mathrm{d}c}{\mathrm{d}\Gamma}\frac{\partial c/\partial x}{(\partial c/\partial t)}\right)^{-1} \tag{6.14}$$

引入式（6.11）的条件，可得 E（$i\omega$）的最终表达式

$$E_c(i\omega)=E_0\frac{\sqrt{i\omega}}{\sqrt{i\omega}+\sqrt{2\omega_0}} \tag{6.15}$$

其中

$$E_0=-\left(\frac{\mathrm{d}\gamma}{\mathrm{dln}\Gamma}\right)_A \text{以及} \omega_0=\left(\frac{\mathrm{d}c}{\mathrm{d}\Gamma}\right)^2\frac{D}{2} \tag{6.16}$$

假设可用式（2.37）的 Langmuir 型公式描述体系的平衡吸附行为，可得到以下物质交换函数表达式

$$E_c(i\omega) = RT\Gamma_\infty \frac{c_o}{a_L} \frac{\sqrt{i\omega}}{\sqrt{i\omega} + \frac{(1 + c_o/a_L)^2}{\Gamma_\infty/a_L}\sqrt{D}} \tag{6.17}$$

采用与单一表面活性剂体系相同的原理，可描述混合表面活性剂溶液的界面交换过程。然而，需要知道体系中 r 表面活性物质的相关项。Garrett 和 Joos（1976）提出了以下形式的复杂弹性模量

$$E_c = \frac{d\gamma}{d\ln\Gamma_T} \sum_{i=1}^{r} \frac{\Gamma_i}{\Gamma_T} \frac{d\ln\Gamma_i}{d\ln A} \tag{6.18}$$

其中总界面浓度定义为

$$\Gamma_T = \sum_{i=1}^{r} \Gamma_i \tag{6.19}$$

式（6.18）的解可通过与单一表面活性剂体系相同的方法得到，Garrett 和 Joos（1976）同样给出了其一般形式

$$E_c(i\omega) = E_0 \sum_{i=1}^{r} \frac{\Gamma_i}{\Gamma_T} \frac{\sqrt{i\omega}}{\sqrt{i\omega} + \sqrt{2\omega_{io}}} \tag{6.20}$$

其中

$$\omega_{io} = \left(\frac{dc_i}{d\Gamma_i}\right)^2 \frac{D_i}{2} \tag{6.21}$$

仅在吸附等温式为普遍线性等温式的条件下，组分 i 的吸附过程及相应 ω_{io} 函数具备独立性。假定采用普遍 Langmuir 型吸附等温式（2.47），可得到如下复杂弹性模量

$$E_c(i\omega) = E_o \sum_{i=1}^{r} \frac{c_i/a_{Li}}{1 + \sum_{j=1}^{r} c_j/a_{Li}} \frac{\sqrt{i\omega}}{\sqrt{i\omega} + \sqrt{2\omega_{io}}} \tag{6.22}$$

其中

$$\sqrt{2\omega_{io}} = \frac{1 + \sum_{j=l}^{r} c_j/a_{Lj}}{\frac{\Gamma_\infty}{a_{Li}}\left(1 + \sum_{j\neq 1}^{r} c_j/a_{Lj}\right)} \sqrt{D_i} \tag{6.23}$$

如 4.6 节中所述，对于液/液界面的动态吸附过程，必须考虑表面活性剂通常在相邻两相均可溶的情况，因而，在两体相中必须应用物质交换和扩散定律进行处理。

所得结果与前述方法所得的结果相似，但交换函数包含表面活性剂在相应相中的扩散系数及其在两种液体中的分配系数。

$$c_\alpha(0,t) = Kc_\beta(0,t) \tag{6.24}$$

结果与前面式（6.15）的结果形式相同，但是特征频率 ω_0 定义为

$$\omega_0 = \left(\frac{dc}{d\Gamma}\right)^2 \frac{(\sqrt{D_\alpha} + \sqrt{D_\beta}/K)^2}{2} \tag{6.25}$$

再次假定使用 Langmuir 型吸附等温式（2.37），并且该式在两液相中均成立，则可

得到：

$$\Gamma_\infty \frac{c_\alpha/a_{L\alpha}}{1+c_\alpha/a_{L\alpha}} = \Gamma_\infty \frac{c_\beta/a_{L\beta}}{1+c_\beta/a_{L\beta}} \tag{6.26}$$

式（6.24）所定义的分配系数则变为：

$$K = a_{L\alpha}/a_{L\beta} \tag{6.27}$$

通常，表面活性剂的分配系数不易确定。但是，可以从弛豫观测中合理地得到 K，虽然没有实验证据支持这种处理方法。

式（6.15）和式（6.22）给出的复合弹性模型，对于表面活性剂溶液，适用于低于临界胶束浓度 CMC 的条件。其假定为溶液体相中没有聚集体存在。Lucassen（1976）针对胶束溶液得到了相关函数如下

$$E_c = E_0\left(1+(1-i)\xi\frac{\sqrt{(1-ix)(1+\delta\sqrt{1-ix})^2+ik(\delta^2-1)}}{1-ik+\delta\sqrt{1-ix}}\right) \tag{6.28}$$

其中

$$x = k\left(1+n^2\frac{c_n}{c_1}\right), k=\frac{k_d}{\omega}, \delta=\sqrt{\frac{D_n}{D_1}}, \zeta=\left(\frac{dc}{d\Gamma}\right)\sqrt{\frac{D_0}{2\omega}} \tag{6.29}$$

该函数仅适用于描述高于 CMC 或含有前体胶束或其他聚集体的表面活性剂溶液的弛豫行为。

毛细波方法在 50 年前就已经应用。许多研究者对此理论做出了贡献，包括 Levich（1941a，b，1962），Hansen（1964），Hansen 和 Mann（1964），van den Tempel 和 van de Riet（1965），Lucassen 和 Hansen（1966），Stenvot 和 Langevin（1988），Noskov（1993）。对于特殊实验现象，也进行了新的归纳，例如柱面波（Jiang 等 1992）或分析波传播过程（Lemaire 和 Langevin 1992）。由于毛细波衰减仅对于很小的膨胀弹性值才是一种有效的方法，因而开发了第二种波的研究方法，即纵波方法。纵波的衰减效应理论由 van den Tempel 和 van de Riet（1965），Lucassen（1968a，b），van den Tempel 1971，Lucassen 和 van den Tempel 1972a，b）等进行了研究。这两种理论都可对实验数据进行定量解释，并提供膨胀弹性模量和物质交换量的相关信息。物质交换曾错误地被称为膨胀黏度，因后者具有相同的物理量纲。当引入完全的流变学模型后，可得到一内部膨胀黏度项，应将其与物质交换项加以区别。前文第 3 章中已对波衰减方法的细节进行了描述及讨论。

6.2.2 基于瞬态界面扰动的技术

毛细波和振荡气泡方法均采用吸附层平衡态的谐振扰动以引发弛豫过程。其频率间隔差异较大，有时会达到每分钟仅有几次振荡的程度（Chang 和 Franses 1993，Wasan 等 1993）。可用于制定面积变化以引发弛豫过程的方法包括 Langmuir 槽技术（Dimitrov 等

1978）、弹性环（Loglio 等 1986，1988）、不同的表面膨胀方法（Joos 和 van Uffelen 1992，1993a，b，van Uffelen 和 Joos 1993）或改进悬滴试验（Miller 等 1993a，b）。通过移动槽内的屏栅，改变弹性环的形状，提升漏斗或条带，或增大/减小悬滴体积，可使面积发生不同的变化，例如跃动、方波、斜坡形、梯形和谐振面积变化或连续线性及非线性扩展。一些可能的瞬态面积变化如图 6.1 所示。

Miller 等（1991）近期讨论了界面响应函数偏离的理论处理方法。Loglio 等（1991a，b，1994）证明从谐振扰动得到的物质交换函数也可用于瞬态的情况。

作为扩散控制物质交换的结果，采用 Lucassen 和 van den Tempel（1972a）的理论，在假定梯形面积变化（Loglio 等 1991a）的条件下，可得以下函数

$$\Delta\gamma_1(t)=\frac{\Omega E_0}{2\omega_0}\exp(2\omega_0 t)\mathrm{erfc}(\sqrt{2\omega_0 t})+\frac{2\Omega E_0\sqrt{t}}{\sqrt{2\pi\omega_0}}-\frac{\Omega E_0}{2\omega_0},0<t<t_1 \tag{6.30}$$

$$\Delta\gamma_2(t)=\Delta\gamma_1(t)-\Delta\gamma_1(t-t_1)\quad t_1<t<t_1+t_2, \tag{6.31}$$

$$\Delta\gamma_3(t)=\Delta\gamma_2(t)-\Delta\gamma_1(t-t_1-t_2)\quad t_1+t_2<t<2t_1+t_2 \tag{6.32}$$

$$\Delta\gamma_4(t)=\Delta\gamma_3(t)-\Delta\gamma_1(t-2t_1-t_2)\quad t>2t_1+t_2 \tag{6.33}$$

其中，相对面积变化为 $\Omega=\frac{\mathrm{dln}A}{\mathrm{d}t}=\frac{1}{t}\ln\left(1-\frac{\Delta A}{A_0}\right)$。$t_1$ 和 t_2 分别为梯形扰动的特征时间（参见图 6.1）。特征频率以 ω_0 代表。对于扩散控制物质交换，ω_0 由式（6.16）定义为一种谐振面积变化。用于得到表面张力响应函数的系统理论在附录 6A 中进行介绍。对其他类型面积变化的响应函数在附录 6B 中给出。

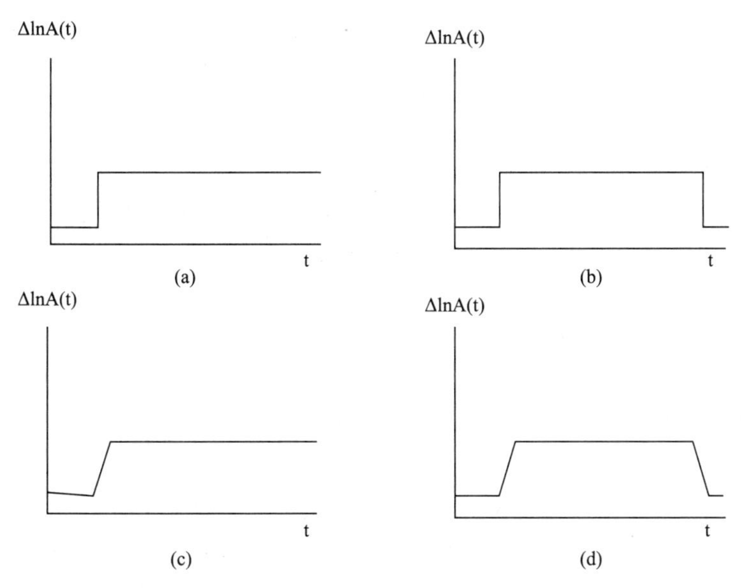

图 6.1　不同瞬态面积变化（实线）及相应界面张力相应（虚线）示意图

（a）阶跃型；（b）方形脉冲；（c）斜坡形；（d）梯形变化

Miller 等（1991）描述了得到表面活性剂混合物的 Δγ（t）以及考虑液/液界面特殊性

质的处理方法。对于包含 r 种化合物的表面活性剂混合物，$\Delta\gamma$（t）函数可由物质交换关系式（6.22）和式（6.23）得到。对于方形脉冲，可得到以下关系式

$$\Delta\gamma_1(t)=E_0\frac{\Delta A}{A_0}\sum_{i=1}^{r}\frac{\Gamma_i}{\Gamma_t}\exp(2\omega_{io}t)\operatorname{erfc}(\sqrt{2\omega_{io}t})\quad 0<t<t_2 \tag{6.34}$$

$$\Delta\gamma_2(t)=\Delta\gamma_1(t)-\Delta\gamma_1(t-t_1)\quad t>t_2 \tag{6.35}$$

总表面吸附量 Γ_T 定义为

$$\Gamma_T=\sum_{i=1}^{r}\Gamma_i \tag{6.36}$$

每种化合物的特征频率为

$$\omega_{io}=\left(\frac{dc_i}{d\Gamma_i}\right)^2\frac{D_i}{2} \tag{6.37}$$

液/液界面弛豫过程的表面张力响应函数 $\Delta\gamma$（t）具有与液/气界面相同的形式，除非特征频率采用不同的定义方法，并考虑表面活性剂在相邻相中的特定溶解度［参见式（6.25）］。

如前所述，除了扩散控制模型外，还存在其他模型用于描述动态吸附和物质交换过程。De Feijter 等（1987）考虑蛋白质和表面活性剂在界面的同时吸附，得到了其关系式。作为特例，还可得到描述聚合物分子在液体界面平衡状态的关系式。

$$\frac{\dfrac{\Gamma}{\Gamma_\infty}}{\left(1-\dfrac{\Gamma}{\Gamma_\infty}\right)^f}=c/a_{dF} \tag{6.38}$$

式中，a_{dF} 为表征聚合物表面活性的浓度；f 为每个吸附分子占据的吸附位数。

如式（6.35）的等温式可描述以下动力学关系的平衡态

$$\frac{d\Gamma}{dt}=k_{ad}c_0\left(1-\frac{\Gamma}{\Gamma_\infty}\right)^f-k_{des}\frac{\Gamma}{\Gamma_\infty} \tag{6.39}$$

其中 k_{ad} 和 k_{des} 分别为吸附和解吸速率常数。该公式可用于描述吸附聚合物分子的弛豫过程。在 $f=1$ 的特例下即为式（4.31）描述的 Langmuir 反应机理。虽然 k_{ad} 和 k_{des} 在式（4.31）和式（6.39）中具有相同的物理意义，但其定义有所不同。在式（6.39）中，其定义来自于吸附平衡状态 $\frac{d\Gamma}{dt}=0$ 的条件。基于速率公式，可得到包含时间相依面积函数 A（t）的吸附层弛豫模型。对于式（6.39），可修改为

$$\frac{d(\Gamma A)}{Adt}=k_{ad}c_0\left(1-\frac{\Gamma}{\Gamma_\infty}\right)^f-k_{des}\frac{\Gamma}{\Gamma_\infty} \tag{6.40}$$

经整理并采用该问题的通解（Lucassen 和 van den Tempel 1972a）可得

$$\Gamma=\Gamma_0+\Delta\Gamma\exp(i\omega t) \tag{6.41}$$

物质交换方程变为（Miller 等，1994b）

$$E_c=E_0\frac{i\omega}{K+i\omega} \tag{6.42}$$

其中

$$K = fk_{ad}\frac{c_0}{\Gamma_\infty}\left(1-\frac{\Gamma_0}{\Gamma_\infty}\right)^{(f-1)}+\frac{k_{des}}{\Gamma_\infty} \tag{6.43}$$

应用逆傅里叶变换，参见（Miller 等 1991）所讨论的微积分方法，可计算得到界面张力的响应值。基于阶跃型扰动的假设，该响应函数为

$$\Delta\gamma(t) = E_0\frac{\Delta A}{A_0}\exp(-Kt) \tag{6.44}$$

由式（6.10）定义的表面膨胀模量 E_0 与表面覆盖度存在以下关系

$$E_0 = RT\Gamma_\infty\left((1-f)\frac{\Gamma_0}{\Gamma_\infty}+f\frac{\frac{\Gamma_0}{\Gamma_\infty}}{1-\frac{\Gamma_0}{\Gamma_\infty}}\right) \tag{6.45}$$

若将式（6.39）以式（4.31）代替，可得到相同的响应函数，但参数 K 和 ε_0 的定义不同

$$K = k_{ad}\frac{c_0}{\Gamma_\infty}+\frac{k_{des}}{\Gamma_\infty};E_0 = RT\Gamma_\infty\frac{\frac{\Gamma_0}{\Gamma_\infty}}{1-\frac{\Gamma_0}{\Gamma_\infty}} \tag{6.46}$$

Loglio 等（1991a）阐明了对于界面弛豫实验，最实用的扰动为梯形面积变化方法。在多数瞬态弛豫实验中实现的时间范围而言，梯形面积变化方法可由矩形脉冲进行足够的近似。据此可得

$$\Delta\gamma_1(t) = E_0\frac{\Delta A}{A_0}\exp(-Kt) \quad 0 < t \leqslant t_2 \tag{6.47}$$

$$\Delta\gamma_2(t) = \Delta\gamma_1(t)-\Delta\gamma_1(t-t_2) \quad t > t_2 \tag{6.48}$$

其中 t_2 为脉冲持续时间，$\frac{\Delta A}{A_0}$ 为相对面积变化（参见图 6.1）。

式（6.44）、式（6.47）和式（6.48）分别可通过拟合用于解释实验数据。ε_0 和 K 值可不需了解任何平衡吸附等温式的参数而独立获得。另一方面，这两种参数包含吸附等温式的特定常数，因而值得关注。

Graham 和 Phillips（1979，1980）提出了一种描述弛豫过程的简单关系式

$$\frac{d\Gamma}{dt} = k_{ad}c_0\exp\left(-\frac{\prod\Delta A}{RT}\right)-k_{des}\Gamma(t)\exp\left(-\frac{\prod\Delta A}{RT}\right) \tag{6.49}$$

该关系式可替代式（6.39）或式（4.31）以得到等价于式（6.47）和式（6.48）的响应函数。

6.3　界面弛豫方法

有许多研究可溶吸附层的界面弛豫实验技术，除阻尼波技术外，这些方法仅由个别研

究组单独采用。迄今为止，尚无商品化装置，因此弛豫实验并不普及。此领域的新进展或许可激发更多的研究者进行吸附层的动力学和机械性质的研究，因其实验装置易于搭建，且数据处理相对简单。在本节中，将对阻尼波和其他谐振方法以及瞬态弛豫技术进行讨论。

6.3.1 毛细波和纵波的衰减

最原始的弛豫技术为阻尼波技术，用于测量膨胀弹性及物质交换过程。若一束波由机械力或其他方法产生，其沿表面扩散，受流体力学和表面机械性质作用而衰减（Goodrich 1962）。

不同实验装置按照波发生、波传播和衰减方向的不同而区分。其中一种装置的原理如图 6.2 所示。附于扬声器驱动单元上的振动器产生毛细波，波阻尼通过显微镜和频闪仪测量。该装置工作于 25～4kHz 的频率范围内。

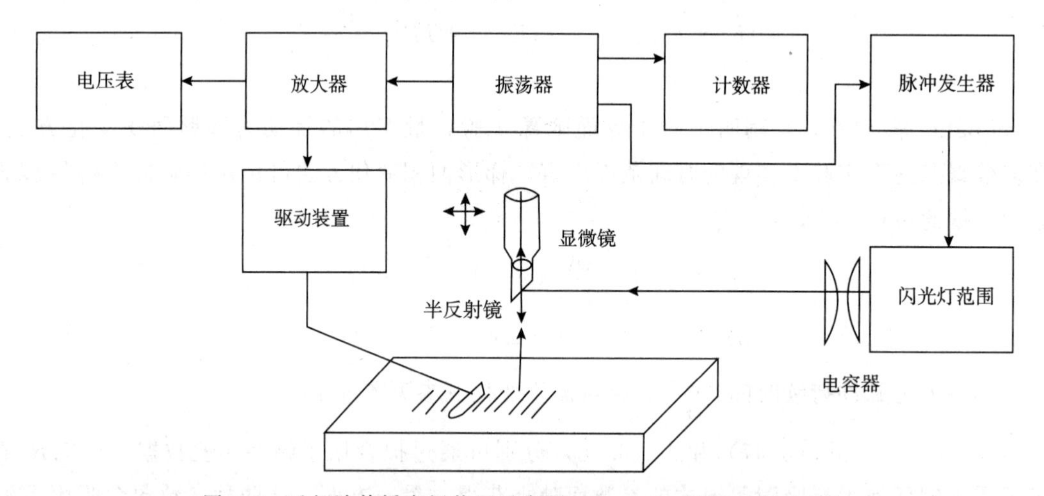

图 6.2 毛细波传播表征装置示意图（Yasunaga 和 Sasaki 1979）

Jiang 等（1992）采用了一种新型毛细波-柱面波。一根尖针通过电毛细作用，作为点状源激发柱面波。波长和阻尼系数通过一束激光束的镜面反射加以探测。与平面波不同，柱面波沿径向发生各向同性传播，不会发生边缘效应引起的剪切变形。Jiang 等（1992）设计的实验装置如图 6.3 所示。马达带动波分析仪在表面上移动，可探测与波发生源间的距离。波的发生和检测均可避免与界面发生直接接触。该技术在 50～1000Hz 的频率范围内可用。

为表征纵波的传播和衰减，Lemaire 和 Langevin（1992）设计了一种实验装置。纵波由一压电元件产生，其传播特性通过分析电毛细管产生的高频毛细波进行，该分析采用了界面激光束镜面反射技术（Wielebinski 和 Findenegg 1988，Lemaire 和 Langevin 1992）。该设备采用两种波，毛细波衰减用于表征纵波的传播，如图 6.4 所示。

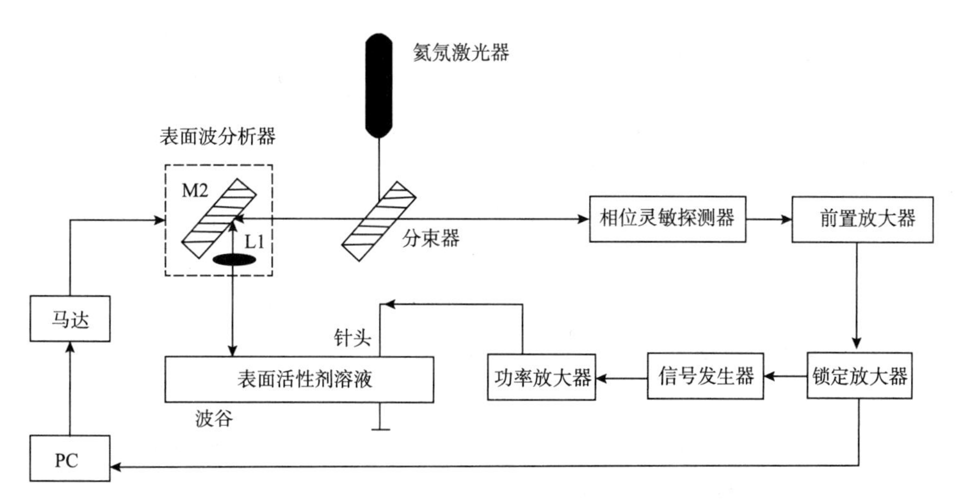

图 6.3　柱面波发生和传播检测装置示意图（Jiang 等 1992）

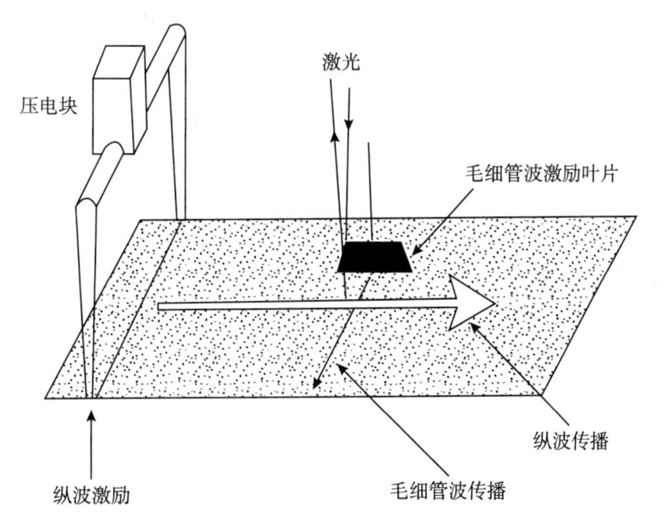

图 6.4　纵波发生和检测装置示意图（Lemaire 和 Langevin 1992）

Wielebinski 和 Findenegg（1988）或 Lemaire 和 Langevin（1992）设计的装置也可在稍作改变后应用于液/液界面。

Wielebinski 和 Findenegg（1988）使用光散射方法测量了非常低振幅的热诱导毛细波的性质。这些波具有非常高的频率，通常可忽略物质交换。由于这些测量方法具有很高的精度，光散射技术在研究动态界面性质方面非常有用。

6.3.2　振荡气泡方法

除毛细波技术外，振荡气泡方法最早用于测量表面膨胀弹性（Lunkenheimer 和 Kretzschmar 1975，Wantke 等 1980，1993）。对于可溶吸附层，可测定谐波变形气泡表面的物质交换量。

该实验装置原理如图 6.5 所示。在浸没于溶液中的毛细管尖端产生一个小气泡，通过电动激励系统及一层膜，与毛细管相连的气室受激励发生谐振。系统的激励电压与频率相关，通过保持气泡振动幅度不变，可计算出膨胀弹性和物质交换量。Wantke 等（1980，1993）描述了数据解释所需的相对复杂理论。该方法可用于 5～150Hz 的频率区间。

6.3.3 弹性环法

Loglio 等（1986，1988，1991a，b）开发了一种用于研究可溶吸附层经表面瞬态扰动后表面弛豫过程的实验装置。该装置的主要特征为可限定试样容器中表面积的弹性圆环，用于替代传统的屏栅和槽（图 6.6）。

通过改变浸没于溶液中环的形状，可实现溶液面积的微小变化。该微小形变的表面张力响应可采用 Wilhelmy 板进行力值测定。

驱动软件可实现不同类型的面积变化：阶跃和斜坡型、矩形脉冲和梯形及正弦曲线面积变化等。该装置可保证面积变化为各向同性。在瞬态和谐振弛豫实验中的面积变化范围在 1%～5%。由 Wilhelmy 天平测量表面张力响应的精度优于±0.1mN/m。

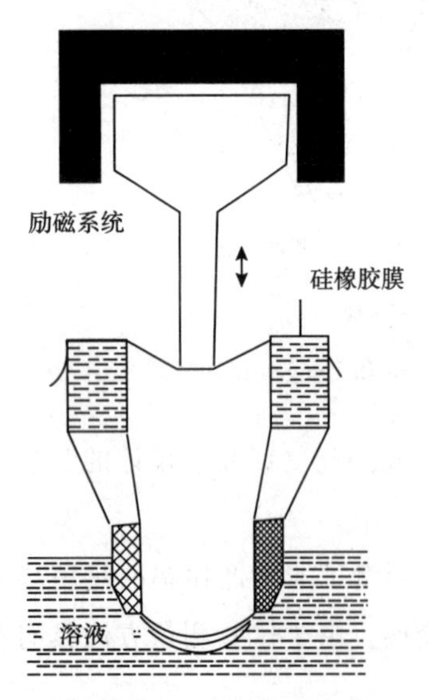

图 6.5 脉动气泡方法示意图（Lunkenheimer 和 Kretzschmar 1975，Wantke 等 1980）

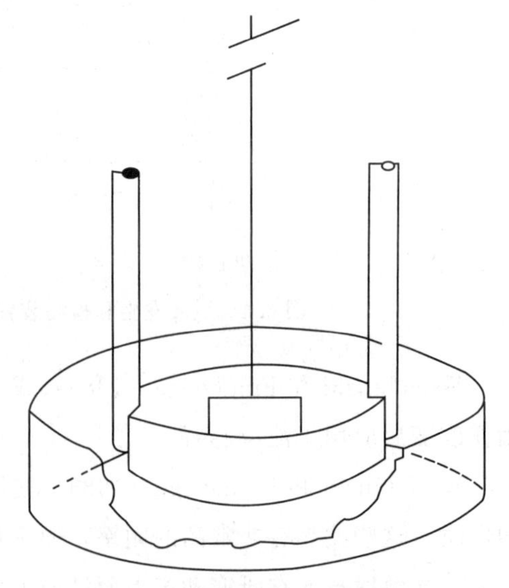

图 6.6 试样容器、面积限定环和测量板透视图（Loglio 等 1988）

6.3.4 改进悬滴技术

近期对旋滴法的改进允许液滴表面积进行确定的改变，因而可引发瞬态弛豫过程

(Miller 等 1993a，b)。由两个注射器构成的计量系统（参见图 6.7）用于获得确定体积的液滴（注射器 1），并且用高精度注射器 2 使其体积发生微小增加。

采用这样的方式，可进行任意面积扰动的瞬态弛豫实验。该技术的高分辨率和高达±0.1mN/m的精度可作为研究可溶吸附层的有力工具，可用于液/气和液/液界面，并且很容易实现温度控制。该技术获得的表面活性剂和蛋白质水溶液的实验数据后续给出(Miller 等 1993a，b，c)。

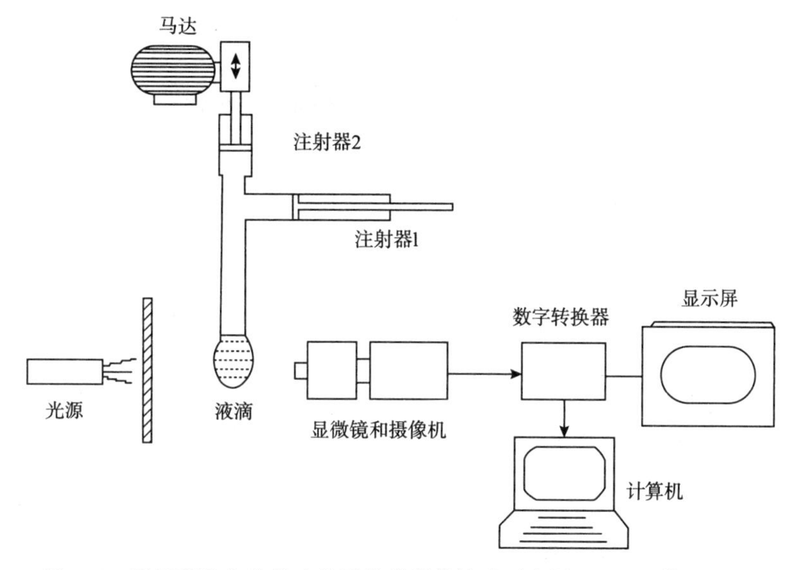

图 6.7　用于弛豫实验的改进图像增强旋滴法示意图（Miller 等 1993a）

近期该技术也应用于研究不可溶表面活性剂单层的吸附等温式（Kwok 等 1994），以及不可溶单层的动力学行为。这些研究在附录 6C 中加以详细描述和讨论。

6.3.5　液滴压力弛豫实验

Nagarajan 和 Wasan（1993），以及 Horozov 等（1993）进行的液滴压力试验，位悬滴技术的改进方法，可对不同的面积变化过程进行弛豫实验研究。直接耦合的压力变送器可跟踪液滴（或气泡）内部的压力变化，以及界面张力随时间的变化。此法的时间分辨率非常高，高速计算机可获得时间尺度小于 10μs 内的数据。Wasan 等（1993）验证了表面活性剂溶液液滴不同类型的表面积变化及其表面张力响应现象。

高精度的现代压力变送器和计量系统，以及高速桌面计算机使此类实验非常成功。该设计较为简单，该方法也获得了广泛应用。

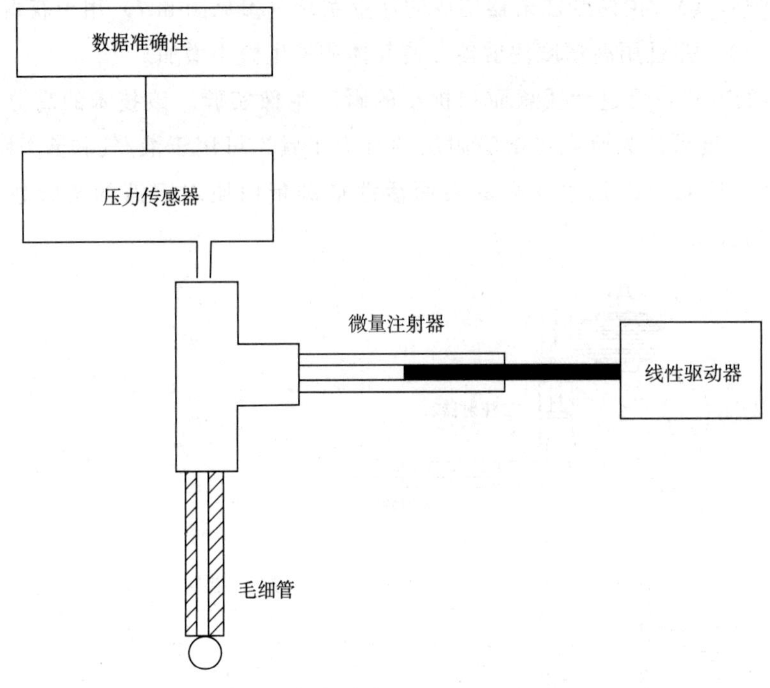

图 6.8 液滴压力实验原理（Nagarajan 和 Wasan 1993）

6.3.6 其他弛豫实验

Kokelaar 等（1991）最近发展了一种用于研究瞬态和低频率谐振弛豫的实验方法，为 Loglio 等（1986，1988，1991a，b）的弹性环方法的改进。柱形环垂直置于液体表面（参见图 6.9），环内面积可通过上下移动发生改变。相应的表面张力变化可采用 Wilhelmy 板法测得，该板在环中央，始终与表面接触。相对表面积变化量在 15%的范围内增加或减少，其数值已足够大。通常的弛豫实验仅需很小的扰动，即可保证前面的复杂线性理论成立。

另一可用于弛豫研究的实验装置为类似 Bergink-Martens 等（1990）和 Prins（1992）设计的溢流缸。相似的装置由 de Rijcker 和 Defay（1956）或 Joos 和 de Kayser（1980）用于表征膨胀性质，或由 Kretzschmar 和 Vollhardt（1967）用于解吸动力学研究。

Joos 等（1992），Joos 和 Van Uffelen（1993a，b）应用不同的微溶吸附层进行了不同的应力弛豫实验。这些实验中同样考察了膨胀弹性及物质交换机理，虽然这些内容并未在这些论文中进行特别讨论。

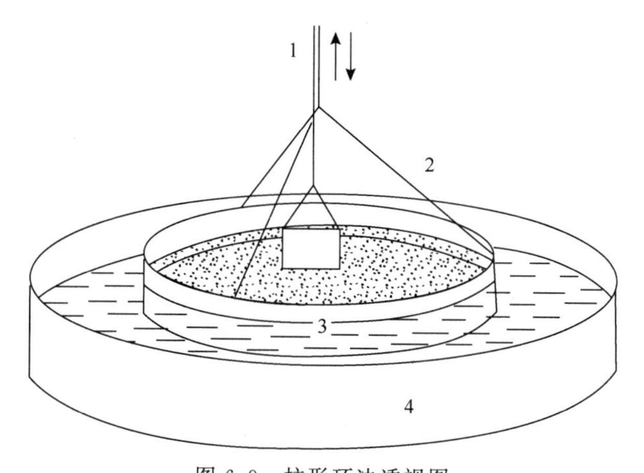

图 6.9 柱形环法透视图

1—Wilhelmy 板；2—升高或降低环的装置；3—柱形环；4—容器

（Kokelaar 等 1991）

6.4 弛豫研究实验结果

本节选择性地讨论不同技术得到的实验结果。迄今为止，几乎没有针对同种表面活性剂溶液采用不同方法进行如第 5 章中的吸附动力学研究一样的对比实验。因此需考虑特定的实验条件对实验数据进行解释。最近 Miller 等（1994a）对一些表面弛豫的实验和理论问题进行了讨论，并给出了实验实例，以阐明该研究的重要性。

6.4.1 表面活性剂吸附层

本节中将阐明采用表面活性剂溶液进行弛豫研究的多样性。将列出单一表面活性剂和表面活性剂混合物，以及胶束溶液的实验结果。液/液界面研究的最新技术也将进行讨论。

如前所述，几乎没有不同技术的对比实验的报道。例如，Jiang 等（1992）采用平面和柱形毛细波方法研究了 Triton X－100 吸附层的膨胀弹性。两种测量方法的结果如图 6.10 所示。

虽然实验条件和理论各不相同，其结果却可以较好地吻合。

Lucassen 和 Hansen（1966）首先考察了表面活性剂溶液的毛细衰减。图 6.11 为两种非离子表面活性剂——正辛酸的 0.005N 盐酸溶液和十二胺盐酸盐——的实验结果，以有效膨胀弹性对浓度的函数表示。

该曲线的特征为某一浓度下存在最大值，对应于约 50％最大表面覆盖率的表面浓度。该最大值由两种存在竞争效应的现象引起：膨胀弹性模量 E_0 随浓度的增加以及物质交换量随浓度的增加而使有效弹性降低。

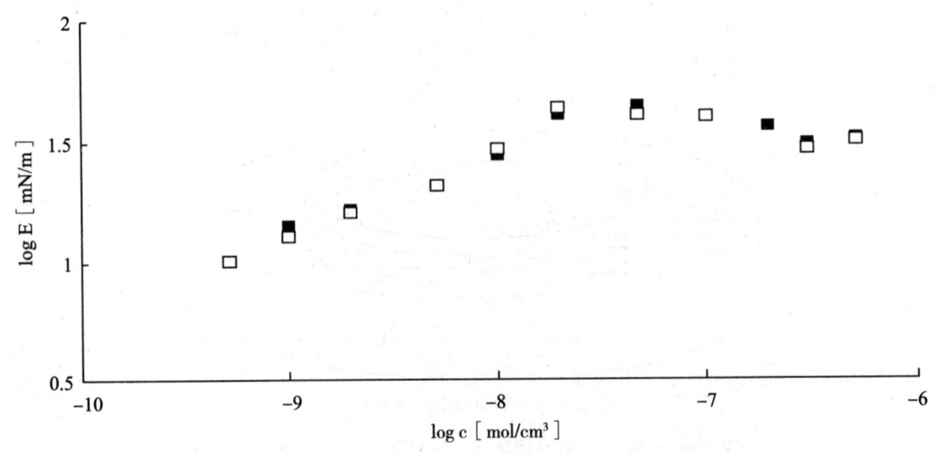

图 6.10 Triton X—100 的两种不同阻尼波实验在 150Hz 测量表面膨胀弹性的结果对比

平面波（□），柱状波（■）

Jiang 等（1992）

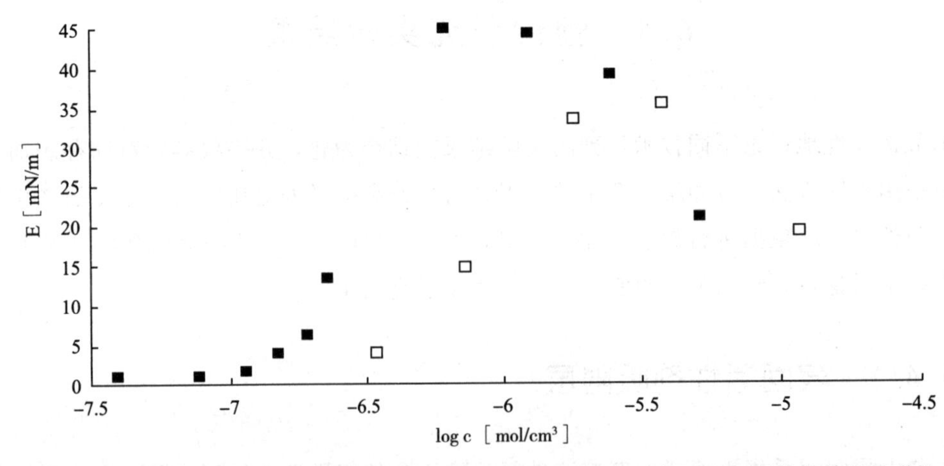

图 6.11 毛细波技术测得的正辛酸（■）和十二胺盐酸盐（□）在 200Hz 下的有效膨胀弹性

Lucassen 和 Hansen（1966）

Lucassen（1976）首先研究了胶束在谐振扰动的作用下对界面物质交换的影响。所采用的十六烷基二甲胺丙磺酸盐（HDPS）水溶液，在低于和高于 CMC 的浓度下进行研究。以有效膨胀弹性 E 表示的物质交换量，在胶束存在的条件下收到相当的影响，如前文所讨论的情况。扰动的频率越低，胶束动力学对物质交换的影响越大（参见图 6.12），图中直线标示了 HDPS 的 CMC。Lucassen 采用式（6.28）和式（6.29）的理论对这种行为进行了描述。

Wantke 等（1993）采用振荡气泡技术，讨论了表面活性剂溶液在谐振扰动的影响下表面的物质交换过程。作为示例，图 6.13 显示了正十二烷基二甲基氧膦溶液由吸附等温式和弛豫实验 s 所得弹性模量的一致性。

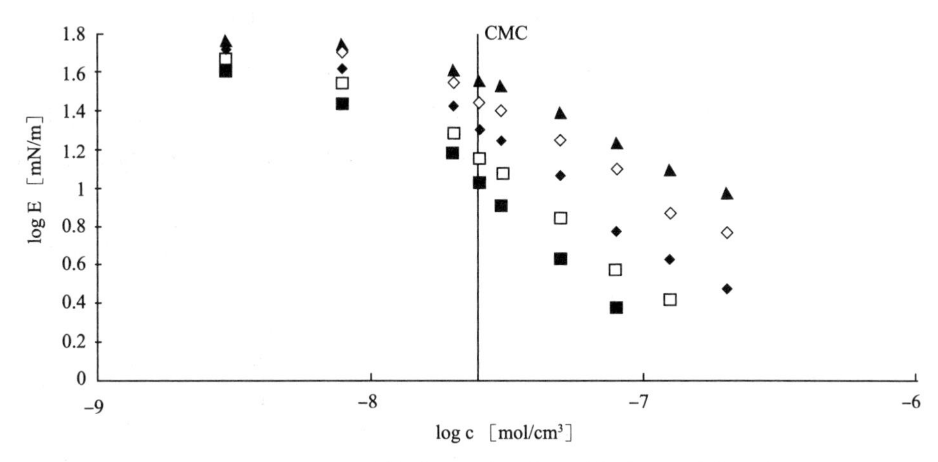

图 6.12　十六烷基二甲胺并磺酸盐溶液在不同频率下的有效膨胀弹性

f=10 (▲)，5 (◇)，2 (◆)，1 (□)，0.5 (■) c. p. m. 垂直线-CMC

Lucassen (1976)

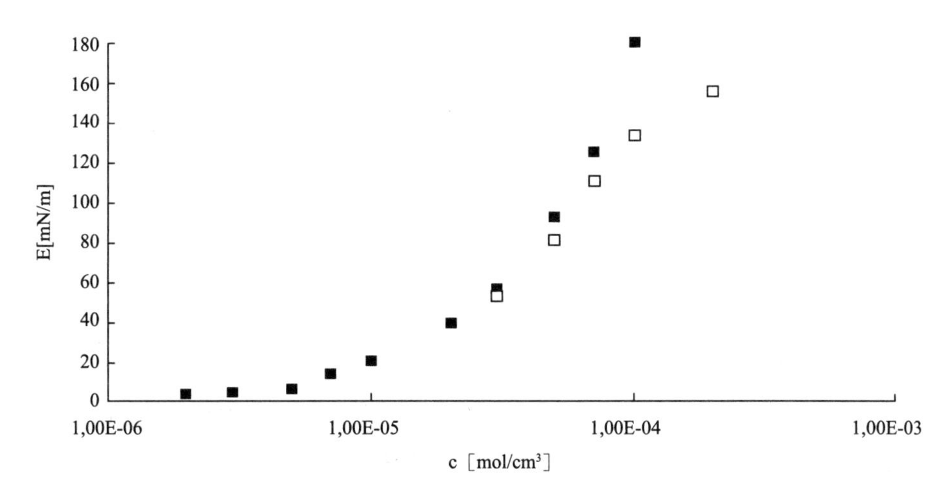

图 6.13　从振荡气泡实验 (□) 和吸附等温式计算 (■) 所得正十二烷基二甲基氧膦的膨胀弹性模量

Wantke 等 (1993)

Garrett (1976) 采用纵波技术考察了混合表面活性剂溶液的表面弛豫行为。通过保持总表面活性剂浓度为 10^{-8} mol/cm³ 不变，考察了不同组成的非离子表面活性剂十二烷基三聚氧乙烯醚 ($C_{12}E_3$) 和十二烷基六聚聚氧乙烯醚 ($C_{12}E_6$)。虽然两种表面活性剂的表面活性相近，然而有效膨胀弹性的频率依赖性随组成发生显著的变化。混合表面活性剂溶液的物质交换理论（式 6.20 和式 6.21 所示）如图 6.14 所示，与实验数据吻合良好。

迄今为止，仅有少量混合表面活性剂的实验数据，虽然实际上经常采用混合表面活性剂以获得最佳效果。实验数据的缺乏可能是这些混合物的成分或多或少都由经验获得的依据。

近期，采用不同的技术在液/液界面进行了可靠的弛豫实验。Bonfillon 和 Langevin

(1993) 采用改进的纵波阻尼方法 (参见 6.3.1 节) 测定了不同表面活性剂 (Triton X－100, SDS 在水中及 0.1M NaCl 溶液中) 在水/气和烷烃/水界面的膨胀弹性。在水/气界面, Triton X－100 的行为可描述为扩散控制物质交换 (参见图 6.15), 但 SDS 则对扩散交换机理有较大的偏离。相反地, 在十二烷/0.1M NaCl 的界面, 扩散理论和实验数据有较好的一致性。

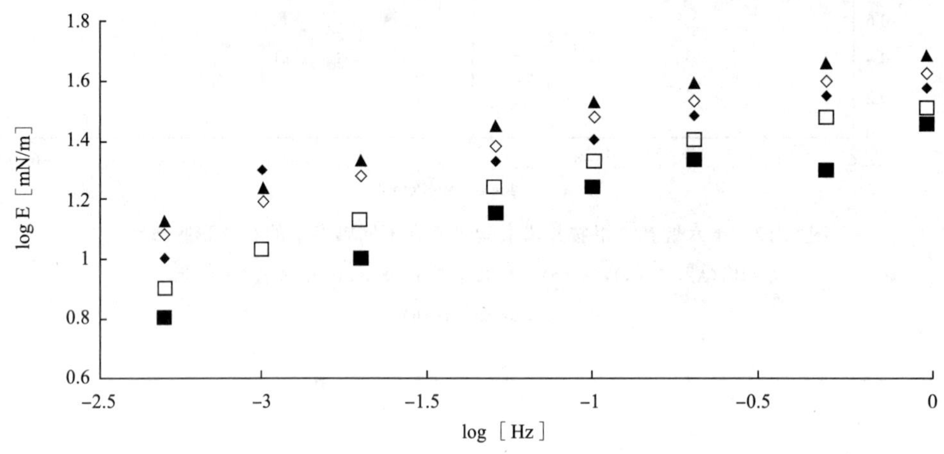

图 6.14 十二烷基三聚氧乙烯醚 ($C_{12}E_3$) 和十二烷基六聚氧乙烯醚 ($C_{12}E_6$) 混合物在总浓度为 10^{-8} mol/cm^3 下的有效膨胀弹性

$[C_{12}E_3]/[C_{12}E_6]$ =∞(▲), 3 (◇), 1 (◆), 0.333 (□), 0 (■)

Garrett (1976)

这种现象可用 SDS 溶液中通常存在的十二烷醇来解释。最初盐导致表面活性提高 (x 吸附等温线比较低浓度变化了大约 1 个数量级), 然后可能存在的杂质十二烷醇可在水/气界面发生强烈的吸附, 并在吸附后或多或少地向十二烷相迁移。因而如 Bonfillon 和 Langevin (1993) 所述, 并不需要其他机理用以描述弛豫行为。

Miller 等 (1993b) 的工作显示, 可能将扩散模型用于描述表面活性剂混合物的物质交换过程。他们也基于悬滴法 (参见 6.3.4 节) 发展了一种新的弛豫技术, 并考察了 SDS 在水/气界面的弛豫行为。结果显示表面活性杂质可极大地改变吸附层的弛豫行为。同样的方法也可用于检测有机溶剂中的杂质 (参见 5.1.2 节, 图 5.7)。

另一种近期发展的方法为 Nagarajan 和 Wasan (1993) 发展的滴压方法, 其特征为既可应用于液/气界面, 也可应用于液/液界面。图 6.16 的结果中 BRIJ58 在逐渐变为十二烷的水溶液液滴表面的吸附行为证明了该技术可获得非常可靠的数据。因而, 该技术可用于获取任何形式的界面扰动下的吸附以及弛豫过程动力学数据。

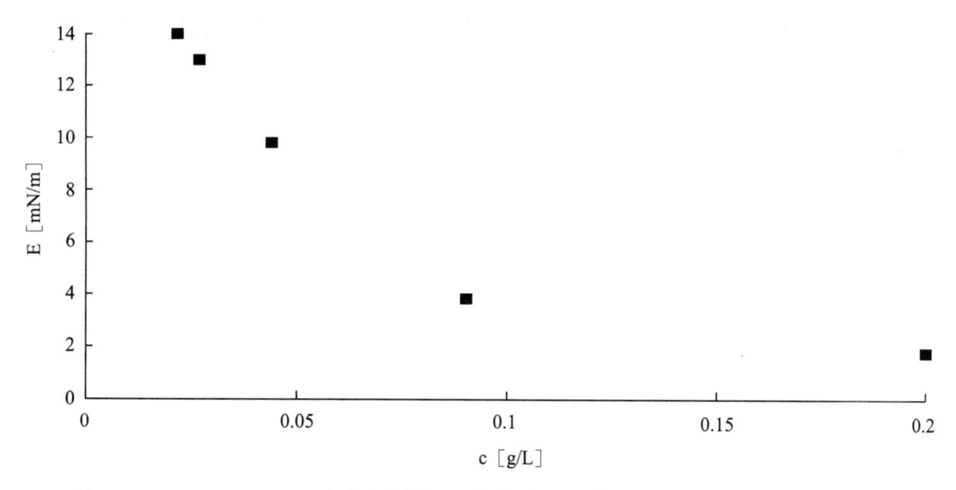

图 6.15　Triton X－100 在水/癸烷界面的膨胀弹性模量，采用纵波阻尼方法测得

Bonfillon 和 Langevin（1993）

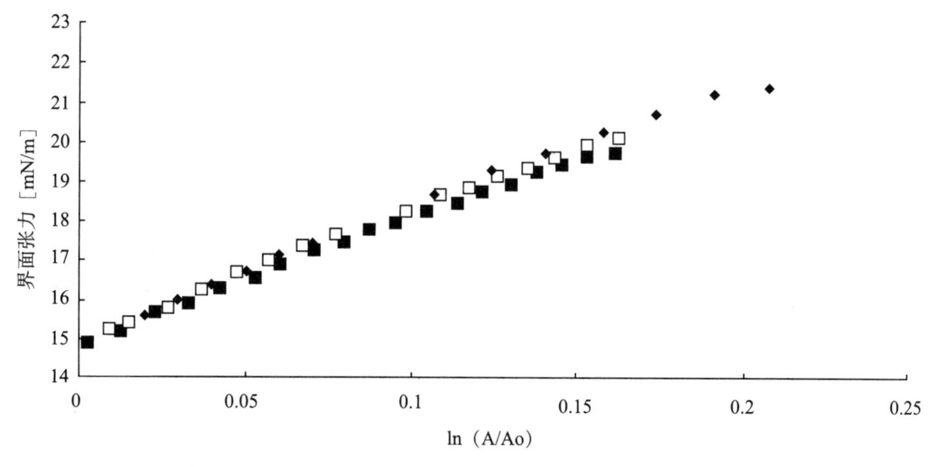

图 6.16　增长液滴表面在不同体积流量下的动态界面张力

$V=1.69\times10^{-5}cm^3/s$（■），$1.95\times10^{-5}cm^3/s$（□），$3.3\times10^{-5}cm^3/s$（◆）

Nagarajan 和 Wasan（1993）

6.4.2　聚合物吸附层

Graham 和 Phillips（1980a）采用纵波阻尼法（2～10cpm）测量了 BSA 和溶解酵素的膨胀弹性。从 $\pi-A$ 等温线计算得到的弹性数值与弛豫实验获得的存在显著不同。BSA 具有预期的行为，而溶解酵素则在 10^{-3}wt%处具有不规则的峰（参见图 6.17）。

Serrien 等（1992）采用 Wilhelmy 天平测量了 Langmuir 槽中的屏栅产生的平面纵波的衰减。纵波对应于蛋白质（BSA，酪蛋白）吸附层的周期性缓慢压缩/膨胀。BSA 的吸烟结果如图 6.18 所示。进一步的应力弛豫技术实验采用 BSA 和酪乳进行。结果显示所用模型的特征参数有赖于吸附层的存在时间。对结果的讨论包括对所形成结构的解释、与平衡态的差距，以及变性分子的数量。

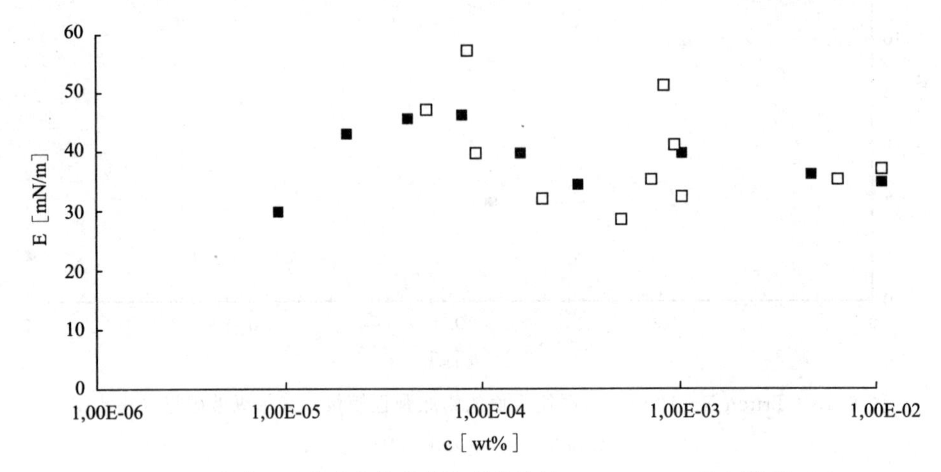

图 6.17　纵波阻尼实验获得的膨胀弹性模量，BSA (■)，溶解酵素 (□)

Graham 和 Phillips (1980a)

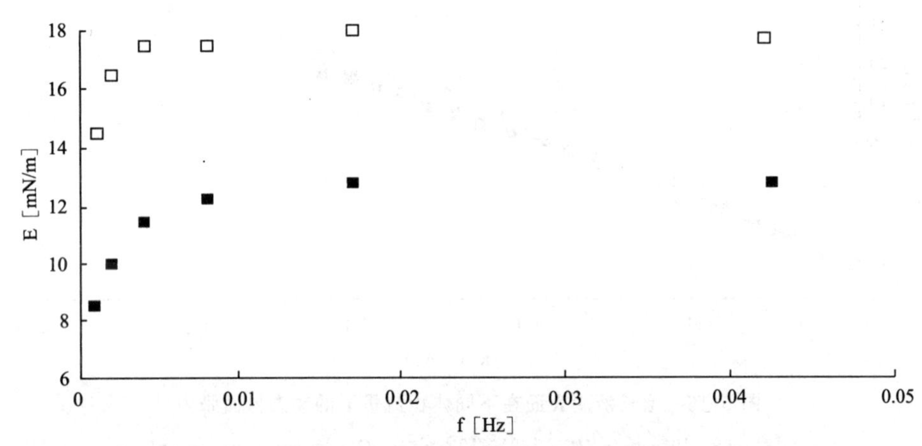

图 6.18　纵波实验中作为形变频率函数的蛋白质吸附层的有效膨胀弹性

0.1mg/mL BSA (■)，0.1mg/mL BSA+6mol/L 尿素 (□)

Serrien 等 (1992)

表面活性剂混合物与蛋白质的动力学在许多实际过程中具有非常重要的意义，如感光胶片的涂覆过程，明胶与表面活性剂和表面活性剂染料混合在界面发生吸附。Hempt 等 (1985) 研究了明胶溶液在表面活性剂（SDS、十四烷基二甲基氧化膦、十六烷基三甲基溴化铵、正癸酸、全氟辛酸四乙铵盐等）存在或不存在的条件下的弛豫行为。

单独的明胶吸附分子并未显示出作为不可溶单层行为的表面弹性频率依赖性（图 6.19）。表面活性剂的存在则显著地改变了弹性和弛豫行为。随着 SDS 浓度的提高，弹性模量（与频率无关的弹性平台数值）先升高再降低。混合吸附层的动态行为从完全由明胶分子构成时转变为完全由表面活性剂分子控制（图 6.20）。对 CTAB 和全氟辛酸表面活性剂，也可观测到类似的现象（Hempt 等 1985）。

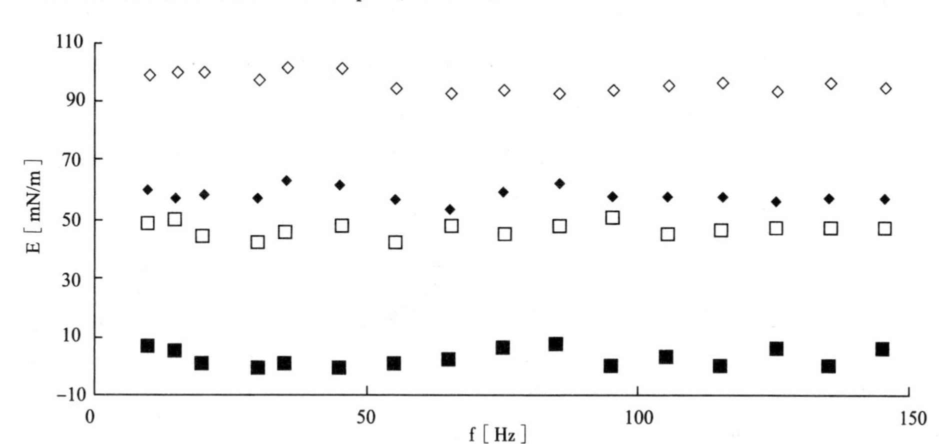

图 6.19　振荡气泡实验确定的不同浓度明胶溶液的有效膨胀弹性

C_0=0.01wt%（■），0.1wt%（□），0.5wt%（◆），1wt%（◇）

Hempt 等（1985）

Miller 等（1993a，c，d）进行了蛋白质吸附层的瞬态弛豫实验，该实验采用如 6.3.4 节所述的改进悬滴技术。对 0.1mg/mL HA 的水溶液/空气界面吸附层的三种相继矩形脉冲扰动对应的表面张力响应如图 6.21 所示（Miller 等 1993a）。

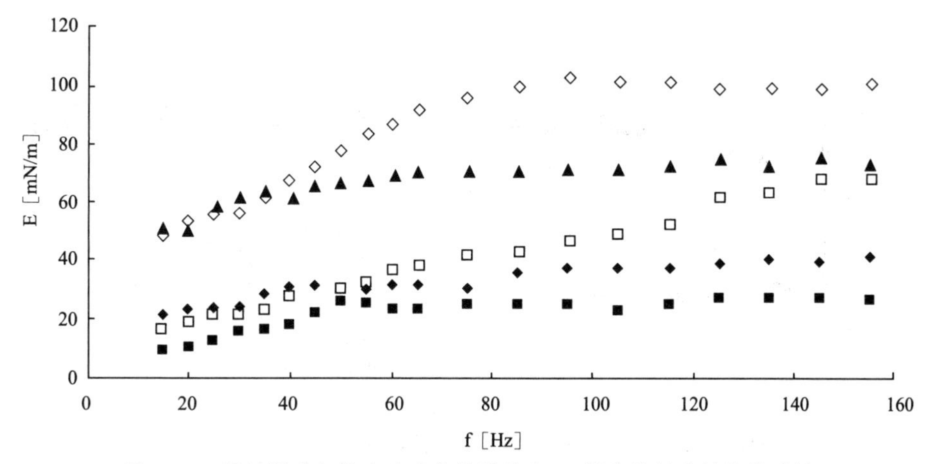

图 6.20　通过振荡气泡实验确定的明胶/SDS 混合物的有效膨胀弹性

0.5wt%明胶，SDS 浓度 $c_0=2\times10^{-7}$（▲），5×10^{-7}（◇），1×10^{-6}（□），1.5×10^{-6}（◆），3×10^{-6}（■）mol/cm³

Hempt 等（1985）

若结果的讨论是基于扩散控制物质交换模型，所得的扩散系数则比由 Stokes－Einstein 关系预期所得的数值要高 2～3 个数量级。相同的实验数据介于式（6.42）和式（6.43）进行了解释（Miller 等 1993c）。采用最小二乘法拟合可得 E_0 和 K 值。实验数据和拟合曲线的一致性如图 6.21 所示。

对于每次实验，计算所得的 E_0 和 K 值相对于实验精度，均出现了较大的偏离。这种不一致性可能是由不同的实验条件所致。虽然相对面积变化 $\frac{\Delta A}{A_0}$ 不应影响吸附层的弛豫行为，但 HA 吸附层似乎对其非常敏感。这种现象可解释为由于吸附等温线的较高斜率导致在平衡态附近的非线性效应。这种效应在目前的理论中未做考虑。

Miller 等（1993c，d）采用同样的技术进行了 HA 在水/癸烷界面的弛豫实验。对于 0.02mg/mL HA 吸附层进行的三种相继矩形脉冲扰动实验结果如图 6.22 所示。

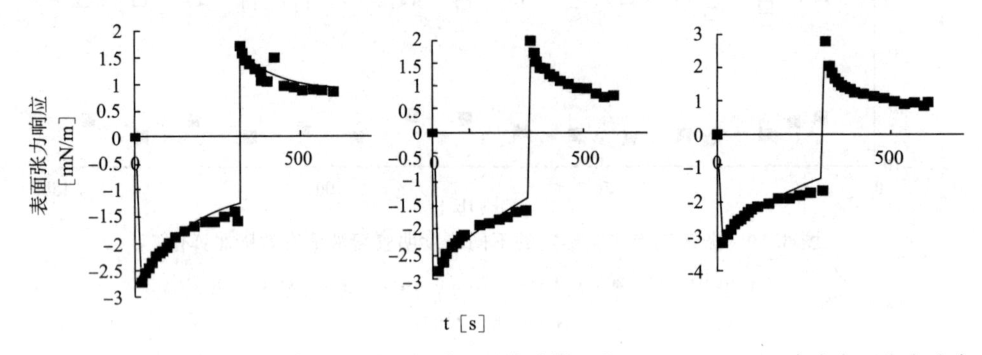

图 6.21　改进悬滴法在水/气界面测量的受矩形脉冲作用的 0.1mg/mL HA 溶液表面张力弛豫

图标—实验数据，实线—式（6.42）和式（6.43）的理论数据 $\frac{\Delta A}{A_0}$=0.041（a），0.084（b），0.091（c）

Miller 等（1993a）

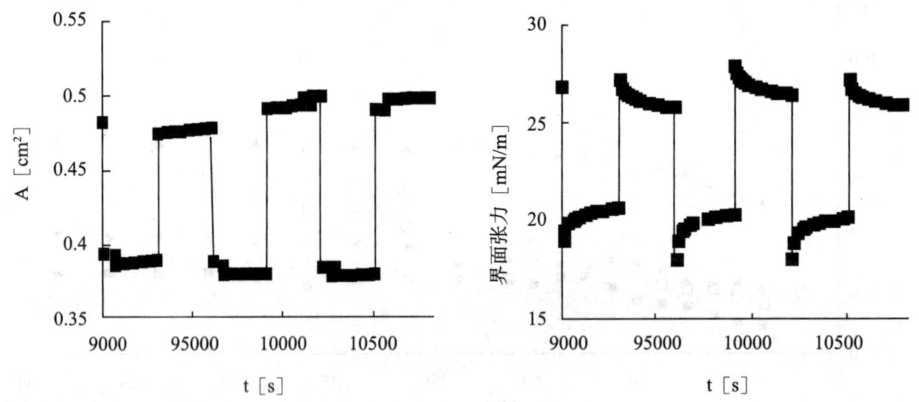

图 6.22　受三种矩形脉冲作用的 0.02mg/mL HA 溶液在 24℃，水/癸烷界面的界面张力弛豫

(a) 液滴面积变化，(b) 表面张力响应

Miller 等（1993c）

对于实验数据的解释基于上述的两种模型［式（6.25）～式（6.28），及式（6.42）和式（6.43）］。采用模型拟合数据的结果总结于表 6.1。显然动力学模型所得的结果具有较好的一致性，而扩散模型所得的结果则较为离散。

表 6.1　0.02mg/mL HA 在水/癸烷界面采用两种弛豫模型对图 6.22 数据拟合所得的结果

		扩散模型式（6.25）～式（6.28）			动力学模型式（6.42）和式（6.43）		
矩形脉冲	$\frac{\Delta A}{A_0}$	E_0 /(mN/m)	ω_0 /(l/s)	标准偏差/(mN/m)	E_0/(mN/m)	K/s^{-1}	标准偏差/(mN/m)
1	0.22	28.7	4.7×10^{-5}	1.25	23.8	1.2×10^{-3}	0.216
2	0.28	25.8	3.7×10^{-5}	0.266	21.7	1.1×10^{-3}	0.239
3	0.29	23.6	1.6×10^{-5}	0.265	20.2	1.1×10^{-3}	0.213

6.5　小结

本章内容涉及界面弛豫的理论和实验研究，介绍了物质交换的理论模型基础和最常用的实验技术。对于表面活性剂及其混合体系的吸附层，存在定量物质交换理论，但聚合物的相应理论仍缺失。在实验中，毛细波和纵波的衰减是最常用的实验技术，已成功应用于液/液界面（Lemaire 和 Langevin 1992）。该技术允许在数十万 Hz 下进行实验（Earnshaw 和 Hughes 1990，Earnshaw 等 1991），并可用于表面活性剂混合物（Garrett 1976）及胶束溶液（Lucassen 1976）这一最为复杂的表面活性剂体系。

瞬态弛豫技术可用于考察更缓慢的过程。最新进展包括弹性环、改进悬滴或不同的液滴/气泡压力实验。同样，基于振荡气泡和液滴方法进行设计的新型仪器也有报道（Wantke 等 1993，Nagarajan 和 Wasan 1993）。Serrien 等（1992）进行了应力弛豫实验，可同时获得物质交换和膨胀流变学参数。

弛豫实验的不足在于通常只能用于平衡吸附层。因而，在表面活性杂质存在时，这种情况几乎在所有的商业样品中均存在，且即使合成过程非常小心，也难以去除，结果将受到严重影响。新鲜形成界面上的吸附层进行的弛豫实验因此具有重要意义。这种研究可通过在流动的薄膜上产生波纹进行，如使用倾斜面或溢流缸技术。同样分析新鲜形成的气泡的振荡也可作为额外信息的来源。这种考察方法的重要前提是扰动的特征时间远小于特征吸附时间。如前面章节中强调的内容，不同技术的联合可针对吸附层及其演化过程中的结构和相关作用力提供更新和更深入的认识。

系统的实验研究仍处于缺失状态，只有基于大量的数据，才能在理论上有更深的进展。因此，只有更有效的仪器和最新研发的技术才可为表面科学家提供更多的系统化数据。聚合物和聚合物/表面活性剂混合体系的弛豫理论也存在不足。Lucassen（1992）提出了最初的负荷吸附层膨胀性质的构想。Johnson 和 Stebe（1994）发展了区分物质交换和膨胀黏性的理论，这也需要进一步的实验支持。

参考文献

Adamczyk，Z.，J. Colloid Interface Sci.，120 (1987) 477.

Adamczyk，Z. and Petlicki，J.，J. Colloid Interface Sci.，118 (1987) 20.

Adamczyk，Z.，Wandzilak，P. and Pomianowski，A.，Bull. Polish Acad. Sci.，Chem.，35 (1987) 479.

Balbaert，I. and Joos，P.，Colloids&Surfaces，23 (1987) 259.

Bergink-Martens，D. J. M.，Bos，H. J.，Prins，A. and Schulte，B. C.，J. Colloid Interface Sci.，138 (1990) 1.

Bonfillon，A. and Langevin，D.，Langmuir，9 (1993) 2172.

Chang，C. H. and Franses，E. I.，67th Annual Colloid and Surface Science Symposium，Toronto，1993，84.

Chang，C. H. and Franses，E. I.，Chem. Engineering Sci.，49 (1994a) 313.

Chang，C. H. and Franses，E. I.，J. Colloid Interface Sci.，164 (1994b) 107.

Cheng，P.，PhD Thesis，University of Toronto，1990.

Cheng，P.，Li，D.，Boruvka，L.，Rotenberg Y. and Neumann，A. W.，Colloids&Surfaces，43 (1990) 151.

Defay，R.，Prigogine，I. and Sanfeld，A.，J. Colloid Interface Sci.，58 (1977) 498.

de Feijter，J.，Benjamins，J. and Tamboer M.，Colloids Surfaces，27 (1987) 243.

de Rijcker，M. and Defay，R.，Boll. Soc. Chim. Belg.，65 (1956) 794.

de Voeght，F. and Joos，P.，J. Colloid Interface Sci.，98 (1984) 20.

Dimitrov，D. S.，Panaiotov，I.，Richmond，P. and Ter-Minassian-Saraga，L.，J. Colloid Interface Sci.，65 (1978) 483.

Dorshow，R. B. and Swofford，R. L.，J. Appl. Phys. 65 (1989) 3756.

Dorshow，R. B. and Swofford，R. L.，Colloids&Surfaces，43 (1990) 133.

Earnshaw，J. C. and Robinson，D. J.，J. Phys.：Condens.，Matter 2 (1990) 9199.

Earnshaw，J. C. and Winch，P. J.，J. Phys.：Condens.，Matter 2 (1990) 8499.

Earnshaw，J. C. and Hughes，C. J.，Langmuir，7 (1991) 2419.

Earnshaw，J. C.，McGivern，R. C.，McLaughlin，A. C. and Winch，P. J.，Langmuir，6 (1990) 649.

Edwards，D. A.，Brenner，H. and Wasan，D. T.，Interfacial Transport Processes and Rheology，Butterworth-Heineman Publishers，1991.

Garrett，P. R. and Joos，P.，J. Chem. Soc. Faraday Trans. 1，69 (1976) 2161.

Garrett，P. R.，J. Chem. Soc. Faraday Trans. 1，69 (1976) 2174.

Garrett，P. and Moore，P. R.，J. Colloid Interface Sci.，159 (1993) 214.

Goodrich，F. C.，J. Phys. Chem.，66 (1962) 1858.

Graham，D. E. and Phillips，M. C.，J. Colloid Interface Sci.，70 (1979a) 403.

Graham, D. E. and Phillips, M. C., J. Colloid Interface Sci., 70 (1979b) 415.

Graham, D. E. and Phillips, M. C., J. Colloid Interface Sci., 70 (1979c) 427.

Graham, D. E. and Phillips, M. C., J. Colloid Interface Sci., 76 (1980a) 227.

Graham, D. E. and Phillips, M. C., J. Colloid Interface Sci., 76 (1980b) 240.

Hansen, R. S., J. Colloid Sci., 16 (1961) 549.

Hansen, R. S., J. Appl. Phys., 35 (1964) 1983.

Hansen, R. S. and Mann, J. A., J. Appl. Phys., 35 (1964) 152.

Hård, S. and Neuman, R. D., J. Colloid InterfaceSci., 115 (1987) 73.

Hempt, C., Lunkenheimer, K. and Miller, R., Z. Phys. Chem. (Leipzig), 266 (1985) 713.

Hennenberg, M., Chu, X. -L., Sanfeld, A. and Velarde, M. G., J. Colloid Interface Sci., 150 (1992) 7.

Horozov, T., Danov, K., Kralschewsky, P., Ivanov, I. and Borwankar, R., 1st World Congress on Emulsion, Paris, Vol. 2, (1993) 3—20—137.

Hühnerfuss, H., Lange, P. A. and Walter, W., J. Colloid Interface Sci., 108 (1985) 442.

Jiang, Q., Chiew, Y. C. and Valentini, J. E., Langmuir, 8 (1992) 2747.

Johnson, D. O. and Stebe, K. J., J. Colloid Interface Sci., (1994) in press.

Joos, P. and de Kayser, P., "The overflowing funnel as a method for measuring surface dilational properties", Levich Birthday Conference, Madrid, 1980.

Joos, P., Van Uffelen, M. and Serrien, G., J. Colloid Interface Sci., 152 (1992) 521.

Joos, P. and Van Uffelen, M., J. Colloid Interface Sci., 155 (1993a) 271.

Joos, P. and Van Uffelen, M., Colloids Surfaces, 75 (1993b) 273.

Kokelaar, J. J., Prins, A. and de Gee, M., J. Colloid Interface Sci., 146 (1991) 507.

Kovscek, A. R., Wong, H. and Radke, C. J., AIChE Journal, 39 (1993), in press.

Kretzschmar, G. and König, J. SAM, 9 (1981) 203.

Kretzschmar, G. and Vollhardt, D., Ber. Bunsenges. phys. Chem., 71 (1967) 410.

Kretzschmar, G. and Miller, R., Adv. Colloid Interface Sci. 36 (1991) 65.

Kwok, D. Y., Vollhardt, D., Miller, R., Li, D. and Neumann, A. W., Colloids and Surfaces A, 88 (1994a) 51.

Kwok, D. Y., Cabreizo-Vilchez, M. A., Gomez, Y., Susnar, S. S., del Rio, O., Vollhardt, D., Miller, R. and Neumann, A. W., J. Amer. Oil Chem. Soc (1994b), submitted.

Li, J. B., Kwok, D. Y., Miller, R., Möhwald, H. and Neumann, A. W., Colloids and Surfaces A, (1994a), submitted.

Li, J. B., Miller, R., Wüstneck, R., Möhwald, H. and Neumann, A. W., Langmuir, (1994b), submitted.

Lemaire, C. and Langevin, D., Colloids&Surfaces, 65 (1992) 101.

Levich, V. G., Acta Physicochimica URSS, 14 (1941 a) 307.

Levich, V. G., Acta Physicochimica URSS, 14 (1941 b) 322.

Levich, V. G., Physicochemical Hydrodynamics, Prentice Hall, Englewood Cliffs, (1962).

Loglio, G., Tesei, U. and Cini, R., J. Colloid Interface Sci., 71 (1979) 316.

Loglio, G., Tesei, U., Mori, G., Cini, R. and Pantani, F., Nuovo Cimento 8 (1985) 704.

Loglio, G., Tesei, U. and Cini, R., Colloid Polymer Sci., 264 (1986) 712.

Loglio, G., Tesei, U. and Cini, R., Bollettino di Oceanologia Teorica ed Applicata, 3 (1987) 195.

Loglio, G., Tesei, U., and Cini, R., Rev. Sci. Instrum., 59 (1988) 2045.

Loglio, G., Degli-Innocenti, N., Tesei, U., Stortini, A. M. and Cini, R., Ann. Chim. (Rome), 79 (1989) 571.

Loglio, G., Degli Innocenti, N., Tesei, U., Cini, R. and Wang Qi-Shan, IlNuovo Cimento, 12 (1989) 289.

Loglio, G., Tesei, U., Degli-Innocenti, N., Miller, R. and Cini, R., Colloids&Surfaces, 57 (1991a) 335.

Loglio, G., Tesei, U., Miller, R. and Cini, R., Colloids&Surfaces, 61 (1991b) 219.

Loglio, G., Miller, R., Stortini, A., Degli-Innocenti, N., Tesei, U. and Cini, R., Colloids & Surfaces, (1994) submitted.

Lucassen, J. and Hansen, R. S., J. Colloids Interface Sci., 22 (1966) 32.

Lucassen, J., Trans. Faraday Soc., 64 (1968a) 2221.

Lucassen, J., Trans. Faraday Soc., 64 (1968b) 2230.

Lucassen J. and van den Tempel, M., Chem. Eng. Sci., 27 (1972a) 1283.

Lucassen J. and van den Tempel, M., J. Colloid Interface Sci., 41 (1972b) 491.

Lucassen, J. and Giles, D., J. Chem. Soc. Faraday Trans. 1, 71 (1975) 217.

Lucassen, J., Faraday Discussion Chem. Soc., 59 (1976) 76.

Lucassen-Reynders, E. H., J. Colloids Interface Sci., 42 (1973) 573.

Lucassen-Reynders, E. H., J. Colloid Interface Sci., 42 (1973) 573.

Lucassen-Reynders, E. H., Lucassen, J., Garrett, P. R., Giles, D. and Hollway, F., Adv. In Chemical Series, Ed. E. D. Goddard, 144 (1975) 272.

Lucassen-Reynders, E. H. and Kuijpers, K. A., Colloids Surfaces, 65 (1992) 175.

Lunkenheimer, K. and Kretzschmar, G., Z. Phys. Chem. (Leipzig), 256 (1975) 593.

MacLeod, C. A. and Radke, C. J., 9th Intern. Symposium "Surfactants in Solution", Varna, 1992, T2. A3. 2.

MacLeod, C. A. and Radke, C. J., J. Colloid Interface Sci., 160 (1993) 435.

Malysa, K., Adv. Colloid Interface Sci., 40 (1992) 37.

McGivern, R. C. and Earnshaw, J. C., Langmuir, 5 (1989) 545.

Miller, R., Loglio, G.; Tesei, U., and Schano, K. -H., Adv. Colloid Interface Sci., 37 (1991) 73.

Miller, R., Policova, Z., Sedev., R. and Neumann, A. W., Colloids&Surfaces, 76 (1993a) 179.

Miller, R., Sedev., R., Schano, K. -H., Ng, C. and Neumann, A. W., Colloids&Surfaces, 69 (1993b) 209.

Miller, R., Krägel, J., Loglio, G. and Neumann, A. W., Proceedings of the 1st World Congress on Emulsion, Paris, Vol. 2, (1993c) 3—20—143.

Miller, R., Joos, P. and Fainerman, V. B., Adv. Colloid Interface Sci., 49 (1994a) 249.

Miller, R., Loglio, G. and Neumann, A. W., Colloids&Surfaces A, (1994b), submitted.

Nagarajan, R. and Wasan, D. T., J. Colloid Interface Sci., 159 (1993) 164.

Noskov, B. A., Koll. Zh., 45 (1983) 689.

Noskov, B. A. and Vasilev, A. A., Koll. Zh., 50 (1988) 909.

Noskov, B. A. and Schinova, M. A., Koll. Zh., 51 (1989) 69.

Noskov, B. A., Anikieva, O. A. and Makarova, N. V., Koll. Zh., 52 (1990) 1091.

Noskov, B. A., Mech. Zhidk. Gasa, 1 (1991) 129.

Noskov, B. A., Colloids&Surfaces A, 71 (1993) 99.

Oberhettinger, F. and Berdii, L., Tables of Laplace Transforms, Springer-Verlag, Berlin, 1973.

Park, S. Y., Chang, C. H., Ahn, D. J. and Franses, E. I., Langmuir, 9 (1993) 3640.

Prins, A., Chem. -Ing. -Tech., 64 (1992) 73.

Romero-Rochin, V., Varea, C. and Robledo, A., Physica A, 184 (1992) 367.

Rotenberg, Y., Boruvka, L. and Neumann, A. W., J. Colloid Interface Sci., 93 (1983) 169.

Sakai, K., Choi, P. -K., Tanaka, H. and Takagi, K., Rev. Sci. Instrum., 62 (1991) 1192.

Sakai, K., Kikuchi, H. and Takagi, K., Rev. Sci. Instrum., 63 (1992) 5377.

Serrien, G., Geeraerts, G., Ghosh, L. and Joos, P., Colloids&Surfaces, 68 (1992) 219.

Stebe, K. J. and Johnson, D. O., 67th Colloid Surface Science Symposium, Toronto, 1993, 404.

Stebe, K. J. and Maldarelli, C., J. Colloid Interface Sci., 163 (1994) 177.

Stenvot, C. and Langevin, D., Langmuir, 4 (1988) 1179.

Sun, S. M. and Shen, M. C., J. Math. Analysis Appl., 172 (1993) 533.

Szymanowski, J. and Prochaska, K., Progr. Colloid Polymer Sci., 76 (1988) 260.

Thoma, M. and Möhwald, H., Colloids and Surfaces A, (1994), in press.

Thominet, V., Stenvot, C. and Langevin, D., J. Colloid Interface Sci., 126 (1988) 54.

van den Tempel, M. and van de Riet, R. P., J. Che. Phys., 42 (1965) 2769.

van den Tempel, M, Chemie-Ing. -Techn., 43 (1971) 1260.

van den Tempel, M. and Lucassen-Reynders, E. H., Adv. Colloid Interface Sci., 18 (1983) 281.

Van Uffelen, M. and Joos, P., J. Colloid Interface Sci., 158 (1993) 452.

Wantke, K. D., Miller, R. and Lunkenheimer, K., Z. Phys. Chem. (Leipzig), 261 (1980) 1177.

Wantke, K. D., Lunkenheimer, K. and Hempt, C., J. Colloid Interface Sci., 159 (1993) 28.

Wasan, D. T., Nikolov, A. D., Lobo, L. A., Koczo, K. and Edwards, D. A., Progr. Surface Sci., 39 (1992) 119.

Wasan, D. T., Koszo, K. and Nagarajan, R., 67th Annual Colloid and Surface Science Symposium, Toronto, 1993, 285.

Wielebinski, D. and Findenegg, G. H., Progr. Colloid Polymer Sci., 77 (1988) 100.

Yasunaga, T. and Sasaki, M., in "Techniques and Application of Fast Reactions in Solutions", Gettins, W. J. and Wyn-Jones, E. (Eds.), D. Reidel Publ. Comp., (1979) 579.

第 7 章　表面活性剂电荷对吸附动力学的影响

随着吸附分子中特定基团的电离，表面浓度也相应发生变化。在第二章中说明了当表面活性剂分子电离后，由于吸附层中静电斥力的提高而导致表面浓度下降的现象。与非电离分子相比，电离表面活性剂的吸附动力学也会发生相似的变化过程。静电阻滞作用在离子型表面活性剂吸附动力学中具有相同的作用（Dukhin 等 1973）。Kretzschmar 等（1980），Dukhin 等（1983），Fainerman 和 Jamilova（1986），Joos 等（1986），Borwankar 和 Wasan（1988a，b）等提出了最初的定型模型及近似解析解。MacLeod 和 Radke（1994）首先进行了定量化的尝试，对传递问题进行了数字计算。本章主要处理离子型表面活性剂的特殊吸附动力学问题，并综述其进展。

7.1　简介

为清楚地描述静电阻滞效应的机理，需首先避开所有可能存在的额外非静电阻滞作用的影响，如 4.4 节中所讨论的和其他能够影响表面活性剂分子在亚表面和界面间传递的机理等。因而，静电阻滞效应的假定前提为亚表面与界面间的局部平衡，亚表面定义为邻近界面的体相层（参见第 2 章）。

静电阻滞效应是双电层存在的结果，更确切地讲，是双电层靠近界面的扩散部分的作用结果。自然，这种效应仅在表面电荷和吸附电荷的符号相同时才会出现。但这并不仅限于强烈吸附的离子。即使在吸附过程最初时电荷符号不同，界面也会在吸附过程中发生再荷电。当界面再次荷电后，静电斥力发生作用，阻碍了进一步的吸附。本章后续内容中仅考虑整体过程中的这一部分。吸附的离子将考虑为双电层内的共离子。

由于静电斥力的作用，双电层扩散部分中的共离子浓度降低，这也是共离子在亚层中具有比扩散层，如在 $x=\kappa^{-1}$ 处，具有相对较低浓度的原因。

$$c(0,t) \ll c(\kappa^{-1},t) \tag{7.1}$$

建立理论模型的重要一步是采用 Boltzmann 定律获得 c（0，t）对 c（κ^{-1}，t）的表达式，如 2.8 节中所讨论的内容。

$$c(0,t) = c(\kappa^{-1},t)\exp(-z\,\overline{\Psi}_{St}) \tag{7.2}$$

式中，$\overline{\Psi}_{St} = e\Psi_{St}/kT$；$e$ 为电子电荷；k 为 Boltzmann 常数；T 为绝对温度；Ψ_{St} 为 Stern 电势。在高 Stern 电势，如 Ψ_{St} =200mV 下，亚层浓度的相对降低量可能较大。因而吸附

速率可能会发生显著降低。但是，对于特征吸附时间 τ_{ad} 作出估计较为困难，不过此结论并非由上述定性推断所得。

需参考静电现象对 τ_{ad}、平衡吸附和实际吸附速率的降低进行估计，Boltzmann 定律的应用假定双电层的平衡状态而忽略了扩散层中的传递。因而，经典 Boltzmann 定律不能用于描述非平衡体系中吸附离子在双电层中的分布。任何离子流的存在与双电层的非平衡态相关，需考虑采用 Overbeek（1943）的电泳理论中所用的方法。在此理论中，双电层的非平衡态导致了电泳与电动势的非线性关系，与 Smoluchowski 的理论正相反，其中并未解释这种效应的原因。Dukhin 和 Derjaguin（1974）、Dukhin 和 Shilov（1974）及 Dukhin（1993）均强调了双电层非平衡态在许多其他表面现象中的重要性。

离子型表面活性剂吸附动力学中的静电阻滞效应是这些非平衡表面现象的一种，可用包含理论和胶体电化学中所用的电化学宏观动力学方程的模型进行描述。这种方法用空间分布来描述离子流。Overbeek（1943）首先提出了该方程式，后被证明在不同的非平衡表面现象中均可成立（Dukhin 1993）。在双电层偏离平衡较小的情况下，传递过程可用零近似平衡态描述。

从理论角度看，离子传递的静电阻滞和凝聚阻滞，成为缓慢凝聚（Fuchs 1934），存在一定的近似性。这两种现象均由双电层扩散部分的存在导致的静电排斥作用产生。在缓慢凝聚理论中，双电层的电场来自 Gouy-Chapman 模型（参见第二章）。这种模型并未考虑扩散层对平衡的偏离。最初，Dukhin 等（1973）采用了相同的简化方法描述双电层对吸附过程的静电阻滞作用。

在吸附过程中，离子必须在双电层特定电场的作用下运动。在缓慢凝聚理论中，两颗粒间的电势分布由其双电层扩散部分的重叠决定。通过颗粒流量可计算出缓慢凝聚的速率，并且用相同的方程可得到控制吸附速率的阻滞的流量（Dukhin 等 1983）。基本方程中包含两相，其一描述扩散传递（为缓慢凝聚中的布朗运动），其二为特定电场导致的颗粒流量。总流量与局部离子（颗粒）浓度和由电动力所致的局部离子（颗粒）运动速度成比例。该速度由作用力与阻力系数之比得到。因此忽略了缓慢凝聚中的惯性效应。该理论对于离子运动也同样成立。颗粒相互作用能和扩散层中离子静电势为距离的函数，其导数为局部作用于离子（颗粒）的力。

为描述流量，除离子（颗粒）间距之外，所有的函数和参数均已知，因此，可得以下 $c(x)$ 的一阶微分方程

$$j^{-}=-D^{-}\frac{\partial c}{\partial x}+z^{-}D^{-}c^{-}\frac{\partial\Psi}{\partial x},0<x<\kappa^{-l} \tag{7.3}$$

式中，x 为距表面的距离；D^{-} 为离子扩散率；$\Psi(x)$ 为双电层中的电势分布。

对式（7.3）的积分需要浓度分布、阻力系数和势能分布的边界条件，最终可得近似于 Fick 第一定律的离子（颗粒）流量表达式。

$$j^{-}=\frac{D^{-}c_0}{K(\Psi_{St})},K(\Psi_{St})=\int_0^{\kappa^{1}}\exp(z\overline{\Psi}(x))\mathrm{d}x \tag{7.4}$$

式中，分母 K（Ψ_{St}）等同 Fick 定律中的特征尺寸，与扩散层厚度 κ^{-1} 成正比，并与无量纲作用能 $\overline{\Psi}(x)$ 呈指数关系。缓慢凝聚和离子吸附由通过静电屏障的扩散控制，该过程随屏障高度的增加而减缓。

以下，将对缓慢凝聚理论的特殊性和局限性进行讨论，因其对吸附动力学同样重要。缓慢凝聚的基本作用包含颗粒的成对相互作用及其不稳定相互扩散。成对相互作用颗粒的浓度分布是距离和时间的函数，可用非稳态电扩散方程描述

$$\frac{\partial n(t)}{\partial t} = div\ j(t) \tag{7.5}$$

Fuch 定律仅限于准稳态过程，其中忽略了时间相依性。吸附中静电阻滞的准稳态处理方法将在 7.3 节中进行介绍。

在吸附阻滞理论中，接近界面离子的能量可用非常简单的 $ze\Psi$（x）定律描述，其最大值与 Stern 电势成正比（参见第二章）。每个离子被反离子屏蔽（Kortüm 1966），并与屏蔽反离子一起通过双电层扩散部分，在 7.5 节中，将讨论在何种情况下，这种效应可忽略。

缓慢凝聚和离子吸附的巨大差异在于几何形状的选择和离子（颗粒）分布的边界条件。缓慢凝聚假定为一不可逆过程，越过静电屏障并存在于势阱中的颗粒在颗粒分布中不作考虑。颗粒分布仅包含可向任何方向运动的颗粒，势阱中的颗粒则被考虑成受限的。因此，Fuch 定律并不能用于描述凝聚态的颗粒，边界条件设定为势阱中的离子浓度为零。因此，式（7.4）仅包含体相浓度 c_0。对于离子吸附过程，则是完全不同的情况。亚表面中的离子浓度未假定为零，离子可向任何方向运动。亚表面中离子的状态与体相中并无不同，静电阻滞作用的方程在亚表面中同样成立。边界条件为

$$c\big|_{x=0} = c(0,t) \tag{7.6}$$

式中，未知函数 c（0，t）体现了静电阻滞作用，包含体相浓度 c_0。

最初的离子吸附静电阻滞模型采用缓慢凝聚的边界条件（Dukhin 等 1973，Glasman 等 1974，Michailovskij 等 1974，Dukhin 等 1976）。这些模型在 7.5 节中讨论。在后续的模型中，则通过 c_0 代替 c（0，t），这是更常见的情况（Dukhin 等 1983，1990）。这种方法将在 7.2 节中进行详细讨论。更复杂的非稳态吸附过程在 7.3 节中进行讨论。

离子型表面活性剂在谐振扰动下发生表面交换是描述静电阻滞效应的有利条件。该过程将在 7.4 节中进行概述。

7.2～7.5 节所描述的模型中，假定吸附层和邻近亚表面达到平衡。表面和亚表面浓度之间的关系采用 Henry 传递机理处理（参见 4.4 节），在 7.6 节中进行总结。与离子型表面活性剂及宏观离子相关的特殊问题在 7.7 和 7.8 节中讨论。7.9 节中将说明如何获得边界值问题的数值解。7.10 节中介绍一些离子吸附动力学的实验结果。

7.2　吸附离子通过双电层扩散部分稳态传递的阻滞作用

当考虑一维稳态传递时，吸附离子穿过双电层扩散部分的阻滞效应变得更加明晰。在实验中，很难实现严格的一维稳态传递。但当扩散层厚度 δ_D远小于体系的特征几何尺寸 L 时，对流扩散条件下可实现近似的一维稳态传递。

$$\delta_D \ll L \tag{7.7}$$

在上浮气泡的实例中（参见第九章），该尺寸为气泡半径 a_b，则式（7.7）变为

$$\delta_D \ll a_b \tag{7.8}$$

当气泡具有足够大的直径时，就可满足这一条件（参见第八章）。

电解液的浓度可沿弥散层和扩散层的边界发生变化。然而，不管这种角度依赖关系能否获得，在式（7.7）和式（7.8）成立的条件下，离子传递在表面微元 $\delta L \ll L$ 时可视为一维稳态过程。本章通常只考虑液体界面。由气泡表面也可得到某些特定结果，是第九章内容的前提。

假定溶液中存在三种类型的离子：视为阴离子的表面活性离子、无机阳离子和阴离子。对应于离子型表面活性剂和含有一般阳离子的无机电解质存在于溶液中的情况。在前节表述的假定基础上，再假定气泡表面吸附层具有无限薄的表面活性离子的单层以及厚度为 κ^{-1}远小于扩散层厚度 δ_D的扩散层。

$$\kappa\delta_D \gg 1 \tag{7.9}$$

此外，推定等同于式（2.61）的近似方程即使在非平衡条件下也成立（Dukhin 和 Lyklema 1987）：

$$\Gamma = \Delta\exp(-W^-)c\big|_{x=0} \tag{7.10}$$

式中，Γ 为表面活性剂阴离子的表面浓度；W^- 为吸附能；$c\big|_{x=0}$ 为表面活性离子的亚表面浓度（扩散层内边界的浓度）。最后，假定气泡表面的电势 Ψ_{Sto} 足够高，因此满足以下条件

$$\frac{z^- e}{kT}|\Psi_{Sto}| \gg 1 \quad \frac{ze}{kT}|\Psi_{Sto}| \gg 1 \tag{7.11}$$

因而，扩散层中的共离子表面过剩量可在以下计算中忽略。

7.2.1　描述吸附离子一维稳态传递的方程和边界条件

首先，需要考虑三种离子组成体系的对流扩散。在式（7.9）的条件下，扩散层近似电中性

$$zc + z^- c_- - z^+ c_+ \approx 0 \tag{7.12}$$

此外，在式（7.11）的条件下，单层的电荷近似等于扩散层的未补偿电荷，例如，吸附层整体为电中性。这意味着电流 I 的密度约等于零

$$I = F(-zj - z^- j^- + z^+ j^+) \approx 0 \tag{7.13}$$

其中

$$j = -D\left(\nabla c + z\frac{e}{kT}Ec\right) \tag{7.14}$$

$$j = -D^-\left(\nabla c^- + z^-\frac{e}{kT}Ec^-\right) \tag{7.15}$$

$$j^+ = -D^+\left(\nabla c^+ - z^+\frac{e}{kT}Ec^+\right) \tag{7.16}$$

式中，j，j^+ 为流量密度；D、D^- 和 D^+ 分别为表面活性离子、无机电解质的阴离子和阳离子的扩散系数；E 为电场强度。若电流 I 偏离零值，扩散层则偏离电中性。

首先考虑仅由表面活性阴离子和无机阳离子组成的体系。采用式（7.12）和式（7.13），以及离子流的公式，电场强度 E 可采用浓度梯度 c 来表示。此时 j 为

$$j_s = -D_{\text{eff}}\nabla c_s \tag{7.17}$$

其中

$$D_{\text{eff}} = \frac{(z^+ + z)DD_+}{z^+ D^+ + zD} \tag{7.18}$$

式中，D_{eff} 为离子型表面活性剂的有效扩散系数。在 D 较小的情况下，此数值可远高于单独表面活性剂阴离子的扩散系数。

这种结果可进行以下定性解释。由于扩散层中的电流密度约等于零，表面活性剂阴离子和无机阳离子的流量密度必定相等。由于 $D \ll D^+$，此时电场强度必定增加，加速有机阴离子并阻碍阳离子的运动。因而，表面活性剂阴离子的总流量高于其纯扩散流量，即 $D_{\text{eff}} > D$。

此时再考虑包含三种离子的体系。当电解质浓度提高时，表面活性剂阴离子的扩散速率必定降低

$$c_0^+ \gg c_0 \tag{7.19}$$

这些离子的有效扩散系数等于 D（此处 c_0 为表面活性剂阴离子的体相浓度，c_0^+ 为溶液中阳离子的体相浓度）。这是由于电解质的加入抑制了由离子淌度不同导致的电场强度（Levich 1962，Listovnichij 和 Dukhin 1984）。为获得解析结果，假定式（7.19）的条件，并采用扩散系数 D。

在平衡态下，离子的电化学势在扩散层中为常数，在扩散层中存在以下关系式

$$\begin{aligned} c &= \exp\left(z\frac{e\Psi(x)}{kT}\right)c(\kappa^{-1}) \\ c^- &= \exp\left(z^-\frac{e\Psi(x)}{kT}\right)c^-(\kappa^{-1}) \\ c^+ &= \exp\left(-z^+\frac{e\Psi(x)}{kT}\right)c^+(\kappa^{-1}) \end{aligned} \tag{7.20}$$

其中 $c(\kappa^{-1})$、$c^{+}(\kappa^{-1})$、$c^{-}(\kappa^{-1})$ 分别为不同离子在扩散层外边界处的浓度。此处应注意，当式（7.9）不成立时，引入扩散层外边界的概念是很困难的。

在吸附层稍偏离平衡态时，同样的关系式仍成立。此时扩散层处于准平衡态（Dukhin 和 Derjaguin 1974，Dukhin 和 Shilov 1974），即离子电化学势沿扩散层的波动远小于 kT。后面将在离子型表面活性剂扩散层处于准平衡态的条件下进行分析。在式（7.19）及 $|c^{+}-c^{-}| \ll c^{+}$ 的条件下，可引入扩散层外电解质浓度的概念，对于对称电解质可成立（Levich，1962）$c_{el}=c^{+}=c^{-}$。

7.2.2　吸附离子沿吸附层的非平衡分布及平衡离子的准平衡分布

考虑扩散层中的表面活性剂阴离子在向表面扩散的流量不为零条件下的静态浓度分布，在此条件下，$c(x)$ 为以下方程的解

$$D\left(\frac{\mathrm{d}c}{\mathrm{d}x}-zc\,\frac{e}{kT}\,\frac{\mathrm{d}\Psi}{\mathrm{d}x}\right)=j \tag{7.21}$$

从上式中可得

$$c(0)=\exp\left(z\,\frac{e\psi_{\mathrm{St}}}{kT}\right)\left[c(\kappa^{-1})+\frac{j}{D}\int_{\kappa^{-1}}^{0}\exp\left(-z\,\frac{e\Psi(x)}{kT}\right)\mathrm{d}x\right] \tag{7.22}$$

当式（7.22）右边括号内的第二项可忽略时，表面活性剂阴离子的浓度分布可用式（7.20）描述。显然，在较大的 j 和较高气泡表面势能的条件下，这种情况不成立。这与阴离子浓度在扩散层内部非常小，以及维持表面活性剂阴离子在此区域内的流动需要较高的电化学势能梯度的事实有关。对于无机阳离子，可获得以下相似的表达式

$$c^{+}(0)=\exp\left(-z^{+}\,\frac{e\psi_{\mathrm{St}}}{kT}\right)\left[c^{+}(\kappa^{-1})+\frac{j^{+}}{D^{+}}\int_{\kappa^{-1}}^{0}\exp\left(z^{+}\,\frac{e\Psi_{\mathrm{St}}(x)}{kT}\right)\mathrm{d}x\right] \tag{7.23}$$

考虑以下近似

$$j<D\,\frac{c_{0}}{\delta_{D}};j^{+}\sim j \tag{7.24}$$

以及式（7.22）和式（7.23）积分中指数函数中的不同符号，式（7.23）右边第二项可忽略。因此，存在扩散层中无机阳离子的电化学势的微分可忽略的条件，但决定扩散层中表面活性剂离子的电化学势的微分则有重要意义。在此条件下，扩散层中的 c^{+} 可用式（7.20）描述，在更普遍的情况下，式（7.22）是应用于计算 $c(0)$。换言之，扩散层的准平衡状态与无机阳离子有关而与表面活性剂阴离子无关。

7.2.3　吸附的静电阻滞系数

本节的目的在于得出描述上升气泡中的表面活性剂阴离子向表面扩散流量的方程。为此需计算式（7.22）右边的积分。

$$\int_{\kappa^{-1}}^{0} \exp\left(-z\frac{e\Psi(x)}{kT}\right)\mathrm{d}x = -K(\Psi_{\mathrm{St}}) \tag{7.25}$$

若忽略扩散层深部共离子的浓度，此区域的电势分布可用简化的 Poisson-Boltzmann 方程描述（参见 2.8.5 节）。

用式（2.57）代入式（7.25）可得

$$K(\Psi_{\mathrm{St}}) \approx \frac{z^{+}}{\kappa}\frac{\exp\left(\left(-z+\frac{z^{+}}{2}\right)\overline{\Psi}_{\mathrm{St}}\right)}{z-z^{+}/2} \tag{7.26}$$

此结果在式（7.11）和（$z-z^{+}/2$）>0 的条件下成立。表面活性剂阴离子的流量可用 K（Ψ_{St}）来表达

$$j = D\frac{c(\kappa^{-1})-c(0)\exp(-z\Psi_{\mathrm{St}})}{K(\Psi_{\mathrm{St}})} \tag{7.27}$$

另一方面

$$j = D\frac{c_0-c(\kappa^{-1})}{\delta_{\mathrm{D}}} \tag{7.28}$$

表面活性剂阴离子吸附动力学的静电阻滞在以下情况

$$\frac{K(\Psi_{\mathrm{St}})}{\delta_{\mathrm{D}}} \gg 1 \tag{7.29}$$

在式（7.29）的条件下，按照式（7.27）和式（7.28）可得

$$c_0-c(\kappa^{-1}) \ll c(\kappa^{-1})-c(0)\exp(-z\overline{\Psi}_{\mathrm{Sto}}) \tag{7.30}$$

即表面活性剂阴离子吸附过程的速率控制步骤为通过扩散层。

从式（7.26）可知在气泡表面较小 Stern 电势条件下，K（$\overline{\Psi}_{\mathrm{St}}$）$/\delta_{\mathrm{D}}$ 的比值与 $1/(\kappa\delta_{\mathrm{D}})$ 具有相同的数量级，即远小于 1。这种新效应，即表面活性剂阴离子吸附动力学的静电阻滞，当无量纲参数 $\exp(-\Psi_{\mathrm{St}})$ 等于或高于（$\kappa\delta_{\mathrm{D}}$）时可观测到。

7.2.4 离子吸附速率方程

表面活性剂阴离子向气泡表面移动速率的计算可在吸附动力学静电阻滞的条件下进行。从式（7.30）可得

$$c(\kappa^{-1}) \approx c_0 \tag{7.31}$$

Ψ_{Sto}和 Γ_0的值分别代表 Stern 电势和表面浓度的平衡值。为替换式（7.27）中的浓度 c（0），可采用吸附等温式式（7.10）

$$\Gamma_0 = c_0\Delta\exp(-W^{-})\exp(z\Psi_{\mathrm{Sto}}) \tag{7.32}$$

可得

$$j = Dc_0\frac{1-\frac{\Gamma}{\Gamma_0}\exp(z(\overline{\Psi}_{\mathrm{Sto}}-\overline{\Psi}_{\mathrm{St}}))}{K(\Psi_{\mathrm{St}})} \tag{7.33}$$

Ψ_{St} 和 Ψ_{Sto} 可用以下近似关系式表达

$$\overline{\Psi}_{St} \approx -\frac{2}{z^{+}}\ln\left(\frac{z}{z^{+}}\frac{\kappa}{2}\frac{\Gamma}{c_0^{+}}\right) \tag{7.34}$$

将式（7.34）代入式（7.26）和式（7.33），可得以下方程

$$K(\Psi_{St}) = K(\Psi_{Sto})\left(\frac{\Gamma}{\Gamma_0}\right)^{2z/z^{+}-1} \tag{7.35}$$

$$j = \frac{Dc_0}{K(\Psi_{Sto})}\frac{1-\left[\frac{\Gamma}{\Gamma_0}\right]^{2z/z^{+}+1}}{\left[\frac{\Gamma}{\Gamma_0}\right]^{2z/z^{+}-1}} \tag{7.36}$$

7.3　瞬态吸附过程中的静电阻滞

7.3.1　吸附动力学的微分方程-概述

表面活性剂离子的非稳态扩散类似非离子表面活性剂的非稳态扩散，如第 4 章中所讨论的内容。但也存在静电阻滞效应引起的一个特殊的区别。离子型表面活性剂向吸附层的非稳态传递为两步过程，包括在扩散层内部和外部的扩散。

按式（7.30）所做的估算不可用于区分两种静电阻滞和扩散层外的扩散这两种极限情况何为吸附动力学过程的控制步骤。吸附过程整体可视为这两个步骤的叠加，即假定为混合扩散-动力学控制吸附过程（参见 4.4 节）。最初，非稳态扩散层的厚度很小，扩散层外的扩散为快速过程。因而，在初期阶段，静电阻滞为主导作用，扩散层外相对快速的扩散过程作为时间控制步骤可忽略。此过程可用式（7.36）描述。当非稳态扩散层的厚度增加之后，扩散层外的离子传递变慢，最终静电阻滞控制的步骤可忽略。

为简化起见，以下假定吸附层和亚表面间处于平衡态。双电层的阻滞作用可视为可与 4.4 节中讨论的分子吸附动力学阻滞作用相似的过程。参考后一种机理，可清晰地描述静电阻滞作用，而导致表面和亚表面偏离平衡态的吸附障碍，则具有多种原因。

以下将给出区分静电阻滞和体相扩散作为吸附过程时间控制步骤的估算方法。

将式（7.22）中的浓度 c（0，t）代入 Stern-Martynov 吸附等温式（7.10）中，得到以下吸附动力学方程

$$\Gamma(t) = \Delta\exp[-W^{-}+z\,\overline{\Psi}_{St}(t)]\left(c(\kappa^{-1},t)-\frac{\mathrm{d}\Gamma}{\mathrm{d}t}\frac{K(\Psi_{St})}{D}\right) \tag{7.37}$$

式（7.22）中的积分用静电阻滞系数表示，代入式（7.26），则流量 j 以下式代替

$$j = \frac{\mathrm{d}\Gamma}{\mathrm{d}t} \tag{7.38}$$

通过引入以下无因次变量

$$\overline{\Gamma}=\frac{\Gamma}{\Gamma_0}\text{ 以及 }\theta=\frac{Dtc_0}{\Gamma_0K(\overline{\Psi}_{St})}\tag{7.39}$$

式（7.37）变为（Miller 等，1994）

$$\frac{d\overline{\Gamma}}{d\theta}+\frac{\exp(-z(\overline{\Psi}_{St}-\overline{\Psi}_{Sto}))\overline{\Gamma}(\theta)K(\Psi_{Sto})}{K(\Psi_{St})}=\frac{c(\kappa^{-1},t)}{c_0}\tag{7.40}$$

相关变换的细节在附录 7A 中介绍。

7.3.2 非平衡双电层对吸附动力学影响的估算

函数 $\overline{\Gamma}(\theta)$ 单调增加，当 $\theta\rightarrow\infty$ 时逐渐接近 1。在吸附动力学过程的最终阶段可通过 $1-\overline{\Gamma}(\theta)$ 进行近似计算。考虑此最终阶段，可使用无因次时间 θ 接近 1 的程度作为标准。从式（7.39）中可得以下特征吸附时间

$$T_2=\frac{\Delta\exp(-W^-+z\,\overline{\Psi}_{Sto})K(\Psi_{Sto})}{D}\tag{7.41}$$

采用类似的方法，可得到理论模型的特征时间，其中忽略了非平衡扩散层在整个吸附过程的重要作用。从式（7.37）出发，略去代表阻滞系数的右边第 2 项，可得以下关系式

$$\Gamma(t)=\Delta\exp[-W^-+z\,\overline{\Psi}_{St}(t)]c(\kappa^{-1},t)\tag{7.42}$$

在此情况下，特征时间与非稳态体相扩散相关，可得以下无因次时间（参见附录 7A）

$$\Theta=\frac{4Dtc_0^2}{\pi\Gamma_0^2}\tag{7.43}$$

在平衡扩散层的近似关系中，离子型表面活性剂吸附动力学的特征时间 T_1 可按以下条件估算

$$\Theta\approx 1\tag{7.44}$$

可得

$$T_1\approx\frac{\Gamma_0^2}{c_0^2D}\tag{7.45}$$

从式（7.41）和式（7.45）可得到两种模型的时间比率

$$\frac{T_2}{T_1}=\frac{z}{2z-z^+}\frac{c_0}{c_{el}}\exp(-(z-z^+)\,\overline{\Psi}_{Sto})\tag{7.46}$$

T_2/T_1 之比表征了非平衡扩散层对离子型表面活性剂吸附动力学影响的程度。例如，若 $\overline{\Psi}_{Sto}\approx 8-10$，z=2，及 $c_0\sim c_{el}$，c（x，t）偏离平衡时，可对吸附动力学产生两个数量级的阻滞影响。但是，电解质的添加可抑制此效应。

初看之下，考虑式（7.19）时，设定 $c_0\sim c_{el}$ 似乎有问题。但是这种条件并不影响所涉及的估算过程。虽然 κ 的关系式变得更加复杂，其值并未发生很大变化。对非平衡扩散层及其对吸附动力学的影响更准确的分析在附录 7A 中进行。

7.4　谐振扰动作用表面的吸附动力学

对于受到谐振扰动的表面，如毛细波或纵波，以及振荡气泡和液滴，周期吸附-解吸过程的模型具有重要意义（参见第 6 章）。本节结合离子吸附层讨论周期性吸附-解吸过程。由于振荡的幅度较小，因此对该问题进行线性分析是可能的，并可在理论上大大简化。因而，描述离子型表面活性剂吸附-解吸过程的主方程式（7.35）可在 $\delta\Gamma \ll \Gamma_0$ 的微小扰动条件下线性化为

$$j = \frac{Dc(\kappa^{-1})}{K(\Psi_0)}(2z/z^+ + 1)\delta\overline{\Gamma} \tag{7.47}$$

其中

$$\delta\overline{\Gamma} = \frac{\delta\Gamma}{\Gamma_0} \ll 1 \tag{7.48}$$

当 $\delta\overline{\Gamma}$ 在谐振表面积变化时，其符号发生变化，式（7.47）给出的物质传递的方向也发生变化。

弥散层和扩散层边界的浓度 c（κ^{-1}，t）未知，为用表面活性剂体相浓度 c_0 表示此浓度，可采用用于描述通过扩散层稳态传递的式（7.28）。这样可得到

$$c(\kappa^{-1}) = \frac{c_0}{1 + (2z/z^+ + 1)\delta\overline{\Gamma}\delta_D/K(\Psi_{Sto})} \tag{7.49}$$

将 c（κ^{-1}，t）代入式（7.47）可得弥散层和扩散层对影响表面活性剂流量的关系式

$$j_n = Dc_0 \frac{(2z/z^+ + 1)\delta\overline{\Gamma}/K(\Psi_{Sto})}{1 + (2z/z^+ + 1)\delta\overline{\Gamma}\delta_D/K(\Psi_{Sto})} \tag{7.50}$$

可分出两种极限情况

$$\delta_D \gg \frac{K(\Psi_{Sto})}{\delta\overline{\Gamma}(2z/z^+ + 1)} \tag{7.51}$$

及

$$\delta_D \ll \frac{K(\Psi_{Sto})}{\delta\overline{\Gamma}(2z/z^+ + 1)} \tag{7.52}$$

若式（7.51）条件成立，扩散层的影响占主导地位，而双电层的阻滞效应可忽略，式（7.50）变为式（7.28）。相反，若扩散层的存在无关紧要，则式（7.50）变为式（7.47），此时 c（κ^{-1}，t）$=c_0$。

分析式（7.51）和式（7.52），可限定振荡表面静电阻滞效应的最优条件。首先，扩散层厚度需尽量小，并随振荡频率提高而减小。其次，在振荡过程中偏离平衡的程度也应尽可能小，即 $\delta\overline{\Gamma} \ll 1$。

为得到足够忽略扩散层影响的条件，需对扩散层厚度进行估算。振荡条件下层最大厚

度 δ_D 可由 Einstein 关系式得到

$$\delta_D \approx \sqrt{\frac{D}{\omega}} \tag{7.53}$$

将 δ_D 代入式（7.52）可得到无因次判据

$$\alpha = \delta\overline{\Gamma}\frac{\delta_D}{K(\Psi_{Sto})}(2z/z^+ + 1) = \frac{\delta\overline{\Gamma}\sqrt{D/\omega}}{K(\Psi_{Sto})}(2z/z^+ + 1) \tag{7.54}$$

在 $\alpha \ll 1$ 的条件下，静电阻滞控制了表面活性剂离子的周期性传递。在振荡周期中，扩散层厚度甚至小于 δ_D，因而式（7.54）在整个振荡过程中均成立。

在足够高的频率 ω 下，当 δ_D 和 $\delta\overline{\Gamma}$ 随 ω 升高而降低，式（7.54）一直成立。然而，最重要的频率范围为 100Hz 附近，许多阻尼波实验证明了这一点（如 Lin 等，1991）。对振荡气泡，Johnson 和 Stebe（1993）指出 100Hz 频率范围是最有效的。此时，在无缓冲电解质条件下，$\delta_D \approx 1\mu m$，$\kappa^{-1} \approx 1\mu m$，式（7.54）在 $(z - z^+/2)\bar{\Psi}_{Sto} \approx 1$ 及单价表面活性剂离子的条件下成立。

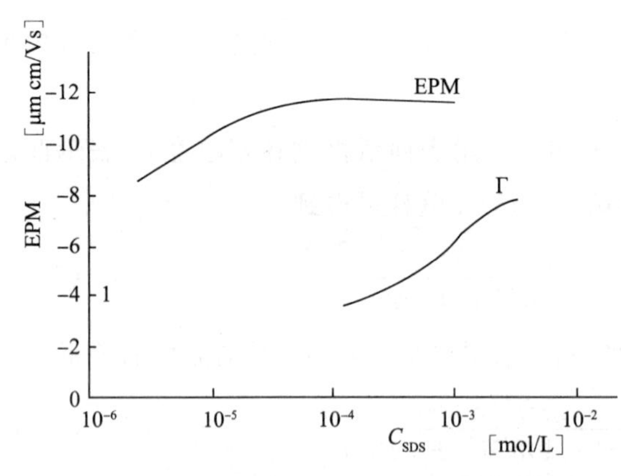

图 7.1　正庚烷液滴在 10～2M NaCl 溶液中的电泳淌度（EPM）随 SDS 浓度的变化

pH=5.5，t=25℃

在缓冲电解质存在的条件下，吸附动力学同样可受到静电阻滞效应的控制。对于强荷电表面和高电解质浓度条件，此结论仍成立。高至 200mV 的 Stern 电势可在通常的表面活性剂及电解质浓度下获得。从图 7.1 中在十二烷基硫酸钠和 10^{-2} M NaCl 条件下，采用电泳法测量水中正庚烷液滴的实验中可以清晰地看到此现象。

为在谐振扰动表面吸附-解吸过程物质交换过程中考虑静电阻滞效应，离子数量由下式描述

$$N(t) = \Gamma(t)A(t) \tag{7.55}$$

离子流量 $j(t)A(t)$ 改变了吸附离子的数量

$$j(t)A\mathrm{d}t = \mathrm{d}N \tag{7.56}$$

联立这两个方程可得

$$\frac{\mathrm{d}\delta\overline{\Gamma}}{\mathrm{d}t} + \frac{\mathrm{dln}A}{\mathrm{d}t} = j = \frac{Dc}{K(\Psi_{Sto})\Gamma_0}\delta\overline{\Gamma} \tag{7.57}$$

分析此式可知，比较包含 $\delta\overline{\Gamma}$ 的项，可得物质交换受静电阻滞作用影响而停止的条件。若式（7.57）右边的项可忽略，物质交换并不影响界面上的离子吸附数量。对于表面的谐振形变，以下关系式成立

$$\frac{\mathrm{d}\delta\overline{\Gamma}}{\mathrm{d}t}=\omega\delta\overline{\Gamma} \tag{7.58}$$

因此，采用以下定义式

$$k_{\mathrm{ad}}^{el}=\frac{Dc(\kappa^{-1})}{K(\Psi_{\mathrm{Sto}})}\left(\frac{2z}{z^{+}}+1\right) \tag{7.59}$$

在以下条件成立时

$$\frac{k_{\mathrm{ad}}^{el}}{\omega}\ll 1 \tag{7.60}$$

谐振扰动表面的任何物质交换均将停止。此时，由可溶表面活性剂离子构成的吸附层行为类似于不可溶单层。

7.5　离子型表面活性剂在对流扩散条件下吸附动力学的各阶段

若吸附过程在对流扩散条件下进行，则需对一重要特性参数——扩散层厚度 δ_{D}——进行讨论（参见 7.2 节）。这样可简化整个过程的描述。吸附离子流量可由式（7.27）和式（7.28）得到，可得如下关于 c（κ^{-1}，t）的表达式

$$c(\kappa^{-1},t)=\frac{c_{0}}{\left(1+\dfrac{\delta_{\mathrm{D}}}{K(\Psi_{\mathrm{Sto}})\,\overline{\Gamma}^{2z/z^{+}-1}}\right)} \tag{7.61}$$

该式为在 $\overline{\Gamma}^{2z/z^{+}-1}\ll 1$ 条件下的近似结果。将式（7.61）代入式（7.36）可得

$$j(\Gamma(t))=\frac{Dc_{0}}{K(\Psi_{\mathrm{Sto}})\,\overline{\Gamma}^{2z/z^{+}-1}}\left(1+\frac{\delta_{\mathrm{D}}}{K(\Psi_{\mathrm{Sto}})\,\overline{\Gamma}^{2z/z^{+}-1}}\right)^{-1}(1-\overline{\Gamma}^{2z/z^{+}-1}) \tag{7.62}$$

吸附过程的初始阶段较为复杂，难以描述，因而式（7.62）是在稳态条件下获得。

对于

$$\frac{K(\Psi_{\mathrm{Sto}})}{\delta_{\mathrm{D}}}\gg 1 \tag{7.63}$$

的情况，吸附弛豫时间与在扩散层外建立稳态扩散层所需的时间相比变得很长。

最初，表面势可以较小，阻滞系数的简化不能成立（参见式 7.11）。同时，吸附量初始值也很小（参见 7A.9）。若

$$\overline{\Gamma}\big|_{t=0}\leqslant\frac{\delta_{\mathrm{D}}}{K(\Psi_{\mathrm{Sto}})} \tag{7.64}$$

则可能出现弥散和扩散层边界处的浓度降低，可见于式（7.61）。因此，扩散层外的扩散过程对吸附的早期阶段具有影响，此时表面浓度、表面电荷和表面势均较小，因而阻滞作用也较弱。随时间延长，表面浓度提高，c（κ^{-1}，t）接近于 1。结果出现较强的阻滞

和较小的流量，因而扩散层中的浓度梯度降低。在此第二阶段，阻滞作用的增强意味着扩散层外的扩散变得不太重要。在两个阶段，式（7A.9）的条件均成立，式（7.62）可作简化，对于第一阶段为

$$j(\Gamma(t))=\frac{Dc_0}{K(\Psi_{\mathrm{Sto}})}\left(\left(1+\frac{\delta_{\mathrm{D}}}{K(\Psi_{\mathrm{Sto}})\,\overline{\Gamma}^{2z/z^+-1}}\right)\overline{\Gamma}^{(2z/z^+-1)}\right)^{-1} \tag{7.65}$$

对于第二阶段为：

$$j(\Gamma(t))=\frac{Dc_0}{K(\Psi_{\mathrm{Sto}})\,\overline{\Gamma}^{2z/z^+-1}} \tag{7.66}$$

第三阶段则对应于$\overline{\Gamma}$接近1的阶段。式（7.62）中的最后一个因子可忽略，该关系式可线性化为式（7.47）。

当第一个最快的阶段可忽略时，式（7.62）与式（7A.8）相同，而第二和第三阶段分别可用式（7A.11）和式（7A.14）描述。限定近似条件可对下节中的更为复杂的问题进行简化描述。

7.6 考虑静电阻滞和特定吸附阻碍作用的吸附动力学模型

基于 Henry 机理，如 4.4 节中所述，以及前节所述的吸附过程阶段划分方法，可同时将静电阻滞和特定的阻碍作用同时进行考虑。为此，如式（7.22）的 c（0，t）表达式可代入 Henry 速率方程式（4.32），可得

$$\frac{\mathrm{d}\Gamma}{\mathrm{d}t}=k_{\mathrm{ad}}\exp(z\,\overline{\Psi}_{\mathrm{St}}(t))\left(c(\kappa^{-1},t)-\frac{\mathrm{d}\Gamma}{\mathrm{d}t}\frac{K(\Psi_{\mathrm{St}}(t))}{D}\right)-k_{\mathrm{des}}\Gamma \tag{7.67}$$

整理得到

$$\frac{\mathrm{d}\Gamma}{\mathrm{d}t}=\frac{k_{\mathrm{ad}}\exp(z\,\overline{\Psi}_{\mathrm{St}})c(\kappa^{-1},t)-k_{\mathrm{des}}\Gamma}{1+k_{\mathrm{ad}}\exp(z\,\overline{\Psi}_{\mathrm{St}})K(\Psi_{\mathrm{St}})/D} \tag{7.68}$$

与式（7.61）相比较，可由式（7.68）和式（7.28）得到 c（κ^{-1}，t）的表达式。该关系式可用于描述准稳态吸附过程的第一阶段，其中两种阻滞机理均被忽略。由于较低的低表面浓度、表面电荷和表面势，静电阻滞作用较弱。当偏离平衡较远时，特定的阻滞作用也较弱。因此最初的吸附速率可足够快，扩散层中的浓度梯度较大。当吸附量增加时，吸附速率减缓，c（κ^{-1}，t）→c_0。式（7.68）可简化为

$$\frac{\mathrm{d}\Gamma}{\mathrm{d}t}=\frac{k_{\mathrm{ad}}\exp(z\,\overline{\Psi}_{\mathrm{St}})c_0-k_{\mathrm{des}}\Gamma}{1+k_{\mathrm{ad}}\exp(z\,\overline{\Psi}_{\mathrm{St}})K(\Psi_{\mathrm{St}})/D} \tag{7.69}$$

依据电中性条件，无量纲势能 $\overline{\Psi}_{\mathrm{Sto}}$ 可用关于吸附量和电解质浓度的表达式描述

$$\exp(z\,\overline{\Psi}_{\mathrm{St}})=\left(\frac{2z^+}{z\kappa}c^+/\Gamma\right)^{2z/z^+} \tag{7.70}$$

在较低的Γ下，式（7.69）中的第二项消失，即解吸量可忽略，得到如下关系式

$$\frac{\mathrm{d}\Gamma}{\mathrm{d}t}=\frac{k_{\mathrm{ad}}\exp(z\overline{\Psi}_{\mathrm{St}})c_0}{1+k_{\mathrm{ad}}\exp(z\overline{\Psi}_{\mathrm{St}})K(\Psi_{\mathrm{St}})/D} \tag{7.71}$$

按照式（7.26），exp（$z\overline{\Psi}_{\mathrm{St}}$）与 K（Ψ_{St}）的乘积与 exp（$-z^{+}\overline{\Psi}_{\mathrm{St}}$）成正比，分母中的第二项随吸附过程的推进增大。当 k_{ad} 的数值足够小时，前节所讨论的吸附的第二和第三阶段就可引入式（7.71）。对于第二阶段，式（7.71）变为

$$\frac{\mathrm{d}\Gamma}{\mathrm{d}t}=k_{\mathrm{ad}}\exp(z\overline{\Psi}_{\mathrm{St}})c_0 \tag{7.72}$$

其中包含两种阻滞过程：首先（k_{ad}）代表特定阻滞作用，其次 exp（$z\overline{\Psi}_{\mathrm{St}}$）代表静电阻滞作用。两种过程作用相乘，可使吸附速率发生巨大变化。然而，仅在足够低的 k_{ad} 值下，其贡献才较大。因此，由许多原因产生的特定阻滞作用，可能被离子型表面活性剂吸附动力学的静电阻滞作用增强。

若特定阻滞作用较弱，表面浓度的变化导致式（7.71）中分母的第二项占主导地位，吸附动力学仅由静电效应控制。

$$\frac{\mathrm{d}\Gamma}{\mathrm{d}t}=\frac{Dc_0}{K(\Psi_{\mathrm{St}})} \tag{7.73}$$

依据特定阻滞作用的强度，存在三种类型的动力学曲线。在非常强的特定阻滞作用下，两种机理的作用相乘。在较小的吸附阻滞作用下，产生两步过程。首先两种阻滞作用起作用，然后静电效应超过特定阻滞作用。最终，在非常低的吸附阻滞作用下，仅由静电效应控制整个阻滞过程。

当吸附过程完成后，脱附流的作用变得重要，式（7.47）需进行归一化处理。

7.7　离子吸附模型问题

在当前的静电阻滞理论中，仅采用了非常简单的模型以得到不同问题的解析解，并明确其机理中的物理问题。进一步工作的目标必然是考虑吸附等温式、缓冲电解质的种类及离子传递性质等对模型进行归纳。

对于吸附等温式，Stern-Martynov（1979）公式曾用于简化过程（参见第 2 章）。该等温式仅在有限的浓度区间内描述表面活性剂的吸附行为。Koopal（1993）提出了更好的吸附位解离-结合模型，可优先选择使用。

随表面能的提高，即随表面活性剂分子吸附的增加，静电阻滞作用也逐渐重要。特别是在某些具有高缓冲电解质浓度的实际体系中，只有当吸附层达到紧密堆积时，静电阻滞才发生作用。目前这种状态下的吸附过程还未做考虑。随缓冲电解质浓度的提高，平衡离子构成了 Stern 层。吸附层的电荷部分由扩散层和 Stern 层补偿［式（2.5）］，随 Stern 层中平衡离子的增加，该电荷减少。同时，Stern 电势降低，静电阻滞作用减弱。

Kretzschmar 等（1980）曾对此问题进行讨论。结果，静电阻滞作用在 NaCl 溶液中可能存在，而在 $CaCl_2$溶液中则消失。

Stern-Martynov 等温式未考虑吸附分子间的相互作用，但在 Frumkin 等温式中则做了考虑［参见式（2.43）］。Frumkin 等温式的经典形式来自非离子表面活性剂吸附层，Borwankar 和 Wasan（1986，1988）引入了静电相互作用。基于此推广的吸附等温式，Borwankar 和 Wasan 提出了考虑吸附层中吸附离子相互作用的离子吸附宏观动力学方法。另一方面，扩散层的弥散部分对平衡态的偏离在其模型中则被忽略。

Dukhin 等（1983）、Miller 等（1994），以及 Borwankar 和 Wasan（1986，1988）所用的理论均采用统一假定的方法，存在离子传递，且传递方程中的传递系数直至界面处均保持不变。另一个非常重要的限定条件是宏观动力学方法自身，其中忽略了吸附离子性质不同及尺寸有限的事实。吸附不仅在已被吸附离子占据的界面上不能发生，并且在这些区域附近的某些邻近区域也不能发生。当一个离子接近已经吸附的离子距离达到离子直径的几倍时，将会受到强烈的排斥作用。随着表面吸附离子覆盖率的上升，离子由亚表面向表面的迁移速度将随之降低。这种情况在宏观动力学框架内未予考虑，此问题应是理论研究的发展方向。

Mikhailovskij（1976，1980）首次考虑了表面活性剂离子穿过扩散层的迁移运动中 Debye 平衡离子环境的影响因素（参考 Kortüm 1966，Lyklema 1991）。与宏观动力学模型相反，Mikhailovskij 导出了多组分体系在外部电场影响下的动力学方程。导出的依据是关于一系列有关局部分配函数的 Bogolubow 方程。结果得到了以下电扩散方程

$$\frac{\partial n_i(\vec{\Gamma})}{\partial t}-\vec{\nabla}\left[D_i\,\vec{\nabla}n_i(\vec{\Gamma})+\frac{D_i n_i(\vec{\Gamma})}{kT}\,\vec{\nabla}(z_i e\Psi_i(\vec{\Gamma}))\right]=0 \tag{7.74}$$

其中 i 对应于不同类型的离子，并采用了平均场理论的符号。由于平均电场中每一点的离子分布相关性随离子类型的不同而不同，i 类型的离子其平均场的势能为 Ψ_i。其中的最关键步骤为对某一种类型离子通过扩散层弥散部分迁移过程的描述。应可证明，在式（7.19）的条件下，吸附离子的迁移可由离子在其他所有离子共同影响下形成的平均场中的扩散过程来描述。

$$\frac{\partial c}{\partial t}-\vec{\nabla}\left[D_{\text{eff}}\,\nabla c+\frac{eD_{\text{eff}}}{kT}zc\,\nabla\Psi\right]=0 \tag{7.75}$$

向准稳态吸附的转变使得式（7.75）可变换为式（7.5）。这样，Mikhailovskij 的工作成为了本章宏观动力学方法的非平衡统计学基础。

讨论宏观动力学方法存在局限性，但可通过分析式（7.74）和式（7.75）加以推广，Mikhailovskij 的工作成果对此具有非常重要的意义。Mikhailovskij 的结论为，平衡离子的 Debye 环境对于高价态离子穿过扩散层迁移的影响在足够低的缓冲电解质浓度下可忽略。这种条件对于不同价态的表面活性剂离子和不同的表面活性，需要进行必要的限定。

7.8 大分子离子吸附的静电阻滞

从物理学的观点，显然双电层会影响聚合电解质的吸附动力学。这种情况在研究扩散层对蛋白质吸附的影响时尤为重要。总之，大分子离子的Debye环境在考虑其穿过扩散层的传递过程时是不可忽略的。然而，在极限条件下，如非常低的缓冲电解质浓度、较小的Stern电势、刚性大分子结构及较小的尺寸等，才可应用宏观动力学方法。假如大分子离子的直径与Debye长度相比较小的话，则Debye环境对离子传递的影响可忽略（Hückel 1924）。在此情况下，作用于平衡离子环境的力有小部分传递至大分子离子。这种现象在电泳理论中较为常见（Debye和Hückel 1924），但仅在较小电势差及平衡离子环境约为25mV时才能成立。大分子离子的电势越高，其周围平衡离子的分布越多。同时，外场在大分子离子存在下对平衡离子传递的影响更大。

对于小分子吸附和大分子离子电势，重叠近似成立，通过扩散层迁移的大分子离子周围的电势分布由大分子离子的球形对称电势分布和带电平面附近扩散层的一维电势分布的重叠决定。采用这种重叠，可通过刚性球形大分子离子与扩散层间距计算其在相对较厚扩散层中的静电能。因此，作用于大分子离子上的力可由静电能的导数确定，并可代入吸附流量以替代式（7.21）中的 $ze(\partial\overline{\Psi}/\partial x)$ 项。最后，弱带电小尺寸球形大分子离子吸附动力学的静电阻滞系数可由式（7.25）通过简单地用静电能替代积分函数中的 $z\overline{\Psi}$ 计算得出。大分子离子吸附的较强静电阻滞作用可在限定条件 $\overline{\Psi}<1$ 下得到，因此时 $z\overline{\Psi}$ 的值可能非常大。总之，大分子离子吸附的静电阻滞作用即使在非常极端的条件下也较为明显，虽然还存在许多困难，但在较高缓冲电解质浓度和大量带电大分子离子的条件下，此问题的推广也非常重要。

在某些条件下，蛋白质吸附过程与扩散控制吸附动力学的预期相比较为缓慢，van Dulm和Norde（1983）将其归因为吸附分子在界面吸附前必须越过某种障碍。必须考虑这种由蛋白质分子和表面间的静电斥力产生的阻碍作用。这种现象与本节所讨论的内容相关，并且也有可能由某种长程力的作用产生。

如7.6节已讨论的内容，分子或离子从亚表面向界面的迁移也可能由其他特定的阻碍作用控制，这种阻碍作用也可能并非由离子通过双电层的静电阻滞作用。静电斥力的最大值在距界面间距约等于吸附大分子离子的半径处产生。

在某些实验研究中，并未观察到吸附蛋白质分子的静电排斥作用。例如，Hasegawa和Kitano（1992）在pH为3～7或电解质浓度在0.01～0.1M范围内，并未在蛋白质吸附动力学中获得任何带电作用的证据。然而，这种结果并非普遍存在，在本章目前的结论中，可推断在较低电解质浓度下，存在静电阻滞作用。与此相反，Elgersmo等（1992）研究了在低缓冲物 NaH_2PO_4 浓度（0.005M）下的吸附过程，并观察到了静电相互作用。

7.9 问题的数值解

MacLeod 和 Radke（1994）近期提出了离子型表面活性剂向吸附界面扩散迁移模型的数值解。该模型同时考虑了表面活性剂分子、平衡离子及缓冲电解质在电场中相互作用，最终带点表面活性剂分子吸附于界面过程的扩散和迁移。

具有 z_i 价态的三种带电物种（1—表面活性剂，2—平衡离子，3—共离子）在某种电势作用下的迁移由式（7.75）确定，具有以下形式

$$\frac{\partial c_i}{\partial t}=D_i\frac{\partial}{\partial x}\left[\frac{\partial c_i}{\partial x}+z_i c_i\frac{F}{RT}\frac{\partial \Psi}{\partial x}\right], i=1,2,3 \tag{7.76}$$

电势通过 Poisson 方程与颗粒分布相关

$$\frac{\partial^2 \Psi}{\partial x^2}=-\frac{F}{\varepsilon}\sum_{i=1}^{3} z_i c_i \tag{7.77}$$

初始条件和远离界面的边界条件如下

$$c_i(x,0)=c_{io} \tag{7.78}$$

$$c_i(\infty,t)=c_{io} \tag{7.79}$$

以及

$$\Psi(\infty,t)=0 \tag{7.80}$$

界面 $x=0$ 处吸附离子的物质平衡如下

$$\frac{d\Gamma_1}{dt}=D_i\left[\frac{\partial c_1}{\partial x}\bigg|_{x=0}+z_1 c_1\frac{F}{RT}\frac{\partial \Psi}{\partial x}\bigg|_{x=0}\right], \text{当 } x=0 \tag{7.81}$$

无特定吸附物种平衡离子和共离子的物质平衡如下

$$\frac{\partial c_i}{\partial x}\bigg|_{x=0}+z_i c_i\frac{F}{RT}\frac{\partial \Psi}{\partial x}\bigg|_{x=0}=0, \text{当 } x=0 \text{ 及 } i=2,3 \tag{7.82}$$

至于势能和表面浓度的相互关系，可假定是能梯度和表面活性剂的表面浓度与总表面电荷成正比，可得边界条件如下

$$\frac{\partial \Psi}{\partial x}\bigg|_{x=0}=-z_1\frac{F}{\varepsilon}\Gamma_1 \tag{7.83}$$

基于 Frumkin 型吸附等温式（参见第 2 章），整理成 c（Γ）的形式如下

$$\Gamma_1=\Gamma_\infty\frac{c_1/a}{c_1/a+\exp\left[-\frac{2\alpha'}{RT\Gamma_\infty}\frac{\Gamma_1}{\Gamma_\infty}\right]} \tag{7.84}$$

采用有限差分方法可得整个偏微分方程组的数值解。MacLeod 和 Radke（1994）的最初结果显示随扩散层厚度的增加，电场逐渐衰减为零，如图 7.2 所示。采用与图 7.2 相同的参数计算得到的扩散层厚度变化如图 7.3 所示。

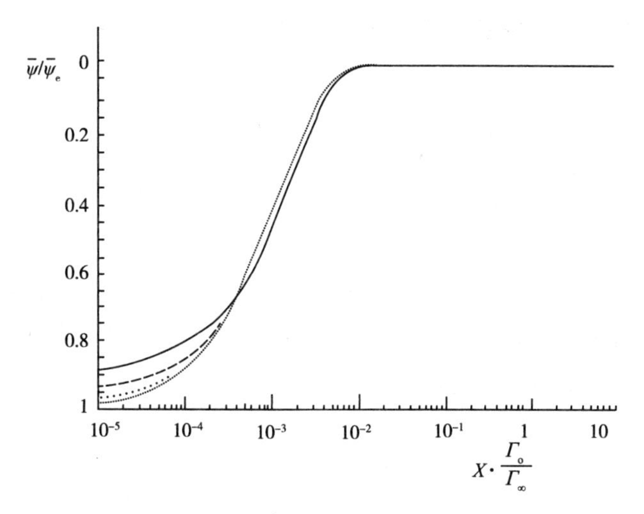

图 7.2 在 $c_{lo}/a=10$，$\alpha'=0$，$\sum_{i=1}^{3} z_i^2 c_{lo} = 2$，$\kappa\Gamma_\infty/c_{lo}=350$ 和 $D_i/D_l=1$，

$\Theta\left[\frac{\Gamma_0}{\Gamma_\infty}\right]^2=10^{-4}$（—），$10^{-3}$（- -），$10^{-2}$（• • •），$10^{-1}$（…）

条件下计算得到的势能函数 $\Psi\left(X\frac{\Gamma_0}{\Gamma_\infty}\right)$

MacLeod 和 Radke（1994）

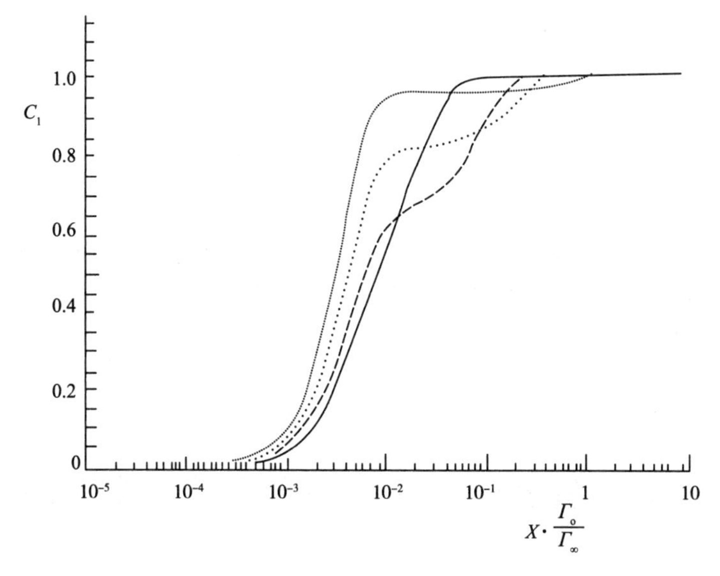

图 7.3 在 $c_{lo}/a=10$，$\alpha'=0$，$\sum_{i=1}^{3} z_i^2 c_{io}/c_{lo} = 2$，$\kappa\Gamma_\infty/c_{lo}=350$ 和 $D_i/D_l=1$，

$\Theta\left[\frac{\Gamma_0}{\Gamma_\infty}\right]^2=10^{-4}$（—），$10^{-3}$（- -），$10^{-2}$（• • •），$10^{-1}$（…）

条件下从式（7.76）～式（7.84）计算得到的 $c(X, \Theta)/c_{lo}$ 值

MacLeod 和 Radke（1994）

随时间延长，双电层外部的浓度提高，扩散层厚度增加。图 7.4 显示了无因次表面浓度对无因次时间的关系。

正如预期，离子型表面活性剂的迁移（$\sum_{i=1}^{3} z_i^2\, c_{io}/\,c_{lo} = 2$ 表示无额外的缓冲电解质）比非离子表面活性剂的迁移要慢。当缓冲电解质增加时，双电层厚度减小，因此电荷对表面活性剂迁移的作用减弱。MacLeod 和 Radke（1994）的进一步计算也证明了相对浓度、离子价态和扩散性的影响。这种分析表明离子的迁移效应对其吸附过程的影响非常直接。进一步的工作必须特别考虑离子型表面活性剂吸附层以及附近体相的平衡态，因这些模型的计算均基于 Gouy-Chapman 双电层模型。

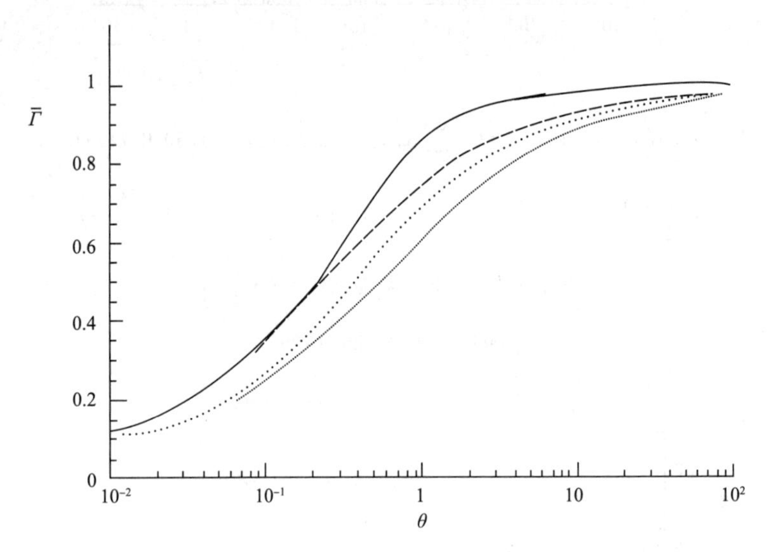

图 7.4　在 $c_{lo}/a=10$，$\alpha'=0$，$\kappa\Gamma_\infty/c_{lo}=350$ 和 $D_i/D_l=1$，$\sum_{i=1}^{3} z_i^2\, c_{io}/\,c_{lo}=202$（—），22（- -），4（• • •），2（…）条件下从式（7.76）～式（7.84）计算所得的表面浓度对时间的函数实线对应于从 Ward 和 Tordai 方程（4.1）计算所得非离子表面活性剂吸附数据 MacLeod 和 Radke（1994）

7.10　离子型表面活性剂的吸附动力学实验研究

目前还未对离子型表面活性剂吸附动力学进行系统考察。与非离子表面活性剂相比，对离子型表面活性剂吸附的特性关注较少。因而，也不可能将理论与实验数据进行量化比较。但是，某些实验数据与理论值存在定性吻合。

Kretzschmar 等（1980）发现了离子价态的重要影响。根据其发现，四价离子（Na_4 -壬基二磷酸盐）的吸附比二价离子（Na_2 -壬基硫酸盐）的速度要慢得多。从式（7.4）、式（7.22）和式（7.26）可得到吸附的时间相依关系如下：

$$\frac{d\Gamma}{dt}=Dc(\kappa^{-1})\exp\left[\left(-z+\frac{z^{+}}{2}\right)|\Psi_{St}|\right]\left(\frac{z}{z^{+}}-\frac{1}{2}\right) \tag{7.85}$$

在式（7.11）的条件下，表面电荷和电势的关系可简化为（参加第 2 章）：

$$\Gamma=\frac{\sigma}{z^{+}F}=2c_{el}\kappa^{-1}sh\left(\frac{z^{+}\overline{\Psi}_{St}}{2}\right)\approx c_{el}\kappa^{-1}\exp\left(\frac{z^{+}\overline{\Psi}_{St}}{2}\right) \tag{7.86}$$

联立式（7.85）和式（7.86）可得

$$D\kappa c(\kappa^{-1})\left(\frac{z}{z^{+}}-\frac{1}{2}\right)dt=\exp\left(\left[z-\frac{z^{+}}{2}\right]|\Psi_{St}|\right)\frac{d\Gamma}{d\overline{\Psi}_{St}}=\exp[z|\Psi_{St}|]c_{el}\kappa^{-1} \tag{7.87}$$

经积分可得

$$t=\exp[z|\Psi_{St}|]\frac{zc_{el}}{Dc(\kappa^{-1})}\frac{\kappa^{-2}}{\left(\frac{z}{z^{+}}-\frac{1}{2}\right)} \tag{7.88}$$

联式（7.86）和式（7.88）可得以下结论

$$\Gamma(t)\sim t^{z^{+}/2z} \tag{7.89}$$

仅在假定的条件下成立。

根据式（7.85），当 $z=2$ 变为 $z=4$ 时，该函数的幂减小。当平衡离子的位置在 Stern 层中列入考虑范围后，可采用此理论对实验数据进行更合理的量化解释。采用传递问题的数值解解释实验数据是另一种处理方法，可对涉及双电层的模型进行有效的改善。

Fainerman（1978，1986，1991）考察了缓冲电解质浓度对 SDS 吸附动力学的影响。随电解质浓度的提高，SDS 的表面活性增强。然而，当电解质浓度过高（$c_{el}>0.01$M）时，则无法对动力学数据进行量化解释，此时表面活性剂离子的尺寸为扩散层厚度（3nm）的数倍。如前所述，此种情况下连续方法不够准确。

7.11　小结

与平衡吸附行为类似，离子型表面活性剂的吸附动力学与非离子表面活性剂相比具有某些特殊性。众所周知在平衡条件下，吸附离子间的静电斥力降低了表面浓度。更进一步，在非平衡条件下，吸附层内离子和穿过扩散层的吸附流中的离子间的静电斥力与非离子表面活性剂的情况相比，也造成吸附动力学的延缓。吸附层和双电层内任何可增强静电斥力的条件可同时加强这种阻滞作用。在吸附过程中，由于表面电荷的增加以及表面活性剂的表面活性、价态和浓度的提高，阻滞作用的效率也相应提高。相反，缓冲电解质浓度和平衡离子价态的提高将是阻滞作用减弱，因吸附的高价态离子可中和表面电荷。

早期的工作在静电阻滞作用的宏观动力学理论方面进行了尝试。首先发现吸附动力学的速率由于亚表面中吸附表面活性剂共离子浓度的降低而降低。采用双电层内在传递过程中任何时刻的准平衡假设对这种影响进行了解释。这种假设包括双电层可在吸附过程中表面电荷发生变化的瞬时建立准平衡条件，此外，吸附共离子的分布对从扩散层弥散部分平衡的偏离对阻滞效应也有一定贡献。这种偏离由吸附流引起，并以准稳态方法获得。该方法与分散颗粒的缓慢凝聚理论有许多相似之处，两种方法中的流量均由相同的方程描述。其差异在于分别反映颗粒或离子与界面相互作用能的空间函数的不同。其积分方法与Fuchs在其缓慢凝聚理论中采用的吸附流量方程的方法类似。该积分的结果具有相同的形式，只是凝聚理论中的稳定性由吸附理论中的静电阻滞常数代替。尽管这两种不同的过程具有较强的相似性，吸附模型仅是一种近似的结果，且仅在某些条件下成立。两种理论的主要区别在于采用的边界条件不同所致凝聚的不可逆性和吸附过程的可逆性。

对于表面活性剂离子通过扩散层的过程获得的方程将吸附动力学描述为一种可逆过程。该理论关于离子吸附动力学的最新定性结果在吸附和解吸过程中均加入了静电阻滞作用，这种作用在接近平衡的过程中具有重要意义。这种情况存在于谐振扰动表面，用于考察如毛细波衰减或振荡气泡等的吸附动力学。在足够高的频率下，扩散层变得非常薄，吸附-解吸的变换过程仅受离子穿过扩散层的传递，即静电阻滞作用控制。在强静电阻滞作用影响下，在表面积发生震荡变化的较小周期内，可忽略物质交换，可溶吸附层的行为类似不可溶单层。至于吸附动力学，离子型表面活性剂吸附层的性质由可溶和不可溶表面活性剂的性质决定。

存在很多种作用可阻碍离子型和非离子表面活性剂吸附/解吸过程中表面活性剂和吸附层的物质交换。与这些特定的阻碍作用相反，静电阻滞作用仅在扩散层和弥散层的边界发生作用。这样，特定阻滞作用和静电阻滞作用并不重叠而具有复合效应。这意味着即使在单独每种效应的作用并不重要的时候，两种效应的共同作用也可观测到。两种效应的相互扩大的现象在目前的理论中进行了定性的描述。通过改变电解质浓度和pH值改变静电环境可对特定阻滞作用和静电阻滞作用进行系统研究。

最后，应注意到传递方程的直接数值解可获得更精确的量化结果。这种解复杂偏微分方程组的方法并不复杂。MacLeod和Radke（1994）采用相对简单的双电层模型获得了最初的结果。

参考文献

Borwankar, R. P. and Wasan, D. T., Chem. Eng. Sci., 41 (1986) 199.

Borwankar, R. P. and Wasan, D. T., Chem. Eng. Sci., 43 (1988) 1323.

Debye, P. and Hückel, E., Phys. Z., 25 (1924) 49.

Dukhin, S. S., Glasman, J. M. and Michailovskij, V. N., Koll. Zh., 35 (1973) 1013.

Dukhin, S. S. and Derjaguin, B. V., "Electrokinetic Phenomena", in Surface and Colloid Science, E. Matijevic (Ed.), Vol. 7, Wiley, New York, 1974.

Dukhin, S. S. and Shilov, V. N., "Dielectric Phenomena and Double Layer in Disperse Systems and Polyelectrolytes", in Surface and Colloid Science, E. Matijevic (Ed.), Vol. 7, Wiley, NY, 1974.

Dukhin, S. S., Malkin, E. S. and Mikhailovskij, V. N., Koll. Zh., 38 (1976) 37.

Dukhin, S. S., Miller, R. and Kretzschmar, G., Colloid Polymer Sci, 261 (1983) 335.

Dukhin, S. S. and Lyklema, J., Langmuir, 3 (1987) 95.

Dukhin, S. S. and Miller, R., Colloid Polymer Sci, 269 (1991) 923.

Dukhin, S. S., Adv. Colloid Interface Sci., 44 (1993) 1.

Elgersmo, A. V., Zsom, R. L. I., Lyklema, J. and Norde, W., Colloids Surfaces, 65 (1992) 17.

Fainerman, V. B., Koll. Zh., 40 (1978) 769.

Fainerman, V. B. and Jamilova, V. D. Zh. Fiz. Khim., 60 (1986) 1184.

Fainerman, V. B., Colloids Surfaces, 57 (1991) 249.

Fuchs, N. A., Z. Phys., 89 (1934) 736.

Glasman, J. M., Michailovskij, V. N. and Dukhin, S. S., Koll. Zh., 36 (1974) 226.

Hasegawa, M. and Kitano, H., Langmuir, 8 (1992) 1582.

Hückel, E., Phys. Z., 25 (1924) 204.

Johnson, D. O. and Stebe, K. J., J. Colloid Interface Sci., (1993) in press.

Joos, P., van Hunsel, J. and Bleys, G., J. Phys. Chem., 90 (1986) 3386.

Koopal, L. K., in "Coagulation and Flocculation", B. Dobias (Ed.), Marcel Dekker, New York, 1993.

Kortüm, G., Lehrbuch der Elektrochemie, Verlag Chemie, Weinhein/Bergstr., 1966.

Kretzschmar, G., Dukhin, S. S., Genais, C., Mikhailovskij, V. N., Koll. Zh., 42 (1980) 644.

Levich, V. G., Physico-chemical Hydrodynamics, Prentice Hall, Englewood Hill, NewYork, 1962, Chapter VI.

Lin, S. -Y., McKeigue, K. and Maldarelli, C., Langmuir, 7 (1991) 1055.

Listovnichij, A. V. and Dukhin, S. S., Koll. Zh., 46 (1984) 1094.

Lyklema, J., Fundamentals of Interface and Colloid Science, Academic Press, 1991, Vol. 1.

MacLeod, C. and Radke, C., Langmuir (1994), in press.

Martynov, G. A., Elektrochimiya, 15 (1979) 494.

Michailovskij, V. N., Dukhin, S. S. and Glasman, J. M., Koll. Zh., 36 (1974) 579.

Michailovskij, V. N., Thesis "Kinetics of Adsorption of High Valency Ions", Moscow University, 1980.

Michailovskij, V. N. and Malkin, E. S., ITF-76-4ER, Institute of Theoretical Physics, Kiev, 1976.

Miller, R., Dukhin, S. S. and Kretzschmar, G., Colloid Polymer Sci., 272 (1994) 548.

Overbeek, T., Kolloid Beihefte, 59 (1943) 287.

van Dulm, P. and Norde, W., J. Colloid Interface Sci., 91 (1983) 248.

第8章　上浮气泡的动态吸附层，非离子表面活性剂的扩散控制传递

8.1　基本问题

气泡和液滴在液体中的运动受到吸附动力学和表面活性剂分子从液体表面解吸的影响。经过特定时间，这种运动趋于平缓并达到稳定状态，气泡周围的水动力场，特别是其表面的运动，是这种过程的驱动力。因需要解非稳态对流扩散方程，这种短暂过程难以进行考察。研究更关注对流扩散和吸附/解吸的稳态过程。与最初时吸附层和亚表面间偏离平衡导致的吸附/解吸相比，吸附物质的总量在上浮气泡达到稳态后不变。因此，定性不同的性能参数，而非吸附的时间相依性，决定了由上浮气泡水动力场所致吸附动力学的特性。气泡的稳态运动引起其与亚表面间吸附-解吸过程的物质交换，物质吸附于气泡表面某部分的量等于从另一部分解吸的量。表面浓度沿上升气泡表面发生变化，在气泡运动方向后面的一点（后极点）达到最大值，而在运动方向前面的一点（前极点）为最小值(Frumkin 和 Levich 1947)。

气泡两极点之间的表面浓度差异是其运动的结果。随运动加快，其差异变大，当气泡运动停止时，这种差异消失。因此运动气泡表面吸附层的状态与静止气泡表面存在性质上的不同。这种吸附层称为动态吸附层（Dukhin 1965）。因而，动态吸附层（DAL）与新鲜形成表面上偏离平衡吸附的过程具有相似的时间相依性（动力学）。

上升气泡中的吸附动力学问题可变换为动态吸附层中的问题。作为这种变换的结果，吸附动力学与其他由吸附过程中角度相依的过程具有耦合关系。除气泡表面法向的扩散传递之外，沿吸附层的横向表面传递过程导致局部吸附量减少。表面张力梯度产生了 Marangoni 效应，与非均匀相关联，并产生反馈作用。气泡周围的水动力场产生吸附/解吸物质交换，导致动态吸附层的出现，阻碍表面运动，并反作用于水动力场和吸附-解吸物质交换过程。

动态吸附层与平衡吸附层的不同不仅在于角度依赖性，也存在于气泡表面的平均吸附量（Sadhal 和 Johnson 1983）。通常，在泡沫浮选中，表面活性剂回收率的计算是基于上浮气泡表面的平衡吸附假设。动态吸附理论则完全改变了表面活性剂浮选的概念。因此气泡-溶液界面的传递机理对于表面活性剂溶液-泡沫边界的传递过程具有重要影响。

表面活性剂浮选仅是需要通过气泡和表面活性剂溶液间的吸附-解吸过程中的物质交换进行优化的许多技术之一。因此，该问题具有重要意义，也出现了许多关于此问题的专著。除众所周知的 Clift 等（1978）的工作之外，Chabra 和 De Kee（1990）近期初版的专著集和 Quintana（1990）的综述也值得关注。

8.1.1　动态吸附层和表面阻滞的定量描述

浮动气泡的表面状态与其尺寸相关。适当大小的气泡可发生运动，结果吸附的表面活性剂被拉向气泡后方，因此即使在稳态条件下，运动气泡表面的吸附量与静止气泡表面的吸附值 Γ_0 也完全不同（在相同表面活性剂体相浓度的前提下）。

浮动气泡的运动表面前端受到拉伸，下面部分被压缩（Levich 1962）。表面新形成的部分由吸附物质填充，表面压缩部分的物质则发生解吸。上浮气泡前端的表面浓度低于 Γ_0，为表面活性剂（或吸附的有机离子）从体相到拉伸表面提供连续的补充。上浮气泡后半部分的表面浓度高于 Γ_0，引起表面活性剂的解吸。这样，Γ（θ）沿着气泡运动的相反方向升高，即从前极（$\theta=0$）到后极（$\theta=\pi$），其中角度 θ 从前极开始计算。

向气泡前端表面提供表面活性剂，以及表面活性剂从下半部返回体相的过程由扩散控制，并导致所谓表面附近扩散边界层的形成，其厚度 δ_D 远小于气泡半径 a_b。

$$\delta_D = a_b / \sqrt{Pe} \tag{8.1}$$

其中 Pe 为下式定义的 Peclet 准数

$$Pe = a_b v/D = Re\nu/D \tag{8.2}$$

Re 为雷诺准数

$$Re = 2a_b v/\nu \tag{8.3}$$

式中，v 为气泡上浮速度，$v=\eta/\rho$，η 和 ρ 分别为液体的密度和黏度；D 为表面活性剂分子的扩散系数。

气泡前段扩散层中的浓度小于体相浓度，其动态吸附层中的浓度从前极到后极逐渐增加。在给定的 θ 值，可保持表面浓度 Γ（θ）和附近表面 c（a_b，θ）之间的局部平衡。

$$\Gamma(\theta)/c(a_b,\theta) = \Gamma_0/c_0 = K_H \tag{8.4}$$

式中，Γ_0 为静止气泡表面的平衡浓度，此时表面活性剂体相浓度为 c_0；K_H 为衡量表面活性剂表面活性的所谓 Henry 常数。

这种情况下，由于表面运动对动态吸附层形成的影响及其反作用过程，形成了一种微妙的平衡，如图 8.1a。

吸附量沿液体运动方向增长，但表面张力则随之降低。这导致指向流动反方向作用力的出现，阻止了表面运动，如图 8.1b。因而，动态层理论的基础应为考虑表面运动对吸附-解吸过程的影响的扩散方程以及结合吸附层对液体界面运动影响的流体力学方程的通解（Levich 1962）。

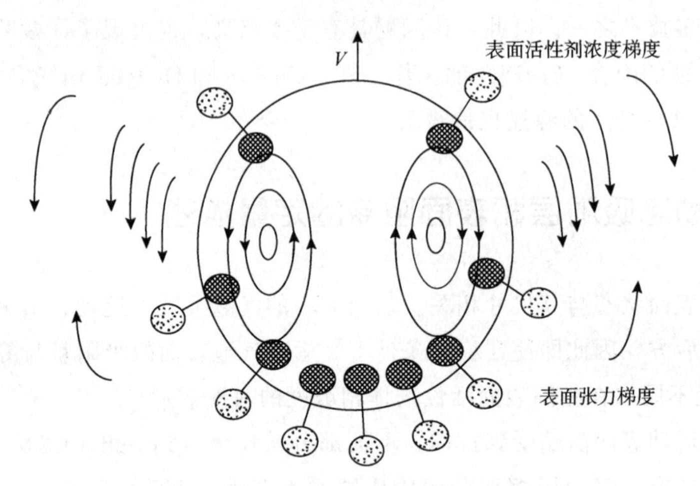

图 8.1a　界面对流产生的表面浓度梯度

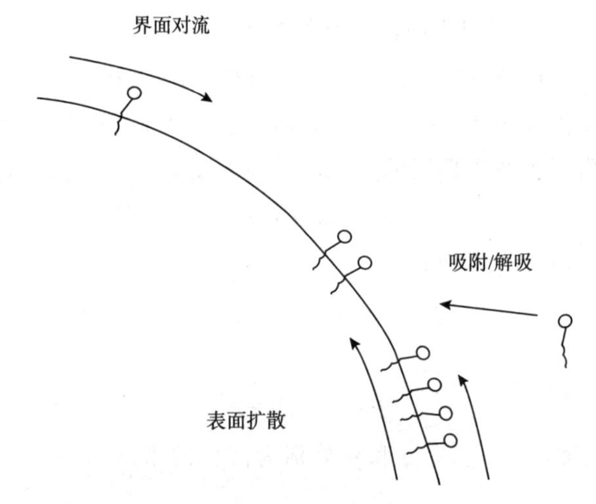

图 8.1b　气泡界面处的传递过程

8.1.2　气泡流体力学和界面流变学

假如没有浮动速度和气泡周围水动力场的相关信息，不可能对表面活性剂来自或朝向浮动气泡表面扩散的过程进行理论描述。首先对此进行定量描述采用的是相对较简单的实验方法，其中采用了 Navier-Stokes 方程定义浮动气泡周围的水动力场。该方程的解必须满足气泡表面处的所有边界条件。必须承认此问题不存在解析通解。这种困难可通过两种极端情况得以解决：气泡在小雷诺准数条件下（$Re<1$，Stokes 条件）或在非常大的雷诺准数条件下（$Re\gg1$）上升。在前一种情况下，Navier-Stokes 方程中的惯性项可消去，而在第二种情况下，可消去的则为黏性项。

假如液滴或气泡表面静止，坐标系统随气泡一起运动，则浮动速度与固体球的相同。特别是在小雷诺准数情况下，液滴运动可用 Stokes 公式描述

$$v_{St}=\frac{2a_b^2}{9\eta}g \tag{8.5}$$

式中，g 为重力加速度。假如液滴表面静止，则液滴内部会产生速度分布。速度在液滴表面的分布可由液滴内部和周围液体的 Navier-Stokes 方程的集合解获得。当穿过相界面时，对于速度和黏性应力张量，连续性条件必须成立。在这些边界条件下，Rybczinski（1911）和 Hadamard（1911）分别独立给出了液体中上浮液滴的 Stokes 方程［在非常小的雷诺准数下（$Re\ll 1$）的线性化 Navier-Stokes 方程］的解。当然，对于浮动气泡，当其黏度设定为零时（忽略气体和液体黏度的数量级差异的影响），该解依然成立。根据 Hadamard-Rybczinski 近似，浮动气泡的速度可用下式表达

$$v=\frac{1}{3}\frac{a_b^2\rho}{\eta}g \tag{8.6}$$

任何表面运动均能够降低速度差和黏性应力。结果流体力学阻力减小，与 Stokes 方程（8.5）相比，如式（8.6）描述的气泡上浮速度增加约 1.5 倍。在早期实验中，在 $Re<1$ 的情况下，发现直径小于 0.01cm 的气泡行为类似刚性球，因其速度可用 Stokes 公式（8.5）描述（Lebedev 1916）。同时，Bond（1927）发现尺寸足够大的液滴在式（8.6）描述的速度下发生沉降。为克服 Hadamard-Rybczynski 理论的矛盾，Boussinesq（1913）提出了表面速度影响的假说，并得到了以下关系式

$$v=\frac{2}{3}\frac{\rho-\rho'}{\eta}ga_b^2\frac{\eta+\eta'+2\eta_s/a_b}{2\eta+3\eta'+2\eta_s/a_b} \tag{8.7}$$

式中，η 和 η'，以及 ρ 和 ρ' 分别为液滴内部和外部液体的黏度和密度；η_s 为表面黏度。

重新讨论 Hadamard-Rybczynski 理论，Levich（1962）认为引入 Boussinesq 提出的表面黏度概念并不重要，在相当程度上此为 Marangoni 效应。Frumkin 和 Levich（1947）推测运动液滴表现为固体球的异常实验结果可通过向液滴后部迁移的表面活性物质的存在加以解释。表面浓度梯度以及伴随的界面张力梯度，可假定为液滴速度减缓的原因。后续的实验结果（Gorodetskaya 1949）定性证明了 Levich 的理论。

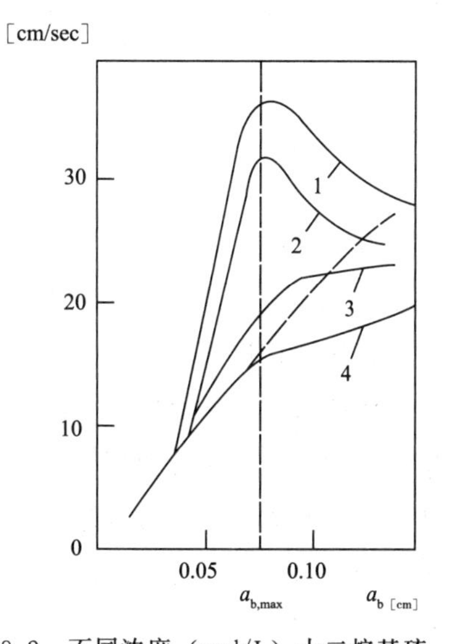

图 8.2　不同浓度（mol/L）十二烷基硫酸钠水（蒸馏水）溶液中上浮气泡速度
1—0，2—10^{-6}，3—1.2×10^{-5}
虚线-蒸馏水中的刚性气泡

由于两种效应的产生均由于表面活性剂的存在，关于“表面黏度效应”对“表面张力梯度效应”的争论意义非凡。这种争论后来发展至解决表面活性剂产

生的阻尼波这一经典问题。Okazaki (1964) 发表的表面活性剂水溶液中上升气泡的速度数据如图 8.2 所示。

图中虚线对应于刚性气泡，系从密度为 2.37g/m^3 的玻璃球实验数据获得。对于较大气泡，表面活性剂具有显著的作用。较小气泡的上升过程等同于刚性球，即使在完全洁净的液体中也是如此：在 $c>10^{-3}$M 下，从 $a_b=0.03$cm ($Re=36$) 直至 $a_b=0.065$cm ($Re=182$)。即便在很低的浓度，如 10^{-6}M 下，气泡速度也有显著的降低。

8.1.3 扩散边界层和移动气泡动态吸附层的理论基础

随着液体中的对流扩散理论的发展，Levich (1962) 在其物理-化学流体力学的工作中提出了扩散边界层和动态吸附层的理论基础。液体中对流扩散的各种问题得到解决，对于描述液体中速率受到扩散动力学控制的不同异相过程具有重要意义。与本章目标相关，对于扩散边界层问题及其具体结果，仅报道了一些通用方法 (Levich 1962)。这与气泡的动态吸附层理论直接相关。

对于对流扩散过程的数学描述基于对流扩散方程的解

$$\frac{\partial c(\theta,z,t)}{\partial t}+v(\theta,z)grad\ c(\theta,z,t)=\Delta Dc(\theta,z,t) \tag{8.8}$$

式中，$c(\theta, z, t)$ 和 $\nu(\theta, z)$ 分别为液体的浓度和速度分布。若将此方程分解为无因次形式，并假定静止条件，该过程可通过无因次 Peclet 准数 $Pe=\frac{v_0L}{D}$ 进行表征，其中 v_0 和 L 分别为特征流动速度和特征长度。可以方便地将 Pe [参见式 (8.2)] 用雷诺准数 Re 和 Prandtl 准数 Pr 表达，后者仅与介质性质相关。

$$Pe=RePr \tag{8.9}$$

其中 $Pr=v/D\sim10^3$。与大雷诺准数的黏性液流相似，分子黏性的作用在薄边界层中增加，液体流动收到阻滞，且速度差局域化。在大 Peclet 准数下，促进了分子在薄边界层中的扩散，该层称为扩散层。

流体力学层的厚度 δ_G 可通过 $L/R_e^{n_1}$ 进行估算，相似地，扩散层厚度 δ_D 可估算为 $L/R_e^{n_2}$，其中 n_1 和 n_2 的数值并不一定相同。因此，当 $n_1=n_2$ 时，可粗略地将 δ_D/δ_G 估算为 $P_r^{-n_1}$。类似流动液体的动力学黏度数量级为 $v\approx10^{-2}$ cm^2/s，分子和离子在水溶液中的扩散系数数量级为 $D\approx10^{-5}$ cm^2/s，对于大分子 $D\approx10^{-6}$ cm^2/s。这样，在水和类似液体中，$Pr\approx10^3$，δ_D远小于 δ_G。这意味着扩散边界层在不存在流体力学边界层的条件下出现，在此条件下，无论 $Re\gg1$ 还是 $Re\ll1$ 的情况下，$Pe\gg1$ 均成立。

需指出的是在对流扩散问题的框架内，应对速度分布 $v(z)$ 有所了解，其在式 (8.8) 的左边出现。在小或大雷诺准数的限定条件下，流体力学问题可解。因而，需发展 $Re\ll1$ 和$Pe\ll1$，以及 $Re\gg1$ 和 $Pe\gg1$ 的两种限定条件下的边界扩散层理论。

以下讨论的重点是动态吸附层和边界扩散层，其中由于表面活性剂吸附在气泡（液滴）运动表面上某部分的吸附与其从其他部分的解吸之间的相互作用，显示出严格的静态特性。边界条件中必须考虑表面活性剂沿表面的对流传递及表面和体相间的交换。相应的边界条件可用下式表示

$$div_s(\Gamma(\theta)v_\theta(\theta) - D_s grad\Gamma(\theta)) = -j_n(\theta) \tag{8.10}$$

其中 D_s为表面活性剂扩散系数，j_n为体相向表面流动密度的法向分量，v_0为气泡表面的速度分布。因此，此边界条件包含了沿表面对流和表面扩散引起的物质传递过程。在较小吸附时间（高吸附速度）下，可认为在气泡表面 c（a_b，θ）存在吸附量 Γ（θ）和体相浓度的局部平衡。这意味着 Γ（θ）和 c（a_b，θ）间及 Γ_0和 c_0间存在相同的函数关系。在远未达到饱和时，这种函数关系可认为是线性的，如式（8.4）。吸附速率 j_n取决于扩散速率

$$j_n = -D\frac{\partial c(z,\theta)}{\partial z}\Big|_{z=a_b} \tag{8.11}$$

因此在高吸附速率下，式（8.10）左右两边出现的数值可用浓度分布表示，该式变为式（8.8）的边界条件。

在式（8.8）中，速度场的分量通常为非常复杂的函数。具有可变系数的偏微分方程非常难解。该问题可通过在扩散层内，扩散层厚度 δ_0远小于速度分量发生显著变化的典型距离，即 $\delta_D \ll \delta_G$这一近似得到简化。

该问题可通过引入流量函数 Ψ 作为新变量将对流扩散方程变换为已得到充分研究的热传导方程而有效解决。依据流量函数，速度分量在球面座标 z 和 θ 中为

$$v_\theta = -\frac{1}{z\sin\theta}\frac{\partial\Psi}{\partial z}; v_z = -\frac{1}{z^2\sin\theta}\frac{\partial\Psi}{\partial\theta} \tag{8.12}$$

将这些表达式代入式（8.8）左边，可得

$$v_z\frac{\partial c}{\partial z} + \frac{v_\theta}{z}\frac{\partial c}{\partial\theta} = D\left(\frac{\partial^2 c}{\partial z^2} + \frac{2}{z}\frac{\partial c}{\partial z}\right) \tag{8.13}$$

对于稳态过程，方程此部分可变换为 v_θ（$\partial c/\partial z$）。

在式（8.8）右边，出现了 Ψ 的二阶导数，可得到具有变量 θ 和 Ψ 的类似用于描述稳态热传导的方程。同时也具有与热传导系数类似的变量，其量级由速度场决定。

移入另一种液体的气泡或液滴，当其 $Re \ll 1$ 时，可对其表面扩散流进行分析。按照 Hadamard-Rybczynski 的观点，液滴表面处于运动状态，表面速度场可用下式表达

$$v_\theta(a_b,\theta) = v_0\sin\theta \tag{8.14}$$

Hadamard-Rybczynski 公式对于 $\eta' \ll \eta$ 的移动气泡问题同样成立。采用 Hadamard-Rybczynski 速度场，可以简便地指示扩散边界层速度切向分量的差异，表面速度场可忽略。这也是式（8.8）可简化为变量 θ 和 Ψ，右边得到一个不依赖于 $\Psi = x\sin^2\theta$ 条件的系数之原因所在。

$$\frac{\partial c}{\partial\theta} = \frac{na_b^2\sin^3\theta}{Pe}\frac{\partial^2 c}{\partial\Psi^2} \tag{8.15}$$

其中 $n=v/v_0$，$x=z-a_b$。通过引入一个新变量，得到包含常数 na_b^2/Pe 的热传导方程：

$$\frac{\partial c}{\partial t}=Kna_b^2\frac{\partial^2 c}{\partial \Psi^2} \tag{8.16}$$

其中 $K=Pe^{-1}$。

为与热流动方程进行完整的类比，必须选择适当的积分常数 a_1，这样在任何位置 t 均为正值，且 $\theta=0$ 与 $t=0$ 同时成立。这种情况的 $a_1=2/3$，显然

$$t=\int\sin^3\theta\mathrm{d}\theta=\frac{2+\cos\theta}{(1+\cos\theta)^2}\frac{\sin^4\theta}{3} \tag{8.17}$$

8.1.4 气泡物理-化学流体力学发展的主要阶段

过去50年里，气泡和液滴的物理-化学流体力学在许多国家都得到了许多关注。虽然东西方研究组织的交流存在显著的困难，以俄语和英语发表的主要研究结果较为一致并互为补充。这种一致性的前提是所有的理论均以Frumkin和Levich的工作（参见8.1.2和8.1.3节）为基础而发展起来。

气泡物理-化学流体力学的奠基者（Frumkin和Levich 1947）仅得出了该问题最简单的解，其适用条件并未指明。该理论在三种假设条件下进行了简化：ⅰ）沿运动气泡表面的相对吸附量量差异较小；ⅱ）动态吸附层对表面产生均一的阻滞作用（即表面任何部分的速度均在其影响下以相同的因数降低，因而可引入阻滞系数 χ_b 的概念）；ⅲ）吸附的变化与赤道平面严格反对称，可用简单的吸附角关系来表达。将上述简化与Levich的对流扩散方程（1962）进行比较，则出现了矛盾情况。表征扩散层的角关系远比从吸附层推测而得的简单关系复杂得多。显然Frumkin-Levich描述的动态吸附层仅为一种极限情况，促使Derjaguin和Dukhin对此问题进行了系统的研究（Derjaguin等1959，1960，1961，Dukhin和Derjaguin 1961a，b，Derjaguin和Dukhin 1960，Dukhin和Buikov 1965，Dukhin 1965，1981，1982，1983，Dukhin等1986）。

极限情况通常在传递现象的理论中较为重视，但是此处该情况的出现是因为不做任何简化而构建通用理论的极大困难。与Frumkin和Levich（1947）及Levich（1962）的工作的实质性不同在于取消了上述的三种简化条件。这样，问题就通过解释随吸附的复杂角关系不同的动态吸附层的多样性以及沿气泡表面吸附量发生实质性相对变化的可能性来表达。

这些研究的意外结果之一是Levich所做的所有简化假设在较小Peclet准数（参见8.4节）下比较大该准数条件下能够更好地成立。考虑 $Re\ll1$ 和 $Pe\gg1$ 的条件，可避免在气泡表面弱（参见8.4节）和强两种阻滞情况（参见8.3节）下联合动量传递和物质传递中的主要困难。在前一种情况下，可给出速度的水动力场，并且可定义对流扩散方程。由于边

界条件的复杂性（参见 8.1.3 节），其解有相当的困难性。通过限制表面活性剂的低或高表面活性，可作出进一步简化。在第一种情况下，相对吸附量差异较小，但其角关系非常复杂。第二种情况格外值得关注，几乎整个表面都不存在表面活性剂，因其被拉向后方，并形成一个停滞的盖，其中的吸附量远高于平衡值。与这些极限情况同时，Dukhin（1965，1981）提出了一个积分-微分方程，用以描述任何表面活性下的动态吸附层结构。

在强阻滞的另一种极限情况下，可采用有效近似的解析方法以联合动量和物质传递（参见 8.3 节）。此处，可确定对平衡状态的较小偏离，气泡表面出现强和弱阻滞两种区域。在整个气泡表面的强阻滞情况下，相对吸附量差异较小，角关系接近 Levich（1962）所提出的关系。因而在 $Pe \gg 1$ 的条件下，也可得到 Levich 的简单解，但其仅在强阻滞和不太高的表面活性条件下才能成立。

总结俄罗斯研究者的工作，在 $Re \ll 1$ 的前提下，可得到在低和高表面活性剂浓度下的气泡物理-化学流体力学关系，阻滞作用也分别较弱和较强。

在中间浓度区域，则存在动态吸附结构的非均一性（Derjaguin 和 Dukhin 1959～1961）。当提高表面活性剂浓度时，阻滞帽形成并扩张，而在降低浓度时，弱阻滞区域扩张。这样，在中间浓度范围内出现了双区动态吸附层。该问题首先由 Savich（1953）提出，并为其解做出了许多工作。

在 Derjaguin-Dukhin 动态吸附层理论中，首先假定已知气泡的水动力场，而更困难的阻滞帽问题仍待解决。对此流体力学问题，存在非常困难的边界条件，即使在进行必要的简化后仍非常麻烦。可在阻滞帽完全静止，并忽略阻滞帽之外的表面的假设下对气泡的水动力场进行考察。由于对阻滞帽的描述在很大程度上为一流体力学问题，以前并未受到足够重视（参见 8.7 节）。

可将动态吸附层区分为三个阶段或类型：ⅰ）动态吸附层对气泡运动有较弱阻滞；ⅱ）动态吸附层强烈阻滞气泡运动；ⅲ）存在阻滞帽。这种分类仅在 $Re \ll 1$ 的前提下成立，或经修正在 $Re \gg 1$ 下也可成立。在阻滞帽存在下，向 $Re \gg 1$ 的转换需要解决流体力学问题。与非线性 Navier-Stokes 方程相关，阻滞帽处的边界条件困难问题仍未解决。因此，迄今对阻滞帽的考察仅限于 $Re \ll 1$ 的条件。整个表面的强和弱阻滞的极限情况下的动态吸附层理论在数值的水动力场基础上获得发展，可在 $Re \gg 1$ 的重要前提下进行归纳。

8.1.5　泡沫、乳液中动态吸附层及其技术

气泡或液滴吸附层的非平衡态引发了泡沫和乳液中的吸附过程。这种动态吸附层也引起了气泡和乳液中表面活性物质的迁移。特别是在除去表面活性剂的净水过程或其分馏过程收到动态吸附层的强烈影响（参见 8.8.3）。

动态吸附层问题不仅与吸附-解吸过程相关联，也可对气泡或液滴相互作用过程产生关键影响，继而对泡沫和乳液凝聚和合并过程产生影响（参见第 12 章）。

在浮选过程中（第10章），动态吸附层影响浮选过程的所有阶段，因其对气泡的水动力场产生作用，进而影响相邻颗粒的运动轨迹及其沉积过程。下一阶段为气泡间及颗粒接近气泡时液膜的减薄过程。表面活性剂对液膜减薄过程的作用机理在第11章中进行讨论。最后，气泡和颗粒的平衡表面作用力场的重叠也需考虑吸附层的动态过程，因其对局域平衡表面作用力值具有决定作用。

在气泡/气泡或气泡/颗粒相互作用条件下，对动态吸附层的描述比前面章节中考虑单独气泡的动态吸附层更为复杂。在上述相互作用条件下，采用实验手段对动态吸附层的控制仍存在困难。由于这些实验上的困难，在研究泡沫和乳液的凝聚及杂凝聚过程中，数学模型极为重要。

高浓度泡沫和乳液中，动态吸附层问题变得更为复杂，泡沫乳液的流变学或许更为重要。因此，对单独气泡的动态吸附层进行系统研究，不仅该问题本身具有重要意义，在更大程度上对涉及一系列更复杂情况的流体技术也具有重要的意义。

8.2 均一表面阻滞条件下的动态吸附层

8.2.1 $Pe \ll 1$ 的情况

若 Peclet 准数较小，即 $Pe \ll 1$，可进行两种简化近似（Dukhin 1965，1981）。如下所示，若 $Pe \ll 1$，表面浓度对平衡值的偏离可忽略

$$(\Gamma(\Theta) - \Gamma_0)/\Gamma_0 = [c(a_b, \Theta) - c_0]/c_0 \ll 1 \tag{8.18}$$

其中 a_b 为液滴或气泡半径，式（8.16）的对流扩散方程简化为 Laplace 方程。因此，流体力学和扩散场可删去前两个球函数及其微分项（仅 $\sin\theta$ 和 $\cos\theta$ 项）

$$c(z, \Theta) = c_0 + \Delta c \frac{a_b^2}{z^2} \cos\Theta, \Gamma(\Theta) = \Gamma_0 + \Delta\Gamma \cos\Theta \tag{8.19}$$

其中

$$\Delta\Gamma = K_H \Delta c \tag{8.20}$$

通过此简化，吸附层对液滴流体力学的影响可通过引入阻滞系数进行定量描述。液滴内外的速度场分别为

$$v'_\theta(z, \Theta) = v_0(2z^2/a_b^2 - 1)\sin\Theta, v'_z(\Theta) = v_0(1 - z^2/a_b^2)\cos\Theta \tag{8.21}$$

$$v_\theta(z, \Theta) = v_0\left(1 - \frac{2\eta + 3\eta' + 3\chi_b}{4(\eta + \eta' + \chi_b)} \frac{a_b}{z} - \frac{\eta' + \chi_b}{4(\eta + \eta' + \chi_b)} \frac{a_b^3}{z^3}\right)\sin\Theta \tag{8.22}$$

$$v_z = v\left(1 - \frac{2\eta + 3\eta' + 3\chi_b}{2(\eta + \eta' + \chi_b)} \frac{a_b}{z} + \frac{\eta' + \gamma}{2(\eta + \eta' + \chi_b)} \frac{a_b^3}{z^3}\right)\cos\Theta \tag{8.23}$$

其中 v 为液滴的平移速度

$$v = \frac{2}{3} \frac{\Delta\rho g a_b^2}{\eta} \frac{\eta + \eta' + \chi_b}{2\eta + 3\eta' + 3\chi_b} \tag{8.24}$$

以及

$$v_0 = \frac{1}{3} \frac{\Delta\rho g a_b^2}{2\eta + 3\eta' + 3\chi_b} \tag{8.25}$$

χ_b为阻滞系数，由下式定义

$$\chi_b = \frac{\partial\gamma}{\partial c} \frac{\Delta c}{3v_0} \tag{8.26}$$

Δc、$\Delta\Gamma$、χ_b 和 v_0的显式表达式可通过边界条件（8.10）得到。在当前的简化条件下，可写作

$$D \frac{\partial c}{\partial z}(a_b, \Theta) = \frac{1}{a_b \sin\Theta} \frac{\partial}{\partial\Theta}\left[\sin\Theta\left(\Gamma(\Theta) v_0 \sin\Theta - D_s \frac{\partial\Gamma}{\partial\Theta}\right)\right] \tag{8.27}$$

观察式（8.18）和式（8.19），可知

$$\Delta c = \frac{2\Gamma_0 v_0}{D + 2D_s K_H / a_b} \tag{8.28}$$

以及

$$\chi_b = \frac{2}{3} \frac{\Gamma_0 RTK_H}{D + 2D_s K_H / a_b} \tag{8.29}$$

式中，R 为气体常数；T 为绝对温度。若 $\chi_b \to \infty$，式（8.24）可简化为下降球形颗粒的自由沉降速度。

在式（8.18）的 $Pe \ll 1$ 条件下，对于任意表面活性，均满足

$$\frac{\Delta c}{c_0} = \frac{2\Gamma_0}{c_0 a_b} \frac{v_0 a_b}{D} \frac{1}{1 + 2D_s/D \times \Gamma_0 / c_0 a_b} < \frac{v_0}{v} \frac{D}{D_s} Pe \ll 1 \tag{8.30}$$

在 $Pe \ll 1$ 下的表面浓度分布以及实际瞬态吸附平衡的最终结果可由式（8.20）、式（8.27）、式（8.28）和式（8.29）获得：

$$\Gamma(\Theta) = \Gamma_0 - \Gamma_0 \frac{2\Delta\rho g a_b^2 K_H}{3\left[D + 2D_s \dfrac{K_H}{a_b}\right]\left[2\eta + 3\eta' + \dfrac{2RT\Gamma_0 K_H}{D + 2D_s K_H / a_b}\right]} \cos\Theta \tag{8.31}$$

对于低表面活性

$$K_H \ll a_b \tag{8.32}$$

在 D 和 D_s有相同数量级时，可忽略有关表面对流传递的表面分布。

对于高表面活性

$$K_H \gg a_b \tag{8.33}$$

表面分布为决定因素，决定了吸附量分布和表面阻滞作用，而表面对流传递可忽略。

8.2.2　$Pe \gg 1$，$Re \ll 1$

式（8.18）的条件在 $Pe \gg 1$ 的情况下不成立，吸附和表面浓度的角分布关系比式

(8.19) 的情况更为复杂。浓度分布必须遵从对流扩散方程。尽管如此，Frumkin 和 Levich (1947) 仍提出了扩散边界层和动态吸附层在 $Pe \gg 1$ 和 $Re \ll 1$，以及如式 (8.20) 的表征动态吸附层的简单关系和均一表面阻滞前提下的近似理论。这意味着允许引入阻滞系数的条件。

在高 Peclet 准数下，形成了薄扩散边界层，因此

$$j_{\mathrm{n}} = D \frac{\Delta c \cos\theta}{\delta_{\mathrm{D}}(\theta)} \tag{8.34}$$

其中考虑了假设的浓度分布角关系式 (8.19)。

采用式 (8.34) 来表示式 (8.10) 右边的边界条件，假如考虑扩散层厚度 δ_{D} (Θ) 的角关系，可以方便地得出浓度和吸附量的简单角关系式 (8.19) 不相容的假设。换言之，Frumkin-Levich 假设相当于用扩散层厚度代入式 (8.34) 而对式 (8.10) 的边界条件进行简化。对于该假设和简化，可得到 $Pe \gg 1$ 下的阻滞系数

$$\chi_{\mathrm{b}} = 2RT\Gamma_0^2 \delta_{\mathrm{D}} / 3Da_{\mathrm{b}} c_{\mathrm{o}} \tag{8.35}$$

若在 $Pe \gg 1$ 的基础上，$\chi_{\mathrm{b}} \ll 3/2\eta$ 的条件成立，低表面阻滞的的状态可描述为

$$(\Gamma_0 / c_0)^2 c_0 \ll (27/4) \eta D a_{\mathrm{b}} / RT \delta_{\mathrm{D}} \tag{8.36}$$

Frumkin-Levich 理论具有重要的方法学意义，是 Derjaguin 和 Dukhin (1959～1961) 进行 $Pe \gg 1$ 条件下进一步研究的基础。这些结果将在下一节中进行讨论。似乎均一阻滞和吸附量相对较小的变化在其他条件下也存在，与 Frumkin-Levich 理论的预期存在巨大差异。

8.3 气泡（液滴）在 $Re \ll 1$ 和强表面阻滞下的动态吸附层理论

v_θ (a_{b}, θ) $\ll v$ 的条件允许采用逐步逼近方法计算速度、浓度和吸附场 (Dukhin 和 Derjaguin 1961)。由于相对于气泡的流动速度远高于其表面速度，以下边界条件可作为首要的假设

$$v_\theta(a_{\mathrm{b}}, \theta) = 0 \tag{8.37}$$

此关系与球形固体周围的黏性流动边界条件一致。在此假设中，$Re \ll 1$ 条件下的速度分布采用 Stokes 公式描述。从 Stokes 速度分布函数 v (z, θ)，可以方便地计算作用于球体表面的黏应力及平衡表面张力梯度：

$$\frac{1}{a_{\mathrm{b}}} \frac{\mathrm{d}\gamma}{\mathrm{d}\theta} = \eta \left(\frac{1}{a} \frac{\partial v_z}{\partial \theta} + \frac{\partial v_\theta}{\partial z} - \frac{v_\theta}{z} \right)_{z=a_{\mathrm{b}}} = \frac{3}{2a_{\mathrm{b}}} \eta v_0 \sin\theta \tag{8.38}$$

在平衡吸附假设下，黏应力受到表面阻滞作用的促进，其表达式为

$$\frac{\partial c}{\partial \theta}(a_b,\theta)=\frac{3}{2}\eta\left(\frac{\partial \gamma}{\partial c}\right)^{-1}v_0\sin\theta \tag{8.39}$$

其中 c（a_b，θ）表征沿表面的浓度分布。假设局部吸附量 Γ（θ）和 c（a_b，θ）存在线性关系，对上式两边进行积分，可得到强阻滞气泡表面的浓度分布 c（a_b，θ）及吸附量 Γ（θ）

$$c(a_b,\theta)=c_0+\delta_c-\frac{3}{2}\eta v_0\left(\frac{\partial \gamma}{\partial c}\right)^{-1}\cos\theta \tag{8.40}$$

$$\Gamma(a_b,\theta)=\Gamma_0+\delta\Gamma-\frac{3}{2}\eta v_0\left(\frac{\partial \gamma}{\partial \Gamma}\right)\cos\theta \tag{8.41}$$

其中 δc 和 $\delta\Gamma$ 为未知量。扩散边界层在 $Pe\gg1$ 条件下形成（8.1.3 节），在高阻滞下可采用 Stokes 速度场在 $Re\ll1$ 和 $Pe\gg1$ 条件下的对流扩散方程可变换为以下形式（Levich 1962）

$$\left(\frac{\partial c}{\partial t}\right)_{\Psi}=\frac{\partial}{\partial \Psi}\left(\sqrt{\Psi}\frac{\partial c}{\partial \Psi}\right)_t \tag{8.42}$$

其中

$$t=\frac{Da_b^2\sqrt{3}v_0}{2}f(\theta) \tag{8.43}$$

$$f(\theta)=\theta-\frac{\sin 2\theta}{2} \tag{8.44}$$

扩散边界层中的流量函数 Ψ 可写作 $\Psi=3/4v_0x^2\sin^2\theta$。

在超过扩散边界层浓度的恒定浓度条件下求解方程（8.43），可以确定 c（Ψ，θ）和球体表面完全扩散流的表达式。在稳态条件下，该流量等于零，并可得到确定从方程（8.41）得到 $\delta\Gamma$ 的条件。

$$\int_0^{\pi}\left(\frac{\partial c(\Psi,\theta)}{\partial x}\right)_{x\to0}\sin\theta \mathrm{d}\theta=0 \tag{8.45}$$

当 c（x，θ）和 Γ（x，θ）确定后，我们可以采用下式的边界条件计算强烈阻滞表面上的速度分布

$$div_s[\Gamma(\theta)v_\theta(a_b,\theta)]=D\left(\frac{\partial c(\Psi,\theta)}{\partial x}\right)_{x\to0} \tag{8.46}$$

参考式（8.46）以及 c（x，θ）的表达式，可得到阻滞表面速度分布的以下结果

$$v_\theta(a_b,\theta)=\frac{NF(\theta)}{1+\delta\Gamma/\Gamma_0+(A/c_0)\cos\theta} \tag{8.47}$$

其中

$$N=\frac{mADPe^{1/3}}{3^{1/3}\Gamma_0},A=\frac{3}{2}\eta v_0\left(\frac{\partial \gamma}{\partial c}\right)^{-1} \tag{8.48}$$

为从式（8.45）确定 δc，可用以下方程

$$(1-\delta c/A)=\int_0^{\pi}\sin\theta'(1-f(\theta')/\pi)^{2/3}\mathrm{d}\theta' \tag{8.49}$$

该积分的数值为 1.17，因此 $\delta c/A=-0.17$。从数值方法计算得到的函数 $F(\theta)$ 及 $F(\theta)/\sin\theta$ 的比值如图 8.3 所示。

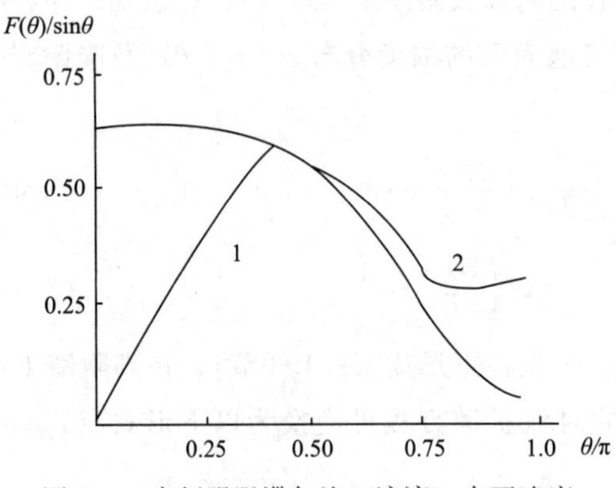

图 8.3　表征强阻滞气泡（液滴）表面速度分布的函数

1—$F(\theta)$ 函数；2—$F(\theta)/\sin\theta$

在强阻滞条件下，速度分布近似与 $\sin\theta$ 成正比，因 $F(\theta)/\sin\theta$ 的比值几乎为常数。Frumkin 和 Levich 采用了此假设作为阻滞系数概念的理论基础，得到了速度分布公式（8.14）及阻滞系数方程（8.35）。

若将式（8.47）中的分母设定为 1，$F(\theta)$ 为 $\alpha\sin\theta$，其中 $\alpha=F(\theta)/\sin\theta$，可得到关于 χ_b 的方程，与式（8.35）仅有一个数字因子的差异。因此，假如引入沿表面吸附量仅有较小差异的额外条件，正弦曲线速度分布及 Levich（1962）提出的阻滞系数均成立。将此额外条件与强表面阻滞的条件 $\eta\ll\chi_b$，可得［参见式（8.40）、式（8.47）和式（8.48）］

$$v\eta \ll \frac{\partial\gamma}{\partial c}c_0 \tag{8.50}$$

$$v\eta\left[\frac{a_b}{K_H Pe^{2/3}}\right]\ll \frac{\partial\gamma}{\partial c}c_0 \tag{8.51}$$

比较这两种条件，并考虑不太高的表面活性

$$\Gamma_0/c_0 \ll a_b/Pe^{2/3} \tag{8.52}$$

则式（8.51）的条件比式（8.50）更为苛刻。这意味着在式（8.52）条件下，强表面阻滞总会导致较小的吸附量差异，该理论的适用性由式（8.51）确定。

如果式（8.52）的条件不能满足，吸附的变化也可能在强阻滞下发生，理论适用性更具体地定义为

$$\eta\frac{\Gamma_0}{\Gamma_0-\dfrac{3}{2}v\eta RT}\ll\chi_b \tag{8.53}$$

在对流扩散方程的公式中，可考虑采用 Stokes 速度场，气泡表面的微弱运动可忽略。这只在足够高的阻滞条件下才能成立。可用以下条件进行估计

$$\eta\ll\chi_b Pe^{-1/3} \tag{8.54}$$

通过引入液滴内部黏性张量而对式（8.38）的边界条件进行补充，该结果可推广到液滴而非气泡。当以下条件成立时，这是一种较小的修正

$$2\eta'/\eta\ll\chi_b/\eta\gg 1 \tag{8.55}$$

这意味着该结果不仅适用于上升气泡的情况，还适用于与中等黏度相比具有不太高黏度的液滴。应该指出，式（8.55）的条件不会限制该方法的通用性。在与式（8.55）直接

相反的条件下，吸附层导致较弱的阻滞，吸附量分布可以通过其他方法测得（Dukhin 1965）。

在小雷诺准数条件下，通过 DAL 描述气泡表面强烈阻滞的理论由 Dukhin 和 Derjaguin（1961）及 Dukhin 和 Buikov（1965）提出，并由 Saville（1973）证实。由式（8.38）确定的 Marangoni 和黏性应力的平衡，作为确定表面浓度分布的依据，后续在阻滞帽理论（参见 8.7 节）中得到应用。这种应力平衡通常用无因次数 Marangoni 准数（He 等，1991）来定性表征

$$Ma = RT\Gamma_0/\eta v \tag{8.56}$$

该准数表征了表面活性剂分子在压缩下施加的表面压力与倾向于压缩表面活性剂分子层的黏性应力的比值。

上述在其作用下气泡表面整体受到强烈阻滞的 c_{cr}^h 浓度公式为

$$c_{cr}^h = \frac{3}{2}\frac{\eta v}{RTK_h} \tag{8.57}$$

由式（8.40）得到。

8.4　$Pe \gg 1$ 及 $Re \ll 1$ 并具有弱表面阻滞气泡的动态吸附理论和扩散边界层

当表面阻滞较弱，式（8.36）成立时，对流扩散公式（8.16）可通过 $t = 2/3 + 1/3\cos^3\theta - \cos\theta$；$\Psi = x\sin^2\theta$；$x = z - a_b$ 的条件变换为具有常系数的热传导方程（8.15）。因此，场方程较为简单，但方程式（8.10）的复杂性要求对简化边界条件的极端情况进行考察。方程式（8.27）右边第二项和第一项的的比值可写作（$D_s v/Dv_0 \sin\theta Pe$）（$\alpha\ln\Gamma/\partial\theta$），因此在 $Pe \gg 1$（除在极点 $\theta = 0$ 和 $\theta = \pi$ 之外），式（8.27）可通过省略表面扩散项进行简化

$$D\frac{\partial c}{\partial z}(a_b,\theta) = \frac{v_0}{a_b\sin\theta}\frac{\partial}{\partial\theta}[\sin^2\theta \times \Gamma(\theta)] \tag{8.58}$$

对于较低 K_H 值，表面浓度变化相对较小，沿液滴表面的平衡浓度 c（a_b，θ）可由式（8.58）获得（Derjaguin 等 1959，1960）。

$$\frac{\partial c}{\partial z}(a_b,\theta) = \Lambda\cos\theta \tag{8.59}$$

其中

$$\Lambda = \frac{2v_0\Gamma_0}{Da_b} \tag{8.60}$$

变换为变量 Ψ 和 t，式（8.59）的边界条件变为

$$\frac{\partial c}{\partial \Psi}\Big|_{\Psi=0} = \Lambda \frac{\cos\theta}{\sin^2\theta} = \Lambda \frac{f(t)}{1-f^2(t)} \tag{8.61}$$

其中

$$f(t) = \cos\theta \tag{8.62}$$

为了避免解三次方程式（8.17），以 $f(\theta)$ 的方式表示根，并不需要其确定形式。此外，假设在远离泡沫的区域

$$c\big|_{\Psi\to 0} = c_0 \tag{8.63}$$

使用源函数

$$\frac{1}{2}\frac{\exp[-\Psi^2/4\pi n a_b^2(t-t')]}{\sqrt{\pi n a_b^2(t-t')/Pe}} \tag{8.64}$$

以及初始的均匀浓度场，并考虑式（8.61）的边界条件等价于具有容量为 $\frac{na_b^2}{Pe}\frac{\partial c(t)}{\partial \Psi}\Big|_0$ 的非稳态源，式（8.16）的解为

$$\begin{aligned} c(t,\Psi) &= (Kna_b^2/4\pi)^{1/2}\int_0^t \frac{\partial c(t)}{\partial \Psi}\Big|_{\Psi=0}\frac{\exp[-\Psi^2/4Kna_b^2(t-t')]}{(t-t')^{1/2}}\mathrm{d}t' + c_0 \\ &= \Lambda(Kna_b^2/4\pi)^{1/2}\int_0^t \frac{f(t')}{1-f^2(t')}\frac{\exp[-\Psi^2/4Kna_b^2(t-t')]}{(t-t')^{1/2}}\mathrm{d}t' + C_0 \end{aligned} \tag{8.65}$$

由于 $f(t)$ 的函数形式未知，使用式（8.17）可将积分变量从 t' 变为 θ'

$$t' = \frac{2}{3} + \frac{\cos^3\theta'}{3} - \cos\theta' \tag{8.66}$$

从式（8.17）和式（8.62）的定义 $f(t')=\cos\theta'$，以及

$$\delta c(\theta,x) = c_0 - c(\theta,x) = \frac{2\Gamma_0 v_0 n^{1/2}}{D\sqrt{\pi Pe}}\int_0^\theta \frac{\exp[-x^2\sin^4\theta Pe/4a_b^2 n\chi_1(\theta,\theta')]}{\chi_1(\theta,\theta')^{1/2}}\mathrm{d}\theta' \tag{8.67}$$

其中

$$\chi(\theta,\theta') = \cos\theta' - \cos\theta - (\cos^3\theta' - \cos^3\theta)/3 \tag{8.68}$$

从式（8.67）可见，显然从距表面距离为 $\delta_D = a_b/Pe^{1/2}$ 处开始，浓度以指数方式减小，局部吸附平衡的结果为

$$\frac{\Gamma_0 - \Gamma(\theta)}{\Gamma_0} - \frac{c_0 - c(a_b,\theta)}{c_0} - \frac{2}{\sqrt{\pi}}\frac{\Gamma_0}{c_0}\frac{Pe^{1/2}}{a_b n^{1/2}} \times I(\theta) \tag{8.69}$$

其中 $I(\theta)$ 由下式给出

$$I(\theta) = \int_0^\theta \frac{\cos\theta'\sin\theta'\mathrm{d}\theta'}{\chi^{1/2}(\theta,\theta')} \tag{8.70}$$

对于低表面活性

$$K_H \ll \delta_D \tag{8.71}$$

由式（8.69）和式（8.70）可得到定义相对较低表面浓度变化的式（8.18）关系式。在相反的情况下

$$K_{\mathrm{H}} \gg \delta_{\mathrm{D}} \tag{8.72}$$

气泡表面主要部分的表面浓度与 Γ_0 相比相当小。换言之，若式（8.72）成立

$$c(a_{\mathrm{b}},\theta) \ll c_0 \tag{8.73}$$

在第一种近似条件下，简化边界条件为

$$c(a_{\mathrm{b}},\theta) = 0 \tag{8.74}$$

在式（8.74）和式（8.63）的边界条件下，式（8.16）的解为

$$c(x,\theta) = \frac{2c_0}{\sqrt{\pi}}\int_0^N c^{-z^2}\,\mathrm{d}z \tag{8.75}$$

其中

$$N = \sqrt{\frac{v_0}{a_{\mathrm{b}}D}}\,\frac{\sqrt{3}}{2}\,\frac{1+\cos\theta}{\sqrt{2+\cos\theta}}\,x \tag{8.76}$$

由最后一个公式可得扩散边界层厚度的角度关系方程

$$\delta_{\mathrm{D}}(\theta) = \sqrt{\frac{\pi n}{3}}\delta_{\mathrm{D}}\,\frac{\sqrt{2+\cos\theta}}{1+\cos\theta} \tag{8.77}$$

采用式（8.75）获得 $\dfrac{\partial c}{\partial T}(a_{\mathrm{b}},\theta)$，并代入式（8.58），可得到表面浓度分布

$$\frac{1}{a_{\mathrm{b}}\sin\theta}\frac{\partial}{\partial\theta}[\Gamma(\theta)v_0\,\sin^2\theta] = \frac{Dc_0}{\delta_{\mathrm{D}}}\sqrt{\frac{3}{\pi n}}\,\frac{1+\cos\theta}{\sqrt{2+\cos\theta}} \tag{8.78}$$

简单积分可得

$$\Gamma(\theta) = \frac{2\delta_{\mathrm{D}}n^{1/2}}{\sqrt{3\pi}}c_0\,\frac{1-\cos\theta}{\sin^2\theta}\,\sqrt{2+\cos\theta} \tag{8.79}$$

积分常数进行调整，以使 $\theta\to 0$ 时 $\Gamma(\theta)$ 有限。当考虑表面分布时，可消除 $\theta\to\pi$ 时的奇点。从式（8.79）中可见，当式（8.72）成立时，除接近 $\theta=\pi$ 的情况，在任何位置均可满足式（8.73）的条件。

这些极端情况的结果有一个简单的物理解释。沿液滴或气泡表面吸附材料的切向流量与 Γ_0 成正比，体相与表面间的交换速率与 c_0 成正比。此外可以明确的是，在足够小的 Γ_0/c_0 比率下，切向传递量如此之小，交换量大到吸附量实际上总是处于平衡状态。在足够大的 K_{H} 下，物质交换量很小，稳态表面浓度分布与平衡态存在显著不同。

不限定表面活性剂的表面活性对动态吸附层进行了考察（Dukhin 1965，1981）。通过运算方法式（8.16）和无限边界条件式（8.63）变为

$$c(t,\Psi) = \frac{2}{\sqrt{\pi}}\int_{\Psi/2\sqrt{na_{\mathrm{b}}^2 t/Pe}}^{\infty} c\left(t-\frac{Pe\Psi^2}{4na_{\mathrm{b}}^2\zeta^2},0\right)e^{-\zeta^2}\,\mathrm{d}\zeta - c_0\,erfc\left(\frac{\Psi}{2\sqrt{na_{\mathrm{b}}^2 t/Pe}}\right) \tag{8.80}$$

从式（8.80）中，可确定导数 $\dfrac{\partial c}{\partial\Psi}\big|_{\Psi=0}$，并可通过变换为变量 $t'=t-Pe\Psi^2/4na_{\mathrm{b}}^2\zeta^2$ 而避免极限 $\Psi\to\infty$ 产生歧义

$$\frac{\sqrt{\pi}}{2}\frac{\partial c}{\partial \Psi}\Big|_{\Psi=0}=\frac{c_0-c(\theta,0)}{2\sqrt{na_b^2t/Pe}}+\frac{1}{2\sqrt{na_b^2t/Pe}}\int_0^t\frac{\partial c(t',0)}{\mathrm{d}t'}\frac{\mathrm{d}t'}{\sqrt{t-t'}} \tag{8.81}$$

将 $\frac{\partial c}{\partial x}=\frac{\partial c}{\partial \Psi}\frac{\partial \Psi}{\partial x}$ 代入式（8.58），并恢复 $\frac{\partial \Psi}{\partial x}=av_0\sin^2\theta$，$\frac{\partial t}{\partial \theta}=\sin^3\theta$，经过整理，式（8.58）变为

$$\frac{\sqrt{\pi}}{2}\frac{\mathrm{d}}{\partial t}[\Gamma(\theta)\sin^2\theta]=\frac{\delta_D\sqrt{n}}{2}\left[\frac{c_0-c(\theta,0)}{\sqrt{t}}+\int_0^t\frac{\mathrm{d}c(t',0)}{\mathrm{d}t'}\frac{\mathrm{d}t'}{\sqrt{t-t'}}\right] \tag{8.82}$$

从 0 到 t 对式（8.82）进行积分，可得

$$\frac{\sqrt{\pi}}{2}\Gamma(\theta)\sin^2\theta=\frac{\delta_D\sqrt{n}}{2}\left[(c_0-c(0,0))2\sqrt{t}+\int_0^t\mathrm{d}t'\int_0^{t'}\frac{\mathrm{d}c}{\mathrm{d}t''}\frac{\mathrm{d}t''}{\sqrt{t-t''}}\right] \tag{8.83}$$

双重积分的顺序颠倒，后续积分部得到

$$\int_0^t\mathrm{d}t'\int_0^{t'}\frac{\mathrm{d}c(t'',0)}{\mathrm{d}t''}\frac{\mathrm{d}t''}{\sqrt{t-t''}}=-2c(0,0)\sqrt{t}+\int_0^t\frac{c(t',0)}{\sqrt{t-t'}}\mathrm{d}t' \tag{8.84}$$

将式（8.84）代入式（8.83），最终可得以下关系式

$$K_H^{-1}\Gamma(\theta)\sin^2\theta=c(a_b\theta)\sin^2\theta=m\left[c_0\sqrt{t}-\frac{1}{2}\int_0^t\frac{c(t',0)}{\sqrt{t-t'}}\mathrm{d}t'\right] \tag{8.85}$$

其中，$m=2\delta_D\sqrt{\pi n}/K_H$。

在将式（8.85）还原为其标准形式前，应考虑 $m\ll1$ 和 $m\gg1$ 的特殊情况。当 $m\ll1$ 时，式（8.85）可忽略，结果与式（8.79）相同，因 $m\ll1$ 的条件与式（8.72）相同。若式（8.85）积分项中的 c（t，0）用 Γ（θ）$=K_Hc$（a_b，θ）代替，可见方程右边第二项与第一项之比除在接近 $\theta=\pi$ 时，处处均与 m 有相同数量级。$\theta=\pi$ 处的对数发散可通过考虑表面扩散项而消除。因而式（8.85）的积分项可忽略。

若 $m\gg1$，则方程的解除在 $\theta=\pi$ 处之外，均有 c（a_b，θ）$=c_0+\delta c$（a_b，θ）的形式，其中 δc（a_b，θ）$\ll c_0$（证明后面给出）。将 δc（a_b，θ）代入式（8.85），c（a_b，θ）可由下式得到：

$$c_0\sin^2\theta=-\frac{m}{2}\int_0^t\frac{\delta c(a_b,\theta)}{\sqrt{t-t'}}\mathrm{d}t' \tag{8.86}$$

按照

$$\Phi(t)=\sin^2\theta \tag{8.87}$$

式（8.86）左边可得到积分结果

$$\delta c(a_b,t)=\frac{2c_0\sin\pi/2}{m\pi}\left[\frac{\Phi(0)}{t^{-1/2}}+\int_0^t\frac{\Phi(\tau)\mathrm{d}\tau}{\sqrt{t-\tau}}\right] \tag{8.88}$$

而式（8.87）则得到 φ（0）$=0$。由于 $\mathrm{d}\varphi/\mathrm{d}\tau=2\sin\theta'\cos\theta'$（$\mathrm{d}\theta'/\mathrm{d}\tau$），将此式代入式（8.88），可得到与式（8.70）相同的关系式。

可以得出结论，限定条件下的动态吸附方程（8.85）可得与其他方法相同的的结果。以变量 $x=\cos\theta$；y（x）$=\sin^2\theta c$（a_b，θ）表示，式（8.85）可转换为 Volterra 积分方程

$$y(x) = mc_0 x\sqrt{\frac{2}{3}+\frac{x^3}{3}-x}+\frac{m}{2}\int_1^x \frac{y(x')\mathrm{d}x'}{[x-x'-(x^3-x'^3)/3]^{1/2}} \tag{8.89}$$

Derjaguin 等（1959，1960）和 Dukhin（1961，1966）提出的轻微阻滞表面动态吸附层理论基本由 Harper（1973）进行了验证，Saville（1973）进行了进一步的推导。在这些工作中，对高和低表面活性的情况进行了分别的考虑。在条件式（8.71）和式（8.72）中引入了无量纲表面活性参数 K_H，作为表面活性剂表面吸附量和溶解于扩散边界层中量的比例。Harper（1973）和 Saville（1973）从限定条件 $K_H \to 0$ 和 $K_H \to \infty$出发，确认他们的结果与 Derjaguin 和 Dukhin（1959，1960，1961，1966）获得的结果一致。

本节的结果具有适用性的限制，特别是在与边界层方法应用关联的情况。众所周知，由此获得的结果不适用于后驻点附近。

Saville（1973）用数值求解了对流扩散方程，得到了与 Dukhin（1965，1981）得到的阻滞系数相同的值。Listovnichii（1985）基于方程式（8.85）的数值解，成功地获得了不仅沿气泡表面，还有穿过扩散层的简单近似公式。还证明在 $m>10$ 和 $m<0.1$ 的情况下，方程式（8.69）和（8.79）的解析解与精确解的偏差小于1%。

8.5　在 *Re*<1 及动态吸附层存在的情况下气泡表面不完全阻滞的假设

8.5.1　不完全阻滞假设

直至 $a_b=0.03$cm，气泡即使在蒸馏水中，其上浮行为也类似球形固体。这在气泡表面完全和强（不完全）阻滞的条件下具有可能性。在完全阻滞的条件下，表面的任何点（在与气泡运动相关联的系统中）的速度等于零。强烈的阻滞意味着与气泡速度相比较小的表面速度

$$v_\theta(a_b,\theta) \ll v \tag{8.90}$$

在式（8.90）的条件下，黏应力张量，以及气泡上升速度与表面运动依赖关系较弱。因而，图8.3中 $a_b<0.03$cm 气泡曲线1～4的合并并不排除较慢气泡表面运动的可能性。同时应指出存在一些不可控制的因素导致在 $a_b<0.03$cm 下产生强烈或完全的阻滞作用。$a_b>0.03$cm 时，难以理解的是这种因素的作用较弱，以及意外的可能导致完全阻滞的较强作用。更自然的假设是随着 a_b的减小，该因素使表面阻滞作用逐渐增强，使得在 $a_b<0.03$cm 时，表面运动持续进行但几乎观测不到（Dukhin 1982）。

Frumkin 和 Levich 证明了在 $a_b>0.03$cm 时，气泡表面阻滞受到表面活性剂作用的控制，降低了研究洁净表面流变性质的兴趣。然而，对图8.3所示的情况进行再次考察非常

重要。已证明：i）洁净水-空气界面的流变常数如此之小，以至于 $a_b>0.03$cm 的气泡在很大程度上是可移动的；ii）相反地，表面活性剂的阻滞作用在足够高的吸附量下可以是非常重要的。但是，表面活性剂的阻滞作用随着吸附量的增加而不确定地减弱，可能会弱于阻滞尺寸<0.03cm 气泡的任何未知因素。因此，Frumkin 和 Levich 的工作不能严格证明表面活性剂是对尺寸>0.03cm 气泡产生阻滞作用的主要因素。则在 $a_b<0.03$cm 表面阻滞作用机理在 $a_b>0.03$cm 情况下也起作用（但目前是因为总以非常低浓度存在的杂质）似乎是一个很好的假设。

Frumkin 和 Levich（1947）及 Derjaguin 和 Dukhin（1961）的论文显然仅有方法论的意义，因其未考虑到对 $a_b<0.03$cm 处的气泡产生阻滞的气泡表面作用。实际上，若 $a_b<0.03$cm，存在强烈但不完全的气泡表面阻滞，所讨论的理论不能直接应用，但可转化为不完全阻滞的假设。

为在小的雷诺准数下接近对处理动态吸附层理论进行接近真实情况的处理，必须考虑到在表面活性剂不存在情况下表面运动也受到强烈阻滞作用，即应该引入唯象阻滞系数 χ_0。沿阻滞表面的速度分布由下式给出

$$v_0(\theta)=\frac{\eta v}{\chi^0}\sin\theta \tag{8.91}$$

阻滞系数的概念与均匀表面阻滞的构想相关，因为在没有阻滞的情况下，沿表面的速度分布也由正弦关系表示。在 Boussinesq 的理论中，表面黏度的概念，以及在 Frumkin 的理论中，表面活性剂的阻滞效应所得的结果均能得到此种角关系。因此，下面的讨论可以在没有预设阻滞系数 χ_b 值的前提下进行。

因此，假设速度分布是已知的，可以计算得到表面运动对表面活性剂的分布的影响，其性质和浓度是已知的。可以立即确定两中极限情况。表面活性剂的再分布可导致附加的表面阻滞，其特征在于阻滞系数 χ_b。第一种可能性对应于以下条件

$$\chi_b \ll \chi_0 \tag{8.92}$$

第二种可能性的条件为

$$\chi_b \approx \chi_0 \tag{8.93}$$

仅在第一种情况下才可假定表面运动由式（8.91）确定。动态吸附层和扩散边界层通过边界条件发生关联，其表示通过向体相或从体相到表面的流动密度的法相分量对表面活性剂表面流量 I_s 的补偿［即式（8.10）的等价式］。需注意此边界条件仅在不同恒定表面速度系数的形式方面与描述未阻滞表面动态吸附层的情况存在不同。

第二种情况的分析导致了两种极限条件，在强烈阻滞表面的情况下也成立。在式（8.70）的条件下，表面浓度变化沿表面不重要。而在相反的情况下，在足够大的 Γ_0/c_0 下，表面运动将吸附层向下推动到气泡的底极，因此除在 $\Theta\approx\pi$ 处，在其他任意一处均满足式（8.72）。这使我们可以使用式（8.74）的近似边界条件求解对流扩散方程。

弱和强阻滞条件下形成的动态吸附层的主要理论区别在建立对流扩散方程时出现。在

弱阻滞条件下，采用 Hadamard-Rybczynski 流体力学速度场，而在强烈的阻滞作用条件下，则采用 Stokes 速度场。依 Peclet 准数对不同扩散层厚度的依赖关系可得到不同的公式。在具有静止表面的球形颗粒附近，较小雷诺准数以及式（8.74）条件下，对流扩散问题可解。因而可采用众所周知的扩散沿表面的密度分布表达式。因此，式（8.10）具有以下形式（Dukhin 1982）

$$\frac{1}{a_b \sin\theta}\frac{\partial}{\partial\theta}\left[\sin\theta\frac{\eta v}{\chi_0}\sin\theta\Gamma(\theta)\right]=\frac{Dc_0}{1.15}\sqrt[3]{\frac{3v}{4Da_b^2}}\frac{\sin\theta}{\left(\theta-\frac{\sin^2\theta}{2}\right)^{1/3}} \tag{8.94}$$

其解为

$$\Gamma(\theta)=c_0\beta\frac{\Phi(\theta)}{\sin^2\theta} \tag{8.95}$$

其中

$$\beta\cong\frac{\chi_0 a_b}{\eta Pe^{2/3}};\Phi(\theta)=\int_0^\theta\frac{\sin^2\theta d\theta}{\left(\theta-\frac{\sin^2\theta}{2}\right)^{1/3}} \tag{8.96}$$

则式（8.72）可更准确地定义为

$$\Gamma_0/c_0\gg\beta\approx\frac{\chi_0}{\eta}\frac{a_b}{Pe^{2/3}} \tag{8.97}$$

同样的处理方法也可用于式（8.92）的条件。显然，若表面张力梯度与基于 Stokes 速度分布计算得到的黏应力梯度相比较小，则表面活性剂对表面运动的作用有限。

$$\frac{d\gamma}{d\theta}\ll\eta\left(\frac{1}{a_b}\frac{\partial v_r}{\partial\theta}+\frac{\partial v_\theta}{\partial z}-\frac{v_\theta}{z}\right)_{z=a_b}=\frac{3}{2}\frac{\eta v}{a_b}\sin\theta \tag{8.98}$$

据此，应用 Gibbs 公式可得

$$\frac{\partial\Gamma}{\partial\theta}\ll\frac{3}{2}\frac{\eta v}{RT}\sin\theta \tag{8.99}$$

在（3/2）$\eta u/RT\ll\Gamma_0$的条件下，式（8.92）比下式更为严格

$$\Gamma(\theta)\ll\Gamma_0 \tag{8.100}$$

则式（8.96）的解对于以下吸附值成立

$$\Gamma_0\ll n\eta v/RT \tag{8.101}$$

其中 $n=K_H\left(\frac{\eta Pe^{2/3}}{\chi_0 a_b}\right)\gg 1$ 。

8.5.2　Dorn 效应在检验上浮气泡表面不完全阻滞中的应用

众所周知（Samigin 等 1964，Usui 和 Sasaki 1978，Usui 等 1980），在上浮气泡柱中测得的电势差由于单个气泡的电场位移而升高，此现象产生的原因为其由切向电流诱导产生的偶极矩。Dukhin（1964a，1964b）证明三个电流分量 I_ζ、I_V和 $I_S{}'$具有重要意义，而

其他分量则可忽略。与 Smoluchowski 的理论相同，I_{ζ} 由平衡双电层弥散部分切向流动的离子迁移所导致，I_V 由切向液流引起的次级双电层两平面的运动确定（Dukhin 和 Derjaguin 1958）。次级双电层不仅在表面法向产生，也可在切向产生，并对切向电流存在贡献。此外，两种双电层中的离子均在增大表面浓度的作用下，沿表面由气泡的后驻极向前驻极扩散。由电势梯度的切向分量和次级双电层中的离子浓度产生的电流用 I_S' 表示。

Dukhin（1983）证明，在强烈阻滞的条件下，平衡双电层对于任何表面活性的表面活性剂均有决定性的作用。因此，Smoluchowski 公式在任何表面活性下均成立。

值得注意的是，在沿气泡表面有较高表面浓度变化的情况下，发生了对 Smoluchowski 公式得到的沉积电位的偏离。在考察实验数据之前，应指出 Smoluchowski 公式在描述大 Peclet 准数条件下 Dorn 效应方面的应用仅限于球形固体颗粒。特别地，一些文章结论（Dukhin，1964；Dukhin 和 Buikov，1965；Derjaguin 和 Dukhin 1967，1971）的正确性由 Usui 等（1980）进行了实验验证。四种形状的玻璃球的沉积电势似乎相同。因考察的颗粒半径分别为 50μm、150μm、250μm 和 350μm，可证明 Peclet 和雷诺准数对沉积电势均存在影响。

从 Usui 等（1980）和 Derjaguin 和 Dukhin（1967，1971）的工作可知，在气泡表面完全阻滞的条件下，均不能从实验或理论方面预言气泡尺寸对沉积电势会产生影响。对比这些由俄国和日本科学家进行系统研究得到的沉积电势理论，可得出结论，$Re<40$ 即使不是完全的，但至少是气泡表面发生强烈阻滞作用的一种原因。该结论由 Usui 等（1980）在仅使用非离子表面活性剂对 $a_b>300\mu$m 的气泡进行实验研究得出。

与 Usui 等（1980）的结论相反，Sotskova 等（1982）对小气泡在非离子表面活性剂存在下得到的实验结果相反，其结果对与小雷诺准数条件进行对比具有重要意义。考虑醇类浓度也具有启发性意义。在气泡半径减小的醇类浓度范围内，沉积电势升高。

Usui 等（1980）实现了式（8.101）中的第二个条件，从 CTAB 的吸附数据出发，对 Stern 电势与沉积电势进行了合并计算。在 $0.7\sim2.5\times10^{-5}$ mol/cm^3 的高浓度范围内进行吸附，ζ 和 Ψ_{ST} 具有一致性。在低于 7×10^{-8} mol/cm^3 的低浓度下，ζ 和 Ψ_{ST} 则有显著的差异。ζ 和 Ψ_{ST} 的差别随表面活性剂浓度的降低而降低，最后达到 100mV 的数量级。

这些结果表明，在高浓度（高于 7×10^{-8} mol/cm^3）时，加入表面活性剂增加了气泡表面的阻滞程度。因此，在 $\chi_b>\chi_0$ 的条件下，吸附量仅在气泡前端附近显著偏离平均值，电动势可从平衡吸附量计算得到。当表面活性剂的浓度降低时，表面运动的阻滞程度降低。当从气泡后部去除表面活性剂成为可能时，则可实了 $\chi_b<\chi_0$ 的条件，吸附量在整个气泡表面远低于平衡值。若吸附值小于 10^{-10} mol/cm^2，该结论需进一步确认，因可观测到电动势对 Stern 电势的偏差（Sotskova 等 1982）。代入此值及半径为 150μm 的上浮气泡的速度，则可满足式（8.98）的条件。

8.6 气泡的动态吸附层理论及其在大雷诺准数下的表面阻滞

在涉及大雷诺准数的情况下，对于 Navier-Stokes 方程的非线性关系仍存在较大困难。因此本节将仅限于评价不同状态吸附层形成和阻滞的条件（8.6.1 节），以及考虑弱阻滞条件（8.6.2 节和 8.6.3 节，参见 Dukhin 1965，1981）。

8.6.1 上浮气泡不同动态吸附层状态的形成条件

采用厚度分别为 δ_G 和 δ_D，而与角度 θ 无关的流体力学和扩散边界层的概念，可进行评价。评价过程可在两者的表面存在强阻滞作用的简化假设条件下进行（8.3 节）。

$$\left.\frac{\partial v}{\partial z}\right|_{z=a_b} \approx \frac{v}{\delta_G} \tag{8.102}$$

也可在弱阻滞作用条件下进行

$$div_s[\Gamma(\theta)v_\theta(\theta)] \approx \frac{\Gamma(\theta)v_0}{a_b} \tag{8.103}$$

首先考虑在气泡表面活性剂发生吸附的条件，此时发生强烈的阻滞作用

$$|\Gamma(\theta)-\Gamma_0| \ll \Gamma_0, v_0/v \ll 1 \tag{8.104}$$

参照式（8.102）对式（8.38）右边进行估算可得

$$|\Gamma(\theta)-\Gamma_0|/\Gamma_0 \approx \frac{\eta v}{RT\Gamma_0}\frac{a_b}{\delta_G} \ll 1 \tag{8.105}$$

根据式（8.10）和式（8.11）可对气泡表面速度进行近似计算

$$D\frac{|c(a_b)-c_0|}{\delta_D} \approx D\frac{|\Gamma-\Gamma_0|}{\delta_D}\frac{c_0}{\Gamma_0} \approx \frac{\Gamma_0 v}{\Gamma_0} \tag{8.106}$$

其中 $\delta_D=a_b/Pe^{1/3}$，若气泡表面几乎完全阻滞，以及在相反的情况下，$\delta_D=r_0/Pe^{1/2}$ 气泡表面几乎完全自由（Levich 1962）。从式（8.105）和式（8.106）可得所考察的状态的第二个必要条件

$$\frac{v_0}{v} \approx \frac{\eta D c_0}{RT\Gamma_0^2}\frac{a_b}{\delta_D}\frac{a_b}{\delta_G} \ll 1 \tag{8.107}$$

在 $Re \gg 1$ 条件下可对 χ^b 进行如下的估算（Dukhin 和 Derjaguin 1961）

$$\chi_b \approx \frac{RT\Gamma_0^2}{Dc_0}\frac{\delta_D}{a_b}\frac{\delta_G}{a_b} \tag{8.018}$$

现在确立了在表面浓度略微偏离平衡状态 Γ_0 和气泡表面有弱阻滞的条件下形成非离子表面活性剂动态吸附层第二种状态的条件

$$(\Gamma(\theta)-\Gamma_0)/\Gamma_0 \ll 1 \quad 当\ v_0/v \approx 1 \tag{8.109}$$

在 $Re \gg 1$ 下，吸附层轻微偏离平衡的条件可以与 $Re \ll 1$ 相同的方式导出，并可得到式(8.71)。第二个必要条件是上升气泡表面的黏性应力必须远小于强烈表面阻滞的特征值

$$\eta \left[\frac{\partial v_\theta}{\partial z} - \frac{v_\theta}{a_b} \right]_{z=a_b} = \frac{1}{a_b} RT \frac{\partial \Gamma}{\partial \theta} \ll \eta \frac{v}{\delta_G} \tag{8.110}$$

经过整理，可得

$$\frac{\eta D c_0}{RT \Gamma_0^2} \frac{a_b}{\delta_D} \frac{a_b}{\delta_G} \gg 1 \tag{8.111}$$

需注意，式（8.107）和式（8.111）的右边完全相同，显示实现动态吸附层的第一和第二条件的区域完全不形成重叠。

接下来考虑形成动态吸附层第三种状态的条件。在这种情况下吸附的表面活性剂几乎完全移位到气泡下极点，气泡主体部分的表面（狭窄后区除外）存在弱阻滞作用

$$|\Gamma(\theta) - \Gamma_0| / \Gamma_0 \approx 1 \quad at\ v_0/v \ll 1 \tag{8.112}$$

在 $Re \gg 1$ 下，沿气泡表面发生浓度剧烈变化的条件可以与 $Re \ll 1$ 相同的方式进行推导，可得式（8.72）的条件。第二个必要条件是式（8.110），可以改写为以下形式

$$\frac{\eta v}{RT(\Gamma(\pi) - \Gamma(0))} \frac{a_b}{\delta_G} \gg 1 \tag{8.113}$$

将式（8.71）的条件与式（8.72），以及式（8.113）与式（8.105）进行比较，显然实现不同状态的区域不发生重叠。这些条件如图 8.4 所示。

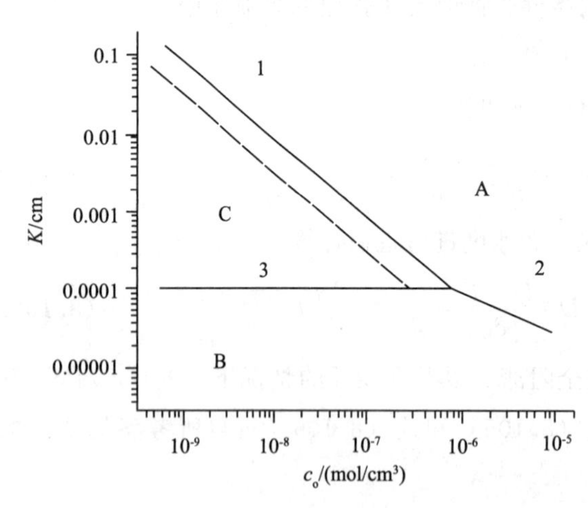

图 8.4 实现非离子表面活性剂动态吸附层不同状态的条件。对半径为 0.05cm 的气泡进行估算。

参数 c_0 和 Γ_0/c_0 的不同区域如下：

A—表面浓度轻微偏离平衡及强表面阻滞

B—表面浓度轻微偏离平衡及弱表面阻滞

C—吸附表面活性剂几乎完全移位至后驻点，表面主要部分存在弱阻滞作用

动态吸附层形成的三种状态的区域由曲线 1、2 和 3 分隔，各曲线分别由以下方程给出

$$\frac{\eta_\alpha v}{RT\Gamma_0} \frac{a_b}{\delta_G} = 1 \tag{8.114}$$

$$\frac{\eta_\alpha}{\chi_b} = 1 \tag{8.115}$$

$$\frac{\Gamma_0}{c_0 \delta_D} = 1 \tag{8.116}$$

A、B 和 C 各区域不是由曲线各自分隔开，而是由较宽的带隔开，因为存在从“远高于”到“远低于”状态的变化，反之亦然。

当区域 B 和 C 之间的边界以及 B 和 A 之间的边界交叉时，其中一个属性得以保留而其他属性则发生变化。相反，当跨越区域 C 和 A 之间的边界时，阻滞程度和表面浓度对平衡态的偏差两种性质均发

生变化［参见式（8.109）和式（8.112)］。可以预期在在 A 和 C 之间广泛区域中，存在满足 $v_0/v \ll 1$ 以及 $|\Gamma(\theta)-\Gamma_0|/\Gamma_0 \approx 1$ 条件的区域 D，此区域存在于 $Re \ll 1$ 的条件下(参见 8.3 节)。

8.6.2　$Re \gg 1$ 的气泡表面动态吸附层及弱表面阻滞的理论

在雷诺准数较大的情况下，目前还没有定量的液滴运动理论。然而，对于气泡，情况要简单得多，因为气体黏度相对于液体可忽略不计。对于 $Re <$（500÷800）的情况，气泡保持其球形，其速度场与理想液体相同，（Levich，1962)，条件是气泡表面不存在表面活性剂

$$v_z^{(o)} = -v(1-a_b^3/z^3)\cos\theta, v_\theta^{(o)} = v(1+a_b^3/2z^3)\sin\theta \tag{8.117}$$

作为第二种近似，必须将气泡表面的切向应力设为零。得到的边界条件不满足式(8.117)

$$\eta\left(\frac{1}{z}\frac{\partial v_z}{\partial\theta}+\frac{\partial v_\theta}{\partial z}-\frac{v_\theta}{z}\right)=0 \tag{8.118}$$

其实数解可写作扰动形式 $\bar{v}(z,\theta)=\vec{v}^{(0)}(z,\theta)+\vec{v}^{(1)}(z,\theta)$，其中

$$v^{(1)}(z,\theta) \ll v^{(0)}(z,\theta) \tag{8.119}$$

在流体力学边界内的任意位置，$\delta_G \approx a_b/\sqrt{Pe}$。在此边界层内，$x=(z-a_b) \ll a_b$，式（8.117）简化为：

$$v_\theta^{(0)} = v_0\sin\theta, v_z^{(0)} = -3v_0\frac{x}{a_b}\cos\theta \tag{8.120}$$

其中

$$v_0 = \frac{3}{2}v \tag{8.121}$$

基于式（8.119）和式（8.121)，$v_\theta^{(1)}$ 可满足以下关系（Dukhin 1965，1981)

$$\frac{3v}{a_b}v_\theta^{(1)}\cos\theta+\frac{3}{2}\frac{v}{a_b}\sin\theta\frac{\partial v_\theta^{(1)}}{\partial\theta}-\frac{3v}{a_b}y\cos\theta\frac{\partial v_\theta^{(1)}}{\partial y}=v\frac{\partial^2 v_\theta^{(1)}}{\partial y^2} \tag{8.122}$$

Levich（1962）首先考虑了参数 $v_\theta^{(1)}$。其推导过程包含某些错误，后由 Moor（1963）和 Dukhin（1965）分别进行了纠正。进行变量变换 $t=p_1(\theta)$ 及 $\Psi=x\sin^2\theta$，式（8.122）变为热传导方程式形式

$$\frac{\partial f}{\partial t}=K_1\frac{\partial^2 f}{\partial\Psi^2} \tag{8.123}$$

其中

$$K_1 = 2a_b v/3v \tag{8.124}$$

将 $v_\theta = v_\theta^{(0)} + v_\theta^{(1)}$ 代入式（8.118）并进行新变量的变换，可得式（8.123）的边界条件。其结果为

$$\frac{\partial f}{\partial \Psi}\Big|_{\Psi=0} = \frac{3v}{a_{\mathrm{b}}} \tag{8.125}$$

当 $\Psi \to \infty$，即 $x \to \infty$时，必存在 $f \to 0$，应用源函数

$$\frac{1}{2}\ \frac{\exp[-\Psi^2/4K_1(t-z)]}{[\pi K_1(t-z)]^{1/2}}$$

将式（8.125）视为等价于强度为 $K_1\ \dfrac{\partial c(t)}{\partial \Psi}$ 的非稳态热源，则对于最初为均一的场，式（8.123）的解为

$$f(t,\Psi) = \sqrt{\frac{K_1}{\pi}}\ \frac{3v}{a_{\mathrm{b}}}\int_0^t \frac{\exp[-\Psi^2/4K_1(t-z)]}{(t-z)^{1/2}}\mathrm{d}z \tag{8.126}$$

由此可得

$$v_\theta^{(1)}(\theta,x) = -\frac{2v}{\sin\theta}\sqrt{\frac{3}{2\pi Re}}\int_0^{P_1(\theta)} \frac{\exp(-x^2\ \sin^4\theta/4K_1(P_1(\theta)-z)}{[P_1(\theta)-z]^{1/2}}\mathrm{d}z \tag{8.127}$$

在气泡表面

$$v_\theta^{(1)}(\theta,0) = -\left(\frac{8}{\pi Re}\right)^{1/2} \frac{v\sin\theta\ \sqrt{2+\cos\theta}}{1+\cos\theta} \tag{8.128}$$

为推导对流扩散方程，将 v_θ（θ，x）表达式在边界层内简化非常重要

$$v_\theta(\theta,x) = v_0\sin\theta + \frac{\partial v_\theta(\theta,0)}{\partial x}x \tag{8.129}$$

应用式（8.118），并考虑式（8.119）及 $Re \gg 1$ 的条件，可得

$$\frac{\partial v_\theta(\theta,0)}{\partial x} = \frac{v_\theta(\theta,0)}{a_{\mathrm{b}}} = \frac{v_\theta^{(0)}(\theta,0)+v_\theta^{(1)}(\theta,0)}{a_{\mathrm{b}}} \approx \frac{v_0}{a_{\mathrm{b}}}\sin\theta \tag{8.130}$$

依据式（8.129）和式（8.130），v_θ（θ，x）仅在边界层内略有变化，并具有与 $Re<1$ 及 $Pe>1$ 条件下相同的角度依赖关系，$Pe \gg 1$，这样可以将对流扩散方程式简化为（8.16）的形式。这样处理必须小心进行，因为式（8.16）右侧的系数有不同的解释。此外，在 $Re \gg 1$ 条件下，关于在边界条件 $Re \ll 1$ 和 $Pe \gg 1$ 下的对流，忽略表面扩散是合理的。因此，如果 v_0独立于 n，则对流扩散方程和式（8.58）在 $Re \ll 1$ 及 $Pe \gg 1$ 以及 $Re \gg 1$ 的边界条件下完全相同。这意味着如果 $Re \gg 1$，式（8.69）和式（8.79）得出的吸附场同样有效。另一方面，如果 $Re \gg 1$，Peclet 准数中的速度 v 不能再用式（8.24）来表示。

根据式（8.117），$n = v/v_0 = 2/3$。对丁弱阻滞的气泡，$\eta' = \chi_{\mathrm{b}} = 0$。可将式（8.24）和式（8.25）进行简化，并最终在 $Re<1$ 下得到 $n=2$。表示吸附分布变化的式（8.69）和式（8.79）的有效范围从 $Re \gg 1$ 变为 $Re \ll 1$，扩散层厚度 δ_{D}在前一种情况下较小。

8.6.3 弱表面阻滞

式（8.123）许表征弱表面阻滞。为此，边界条件式（8.125）中必须补充反映表面张力梯度对表面运动影响的项。由此可得以下边界条件

$$\frac{\partial f}{\partial \Psi}=3\frac{v}{a_{\mathrm{b}}}+\frac{RTK_{\mathrm{H}}}{a_{\mathrm{b}}\eta}\Phi(t),\Phi(t)=\frac{1}{\sin\theta}\frac{\partial c(a_{\mathrm{b}},\theta)}{\partial\theta} \tag{8.131}$$

Dukhin 和 Derjaguin（1961）以及 Rulyov 和 Leshov（1980）得到了式（8.123）的解及其边界条件。其解如下

$$v_0=v_0^{(1)}(\theta)+v_0^{(2)}(\theta) \tag{8.132}$$

其中

$$v_0^{(2)}(\theta)=-\frac{4RT\Gamma_0}{\sqrt{\pi\mathrm{Re}}\sin\theta}\int_0^{t(\theta)}\frac{\Phi(\theta')\sin^3\theta'}{(t(\theta)-t(\theta'))^{1/2}}\mathrm{d}\theta' \tag{8.133}$$

而 $v_\theta^{(1)}(\theta)$ 用式（8.128）表示。函数 $v_\theta^{(2)}(\theta)$ 表征沿气泡表面由表面张力梯度引起的速度分布的微小变化。对于式（8.72）和式（8.71）的极限条件，Dukhin（1965）及 Rulyov 和 Leshov（1980）进行了积分的数值计算。为避免这些积分的繁复结果，此处仅给出角关系的渐进解

$$v_0^{(2)}=\begin{cases}-\dfrac{2\sqrt{2}RTc_0\sqrt{Dv}}{3\pi v\eta}\dfrac{I_1(\theta)}{\sin\theta}\text{(8.72) 条件下}\\[2ex]-\dfrac{2RT\Gamma_0^2\sqrt{v}}{\sqrt{3D}\pi\eta c_0a_{\mathrm{b}}}\dfrac{I_2(\theta)}{\sin\theta}\text{(8.71) 条件下}\end{cases} \tag{8.134}$$

其中

$$I_1=2\pi/(1+\cos\theta)\quad at\ \theta\rightarrow\pi \tag{8.135}$$

$$I_2=-\ln(1+\cos\theta)\quad at\ \theta\rightarrow\pi \tag{8.136}$$

在几乎整个表面均处于弱阻滞的条件下，在 $\theta=\pi$ 附近，$v_\theta^{(2)}(\theta)/v_0^{(0)}(\theta)$ 的比值快速增长，使得在 $\theta=\pi$ 附近存在强烈的阻滞。由于 $v_0^{(2)}(\theta)$ 在（$\pi-\theta$）$\ll\pi$ 条件下的快速增长，强弱阻滞区域之间的过渡带非常窄。忽略弱阻滞表面的此过渡区域，可得阻滞帽模型（Savic 1953）。此外，该模型可计算得到阻滞帽出现的浓度，并可观察到气泡上升速度的降低。这种降低是由于湍流区域的扩大导致的流体动力学阻力增加。在没有任何表面活性剂存在的条件下，湍流区域位于 $\theta>\theta_0$ 的位置，并由式（8.128）中的黏性校正项 $v_0^{(1)}(\theta)$ 到势能的速度分布引起。湍流区域的大幅扩张及气泡上升速度的降低仅在吸附项 $v_0^{(2)}(\theta)$ 位于 $\theta=\theta_0$ 点处发生，并与黏性项相当。

将式（8.128）和式（8.133）中上述性质等值化后，可对表面活性剂浓度进行粗略估计，在此气泡上升速度开始降低（Rulyov 和 Leshov 1980）

$$c_{\mathrm{h}}=\frac{3\sqrt{2\pi}v^2\eta}{RT(\mathrm{Re})^{2/3}\sqrt{Dv}} \tag{8.137}$$

$$c_1=\frac{\sqrt{3\pi Dv}\eta}{RTK_{\mathrm{H}}^2(Re)^{1/2}\ln(2Re)} \tag{8.138}$$

c_1 和 c_{h} 分别为在底和高表面活性下，速度开始下降的临界表面活性剂浓度。从这些关系得到的计算数据可与 Okasaki（1964）的实验数据很好地吻合。

8.7 上浮气泡的后停滞区域

在低表面活性剂浓度下，气泡的表面并非均匀阻滞。通常，表面主要部分可能为弱阻滞，只有狭窄的真正停滞的区域才能存在于气泡后极附近（Savic 1953，Harper 1982）。现在要考虑的是以解析形式描述该区域结构的论文结果。如在介绍中所指出的，此类结果可从 $Re \ll 1$ 的上浮气泡中得到，而第 8.4～8.6.3 节所述的结果可用于接近潜流的流动气泡，即 $Re \gg 1$ 的情况。Savic（1953），Garner 和 Scelland（1956），Elzinga 和 Banchero（1961），Griffith（1962），Horton 等（1965），Huang 和 Kintner（1969）以及 Beitel 和 Hedeger（1971）通过实验确定了阻滞帽的存在。

8.7.1 后阻滞区动态吸附层形成过程的特征

Derjaguin 等（1959）首先考虑了在式（8.69）和式（8.79）的极限条件下，在 $\theta \to \pi$ 时吸附量很可能发生无限制增长。在 $\theta \to \pi$ 时，$\Gamma(\theta)$ 增长的必然性具有显而易见的物理意义，因为吸附层受到了压缩。$\Gamma(\theta)$ 的增长自然受到某些参数的限制，这些参数在推导式（8.85）过程中未做考虑。

当时，动态吸附层形成过程受三种因素的作用而复杂化：扩散边界层的扩展，考虑表面扩散的必要性，以及当 $\theta \to \pi$ 时的表面阻滞，即使剩余表面完全没有停滞。所有这三个因素在高和低表面活性时其表现存在定性差异。Dukhin（1965）分别考察了 $\theta \to \pi$ 时每种情况下吸附层的形成过程。

Harper（1974，1988）的研究显示，表示后驻点（RSP）附件表面浓度偏差的解如下

$$\Gamma \approx \Gamma_0 B \left[\frac{3}{16}(\pi-\theta)^4\right]^{\alpha} \tag{8.139}$$

常数 α（$-1/2<\alpha<0$）可由以下关系式确定

$$\Lambda = \sqrt{\frac{4\eta RD}{u}}\frac{c_0}{\Gamma_0} = \frac{-4\tilde{\Gamma}(-\alpha)}{\tilde{\Gamma}\left[-\frac{1}{2}-\alpha\right]} \tag{8.140}$$

其中 $\tilde{\Gamma}$ 为 Γ 函数，$B \approx -\Lambda(A+2\sqrt{\pi})$。Harper（1974）的解显示在 RSP 附近存在较弱的阻滞，该处表面活性剂的吸附量可按以下关系式计算

$$\Gamma_{\mathrm{RSP}} = \Gamma_0 B\,(Pe)^{-2\alpha}\left[\frac{3}{4}\right]^{\alpha}\tilde{\Gamma}(2\alpha+1) \tag{8.141}$$

其中当 Pe 较大，α 为负值时，$\Gamma_{\mathrm{RSP}} \gg \Gamma_0$。

8.7.2　气泡后部阻滞区的结构

Harper 的结果（1974，1988）允许计算 $Re \ll 1$ 时的表面活性剂浓度，并对该点附近的气泡表面是否存在弱阻滞进行评估。

由于在上浮气泡表面上表面活性剂的不均匀分布，表面活性剂在 RSP 附近表现出更强的阻滞。因此，Savic（1953）首先提出的表面运动模型具有非常重要的意义。在这个模型的框架内，假设在 RSP 附近的区域，由于吸附的表面活性剂而发生完全阻滞，剩余残留表面几乎没有表面活性剂并存在弱阻滞。但是，所有采用这种模型（Savic 1953，Harper 1973，1974，1982，1988，Heet 等，1991）的理论，均受 $Re \ll 1$ 条件的限制。Davis 和 Acrivos（1966）对 RSP 附近强阻滞区的结构进行了定量研究。Harper（1973，1982）提出了气泡表面动态吸附层的解析描述方法，渐近地适用于小尺度的阻滞帽。在小尺度阻滞帽区域，该理论的数学方法进行了简化（Harper 1973，1982），结果可以更清楚地呈现。因此，目前的分析仅限于这些工作。

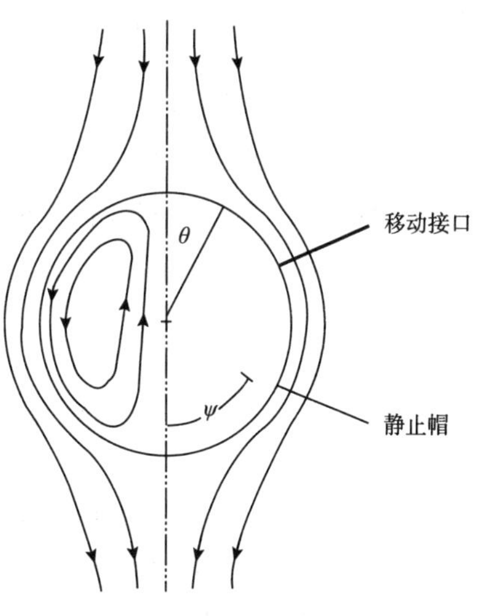

图 8.5　阻滞帽模型

假设气泡的表面在 $\theta < \pi - \Psi$ 是完全自由的，而 $\theta < \Psi$ 时则完全阻滞。此外，假设在前部区域吸附量远低于平衡值，而在后部则远高于 Γ_0。这允许进行如下假设：表面活性剂在自由表面的吸附发生在无表面活性剂区域，而在阻滞区，表面活性剂从表面解吸到 $c_0 \approx 0$ 的溶液中。强阻滞区的尺寸由相气泡表面的总吸附流和总解吸流的平衡决定（图 8.5）。

Levich（1962）计算了向弱阻滞气泡表面的总吸附流。

$$J_{\text{ad}} = 5.79\sqrt{\frac{Pe}{n}}\,a_{\text{b}} D c_0 \tag{8.142}$$

通过使用下极点附件强阻滞区的黏应力分布，可计算函数 $\Gamma(\theta)$ 和总解吸流（Harper，1973）。

$$\frac{RT}{a_{\text{b}}}\frac{\partial \Gamma}{\partial \theta} = \eta \frac{\partial v_\theta}{\partial z}\Big|_{z=a_{\text{b}}} = \eta \frac{v}{a_{\text{b}}}\frac{4m}{\pi\sqrt{1-m^2}} \tag{8.143}$$

其中 $m = (\pi-\theta)/\theta^*$，$s = (z-a_{\text{b}})/(a_{\text{b}}\theta^*)$，为阻滞帽内坐标。这种估算强阻滞情况下 $\Gamma(\theta)$ 的方法首先由 Dukhin 和 Derjaguin 提出（1961）。在经过变量变换，可得

$$x = \int_{\text{m}}^{1} \frac{m^2}{(1-m^2)^{1/4}}\text{d}m \tag{8.144}$$

$$y^2 = \left[\frac{2}{81\pi^2}\frac{a_b^2 v^2 \theta^{*4}}{D^2}\right]^{1/3} \frac{m^2 s^2}{\sqrt{1-m^2}} \tag{8.145}$$

RSP 附近的对流扩散方程可简化为以下形式

$$\frac{\partial c}{\partial x} = \frac{1}{y}\frac{\partial^2 c}{\partial y^2} \tag{8.146}$$

可得到解析解。因此表面活性剂从阻滞帽表面的总解吸流可进行计算（Harper，1973）

$$J_{des} \approx 1.99 a_b D c_0 \left[\frac{a_b v}{D}\right]^{1/3} \frac{\eta v}{RT\Gamma_0}\Psi^{8/3} \tag{8.147}$$

在 Re≪1 下将解吸流和吸附流等值化，可得

$$\Psi = 1.761 \left[\frac{a_b v}{D}\right]^{1/16} \left[\frac{RT\Gamma_0}{\eta v}\right]^{3/8} \tag{8.148}$$

$$\Gamma_{RSP} = 2.242\Gamma_0 \left[\frac{a_b v}{D}\right]^{1/16} \left[\frac{RT\Gamma_0}{\eta v}\right]^{5/8} \tag{8.149}$$

Savic（1953）提出的在何种情况下可应用气泡表面运动模型的判断依据是非常有意义的。当式（8.71）的条件成立时，表面活性剂在气泡表面主要部分的吸附与平衡值有很大偏离。参照式（8.148），较小阻滞帽尺寸 $\Psi \ll 1$ 的条件可写作以下形式

$$\frac{\eta_a v}{RT\Gamma_0} \gg 1.22 Pe^{1/6} \tag{8.150}$$

8.7.3 小 Re 下的后阻滞帽和气泡上浮速度

Savic（1953）、Davis 和 Acrivos（1966）、Harper（1973，1982）、Holbrook 和 Levan（1983）均考察了具有阻滞帽气泡表面的蠕动流。在每种情况下，在处理阻滞帽的混合边界条件方面都遇到困难。该方法导致了一系列无穷代数方程组，用于解出级数解的系数。Savic（1953）在第六项后截断了该级数，而 Davis 和 Acrivos（1966）则使用了 150 项之多。Harper（1973，1982）研究了小阻滞帽角度的情况，并使用扁球状坐标进行了渐近分析。Sadhal 和 Johnson（1983）将此问题进行了概括，通过允许液滴内部循环可对液滴和气泡进行研究。

作为一个纯粹的流体动力学问题，由于在移动液滴后部的阻滞帽所产生的的速度场通过使用无穷多级数的 Gegenbauer 多项式得到了精确解，该多项式中包含与帽角度 Φ 相关的常数。通过此级数，作用于液滴上的拉力 F（Φ）可得到解析解，当作用于液滴的外力确定后，其最终速度也可计算得到

$$F(\Phi) = 4\pi\eta V R a_b \left\{\frac{\eta}{4\pi(\eta+\eta')}\left[2\Phi + \sin\Phi - \sin 2\Phi - \frac{1}{3}\sin 3\Phi\right] + \frac{2\eta+3\eta'}{2\eta+2\eta'}\right\} \tag{8.151}$$

在极限情况 $\Phi=0$ 下（无表面活性剂），式（8.151）可变换为 Hadamard-Rybczynski 方程。对于 $\Phi=\pi$ 的情况（完全阻滞表面），可得出固体球行为的结论。

若液滴黏度变为无穷大（$\eta' \to \infty$），可得到固体球牵拉的结论。在气泡的特殊情况下，通过式（8.151）可以方便地令 $\eta' \to 0$ 计算出拉力，可得

$$F(\Phi)_{\text{bubble}} = 4\pi\eta UR\left\{\frac{1}{4\pi}\left[2\Phi+\sin\Phi-\sin2\Phi-\frac{1}{3}\sin3\Phi\right]+1\right\} \tag{8.152}$$

帽角度通过计算产生与以角度 Φ 作用于帽上的黏性剪切力所致的压缩相平衡的表面压所需的表面活性剂吸附量而确定。

Sadhal 和 Johnson（1983）给出了一个无因次方程以计算帽区域周围环境作用于界面所致的剪切应力差

$$(\tau_{z\theta(s)}^{(2)} - k\tau_{z\theta(s)}^{(1)}) = h(\theta,\Phi)/\lambda \tag{8.153}$$

式中，切向应力用 $\eta V/a_b$ 来衡量；k 为液滴与连续相黏度之比；$h(\theta, \Phi)$ 为一非常复杂的函数。

Marangoni 力和黏性应力的平衡为式（8.153），用 Γ 来重新表述，通过积分可得到表面活性剂分布，以及 Γ 作为 Φ 和无因次 Marangoni 准数 Ma 的函数。表面活性剂分布可以在帽区域进行积分，以获得表面上的总量 M。变量 M 也可从表面活性剂守恒方程单独计算，将两个表达式等量化处理，可得到 Φ。一旦 Φ 确定，就可以计算阻力系数和最终速度。

以上步骤首先由 Griffith（1962）提出，其研究并不完整，因为未使用适当的流体力学解法。后续 Sadhal 和 Johnson（1983）获得了该问题的精确解。这些研究者均假设阻滞帽内表面活性剂压缩产生的表面压可用线性等温式来表示。

8.8　运动气泡表面的表面活性剂总量

8.8.1　气泡分级和动态吸附层

运动气泡表面活性剂总量问题对气泡分级是非常重要的。在气泡分级（Clarke 和 Wilson 1983）中，表面活性物质通过吸附于上升的气泡转移到液柱的上部，随后气泡在液柱上方爆裂或积聚成泡沫时得到释放。

在计算表面活性剂向泡沫的转移量时，通常假设表面活性剂在上浮气泡表面的浓度值等于 Γ_0。另一方面，在上升时间内，在每种情况下表面浓度均不能建立平衡，表面活性剂的总吸附量也与平衡值不同。在前面章节中已阐明，上升气泡的吸附层在不同的系统参数下可发生强烈变形。因此，为计算表面活性剂向泡沫内的转移量，必须考虑动态吸附层的结构。

在本节中，需计算以下参数：

$$K_b = \frac{1}{4\pi a_b^2 \Gamma_0}\oint \Gamma(\theta)\,\mathrm{d}s \tag{8.154}$$

其中仅考虑了溶液中的一种表面活性剂。参数 K_b 考虑了表面活性剂向泡沫迁移过程中非平衡因素的效应。

本章列出的结果当然仅是初步的。为了获得可靠预测和建议，其对表面活性剂向泡沫的迁移过程的技术和数学模拟均非常重要，有必要考虑以下因素：

①溶液和吸附层的真实状态；

②在溶液中存在多种表面活性剂；

③在任意 Re 下气泡变形和实际流型；

④气泡的多分散性；

⑤上浮运动期间的气泡凝结；

⑥依赖于表面活性剂转移至泡沫过程的泡沫体积分级；

⑦泡沫中的转移过程。

8.8.2 上浮气泡动态吸附层稳态建立的时间估算

如前所述，表面活性剂向泡沫迁移的动力学因素效应可用气泡上升时间 t_b 来表达，但在此时间内，液柱内的动态吸附层可能无法达到稳态。若动态吸附层远离其稳态，则需要引入参数 K_b，其表达式为

$$K_b \approx \frac{J_{ad} t_b}{4\pi a_b^2 \Gamma_0} = \frac{t_b}{\tau_{ad}} \tag{8.155}$$

其中 J_{ad} 为流向气泡表面的总吸附流量，以及

$$\tau_{ad} = \frac{4\pi a_b^2 \Gamma_0}{J_{ad}} \tag{8.156}$$

为特征吸附时间。在吸附开始阶段，当气泡表面的总表面活性剂吸附量远低于稳态时，在强阻滞条件下流向气泡表面的流量 J_{ad} 为（Levich，1962）

$$J_{ad} = 2\pi a_b D c_0 Pe^{1/3} \tag{8.157}$$

在弱阻滞条件下（Levich 1962）

$$J_{ad} = 7.09 a_b D c_0 \sqrt{Pe} \tag{8.158}$$

在两种极限情况下，τ_{ad} 的值可估算如下

$$\tau_{ad} = \frac{2 a_b \Gamma_0}{D c_0} Pe^{-1/3} \quad \text{当 } Re \ll 1 \tag{8.159}$$

$$\tau_{ad} = \frac{1.77 a_b \Gamma_0}{D c_0} Pe^{-1/2} \quad \text{当 } Re \gg 1 \tag{8.160}$$

上升时间 t_b 可通过液池高度 l 和上浮速度 v 简单计算得到

$$t_b = \frac{l}{v} \tag{8.161}$$

可以方便地引入特征长度：

$$l_{a} = v\tau_{ad} \tag{8.162}$$

沿其方向，上浮气泡的吸附层接近平衡。按式（8.161），此特征长度可由下式给出

$$l_{a} = \frac{2\Gamma_0}{c_0}\mathrm{Pr}^{2/3}Re^{2/3} \quad at\ Re \ll 1 \text{ 以及 } l_{a} = \frac{1.77\Gamma_0}{c_0}\sqrt{PrRe} \quad at\ Re \gg 1 \tag{8.163}$$

当 $Re<1$，即使在非常高的表面活性下（$\Gamma_0/c_0 \sim 10^{-2}$ cm），$l_a \approx 1$cm，因 $Pr^{2/3} \approx 10^2$。这意味着 l_a远小于液柱高度 l，通常在 $10 \sim 10^2$ cm 的数量级。

l_a随上浮速度 v 和 Re 的增加而增加。即使在 $Re \sim 10^3$的情况下，此时气泡由于其表面振荡等原因引起的形变，其行为较为复杂，l_a 的数值在 10cm 的数量级范围内，此时表面活性仍非常高（$\Gamma_0/c_0 \sim 10^{-2}$ cm）。

因此，在气泡转变为泡沫的层内，吸附层的状态可考虑为稳态。这种情况在液柱较薄（小于 1～10cm）时可发生改变。

8.8.3　运动气泡表面表面活性剂总量的估算

可以看出，在静态泡沫表面，表面活性剂吸附等于甚至超过相应的平衡值 $4\pi a_b^2\Gamma_0$。运用 Levich 的恒定厚度扩散层模型（Levich 1962），表面活性剂向气泡表面的流密度可以估算如下：

$$j = D\frac{c_0 - c(a_b,\theta)}{\delta_D} \tag{8.164}$$

在静态条件下，向气泡表面的总表面活性剂流量等于零，即

$$\oint j\mathrm{d}S = 0 \tag{8.165}$$

将式（8.164）代入式（8.165），可得

$$\oint c(a_b,\theta)\mathrm{d}S = 4\pi a_b^2 c_0;\oint \Gamma(\theta)\mathrm{d}S = 4\pi a_b^2\Gamma_0 \tag{8.166}$$

因此，在该模型中，在静态条件下吸附在气泡表面上的表面活性剂总量不依赖于动态吸附层形成的条件，参数 K_b等于 1。

可以证明，如果考虑到扩散层的厚度沿从顶极到底极的经线单调增长，吸附到移动气泡上的表面活性剂总量比静止时的吸附量更大。结果，扩散层的厚度 δ_A在整个吸附表面活性剂的表面 S_A上的平均值小于扩散层厚度 δ_D在表面活性剂发生解吸面积 S_D上的平均值

$$\bar{\delta}_A < \bar{\delta}_D \tag{8.167}$$

动态吸附层的静止状态条件式（8.165）可用下式表达

$$\frac{D}{\bar{\delta}_A}\int_{S_A}(c_0 - c(a_b,\theta))\mathrm{d}S = \frac{D}{\bar{\delta}_D}\int_{S_D}(c_0 - c(a_b,\theta))\mathrm{d}S \tag{8.168}$$

现在，使用已被接受的简化的阻滞帽理论。在吸附表面，c 与 c_0相比可以忽略，并且在解吸表面 c_0与 c 相比可以忽略：

$$\int_{S_D} c(a_b,\theta)\,\mathrm{d}S \approx \frac{\bar{\delta}_D}{\bar{\delta}_A}\int_{S_A} c_0\,\mathrm{d}S \tag{8.169}$$

或

$$\int_{S_D} \Gamma(\theta)\,\mathrm{d}S \approx \frac{\bar{\delta}_D}{\bar{\delta}_A}\int_{S_A} \Gamma(\theta)\,\mathrm{d}S \approx \frac{\bar{\delta}_D}{\bar{\delta}_A}\int_{S_A} \Gamma_0\,\mathrm{d}S \tag{8.170}$$

其中 $S=S_A+S_D$ 为气泡总表面积。此处，还应考虑到阻滞帽为气泡表面的一小部分，$S_D \ll S$，因此

$$\int_{S} \Gamma(\theta)\,\mathrm{d}S > \int_{S_D} \Gamma(\theta)\,\mathrm{d}S > \Gamma_0 S \tag{8.171}$$

即动态条件下的吸附层整体上比静止气泡中含有更多的表面活性剂。需注意的是，在强烈阻滞的条件下在气泡整体表面也具有类似的结果。作为对流扩散方程的严格解，在气泡表面平均吸附量的相对增量可达约 17%（8.3 节）。

阻滞帽理论允许对吸附于气泡表面表面活性剂总量的变化作为其上浮速度的函数进行定量估算。避免对这些结果进行讨论，因其仅限于 $Re \ll 1$ 的情况，并且尚无在小雷诺准数下有关气泡表面移动性的实验数据。

8.8.4 气泡上浮时间相依性的实验研究

在理论和实验两个方面，吸附层的静止状态以及静止气泡的上升速度均受到了重视。Loglio 等的开创性实验（1989）证明了研究吸附层速度弛豫的可能性。对直径为 2～3mm 的气泡在表面活性剂溶液中上升速度的时间依赖性也进行了研究。为此，在 140cm 高的 Pyrex 玻璃柱内对不同高度的上升速度进行了测量。如预期的那样，随着在管内的距离越来越长，表面活性剂的吸附量越多，上升速度则随之下降。由于同样的原因，速度随表面活性剂浓度的提高而下降。这些结果如图 8.6 所示，显示为表示特定浓度溶液中上升时间和纯水中上升时间比率的函数。因此可以得出结论，对于尺寸为 2～3mm 的气泡，需要一个长度数量级为数米的上升路径才能形成静态吸附层。此结果与式（8.163）得出的估计值并不产生强烈的矛盾，因其中忽略了解吸流量以给出达到静态所需的大致时间。众所周知，当接近稳态时，会出现一个弛豫减慢的过程。在这种情况下，净流量

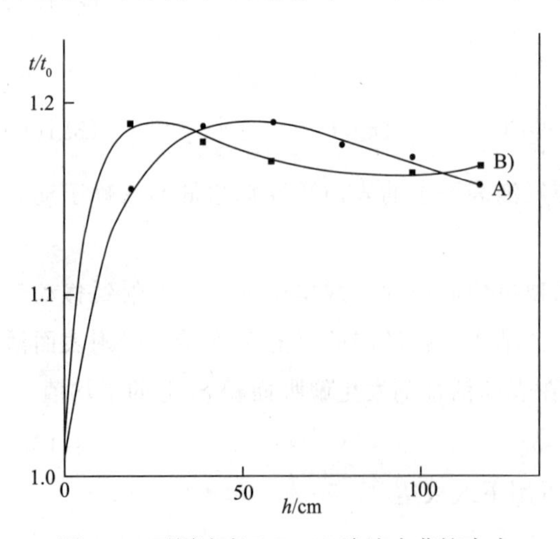

图 8.6 不同浓度 $DC_{12}PO$ 溶液在蒸馏水中上升时间比值 t/t_0 与上升距离的关系

A) —2mg/L；B) —4mg/L，气泡半径=0.36cm

Loglio 等（1989）

由吸附流和解吸流的平衡决定。随着阻滞帽的增长流量减小，因而解吸量也增加。净流量的减少可导致特征长度的增加。这不排除杂质向气泡表面的流动受到阻滞吸附动力学的控制，也可引起特征长度的增加。

在海水和自来水（均含有杂质）中，气泡上升速度也随上升距离增加而降低。然而，杂质含量并不足以完全抑制气泡表面的运动能力。上升速度与浓度和高度之间的非单调关系不能通过这些杂质的存在解释。

Loglio 等的这项工作（1989）证明了采用实验手段考察移动泡沫表面吸附层弛豫的可能性，这也促进了大雷诺准数下 DAL 理论的发展。在实验方面，考察不同尺寸气泡上升速度与高度的关系非常重要。Suzin 和 Ross（1984）也观察到了气泡上升速度与高度的关系。

8.9　小结

动量传递和物质传递的耦合实际上排除了对气泡和液滴的物理-化学流体力学问题的解析解。然而，已经开发出大量有效的近似分析方法，使得出解成为可能。最重要的是这些方法的微积分方法使得定量表征动态吸附层的不同状态成为可能：如运动气泡表面的弱阻滞、接近完全阻滞气泡表面的运动、气泡表面介于完全阻滞和完全自由之间的瞬态等。

随着表面活性剂浓度的增加，动态吸附层从弱阻滞状态变为过渡状态，其特征在于阻滞帽的出现及其随表面活性剂浓度进一步增加的增长过程。在其增长的过程中，气泡表面弱和强阻滞部分共存。

表面运动的弱阻滞理论可得到一个关系，用于估计出现阻滞帽的最小表面活性剂浓度，对上浮速度产生影响。强阻滞理论可得到可从完全阻滞气泡表面分离出过渡状态的最大表面活性剂浓度。因此，可得到动态吸附层的极端状态理论与瞬态理论之间的过渡状态，具有两方面的重要意义。首先，这些理论是由不同科学家独立发展的。其次，确定了所用近似方法的适用性，以给出动态吸附层的不同状态的全貌，或可免除数值解所需的巨大工作量。

与动态吸附层理论的极限情况不同，采用众所周知的流体力学解法，瞬态理论非常复杂。必须解流体力学方程，其中包含作为完全不含吸附分子的气泡表面一部分的阻滞帽区域的复杂边界条件的。鉴于此，极限状态理论考虑了小和大雷诺准数的情况，而瞬态理论仅针对小雷诺准数情况。极限状态理论或多或少地从对流扩散问题的解决而发展起来，而动态吸附层的瞬态问题在很大程度上是一个流体力学问题。

当气泡表面阻滞从弱向强转变时，扩散层及其厚度并不发生显著变化。用于动态吸附层的边界条件则更经常出现显著的变化。显然，吸附和解吸动力学以及动态吸附层的形成是密切相关，代表一个单独过程。形成动态吸附层的既定规则同时表征了对流扩散过程的具体性质以及在水动力场作用下运动气泡上的吸附/解吸动力学。

虽然动态吸附层理论的发展取得了相当大的成功，但实验方面的进展仍较小。在瞬态理论方面也是如此，最令人印象深刻的是理论方面的进展。事实证明，阻滞帽理论的实验研究在某种程度上仅是一种经验研究，因其被限定在小雷诺准数的情况下。在小甚至中等雷诺准数下，气泡表面最初近似静止，几乎不可能形成阻滞帽。

该问题的本质是，一方面，仅在大雷诺准数下才出现阻滞帽，而另一方面，阻滞帽理论是在小雷诺准数下发展起来的。目前发展大雷诺准数下的阻滞帽理论具备了可能性，因为在气态一些研究中，已经提出了非常复杂的流体力学方程的解法（Rivkind 等 1971，1976）。

在弱和强阻滞气泡表面，有两个因素有利于动态吸附层理论研究。首先，该理论也可用于大 *Re* 条件。其次，该理论虽是对小 *Re* 而发展起来，但也适用于表面阻滞受到表面活性剂浓度和其他阻滞因素控制的情况。

运动气泡和液滴表面的动态吸附层实验研究与理论研究的水平相比，似乎发展不够完善。最重要的是，此物理-化学流体力学领域进一步发展必须的系统研究仍旧缺乏。而这是许多工艺技术优化的先决条件。只有实验才能证明理论上提出的动态吸附层存在的不同状态。有两个问题仍待解决：在小至中等雷诺准数下气泡表面在无表面活性剂存在时是否发生运动，以及，是否存在低表面活性剂浓度，使其对表面运动的影响仍保持低水平。

上浮气泡速度的测量不适用于解决此类问题，对其他实验技术应保持关注。显然考察表面活性剂在泡沫中的迁移，以及沉积电势的测定值得引起重视。

参考文献

Beitel，A. and Heideger，W. J.，Chem. Eng. Sci.，26（1971）711.

Bond，W.，Phil. Mag.，4（1927）889.

Boussinesq，M. J.，Comp. Rend.，56（1913）983，1035，1124.

Chabra，R. P. and Kee，D. De，Transport Processes in Bubbles，Drops and Particles，Hemisphere，New York，1990.

Clarke，A. N. and Wilson，P. J.，Foam Flotation，N. Y. and Basel：Marcel Decker，1983.

Clift，R.，Grace，J. R. and Weber，M. E.，Bubbles，Drops and Particles，N. Y.，etc.：Acad. Press.，1978，380 p.

Davis，R. E.，Acrivos，A.，Chem. Engen. Sci.，21（1966）681.

Derjaguin，B. V. and Dukhin，S. S.，in Issledovania v Oblasti Poverkhnostnykh sil，V. 3，（B. V. Derjaguin，Ed.），Nauka，1967；Research in Surface Forces，Vol 3，Consultants Bureau，New York and London，1971.

Derjaguin，B. V. and Dukhin，S. S.，Trans. Inst. Mine. Metal.，70（1960）221.

Derjaguin, B. V., Dukhin, S. S. and Lisichenko, V. A., Zh. Phys. Chim., 33 (1959) 2280.

Derjaguin, B. V., Dukhin, S. S., and Lisichenko, V. A., Zh. Phys., Chim., 34 (1960) 524.

Dukhin, S. S., Thesis, Moscow, Institute of Physical Chemistry, 1965.

Dukhin, S. S., in "Modern Theory of Capillarity" (F. G. Govard and A. I. Rusanov, Eds.), Berlin, Akademic Verlag, 1981, 83.

Dukhin, S. S., Kolloidn. Zh., 26 (1964) 36.

Dukhin, S. S., in "Research in Surface Forces" (B. V. Derjaguin, Ed.), Vol. 2, N. Y., London; Consultant Bureau, 1966.

Dukhin, S. S., Kolloidn. Zh., 44 (1982) 896.

Dukhin, S. S., Kolloidn. Zh., 45 (1983) 22.

Dukhin, S. S. and Buykov, M. V., Zh. Phys. Chim., 39 (1965) 913.

Dukhin, S. S. and Derjaguin, B. V., Zh. Phys. Chim., 35 (1961) 1246.

Dukhin, S. S. and Derjaguin, B. V., Zh. Phys. Chim., 35 (1961) 1453.

Dukhin, S. S. and Derjaguin, B. V., Kolloidn. Zh., 20 (1958) 705.

Elsinga, E. R. and Banchero, J. T., AICHE J., 7 (1961) 394.

Frumkin, A. N. and Levich, V. G., Zh. Phys. Chim., 21 (1947) 1183.

Hadamard, Comp. Rend., 152 (1911) 1735.

Hamielec, A. E., Jonson, A. I., Canad. J. Chem. Eng., 40 (1962) 40. .

Harper, J. F., J. Fluid Mech., 58 (1973) 58.

Harper, J. F., Q. J. Mech. Appl. Math., 27 (1974) 87.

Harper, J. F., Appl. Sci. Res., 38 (1982) 343.

Harper, J. F., Q. J. Mech. Appl. Math., 41 (1988) 203.

He, Z., Maldarelli, C. and Dagan, Z., J. Colloid Interface Sci., 146 (1991) 442.

Holbrook, J. A. and Levan, M. D., Chem Eng. Commun., 20 (1983) 273.

Horton, Y. J., Frish, T. R. and Kintner, R. G., Can. J. Chem. Eng., (1965) 143.

Huang, W. S. and Kintner, R. C., AIChE J., 15 (1969) 735.

Garner, F. H. and Skelland, A. H. P., Eng. Des. Equip., 48 (1956) 51.

Gorodetskaya, A. B., Zh. Phys. Chim., 23 (1949) 7.

Grifith, R. M., Chem. Eng. Sci., 17 (1962) 1057.

Lebedev, A. A., ZhRPhHO, Fiz. Otd., 48 (1916) 3.

Levich, V. G., Physico-Chemical Hydrodynamics, Prentice-Hall, Englewood Cliffs, N. Y., 1962.

Listovnichy, A. V., Kolloidn. Zh., 47 (1985) 512.

Loglio, G., Degli Innocenti, N., Tesei, U. and Cini, R., Nuovo Cimento, 12 (1989) 289.

Moor, D. W., J. Fluid Mech., 16 (1963) 161.

Okazaki, S., Bull. Chem. Soc. Japan, 37 (1964) 144.

Quintana, G. C., in Transport Processes in Bubbles, Drops and Particles, Hemisphere, New

York，1990.

Rivkind，V. Ya. and Riskin，G. M.，Inzh. -Phys. Zh.，20 (1971) 1027.

Rivkind，V. Ya.，Riskin，G. M.，Izv. AN SSSR，Mech. Zhidk. Gaza，1 (1976) 8.

Rybczynski，Bull. de Cracovie (A)，(1911) 40.

Rulyov，N. N. and Leshchov，E. G.，Kolloidn. Zh.，42 (1980) 521.

Sadhal，S. S. and Johnson，R. E.，J. Fluid Mech.，126 (1983) 237.

Samigin，V. D. and Derjaguin，B. V.，Kolloidn. Zh.，26 (1964) 493.

Savic，P.，Nat. Res. Counc. Can.，Div. Mech. Engng. Rep. MT-22，1953.

Savill，D. A.，Chem. Eng. Sci.，5 (1973) 251.

Sotskova，T. Z.，Bazhenov，Yu. F. and Kulski，L. A.，Kolloidn. Zh.，44 (1982) 989；45 (1983) 108.

Suzin，Y. and Ross，S.，J. Colloid Interface Sci.，103 (1984) 578.

Usui，S. and Sasaki，H.，J. Colloid Interface Sci.，65 (1978) 36.

Usui，S.，Sasaki，H. and Matsukava，H，J. Colloid Interface Sci.，81 (1980) 80.

第9章　上浮气泡表面的表面活性剂动态吸附层，气泡表面动力学控制的表面活性剂迁移

在气泡（液滴）表面与溶液体相之间的表面活性剂分子交换速率，不仅由对流扩散决定，而且在一般情况下由吸附动力学自身决定。第2章和第4章对吸附过程物理模型进行了详细描述。一种考虑吸附动力学对动态吸附层影响的方法由 Levich（1962）提出。采用此方法，Dukhin（1965）尝试将上浮气泡的动态吸附层理论加以推广。

9.1　非离子表面活性剂的动态吸附层

P（Γ）代表单位之间得从单位表面上解吸的分子数，Q [c（a_b，θ），Γ（θ）] 代表单位时间内吸附的分子数。须注意的是在 Q 的表达式中，使用了气泡表面的浓度，即在气泡表面附近亚层中的浓度。还应该强调的是，在这种情况下，C（a_b，θ）和 Γ（θ）间没有简单的关系，因为吸附处于非平衡状态。众所周知，在低表面覆盖度下，流量 Q 并不依赖于吸附量 Γ（θ），且函数 P 和 Q [c（a_b，θ）] 可以用线性关系式表示，

$$P(\Gamma) = k_{des}\Gamma(\theta) \tag{9.1}$$

$$Q[c(a_b,\theta)] = k_{ad}c(a_b,\theta) \tag{9.2}$$

在平衡态时，P（Γ_0）$=Q$（c_0），即

$$k_{des}\Gamma_0 = k_{ad}c_0, K_H = \Gamma_0/c_0 = k_{ad}/k_{des} \tag{9.3}$$

单位表面上的总吸附速率为：

$$j_n = -P(\Gamma) + Q[c(a_b,\theta)] = -k_{des}\Gamma(\theta) + k_{ad}c(a_b,\theta) \tag{9.4}$$

用式（8.10）来表示 j_n，在表面弱阻滞条件下，并且忽略表面扩散，式（9.4）可整理为

$$\frac{1}{a_b\sin\theta}\frac{\partial}{\partial\theta}(\sin^2\theta v_0\Gamma(\theta)) = -k_{des}\Gamma(\theta) + k_{ad}c(a_b,\theta) \tag{9.5}$$

此关系式包含两个未知函数 Γ（θ）和 c（a_b，θ）。如果将对流扩散方程与边界条件式（8.58）一同考虑，则可得到 Γ（θ）和 c（a_b，θ）的第二种关系式。如第8章所述，该关系式可经整理得到积分公式（8.85）。然而，应注意到吸附无法达到平衡态。因此，式（8.85）左边不可用 Γ（θ）代替 K_Hc（a_b，θ）。必须将其写作原始形式

$$\frac{\Gamma(\theta)}{K_{\mathrm{H}}}\sin^2\theta = m\left[c_0\sqrt{t} - \frac{1}{2}\int_0^t \frac{c(a_{\mathrm{b}},t')}{\sqrt{t-t'}}\mathrm{d}t'\right] \tag{9.6}$$

其中 t (θ) 用式 (8.17) 表示。这样，式 (9.5) 中考虑了吸附-解吸动力学对吸附层形成的影响，式 (9.6) 中考虑了对流扩散的影响。通常，无法得到式 (9.5) 和式 (9.6) 的通解。

气泡表面的恢复时间 τ_{m} 和吸附时间 τ_{a} 通常可用以下关系式表示

$$\tau_{\mathrm{m}} = a_{\mathrm{b}}/v_0 \text{ 及 } \tau_{\mathrm{a}} = \frac{1}{k_{\mathrm{des}}} \tag{9.7}$$

这两个特征时间的比率为

$$v = \tau_{\mathrm{m}}/\tau_{\mathrm{a}} \tag{9.8}$$

当吸附时间远小于气泡恢复时间时

$$v \gg 1 \tag{9.9}$$

可以预期吸附在气泡表面处接近于平衡。在式 (9.9) 的条件下，吸附-解吸过程对浓度分布没有影响，因为其完全由对流扩散决定。显然，在式 (9.5) 中的平衡条件 Γ (θ) $=K_{\mathrm{H}}c$ (a_{b}, θ) 成立的情况下，这完全是可能的

$$K_{\mathrm{H}}c(a_{\mathrm{b}},0) - \Gamma(\theta) \ll \Gamma(\theta) = K_{\mathrm{H}}c(a_{\mathrm{b}},0) \tag{9.10}$$

不等式的左边也可通过式 (9.5) 用 c (a_{b}, θ) 来表示。从式 (9.3)、式 (9.8) 和式 (9.10)，可得以下结果

$$\frac{1}{\sin\theta}\frac{\partial}{\partial\theta}(\sin^2\theta v_0 c(a_{\mathrm{b}},\theta)) \ll vc(a_{\mathrm{b}},\theta) \tag{9.11}$$

其中 c (a_{b}, θ) 是方程 (8.85) 在两种极限条件式 (8.71) 和式 (8.72) 下的解。参照式 (8.78) 和式 (8.69) 代入 c (a_{b}, θ)，显然在 θ 的任何值下，式 (9.10) 的条件均成立。若 $\nu\gg1$，则式 (9.11) 使式 (9.5) 左边部分与右边各项对比可忽略。这意味着在式 (9.9) 的条件下，只需考虑扩散过程，浓度场和吸附量分布的计算可在式 (8.4) 的吸附平衡条件下进行。需注意式 (9.10) 的条件，在用于推导 c (a_{b}, θ) 关系式时，限制了所得结果的精度。在低表面活性下，浓度沿表面的变化根据式 (8.69)，在 $m\gg1$ 条件下，可证明其小于式 (9.6) 近似解中的 Γ (θ) $-K_{\mathrm{H}}c$ (a_{b}, θ) 项。因此，在 $m\gg1$ 时除式 (9.9) 之外，式 (8.85) 必须满足以下条件

$$v \gg m \tag{9.12}$$

按照式 (8.85) 和式 (9.5)，c_0-c (a_{b}, θ) $\gg K\Gamma$ (θ) $-c$ (a_{b}, θ)。用于 $m\gg1$，实质上式 (9.12) 可更精确地限定式 (9.9) 的条件。

当对流扩散对动态吸附层的形成没有影响时，将对其条件进行分析。若式 (9.5) 中的 c (a_{b}, θ) 可用 c_0 代替，则不再需要式 (8.85)。将式 (9.5) 右边写作 $-k_{\mathrm{des}}\Gamma$ (θ) $+k_{\mathrm{ad}}c_0+k_{\mathrm{ad}}$ (c (a_{b}, θ) $-c_0$)，可得以下结论

$$|c(a_{\mathrm{b}},\theta) - c_0| \ll \frac{k_{\mathrm{des}}}{k_{\mathrm{ad}}}|\Gamma_0 - \Gamma(\theta)| \tag{9.13}$$

液滴表面和体相之间表面活性剂交换的速率受到吸附-解吸过程的限制。在式（9.13）的条件下，式（9.5）可简化

$$\frac{1}{a_b \sin\theta}\frac{\partial}{\partial\theta}(\sin^2\theta v_0 \Gamma(\theta)) = -k_{des}\Gamma(\theta) + k_{ad}c_0 \tag{9.14}$$

可方便地解出

$$\Gamma(\theta) = \frac{v\Gamma}{\sin^2\theta\tan^v\theta(\theta/2)}\int_0^\theta \sin\theta\tan^v\theta(\theta/2)\mathrm{d}\theta = \frac{v\Gamma_0(1+x^2)}{x^{2+v}}\int_0^x \frac{x^{v+1}}{(1+x^2)^2}\mathrm{d}x \tag{9.15}$$

其中

$$x = \tan(\theta/2) \tag{9.16}$$

推导式（9.15），在 Γ（0）为有限值时，积分常数可忽略。若式（9.9）成立，$\tau_a \ll \tau_m$ 成立，可预期吸附层接近平衡，即

$$|\Gamma_0 - \Gamma(\theta)| \ll \Gamma_0 \tag{9.17}$$

实际上 Dukhin（1965）已说明，在式（9.9）的条件下，式（9.15）可变为以下简化形式

$$\Gamma(\theta) = \Gamma_0 - 2\frac{\Gamma_0}{v}\cos\theta \tag{9.18}$$

这样，采用相同的方程（参见 Levich（1962），式（74.3）），就得到了与式（9.10）条件相关，并与 Frumkin 和 Levich 理论完全符合的合理结果。并且式（9.15）可视作 Frumkin 和 Levich 方程的推广，其并不受式（9.9）条件的限制。若式（9.9）不成立，Γ（θ）相对平衡会出现显著偏离，并且在通常情况下，角关系非常复杂。Dukhin（1965）提出，在更长的吸附时间后，Γ（θ）的角关系可简化为

$$\Gamma(\theta) = \frac{v\Gamma_0}{2} / \cos^2(\theta/2) \tag{9.19}$$

如果

$$v \ll 1 \tag{9.20}$$

如预期相同，当吸附速率降低时，表面浓度 Γ（θ）的值变得远小于平衡值。由于在式（9.15）中忽略了对流扩散，它可以用于任意 Peclet 准数条件。因弱阻滞表面的速度分布由式（8.14）给出，在 $Re \ll 1$ 和 $Re \gg 1$ 时，式（9.15）指出了这些限定条件。

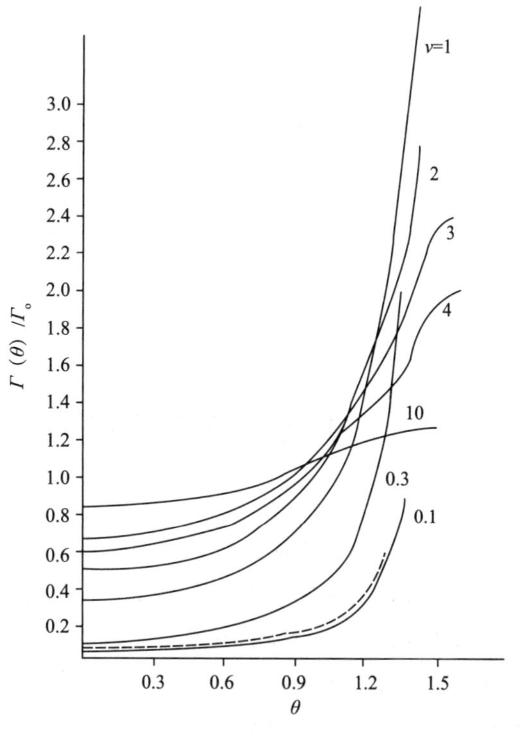

图 9.1　在 ν=0.1，0.3，1，2，3，4，10 条件下根据式（9.15）得出的气泡表面吸附量分布

图 9.1 显示了根据式（9.15）计算得到的不同 ν 值下的吸附量分布。虚线代表根据式（9.19）近似条件的计算结果。

为确定非平衡态下的表面浓度分布，并检验式（9.15）推导所用的式（9.13）的条件，将后者代入式（8.85）左边。在此情况下，式（8.85）变换为 Abel 积分方程，可得其解如下（Dukhin 1965）

$$c(a_b,\theta)=c_0\left(1-\frac{2v}{\pi m}\Phi(\theta,v)\right) \tag{9.21}$$

其中

$$\Phi(\theta,v)=\int_0^\theta \frac{\sin\theta' d\theta'}{\chi_1^{1/2}(\theta,\theta')}-\frac{v}{2}\int_0^\theta \frac{\int_0^{\theta'}\sin\theta''\tan^v(\theta''/2)d\theta''}{\tan^{v+1}(\theta'/2)\cos^2(\theta'/2)\chi_1^{1/2}(\theta,\theta')}d\theta' \tag{9.22}$$

式（9.13）可整理为以下形式

$$\frac{2v}{\pi m}|\Phi(\theta,v)|\ll\left|\frac{\Gamma(\theta)}{\Gamma_0}-1\right| \tag{9.23}$$

其中 $\Gamma(\theta)$ 用式（9.15）的一般条件形式表示。

当排除邻近 $\theta=\pi$ 的区域，并假定 $\nu\ll1$，式（9.23）可在极限情况下方便地解出。依照式（9.9），式（9.23）右边接近 1，可粗略地近似为

$$v\ll m \quad 当\ v\ll1 \tag{9.24}$$

依照式（9.9）的条件，因式（9.18）的条件，式（9.23）右边的数量级为 ν^{-1}，式（9.23）可粗略地近似为

$$1\ll v\ll m^{1/2} \tag{9.25}$$

另一种近似方法显示式（9.24）也适用于 $\nu\approx1$ 的条件。因此，式（9.24）在某种程度上可推广为

$$v\ll m \quad 当\ v\leqslant1 \tag{9.26}$$

9.2 离子型表面活性剂的动态吸附层

本节的目的是考虑上升气泡表面离子型表面活性剂的动态吸附层结构。上一节所得的结果不能直接转换应用于此种情况下。描述离子型表面活性剂动态吸附层的理论通常应考虑表面活性剂离子的静电阻滞对吸附动力学的影响（第 7 章）。在前面章节分析了动力学控制吸附过程中非离子型动态吸附层的结构。在这种情况下，假设吸附和解吸过程的动力学系数与表面覆盖度无关。另一方面，静电屏障强烈依赖于 Γ_0，因此，9.1 节的结果不能用于现在的情况。

为得到解析形式的结果，应考虑两种极限条件：

（1）表面活性剂的吸附和解吸受到扩散层屏障的控制；

（2）静电阻滞作用对吸附动力学没有显著影响。

在第二种情况下，离子型和非离子表面活性剂的数学描述没有差别。在本节中，对离子型表面活性剂在弱阻滞气泡表面，在 $Re \gg 1$ 和 $Re \ll 1$ 的情况下的吸附量分布进行分析。在 9.3 节中，将讨论上升气泡的阻滞帽在 $Re \ll 1$ 情况下的结构。上升气泡中形成动态吸附层不同区域的条件将在 9.4 节中讨论。

9.2.1　描述存在离子型表面活性剂时气泡动态吸附层形成的条件和方程

由于阴离子和阳离子产生的电流的传递性本质，并且大致能互相补偿，表面电流接近于 0。离子型表面活性剂在扩散层内的电流密度遵从以下方程

$$divI = 0 \tag{9.27}$$

边界条件为

$$I|_{r\to\infty} = 0; I_{no} \approx 0 \tag{9.28}$$

其中 I_{no} 为扩散层外边界电流密度的法向分量。忽略可导致式（7.17）和式（7.37）结果的电流。

由于单层中的扩散和电迁移横向流动远远小于 $Pe \gg 1$ 时的对流，气泡表面的第一个边界条件具有以下形式

$$j = div_s[\Gamma(\theta) \times v(\theta)] \tag{9.29}$$

若扩散为表面活性剂阴离子吸附的控制步骤，则边界条件为

$$j = D\frac{\partial c}{\partial x}|_{x=0} \tag{9.30}$$

其中的限制步骤为克服双电层，在静电阻滞对吸附产生影响的条件下，j 值可由式（7.36）给出。

9.2.2　在吸附的表面活性剂几乎完全迁移至后驻点时离子型表面活性剂在弱阻滞气泡表面的吸附量分布在所讨论的情况下

$$\Gamma \ll \Gamma_0 \tag{9.31}$$

$$v_\theta \approx \frac{v}{n}\sin\theta \tag{9.32}$$

其中 $n = v/v_0$。

将式（7.36）和式（9.32）代入式（9.29），可得

$$\frac{Dc_0}{K(\Psi_0)}\left[\frac{\Gamma}{\Gamma_0}\right]^{1-\frac{2z}{z^+}} = \frac{3}{2}\frac{v}{a_b\sin\theta}\frac{d}{d\theta}[\sin^2\theta\Gamma] \tag{9.33}$$

该方程的解如下

$$\frac{\Gamma}{\Gamma_0}=\left[3\frac{z}{z^+}\frac{a_{\mathrm{b}}Dc_0}{vK(\Psi_0)\Gamma_0}\right]^{\frac{z^+}{2z}}\frac{1}{\sin^2\theta}\left[\int_0^\theta[\sin\theta]^{\frac{4z}{z^+}-1}\mathrm{d}\theta\right]^{\frac{z^+}{2z}} \tag{9.34}$$

该解适用于气泡的前极，但在后驻点处则会有偏差。

现在，可确定静电阻滞对表面活性剂阴离子吸附动力学的在表面的主要影响范围。将式（9.34）中的Γ估计值代入式（7.26）和式（7.29），可得以下条件

$$\left[\frac{c_{\mathrm{el}}}{c_0}\right]^{1-\frac{z^+}{2z}}\left[\frac{1}{\kappa\delta_{\mathrm{D}}}\right]^{1-\frac{z^+}{z}}\ll 1 \tag{9.35}$$

左侧第一个因子大于1，而第二个因子小于1。因此，在静电阻滞对吸附的影响存在或不存在时，依据系统参数，有可能实现动态吸附层形成的条件。需注意式（9.35）只适用于多电荷阴离子。本节中考虑的条件对应于离子表面活性剂动态吸附层远离平衡的情况。在扩散层外边界，离子浓度接近体相浓度，表面活性剂阴离子的内边界浓度和吸附值远小于平衡值。

9.3　离子型表面活性剂溶液中 *Re*≪1 下气泡后阻滞帽的结构

当静电屏障对吸附无影响时，可应用第8章列出的结果

$$J_{\mathrm{ad1}}=5.8a_{\mathrm{b}}Dc_0\sqrt{\frac{Pe}{n}} \tag{9.36}$$

当静电阻滞对吸附动力学的影响提高，吸附过程的控制步骤为克服双电层时，总吸附流为

$$J_{\mathrm{ad2}}=2\pi a_{\mathrm{b}}^2D\int_0^{\pi-\theta^*}\frac{\partial c}{\partial r}\Big|_{r=a_{\mathrm{b}}}\sin\theta\times\mathrm{d}\theta=2\pi a_{\mathrm{b}}^2\int_0^{\pi-\theta^*}div_{\mathrm{s}}\left[\Gamma\frac{v}{n}\sin\theta\right]\sin\theta\mathrm{d}\theta=\frac{2\pi va_{\mathrm{b}}}{n}[\sin^2\theta\Gamma]_{\pi-\theta^*} \tag{9.37}$$

将前节中计算出的Γ值代入式（9.37），在$\theta^*\ll\pi$时可得

$$J_{\mathrm{ad2}}\approx\frac{2\pi va_{\mathrm{b}}\Gamma_0}{n}\left[\frac{2}{\beta}\frac{z}{z^+}\frac{a_{\mathrm{b}}Dc_0}{v\Gamma K(\Psi_0)}\right]^{\frac{z^+}{2z}}B \tag{9.38}$$

其中

$$B=\left[\int_0^\pi(\sin\theta)^{\frac{4z}{z^+}-1}\mathrm{d}\theta\right]^{\frac{z^+}{2z}} \tag{9.39}$$

式（9.38）应在式（7.29）在气泡主要表面成立的情况下使用。然后，按照式（9.38）计算得到的表面活性剂阴离子的吸附流量必须小于从式（9.36）得到的计算值。否则相反的不等式则必须成立。采用这种限制条件，可以使用以下众所周知的方程描述表面活性剂阴离子向气泡表面的流动

$$J_{\mathrm{ad}} = \min(J_{\mathrm{ad1}}, J_{\mathrm{ad2}}) = B' a_{\mathrm{b}} D c_{\mathrm{o}} \sqrt{Pe} \tag{9.40}$$

其中

$$B' = \min\left[\frac{5.8}{\sqrt{n}},\ \frac{\pi}{n} B \frac{z^{+}}{z} [2n\ (z - z^{+}/2)]^{\frac{z^{+}}{2z}} \left(\frac{c_0^{+}}{c_0}\right)^{1-\frac{z^{+}}{2z}} \left(\frac{1}{\kappa \delta_{\mathrm{D}}}\right)^{1-\frac{z^{+}}{z}}\right] \tag{9.41}$$

从气泡后极附近的强阻滞区域表面估算总解吸流量可得出如下结果。当吸附-解吸动力学的静电阻滞作用不存在时，可应用第 8 章式（8.145）的结果。对于离子表面活性剂，表面张力变化的方程式在某种程度上与非离子表面活性剂存在区别。关于这些差异，可估算解吸流量如下

$$J_{\mathrm{des1}} \approx 1.99 \left(1 + 2\frac{z}{z^{+}}\right)^{-1} a_{\mathrm{b}} D c_0 \left[\frac{a_{\mathrm{b}} v}{D}\right]^{1/3} \frac{\eta v}{R T \Gamma_0} (\theta^{*})^{8/3} \tag{9.42}$$

将其与总吸附流等值化，可对气泡后极附近的强阻滞区域估算如下

$$\theta^{*} \approx 0.840 Pe^{1/16} \left[B' \left(1 + 2\frac{z}{z^{+}}\right) \frac{R T \Gamma_0}{\eta v}\right]^{3/8} \tag{9.43}$$

可用式（7.36）计算在静电阻滞对解吸产生影响情况下计算总解吸流量。阻滞帽内表面活性剂阴离子的流量密度可估算如下

$$j_{\mathrm{des}} \approx -\frac{D c_0}{K(\Psi_{\mathrm{Sto}})} \left[\frac{\Gamma(\theta)}{\Gamma_0}\right]^2 \tag{9.44}$$

因再次区域内，满足以下条件

$$\frac{\Gamma(\theta)}{\Gamma_0} \gg 1 \tag{9.45}$$

应用 Harper（1973）提出的黏应力方程，离子表面活性剂在后驻点附近的表面浓度分布及总解吸流量分别为

$$\Gamma = \frac{4}{\pi} \left[1 + 2\frac{z_{\mathrm{s}}}{z^{+}}\right]^{-1} \frac{\eta v}{R T} \theta^{*} \sqrt{1 - m^2} \tag{9.46}$$

$$J_{\mathrm{des2}} = \frac{8}{\pi} \frac{a_{\mathrm{b}}^2}{K(\Psi_{\mathrm{Sto}})} D c_0 \theta^{*4} \left[\left(1 + 2\frac{z}{z^{+}}\right)^{-1} \frac{\eta v}{R T \Gamma_0}\right]^2 \tag{9.47}$$

将解吸流量和总吸附流量等值化，可得以下 θ^{*} 的表达式

$$\theta^{*} \approx \left[\frac{\pi}{8} B' \frac{K(\Psi_{\mathrm{Sto}})}{a_{\mathrm{b}}} \sqrt{Pe}\right]^{1/4} \sqrt{\left(1 + 2\frac{z}{z^{+}}\right) \frac{R T \Gamma_0}{\eta v}} \tag{9.48}$$

数值估算显示，在 $Re \ll 1$ 的情况下，对于离子表面活性剂，气泡上升过程中，即使在表面活性剂浓度低至 10^{-8} mol/L 数量级的情况下，也会发生强阻滞，这在实验中是很难控制的。

9.4　离子型表面活性剂动态吸附层形成的实现条件

当前，可对在 $Re \gg 1$ 条件下，动态吸附层实现不同区域结构的条件进行讨论。第一种

情况对应于气泡表面的表面活性剂吸附仅略微偏离平衡值，气泡表面发生强阻滞的情况。采用 8.6 节相同的处理方式可得

$$|\Gamma-\Gamma_0|\approx\left[1+2\frac{z}{z^+}\right]^{-1}\frac{\eta v}{RT}\frac{a_b}{\delta_G} \tag{9.49}$$

因此实现所讨论的区域结构的首要条件与非离子表面活性剂所需的条件式（8.103）相同。为推导第二种条件，必须估算气泡表面速度 v_0（θ）。在表面活性剂离子吸附动力学不受静电阻滞作用的条件下，8.6 节推导所得的估算方法与式（8.105）完全相同。

在特定的表面活性剂吸附-解吸动力学静电阻滞作用下，阴离子向气泡表面的吸附流量可近似为

$$j\approx\frac{Dc_0}{K(\Psi_{Sto})}\left[1-\left(\frac{\Gamma}{\Gamma_0}\right)^{\frac{2z}{z^+}+1}\right]\approx\frac{Dc_0}{K(\Psi_{Sto})}\frac{\eta v}{RT\Gamma_0}\frac{a_b}{\delta_G} \tag{9.50}$$

当忽略表面扩散时，将 j 代入式（8.10）的边界条件可得

$$\frac{v_0}{v}\approx\frac{\eta Dc_0}{RT\Gamma_0^2}\frac{a_b}{K(\Psi_{Sto})}\frac{a_b}{\delta_G} \tag{9.51}$$

比较式（9.51）和式（8.107），可以很容易地发现在式（7.29）的条件下，气泡表面速度降低。这可以用以下方法解释。对于完全阻滞表面，需要 $\Delta\Gamma$ 具有与无静电阻滞作用时相同的数量级。然而，因来自体相的表面活性剂阴离子供给受到阻滞，为建立这样的吸附量梯度，需要气泡表面吸附层存在微小的变形，并且需确定表面速度 v_0。

从式（8.105）、式（7.29）和式（9.51）可得到实现分区结构的第二个条件

$$\frac{\eta Dc_0}{RT\Gamma_0^2}\frac{a_b}{\max[K(\Psi_{Sto}),\delta_D]}\frac{a_b}{\delta_G}\ll 1 \tag{9.52}$$

对表面阻滞系数的估算具有以下形式

$$\chi_b/\eta\approx\frac{RT\Gamma_0^2}{Dc_0}\frac{\max[K(\Psi_{Sto}),\delta_D]}{a_b}\frac{\delta_G}{a_b} \tag{9.53}$$

离子表面活性剂动态吸附层形成第二和第三级条件将无偏差地表示如下。它们与 8.6 节得到的等价条件相似，对于第二级条件，此时表面活性剂吸附量仅稍微偏离平衡值 Γ_0，气泡表面也仅受到轻微阻滞，其实现条件如下

$$\frac{\max[K(\Psi_{Sto}),\delta_D]}{\delta_D}\frac{\Gamma_0}{c_0\delta_D}\ll 1 \tag{9.54}$$

$$\frac{\eta Dc_0}{RT\Gamma_0^2}\frac{a_b}{\max[K(\Psi_{Sto}),\delta_D]}\frac{a_b}{\delta_G}\gg 1 \tag{9.55}$$

对于第三级，此时吸附的表面活性剂几乎完全迁移至后驻点，气泡主要部分受到轻微阻滞，其实现条件除式（8.111）外，还有

$$\frac{\max[K(\Psi_{Sto}),\delta_D]}{\delta_D}\frac{\Gamma_0}{c_0\delta_D}\gg 1 \tag{9.56}$$

本节中得出的条件如图 9.2～图 9.4 所示。图中所用的符号如下：

A—吸附轻微偏离平衡及强表面阻滞；

B—吸附轻微偏离平衡及弱表面阻滞；

C—后驻点几乎完全无吸附表面活性剂，表面主要部分受到轻微阻滞。

离子表面活性剂动态吸附层形成不同分级的区域由曲线 1、2 和 3 分开，这些曲线分别由以下方程确定

$$\frac{\eta v}{RT\Gamma_0}\frac{a_b}{\delta_G}=1 \tag{9.57}$$

$$\frac{\eta}{\chi_b}=1 \tag{9.58}$$

$$\frac{\max[K(\Psi_{Sto}),\delta_D]}{\delta_D}\frac{\Gamma_0}{c_0\delta_D}=1 \tag{9.59}$$

图中的虚线对应于以下条件

$$\frac{K(\Psi_{Sto})}{\delta_D}=1 \tag{9.60}$$

表面活性剂离子吸附的静电阻滞作用在虚线上方的区域实现。

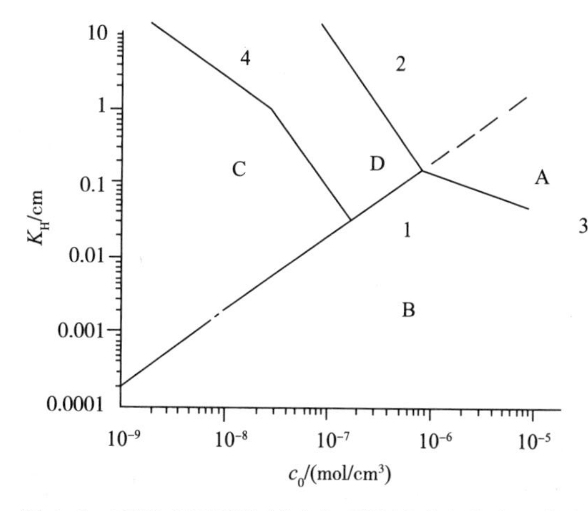

图 9.2　离子表面活性剂动态吸附层形成的实现条件
气泡半径 $a_b=0.05$cm，$c^+=0$，$z^+=1$，$z=1$

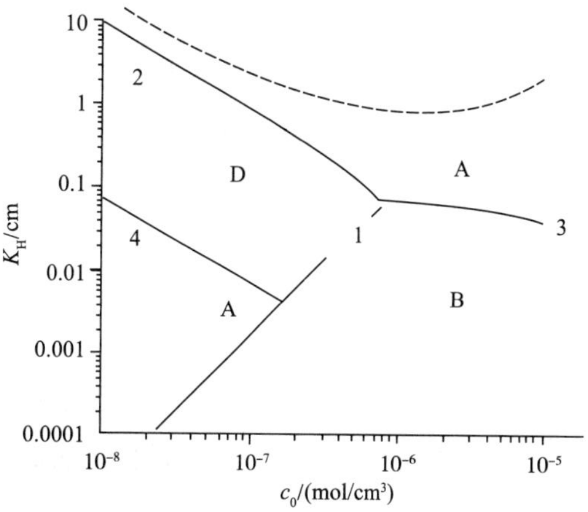

图 9.3　离子表面活性剂动态吸附层形成的条件
气泡半径 $a_b=0.05$cm，$c=10^{-3}$M，$z^+=1$，$z=1$

从计算中可得到一些结论，如图 9.2～图 9.5 所示。从图 9.2 和图 9.3 中可见电解质抑制了吸附的静电屏障作用。对于多电荷表面活性剂阴离子，动态吸附层形成的第一级条件实际上不可能实现。这种情况可定性解释如下。上升气泡中的吸附层变形程度依赖于两种因素。其一为吸附层的对流下拉作用，产生了上述变形。其二为由于表面活性剂从溶液体相中的扩散（或取出）作用，可支持吸附层平衡的建立。对于多电荷离子，第二种因素受到静电屏障的抑制，因而，每种表面活性剂的第一级条件区域均缩小。

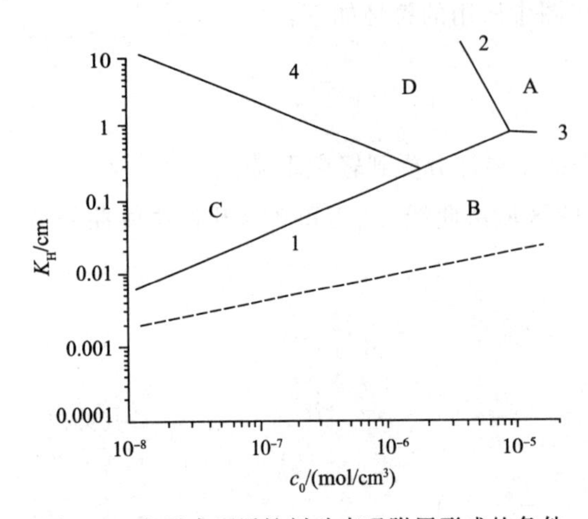

图 9.4　离子表面活性剂动态吸附层形成的条件

气泡半径 $a_b=0.05$cm，$c^+=0$，$z^+=1$，$z=2$

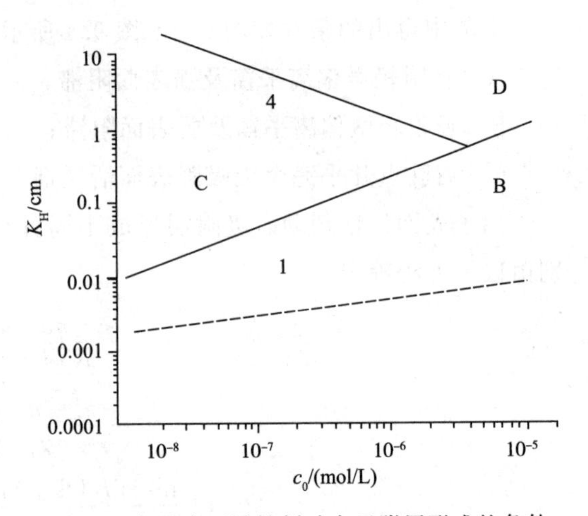

图 9.5　离子表面活性剂动态吸附层形成的条件

气泡半径 $a_b=0.05$cm，$c^+=0$，$z^+=1$，$z=3$

9.5　低解吸速率表面活性剂气泡（液滴）阻滞帽的尺寸

当球形液滴通过含有表面活性剂的液体介质转移时，解吸速率比对流速度慢得多，表面活性剂集中于后极处角度为 θ 的阻滞帽中，使最终速度降低。阻滞帽的角通过计算帽区域中的表面活性剂分布而获得（Sadhal 和 Johnson 1983）。

当表面活性剂密度变大时，吸附分子的有限尺寸使表面活性剂分子之间产生强烈的排斥，并产生与表面浓度线性变化相比更强的表面压力。阻滞帽中表面活性剂的浓度主要取决于吸附量和黏性力所产生的压缩作用。如果这些力足够大，它们可以将表面活性剂压缩到足够高的密度，使得气体的关系式不再适用。

由于使用气体组成方程而低估了表面压力，所以 Sadhal 和 Johnson 的结果低估了帽角度，从而降低了阻力系数。He 等（1991）通过允许非线性相互作用获得了一个更实际的帽角度值。在其研究中，采用了 Frumkin 状态方程（Frumkin 和 Levich，1947，第 2 章）

$$\gamma_0-\gamma=-RT\Gamma_\infty\ln(1-\Gamma/\Gamma_\infty) \tag{9.61}$$

以获得非线性表面压力的表达式。以下也将采用这种方法。

从 Frumkin 方程式（9.61）以及 Marangoni 应力平衡可得以下描述表面活性剂分布的微分方程

$$\frac{Ma}{(1-\Gamma)}\frac{\partial\Gamma}{\partial\theta}=h(\theta,\Psi)/\lambda \tag{9.62}$$

其中 Ma 代表 Marangoni 准数，其定义式为 $Ma=RT\Gamma_\infty/(\eta v)$，$h$ 为液体速度分布的切向分量（Sadhal 和 Johnson 1983），λ 为阻力系数。表面活性剂分布 $\Gamma(\theta)$ 通过积分方程式（9.62）从帽内位置角 θ 到 Ψ 积分得到。从二次积分可得表面总（无因次）量 M

(Ψ)，因此

$$\Gamma(\theta) = 1 - \exp\left[\frac{1}{Ma\lambda}\int_{\theta}^{\Psi} h(\theta',\Psi)\,\mathrm{d}\theta'\right] \tag{9.63}$$

$$M(\Psi)/2\pi = \int_{0}^{\Psi} \sin\theta\left\{1 - \exp\left[\frac{1}{Ma\lambda}\int_{\theta}^{\Psi} h(\theta',\Psi)\,\mathrm{d}\theta'\right]\right\}\mathrm{d}\theta \tag{9.64}$$

在得到式（9.63）的过程中，使用了 Γ（Ψ）＝0 的条件。

将式（9.5）乘以 θ 并从 0 到 π 积分，可得总吸附量的第二种关系式。净扩散流量等于零

$$\int_{0}^{\pi} \sin\theta \frac{\partial c}{\partial r}\Big|_{r=0}\mathrm{d}\theta = 0 \tag{9.65}$$

而推广的式（9.5）可得 M（Ψ）的方程

$$M(\Psi)/2\pi = \int_{0}^{\Psi} \sin\theta\left[kc_{\mathrm{s}}(\theta)(1 - \Gamma(\theta)/\Gamma_{\infty})\right]\mathrm{d}\theta \tag{9.66}$$

式（9.5）通过在吸附流表达式（9.2）中插入乘子（$1-\Gamma$（θ）/Γ_{∞}）得以推广。

如 9.1 节所示，阻滞解吸作用与扩散层中的微弱流动以及亚层和体相浓度的微小差异相关。将 C_{s}（θ）=1 代入式（9.66），可得非常简单的结果

$$M(\Psi)/2\pi = \frac{2k}{(1+k)} \tag{9.67}$$

联立式（9.64）和式（9.67），可得以下帽角度 Ψ 的隐性方程

$$\frac{1}{(1+k)} = \frac{1}{2}\int_{0}^{\Psi} \sin\theta\left\{1 - \exp\left[\frac{1}{Ma\lambda}\int_{0}^{\Psi} h(\theta',\Psi)\,\mathrm{d}\theta'\right]\right\}\mathrm{d}\theta \tag{9.68}$$

由于可以对方程（9.68）中的内积分进行解析估算，Ψ 作为 k 和 Ma 的函数，其解可通过固定 Ma 和 Ψ 的值获得，并可对其他用于解得 k 的积分方法进行评估。

首先考虑 Ma 非常大（$Ma>10$）的情况，因此特征线性表面压力比压缩黏性剪切力大得多。由于这种差异，吸附单层不能在黏性力作用下大幅度压缩，并且随着体积浓度的较小增加，帽角度急剧增加。这一趋势如图 9.6 所示，该图表示了方程（9.68）对 k（Ψ）的数值解，其 Ma 等于 10、100 和 1000。

当 Marangoni 准数较小时，黏性压缩力远远超过线性表面压力，并且表面活性剂被显著压缩，非线性排斥作用提供了平衡黏性作用所需的附加表面压力。作为显著压缩的结果，需要相对高的表面活性剂体相浓度（与大 Marangoni 准数体系相比）才能实现大的帽角度。这些结果如图 9.7 所示。仍存在 $k=0$ 的条件。

对于小 Ma 的情况，因为强黏性力的压缩作用，不能期望线性气体方程给出准确的结果。对于这种情况，Sadhal 和 Johnson（1983）给出了 k（Ψ，Ma），其形式上与大 Ma 情况下非线性扩展结果中的主导项相符。该方程为图 9.7 中的虚线，表明使用线性状态方程允许单层具有更大的压缩程度。

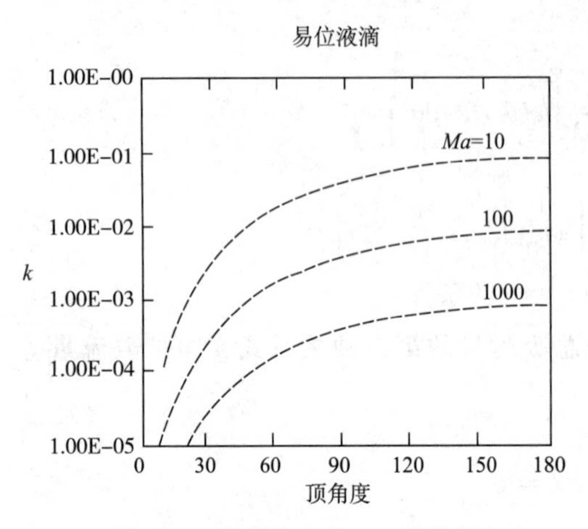

图 9.6　作为无因次体相浓度 k 函数的帽角度 Ψ，对于大 Marangoni 准数 Ma：10、100、1000 的气泡用式（9.68）计算所得

He 等（1991）

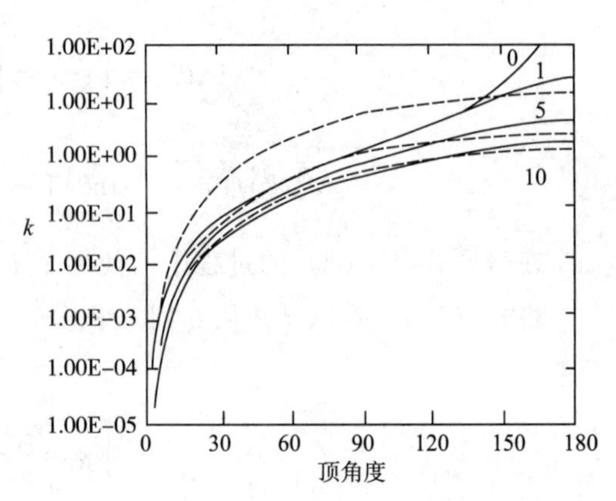

图 9.7　帽角度 Ψ 作为无因次体相浓度 k 的函数，对于小 Marangoni 准数 Ma：0、0.1、0.5、1 的气泡用式（9.68）计算所得

He 等（1991）

如果使用气态状态方程，则 $Ma \to 0$ 时，角度 Ψ（Ma，k）的渐近行为是 $\Psi \to 0$，所有表面活性剂都被压缩到后极。然而，当使用非线性 Frumkin 方程时，当 $Ma \to 0$，且黏性压缩应力变得无穷大时，表面活性剂被压缩到 $\Gamma \to 1$ 的程度，且表面压力变为单数，以平衡无穷大的黏性力。

9.6　小结

当动态吸附层偏离平衡时，表面浓度降低程度沿着表面提高并导致阻滞帽的形成。偏离平衡产生的原因是压缩性黏性剪切力和吸附分子的表面对流：随着气泡尺寸和速度的增加而增长，随着溶液体积和表面之间吸附分子的交换量增加而减小。吸附速度的阻滞对吸附层从平衡状态的偏离有贡献。考虑到对流扩散和迁移机理对于表面运动被轻微抑制时（即在低表面活性剂浓度）时吸附层的结构和稳定状态的影响，可得到一组方程。两种机制之一占主导地位。在高雷诺准数和表面活性剂的任何表面活性条件下，可通过角度与表面浓度的关系得到并解出该模型。吸附速率越低，气泡半径越大，气泡无吸附分子的表面积越大。这些分子在后驻点被压缩。

随着表面活性剂浓度的增加，阻滞帽的外延会增大，对其进行准确描述变得重要。He 等（1991）提出了一种针对小雷诺准数情况的有效解析理论。但这一理论不能直接应用于上升气泡的实验数据，因为在较小的 Re 下，即使在初始阶段，气泡表面也被杂质强烈阻滞（即使使用二次蒸馏水也是如此）。这种理论仅针对高 Re 数的情况，可用于描述黏性液体中液滴的动态吸附层。用于具有阻滞帽的气泡周围水动力场的解析理论的缺乏阻碍了其推广。对于高 Re 情况，仅有 Dukhin（1965）的理论是可用的，因其基于气泡表面的弱阻滞和小阻滞帽的存在。

当离子的价态足够高并且背景电解质浓度低时，离子表面活性剂通过双电层扩散部分传递的静电阻力也对吸附层与平衡的偏离有贡献。在这些条件下，传递受静电阻力和对流扩散控制，吸附-解吸机制可以忽略不计。这导致了大 Re 下 DAL 的定量理论和弱表面阻滞。在强表面阻滞下，沿气泡表面的表面浓度变化可能受到表面活性剂体相浓度和吸附能等参数的控制。

阻滞帽形成的条件，沿着气泡表面的表面浓度变化以及后驻点附近的饱和吸附浓度均由 Marangoni 准数决定。如果压缩黏性剪切力超过特征线性表面压力，即较小 Marangoni 准数情况下，则吸附层被大大地压缩，并且不会导致后驻点附近的吸附饱和。

参考文献

Dukhin, S. S., Thesis, Institute of Physical Chemistry, Academy of Sciences of USSR, Moscow, (1965).

Harper, J. F., J. Fluid Mech., 58 (1973) 539.

Levich, V. G., Physicochemical Hydrodynamics, Prentice-Hall, Englewood Cliffs, N. Y., 1962.

He, Z., Maldareli, C., and Dagan, Z., 146 (1991) 442.

Sadhal, S. S. and Jonson, R. E., J. Fluid Mech., 126 (1983) 126.

第 10 章　微浮选中的动态吸附层

仅在近期，浮选理论才被简化为对颗粒附着到气泡表面过程的研究。这种方法可以分析大尺寸颗粒（≈20～40μm 或更大）的选择性问题，对于选矿过程至关重要。

小颗粒的浮选代表了独立的科学问题，因为从粗磨到细磨的过渡，可能伴随着颗粒与气泡相互作用的基本浮选机理的定性变化。

浮选的传统处理重点在于泡沫聚集体的形成和浮选试剂的物理化学性质，不足以解决浮选的一系列技术问题，特别是小颗粒的浮选技术（尺寸小于 20～40μm）。当应用于净水过程时，这种小颗粒的行为在基本浮选过程中非常重要。由于通过小气泡浮选小颗粒是一种全新的过程，自然要是用一个特殊的术语：微浮选（Clarke 和 Wilson 1983）。

与最初的浮选过程不同，其基础过程由于惯性冲击和相伴的气泡表面形变而复杂化，微浮选完全是胶体化学过程，可以用现代胶体化学的术语，同向移动的异相凝聚来描述（Derjaguin 和 Dukhin 1960）。

通常，在基本浮选过程中，可以区分颗粒接近气泡的阶段和颗粒附着在气泡表面上的阶段。更详细的研究表明，可能存在更多的阶段，因此将该过程分成不同阶段是常规处理方法。

Derjaguin 和 Dukhin（1959，1960）在近 30 年前提出，从大到小的颗粒，其基本浮选过程的机制存在质的不同。

DAL 对微浮选影响的分析是复杂的，因为它对传递阶段和附着阶段都有影响。建议先考虑提供颗粒附着的阶段。而 DAL 效应在传递阶段则较为明显。从简单情况开始考虑是很自然的。有必要首先考虑在微浮选情况下颗粒传递到气泡表面的机理（10.1 节）。10.2～10.4 节涉及 DAL 在微浮选的传递阶段的相关问题。在 10.5 节对颗粒附着到气泡表面的机制进行讨论之后，10.6 和 10.16 节中将对基本微浮选过程所有阶段中 DAL 的协同作用进行讨论。

10.1　小颗粒向气泡表面的传递机理

10.1.1　小颗粒向气泡表面传递机理的特殊性

颗粒接近气泡表面的过程在其间距与颗粒尺寸相比减小时，发生定性的变化。在较大的距离下，该过程由两个因素决定：惯性力和远程流体力学相互作用。

足够大的颗粒在惯性力的作用下线性移动直到与气泡表面发生碰撞，这种现象在目标距离 $b<a_b+a_p$（图 10.1）时发生，其中 a_b为气泡的半径。

流动液体包围了气泡表面，并且颗粒受到液体或多或少的夹带。颗粒越小，其密度相对于介质差别越小，作用在其上的惯性力越弱，颗粒轨迹越接近液体流线。因此，在相同的目标距离处，较大的颗粒几乎线性移动（图 10.1，线 1），而相当小的颗粒基本上沿着相应的液体流动线（线 2）移动。中等尺寸颗粒的轨迹分布在线 1 和 2 之间；随着颗粒尺寸的减小，轨迹从线 1 向线 2 移动，碰撞概率减小。

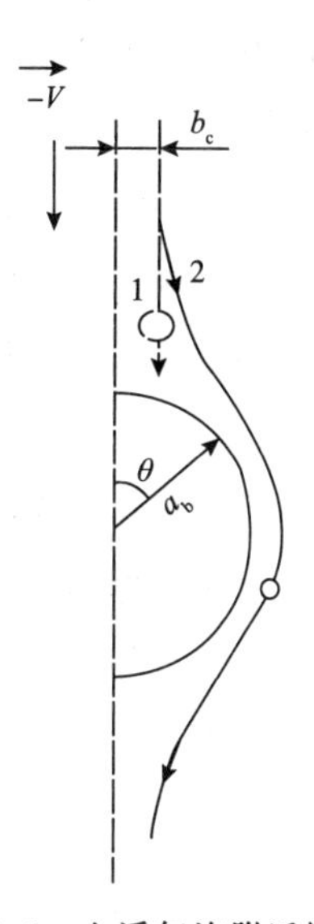

图 10.1 上浮气泡附近惯性力对颗粒运动轨迹的影响，大（惯性力，线 1）和小（无惯性力，线 2）颗粒具有相同的目标距离 b

在间距与气泡尺寸同数量级的情况下，小颗粒运动向气泡表面的运动轨迹对直线的偏离由长程流体力学相互作用引起。气泡导致液体流线发生弯曲，进而使小颗粒的轨迹发生弯曲，即由于液体速度场而通过流体力学作用在这些颗粒上。在大颗粒的情况下，惯性力大大超过可忽略的长程流体动力学相互作用（LRHI）。在小颗粒的相反情况下，与 LRHI 相比，惯性力较小（Derjaguin 和 Dukhin 1959）。

因此，大颗粒接近气泡的过程由惯性力控制，而在小颗粒的情况下，该过程以无惯性的方式发生，并受 LRHI 的强烈阻碍。此外，必须考虑与颗粒半径相当的距离处的流体动力学相互作用；这使得颗粒的轨迹偏离液体流动线，称为短程流体动力学相互作用（SRHI）。Derjaguin 和 Dukhin（1960）使用 Taylor 的流体动力学问题解决方法，即从接近的球形颗粒和平坦表面之间的间隙挤出液体，认为 SRHI 可阻止颗粒与气泡接触。

按照 Taylor（1924）的观点，在间隙为 h，远小于 a_b 时，液膜抵抗减薄过程的流体力学阻抗如下

$$F_\eta \approx v\eta a_b^2/h \tag{10.1}$$

式中，η 为液体黏度；v 为颗粒接近气泡特定表面的速度。气泡表面可考虑为平坦表面，因气泡半径远大于颗粒半径。若抵抗过程的力 F_σ 作用于颗粒，按照式（10.1）可得

$$v \approx F_\sigma h/a_b^2\eta \tag{10.2}$$

可以推断，从间隙中完全除去液体需要无限长的时间

$$t \approx -\int_h^0 \frac{\eta a_b^2 \mathrm{d}x}{F_\sigma x} \approx -\frac{a_b^2\eta}{F_\sigma}\ln x\Big|_h^0 \tag{10.3}$$

问题出现在关于表面吸引力的作用下将颗粒压在气泡表面上的力的性质，以及随着距离减小而增大的表面吸引力的作用，这种引力的增长比液膜的抵抗力要快得多。液膜减薄的距离大于表面作用力的有效范围。在赤道平面上方，液体流线接近气泡表面，这意味着

液体速度的径向分量指向气泡表面。由于颗粒朝向表面的运动在 SRHI 的区域内被阻挡，液体的径向速度高于颗粒的径向速度。因此，在小间隙厚度和高黏性阻力下，液体的径向速度甚至更大。液体的径向流动包围了接近气泡的运动被阻滞的颗粒，并将其压在后者上。作为第一种近似，可以从 Stokes 公式通过代入颗粒半径和液体与颗粒的速度之间的局部差值估算该流体动力。

重要的区别是，在大颗粒的情况下，通过冲击作用实现液体夹层的变薄，而在小颗粒的情况下，这是由于流体压力的作用。

对于非常大的颗粒，液体夹层变薄过程由于颗粒的惯性冲击而使气泡表面的变形变得复杂。Derjaguin 等（1977）及 Dukhin 和 Rulyov（1977）认为，在气泡表面小颗粒的无惯性沉积中，其在流体压力的影响下的变形是微不足道的。这作为第三种重要特征便于小颗粒浮选过程定量动力学理论的发展。

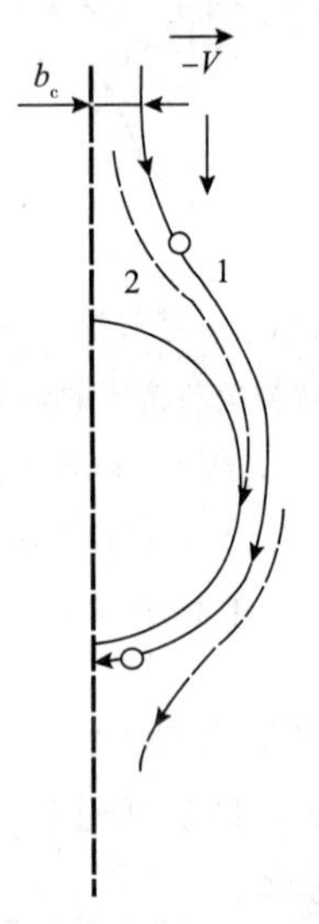

图 10.2　连续线表示颗粒擦过轨迹的概念，虚线表示颗粒在 $b<b_{cr}$ 和 $b>b_{cr}$ 处的轨迹

10.1.2　小球形颗粒浮选的定量理论

可以通过考虑 LRHI 和 SRHI 两者来定量地描述颗粒到气泡表面的过程。为了评估浮选效率，可引入了一个碰撞效率的无量纲参数

$$E = b_{cr}^2 / a_b^2 \tag{10.4}$$

式中，a_b为气泡半径；b_{cr}为围绕所有沉积于气泡表面颗粒的流动液柱（图 10.2）最大半径。沿着流线在目标距离 $b<b_{cr}$ 处移动的颗粒沉积在气泡表面上（图 10.2，如虚线所示）。否则颗粒将被流动带走。从图 10.2 中可见，显然计算实质上可简化为所谓的“擦过轨迹”（连续曲线），以及相应的目标距离。类似的方法在气溶胶研究中长期得到应用（Langmuir 和 Blodgett，1945）。

在以下雷诺准数下，气泡表面与液体一起运动

$$Re = \frac{2a_b v}{\nu} \gg 80 \tag{10.5}$$

如果表面运动不被表面活性剂阻滞，则上升气泡周围的液体流动是一种势能流动（Levich 1962）。此处 v 是气泡的上浮速度，ν 是介质的运动黏度。根据 Levich（1962）的液体流动的势能分布，速度由下式给出：

$$v = \frac{g a_b^2 \rho}{9\eta} \tag{10.6}$$

如果考虑到气泡速度对其半径的平方关系，则很容易看出，雷诺准数随半径变化非常快。Re 等于 $a_b = 90\mu m$ 时等于 1。

为了理解颗粒惯性沉积对上升气泡的作用机理，引入了颗粒惯性路径 l 的概念，其定义为在初始速度为 v_∞ 液体的黏性阻力存在下颗粒能够通过的距离。

$$I = \frac{2}{9}\frac{v_\infty a_p^2 \rho_p}{\eta}$$

式中，ρ_P 为颗粒的密度。

由于液体不能透过气泡表面，因此液体在表面速度的法向分量为零。随着与气泡表面的距离增加，液体速度的法向分量也增加。液膜中液体速度的法相分量受气泡的影响而降低，液膜厚度数量级与气泡半径相同。由于惯性路径的存在，颗粒可穿过此液体层，其中颗粒的沉积取决于无量纲 Stokes 参数

$$St = 1/a_b = \frac{2}{9}\frac{\rho_p V a_p^2}{a_b \eta} \tag{10.7}$$

当 $St>1$ 时，显然惯性沉积成为可能，虽然计算表明这种现象在 $St<1$ 的情况下也能发生，只要 St 的数值不是太小。如果认为在厚度为 a_b 的颗粒层中，颗粒向表面移动不仅由于惯性而且也与液体一起移动，上述结论则很显然。颗粒与气泡表面法向的运动分量在气泡的表面变为零。如果 St 小于某个临界值 St_{cr}，惯性沉积是不可能的。在势能流动状态和可忽略的粒度的情况下，Levin 得到以下结果（1961）

$$St_{cr} = \frac{1}{12} \tag{10.8}$$

将此值代入式（10.6）和式（10.7），可得以下经验颗粒半径的表达式，其中惯性力不能使颗粒接近气泡：

$$a_p^{cr} = \frac{9}{\sqrt{48}}\sqrt{\frac{v\eta}{g\rho_p a_b}} \tag{10.9}$$

当 $a_p>a_p^{cr}$ 时，发生颗粒在气泡表面上的惯性沉积，但其强度随 a_p 减小而降低。这一发现与 Langmuir 和 Blodgett（1945）首次提出的用于气溶胶凝结过程的碰撞效率公式一致。Langmuir 的表达式后来被 Derjaguin 和 Dukhin（1960）推广应用于基础浮选过程。后来，式（10.10）由 Fonda 和 Herne（1966）确认，其精度为 10%。

$$E = \frac{St^2}{(St+0.2)^2} \tag{10.10}$$

此关系式由 Samygin 等（1977）在 $St=0.07\sim3.5$ 的范围内进行了实验验证，在此范围内，对严格固定尺寸的单独气泡捕集不同尺寸颗粒的效率进行了测定。

在涉及颗粒在惯性作用下接近气泡表面的过程中，其尺寸也起着重要的作用。在赤道平面，才可实现流线对气泡表面的最近距离靠近。在图 10.3 中虚线（曲线 1）表示与赤道平面中与气泡表面的距离等于颗粒半径的液体流线。一些作者错误地认为，这种液体流线将颗粒半径限制在此范围内。其错误在于忽略了 SRHI。在 SRHI 的影响下，颗粒从液体流线 1 上发生位移，使其在赤道平面中的运动轨迹（曲线 2）离开表面至大于其半径的距离。因此，颗粒不会发生与表面的接触，相应地，$b(a_p)$ 也不是临界目标距离。

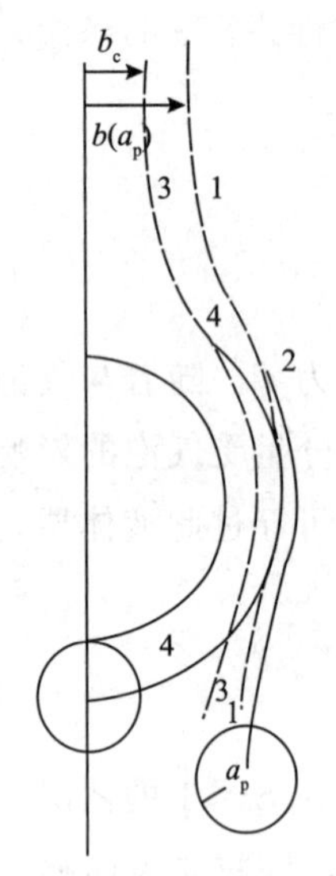

图 10.3 颗粒有限尺寸在无惯性浮选中对其在上浮气泡附近运动轨迹的影响。对应于目标距离 b（a_p）和 b_{cr} 的液体流线由虚线表示。连续线为短程流体动力学相互作用的影响下颗粒运动轨迹与液体流线偏差的特征曲线

由于 SRHI，赤道平面上颗粒到表面的距离大于从表面到液体流线的距离，在该距离处，颗粒的轨迹与气泡在距离很远的地方重合。因此可以得出结论：$b_{cr}<b$（a_p）。液体擦过流线（曲线 3）的特征为：在 SRHI 的影响下分支的颗粒轨迹（曲线 4），位于与气泡表面距离为 a_p 的赤道平面。

b_{cr} 的值减小，首先是由于在 LRHI 的影响下液体流线的偏转，其次是由于在 SRHI 的影响下颗粒轨迹从液体流线的偏转。因此，碰撞效率表示为两个因子 E_0 和 f 的乘积，每个因子的数值都小于 1。第一个因子代表 LRHI 的影响，第二个因子代表 SRHI 的影响。

在势能流动机制的情况下（Sutherland 1948）

$$E_{0p}=3a_p/a_b \tag{10.11}$$

其中下表 P 对应于气泡周围的势能流动机制。当 $Re<1$ 时，液体显现出黏性。在此情况下，气泡表面的运动通常受到表面活性剂吸附层的完全阻滞，因此速度分布可用 Stokes 公式描述。而且，根据 Okazaki（1964）的观察，当 $Re<40$ 时，即使没有表面活性剂存在，气泡上升也表现出类似固体球的行为。

在 Stokes 机制中，与式（10.11）类似的表达式如下

$$E_0=\frac{3}{2}\left(\frac{a_p}{a_b}\right)^2 \tag{10.12}$$

式（10.12）由 Derjaguin 和 Dukhin（1959）通过类比气溶胶的机理而得。不幸的是，这些结果后来没再被提起，一直无人知晓。Reay 和 Ratcliff（1973）提出了通过考虑重力分量，更准确地得出了式（10.12）。

在 SRHI 过程中有助于液体夹层减薄的流体力学压力问题由 Goren 和 O′Neil（1971）以 Stokes 机制，以及 Dukhin 和 Rulyov（1977）以势能机制得到解决。已经确定压力是 Stokes 公式计算值的两至三倍。流体力学压力不足以确保颗粒和气泡之间的接触，因其为一有限值，而阻抗力则随液体夹层变薄而无限增加［参见式（10.1）］。

Derjaguin 和 Dukhin（1960）已经表明，表面作用力可促进无惯性浮选。这里可能会遇到两种情况。从 Derjaguin 和 Zorin（1955）的工作中可以看出，相间膜可能会在减薄过程中达到临界厚度 h_{cr} 时失去稳定性并自发解体。将式（10.3）中的积分的上限以 h_{cr} 代入而不是零。可得到 ln（h/h_{cr}），而不是无穷大。因此，在可使 $h_{cr}\neq 0$ 的浮选剂存在的情况下，无惯性浮选或存在可能。

球形颗粒与平坦表面间在相当小的 h 下的分子间作用力如下式（Mahanta 和 Ninham，1976）

$$F = A_{\mathrm{H}} a_{\mathrm{p}} / 6h^2 \tag{10.13}$$

式中，A_{H}为 Hamaker 常数。由于吸引力（Derjaguin 1976，Derjaguin 等 1976）随着 h 的减小比黏性中间层的阻力更快增加（Derjaguin 和 Dukhin 1960），接触导致膜的破裂。Derjaguin（1976），Derjaguin 等（1976）和 Dukhin（1976）忽略分子间作用力的远程效应，计算了在 $h_{\mathrm{cr}} \neq 0$ 时 SRHI 对颗粒捕集效率的影响。通过 Stokes 和包围气泡的液体中速度的势能分布导出的公式具有以下形式

$$E_{\mathrm{cS}} = E_{0\mathrm{S}} f_{\mathrm{S}} \tag{10.14}$$

$$E_{\mathrm{cP}} = E_{0\mathrm{P}} f_{\mathrm{P}} \tag{10.15}$$

其中 f_{P} 和 f_{S} 分别是反映 SRHI 对浮选基本过程和依赖于无因次参数 $H_{\mathrm{cr}} = h_{\mathrm{cr}} / a_{\mathrm{p}}$影响的函数。在所考虑的值中，这些函数都小于 1，并随 H_{cr}降低，在 $H_{\mathrm{cr}} = 0$ 时变为零。这证实了前述 SRHI 对颗粒沉积过程影响机理的表述。符号“c”表示捕获效率。在薄膜断裂或分子吸引力的作用下，颗粒-气泡碰撞导致颗粒捕集的发生。

由于 H_{cr}从 10^{-1}降低至 10^{-3}，f_{S} 从 0.5 减少到 0.15。因此，考虑 SRHI 不仅在考虑浮选可能性的问题时是重要的，而且这种效果将颗粒与气泡接触的次数减少了数倍。Rulyov（1978）通过直接考虑到分子力对 h 的依赖性而不考虑唯象参数 h_{cr}，发展了 SRHI 理论，并得到以下结论

$$E_{\mathrm{cS}} = E_{0\mathrm{S}} f_{\mathrm{S}} (W_{\mathrm{S}}), W_{\mathrm{S}} = \frac{A_{\mathrm{H}} a_{\mathrm{b}}^2}{27 v_{\mathrm{S}} \pi \eta a_{\mathrm{p}}^4} \tag{10.16}$$

$$E_{\mathrm{cP}} = E_{0\mathrm{P}} f_{\mathrm{P}} (W_{\mathrm{P}}), W_{\mathrm{P}} = \frac{4 A_{\mathrm{H}} a_{\mathrm{b}}}{27 v_{\mathrm{P}} \pi \eta a_{\mathrm{p}}^3} \tag{10.17}$$

式中，v_{S} 和 v_{P} 分别为 Stokes 机制和势能机制下的气泡上浮速度。对全局函数 f_{s} 和 f_{P} 的数值分析可将式（10.16）和式（10.17）进行以下近似（cgs 单位制）

$$E_{\mathrm{cS}} \approx 0.11 \frac{a_{\mathrm{p}}^{1.4} A_{\mathrm{H}}^{1/6}}{a_{\mathrm{b}}^2} \tag{10.18}$$

$$E_{\mathrm{cP}} \approx 1.1 \frac{a_{\mathrm{p}}^{0.8}}{a_{\mathrm{b}}} A_{\mathrm{H}}^{1/15} \tag{10.19}$$

尽管 E_{c}的绝对值仅与 Hamaker 常数 A_{H}弱相关，在 $10^{-14} \sim 10^{-12}$ erg 范围内变化，但当 $A_{\mathrm{H}} < 0$ 时，即如果分散力被从气泡表面引导出来，则碰撞不能发生。然而，碰撞可能由于 h_{cr}的非零值会发生。因此，分子力的作用基本取决于其符号而非此即彼。

Collins 和 Jameson（1977）及 Reay 和 Ratcliff（1975）令人信服地证实了 LRHI 在无惯性浮选方面的深刻影响。LRHI 的最重要的实验现象是随着粒径的减小和气泡尺寸的增加，以及 E_{col}对 a_{b}在从黏性向势能流动机制的突变。应该强调的是，式（10.18）在颗粒和气泡半径的依赖性方面与 Collins 和 Jameson（1977）及 Reay 和 Ratcliff（1975）的系统实验研究数据定量吻合。E_{col} 与 a_{b} 的关系以 1.5 次指数为特征，与式（10.18）而非式（10.12）更好地吻合。这些结果可能是 SRHI 对基本浮选过程影响的证据。

10.2 动态吸附层对基本浮选过程传递阶段的影响

10.2.1 传递阶段 DAL 对表面阻滞的影响，定性考虑

实验研究表明，不仅在 $Re<1$ 的情况下气泡行为类似固体球，而且在 $1<Re<40$ 的范围内，甚至在蒸馏水中，均是如此（Okazaki 1964）。基于 Hamielec 等（1962，1963）描述的方法，并用函数描述瞬态条件下的水动力场，可得乘积形式的 E_{col} 公式，其中第一个乘子表征 LRHI，第二个表征 SHRI。在 $5<Re<100$ 范围内，这些公式可用 Rulyov（1978）提出的以下表达式近似

$$E_{cP} \approx \frac{a_P^{0.8}}{b_b} \tag{10.20}$$

$$E_{cS} \approx \frac{a_P^{1.4}}{a_b^2} \tag{10.21}$$

这与式（10.18）和式（10.19）非常相似。将式（10.18）和式（10.19）与式（10.20）和式（10.21）进行比较，可以得出结论：在运动型相关的整个雷诺准数范围内，碰撞效率仅由气泡表面的状态决定，并大致保持不变。

因此，给定气泡尺寸下的碰撞效率随着表面的迁移程度而强烈变化，即 DAL 对碰撞效率的影响非常强。因为研究人员通常限定研究范围，因此，在考察这种效应时，不能仅限制 DAL 的状态，这一点也是非常重要的。应尝试在众所周知的极限情况下，考察 DAL 对微浮选中传递阶段的影响。

首先考虑沉降对碰撞效率的影响，因为它可以大大降低气泡和 DAL 水动力场的作用。当采用 Dukhin 和 Derjaguin（1958）提出的碰撞效率计算方法时，这种思路更加显而易见。

10.2.2 气泡表面颗粒流量的计算公式

众所周知，在无关性浮选并不考虑 SHRI 的情况下，在与气泡任意距离处的颗粒速度为

$$\vec{v} = \vec{v}(z,\theta) + \vec{v}_g \tag{10.22}$$

因此，应导出颗粒流量密度的径向分量表达式

$$J_z = n(z,\theta)v_z(z,\theta) \tag{10.23}$$

其中 n（z，θ）是气泡表面旁边的颗粒数浓度。将流量密度在发生沉积的部分表面上积分，可得到与 E 相关单位时间 N 内碰撞的颗粒数如下

$$N = 4\pi a_b^2 E v \tag{10.24}$$

早期 Dukhin 和 Derjaguin（1958）已经证明了一个定理，根据该定理，如果速度场为螺线状，则颗粒浓度保持恒定，即满足条件 $div\ v=0$。由此可得

$$E = \frac{1}{\pi a_b^2\ v n_0}\int_0^{\theta_c} n_0(v_z + v_g)2\pi a_b^2 \sin\theta d\theta = \int_0^{\theta_c}\left(\frac{v_z}{v} + \frac{v_{gz}}{v}\right)\sin\theta d\theta \tag{10.25}$$

式中，θ_c表示颗粒在气泡表面沉积的边界区域；n_0为气泡之外的颗粒数。为考虑有限颗粒尺寸的影响，在半径为（a_b+a_P）的同心球上进行积分。在此条件下，θ_c可由下式得出

$$V_z(a_b + a_p,\ \theta_c) = 0 \tag{10.26}$$

将 v_z代入势能速度场，可得到 Sutherland 公式。将 Stokes 速度场代入式（10.25），并使用式（10.22），可得

$$E_s = \frac{3}{2}\frac{a_p^2}{a_b^2} + \frac{\Delta\rho}{\rho}\frac{a_p^2}{a_b^2} \tag{10.27}$$

其中 $\Delta p=\rho_p-\rho$。重要的是式（10.25）不仅适用于 Stokes 和势能场，也可以用于任何螺线型水动力场以确保其广泛的应用范围。

这种计算方法在近四分之一世纪后由 Weber（1981）和 Weber 等（1983a，1983b）在可能不了解 Dukhin 和 Derjaguin（1958）成果的情况下提出。该方法的有效性得到了完善的证明，尽管其讨论受到颗粒密度与水的密度（细菌，胶乳，乳液，煤）略微不同的系统的限制，并允许忽略沉降的作用。在最近出现的 Nguen Van&Kmet（1992）的工作中，证明了更普遍方法的效果，但其错误地引用了 Weber 为该方法的作者。

10.2.3　应用颗粒流量的方法估算表面阻滞和沉积的作用

为分析表面阻滞对气泡表面液体径向速度的影响，列出以下速度发散的表达式

$$\frac{1}{z\sin\theta}\frac{\alpha}{\alpha\theta}(v_\theta \sin\theta) + \frac{\alpha v_z}{\alpha z} = 0 \tag{10.28}$$

在 $z-a_b \ll a_b$时切向速度变化不大的假设下，从 a_b到 z 积分，径向速度与阻滞系数成反比

$$v_z(z,\theta)\big|_{z=a_b+a_p} \cong \bar{v}\frac{\eta}{\chi_b}\frac{(z-a_b)}{a_b}\big|_{z=a_b+a_p}\cos\theta = \bar{v}\frac{\eta}{\chi_b}\frac{a_p}{a_b}\cos\theta \tag{10.29}$$

在中等的阻滞系数下，在液体速度的径向分量的影响下发生颗粒的沉积。在强阻滞条件下，如果颗粒的密度与介质的密度显著不同，则会由于沉淀而发生颗粒沉积。

此重要事实可以通过颗粒沉降速度与其无惯性运动速度和液体流速的比值近似得到以下无量纲值：

$$\Lambda = \frac{\Delta\rho}{\rho}\frac{a_p}{a_b}\frac{\chi_b}{\eta} \tag{10.30}$$

较大 Λ 值对应于沉积的主导作用，在 Λ 值较小的情况下，即使在气泡的强烈阻滞表

面，残留流动性对碰撞的影响也可以占主导地位。如果液体速度的法向分量与 $\cos\theta$ 成比例，则式（10.30）中的角关系减小，因为沉降速度的法向分量也与 $\cos\theta$ 成正比。

比率 v_p/v 与 $\Delta\rho/\rho$ 成正比，对于乳液，在 0～0.2 的范围内变化，对于矿物质则在 2～7 的范围内变化。考虑到通常强烈阻滞的气泡表面，可以得出结论，有时沉淀可以占主导地位。对于乳液，沉淀影响受到限制，表面阻滞可以发挥重要作用。

根据下式，式（10.29）仅对应于描述速度的法向分量的两项公式的组成部分之一

$$V_z(\theta, a_p) = 0 \quad 当\ \chi_b \to \infty \tag{10.31}$$

而实际上这种情况不会发生。在导出式（10.29）时忽略了随与表面距离变化的切向速度函数函数的变化。如果我们考虑到这一点，则出现第二速度分量，其对应于完全阻滞表面，即固体颗粒的极限情况。因此，当 χ_b 增加时，径向速度分量可以大致减小 a_b/a_P 倍。换言之，χ_b 增加到 $\chi_b/\eta \approx a_b/a_p$，将会导致碰撞效率降低，其进一步增加不会明显改变 E。

在较大的雷诺准数下，流体动力学和扩散场的特征在于边界层的出现，能够估计阻滞系数的局部值，如式（8.108）。式（10.31）和式（8.109）联用可描述 DAL 接近气泡表面的瞬间对颗粒速度的径向分量的影响。由于在非阻滞状态下，可用 Sutherland 公式（10.11）描述碰撞效率 E_0，DAL 的影响可近似表示为

$$E \approx E_0 \frac{\eta}{\chi_b} \tag{10.32}$$

该公式的准确性和适用性受到许多因素的限制。第一，切向和法向速度分量的真实角关系非常复杂。第二，通过式（10.25）计算碰撞效率时，需要预先知道颗粒运动改变方向的角度 θ。第三，χ_b 的计算公式（8.108）是在强表面阻滞的情况下得到的。因此，无法预期根据 Sutherland 公式判断在 $\chi_b \to \eta$ 时向极限条件的转变。更准确地说，这个转变事实上存在，但式（8.108）随着 χ_b 的减少而变得越来越不准确。最后，近似公式（10.29）只有当整个表面具有统一的阻滞系数时才具有敏感性。这意味着类似于式（8.71）的条件必须成立。

至于在中等雷诺准数的情况下，必须有一个两项式存在，而非式（10.32），该式仅代表修正公式中的一项。第二项表示 $\chi_b \to \infty$时的碰撞效率。该问题可用和式（10.27）中的第二项相同的方法解决。

存在关于固体球形颗粒流体动力学边界层的理论（Hamielec 等 1963），并与 Carner 和 Crafton（1954）的实验数据一致。径向速度分量的分布是已知的，则可计算 θ_1。这样已足以计算式（10.25）中的积分。

式（10.25）和式（10.32）在一般情况下必须补充考虑颗粒沉积对气泡表面的贡献。

虽然式（10.32）是低精度近似的结果，但在预测气泡半径、表面活性以及表面活性剂浓度非常强的影响方面具有确定的价值。根据这些参数，E 可以变化两个数量级，这比在推导式（10.32）时可能产生 100%的错误更有意义。

10.2.4 DAL 对微浮选传递阶段和水污染水平的影响

DAL 对微浮选传递阶段的影响存在两种机制。在水中污染物含量足够高时，颗粒输送到阻滞气泡表面的过程类似固体球的行为。考虑 10.2.3 节的结论，此机制的条件如下

$$\frac{\chi_b}{\eta} \geqslant \frac{a_b}{a_p} \tag{10.33}$$

在式（10.33）的条件下，微浮选传递阶段没有异于固体球的特殊性。然而，应强调的是，表面阻滞是由吸附层的动态，即由表面浓度的改变和沿着气泡表面的表面张力引起的。

但是，在非常高的表面活性剂浓度下，即使没有表面张力梯度，吸附层饱和，使得气泡表面不能移动。

在较小表面活性剂浓度和相应较小表面阻滞系数的条件下

$$\frac{\chi_b}{\eta} < \frac{a_b}{a_p} \tag{10.34}$$

与固体球相比，气泡表面的残留流动性导致气泡上颗粒沉积的增加。考虑到 a_b/a_p 非常大，例如 10 或甚至 100 的数量级，可以得出结论，气泡表面的残留流动性也可以在强表面阻滞的情况下强化颗粒传输。换言之，气泡表面的强阻滞并不总是导致类似于固体球的气泡颗粒捕集过程。

之所以强调这种事实，是因为在许多论文中，上浮气泡和固体球的一致性被认为是忽略气泡捕集颗粒过程特异性的基础。为区分“固体”机制和剩余表面流动性的机制，可引入以下条件

$$\frac{\chi_b}{\eta} = \frac{a_b}{a_p} \tag{10.35}$$

该式确定了式（10.33）和式（10.34）代表的两种机制之间的差别。

由于随着气泡尺寸的增加，阻滞系数快速下降，较大气泡上仍残余表面流动性。足够小的气泡和固体球的传递阶段一致。描述气泡尺寸两个范围之间边界的气泡特征值可以在式（10.35）中将 χ_b 替换为气泡半径的函数后确定，根据式（8.106），

$$\frac{2}{3}\frac{RT}{\eta}K_H^2\frac{c_0}{D}\frac{\delta_D}{a_b}\frac{\delta}{a_b} = \frac{a_b}{a_p} \tag{10.36}$$

推导对应于均匀阻滞的条件，即式（8.71）。因此，与式（8.106）相比，并且对式（8.106）进行分析，如图 8.3 所示，式（10.36）具有合理性。从图 8.3 中可见，式（8.71）条件下的强烈阻滞可能在非常高的表面活性剂浓度（10^{-3}～10^{-2}M）下发生。比较式（10.36）和式（8.106）的右边，可以得出结论，在非常高的表面活性剂浓度，即 10^{-3}～10^{-2}M 乘以 a_b/a_p 的较大值条件下，忽略残余表面流动性对微浮选的影响是可能的。然而，这个结论仅能适用于大气泡，因为图 8.3 中的数据是在 $a_b=0.05$cm 的情况下计算的。为

了将气泡尺寸的边界值与表面活性剂浓度联系起来，可将 $K_H=\delta_D$代入式（10.36），并用式（8.152）表示 δ_D

$$\frac{2}{3}\frac{RT}{\eta v}c_0=\frac{Re^{1.7}}{a_p a_b} \tag{10.37}$$

表面活性剂作为污染物在水中存在的浓度一般不会超过 10^{-4} M。按照式（10.37），残留流动性在高雷诺准数条件下对微浮选产生影响。

这些结论在不太大的 K_H值下成立，例如 $K_H<10^{-3}$ cm。因此，在不太高的表面活性下，残留表面流动性会影响高雷诺准数下的微浮选过程。自然地，这些普遍结论可在不同浓度下根据式（10.37）和不同的 K_H值根据式（10.36）定量化。

在高雷诺准数下，即使在高表面活性（$K_H>10^{-3}$ cm，见 10.2.5 节）时，残留表面流动性也可影响浮选。然而，对于中间雷诺准数范围，其影响可以忽略，因为根据式（10.36），χ_b 与 K_H^2成比例地增加。

当后阻滞帽和角度 Ψ 增加时，碰撞效率降低。因此，在均匀的表面阻滞，即在式（8.71）的条件下，以及在后阻滞帽形成期间，DAL 对传递阶段的影响机理存在定性不同。在前一种情况下，随着表面活性剂浓度的增加，速度的法向分量和颗粒的流动分别在前表面上均匀地减小。在后一种情况下，允许发生颗粒沉降的区域减少。

使用带有后阻滞帽的气泡的水动力场公式（参见第 8.7 节），可以计算阻滞帽对碰撞效率的影响。由于 8.7 节中描述的理论仅限于小雷诺准数条件，所以这种处理方法没有吸引力。因此，根据 Okazaki（1964）的实验数据，不能期待这一理论与现实一致，因为前表面必须存在完全或强烈阻滞。

以上讨论为半定量的，在中等和大雷诺准数情况下是合理的。在中等雷诺准数下，理论似乎并不完善，因为表面不完全阻滞的概念仅为一种假说，需要实验验证。在大雷诺准数情况下，DAL 对基本浮选过程的影响可定量考察，通常在 DAL 定量理论确立之后才能被证明是可行的。经评价验证，DAL 对微浮选传递阶段的影响在大雷诺准数的情况下很大，并且可能也在中等雷诺准数下也是如此。

总之，需要对 DAL 和气泡表面的流变学进行综合实验和理论研究。计算气泡表面非常强阻滞和非常弱阻滞情况下的碰撞效率的重要性已获证明，因而在中等和高雷诺准数下发展气泡的 DAL 理论的必要性是显然的。

10.2.5 前驻点附近的自由表面区域

在高表面活性条件下，由于残余表面流动性，低表面浓度区域可在前驻点附近出现。换言之，表征阻滞帽尺寸的角度 Ψ 可稍小于 π，以及

$$\pi-\Psi\ll\pi \tag{10.38}$$

为简便起见，引入前驻点自由区域这一术语（f. s. f. z.）

当气泡足够大及Marangoni准数（参见8.3节）足够小时，黏性压力远超过线性表面压，使阻滞帽减小。在小雷诺准数下，随气泡速度升高而减小的阻滞帽可用式（8.41）描述。因此，f.s.f.z.仅在足够洁净的水中、小雷诺准数下出现。

在污染的水中，f.s.f.z.仅在足够大的雷诺准数下出现。由于高雷诺准数条件下缺乏有关阻滞帽的定量理论，仅能对f.s.f.z.存在的条件进行估算。

式（8.38）给出的Marangoni应力平衡可作为这种估算的基础。该式在小Re下导出，必须考虑与$\sqrt{Re}$成正比的涡度才能够加以推广（Clint等1978）。

$$\frac{1}{a_b}\frac{\partial\gamma}{\partial\theta}\approx\eta\frac{v}{a_b}\sqrt{Re} \tag{10.39}$$

将此式左右两边进行在$\theta=0$和$\theta=\theta^*$之间积分，左边可估算为$\Delta\gamma$，邮编为$\eta vRe^{1/2}a_b$。f.s.f.z.的存在意味着$\gamma(0)=\gamma_w$，其中γ_w为纯水的表面张力。

角度θ^*对应于吸附层与体相平衡的部分。这意味着$\gamma_w-\gamma(\theta^*)$等于污染水中平衡表面张力的降低值。对于蒸馏水、自来水或河水，此值变化范围为1～10mN/m。对式（10.39）右边积分结果的近似处理结果可引入乘子a_b来表示

$$\gamma_w-\gamma(\theta^*)\approx\eta v\sqrt{Re} \tag{10.40}$$

式（10.40）右边与气泡尺寸强相关。在高雷诺准数条件下可超过方程左边，此时黏性应力将吸附层压缩至f.s.f.z.出现。另一方面，公式左边可在表面张力变化足够大以及非常大的气泡情况下占主导地位，例如$Re=100$，f.s.f.z.不存在的情况。在中等雷诺准数情况下，几乎不可能产生f.s.f.z.。

以上结论在考虑表面活性剂溶液胶束化作用时可发生改变。若表面活性剂溶液浓度超过临界胶束浓度（CMC），表面张力将不随表面活性剂浓度发生变化。此时Marangoni-Gibbs效应和气泡表面阻滞也将消失。

CMC和表面活性均随同系物链长的增长而提高。如10.2.4节所述，气泡残余流动性在高雷诺准数以及$K_H<10^{-3}$cm条件下对微浮选产生影响。当$K_H>10^{-3}$cm时，污染水中的残余流动性可由胶束化作用提供。事实上，对足够长的同系物，其对应于很低的CMC值，如$10^{-4}\sim10^{-3}$M，高表面活性成为可能。因而，气泡表面的流动性可在$K_H>10^{-3}\sim10^{-2}$cm及$c_0<10^{-4}\sim10^{-3}$M时保留。然而，此结论仅与足够大的气泡以及f.s.f.z.形成相关。

此结论不能推广至其他表面活性物种。例如，蛋白质在很低浓度下即可显著降低表面张力（Izmailova等1988）。然而，这些数据是在平衡条件下获得的。因此，不排除在动态条件下，即在运动气泡表面发生吸附过程中，表面浓度的提高受到缓慢吸附动力学的阻碍。

10.2.6 前驻点附近自由区域上颗粒的沉积——污染水

颗粒在f.s.f.z.和阻滞帽上均可发生沉积。可对f.s.f.z.上沉积相关的部分碰撞效率

进行估算。这意味着坐标（$\pi-\Psi$，a_b+a_p）必须代入势能流动的流量函数方程。需注意代入坐标（$\pi/2$，a_b+a_p）可得 Sutherland 方程（10.11），代入坐标（$\pi-\Psi$，a_b+a_p）可得以下方程

$$E_p(\pi-\Psi)=E_0\sin^2(\pi-\Psi)\cong 3\frac{a_p}{a_b}(\pi-\Psi)^2 \tag{10.41}$$

因为阻滞帽可能使势能流动变形，式（10.41）的准确性受到限制。然而，众所周知，在固体球的流体动力学边界层理论中，势能流动可以用于描述边界层外的水动力场。这种方法只在前驻点附近被验证。Clift 等（1978）强调，压力分布从前驻点到约 30°处均遵循势能流动。在前驻点附近的自由移动表面的条件下，势能分布可应用于表面任何很小距离处，并能保证式（10.41）的足够准确度。

在大 Re 下，颗粒仅沉积在气泡表面前端的一部分，因为液体速度的法相分量在 $\theta_i<\pi/2$ 时符号发生改变。这意味着流体力学流动可阻止赤道附近的沉积。结果，可使用式（10.27）中的第二项估算碰撞系数

$$E\approx 3\frac{a_p}{a_b}(\pi-\Psi)^2+\frac{\Delta\rho}{\rho}\frac{a_p^2}{a_b^2} \tag{10.42}$$

式（10.42）中有两个较小参数，$(\pi-\Psi)^2$ 和 a_p/a_b。式（10.42）中的两项均有可能占主导地位。气泡上浮不能对 f. s. f. z. 的存在敏感，甚至在非常小的角度（$\pi-\Psi$）下也是如此。在第 8.7.3 节中，证明了在小 Re 下的上述情况。测量的气泡速度与以实心球体计算所得的速度一致性并非忽略气泡表面流动性前提下计算碰撞效率的基础。按照式（10.23），其影响可能占有主导地位。

10.2.7 宽雷诺准数范围和不同程度水污染条件下的气泡上浮过程，及前驻点附近的自由表面区域

前面章节中，强调了前驻点附近自由表面区域对微浮选传递过程的强烈影响。式（10.40）可用于估算 f. s. f. z. 出现的临界条件。参数 v 和 Re 与具有完全阻滞表面的气泡相关，并可用固体球推导出的方程来描述。

首先，v 和 Re 的方程用渐变的形式表示。然后式（10.40）的右边可仅用 Re 的函数表示。

在 $2<Re<750$ 的范围内，雷诺准数和 Froude 准数的经验关系如下（Peebles 和 Garber 1953，Grassman 1961，Hosler 1964）

$$Re=47Fr^{3/2} \tag{10.43}$$

Froude 准数的定义如下

$$Fr=v^2/2ga_b \tag{10.44}$$

式（10.43）、式（10.44）以及雷诺准数的定义式（8.37）组成的方程组中不包含 a_b

和 Fr，由此可得气泡上升速度对雷诺准数的相依关系

$$v=mRe^{5/9} \tag{10.45}$$

其中 $m=(gv)^{1/3}(47)^{-2/9}\approx 1$。式（10.45）与非纯水中上浮速度测量值的对比如表 10.1 和图 10.4 所示，其中列出了不同研究者采用实验和理论方法确定的速度。

表 10.1 不同直径气泡速度的测量值和计算值

a_b/cm	V_{exp}/(cm/s)	Re	V_{theor}/(cm/s)	$\Delta\gamma$
0.025	5	25	≈5	0.25
0.05	10	100	≈10	1
0.1	22	440	≈20	5

直径在 0.1～2mm 的气泡的速度与从式（10.45）所得的数据具有相同的数量级。测量所得的速度也列于表 10.1 的第二列，取自 Schulze (1992)，以此计算了雷诺准数（第三列）。将雷诺准数代入式（10.45）可得理论速度值（第四列）。第二列和第四列值的比较证实了式（10.45）的有效性。

将 v 和 Re 的值代入式（10.40）可得 $\Delta\gamma=\gamma_w-\gamma$ 的值，在最后一列中列出。

如果假设

$$\Delta\gamma_{exp}<\Delta\gamma \tag{10.46}$$

对于直径超过第一列中数值的气泡，在其前驻点附近存在自由区域。不同水样的临界 $\Delta\gamma$ 值（第五列）可与实验数据对比。

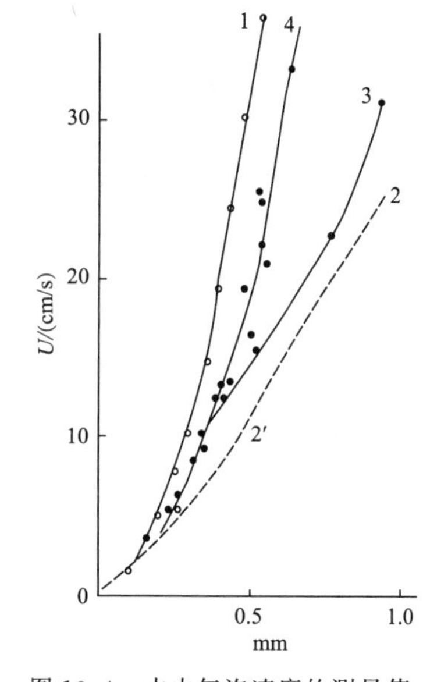

图 10.4 水中气泡速度的测量值，管径为 75mm，长度为 2m，$T=18$℃

1—Levich 方程；2—Allen 的实验；2′—Shabalin 的实验曲线；3—Luchsinger 的实验；4—Gorodetzkaja 的实验（Levich 1959）

数据的大范围离散是由测量地点和时间的差异造成的。据 Fainerman（私人通讯）称，二次蒸馏水的表面张力初始值在 20℃ 时约为 72.7mN/m。8min 内其值降低 0.02mN/m。初始值与新形成的水-空气界面有关，可用 γ_w 表征。因此，$\Delta\gamma=\gamma_w-\gamma_{eq}$ 可以估计为 0.02mN/m。对于 Kalmius 河（顿涅茨克，乌克兰）的水，Fainerman 测得 $\Delta\gamma\sim 0.4$mN/m，Azow 的测量值为 $\Delta\gamma=0.1$mN/m。与这些测量相同，离子表面活性剂的含量可通过另一种方法测定，发现其结果小于由表面张力计算的表面活性剂浓度。这种现象有其合理性，因为离子表面活性剂只是杂质的一部分。如果我们与采用众所周知的氧化方法测定的有机化合物总含量相比，则其结果通常超过通过 Gibbs 方程由表面张力确定的含量的 10 倍。

可作出结论，即使对于严重污染的水，如 Kalmius 河水，残余表面流动性也不可忽略。然而，对于直径约 1mm 的大尺寸气泡则可忽略。考虑海水或自来水的情况，残余表面流动性即使在中等雷诺准数条件下也存在。

但是，必须强调上述估算的精度不高。误差的来源很多，将来在技术发展需要有关残余流动性的可靠信息时必须规避。

最初，表面张力梯度通过 γ_w 和 γ（$\Gamma 0$）间的表面张力差与等于气泡半径的特征长度的比值进行估算。在提出高雷诺准数的阻滞帽理论之后，可以绕过这种不确定性。在式（10.40）的右边，可从边界层厚度估算黏性应力。然而，系统地阐述气泡（液滴）流体力学（Protodiaconov 和 Ulanov 1983）使用与 $Re<100$ 相同的近似。

边界层厚度由以下熟知的估算公式给出

$$\delta_G = a_b / Re^{1/2} \tag{10.47}$$

这与方程（10.40）中使用的涡度估算结果一致。根据实验研究和数值解（参见 Clint 等，1978），不同的雷诺准数下存在定性不同的流体动力学机制。在 $7<Re<20$ 时，观察到所谓的未分离流动。流动分离由涡度符号的变化指示，首先发生在后驻点，大约在 $Re=20$ 的条件下。

如果 Re 超过 20，分离环向前移动，附着的再循环尾迹变宽并延长。在 $20<Re<400$ 时，从前驻点以度数测量的分离角很好地近似为 $\theta_s=180-42.5\ (\ln\ (Re/20))^{0.48}$。稳态尾流区域出现在 $20<Re<130$ 时。尾部不稳定性的出现则对应于 $130<Re<400$。

这种定性讨论不能用不等式（10.47）反映，因其为非常原始的近似，特别是在中间雷诺准数范围 $1<Re<100$。

为了提高式（10.40）和相应的条件式（10.46）的精度，可以使用中间 Re 范围下的流型理论（Luttrel 等 1988，Yoon 和 Luttrel 1989，Yoon 1991，Nguen Van 和 Kmet 1992）。在 $Re\sim 1$ 时，式（10.40）的右边是合理的，因为它符合 Stokes 法则。因此，式（10.40）可以视为在 Re 中间范围的内插。

在微浮选中，分散颗粒和分子污染物的沉积过程在气泡表面上同时进行。如果这些过程的速率在微浮选过程中是相称的，则体相中的杂质水平降低。这意味着它们在气泡表面上的吸附量也降低，导致剩余流动性的提高。

假设水动力场由 Stokes 方程描述，则可比较分散颗粒和分子杂质在气泡表面上的流量。这样，式（8.152）可用于描述杂质流量。该方程式可以变换为为捕获效率的类似形式

$$E_D = 2.5\left(\frac{D}{a_b v_{St}}\right)^{2/3} \tag{10.48}$$

式中，v_{St} 为按照 Stokes 方程得出的气泡上升速度。

两种流量的对比可按照式（10.12），用 E_D 和 E 的比值来表示

$$E_D/E = \frac{5}{3}\frac{(D/\alpha)^{2/3}}{a_p^2} \tag{10.49}$$

其中 $\alpha=2g/9\eta$。

在此强调，此比例不取决于气泡半径，这简化了分散颗粒和分子杂质的常用回收过程的描述。从式（10.49）中可见流量可以数量相当。因此，我们可以得出结论，如果考虑到分子表面活性杂质的回收，残余流动性的作用可能会增加。

10.2.8　不同颗粒附着机理下 R.S.C. 在传递阶段的作用

在瞬态条件下，如果后阻滞帽仅覆盖表面的较小部分，则 DAL 对传递阶段有轻微的影响。如果后阻滞帽不太小，并且以角度 φ 表征（参见第 8.6 节），该角度基本上小于 $\pi/2$，其作用的可能性主要取决于颗粒在气泡表面上的固定机理（见附录 10D）。

10.3　以 DAL 研究方法考察微浮选动力学

正如第 8 章所指出的那样，气泡 DAL 理论的实验验证迄今为止基于对表面活性剂浓度和表面活性对不同大小上浮气泡速度的影响的研究。从理论和实验结果可见，这种效应并不明显，随着气泡尺寸和雷诺准数的减小而急剧减弱，并且在 $Re<40$ 时，变得微不足道。在前面章节中表明，确定表面运动阻滞程度的 DAL 结构对小颗粒在气泡表面的沉积具有很强的影响。在这种情况下，重要的是 Reay 和 Ratcliff（1973，1975），Collins 和 Jameson（1977）以及 Anfruns 和 Kitchener（1976，1977）的论文已经证明了以相当高精度的实验方法确定碰撞效率的可能性。因此，对小球形颗粒沉积在上浮气泡表面的研究可以成为实验验证 DAL 理论、泡沫表面的阻滞和气泡水动力场变化等的有效方法。

10.3.1　$Re<40$ 下的气泡表面不完全阻滞假说

在第八章中曾反复指出，仅通过测定上浮气泡的速度不可能分辨完全阻滞和强阻滞。由于气泡表面阻滞迄今为止仍只能通过其上浮速度来推导，文献中有关 $Re<1$ 下气泡表面完全阻滞的结论仍不能视为已获证明。

可以通过改变表面活性剂浓度和观察碰撞效率或浮选动力学的变化来检验初始阻滞程度（添加表面活性剂之前）。如果表面最初完全阻滞，则表面活性剂的添加不会影响阻滞程度，浮选动力学保持不变。如果表面没有完全阻滞，则表面活性剂的添加会导致更大的阻滞系数，并且测量作为表面活性剂浓度函数的碰撞效率可以检查由式（10.32）给出的阻滞系数。最后，如果确定了该准则，则可以通过在加入表面活性剂之前碰撞效率的值来判断初始的表面阻滞程度（参见 8.5 节）。

当研究乳液滴的沉积时，可以忽略沉降，使得式（10.27）即使在强阻滞条件下也占主导地位。随着气泡尺寸和雷诺准数的增加，表面阻滞的效果降低。因此，对中等雷诺准数下的表面不完全阻滞假说的实验验证值得重视。在此实验中，从使用的水中尽量除去杂质非常重要。

最大程度的水净化为考察气泡表面流动性创造了条件，因为在早起实验中水没有被特别净化。足以用于测量气泡速度的净化水包括蒸馏水或二次蒸馏水。然而，即使在蒸馏过程中，也存在蒸发的水将杂质输送到蒸馏液中的可能。使用分凝器可阻碍这种运输，使有机化合物在二次蒸馏水中的含量减少。据 Fainerman（私人通信）说，使用分凝器后，由痕量杂质引起的表面张力降低约为 0.02mN/m。因此，推荐在气泡研究中使用这种高纯度的水。作为净水的方法，经常使用特殊的浮选方法。然而，一些二级过程通过微浮选限制了水净化的程度。注意到这些过程，一些强化净水的可能方法在附录 10D 中进行介绍。对问题的分析表明，不可能完全除去杂质。但是，将初始混合物的低浓度降低 10～100 倍似乎是可能的。通过这些污染物的去除，可揭示 $Re<40$ 下表面运动的不完全阻滞现象。再一次必须指出，这种净化不会导致气泡上升速度的增加。更可能的是由于降低了的阻滞系数仍然超过纯水黏度的许多倍，因而提高了碰撞效率。为了进行这种复杂的测量，必须避免制备的稀释悬浮液中有机杂质对气泡表面的强烈污染。

10.3.2 薄液层中上升气泡表面状态的研究

假设在毛细管尖端的气泡形成过程中，其生长表面被杂质轻微阻滞。如果是这样，气泡表面也可在其运动路径很小的一部分中从液体中吸附少量的杂质（当然，如果水被特别纯化到杂质含量尽可能低的水平）。在揭示添加表面活性剂对上升速度无影响的实验中(Okazaki 1964)，速度通过计算器上升通过足够长距离的时间确定，以提高测量精度。气泡在其上升路径的初始阶段，其长度与数个气泡直径同数量级，目前尚无此阶段速度的实验数据。也可能由于气泡的瞬态流体动力学条件尚未得到充分研究。气泡速度沿其路径初始部分的变化不仅由于污染物的积累和表面的静止，而且还由于其水动力场的变化。因此，在更简单的稳态条件下进行了研究，例如在气泡轨迹的足够长的段上平均的速度的测量。无论如何，不需要测量绝对速度并将其与理论进行比较，以确定气泡表面的不完全阻滞。可以确定的是，添加表面活性剂可使距离毛细管尖端足够小距离处使速度降低。因此，对实际厚度只有几毫米的液膜的研究似乎是合理的。即使在这样小的厚度下，十分之一微米的胶乳颗粒（可能进行表面改性以改善其光学性质）虽然其沉降和扩散速率非常小，在足够长的时间内也可进行观测。作为表面活性剂浓度的函数，确定气泡表面上颗粒的数量将提供非常有价值的信息。

10.3.3　在大雷诺准数下对 DAL 的考察

在这些条件下进行考察的合理性受到目前仅在非常强或弱表面阻滞条件下的 DAL 理论现状的限制（参见第 8.6 节）。碰撞效率仅在势能流条件下得出（Sutherland 1948）。随着表面活性剂浓度增加到 c_{cr}^{l}（8.135～8.136 式），可以预期气泡速度开始降低。相应的后阻滞帽仅在颗粒附着不是由于水夹层在某种厚度 h_{cr} 下的不稳定性，而是在吸引力的作用下（附录 10B）时可导致碰撞效率降低。

随着表面活性剂浓度的增加和后阻滞帽的增长，碰撞效率应降低到对应于整个表面强烈阻滞的低限值。Nguen 和 Kmet（1992）（10.16 节）提出了碰撞效率的公式。同样也存在浓度 c_{cr}^{h} 的关系式，在次浓度下气泡表面变为强烈阻滞状态。在表面活性剂浓度 $c > c_{cr}^{h}$ 时，气泡速度保持不变。因此，气泡速度和碰撞效率随着浓度从 c_{cr}^{l} 到 c_{cr}^{h} 的增加而减小，然后速度停止降低，而碰撞效率由于表面阻滞的增加而持续下降。对于高表面活性的表面活性剂式（8.72）条件，也有类似的结果。在式（8.71）条件下也出现类似的现象，即在增加表面活性剂浓度时首先可观察到气泡速度和碰撞效率的同时降低。随着表面活性剂浓度的进一步增加，速度降低停止，碰撞效率持续下降。这种规律性差异可以通过同时测量气泡速度和碰撞效率的浓度依赖关系来揭示。这种测量是基于速度下降停止和碰撞效率持续降低的浓度由不同条件控制的观点。

通过式（8.72）的限定条件，这在 $c = c_{cr}^{h}$ 时和式（8.71）的约束条件发生，极限浓度对应于与 η 相比较大的 χ_b。在大气泡的几种尺寸上进行这种测量是很有意义的。由于 c_{cr}^{h} 和 χ_b 是气泡半径的已知函数，因此可以验证它们的关系。

在本节的结论中，根据前面部分中获得的结果，可以回顾，在通过微浮选方法研究 DAL 时，必须提供颗粒在气泡表面上的附着量。结果仅由基本浮选过程的传递阶段阶段控制。

10.4　动态吸附层及浮选传递阶段的优化

在第 10.1 节中已知，碰撞效率取决于颗粒和气泡的半径之间的比率以及表面阻滞的程度。

在高表面阻滞时，气泡尺寸的减小可非常强烈地增加碰撞效率。当表面活性剂含量不是很高，而气泡足够大而存在轻微表面阻滞时，情况就会复杂，因此 Sutherland 公式给出了碰撞效率。其优点仅在气泡半径大大降低的情况下存在。令 a_b^{I} 为大气泡的半径，Sutherland 公式（10.11）在悬浮液中表面活性剂含量已知时成立，a_b^{II} 为使用式（10.12）能够产生表面阻滞的气泡半径。如果两种情况下的碰撞效率分别由 E_1 和 E_2 表示，可得

$$\frac{E_1}{E_2}=2\frac{(a_b^{\mathrm{II}})^2}{a_b^I a_p} \quad (10.50)$$

有利的是气泡尺寸大大降低到小于下式的值

$$a_b^{\mathrm{II}}=\sqrt{\frac{a_b^{\mathrm{I}}a_p}{2}} \quad (10.51)$$

如果 a_b^{II} 超过该值，则气泡尺寸的减小只会降低碰撞效率。通常在浮选机中形成的气动分散体中可获得大小为 $a_b^{\mathrm{I}}\approx0.5\mathrm{mm}$ 数量级的大气泡。获得小 10～50 倍的气泡要难得多，此时可以使用完全不同的气泡产生方法，例如电浮选和空气溶解浮选的方法来实现。由于气泡尺寸的减小与技术的现实复杂性和成本有关，因此需要足够准确地预测作为表面活性剂浓度和其表面阻滞状态函数的气泡必需尺寸。因此，近似式（10.11）需进行改进，以进一步考察气泡的 DAL。不同于式（10.32），必须使用更通用的公式，其中必须考虑到气泡表面不完全阻滞的可能，以及短程流体动力学相互作用和沉降项。这种更详细和更精确的考虑超出了与 DAL 有关，而非微浮选问题的本节范围。迄今为止，这种方法尚未发展到 DAL 理论的程度。

然而，考虑到气泡半径优化的重要性，附录 10C 中提供了有关问题的一些附加信息。

10.5 涉及小颗粒附着于气泡表面的机理的特性

10.5.1 概论

稳定颗粒-气泡聚集体形成的概率由其附着和保留在气泡上的概率决定。而脱离则受重力或惯性影响。这些力与颗粒的体积成正比，即与颗粒的线性尺寸的立方成正比；因此，它们对于大颗粒非常大，对于细颗粒非常小。这个微不足道的事实导致了在分析浮选基本过程机理中颗粒大小所起的作用时的根本性后果（Derjaguin 和 Dukhin 1960，1979）。

如果颗粒的人小约为 100μm，则脱除力比颗粒大小约为 1μm 时大一百万倍。因此，在大颗粒的情况下，只有一种形式的附着是可能的，即形成足够抵抗在大接触角下的强脱除力的三相润湿边界。这种浮选将被称为接触浮选。在细颗粒的情况下，与接触浮选相伴，非接触浮选也是可能的。这个结论是小颗粒浮选的第一个基本特征（Derjaguin 等 1984）。

如果满足两个条件，就会发生非接触式浮选：必须存在势阱，且必须足够深。在这些条件下，不需要使用破坏亲水层的试剂。因此，非接触浮选可以不使用聚集剂。然而，添加其他类型的试剂，即阳离子表面活性剂则有可能是必需的（见微浮选的第三特性）。

通过使用接触角的概念，可以更容易地表征所讨论的微浮选特性。与大颗粒的浮选不同，小颗粒的浮选可能在非常低的接触角下进行。

引入无接触浮选概念的基础是与熟知的第二能量最小值下胶体颗粒的凝结进行类比。由于在较大距离下分子引力占主导地位，颗粒可以形成聚集体，其中颗粒之间保留一定的距离。因此，在这种类型的聚集中，颗粒之间没有直接接触。然而，“接触”的概念并不是那么简单。例如水单分子层保留在疏水表面上的事实。因此，“非接触”这一说法有可能并不恰当。

如果水和颗粒分子之间的相互作用能量超过水分子彼此之间的相互作用能量，即 $A_{wp}>A_w$，则复合 Hamaker 常数为负，并且分离压力中分子相互作用分量为正。因此，分子力使润湿膜稳定。如果 A_p 是颗粒物质的 Hamaker 常数，则可得 $A_{wp}\approx\sqrt{A_wA_p}$。例如，对于石英 $A_p=5.47\times10^{-20}$ J，即超过水的 Hamaker 常数 $A_w=5.13\times10^{-20}$ J。大多数矿物的 Hamaker 常数超过石英，使得分子力在浮选中可稳定润湿膜。例外的情况是煤和滑石，其 $A_{wp}<A_p$。值得一提的是，其自然浮选是可能的。

由于在气泡和/或颗粒表面处的表面活性剂吸附，复合 Hamaker 常数可能改变其符号（见附录 10D）。

需注意，即使没有特别添加表面活性剂，由于自然污染，自来水和工业水中污染物的存在，也可使气泡表面被吸附层覆盖。因此，由于分子力的稳定作用而使润湿膜稳定的结论对于含有痕量的表面活性化合物的天然水情况下至少是可疑的，这些物质可能使润湿膜不稳定并且可以导致非接触浮选。例如 Goldman 等（1974）已观察到无聚集剂微浮选。但是其未进行任何胶体化学考察。

表面力还包括由颗粒和气泡的双层（DL）的重叠产生的静电力，通常具有相等的电荷（Huddleston 和 Smith，1975），即其中间层分解压的静电分量（Derjaguin 1934），可能为正。在大颗粒的情况下，通过对气泡表面的惯性冲击来克服双层的正离散压力。小颗粒则不会受到这种影响；该方法以惯性方式产生，并且可能受静电排斥（第二特性）的阻碍。

涉及分离压力的两个分量对小颗粒附着影响的一般规律可以通过考虑相互作用能量对颗粒表面和气泡之间的最短距离的依赖性来建立，这两种表面通常荷电至不同的电势（Derjaguin，1954）。这种依赖性由 Derjaguin 在异质凝聚理论中得出，该理论常用于浮选过程的解释（Derjaguin 和 Dukhin 1960）。当气泡和颗粒荷电电势相同时，可采用由 Derjaguin（1937）、Derjaguin 和 Landau（1945）及 Verwey 和 Overbeek（1948）提出的通用疏液胶体稳定性理论。

通常表面荷电的球形颗粒和气泡自由相互作用能 W，作为距离 h 的函数，如图 10.5 所示。在此情况下

$$W=\int_{y}^{\infty}F_{\sigma}(y)\mathrm{d}y \tag{10.52}$$

F_σ为以下表达式定义的相互作用力

$$F_\sigma(h) = 2\pi a_b \int_h^\infty \prod(z)\mathrm{d}z \tag{10.53}$$

式中，Π为 Derjaguin 分离压；z为同意物质组成的平面形颗粒的平行平面与气相之间的夹层厚度。式（10.52）和式（10.53）在球形颗粒半径a_p远小于气泡半径a_b的假设下导出。在大和小距离下，分子间引力均占主导地位，而在中等距离时，静电斥力有可能占优势。在浮选条件下，对于滑石和煤的颗粒，这种情况成立。

气泡和颗粒不仅在表面势能上而且在其行为上彼此不同，这可能会极大地改变产生的相互作用。最简单的是颗粒表面的电势和气泡表面的电荷密度不依赖于层间厚度的情况。在这种变化为零的特殊情况下，Frumkin 和 Gorodetskaja（1938）及 Langmuir（1938）认为会产生静电排斥作用，与两个完全相同颗粒在距离夹层厚度两倍时的斥力完全相等。

异相凝聚理论预测当气泡与颗粒具有相等的电势时（$\Psi_b = \Psi_p$），如果其绝对值足够大，且离子强度较低，则无惯性浮选不能发生（图 10.5）。相同的理论可用于计算可使静电斥力降低以消除斥力屏障情况下相互作用物体之一的电位（或电荷）值。

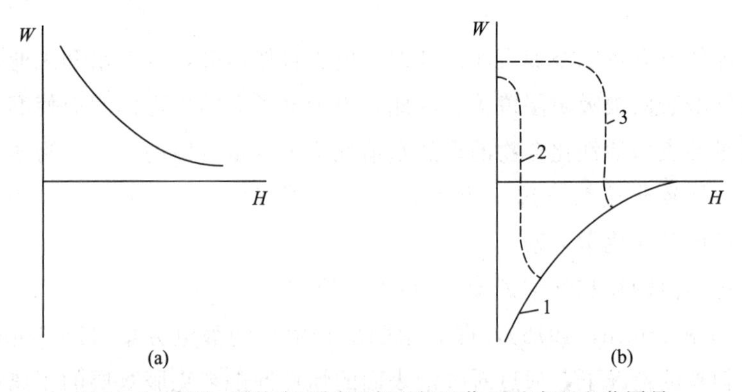

图 10.5 气泡-颗粒在不同距离下相互作用及表面电荷同号

（a）情况下双层扩散部分重叠产生相互作用能 W 中分子吸引力和静电力总贡献的特征曲线，（b）气泡再荷电情况（曲线 1）。（b）中虚线表示非静电斥力当有效半径比双层厚度小（曲线 2）或大（曲线 3）时对相互作用能的贡献。

通过表面活性阳离子的吸附可以降低表面的负电位，这也可能导致凝结。另一方面，当添加电解质时，双层扩散部分的厚度减小，导致静电斥力有效范围的减小。

从技术的角度来看，引入电解质以确保可浮选性是不切实际的。控制分离压力静电分量及相应保证可浮选性更经济的方法为使用一定浓度的离子表面活性剂；当其被气泡吸附时，离子表面活性剂可使气泡表面再荷电。然而，如果不仅受到静电屏障的阻碍，而且还受到干扰颗粒和气泡接近的非静电因素的阻碍，非常小的表面活性剂浓度不能够提供可浮选性。这些因素可能包括颗粒表面上存在多分子水合物层，在某些研究中证明了其在亲液表面上存在的可能性（Derjaguin 和 Churaev 1970，1974，Derjaguin 1976）。由于分离压力的结构分量，该层将干扰润湿膜的减薄。

在图 10.5（b）中，图示说明了在分力压作用范围小于或大于双电层的厚度的情况下，由其结构分量所产生的屏障。确保在结构分量存在的情况下增强浮选性的一种方法为使用表面活性剂。表面活性剂的吸附导致颗粒表面的疏水化；还可破坏分离压力的结构分量或改变其符号。

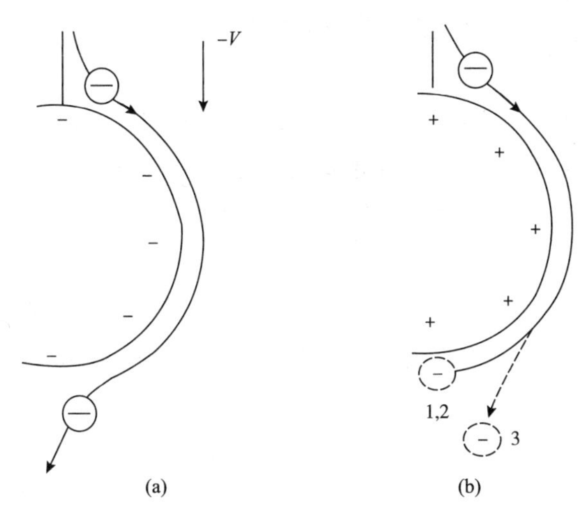

图 10.6　颗粒和气泡表面具有足够大的同号电荷时浮选的不可行性（a），以及在气泡再荷电后浮选的可行性（b）。（b）中的曲线 2 和 1 在非静电斥力作用半径小于双层（2）的厚度时浮选的可行性，以及在相反情况下浮选的不可行性（3）

Derjaguin 和 Dukhin（1960）指出，当非静电稳定性因素可操作时克服分散体浮选困难的另一种方式是激励产生静电吸引。为此，必须通过吸附大量的表面活性剂使气泡表面强烈荷电，产生与颗粒相反的气泡表面电荷。结果，双层的相互作用将激发吸引力。如果 DL 的厚度超过水合物层的厚度，则颗粒的相反电荷和气泡之间的吸引力将超出有效的斥力范围。因此，可以形成气泡颗粒聚集体，但是可以在气泡的表面和颗粒之间保留与延伸的非静电排斥力屏障厚度相当的间隙。这是微浮选的第三个特征，因为这种类型的气泡-颗粒聚集体的稳定性在大颗粒的情况下由于较大的分离力而存在问题。

当结构排斥的范围增加到与 DL 相同的厚度时，势阱变得更浅。选择不仅增强静电吸引力同时也可降低水分子结构变化引起的斥力的表面活性剂将是非常有利的。

因此，如果静电吸引力超过非静电排斥力（由水结构引起），则浮选是非常可能的（图 10.5b 和 10.6b，曲线 2）。如果这些力的有效范围相当，则在存在非静电排斥力屏障的情况下，不可能进行浮选（图 10.5b 和 10.6b，曲线 3）。

在引入湿润现象中的结构力概念之后，“亲水性”或“疏水性”的物理化学意义已经改变（Churaev 1974，Derjaguin 和 Churaev 1984）。这使得对文献的理解和分析变得复杂，尤其是 Yoon 和 Luttrel（1989，1991）的论文。最初这些术语与接触角值的小或大有关。现在疏水表面的概念可以理解为存在疏水（有吸引力）的结构力。相应地，亲水（排斥）结构力的存在则表现为亲水性。同时，接触角值取决于两个表面的性质，另外也取决于分离压力的其他分量（分子的和静电的）。

气泡表面的颗粒捕集过程是由碰撞效率和附着概率决定的。如果传递和附着阶段是独立的过程，则捕获效率可以用 $E_c = EE_a$ 表示。

10.5.2　压紧力和无聚集剂微浮选

流体动力压紧力可以超过分离压力的势垒，从而允许在不使用试剂的情况实现浮选。当考虑颗粒在流入液流中沿气泡对称轴运动时，可验证此问题（Derjaguin，Rulyev 等 1977）。在这种条件下，流体动力压力最大，因此可以获得在上升气泡表面沉积颗粒所必需的条件。

沿着气泡轴，切向流速等于零。因此，沉积过程的持续时间可以无限长。这意味着反过来，在作用力的平衡中可以忽略相间膜的黏性阻力（Derjaguin 等 1977）

$$F_{\Sigma}(h, a_b) = F_v + F_h + F_e + F_g < 0 \tag{10.54}$$

式中，F_h 为流体动力压紧力；F_v 为分子引力；F_e 和 F_g 分别为合力中的静电及重力分量。

式（10.54）表示对于 h 的所有值，颗粒受到指向气泡表面（从极点）的力；否则不能发生沉积。相同的表达式限制了可以克服分离压力的参数值。这种限制如图 10.7 和图 10.8 中曲线所示，该曲线表征颗粒半径对电解质浓度的依赖性并跨越靠近原点的区域，在该区域中浮选不能发生。

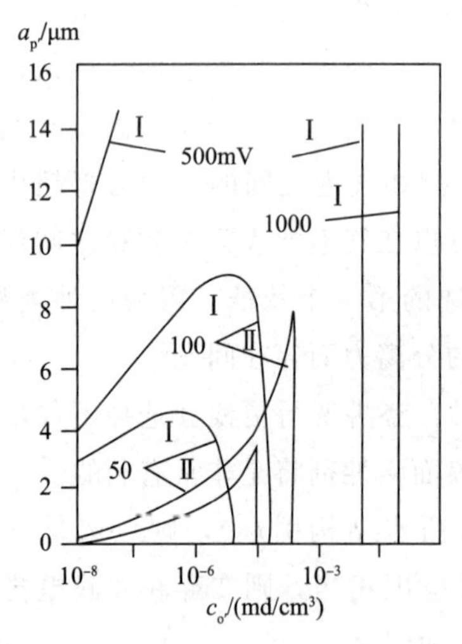

图 10.7　Stokes 流动情况下可浮选区域（阴影）：Ⅰ—第一最小值浮选下边界；Ⅱ—第二最小值浮选上边界，cgs 单位制，$\varepsilon=80$，$g=10^3$

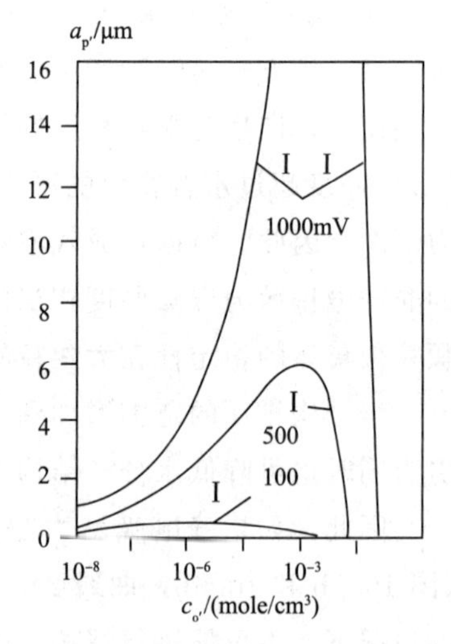

图 10.8　势能流情况下的可浮选区域。Cgs 单位制，$A_H=5\times10^{-14}$，$\varepsilon=80$，$a_b=2.5\times10^{-2}$，$\eta=10^{-2}$，$v_p=15$

对于 Stokes（图 10.7）和势能（图 10.8）机制以及气泡表面电位 φ_b 和 φ_a 乘积的几个值，可计算出由于流体动力压紧力引起的可浮选区域。如可预期的一样，如果颗粒不是太小，则浮选甚至可在低于异相凝聚阈值的条件下发生。在势能机制下，流体动力压紧力远高于 Stokes 机制下，所以浮选可以在更大的静电斥力或更小的颗粒尺寸下发生。

不克服力屏障的浮选可被气泡后极附近的颗粒分离阻碍。与气泡表面垂直的液体流动速度分量导致将颗粒压在前极表面上的力和后极的分离力。结果，分离力仅在符号上与压紧力不同。因此，在第二能量最小值（Verwey 和 Overbeek 1948）下使颗粒固定的可能性也可以借助式（10.54）进行分析。由于分离力随着粒度而减小，所以颗粒附着在第二最小值下的浮选对于足够小的颗粒是可能的。在势能机制中，当分离力更强时，只有对于足够小的不受热运动干扰的颗粒，第二最小值下颗粒的附着才成为可能。

到目前为止，仅对极限情况给出了无惯量浮选的定量描述；即在足够小的和较大的势能积 $\Psi_r\Psi_a$ 情况下。在较小值下，静电相互作用不会使浮选复杂化，因此可以使用式（10.20）和式（10.21），而在较大值时浮选不能发生。

随着电解质浓度的增加，双层收缩，参数 $\Psi_r\Psi_a$ 减小。因此，鉴于图 10.8 所示的数据，如果不存在非静电稳定性因素，则在无试剂时，只有足够高的电解质浓度条件下，才可期望进行小颗粒的浮选。

在压紧力作用下微浮选的必要条件式（10.54）后来由 Okada 等（1990）用于解释直接观察微浮选基本过程所得的结果。

可对微浮选的通用必需条件式（10.54）进行不同表述。Derjaguin 等（1977）和 Okada 等（1990a）的论文中表述过于简化，需要综合考虑到异相凝固理论的最新发展。首先，这种表述涉及静电相互作用。前面两篇文章中都忽略了按照附录 10D.3，在距离 h_1 时从静电排斥到吸引过渡。在第一篇论文中，假设气泡和颗粒具有相同的电势而论证。在第二篇论文中则没有进行论证，因为气泡和胶乳颗粒的测量值不同。Okada 等（1990）使用了 Hogg 等（HHF）（1966）的第一个方程式，该式由 Schulze（1984）进行了重新描述。首先，对第二项的忽略导致对能垒高度的过度估计。其次，HHF 方程的使用是基于线性近似，也需要证明。最近，Overbeek（1990）开发了用于计算不同颗粒双层相互作用的非线性方程。Kihira 等（1992）使用了 Overbeek 的结果，并确定了 HHF 近似的适用范围。如果 Stern 电位差太小，单值超过 25mV，则上述方法不成立。另一方面，即使电位值的比例足够高，即使两个电位中的一个较高，该方法也是有效的。

附录 10D 中的文献分析表明，即使在高电解质浓度（$10^{-2}\sim10^{-1}$ M）下，气泡和颗粒电位的绝对值也不能太小，或其差值非常大。这意味着 Overbeek 方程只能用于微浮选中静电能垒的估算，并且其结果可以低于通过 HHF 近似的结果。例如在 Yoon 和 Luttrel（1991）关于疏水相互作用在微浮选中的作用研究中，Ψ_b 等于 -20mV 和 $\Psi_p=-45$mV 的情况。根据 Kihira 等（1992）的图 3，HHF 近似导致对静电排斥的估算值高了近两个数量级。

相反，HHF 近似可以用于由阳离子吸附引起的 Stern 电势降低导致的能垒消失的估算。

图 10.7 和图 10.8 所示的结果必须进行修改和推广。负的复数 Hamaker 常数及气泡和颗粒的 Stern 电势差必须纳入计算中。疏水吸引力必须加入微浮选的通用必需条件。

短程（Israelachvili 和 Pashley，1984）和远程疏水力可以用 $\frac{a_b\,a_p}{a_b+a_p}K_s\,e^{-h/\lambda}$ 的形式表示，其中 λ 是确定力作用的半径的衰减长度，K_s控制吸引力的数量级。对于短程作用力，实验获得的 K_s值（在 $h<5$nm 条件下）在范围（1.8÷4.8）10^3 N · cm^{-2}范围内变化，λ 值从 1 变化到 2.5nm（Cleasson 和 Christenson 1988，Rabinovich 和 Derjaguin 1988）。对于长程疏水力，λ 值从 15nm 变化到 50nm，K_s与短程力相比则可忽略不计。在其对疏水相互作用的估计中，Yoon 和 Luttrel（1991）考虑了长程疏水相互作用。计算得到 $h=13$nm，因为实验数据对应于非常低的离子强度和与表面较大的屏障距离。然而，工业浮选中的离子强度在 10^{-2}～10^{-1}M 范围内变化。因此，将更强的短程疏水力纳入微浮选的必要条件是合理的。

对于降低能量屏障所需的阳离子表面活性剂吸附量的估计，需要进行类似的计算。这导致静电斥力的降低，同时使水-空气界面亲水。在这方面，多价无机离子的吸附（Somasundaran 等 1991，1992，1993）或许更有效。

10.5.3 实验研究

在 Derjaguin 和 Dukhin（1960）提出的用异质凝固理论对小颗粒浮选附着过程的解释已经在一些关于浮选理论的综述文章中涉及（Joy 和 Robinson 1964，Usui 1972，Rao 1974），并在许多研究中进一步得到证实（Derjaguin 和 Shukakidse 1961，Jaycock 和 Ottewil 1963，Rubin 和 Lackay 1968，Devivo 和 Karger 1970，Collins 和 Jameson 1977）。

Ottewil 等（1963）通过吸附阳离子活性表面活性剂来改变碘化银颗粒的电动势来检测等电点处的最大浮选性。此外，已经确定浮选率在窄的 pH 范围内很高，并且在该范围之外非常低。在前一种情况下，pH 值对应于颗粒非常小的 ζ 电位，即在其等电点附近（Jaycock 和 Ottewil 1963，Rubin 和 Lackay 1968，Devivo 和 Karger 1970）。添加氢氧化铝可扩大促进浮选的 pH 值范围。

后一作者将其数据解释为分离压力的静电分量对颗粒附着于气泡的过程决定性影响的证据。Collins 和 Jameson（1977）考虑了对这些结果的另一种解释。静电排斥力屏障不出现可导致等电点处的颗粒的快速凝结。所得到的聚集体可以比单个颗粒更快地沉积在气泡表面上。为了防止这种可能性，Collins 和 Jameson（1977）在不同电解质浓度下，在浮选过程中测量了 4～20μm 直径球形聚苯乙烯颗粒的分布变化。盐的添加改变了电泳迁移率，即引起电动势值的变化。对于研究的八个分数中的每一个，随着颗粒和气泡 ζ 值的降低，浮选率单调增加。这些实验使作者能够分离出颗粒尺寸和电荷对浮选的影响。因此，提供了明确的证据，即消除分离压力是微浮选的必要条件。

因此，可以借助于离子表面活性剂来控制微粒的浮选，即使在非静电稳定性因素的情况下也可以确保浮选性。作为一个佐证，可考虑石英的浮选性。Laskowski 和 Kitchener（1969）已经证明，不仅是纯石英，而且甲基化的石英表面均表现出有助于泥浆稳定性和阻碍浮选的亲水性区域（Dibbs 等 1972）。在十二烷基胺氯化物在一定浓度范围内可确保石英的浮选性，其中气泡和颗粒表面电荷的符号相反（Dibbs 等 1972）。

Schulze 和 Cichos（1972a，1972b）的系统研究表明，在三价阳离子或阳离子活性表面活性剂吸附的影响下，若分割水-空气和水-石英界面的水膜厚度小于临界厚度 h_{cr}，介于 300 至 450Å 之间，该水膜将变得不稳定。通过吸附阳离子表面活性剂对气泡表面进行再荷电，如果电解质浓度高，该膜在厚度大约为 150Å 发生破裂，如果电解质浓度低，则在厚度约 1500Å 时发生破裂，这与静电吸引力的性质一致。Schulze 也建议，通过表面活性剂在最低可能电解质浓度下的吸附而对气泡表面进行再荷电有助于浮选，这导致 DL 厚度的增加，从而提高了 h_{cr}。

Schulze 的建议与 Goddard 等（1977）的实验数据一致，他们通过表面被胺再荷电的气泡激发石英颗粒的浮选。浮选性的急剧增加对应于胺吸附量的突然增加。浮选性通常与颗粒表面的疏水化有关，但是当气泡表面电荷被表面活性剂改变时，其原因可能是完全不同的。在 Goddard 及其同事的实验中，当添加表面活性剂时，石英的 ζ 电位变化很小；因此，可以认为颗粒的表面状态也没有显著变化（Bleier 等 1977）。

在对气泡表面进行再荷电时，形成超过非静电斥力屏障极限的势阱深度不足以确保大颗粒的非接触浮选。因此，在存在分离压力非静电分量的情况下，只有在颗粒足够小时非接触浮选才有可能。

Anfruns 和 Kitchener（1976）通过直径为 0.5～1.1mm 的各种气泡检查了疏水化（甲基化）石英破片的捕获效率。

他们的研究证实了该关系仅适用于基于 Hamielec 水动力场导出的 LRHI。作者得出的结论是，双电层的分离压力不会使浮选行为复杂化，至少在其实验条件下如此。然而，这一结论不能被认为是完全确定的，因为可以对这些有意义的实验数据进行另一种解释。SRHI 的理论和 DL 对浮选的影响适用于球形颗粒，而在 Anfruns 和 Kitchener（1976）的研究中，使用了破碎的巴西石英非球形颗粒（图 10.9）。因此，需要考虑确定这种颗粒表面的表面粗糙度。如果表面之间的角度足够锐利，则可以显着降低界面膜的减薄阻力，从而可能发生通过颗粒表面的锐化部分“液体夹层”的“侵入”。基本浮选过程的这种几何条件也极大地促进了反抗 DL 分离压力的运动。

Anfruns 和 Kitchener（1977）确定了直径在 25～40μm 之间的玻璃球，以及直径在 8μm 和 46μm 之间的石英颗粒，即颗粒的中间 z 范围，被单个直径为 600μm 气泡的捕获效率。颗粒表面被甲基化，从而可以假设颗粒附着概率接近 1。观察到的捕获效率 E_c 不超过纯水预测值的 20%。1M 的 KCl 可以增强捕获能力；然而，其 E_c 证明仅有预测值的一半。

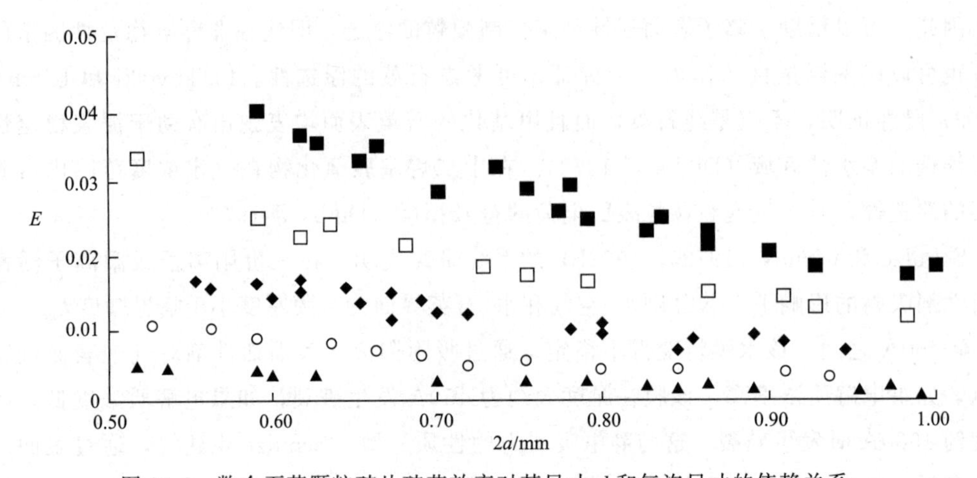

图 10.9 数个石英颗粒破片破获效率对其尺寸 d 和气泡尺寸的依赖关系。

d=40.5μm (■)、31.4μm (□)、27.6μm (◆)、18μm (◇)、12μm (Δ)

Anfruns 和 Kitchener (1976)

这个结果通过短程流体力学相互作用的表现解释。通过研究添加十二烷基硫酸钠(SDS)的影响，证实了浮选中静电相互作用的作用。由于 SDS 的吸附，气泡的电荷增加，碰撞效率降低。当遵循观察到的捕获率时，即在 SDS 浓度高于 10^{-3} M 时颗粒沉积完全停止，而接触角持续保持较大值。因此，静电排斥阻止了颗粒和气泡之间的接触。

表面的微小分离不能强烈地影响 LRHI；因此，从球形颗粒导出的式（10.11）和式（10.12）及 Kitchener 关系式（Anfruns 和 Kitchener 1976）也保留了它们作为非球形等体积颗粒近似公式的意义。

上述涉及 SRHI 和表面力影响的小颗粒浮选理论的讨论表明，对于具有光滑和粗糙表面的颗粒，基本浮选过程可能显著不同；因此必须分别进行考察。

SRHI 和 DL 在浮选中的作用不仅可以减小，而且还可以通过颗粒形状与球形的偏差而显著增加。气泡和板状颗粒之间的平行液体夹层比球形颗粒的情况下更加缓慢地变薄，因此在这种情况下，SRHI 的作用显著增强。这是对于薄板状颗粒的预期。如果板具有一定厚度，则可以预期其沿着气泡表面的移动应伴随着滚动。在后一种运动中，颗粒相对于气泡表面发生取向，此时，由于边缘的影响产生的相间膜的黏性阻力及 DL 的分离压力快速被克服，使得 SRHI 对 E 值稍有影响。

在粒径为 0.4～1.8μm 之间的胶体硫的浮选中，由于木质素磺酸盐的添加所致的气泡表面再荷电，可观察到定性不同的更复杂情况。通过吸附表面活性剂的不同基团进行再荷电。从图 10.10 中可以看出，浮选在与气泡和颗粒的表面电荷相反的情况下强化。在更高的表面活性剂浓度下，气泡和颗粒的表面电荷具有相同的符号，这导致浮选的阻滞(Sotskova 1981，1982，1983)。

Somasundaran 和 Chari（1983）在研究石英和氧化铝的浮选时，观察到对添加的离子表面活性剂浓度的极度依赖。高表面活性剂浓度下的浮选弱化也可通过再荷电过程中同号电荷的出现解释。计算所得相互作用能与观察到的浮选率相关。

Okada 等的论文（1990a，1990b）可以作为基本微浮选过程实验研究及和流体力学和表面力作用的一个重要新结论。进入池中的气泡平均直径为 33μm。使用不同直径（0.9μm、2.9μm 和 6.4μm）的三种均匀乳胶颗粒作为模型颗粒。为了改变气泡和颗粒的表面电荷，使用三种类型的表面活性剂（阳离子，阴离子和非离子）及 $AlCl_3$。通过微电泳测定气泡和颗粒的电动势。将矩形石英玻璃池连接到能够以与电池中的上升气泡相同的速度垂直移动的显微镜台。通过安装到显微镜的视频系统可视化观察气泡表面的颗粒轨迹和颗粒附着过程。在 h 值超过 1μm 时，可以对颗粒轨迹进行定量表征。可视化方法的这种极限允许区分擦过轨迹内部和外部的颗粒运动轨迹。

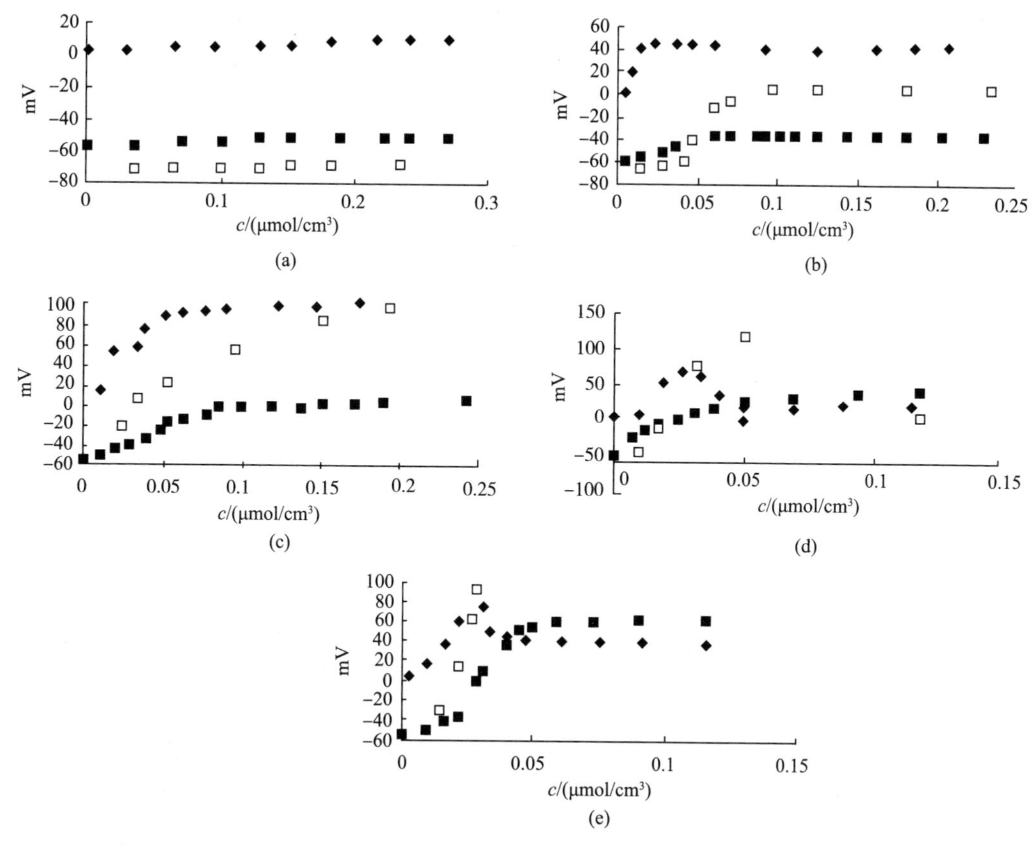

图 10.10　胶体硫电动势（■）、气泡电动势（□）和浮选率（◆）对含有不同基团的胺 CH_3（a）、C_5H_{11}（b）、C_8H_{17}（c）、$C_{10}H_{21}$（d）、$C_{12}H_{25}$（e）的浓度依赖关系

Sotskova（1982，1983）

如果颗粒运动轨迹与远离气泡表面的垂直轴 $\theta=0$ 的水平距离超过确定的临界值，则接近气泡表面的颗粒不附着到气泡表面而是离开气泡表面。在距垂直轴 $\theta=0$ 的较小初始水平距离处，颗粒附着在气泡表面的前部，沿着气泡表面进一步移动至 $\theta=180°$ 并且附着在该处。

在足够高的气泡和颗粒电荷下没有观察到附着现象。相反，具有较小值（$\zeta_b=-25mV$，$\zeta_p=-4mV$）的颗粒则附着在气泡上。

此外，在与 ζ 电位测量相同的实验条件下进行溶解气浮选实验以获得浮选效率。当气泡和颗粒 ζ 电位的绝对值处于最小值时，颗粒捕集效率达到最大值。

10.6 动态吸附层对小颗粒附着于气泡表面的影响

如果浮选不会由于能垒而复杂化，并且 h_{cr} 不是太小，所以不需要克服能垒（无能垒微浮选）就可以发生颗粒的附着，所以不存在吸附层的动态性质的问题。

当颗粒和气泡携带相同符号的电荷并且静电屏障定域化时，常常存在这种情况，使得二级势阱不够深以固定小颗粒，或其实际上不存在。同时，通过克服能垒，可以接近势阱时发生颗粒附着。取决于气泡和颗粒大小，可能存在几种情况。如果气泡尺寸足够大，则流体动力压紧力可以克服颗粒能垒（见 10.5 节）。这种对颗粒附着的贡献对于非常小尺寸的颗粒或在 $Re<40$ 时始终发生强烈阻滞的气泡表面并不是足够的。

在任何这些条件下，添加用于改变气泡表面电荷符号的阳离子表面活性剂可使颗粒附着。当气泡表面是运动的并且表面活性剂的表面活性很高时，即在式（8.72）的约束条件下，气泡前导表面的吸附强烈降低。高活性表面活性剂的应用则引人注目，这与 DAL 的促进作用有关。因其提供了在足够深势阱处，气泡的下部表面附着颗粒的可能性。实际上，它们在气泡上半部分的低动态吸附量是微不足道的，因为颗粒附着发生在后部阻滞帽上。吸附在此处的增加可导致势阱的深化。

10.7 动态吸附层对小颗粒脱除的影响

如果浮选不会由于能垒和太小的 h_{cr} 而复杂化，则颗粒的沉积伴随着液膜的破裂和三相接触线的形成，从而可以实际上排除颗粒分离的可能性。

在液压压紧力（见图 10.7 和图 10.8）的作用下双层分离压力被克服之后，随后位移到气泡后极的颗粒的分离仅在足够深的势能最小值下才会被阻碍。即使当气泡表面电荷符号与颗粒相反时，如果 α 膜足够厚，则此势能最小值也可能不够深（见附录 10D）。关于第一最小值深度的问题是非常复杂的（参见 Derjaguin 和 Kudryavtseva 1964，Martynov 和 Muller 1972，Overbeek 1977）。

分离的可能性随着气泡尺寸和上升速度而增加。由于表面活性剂的存在可能会导致在 $Re>40$ 时发生表面阻滞。在低表面活性时，整个表面几乎均匀地阻滞，可防止颗粒脱落。在高表面活性时，表面活性剂浓度的增加仅产生较大的后阻滞帽，而表面的其余部分则不会非常强烈的阻滞。

然而，可以假设小颗粒不可能从阻滞帽上脱离。后阻滞帽的气泡表面强烈阻滞，液体速度的法向分量远低于上部未阻滞部分。这可以阻止足够小的颗粒从阻滞帽上脱离。

在纯净水中气泡上升速度的实验测量值（Levich 1962）与从式（10.6）计算出的未阻滞表面值的一致表示在 $Re>40$ 时，气泡的下半部分应该是运动的。这种运动伴随着法向速度分量的急剧增加并导致颗粒的分离。因此，当进入 $Re>40$ 区域时，非接触浮选会受到阻碍。值得一提的是，即使在流体动力学压紧力有助于克服分离压力时，离子表面活性剂的添加也是必需的，除非存在很深的第一级势阱时。

当从 Stokes 场转换到气泡的势能场时，流体动力分离力会增加 a_b/a_p倍。颗粒中心到气泡表面的最大距离处接近颗粒的液体流径向速度增加相同的倍数。考虑到气泡表面阻滞时，Stokes 和势能条件之间的差别在考虑颗粒分离时有所减小。在气泡表面的完全阻滞部分，与气泡表面距离 z 的液体速度径向分量在 $z \ll a_b$ 处遵循平方关系，等价于 Stokes 定律。

部分阻滞部分的速度依赖性遵循线性规律，其系数与局部阻滞系数和水的黏度之间的比值相当。气泡表面阻滞程度越高，非接触浮选中颗粒分离的可能性就越小。因此，关于表面阻滞程度的问题是非常有意义的。

图 8.2 中的数据显示在 $Re \geqslant 40$ 时，气泡速度越高，所需添加的表面活性剂浓度越低。在 $Re<40$ 时，即使在高纯度水中气泡也可以固体球的行为上升。

确定气泡上升速度的流体动力学阻力包括形状的阻力，取决于流体动力流动分离线在球形气泡表面上的位置和作为整个表面阻滞程度的函数黏性阻力。由于 $Re<40$ 时黏性阻力的贡献可观，所以气泡的整个下部受到强烈阻滞。否则气泡速度将与固体球体的速度完全不同。因此，在 $1<Re<40$ 时，与 Stokes 机制下的分离力相比，该条件下的分离力明显增加。

10.8　动态吸附层管理对微浮选的优化

在讨论了基本过程的主要阶段之后，已对微浮选的控制进行了初步考虑。微浮选过程的控制首先是选择最佳气泡尺寸和最佳试剂以控制静电相互作用。如果基本浮选过程的所有阶段包括：长程和短程相互作用，附着过程，以及阻止脱离都得到优化，则控制方法是有效的。

如果浮选不会因能垒复杂化而且 h_{cr}不是非常小，所以颗粒的接近导致液膜的破裂和三相接触的形成（对于小颗粒成立），可通过控制传递过程来完善微浮选。此问题在第 10.4 节中进行了讨论，并且微浮选的控制简化为选择最佳气泡尺寸。

当必须通过添加阳离子表面活性剂以除去静电屏障时，DAL 的控制变得重要。这里又要区分两种情况。

通过使气泡表面再荷电，不仅可除去静电屏障，而且附近的势阱也变深，使得随后的颗粒不能脱离。在这种情况下，微浮选的优化简化为控制传递阶段和气泡电荷。如果第一能量最小值不够深，在气泡再荷电之后，还需要额外的措施来防止颗粒脱离。

两种技术可降低颗粒分离的可能性。一种方法是使用降低分离压非静电分量的试剂。第二种技术包括选择气泡尺寸和流体动力学机制，以减少分离力。

微乳化中的术语“小颗粒”涵盖了非常宽的尺寸范围，并且不同因素的值变化很大，对传递、附着过程和颗粒分离过程均有影响。在没有统一理论的情况下对基本微浮选过程进行普遍分析是不可能的。这种理论需要考虑所有因素在整个粒度范围内的作用，另外还要考虑统一的 DAL 理论。为了绕过这个困难，在后续章节中将分别讨论两种颗粒尺寸区域：微米/亚微米颗粒和十分之一微米的颗粒（见附录 10E、10F）。

对于推荐用于微浮选的小气泡，DAL 的问题可以忽略。但是，DAL 结构的问题值得关注。如第 10.4 节所述，具有移动表面的大气泡的有利于十分之一微米颗粒的浮选。如果能够使微米或亚微米颗粒的聚集，则该结论可获推广。

10.9 颗粒聚集对基本微浮选过程和动态吸附层的影响

添加表面活性剂以降低气泡电动势可以同时导致颗粒的电动势降低，并同时减弱其聚集。Dukhin 等（1979）考察了聚集对基本浮选行为的影响，假设刚性球形聚集体的半径 a^* 与 a_b 相比较小。在这种简化假设下，用聚集体半径 a^* 代替颗粒半径 a_p，则聚集体与气泡 E^* 的碰撞效率可以由式（10.11）和式（10.12）来描述。可对根据 Stokes 和势能机制下聚集所导致的颗粒在气泡表面沉积过程强度进行估算如下

$$\frac{E_S^*}{E_S} \approx \left(\frac{a^*}{a_p}\right)^2, \frac{E_P^*}{E_P} \approx \frac{a^*}{a_p} \tag{10.55}$$

聚集体尺寸的增加仅在聚集体-泡沫系统形成阶段对浮选起积极作用，同时聚集体与气泡分离的概率也增加。实际上，聚集体或颗粒的尺寸越大，沿着外部法线指向气泡下表面的聚集体中心径向速度分量越大。Dukhin 等（1979）给出了用于计算流体力学分离力的公式和能够浮选给定半径聚集体气泡的最大半径。这些公式的推导是基于在 Stokes 机制中沿着共同轴上升的两个球体流体动力学问题的解。

在给定的气泡尺寸下，存在聚集体的最佳尺寸，可提供最有效的浮选。较大尺寸的聚集体与气泡表面分离，而较小尺寸的聚集体在气泡表面上沉积得太慢。也存在用于浮选给定尺寸聚集体的气泡最佳尺寸。不幸的是，难以可靠地确定这种最佳状态。首先，难以估计接触气泡并承受分离力的聚集体的数量。此数字取决于聚集体在流体动力学压紧力的作用下和在切向液体流动的作用下的变形。其次，通过破坏聚集体内的聚集链接，也可能使

聚集体解体。

由于在本节中考虑了无惯性颗粒传递过程，可将聚集体限制在足够小的尺寸，大约几十微米。在聚集体聚集程度较小时，其沉降速率可以非常小，以至于它们能够抵抗重力从下方传递至后阻滞帽。

由于小颗粒浮选技术的发展涉及絮凝过程（Babenkov 1977，Veister 和 Mints 1980，Dobias 1993），而絮凝体的传递更高效，因此，目前聚集体传递至上升气泡表面过程的强化有重要的现实意义。

可以假设，在浮选主要阶段使用不太小的具有阻滞帽的气泡可同时满足一定强度的传递和防止颗粒脱离的条件。传递过程通过气泡以相当大的速度上升来实现。在阻滞帽附近发生的二次流动更剧烈，则气泡速度越大，并且可强化从下方向后阻滞帽上的颗粒输送。防止脱离可通过后阻滞帽表面的强烈阻滞实现。不幸的是，在大雷诺准数的情况下，阻滞帽理论的缺乏使这种机制不能获得定量化应用。

微米级和更大尺寸颗粒的布朗运动式凝聚非常缓慢，因此在该过程中的主要作用是由不均匀的流体动力场引起的同向运动或梯度凝聚。在微浮选条件下，这些不均匀性可通过单个气泡的运动和宏观对流引起（参见 2.4 节，Derjaguin 等 1986）。

气泡的流体动力场及其不均匀性程度根据阻滞帽的大小发生剧烈变化。通过改变试剂作用机制和阻滞帽，可以影响聚集体的形成和微胶体动力学。

10.10　碰撞效率、气泡速度和微浮选动力学

通常浮选是在非常小的气泡体积分数下进行的，与前面考虑的单个气泡的情况相比，可导致气泡附近液体速度分布的显著偏差。对于气泡系统，可得以下关系式（Bogdanov 和 Kiselwater 1952）

$$n(t) = n_0 e^{-Kt} \tag{10.56}$$

其中 $n(t)$ 为 t 时刻的颗粒数，n_0 为初始颗粒数。

Bogdanov 等（1980）对单分散系统导出了以下关于 K 的表达式

$$K = 3qE/4a_b \tag{10.57}$$

其中 q 是气泡速度，等于单位时间内通过浮选室单位横截面吹出气体的体积。可将该方程推广至多分散系统，以及具有正态尺寸分布的颗粒和气泡。式（10.57）可以将气泡尺寸和粒度用平均统计值代替后使用（Derjaguin 等 1986）。因此，小颗粒浮选动力学理论中最重要的技术参数 K 与测量的浮选系统特性相关。

10.11 气泡合并及动态吸附层

极高的气泡速度可引起经过合并的泡沫中气泡的捕获。然而，Rulyov（1985）的研究显示，在较小气泡速度下也可发生气泡的合并。通过显微照相获得的电浮选池中气泡直径的积分分布函数如图 10.11 所示。

曲线（■）对应于靠近电极的区域（小于 2cm），曲线（□）对应于距离电极 2～8cm 的区域。可以看到，位于发生源附近的气泡比浮选池的剩余体积小约 25%。Rulyov（1985）的计算表明，在池中前导部分中，60%的气泡是两个初始气泡的的合并体，40%是三个初始气泡的合并体。这导致当浮选液层的高度从 2cm 增加到 8cm 时，萃取率降低 1.5～2 倍。Rulyov（1985）也表明，在梯度合并中，初始气泡的消失率可以由下式表示

$$\frac{\mathrm{d}N_{\mathrm{D}}}{\mathrm{d}t} \sim \frac{q^{5/2}}{8a_{\mathrm{b}}^{3}} N_{\mathrm{D}} \tag{10.58}$$

其中 N_{D}为半径为 a_{b}的气泡数量。

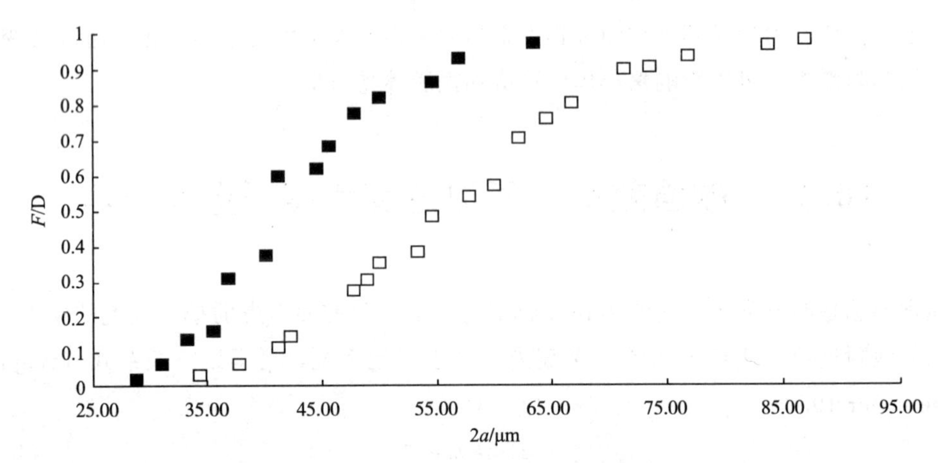

图 10.11 在离池底部 2cm（■）和 8cm（□）高度的电浮选池中气泡直径的积分分布函数

Derjaguin 等（1986）

在稳态鼓泡条件下，难以提供大量的小气泡。气泡越小，合并得越快。由于微浮选强度非常强烈地依赖于气泡半径［由 Bogdanov 等（1980）实验证实］，因此有必要使不利的合并效应最小化。稳定气泡的方法之一在于使用相应的试剂。但这并不总是可行的，特别是在净水方面。另一种方法在于气泡源的分布及其在浮选池中的体积分布。这样可以减少气泡源附近的小气泡数量，并减小其合并的不利影响。

不幸的是，产生小气泡（<20μm）并保持其高浓度是微浮选中最困难的问题之一，仍然有待解决。由于小气泡的表面发生强烈阻滞，故其向大气泡表面的传递可以通过气泡表面固体球沉降方程即式（10.31）和式（10.27）来描述，以此作为第一个近似。必须考

虑到小气泡不会沉积在大气泡的表面上。相反，小气泡从大气泡上开始上升，使式(10.27) 第二项前的系数变为负数，可得

$$E_{0S} = a_p^2 / 2a_b^2 \tag{10.59}$$

在大气泡的自由表面（$Re>100$ 和非常小的 Stokes 准数条件下），碰撞效率急剧增加，并且趋向于 Sutherland 公式得出的值。在大气泡的表面均匀阻滞的情况下，碰撞效率与阻滞系数的值成反比。因此，合并过程在大气泡存在下剧烈进行，并且 DAL 的作用更强。在更高的表面活性剂浓度下，DAL 的形成可对合并过程有抑制作用。表面活性在此起主要作用。对于按式（8.72）的标准非常强的表面活性物质，不可能在相当大的气泡的整个表面上阻止有助于小气泡传递至其上半部的运动。DAL 和表面阻滞对固定阶段产生同向影响。为使颗粒和气泡发生异相合并，气泡表面应该具有高反电荷，可由阳离子表面活性剂吸附引起，使得微浮选中泡沫膜可以稳定化。对于大气泡和阳离子表面活性剂的高表面活性，即在约束条件（8.72）下，气泡前极附近的吸附不明显，因此静电屏障要低得多，可以通过流体动力学压紧力来克服（参见 10.5）。在小气泡和大气泡到达扩散层厚度同数量级距离的过程中，产生非平衡的吸引力（参见第 12.5 节），其可以克服静电屏障。

在微浮选条件下，由于其表面分散颗粒的存在，气泡-气泡聚集体的形成过程非常复杂。此问题将在下一段讨论。

在微浮选条件下使用相当多量的阳离子表面活性剂时小气泡的梯度合并过程（参见 Van de Ven 1989）可因静电排斥力而显著减慢。在剪切流动下，气泡接触区产生高应力，使得吸附和气泡的双层可以偏离其平衡状态。因此，基于表面力平衡理论的传统方法存在不足。这将在 12.5 节中更详细地讨论。

当选择发泡剂时，必须考虑吸附层的非平衡状态。如果泡沫表面是可移动的并且发泡剂具有高表面活性（条件式 8.72），则可以形成后阻滞帽，使气泡的前表面不能得到保护以防止合并。

生产条件下气泡表面阻滞的出现也常在文献中讨论（例如，Leya 1982，Gaudin 1957）。在这种情况下，使用具有高活性表面活性剂作为起泡剂以降低其消耗。然而，完全和部分但强烈的阻滞不能通过测量气泡的上升速度来区分。因此，不能排除泡沫表面发生部分移动，这限制了发泡剂的表面活性。阻滞系数越小，发泡剂的表面活性越低，其用量就越高。

10.12　微米和亚微米颗粒的两级浮选及动态吸附层

如上所述，随着聚集，存在使用不超过颗粒尺寸一个数量级的小气泡以加速絮凝过程的可能。这意味着十分之一微米的泡沫应用于微米或亚微米尺寸的颗粒。另一方面，浮选后从液体中分离出小气泡也是一个难以忍受的缓慢过程。因此，重复浮选可用于分离微气泡。在第二阶段中可以使用比第一阶段中的气泡大小大一个数量级的气泡。

式（10.57）的动态微浮选常数见10.10节。使用$a_{b1} \sim 10\mu m$的气泡代替半径$a_{b2} \sim 100\mu m$的气泡，可以将颗粒的浮选时间减少一个数量级，第二阶段进行得比第一阶段快得多，对工艺过程的总速率影响不大，第一阶段的常数可用下式估算

$$K_1 = B\frac{a_p^2}{a_{b1}} \tag{10.60}$$

第二阶段的常数为

$$K_2 = B\frac{(10a_{p1})^2}{10 \times 10a_{p1}}, K_2/K_1 \approx 10 \tag{10.61}$$

因$a_{b1} \sim 10a_{p1}$，$a_{b2} \sim 10a_{b1}$。

使用以下数值：$\varphi = 0.03$，$\alpha = v/a_b{}^2 \approx 2 \times 10^4$，$a_p \approx 3 \times 10^{-4}$cm，$a_{b1} = 10\,a_p$，$K_1$值可估算为$K_1 \approx 10^{-2}$s。颗粒浮选时间在200s的数量级是可以接受的。

这里应该讨论在该过程第二阶段使用的较大气泡与微泡（十分之一微米气泡）的相互作用。首先假设气泡的合并可忽略，即泡沫膜是高度稳定的。将微泡固定到较大的微泡表面的过程可由颗粒固定在微泡表面上的作用以及较大的气泡引起，在此颗粒充当其间的桥梁。如果颗粒的固定作为凝结的结果发生在足够深的势阱中，则气泡之间的这种联系就相当强烈。两级微浮选的不同方面和DAL的作用在附录10G、10H、10I、10K和10L中讨论。附录10J给出了两级微浮选工业应用的一些例子。

10.13 阳离子表面活性剂的选择和在微浮选中的应用及动态吸附层

阳离子表面活性剂的添加（颗粒表面带电荷）可导致三种可强化浮选的效应：消除颗粒沉积过程中克服分离压力的困难；提供了防止分离的吸引力；由于下部气泡表面运动的阻滞使流体动力分离力降低。

离子表面活性剂的应用可中和气泡电荷，可从表面电位Ψ粗略估算。按照Gouy-Chapman理论（见第2章）遵从

$$\sigma = F\Gamma' = 4Fc_{el}\kappa^{-1}\sinh\left(\frac{\tilde{\Psi}}{2}\right) \tag{10.62}$$

其中Γ'为在电解质浓度为c_{el}时中和表面电荷所需的阳离子表面活性剂吸附量。表面活性剂的加入量应达到足够的吸附量Γ'以满足下式

$$\Gamma > \Gamma' \approx c_{el\kappa^{-1}} \tag{10.63}$$

在最重要的情况下，当电解质浓度为十分之一/百分之一--正常值时

$$\kappa^{-1} < \delta_D \tag{10.64}$$

式（10.63）可以在表面活性剂的低和高表面活性下成立。在无后阻滞帽的条件下，

不建议使用活性很高的表面活性剂［参见条件式（8.72）］，因为吸附层被带到气泡的后极。添加这种表面活性剂不会增加气泡前缘上的颗粒沉积，而且不能阻止其从背面脱离。表面活性剂分子集中在气泡的后极附近，颗粒的分离可能发生在其附近表面的任何部分，其中法向速度分量指向液体。

使用非常低表面活性的表面活性剂也是不利的，因其与过量的试剂用量相关。Γ_0/c_0 的比例越高，可以所需相同吸附量 Γ 的浓度越低，均在式（8.72）的限定范围内。即使在 c_0 的等效降低情况下，阻滞系数也随 Γ_0/c_0 增大，这对防止颗粒分离也很重要。因此，建议使用满足下式活性的表面活性剂

$$\Gamma_0 / c_0 \approx \delta_D \tag{10.65}$$

上述表面沉积在 $Re>40$ 时发生。为满足式（10.63），表面活性剂浓度应为：

$$c_0 = c_{el}\kappa^{-1} / \delta_D \tag{10.66}$$

使用以下数值：$c_{el}\approx10^{-2}$ M/l，$\kappa^{-1}\approx3$nm，$\delta_D\approx1\mu$m，可得低表面活性剂浓度 $c_0=3\times10^{-5}$ M。实践中，使用更低的表面活性剂浓度非常重要。

表面活性剂沿气泡表面的运动与表面速度和吸附量成正比。若速度降低 χ_b/η 倍，表面活性剂浓度可用下式估算

$$c_0 \sim \frac{c_{el}\kappa^{-1}}{\delta_D}\frac{\eta}{\chi_b} \tag{10.67}$$

必须考虑到提供平衡浓度 c_0 所需的试剂量不是简单地与体相浓度相同。在非常高的表面活性下，大部分表面活性剂被吸附在气泡表面和分散颗粒上。这确定了式（10.67）估算的适用范围，当气泡和颗粒的比表面积和表面活性剂的吸附性考虑在内时可以进行推广。

降低表面活性剂所需体相浓度的可能性不仅对于节省昂贵的试剂而言是重要的。在强化微浮选条件下制备饮用水的应用要求非常低的残留表面活性剂浓度。当在封闭的供水循环中使用微浮选时，允许残留的表面活性剂浓度可以高一些。

对于强烈阻滞表面的大气泡（$Re>40$），阳离子表面活性剂的最小用量也可以从式（10.67）估算。

10.14　小颗粒惯性力的不利影响，Sutherland 公式的推广，微浮选理论应用范围的扩展

当从小颗粒转到更大的颗粒时，有必要考虑惯性力的特定影响。通常，这是一个相当困难的问题。然而，只要颗粒不太大且其轨迹仅略微偏离相应的液体流线，则可对该问题进行近似处理，可表明惯性力的作用是不利的。颗粒与液体流线相对小的偏差可导致显著影响。

介质的惯性力和黏性阻力之间的比值由无量纲 Stokes 准数（10.7）表征。

Stokes 准数越小，惯性力对颗粒轨迹的影响越小，因为介质的黏性阻力可阻止颗粒从

相应液体流线的偏移。

Levin（1961）已经表明，颗粒低于临界尺寸时不可能发生惯性沉积，该尺寸对应于临界 Stokes 准数 $St_c=1/12$。关于尺寸有限的颗粒，其碰撞可用 Sutherland 公式（10.11）表征。比较从 Sutherland 关系式和 Levin 的结果可以得出结论，在小 $St<St_c$ 的区域内，Levin 采用的物质点近似值在相当大的 St 处有用，而在 $St<St_c$ 时则不适用。因此，Dukhin（1982，1983b）研究了小 Stokes 准数下有限大小颗粒的条件。在这些条件下，惯性力会阻止微浮选。

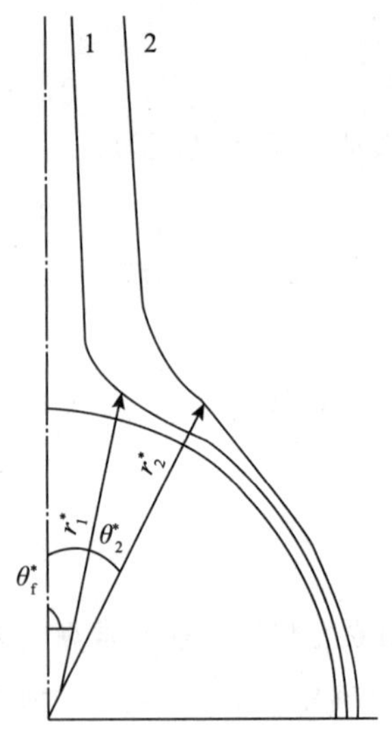

图 10.12　不同碰撞半径值下计算出的围绕球的势能流液体流线（指出了将流线的近端和远端部分分开的拐点）：θ^* 和 z^* 为碰撞半径小（1）和大（2）时拐点的极坐标

每条液体流线上都有一个拐点，将流线分成两部分（图 10.12）。这些分支分别被称为近端和远端部分。在流线的远端部分，惯性力将颗粒运动的方向改变为指向气泡表面，以促进沉积，此为惯性力的积极作用。

颗粒沿近端部分的位移类似于圆周运动，因此惯性力表现为抑制沉积的离心力。Dukhin（1983）确定了惯性力对 $St<St_c$ 的轨迹近部分的主要影响。相对于流线 1 的颗粒轨迹，作为擦过轨迹的位移如图 10.14 所示。位移后，颗粒沿着流线 1 离开气泡并且不接触其表面。

若考虑惯性力对颗粒捕获的不利影响，结果表明，擦过轨迹（图 10.13）对应于 b_a^2 值，小于 Sutherland 的理论值，切点从赤道移向前极。

值得注意的是，当实际上没有积极影响时，惯性力的不利影响出现在 Stokes 准数的亚临界值下（参见 10.1 节）。颗粒和气泡的无惯性接近由径向颗粒速度引起的，其中心距气泡表面的距离近似等于 a_p。当颗粒半径趋于零时，该速度也趋于零，沉积取决于颗粒的有限大小。

根据这种方法，考虑有限速度等价于 Sutherland 的讨论中考虑拦截效应中颗粒的有限尺寸。因此，有必要考虑赤道附近的低径向速度：首先，因为赤道速度的角度依赖性［参见式（8.117）］消失，其次是随着速度减小导致的粒度减小。即使在离心力较小和小 Stokes 准数下也可阻止赤道附近发生沉积。较小角度 θ 下的颗粒沉积是可能的，因为速度的径向分量增加并且切向分量减小，并因此导致离心力降低。

该过程的特征在于角度 θ_r 的一些边界值。在 $\theta>\theta_t$ 时离心力可阻止沉积。Dukhin 等（1981）和 Dukhin（1982）的计算结果表明，离心力作用下碰撞效率 E_{st} 降低。

$$E_{St}=E_0\mu\left(\frac{a_p}{a_b},St\right)\tag{10.68}$$

其中

$$\mu\left(\frac{a_p}{a_b},St\right)<1\tag{10.69}$$

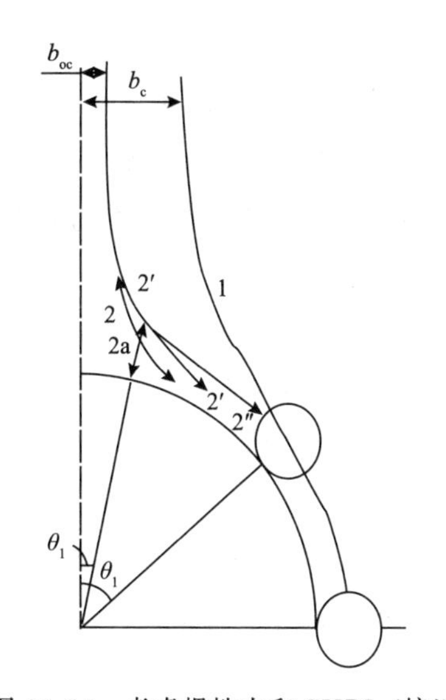

图 10.13　考虑惯性力和 SHRI（接近水动力相互作用）的颗粒擦过轨迹

1—依据 Sutherland 公式的轨迹；2—液体流线与擦过轨迹相符；2′—在惯性力作用下从流线 2 分支出来的轨迹；2″—在 SHRI 的作用下从轨迹 2′分支出来的轨迹；θ_t为碰撞角；θ_1—表征由 SHRI 控制的轨迹部分边界的角度。

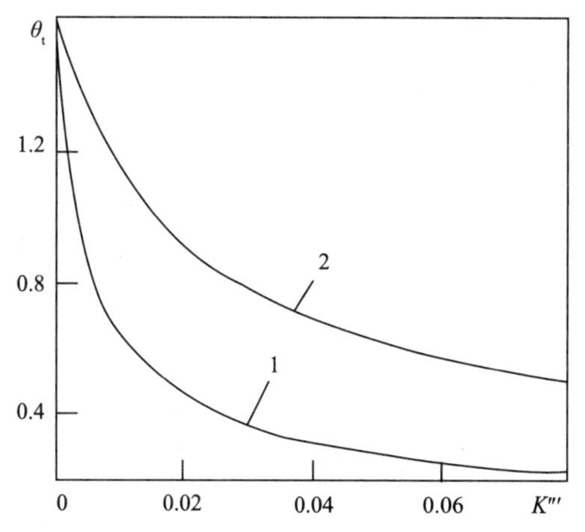

图 10.14　在 $E_0=0.01$（1）和 0.05（2）时作为 K'''函数的颗粒和气泡接触角 θ_t

$$\mu=\sin^2\theta_t\left[1-\frac{2\cos\theta_t}{\sin^2\theta_t}(1-\cos\theta_t)^2(2+\cos\theta_t)\right] \tag{10.70}$$

碰撞角（图 10.14）表征擦过轨迹切点的位置，可由下式计算

$$\cos\theta_t=\sqrt{1+\beta^2}-\beta \tag{10.71}$$

其中

$$\beta=2E_0/9K''',K'''=\frac{\Delta\rho}{\rho_p}St \tag{10.72}$$

考虑到惯性力的不利影响，最重要的是计算与气泡表面接触时颗粒速度的径向分量为零的切线点 θ_t

$$v_z\big|_{\theta=\theta_t,z=a_b+a_p}=0 \tag{10.73}$$

使用逐次逼近方法，即作为第一近似，用局部液体速度 v_p（z，θ）标识颗粒速度 v_p（Z，θ）似乎不可用于计算切点，因而建议避免。对颗粒擦过轨迹的部分描述基于这种近似（Dukhin 1982），并且需要进行推广。其必要性在于 θ_t随着 Stokes 数的增加而连续下降[参见方程（10.65）]，所以必须讨论方程（10.68）～（10.72）的适用范围。

在 Dukhin（1983）提出的一种更严格的方法中，考虑了惯性力的负面和正面影响，气泡表面颗粒沉积的描述简化为 Fuchs 型方程的解。这种处理方法表明，在足够小的亚临界 Stokes 数下，公式（10.68）～（10.72）均成立。惯性力的正面作用随着 St 的增长而占主导地位，所以 E_{st} 和 a_p 之间的关系存在极限。通过最小值意味着在大于最小值的 a_p 时，积极效应的增加与 St 增长的负面效应相比占主导地位，而负面影响在亚临界 Stokes 数时占主导地位。因此，Levin（1961）引入的临界 Stokes 数的概念在考虑基于颗粒材料的沉积时，在颗粒尺寸有限的条件下仍然保留其重要性，但其需要补充新的内容。

尽管在亚临界 Stokes 数下忽略颗粒的有限尺寸根本上排除了惯性力，但是考虑到有限的颗粒尺寸，情况则发生了变化。惯性力在亚临界但不算太小的 Stokes 数条件下变得至关重要。这种效应可能是负面的。因此，临界 Stokes 数可分离惯性力正负效应对颗粒沉积的影响区域。

离心力的负面影响可以归结为 SRHI 的负面影响，其对 Sutherland 公式发生严重偏离。如果极限轨迹不在赤道，而是在 $\theta=\theta_1$ 处结束，则这些因素共同发生作用。这种共同作用对于半径 $a_b=0.04$cm 的固定气泡，及临界膜厚度 $H_c=h_c/a_b$ 的结果如图 10.15 所示。

颗粒的比密度及其半径对离心力的综合效应的影响如图 10.16 所示。可以预期，Sutherland 公式也描述了在接近临界值的 Stokes 数时基本过程的传递阶段。从图 10.16 的结果可以看出，其仅适用于接近 90°的 θ_t，该条件在 θ_t 和 Δp 范围内不成立。

从式（10.71）得到 Sutherland 公式的适用条件结果如下

$$\beta = 2E_0 / 9K''' \gg 1 \tag{10.74}$$

如果此条件不能满足，则 Sutherland 公式需要根据式（10.68）进行修正，可以称为广义萨瑟兰公式。

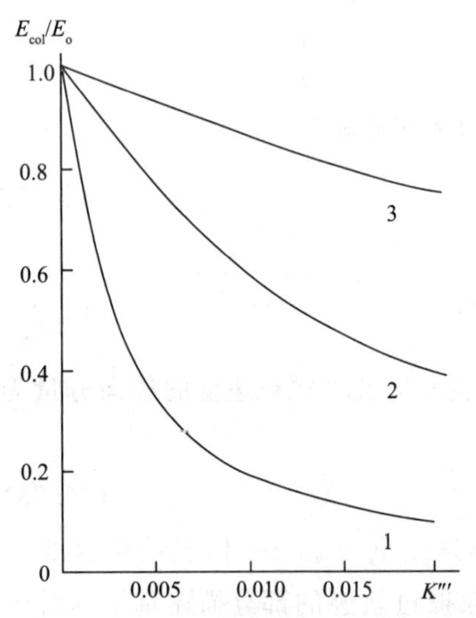

图 10.15 在不同 E_0 值下表征惯性力 K''' 不利影响的相对碰撞系数 E/E_0；$E_0=0.01$（1），$=0.02$（2），$=0.05$（3）

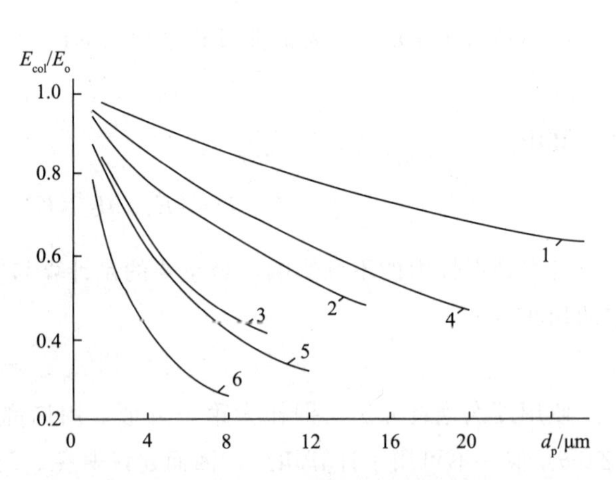

图 10.16 作为颗粒半径函数的相对碰撞系数 E/E_0；在不同气泡半径 $a_b=0.04$cm（1，2，3）和 0.06cm（4，5，6）及密度 $\Delta\rho=3$（3，6）、1.5（2，5）、0.5（1，4）Dukhin（1982，1983）

在颗粒和介质之间密度差异不明显的情况下，这种条件在 p 和 p' 值的某些范围内不能成立，这可以通过基于 Dukhin（1982，1983）的结果计算所得碰撞效率容易地表征。该条件成立的条件为

$$St(a_b, a_p, \Delta\rho) < St_c \tag{10.75}$$

确认基本浮选过程只有当忽略有限颗粒尺寸时才可视作无惯性过程。同时，Sutherland 公式不允许忽略有限颗粒尺寸和惯性力对亚临界尺寸颗粒（$a_p < a_c$）浮选的可能影响。在 Dukhin 的工作（1982，1983）之前，微浮选理论的适用范围是不确定的，并且对应于远小于 a_c 的半径。Dukhin（1982，1983）对基本浮选过程传递阶段进行推广，以定量描述惯性力的负面影响，可以扩大浮选理论的适用范围，式（10.75）限定了此范围。这并不意味着广义 Sutherland 方程（10.68）可以在任意接近 St_c 的 St 值下使用。在式（10.68）的推导中，忽略了惯性力对轨迹远端部分的积极作用，只考虑了惯性力对轨迹近端部分的负面作用，这只在以下情况下成立

$$St \ll St_c \tag{10.76}$$

只有在 Stokes 准数的这个区域，使用广义 Sutherland 公式是合理的。在更严格的约束条件下

$$St \leqslant St_c \ll 1 \tag{10.77}$$

换言之，在远离泡沫表面时，惯性力的作用是巨大的，并且必须使用关于微浮选传递阶段的更严格理论（Dukhin 1983）。

惯性力的负面影响随气泡尺寸和颗粒密度增加。随着气泡尺寸的减小，离心力可以等于重力，因为比例 $v^2(a_b)/a_b$ 随着 a_b 减小。因而，在减小气泡尺寸的同时，应考虑重力与离心力的关系。其比例不依赖于颗粒密度。因此，当惯性力的负面影响被重力的影响完全补偿时，可引入与颗粒密度无关的参数临界气泡半径 a_{bc}

$$\frac{v^2(a_b)}{a_b} = g \tag{10.78}$$

假如用 Levich 公式（10.6）表示 v，可得

$$a_{bcr} = \left(\frac{g^2\eta^2}{g\rho^2}\right)^{1/3} \approx 400\mu m \tag{10.79}$$

当 $\frac{\Delta\rho}{\rho} \leqslant 0.1$ 时，惯性力的负面影响在任何气泡和颗粒尺寸下都不再重要。而在 $\frac{\Delta\rho}{\rho} \approx 0.5$、$a_b = 0.06mm$，颗粒 $a_p > 20\mu m$，以及 $\frac{\Delta\rho}{\rho} \approx 2-3$、$a_b = 0.03mm$，颗粒 $a_p > 10\mu m$ 时则极为重要。

该理论能够确定进行无惯性浮选的定量条件。同时也是小颗粒浮选理论的推广，不仅可以描述无惯性浮选，而且可以描述存在惯性力负面影响时的复杂浮选过程。如果浮选在 $a_p < 3^{-10}\mu m$ 时实际无惯性情况下进行，则其惯性的负面影响在 10～30μm 的气泡尺寸范围内可定量描述。

不幸的是，到目前为止，所有的碰撞效率定量研究都在无法验证现有理论有效性的条件下进行。在 Anfruns 和 Kitchener（1977）的实验中，气泡表面在很大程度上被阻滞，这大大降低了惯性力的负面影响。

用于检测惯性力对 $St<St_c$时碰撞效率负面影响的直接方法在于对相同尺寸但具有不同且大幅变化的密度的颗粒进行实验。

E 的计算不能仅考虑 LRHI，微浮选体系必须按以下一般方式进行分类。

对于具有光滑表面的颗粒，可以预期 SRHI 的强烈作用。关于惯性力量，两种极限情况具有重要意义。在油性乳液（油-水型）中，惯性力的影响可以忽略，因为 Δp 较小且 10.1 节中导出的所有关系式仅在 LRHI 和 SRHI 成立时才可考虑。凝固金属熔体液滴即为具有光滑表面的球形颗粒，并且其浮选受到 SRHI 和惯性力的阻滞。这种体系，例如汞乳液，对于研究 SRHI 和惯性力的总体影响最为便利。对于浮选技术，这些系统因其浮选速度具有可达到的最低值，因而值得关注。

对于具有不平坦粗糙表面的颗粒，SRHI 的影响可能很弱，存在两种有意义的极限情况。在 $\frac{\Delta\rho}{\rho}\ll 1$ 时，惯性力的作用可以忽略不计。这种机制对于测试 E_0 的理论最为便利，因为实验测量的 E 值接近 E_0。在 $\frac{\Delta\rho}{\rho}\gg 1$ 时，可以观察到没有明显 SRHI 情况下惯性力的影响。

颗粒沉积在气泡上的过程受到三种因素的阻碍：LRHI，SRHI 和惯性力，分别仅可用单独的关系式来描述。因此，尝试将其总体效果表达为各自函数的乘积。这种处理方法并不严格，因为这些因素存在互相依赖的关系。该方法的精度可通过与 Dukhin 等（1986）的更严格计算结果相对比进行评估。因此，E 可用下式表达

$$E = E_p\,\mu(\theta_t) \tag{10.80}$$

其中 E_p用式（10.5）表达，并描述了 SRHI 和 LRHI 对碰撞效率的影响；$\mu(\theta_t)$ 用式（10.70）表达，并描述了惯性力的负面影响。由式（10.80）计算得到的曲线几乎与图 10.16 中的单个曲线一致，之间的差异大致是百分之几的数量级。

10.15 微浮选中动态吸附层对惯性力的影响

动态吸附层（DAL）会引起气泡表面的阻滞，从而降低惯性力对微浮选的负面影响。重要的是要牢记 DAL 效应与惯性力在表面活性剂的高［条件式（8.72）］和低［条件式（8.71）］活性情况下的实质定性差异。

10.15.1 低表面活性

均匀表面阻滞允许以式（8.108）的形式为整个表面引入通用阻滞系数。作为第一近似，切向速度可以用 v（a_b）$\sin\theta$ 及离心力 $\frac{v^2(a_b)\ \sin^2\theta\Delta\rho}{a_b}$ 表示。考虑到离心力对阻滞系数的平方关系，可以得出结论，通过少量表面活性剂可以很容易抑制惯性力负面作用。同时，导致颗粒沉积的气泡表面速度径向分量降低，可用 Sutherland 公式描述。根据式（10.29），速度的法向分量与切向分量存在线性关系，因而与阻滞系数也存在线性关系。如果离心力实质上可影响碰撞效率，则其作用可以通过引入表面活性剂而显著降低。碰撞效率将提高，但不会达到 Sutherland 公式预期的程度。

因为阻滞对气泡表面附近速度的法向和切向分量都有影响，只要离心力占主导地位，就可以预期碰撞效率对表面活性剂浓度的非单调依赖性。初始碰撞效率随着表面活性剂浓度的增加而增加，因为惯性力负面作用的减弱主导了径向速度分量的降低。然而，在相当高的表面活性剂浓度区域中，表面阻滞已经达到惯性力负面作用可忽略的程度，随着表面活性剂浓度和阻滞系数的增加，碰撞效率单调降低。因此，该函数通过一最大值，对应于离心力和速度的法向分量负面影响的补偿。这可以通过推广公式（10.68）～（10.72）来定量表征。

$$\beta(\chi_b) = \frac{2E_0\eta}{9K'''\chi_b}, E_{St} = \left(E_0\ \frac{\eta}{\chi_b}\right)\times\mu\{\theta_t[\beta(\chi_b)]\} \tag{10.81}$$

这些方程保持其重要性。第一个因子解释了随浓度和阻滞系数的增加，沉积颗粒在表面每处的单调减少。第二个因子解释了当惯性力降低时发生颗粒沉积表面部分的单调膨胀。第二因子的作用最初主导了碰撞效率的浓度依赖性。碰撞效率首先随表面活性剂浓度增长。当第二因子接近 1，即惯性力大大降低时，第一因子的浓度依赖性变得占主导地位，使得碰撞效率随着浓度的增加而降低。即使这样的半定量分析对于高活性表面活性剂也存在困难，因为在大雷诺准数下缺乏后阻滞帽的定量理论和气泡水动力场。

10.15.2 高表面活性

后阻滞帽的扩张发生在表面活性剂浓度增加时，表面吸附和阻滞也导致惯性力的降低。表面浓度的任何变化及其在表面任何点处的梯度都会导致速度梯度的变化。这是一种局域效应。

后阻滞帽在远离气泡前极处扩张，即使在前极附近也对速度分布存在影响。这是一种非局域效应。

如第 10.2 节所述，后阻滞帽的扩张导致流体动力学流动的早期分离，即 θ_s减小，拦

截角 θ_i 也降低。

众所周知，即使后阻滞帽的微小扩张也能导致能量耗散显著增加及表面速度显著降低。然而，只要二次流包围气泡表面非常小的一部分，其对主流的直接影响可能是微不足道的。

虽然速度下降不仅导致惯性力的减小，而且也导致表面附近任何点处径向液体速度的降低。第一个效应是平方关系，对第二个线性关系的效应占优势。

10.16 流体力学边界层对微浮选基本过程和气泡动态吸附层的影响

当观察到气泡表面的完全阻滞时，在大雷诺准数处可观察到气泡动态吸附层对微浮选的非凡影响。在这种重要情况下，流体力学界面层的形成使微浮选基本过程复杂化。

10.16.1 轻微阻滞气泡表面的流体力学边界层

流体动力学边界层对颗粒传递（第 8 节）至稍微阻滞气泡表面过程的影响是微不足道的。这将在附录 10M 中说明，其中讨论了 Mileva（1990）的工作。

10.16.2 强阻滞气泡表面附近的流体力学边界层及 Sutherland 公式

与自由气泡表面相反，边界层对气泡表面的强烈或完全阻滞的作用是非常重要的。Levich（1962）在无表面活性剂的情况下引入了气泡流体动力学势场的概念，指出穿过边界层的速度下降很小。对于完全或强烈阻滞表面，流体动力边界层外速度呈势能型分布，即在其外部边界上的速度数量级与 v 相同，在气泡表面则消失。与上述情况不同，在气泡表面的强烈阻滞下，穿过边界层的切向速度变化等于 $v_。$ 出乎意料之外，可得出以下结论，在特殊条件下，修正的 Sutherland 公式（10.42）在强烈阻滞的气泡表面可作为非常粗略的估计，因为势能流在 $\Psi<30°$ 时存在（Clint 等 1978）。

实际上，如果半径 a_p 大于边界层的厚度的足够大颗粒在势能速度场中移动，则其惯性运动轨迹可精确地用 Sutherland 公式描述。但必须进行额外的非常困难的改进和限制。首先，流体动力学边界层的厚度约为 1～3μm。因此，颗粒应该大得多，不可能进行无惯性近似。然而，有一些值得注意的系统，其密度与水的密度稍稍不同（乳液，胶乳，生物细胞）。这种体系中颗粒的特征尺寸小于 10μm。对于这些粗略分散体系，Sutherland 公式可以作为第一种近似。至少可出现两种复杂情况。当颗粒沿势能流的流线移动时，其部分下沉到使其旋转的边界层中。其次，即使在边界层之外，颗粒的速度场偏离液体速度场。考虑到流体动力学速度的特殊不均匀性，Faxen（1922）预言的作用力出现，并由 Mileva（1990）进行了处理。该作用力随着颗粒半径的平方增加，并在 $a_p \gg \delta_G$时变得明显。应补充说明的是，随着颗粒尺寸和 Stokes 数的增加，非均匀流体动力学流动中颗粒的非稳态运动通用方程，更难以进行近似 Basset 积分（Basset 1961）。流体力学边界层对尺寸为 $a_p < \delta_G$ 的颗粒运动的影响是毋庸置疑的。

10.16.3　举升力

Mileva（1990）说明了举升力 F_l（Safman 1965）在浮选中的作用，但 F_l在最不可能的条件下被考虑。Schulze（1992）提请注意可能忽略 F_l的情况，如 Clift 等（1978）所述。有关 Mileva 举升力相关工作（1990）的一些评论见附录 10M。

10.16.4　通过接近完全阻滞气泡表面流体力学边界层来描述颗粒传递的传统方法的不适用性

由于水常受到有机物质的强烈污染，气泡表面几乎可以完全被吸附层固定，所以发展颗粒物质通过流体力学界面层向气泡表面传递过程的理论非常重要。

在 Nguen Van 和 Kmet（1992）的一篇论文中，对 Navier-Stokes 方程进行了艰难的数值积分，以获得计算碰撞效率所需的信息。如通常情况一样，很难评估数值计算的可靠性。通常，在与已知极限情况的解析公式结果进行比较，或与基于实质上不同的数值计算结果进行比较，可进行一些判断。但不幸的是，并不存在这样的数据。

通过 Dukhin 和 Derjaguin（1958）首次提出的方法可计算碰撞效率。要计算式（10.25）中的积分，必须知道中心与气泡表面距离与其半径相等的颗粒的径向速度分布。后者被表示为向气泡表面的颗粒沉降速率和针对颗粒中心计算所得液体速度径向分量的叠加。直到出现边界流体动力学层，这种近似在中等雷诺准数才可能成立。在与流体力学层厚度相当的颗粒尺寸下，等于粒径的距离处径向液体速度的微分对应于颗粒中心的双重液体速度。这种情况与雷诺准数为 1 或更小时，流体力学场中气泡速度在 $a_b \gg a_p$ 的距离时发生变化的情况完全不同。在与颗粒直径相当的距离处，其变化小于约 10%。仅在这样的条件下，才可提出识别颗粒速度和液体局部速度的方法，并似乎具有足够精度。在表面强烈阻滞的颗粒尺寸与流体力学边界层厚度相称的情况下，这种识别方法会发生错误，且无法了解其误差范围。

不幸的是，Nguen Van 和 Kmet（1992）甚至没有考虑这种主要的难点。在评估这些作者得到的公式与其实验的对照结果时，有必要强调这一事实。

由于液体速度径向分量的出现，并与某些沿边界层横截面稍作变化的气泡表面移动性相关联，这种难点在表面不完全阻滞时表现得不那么明显。因此使用 10.2 节中的式 (10.25) 有一定依据。

10.16.5 较大雷诺准数范围内对强阻滞气泡表面碰撞效率的实验和理论研究

Nguen Van 和 Kmet (1992) 的工作产生了一些开放性的问题。首先，作者在液体粘附到固定表面的边界条件下得出了 Navier-Stokes 方程的解（见第 10.16.3 节）。第二，没有进行污染水的特殊净化。第三，固定在注射器针上的气泡的液体运动速度是自由上升无表面阻滞气泡表面液体速度的三分之一。池中的流速在 1 和 10cm/s 之间变化，并且比固体球（约 15cm/s）的情况低 30%。如果能产生 35cm/s 的速度（对应于 $Re=200$）并由 Okazaky 进行测量（图 8.2），气泡表面可能会表现出流动性。采用蒸馏水制备颗粒悬浮液。不排除在实验中使用高体积分数的颗粒（每 1ml 蒸馏水中含 1g 给定组分）可以这样的量使引入的杂质吸附使气泡表面发生阻滞。需指出的是，尽管使用了大气泡和蒸馏水，但该条件可能有助于气泡表面几乎发生完全阻滞。因此，在不同的条件下大气泡表面可能出现的残余流动性，所以该工作的结果不能推广。

Nguen Van 和 Kmet (1992) 将理论结果与实验数据作为颗粒半径和两个无量纲参数：雷诺准数和 Galileo 数的函数进行比较。这样，实验中有四个参数发生变化：气泡半径、流速、颗粒半径和密度。整个实验证实了作者预言的所有四个参数的理论依赖性。由于这些结果的重要性，将对一些需要进一步澄清的要点进行讨论。

毫无疑问，表面阻滞有助于理论和实验之间的统一，颗粒的密度与水的密度差别越大。在这种情况下，描述流体动力场的任何不精确性只会对碰撞效率产生轻微影响，这在很大程度上取决于颗粒沉积过程。其次，采用对数坐标图示实验结果，难以看出其与理论之间的差异。第三，很难理解“与撞半径的测量精度为 0.01mm”，与使用的 30μm 颗粒之间的关联。针状喷嘴顶部的直径仍然较大。第四，不能可视化观察擦过轨迹，因此无法判断其准确性。然而，所有这些评论实验精度在工作中没有进行充分讨论时的情况。

该研究的非凡部分在于流体动力场的计算及其对碰撞效率的影响。为了检查这一结果，应在颗粒和水密度之差最小的情况下研究碰撞效率。不幸的是，该工作没有进行。

10.17 小结

尽管微浮选理论的单独问题早已发表（例如，Sutherland，1948），但其来自于 Derjaguin 和 Dukhin 的工作（1960）。这项工作中的要点不是微浮选作为胶体科学独立领域的重要特征，而是作为矿物加工方法的微浮选与传统浮选之间的界限。这种根本划分表明，浮选和微浮选属于表面和胶体科学的两个不同分支。传统大颗粒浮选的科学问题主要关注气泡-颗粒聚集体形成的热力学和浮选剂物理化学，属于表面科学，特别是表面化学。微浮选的科学问题属于胶体科学，特别是表面力、胶体稳定性和胶体流体力学（Van de Ven 1988）和薄膜（Schulze 1975，Ivanov 1980）领域。

独立微浮选理论的确立为开发表面和胶体科学的新独立分支创造了有利条件，可称为 Derjaguin-Dukhin 微浮选理论。经过三十多年的发展，可以评估该理论在多大程度上是正确和有用的；也指出了需进一步发展的阶段和未解决的问题。

微浮选理论基础

小颗粒的基本浮选过程与大颗粒相似过程最主要的区别在于将颗粒输送到气泡表面的阶段，而不是粘附阶段，是浮选动力学的控制过程。因此，强化水净化和选择性浮选的主要手段与提高与上升气泡结合的颗粒碰撞次数有关。

随着颗粒和气泡的尺寸减小，黏性力对此过程的影响增强，该作用力主要影响颗粒和气泡表面夹层的减薄过程，远程表面力的作用在此过程中作用越来越大。因此，小尺寸颗粒的浮选遵从战后数十年来集中研究的与表面力控制的胶体稳定性问题相关的通用原理。

将这些原理扩展到浮选小尺寸颗粒需要首先考虑流体力学因素，因为颗粒从气泡周围的液体流中向气泡表面沉积，其次，应考虑气泡表面的运动性，如果阻碍表面运动的杂质水平不是非常高。因此出现了影响浮选的第二个因素，该过程的具体特征与之相关。

微浮选理论的许多方面是由 Derjaguin 和 Dukhin（1960）的早期工作确定。在 Derjaguin 和 Dukhin 的另一篇原创论文（1979），综述（Derjaguin 等 1984）和专著（Derjaguin 等 1986，Dukhin 等 1986）中，对此进行了补充和详细的介绍。微浮选理论的一些方面涉及非平衡表面力，将在第十二章中单独讨论。

可将基本浮选过程区分为多个连续阶段：首先，气泡和颗粒之间的 LRHI，其中颗粒沿着在气泡周围流动液体的流线移动；其次，在气泡接近颗粒到与颗粒大小相当的距离之后产生 SRHI。

在这种情况下，颗粒向表面的移动减慢，因为液体夹层变薄导致流体力学阻力比颗粒在自由液体中运动时大大增强。另一方面，由于颗粒减慢，液体的局部径向速度高于颗粒的速度。因此，液体在颗粒周围流动并将其压在表面上，有助于使液体中间层变薄。中间层变薄的最后阶段由表面力控制；在这种情况下，或者液膜在中间层的临界厚度 h_{cr} 下破裂，或者继续逐渐变薄。

在具有光滑表面的球形颗粒的弱稳定分散休浮选理论中已考虑到这两种可能性。Hamaker 常数的符号在这里很重要。气泡-颗粒聚集体在没有吸引力或在 $h_{cr}=0$ 时不能形成。

在 LHRI 的影响下，随着粒径的减小和气泡半径的增加，碰撞效率下降。该下降过程的特征在于碰撞效率与颗粒和气泡半径之比在流体动力学势能模式中存在线性关系，以及在 Stokes 模式中存在平方关系。LRHI 使小尺寸颗粒的浮选速率降低数个数量级，而 SRHI 则仅降低数倍。小尺寸颗粒的聚集导致与气泡碰撞效率的增加，但是在这种情况下，分离力也同时增加。

重力对碰撞效率的影响在气泡表面存在运动时很小，而在阻滞气泡表面则至关重要。

在非静电稳定性因素不存在或较弱，以及超过阈值的过量电解质浓度下，应检查非接触浮选的可能性。颗粒附着可以通过异相凝聚发生在总相互作用能量曲线的第二最小值处，若此最小值足够小。高电解质浓度、抑制静电排斥、非静电稳定性因素的弱化，以及由分子引力或吸附表面活性剂分子吸引所致引力的存在是足够深势阱存在的前提条件。

如果气泡和颗粒的电荷符号一致，则双电层的分离压力（在相当低的电解液浓度下）可能会抑制浮选。静电力屏障可以通过流体力学压紧力克服，使得颗粒固定在近势阱中的气泡上（靠近势阱的凝聚）。这种可能性随气泡速度和粒径而增加。相反，随着气泡和颗粒的大小增加，在远端势阱中凝聚的可能性（不克服屏障）会减小，因为流体力学分离作用力可能增加，而势阱深度可能不足以留住颗粒。

在非接触式浮选中液体夹层的平衡厚度越大，颗粒从气泡上脱离的可能性越大，减小气泡尺寸越重要，因为这可以降低分离作用力。

通过颗粒和气泡的电荷相反，以及低电解质浓度可确保微浮选实现；静电吸引力的作用可延伸至很远的距离，同时势阱深度增加。由于颗粒和气泡通常携带负电荷，因此使用主要被气泡吸附的阳离子活性表面活性剂是有利的，这可以确保非接触式浮选。

微浮选理论的验证

微浮选理论的要点在后续理论工作中或由其他研究者加以证实，而通过实验或甚至微浮选实践进行验证尤其重要（见第 10.1 和 10.5 节）。

强烈表面阻滞下的基本微浮选传递阶段的理论由 Reay 和 Ratcliff（1975），Collins 和 Jameson（1977）和 Anfruns 和 Kitchener（1976，1977）的工作证实。10.5 节中介绍了验证无接触及无聚集剂微浮选可能性的许多工作，即在微浮选时克服或去除静电屏障的重要性，以及通过吸附阳离子表面活性剂在气泡表面上甚至亲水颗粒浮选的可能性。

需注意的是，迄今为止，在实践基础上开发的水净化浮选过程与上述流体力学理论完全一致。通常使用小尺寸气泡，可确保合理的浮选速率以去除分散的杂质，这是基于减小气泡尺寸而使颗粒捕获效率增加的原理。为替代使用空气机械分散产生大尺寸气泡的浮选，可使用电浮选、微浮选，以及空气在水中的过饱和溶液中成核的气泡浮选，即通过产生小半径气泡的方法，完成水净化过程。在过渡到小尺寸气泡（电浮选、微浮选）时，浮选的强化可归因于使颗粒从气泡分离的流体力学作用力的减弱。

微浮选理论的讨论和规范

Derjaguin-Dukhin 微浮选理论（1961 年）的要点在传递阶段及小颗粒附着在泡沫表面上的过程得到证实。这在第 10.1 和 10.5 节，Schulze（1984）的专著和 Schulze（1989，1991，1993）的综述中得到体现。同时应指出，在近 30 年的发展过程中，一些问题已经发生了重大变化。其中一些不再像以前那样重要，而且仍有一些问题未得到充分了解。

小颗粒浮选中使用小气泡的重要性已在实践中获得了证实。很明显，仅使用十分之一微米气泡不会形成封闭的过程，而且必须使用两阶段浮选（第 10.12 节）。在某些情况下，小气泡的后续浮选过程，或者这些小气泡被同时产生的少得多的大气泡捕获过程至关重要。

关于短程流体动力学相互作用，其影响并不像以前的假设中那么普遍。SHRI 在乳液和气泡合并过程中出现，同时，其对具有粗糙表面的颗粒也不重要。

尽管事实上，Derjaguin 和 Dukhin（1961）的原创性工作中，扩散电泳的作用已经被更详细的计算（Dukhin 等 1985）和实验（Derjaguin 和 Samigin 1982）所证实，其作用仍旧被高估。扩散电泳速率可达到相当高的程度，并且可以在低电解质浓度下，例如低于 10^{-3} M，对浮选具有显著影响。当电解质浓度增加时，扩散速率快速降低。在工业微浮选条件下，盐含量高，扩散电泳的作用可忽略不计。

一些研究人员后来考察了无聚集剂微量浮选的可能性（Derjaguin 等 1984，1986），即任何小颗粒的浮选都可以在无试剂的情况下进行。结果则出人意料，因为应特别指出，即便使用阳离子表面活性剂，当结构排斥力的有效范围超过静电吸引力时，小的亲水性颗粒也不会发生浮选。在这些体系中，对大颗粒进行浮选必须使用浮选试剂。只有满足两个条件，才能排除使用阳离子表面活性剂的可能：气泡和小颗粒的尺寸不应太小，以使流体力学压紧力（10.5 节）可以克服静电屏障，第一能量最小值必须达到足够的深度，即使在表面电荷升高（伴随着气泡移动表面的收缩）是排斥力也增大到一定程度，以防止颗粒分离。只有在大雷诺准数下的 DAL 理论进一步发展才能更准确地确定限定表面活性剂表面浓度增加直至饱和的限度，并限定沿阻滞帽表面的电荷数量。

水中可能含有杂质，可使较大的气泡也能固定在表面上。在此情况下，某些问题至今仍未引起足够的重视（Derjaguin 等 1960～1986），例如传递阶段特性的消失，以及 DAL 相关问题的重要性被忽视。同时，需要特别指出的是，DAL 相关问题在微浮选中被忽视是没有依据的，这对微浮选技术的发展是重大的损失。

污染水中的动态吸附层及微浮选，气泡表面的残余流动性及碰撞效率

由于自来水，甚至蒸馏水的表面张力低于真正清洁水的预期值，通常认为在工业浮选的条件下，由于水污染，气泡表面发生完全阻滞。理由是基于泡沫上升速度接近固体球计算值的事实。后一个结论并不是明确无误的。可以存在气泡的较小残留流动性，而不会对上升速度产生任何影响，但会大大增加碰撞效率。导出公式，粗略估计气泡表面的残余流动性在高表面活性的极限条件下对碰撞效率的影响可导出式（10.42）；以及在低表面活性下导出式（10.32）。由于高雷诺准数下 DAL 定量理论的缺乏，对其进行进一步修正非常复杂。

水污染的程度和特性，以及碰撞效率

废水污染的性质和程度在很大范围内变化，因此只能对其进行定性分类。其中最重要的因素是随着气泡尺寸的减小，表面阻滞非常强烈地增加。因此，剩余表面流动性的问题可能与以较大雷诺准数为特征的气泡有关，而与雷诺准数在中等范围内的气泡相关性较小。在第 10.2.4 至 10.2.6 节中显示，在低和高表面活性的两种极限条件下，残留流动性均可以使高雷诺准数区域的碰撞效率显著提高，而表面活性剂浓度不超过 1～10mg/L。在高表面活性下，由于表面活性剂浓度在 CMC 以上对表面张力的影响消失，促进了这种过程。

即使水中存在较大气泡，也存在极低浓度即可使表面固定的可溶性物质。如果水中含有这些杂质，则气泡表面残余流动性影响的问题失去意义。然而，其对表面流动性的影响可能受阻滞吸附动力学的阻碍。在由杂质所致表面张力降低的特定情况下，存在临界气泡尺寸。对于超过临界尺寸的气泡，存在残留表面流动性。式（10.40）将临界气泡尺寸与表面张力下降相关联。式（10.45）表明，即使在雷诺准数较高的高度污染河水中，剩余流动性也很重要（参见 10.2.7 节）。

气泡表面的动态吸附层、残余流动性及微浮选技术

如 10.12 节所示，有效的微浮选可能分为两个阶段。在第一阶段，由于使用了十分之一微米的气泡，不会产生剩余流动性的问题。在第二阶段，使用毫米尺寸的气泡，若其表面没有完全阻滞，则具有技术上的可行性。获得中等尺寸气泡的方法尚未充分研究。气泡表面的残留流动性可以大大提高碰撞效率，同时，其对浮选剂沿气泡表面的分布产生影响，从而影响颗粒附着和分离的可能性。受残留流动性的限制，使用更高表面活性的同系

物可使阳离子浮选剂的用量减少。

气泡表面的残余流动性可以显著强化乳液的微浮选，因为乳状液滴在气泡表面上的沉积非常慢。相反，在悬浮液的微浮选中，由于气泡表面高密度分散颗粒的沉积速率比乳液高一到两个数量级，所以残余流动性的影响微弱。因为聚集体的密度低于原始颗粒的密度，但高于乳液中，故聚集悬浮液代表了中间状态。

为模拟影响微浮选第二阶段的各种过程，需要发展高雷诺准数下的 DAL 理论。

使气泡表面流动性提高及强化微浮选的过程

通常对两种可以大大增加泡沫表面流动性并加强微浮选第二阶段的因素未做考虑，甚至未进行讨论。

Loglio 等的实验（1989）已经表明，大气泡在海水或自来水中经过数米数量级的上升距离，可达到稳定的上升速度。这意味着在约一米的初始阶段，足够大气泡的表面未发生完全阻滞。因此，可得出结论，只要在气泡表面上杂质积累过程不太快，就可以在足够长的上升路径中保持与原始清洁表面上相当的高初始碰撞效率。在水污染不太严重的情况下，微浮选过程可以在上升的“初始”路径上大幅度地进行，其初始碰撞效率可以超过最终效率一或两个数量级。

因此，在微浮选中，分散颗粒的沉积与气泡表面上的污染物分子的吸附过程同时进行。10.2.7 节中的估计表明，即使在发生可加速颗粒回收的颗粒聚集时，这些过程的速率也是相称的。这意味着在微浮选中，稳定气泡表面的杂质水平降低，并且气泡表面的残余流动性及 DAL 在微浮选中的作用增加。

应指出该问题的另外两个方面，有助于气泡表面保持明显的流动性。可预期在微浮选技术的发展中，可使用分散颗粒，在显著残留流动性的条件下，使污染物分子被捕集，以实现更深程度的净化。

另一方面涉及综合考虑影响残余流动性的两个过程。初始阶段因为气泡表面上的杂质分子吸附过程不是太快，保留了较高初始碰撞效率。然后由于杂质分子的浓度下降，残余流动性的降低减缓。因此，两种因素的联合作用可以延长表面流动性的保持时间。

这些发现可能会导致强化微浮选过程的重要方法。如果可使微浮选过程尽量强化，可同时加强体系中杂质分子的净化过程。这导致残余流动性的增加，并且相应地提高了碰撞效率。不幸的是，这种强化方式受到气泡最佳体积分数的限制（Derjaguin 和 Dukhin 1986）。

分散颗粒及杂质分子微浮选过程的耦合在优化技术方面存在很大的问题。在此意义上，数学建模的需要和非稳态 DAL 理论非常重要。

微浮选理论对浮选理论的影响

一直以来，对浮选的传递阶段很少进行关注，直到微浮选理论得以发展。对于颗粒和气泡表面的接近以及液体夹层的减薄，仅考虑了一种可能性（碰撞过程，第 11.1 节）。与熟知的模拟微浮选传递阶段的实验相关（Schulze 和 Gottschalk 1981），Schulze 和 Dukhin（1982）提出了在微浮选（滑动过程）中对传递过程进行详细研究的可能性。该过程后来引起了基本浮选过程研究人员的关注。第十一章中将对滑动过程及其如何受到动态吸附层的强烈影响进行讨论。

参考文献

Anfruns，J. P. and Kitchener，J. A.，The Absolute Rate of Capture of Single Particles by Single Bubbles，Flotation，A. M. Gaudin Memorial，Vol. 2，Fuerstenau，M. G. (ed.)，American Institute of Chemistry，New York，(1976).

Anfruns，J. P. and Kitchener，J. A.，Trans. Inst Mining and Mat.，86 (1977) C9.

Babenkov，E. D.，Water Purification by Coagulation，Nauka，Moskow，(1977).

Basset，A. B.，A Treatise on Hydrodynamics V. II，Chapter 5，Deigton Bell，Cambridge 1888; Dover Publ.，NY (1961).

Blake，T. D. and Kitchener，J. A.，J. Chem Soc.，Faraday Trans.，68 (1972) 1435.

Bleier，A.，Goddard，E. D. and Kulkarni，R. D.，J. Colloid Interface Sci.，59 (1977) 490.

Bogdanov，O. S. and Kiselwater，B. W.，in Proceedings of a scientific session of the Institute Mechan. Metallurgizdat，Moskow，(1952) 51.

Botsaris G. D. and. Plazman Yu. M，J. Dispersion Sci. Technol.，3 (1982) 67.

Brodskaya E. N. and Rusanov A. I.，Kolloidn. Zh.，48 (1986) 3.

Churaev，N. V.，"Properties of the Wetting Films of Liquid"，in Surface Forces in Thin Films and Stability of Colloids，Derjaguin，B. V. (Ed.)，Nauka，Moskow，(1974) 81.

Churaev N. V.，Kolloidn. Zh.，46 (1984) 302.

Churaev N. V.，Colloids and Surfaces，79 (1993) 25.

Claesson P. M. and Christenson，H. K. J. Phys. Chem.，92 (1988) 1650.

Clarke，A. N. and Wilson，J.，FoamFlotation，Marcel Decker，N. Y and Basel，(1983).

Clift，R.，Grace，J. R. and Weber，M. E.，Bubbles，Drops and Particles，N. Y.，etc.：Acad. Press.，1978，pp 380.

Coffin Vernau，L.，Column Flotation of Gaspe.，14th Int. Miner. Process. Technol. Toronto，(1982).

Colic，M.，. Fnerstenau，W.，Kallay，W and Matijevie，E.，Colloids and Surf. 59 (1991) 169.

Collins，C. L. and Jameson，G. L.，Chem. Eng. Sci.，32 (1977) 239.

Derjaguin, B. V., Kolloid-Z., 69 (1934) 155.

Derjaguin, B. V., Izv. Akad. Nauk SSSR, Ser. Khim. 5 (1937) 1153.

Derjaguin B. V. Zh. Fiz. Khim. 14 (1940) 137.

Derjaguin, B. V. and Landau, L. D., Zh. Eksp. Teor. Fiz., 15 (1945) 663.

Derjaguin, B. V., Kolloidn. Zh.. 16 (1954) 425.

Derjaguin, B. V. and Zorin, Z. M., Zh. Fiz. Khim., 29 (1955) 1755.

Derjaguin B. V. and Zorin, Z. M., Zh. Fiz. Khim, 29 (1955) 1010.

Derjaguin, B. V. and Dukhin, S. S., Izv. Akad. Nauk SSSR, Otdel. Metall. Topl., 1 (1959) 82.

Derjaguin, B. V. and Dukhin, S. S., Trans. Inst. Mining Met., 70 (1960) 221.

Derjaguin, B. V. and Shukakidze N. D., Trans. Inst. Mine Metal, 70 (1961) 569.

Derjaguin, B. V. and Kudryavtseva, N. M., Kolloidn. Zh., 26 (1964) 61.

Derjaguin, B. V. and Churaev, N. V., Croat. Chem. Acta, 50 (1970) 187.

Derjaguin, B. V. and Churaev, N. V., J. Colloid Interface Sci., 49 (1974) 249.

Derjaguin, B. V., Chem. Scr., 9 (1976) 97.

Derjaguin, B. V., Dukhin, S. S., Rulyov, N. N. and Semenov, V. P., Kolloidn. Zh., 38 (1976) 258.

Derjaguin, B. V., Dukhin, S. S. and Rulyov, N. N., Kolloidn. Zh., 38 (1976) 251.

Derjaguin, B. V., Dukhin, S. S. and Rulyov, N. N., Kolloidn. Zh., 39 (1977) 1051.

Derjaguin, B. V., Rulev, N. I. and Dukhin, S. S., Kolloidn. Zh., 39 (1977) 680.

Derjaguin, B. V., Dukhin, S. S., Kinetic Theory of the Flotation of Small Particles, Proc. 13. Int. Miner. Process Cong. Warsawa, 2 (1979), 21-62.

Derjaguin, B. V. and Churaev, N. V., Wetting Films, Nauka, Moscow, (1984).

Derjaguin, B. V., Dukhin, S. S. and Rulyov, N. N., Kinetic Theory of Flotation of Small.

Particles, Surface and Colloid Science (E. Matijevic, Ed.), Vol 13, Wiley Interscience, New York, (1984) 71-113.

Derjaguin B. V. and Churaev N. V., J. Colloid Interface Sci., 103 (1985) 542.

Derjaguin, B. V., Dukhin, S. S. and Rulyov, N. N., Microflotation, Nauka, Moscow, (in Russian), (1986).

Derjaguin B. V., Churaev N. V., and Muller V. M., Surface Forces, Consultants Bureau-Plenum, New York, 1987.

Derjaguin B. V. and Churaev N. V., Colloids Surfaces, 41 (1989) 223.

Devivo, D. G. and Karger, B. L., Sep. Sci., 5 (1970) 145.

Dibbs, N. F., Sireis, L. L. and Bredin, R., Department of Energy, Mine and Resources, Ottawa, Research Rep., R 248 (1972).

Dobias, B. (Ed.), "Coagulation and Floculation", Marcel Decker, New York, (1993).

Dukhin, S. S. and Derjaguin, B. V., Kolloidn. Zh., 20 (1958) 326.

Dukhin S. S. and Semenikhin, N. M., Kolloidn Zh. 32 (1970) 366.

Dukhin, S. S., Abh. Akad. Wiss. DDR, 1 (1976) 561.

Dukhin, S. S., Kolloidn. Zh., 44 (1982a) 896.

Dukhin, S. S., Kolloidn. Zh., 44 (1982b) 431.

Dukhin, S. S., Kolloidn. Zh., 45 (1983) 207.

Dukhin, S. S. and Rulyov, N. N., Kolloidn. Zh., 39 (1977) 270.

Dukhin, S. S., Rulyov, N. N. and Semenov, V. P., Kolloidn. Zh., 41 (1979) 263.

Dukhin, S. S., Rulyov, N. N., Leshchov, E. S., and Yeremova, Yu. Ya., Chim. i Technol. Vodi, 3 (1981) 387.

Dukhin, S. S., Listovnichiy, A. V. and Zholkovski, E. K., Kolloidn. Zh., 47 (1985) 240.

Dukhin, S. S., Rulyov, N. N. and Dimitrov, D. S., Coagulation and Dynamics of Thin Films, Naukova Dumka, Kiev, 1986, (in Russian).

Dukhin, S. S., Adv. Colloid Interface Sci., 44 (1993) 1.

Fainerman V. B., private communication. .

Fonda, A. and Herne, H., Nat. Coal. Board, M. R. E., Rep. 2068, in Aerosol Science, C. N. Davies (Ed.), Academic Press, New York, (1966) 393.

Fowkes, F. M, J. Adhes. Sci. Technol., 4 (1990) 669.

Frumkin, A. N., Zhurn. Fiz. Chim., 12 (1938) 337.

Frumkin, A. N. and Gorodetskaja, A. V., Acta Physicochim. USSR, 9 (1938) 327.

Gaudin, A. M., Flotation, Mc Graw Hill, N. Y., London, (1957).

Golman et al., Flotazionie Sistemi, Procesi i Apparati, Institut Fiziki Zemli AN SSSR, Moskow, (1974), (in Russian).

Goren, S. L. and O'Neill, M. E., Chem. Eng. Sci., 25 (1971) 325.

Grassman, P., Physikalishce Grundlagen der Chemie-Ingenieur Technic, Verlag Sauerlander, Aarau, (1961), p. 707, 748, 759.

Hamielec, A. E. and Johnson, A. I., Can. J. Chem. Eng., 40 (1962) 41.

Hamielec, A. E., Storey, S. H. and Whitehead, J. M., Can. J. Chem. Eng., 41 (1963) 216.

Hesleiter, P. Kallay, N. and. Matijevie, E., Langmuir, 7 (1991) 1.

Hogg R, Healy T. W. and Fuerstenau D. W., J. Chem. Soc. Faraday Trans., 1, 62 (1966) 1638.

Hosler, A., Wasser-Abwasser, 105 (1964) 764.

Hornsby, D. and Leya, J., Surface and Colloid Science (E. Matijevic, Ed.), Wiley, N. Y., 1982, V. 13, p. 234.

Huddleston, R. W. and Smith, A. L., 10th Int. Conf. Soc. Chem. Ind., Brunel Univ., 1975.

Iljin V. V., Chrjapa V. M., and Churaev N. V., Fiz. Mnogochastich. Sist, 18 (1991) 50.

Israelachvili J. N. and Pashley R. M., J. Colloid Interface Sci., 98 (1984) 500.

Iunzo, S. and Isao, M., Application of air-dissolued flotation for seperation, 14th Int. Mineral Process. Congr. World wide Ind. Appl. Miner. Process Technol. Toronto, (1982).

Ivanov, I. B., Pure Appl. Chem., 52 (1980) 1241.

Izmailova, V. N., Yampolskaya, G. P. and Summ, B. D., Surface Phenomenian Protein Systems, Chimiya, Moscow, 1988.

Jaycock, M. J. and Ottewil, R. N., Trans. IMM, 72 (1963) 497.

Joy, A. S. and Robinson, A. I., in Recent Progress in Surface Science, Vol 2, Academic Press, New York, (1964) 169.

Kihira Hiroshi and Matijevie E., Adv. Colloid Interface Sci., 42 (1992) 1.

Kihira Hiroshi, Ryde N, and Matijevie E., Colloids Surfaces, 64 (1992) 317.

Kijlstra, S.. von Leenvan, H. P., and Lyklema H. Langmuir, (1993).

Klassen, V. I. and Mokrousov, V. A., Vedenie v teoriju flotacii, Gosgortechizdat, Moscow, 1959.

Klassen, V. I., Vodnie Resursi, 6 (1973) 99.

Kovalenko, V. S., Skripnik, V. N. and Jakovleva, E. D., Sudovie energetickie ustanovki, N9 (1979) 165.

Langmuir, J. and Blodgett, K., Mathematical Investigation of Water Droplet Trajectories, Gen. Elec. Comp. Rep., July, 1945.

Laskowski, J. and Kitchener, J., J. Colloid Interface Sci., 29 (1969) 670.

Levich, V. G., Physicochemical Hydrodynamics, Prentice-Hall, Englewood Cliffs, New Jersey, (1962).

Levin, L. I., Research into the Physics of Coarsely Disperse Aerosols, Isd. Akad. Nauk SSSR, Moscow, (1961) 267, (in Russian).

Li, C. and Somasundaran, P., J. Colloid Imerface Sci., 146 (1991) 215.

Li, C. and Somasundaran, P., J. Colloid Interface Sci., 148 (1992) 587.

Li, C. and Somasundaran, P., Colloids&Surfaces, 81 (1993) 13.

Loglio, G., Degli-Innocenti, N., Tesei, U. and Cini, R., Il Nuovo Cimento, 12 (1989) 289.

Lopis, J., in Modern Aspects of Electrochemistry. J. O. M. Bockris and B. E. Convay Eds., Plenum Press, New York, 1971.

Luttrel, G. H., Adel, G. T. and Yoon, R. H., Proc. 16 Int. Miner. Process Cong., K. S. E. Foresberg (Ed.), Stockholm, Elsevier, Amsterdam, Vol. 2, (1988) 1791.

Lyklema, J. Dukhin, S. S., and Shilov, V. N., J. Electroanal. Chem. Interfacial Electrochem., 143 (1983) 1.

Mahanty, J. and Ninham, B. V., Dispersion Forces, Academic Press, New York, (1976).

Mamakov, A. A., Modern State and Perspectives of Electroflotation, Shtiintsa, Kishinev, (1975), (in Russian).

Martinov, G. A. and Muller, V., in Surface Forces in Thin Films and Disperse Systems, Derjaguin, B. V. (Ed.), Nauka, Moskow, (1972) 7.

Matov, B. M., Electroflotation, Karta Moldovanska, (1971), (in Russian).

Matsnev, A. I., Purification of effluant by flotation, Budivelnik, Kiev, (1976), (in Russian)

Moor, D. W., J. Fluid Mech., 16 (1963) 161.

Nebera, V. P., Rebrikov, D. N. and Kuzmin, V. I., Flotation of secondery mined lead-zine ores in column machines 14th Int. Miner Process Conep. World Wide, Ind. Appl. Miner. Process Technol. Toronto, (1982).

Nguen Van, A. and Kmet, S., Int. J. Miner. Process, 35 (1992) 205.

Okada Keniji, Akagi Yasuhary, Kogure Masahiko, and Yoshioka Naoya, Canad. J. Chem. Eng., 68 (1990) 393.

Okada Keniji, Akagi Yasuhary, Kogure Masahiko, and Yoshioka Naoya, Canad. J. Chem. Eng., 68 (1990) 614.

Okazaki, S., Bull. Chem. Soc. Japan, 37 (1964) 144.

Overbeek, J. Th. G., J. Colloid Interface Sci., 58 (1977) 408.

Overbeek J. T. G., Colloids Surfaces, 51 (1990) 61.

Pashley R. M. and Israelachvili J. N., Colloids Surfaces, 2 (1981) 169.

Peebles, F. N. and Garber, H. J., Chem. Eng. Progress, 49 (1953) 88/97.

Petrarz, A. A., Tsvetnie Metali, 10 (1981) 109.

Protodiaconov, I. O. and Ulanov, S. B. Hydrodynamics and Mass Transport in Disperse Systems Liquid-liquid, Nauka, Leningrad, (1986), (in Russian).

Rabinovich Ya. I. and Derjaguin B. V., Colloids Surfaces, 30 (1988) 243.

Randles J. E. B., Phys. Chem Liquids, 2 (1977) 107.

Rao, S. R., Minerals Sci. Eng., 6 (1974) 45.

Reay, D. and Ratcliff, G. A., Can. J. Chem. Eng., 51 (1973) 178.

Reay, D. and Ratcliff, G. A., Can. J. Chem. Eng., 53 (1975) 481.

Rubin, A. J. and Lackay, S. C., J. Amer. Water Works Assoc., 10 (1968) 1156.

Rulyov, N. N., Kolloidn. Zh., 40 (1978) 898.

Rulyov, N. N., Chimija, Technologija Vodi, 7 (1985) 9.

Samygin, V. D., Chertilin, B. S. and Enbaed, I. A., Kolloidn. Zh., 42 (1980) 898.

Samygin, V. D., Chertilin, B. S. and Nebera, V. P., Kolloidn. Zh., 39 (1977) 1101.

Schulze, H. J., Physico-Chemical Elementary Process in Flotation, Analysis from Point of View of Colloid Science, Amsterdam, Elsevier, (1984) 348.

Schulze, H. J., Mineral Processing and Metallurgy Review, 5 (1989) 43.

Schulze, H. J. and Cichos, C., Z. Phys. Chem., 251 (1972) 252.

Schulze, H. J. and Cichos, C., Mitt. Forschungsinstitut für Aufbereitung, Freiberg, (1972) 7.

Schulze, H. J. and Dukhin, S. S., Kolloidn. Zh., 44 (1982) 1011.

Schulze, H. J. and Gottshalk, Kolloidn. Zh., 43 (1981) 934.

Schulze, H. J., Adv. Colloid Interface Sci., 40 (1992) 283.

Schulze, H. J., Colloid and Polym. Sci., 253 (1975) 790.

Schulze, H. J. in Dobias Ed. "Coagulation and Floculation", Marcel Decker, New York, (1993).

Somasundaran, P. and Char. K., Colloids&Surfaces, 8 (1983) 121.

Skrilev, L. D. et al., Zh. Prikl. Chimii, 50 (1977) 1410.

Skvarld J. and Kmet, S. Colloid and Surfaces, 79 (1993) 89.

Sotskova, T. Z., Gutovskaja, V. V., Golik, G. AS., Losinskij, A. M and Kulskij, L. A., Chimijiai Technologija Vodi, 3 (1981) 396.

Sotskova, T. Z., Bazhenov, Yu. F. and Kulskij, L. A., Kolloidn. Zh., 44 (1982) 989.

Sotskova, T. Z., Poberezhnij, V. Ya., Bazhenov, Yu. F. and Kulskij, L. A., Kolloidn. Zh., 45 (1983) 108.

Stahov, E. A., Purification of Waste Water from Oil, Nedra, Leningrad, (1983), (in Russian).

Sutherland, K. L., J. Phys. Chem., 58 (1948) 394.

Taylor, P., Proc. Rog. Soc. A, 108 (1924) 11.

Townsen R. M. and Rice R. M., J. Chem. Phys., 94 (1991) 2207.

Usui, S., in Progress in Surface and Membrane Science, Vol 5, Academic Press, New York, (1972) 233.

Van de Ven, T. G. N., Colloidal Hydrodynamics, Academic Press, London, (1989).

Van Oss, C. J., Chandhury, M. K. and Good, R. J. Adv. Colloidlnterface Sci., 28 (1987) 35.

Verwey, E. J. W. and Overbeek, J. Th. G., Theory of the Stability of Lyophobic Colloids, Elsevier, Amsterdam, 1948.

Weber, M. E., J. Separ. Technol., 2 (1981) 29.

Weber, M. E., Blanchard, D. C. and Syzdeck, L. D., 28 (1983) 101.

Weber, M. E. and Paddock, D., J. Colloid Interface Sci., 94 (1983) 328.

Veitser, Y. and Mints, D. M., Polymer Floculants in Water Purification, Stroiizdat, Moscow, (1980).

Xu Z. and Yooh R. H. J. Colloid Interface Sci., 143 (1990) 427.

Xu Z. and Yoon, R. H. J. Colloid Interface Sci., 132 (1989) 532.

Yoon, R. H. and Luttrel, G. H., Preprints of 17 Int. Mineral Process Cong., Dresden, Vol. 2, (1991) 17.

Yoon, R. H. and Luttrel, G. H., Miner. Process Extr. Metall. Rev., 5 (1991) 101.

Zorin, Z. M., Romanov, V. P. and Churaev, N. V., Colloid Polymer Sci., 257 (1979) 986.

patent 310683 USSR, MKI B 03 D 1/24.

patent 4226706 USA, MKI B 03 D 1/24.

第 11 章　浮选中的动态吸附层

取决于惯性力的作用程度，浮选的基本过程在流体动力学阶段是非常不同的。可以根据 Stokes 数 St（Dukhin 等 1986），区分气泡上颗粒沉积的四种不同定量条件：

（1）$St \ll 0.1$：惯性力实质上对颗粒运动无影响，可认为无惯性力作用（见 10.14 节）。

（2）$St \leqslant 0.1$：如 10.14 节所示，惯性力可阻碍颗粒在气泡上的沉积。

（3）$0.1 < St < 1$：以颗粒对气泡表面的非弹性惯性冲击为特征，并且如下所示，当液体夹层在颗粒表面和气泡之间形成时，颗粒动能在接近气泡期间及在发生冲击时均大部分消失。

（4）$St > 3$：颗粒轨迹从直线偏离非常微小，随着颗粒接近气泡及发生碰撞，其能量变化也很小，可认为发生了准弹性碰撞。

后两种情况的特征之一是颗粒对气泡表面的惯性冲击的作用。结果，其间形成薄液层，并且其变薄的动力学和能量消耗在很大程度上决定了颗粒附着于泡沫或从表面跳开的可能性（Spedden 和 Hannan 1948，Whelan 和 Brown 1956，Schulze 和 Gottschalk，1981）。如果膜在碰撞期间来不及流出以达到其自发破裂和形成三相润湿边界的临界值，颗粒将从气泡表面排出。实验发现，颗粒在气泡上的附着不仅可以在首次碰撞中，也可在重复的碰撞中发生——一旦颗粒已经失去了相当大的动能（Stechemesser 1989，Bergelt 等 1992）。在第 11.1 和 11.2 节中，考虑了球形颗粒对气泡表面惯性冲击形成的薄液膜的减薄动力学，并且计算了在这种冲击下颗粒的能量损失。

11.1　准弹性碰撞

如果颗粒的初始动能（在上升气泡的坐标系中）足够大，则可以忽略颗粒能量在冲击过程中克服黏性力的损失。在这种情况下，成膜、变形及其变薄的过程可认为是独立的，可在惯性冲击之后计算薄膜的有限厚度并确定其突破的可能性。Dukhin 等（1986）认为，局部平坦气泡表面的变形率与在此条件下沿法向下降球形颗粒的曲率和速度相比较小

$$h \gg a_p \sqrt{3De/2\alpha} \tag{11.1}$$

式中，$De = v\eta/\gamma$ 为 Derjaguin 准数；α 反映了在表面活性剂吸附层影响下气泡表面的阻滞程度。当表面完全阻滞时，其值为 1，而表面自由时为 4。随着 h 的减少，由于黏度，液

体从间隙流出变得困难。在固定的颗粒速度下，正压和毛细管压力对此产生补偿，并随着 h 的减小而增长。颗粒接近的表面部分在较大程度上变形，其位移速度增加。显然，仅当毛细管压力可以补偿正的流体动力压力时，液面才可能处于准静止状态（法向速度远小于颗粒速度的状态）。由于液体表面的曲率不能大于 a_p（除形成凹坑的情况之外，参见 Derjaguin 和 Kusakov 1939），从 $h=h_0$ 开始，液面的速度等于颗粒速度，该速度完全由膜表面张力的作用力决定。运动方程具有以下形式

$$m\frac{d^2x}{dt^2}=-\frac{dW_\gamma}{dx} \tag{11.2}$$

式中，m 为颗粒质量；x 为颗粒中心垂直于表面的坐标（图 11.1）；W_γ 为液体表面的自由能。若假设表面在受到冲击处形状为球形，可得

$$W_\gamma=\pi\gamma(a_p+h-x)^2+\text{const} \tag{11.3}$$

代入式（11.2），采用以下初始条件积分

$$t=0, x=a_p, \frac{dx}{dt}=-v, h=h_0 \tag{11.4}$$

得到以下表达式

$$a_p+h-x=\frac{v}{\omega}\sin\omega t+h_0\cos\omega t \tag{11.5}$$

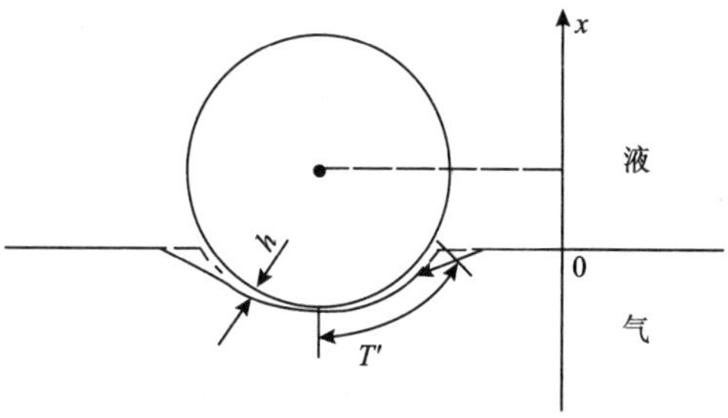

图 11.1　球形颗粒对气泡表面冲击形成液体夹层示意图

其中

$$\omega=\sqrt{\frac{2\pi\gamma}{m}}=\sqrt{\frac{3\gamma}{2\rho a_p^3}} \tag{11.6}$$

在准弹性冲击下，液膜减薄速度比颗粒速度小得多。因此 dh/dt 远小于 1，在式（11.5）的导出过程中可忽略。可以很容易地从式（11.6）得到 Evans（1954）关于液膜形变时间的公式

$$T_0=\sqrt{\pi m/2\gamma}=\sqrt{2\pi^2\rho a_p^3/3\gamma} \tag{11.7}$$

Dimitrov 和 Ivanov（1978）提出，在以下条件下，颗粒冲击液体表面时不会产生凹坑

$$a_p^2 g\rho/3\gamma\ll 1 \tag{11.8}$$

对于粒度符合浮选标准的颗粒，以上条件成立。因此，可利用所谓的平面平行近似（Ivanov 等 1979），其假定为间隙中的膜厚度均匀并且遵循颗粒表面的形状（参见图 11.1 中的虚线）。然后薄膜减薄速度可以从 Reynolds 公式（1886）获得。可以方便地用下式表示

$$dh/dt\approx-2\alpha h^3p_\gamma/3\eta l^2 \tag{11.9}$$

式中，l 为液膜半径，p_γ 为毛细管压力，在当前情况下，可得

$$p_\gamma\cong 2\gamma/a_p \tag{11.10}$$

$$l = \sqrt{\frac{a_p}{2}(a_p + h - x)} \tag{11.11}$$

代入式（11.9），并参考式（11.5），可得

$$\frac{dh}{dt} = -\frac{2\alpha\omega\gamma}{3va_p^2\eta}\frac{h^3}{\left(\sin\omega t + \frac{\omega h_0}{v}\cos\omega t\right)} \tag{11.12}$$

按照初始条件 $h\ (t=0)=h_0$ 对式（11.12）积分，可得

$$h_T = \frac{h_0}{\sqrt{1 + \frac{4\alpha\gamma h_0^2}{3va_p^2\eta\ \sqrt{1+A}}\ln\left(\frac{\sqrt{1+A}+1}{\sqrt{1+A}-1}\right)}} \tag{11.13}$$

式中，h_0 和 h_T 分别为液膜在冲击（颗粒在位置 $x=a_p$ 处发生冲击）前后的厚度，A 的表达式如下

$$A = (\omega h_0 / v)^2 \tag{11.14}$$

如上所述，h_0对应于液体表面不再处于准静止状态且其速度开始接近颗粒速度的液膜厚度。因此，在 $h>h_0$时应满足以下不等式

$$|F_\gamma| \geqslant |F_\eta| \tag{11.15}$$

其中 $F_\gamma = p_\gamma \pi^2$，为作用于变形液体表面上的毛细管力，$F_\eta$为液体夹层抵抗变薄的作用力，等于作用于液膜上的流体力学压力在液膜面积上的积分，用下式表示

$$F_\gamma = -3\pi\eta v l^4 / 2\alpha h^3 \tag{11.16}$$

这样，基于式（11.10）、式（11.11）、式（11.15）和式（11.16），在 $x = a_p$ 和 $h=h_0$处，可得

$$h_0 \geqslant a_p\ \sqrt{3De/2\alpha} \tag{11.17}$$

根据式（11.17），可见式（11.13）中根式第二项远小于 1。此外，在 A 情况下可获得准弹性冲击状态。因此，式（11.13）经简化可得

$$h_T \approx \frac{a_p\ \sqrt{De}}{2\sqrt{\frac{\alpha}{3}\ln\frac{4}{A}}} \tag{11.18}$$

式（11.18）的显著特征之一为有限液膜厚度 h_T仅与参数 A 有关。可将式（11.17）中的近似不等式用精确等式代替。将式（11.17）代入式（11.14），可得

$$A = \frac{9\eta}{4\alpha a_p v\rho} = \frac{a_p}{2\alpha a_b}\frac{1}{St} \tag{11.19}$$

然后从式（11.18）可得 $h_T \approx a_p\sqrt{v\eta/\gamma}$。随着 v 的增加，h_T的增加由薄膜变形初始阶段（当薄膜 l 的初始半径仍然很小并且减薄速度最大时）持续时间的减小确定，如式（11.19）所示。此外，根据式（11.11），$l= \sqrt{2a_p h_0}$，可得 $h_0 \approx a_p$。

使用实际值，很容易确定在准弹性冲击（$0.005<A<0.01$）和非阻滞气泡表面（$\alpha=4$）下，h_T在 $2a_p=100\mu m$ 的值为大约 $1\mu m$。对于完全阻滞的气泡表面（$\alpha=1$），其值

加倍。润湿膜的临界厚度通常为 1nm 至 5nm，有时为 10～50nm，在极少数情况下为 100nm。因此，当球形颗粒在气泡表面上的惯性冲击在大多数情况下较大时，液体夹层没有足够的时间来减薄到临界厚度。由于在这种情况下能量损失较小，所以毛细管力可将颗粒从气泡表面排出。显然，所获得的结果与颗粒非球形和平滑的性质有关。

11.2 非弹性碰撞

从式（11.19）中可见，只有在 a_p 和 ρ 值的相当狭窄范围内，通常也是浮选过程发生的范围内，才可能发生准弹性碰撞（$A<0.01$）。在大多数情况下发生的是非弹性惯性冲击。大部分能量不仅在液体中间层的脱水收缩期间，而且在气泡接近期间消失。如前所述，可考虑颗粒与气泡的迎面碰撞，其中沿着颗粒轨迹的液体速度径向分量由势能流确定。

在颗粒接近气泡表面之后，液体的速度下降到零，并且黏性阻力作用在颗粒上

$$F_\eta = \frac{1}{2}\Psi(Re)\pi a_p^2\rho_0 u^2 \eta \tag{11.20}$$

式中，$u=v_p-v$，为颗粒相对于液体的速度。$Re=2a_p u/v$。按照 Brauer（1971）的观点，函数 Ψ（Re）可用以下经验公式表示

$$\Psi(Re) = \frac{24}{Re} + \frac{4}{\sqrt{Re}} + 0.4 \tag{11.21}$$

在 $0.5<Re<10^3$ 的区域内成立。颗粒动能损失可用下式估算

$$\Delta W = -\int_{\infty}^{a_p+a_b} F_\eta \mathrm{d}r \tag{11.22}$$

颗粒在液体夹层形成瞬间的动能 W_1 可用下式表示

$$W_1 = K_1 W_0 \;; K_1 = 1-\frac{\Delta W}{W_0} \;; W_0 = \frac{2v^2\ \pi\rho a_p^3}{3} \tag{11.23}$$

式中，W_0 为气泡中心坐标系中颗粒的初始动能；K_1 为气泡接近期间的黏性能量耗散系数。从式（11.20）、式（11.22）和式（11.23），该系数为

$$K_1 = 1-\frac{Re\Psi(Re)}{12St}\int_{1+\frac{a_p}{a_b}}^{\infty} \tilde{u}^2 \mathrm{d}\tilde{r} \tag{11.24}$$

如果作为第一种近似，当能量损失较小时，颗粒速度假定为恒定，则式（11.24）可在势能流的情况下进行评估。其结果可以通过逐次逼近方法进行修正，最终形式为

$$K_1 = 3\sum_{n=0}^{\infty} \frac{(-2)^n}{(2n+3)!!(K^*)^n} \tag{11.25}$$

其中 K^* 与 Stokes 准数 St 相关

$$K^* = \frac{24}{Re\Psi(Re)}St \tag{11.26}$$

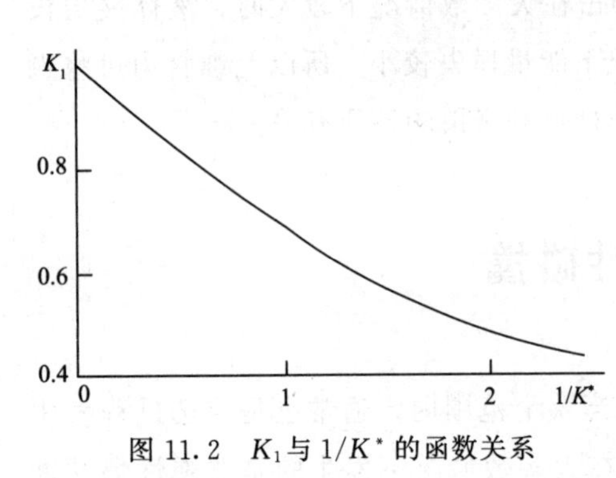

图 11.2 K_1与$1/K^*$的函数关系

K^*值由式（11.25）计算，如图 11.2 所示。在$K^*>2/5$时，颗粒的动能损失不会超过50%。损失随着K^*的减小而增长。

令W_1是中心坐标为$x=a_p$的颗粒能量（见图 11.1)。颗粒的以下动作必须遵守能量守恒定律

$$W_k + W_\gamma + W_\eta = \text{const} \tag{11.27}$$

式中，W_k为动能；W_η为毛细管力克服液体夹层脱水收缩过程中的黏性应力所做的功，用下式表示

$$W_\eta = \pi\int_{h_0}^{h} p_\gamma I^2 \mathrm{d}h \tag{11.28}$$

对式（11.3）和式（11.9）～式（11.11）中的变量$\tilde{z}=(a_p-x)/h_0$和$\tilde{t}=tv_1/h_0$，按照$v_1=\sqrt{2w_1/m}$进行变换，并在将式（11.3）代入式（11.27）后将式（11.27）对$\tilde{t}$求导，可得以下描述液膜变形和减薄过程的方程组

$$\ddot{\tilde{z}}\dot{\tilde{z}} + A(\dot{\tilde{z}}-\dot{\tilde{h}})(\tilde{z}+\tilde{h}) = 0 \tag{11.29}$$

$$\dot{\tilde{h}} = -B\tilde{h}^3/(\tilde{z}+\tilde{h}) \tag{11.30}$$

其中

$$B = \left(\frac{h_0}{2a_p}\right)^2 \frac{8\alpha}{3De}; A = \frac{3h_0^2\gamma}{2v_1^2\rho a_p^3}; \tilde{h} = \frac{h}{h_0} \tag{11.31}$$

函数$\tilde{z}$和$\tilde{h}$必须满足以下初始条件

$$\tilde{z}=0, \dot{\tilde{z}}=\tilde{h}=1, \dot{\tilde{h}}=-B \quad at\ \tilde{t}=0 \tag{11.32}$$

从式（11.28）和式（11.30）可以看出，在膜变形完整循环期间由颗粒耗散的黏性能量由下式得出

$$\Delta\widetilde{W}_\eta = 4AB\int_0^{\tilde{T}} \tilde{h}^3 \mathrm{d}\tilde{t} \tag{11.33}$$

式中，$\Delta\widetilde{W}_\eta=\Delta W_\eta/W_1$。引入液膜中的黏性损失系数，并使用下式

$$K_2 = 1-\Delta\widetilde{W}_\eta \tag{11.34}$$

碰撞后颗粒的能量变为

$$W_2 = K_2W_1 = K_1K_2W_0 \tag{11.35}$$

K_2为参数A和B［从式（11.29）～式（11.35）计算的数值）］的函数，从其图可以看出，液体夹层中的能量损失在$A>0.01$时开始出现。当A的值较小时，冲击可认为是准弹性的。从图 11.3 中也可以看出，在$B>0.2$的区域，K_2仅与B轻微相关。因此可使

用（对于 h_0）简化的式（11.17），经代入式（11.31）后，可得 $B\approx1$。并且对于 A 的表达式（11.19），作为示例，对于 $B=1$，$A=0.1$，$\alpha=4$（自由气泡表面）时计算的 $\tilde{z}(\tilde{t})$ 和 $\tilde{h}(\tilde{t})$ 如图 11.4 所示。很明显，液膜减薄主要（约 50%）发生在冲击的早期阶段，当液膜的铺展程度仍然很小时。K_2（A）关系如图 11.5a 所示，显示了液膜能量损失随着 A 和 K_1 而增加，并且 K_2 随着密度和颗粒直径的减小而减小，即在向气泡接近过程中及在液体夹层中的能量损失随着颗粒惯量的增加而减少。

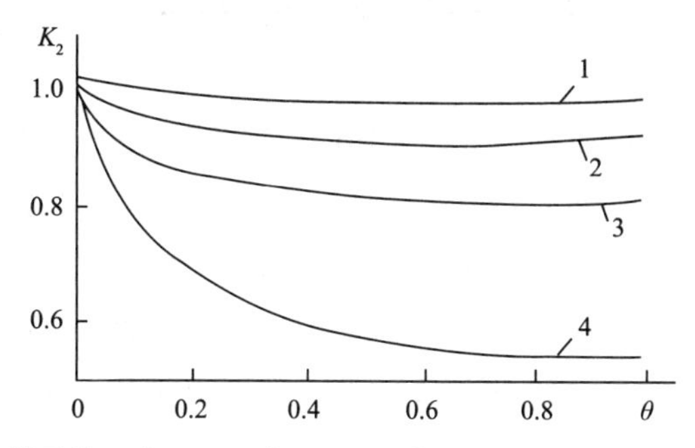

图 11.3　K_2 作为 B 的函数，在 $A=10^{-3}$（1）、10^{-2}（2）、3×10^{-2}（3）、10^{-1}（4）时的图像

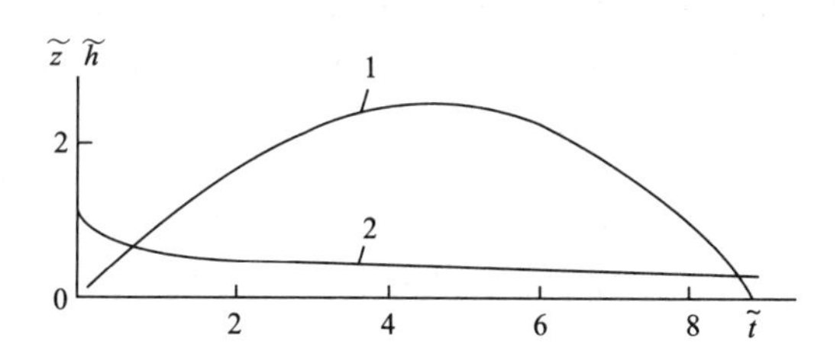

图 11.4　$\tilde{z}$（1）和 $\tilde{h}$（2）对于 $\tilde{t}$ 的函数图像

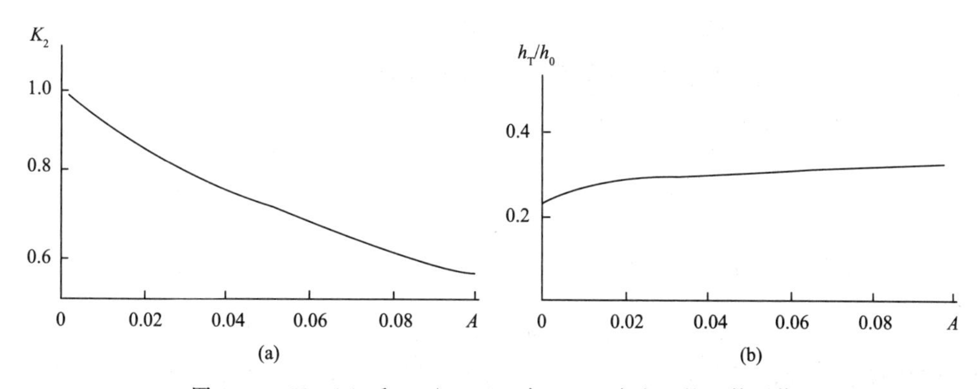

图 11.5　K_2（a）和 h_T/h_0（b）在 $B=1$ 时对 A 的函数图像

计算可得 $B=1$ 时 h_T/h_0 与 A 之间的关系（图 11.5b）。可见在非弹性冲击下（$A\geqslant0.01$，$h_T\approx h_0/3$），薄膜的相对变薄比准弹性冲击（$A<0.01$，$h_T\approx h_0/4$）时对 A 的依赖关系更弱。

从式（11.17）可以看出，在 $A\approx1/a_p$ 时，$h_0\approx a_pK_1^{1/4}$。因此，通过减小粒径，可大大

减少薄膜的有限厚度（超过一个数量级），而进入非弹性冲击区域（$A>0.01$）。在这种情况下，颗粒的最终能量显著降低，因此，颗粒回跃的概率降低，而在后续冲击期间其脱离的概率增加。

11.3 $\Theta>\Theta_T$ 时在离心力的作用下防止颗粒沉积在气泡表面上

离心力对颗粒沉积的影响机理（10.14 节）分别随颗粒尺寸和 Stokes 准数增大而发生定性变化。在表面某一点上，离心力超过流体动力压紧力（对于亚临界尺寸的颗粒，可以近似估计为 $6\pi\eta a_p v_r$），不可能发生颗粒沉积。对于较大的颗粒，在表面撞击点处的径向速度可能极大。因此，离心力不会阻碍冲击，尽管这样可以防止颗粒被捕获。11.1 节中的计算可得，液膜在撞击期间不会显著变薄，没有达到突破阈值 h_{cr}。必须考虑到最终膜厚度 h_T 与粒径成正比。因此，如果 Stokes 数足够大，则可能不会发生冲击。此外，h_T 与碰撞瞬间颗粒速度的径向分量平方根成正比，而在接近赤道时更小。靠近赤道的径向颗粒速度比上极点处小得多。如果该速度接近零，则通过离心力的作用可以防止在赤道附近发生冲击。在更小的角度时（接近 Θ_t），冲击可能发生，但在冲击之后，颗粒后续运动的特征在于接近 v_r 的更小速度，因此通过离心力的作用可以防止表面发生下一次冲击。

在 $\Theta>\Theta_t$ 处，不仅在 Stokes 数的亚临界值下，而且在惯性冲击条件下超过临界值时均可能发生沉积。

这样就可解释离心力如何随着 St 的增大而变化。对无惯性颗粒切向运动进行描述（参见第 10.14 节）时的假定为小颗粒和非常小的 St 数（小于临界值）。当 St 增大时，切向速度 v_Θ 越来越偏离表面速度。这导致离心力的变化，也影响角度 Θ_t 的值。应指出的是，以下方程式（Dukhin，1982，1983）

$$K'\frac{\mathrm{d}\tilde{v}_{p\Theta}}{\mathrm{d}\tau}+\tilde{v}_{p\Theta}-\tilde{v}\Theta=-K''\left(\tilde{v}_r\frac{\partial\tilde{v}\Theta}{\partial\tilde{r}}+\frac{\tilde{v}\Theta}{\tilde{r}}\frac{\partial\tilde{v}\Theta}{\partial\tilde{r}}+\frac{\tilde{v}_r\tilde{v}\Theta}{\tilde{r}}\right) \tag{11.36}$$

比 10.14 节中的更精确。此处 $K'=K\left(1+\frac{\rho}{2\rho_p}\right)$，$K''=3K\frac{\rho}{\rho_p}$，$K=St$，$\rho$ 和 ρ_p 分别为水和颗粒的密度。限定只考虑一个短暂的回跃过程。在这种条件下，可以简化描述流体动力学液体场的方程，并可将式（11.36）变为一个仅包含一个未知函数 $\Theta(t)$ 的方程，根据该函数，颗粒的速度和加速度表达式为

$$v_{p\Theta}(\tau)=r(\tau)\frac{\mathrm{d}\Theta}{\mathrm{d}\tau} \tag{11.37}$$

$$\frac{\mathrm{d}v_p}{\mathrm{d}\tau}=r(\tau)\frac{\mathrm{d}^2\Theta}{\mathrm{d}\tau^2}+\frac{\mathrm{d}r}{\mathrm{d}\tau}\frac{\mathrm{d}\Theta}{\mathrm{d}\tau} \tag{11.38}$$

根据以下限定条件

$$\frac{\mathrm{d}r}{\mathrm{d}\tau}\frac{\mathrm{d}\Theta}{\mathrm{d}\tau} \ll r(\tau)\frac{\mathrm{d}^2\Theta}{\mathrm{d}\tau^2} \approx \frac{\mathrm{d}^2\Theta}{\mathrm{d}\tau^2} \tag{11.39}$$

并且考虑

$$\Theta < \Theta_t \tag{11.40}$$

以及近似条件

$$\sin\Theta \approx \Theta, \cos\Theta \approx 1 \tag{11.41}$$

可得

$$v_{p\Theta}(\Theta)\big|_{\tilde{r}\cong 1} = \frac{\mathrm{d}\Theta}{\mathrm{d}\tau}; \frac{\mathrm{d}v_p}{\mathrm{d}\tau}(\Theta)\big|_{\tilde{r}\cong 1} = \frac{\mathrm{d}^2\Theta}{\mathrm{d}\tau^2} \tag{11.42}$$

式（11.36）可变换为常系数线性二次方程

$$K'\frac{\mathrm{d}^2\Theta}{\mathrm{d}\tau^2} + \frac{\mathrm{d}\Theta}{\mathrm{d}\tau} - \frac{3}{2}\Theta = \frac{9}{4}K''\Theta \tag{11.43}$$

在式（11.40）条件下，可忽略式（11.36）右侧的第一和第三项。第二项可简化为式（11.43）右侧的项。因此，式（11.43）的解可以表示为

$$\Theta(\tau) = A'\mathrm{e}^{S\tau} \tag{11.44}$$

其中

$$S = -1 + \sqrt{1 + 6K'\left(1 - \frac{3}{2}K''\right)} / 2K' \tag{11.45}$$

当不考虑特征方程的第二个负根时，Θ（τ）是单调递增函数。将式（11.44）微分并使用式（11.37）和式（10.72），可得

$$v_{p\Theta}(\Theta) = A'Se^{S\theta} = S\Theta(\tau) = \frac{2}{3}S\frac{3}{2}\Theta = \frac{2}{3}Sv_{\Theta}(\Theta) \tag{11.46}$$

将此表达式代入离心力的表达式，取代$\tilde{v}_{\Theta}$，可得关于β的新表达式，代替式（10.74）可得

$$\beta = \frac{E_0}{2K'''S^2} = \frac{4E_0K'^2}{2K'''\left[-1 + \sqrt{1 + 6K'\left(1 - \frac{3}{2}K''\right)}\right]^2} \tag{11.47}$$

其中，$K''' = K\dfrac{\Delta\rho}{\rho_p}$，以及 $\Delta\rho = \rho_p - \rho$。

此关于β的新表达式可代入式（10.80）。可考察角度Θ_t如何随与气泡发生作用的颗粒尺寸增大而变化。Stokes 准数按下式计算

$$St = \frac{1}{9}\frac{\rho'}{\rho}\frac{2va_b}{v}\frac{a_p^2}{a_b^2}A''E_0^2 \tag{11.48}$$

可得

$$E_0 = \sqrt{9St}\,(\rho'/\rho Re)^{-1/2} \tag{11.49}$$

沉积在足够大的气泡（在其上液体速度场的势能分布成立）表面上的超临界尺寸颗粒 Re_p 的雷诺准数远大于1。在这种情况下，流体动力学阻力由阻抗系数表示。在气溶胶力学中，使用了一种技术（Fuks 1961），其中非线性阻力项用惯性项替换。结果，Stokes数中出现了一个因子，参考式（11.20），可简化为 $(1+Re_p^{2/3}/6)^{-1}$。因此可通过将 K^* 而不是 K''' 引入式（10.47）和第三项中的因子 X 确定该效应的上限和下限，

$$K^* = K'X \text{ 其中 } X = \begin{cases} 1 \\ \left(1+\sqrt{Re_p}/6\right)^{-1} \end{cases} \tag{11.50}$$

需强调的是颗粒阻力系数的非线性由颗粒相对于液体的运动引起。其在颗粒反弹条件下的表现较弱，可以忽略。可估计颗粒开始反弹远离表面的影响。此刻，颗粒改变运动方向，速度为零。在相同的坐标系中，如果反弹路径的长度与颗粒半径相当，则液体速度等于 $\frac{3}{2}\frac{a_p}{a_b}v_b$。因此，可以通过液体速度来估计相对速度。最大雷诺准数发生在势能流和大气泡条件下。例如，在 Ralston 和 Wolfe（1992）的实验中，直径为2mm的气泡具有30cm/s的上升速度，其对应于 $Re_b=600$。颗粒的雷诺数可以由其半径、气泡半径和 Re_b 来表示

$$Re_p = Re_b \frac{a_p}{a_b}\frac{v_p}{v_b} = Re_b \frac{3}{2}\left(\frac{a_p}{a_b}\right)^2 \tag{11.51}$$

代入 Hewitt 等（1994）的实验数据，$a_p=30\mu m$，$a_b=1mm$，$Re_b=600$，可得 $Re_p=2$，$X=0.98$。然而，对于 $a_p=100\mu m$，可得 $Re_p=20$，$X=0.6$。式（11.47）在以下条件下不再成立

$$St > 0.5\left(1-\frac{\rho}{4\rho'}\right) \tag{11.52}$$

无法考虑直径 $a_p \geqslant 100\mu m$ 的颗粒。在回弹开始时，阻力系数由颗粒和气泡之间的液体中间层的抵抗减薄的阻力控制，只能用 Taylor 方程描述。因此，我们必须省略 X，颗粒反弹距离在 $St<0.5$ 时较短。沿着颗粒的整个路径，阻力系数可以用更精确和通用的 Taylor 方程来描述。目前正在对考虑这一因素的新理论进行研究。

Θ_t 对 St 或 E_0 的依赖关系，对于半径为 $a_b=0.07$cm（对应于 $Re=400$）气泡的情况，如图11.6所示。

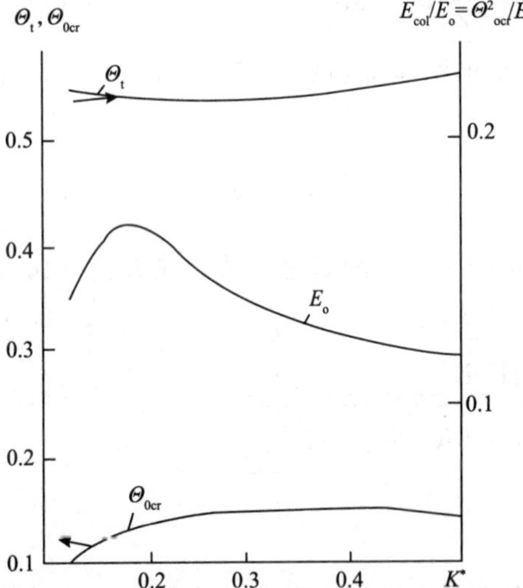

图11.6 作为 St 的函数，在 $X=1$ 时角度 Θ_t 和 Θ_{0cr} 的计算结果，以及反弹和离心力共同作用下碰撞系数的降低与根据 Sutherland 公式的 E_0 计算结果的比较

11.4　颗粒在气泡表面的反弹

在与气泡发生非弹性碰撞之后，颗粒速度通过计算克服在气泡和颗粒之间形成的膜的接近和变薄期间的黏性阻力所消耗的能量而确定（参见第 11.2 节）。这可以通过考虑碰撞后的颗粒速度与其初始速度（等于气泡速度）之间的比率来估计

$$v_0/v = \sqrt{K_1K_2} \tag{11.53}$$

采用 $K_1=0.6$，可得

$$v_0/v = 0.6 \tag{11.54}$$

如 11.1 节所述，其中考虑了在垂直沉降时颗粒从平坦边界的反弹。当考察接近极点，即 $\Theta<\Theta_t$时的冲击，该假设可以用于气泡，因此，可将液体法向流动的表达式中的余弦值设为 1 而简化，并且假设整个表面的界面部分在 $\Theta<\Theta_t$ 条件下，反弹长度可用一常量表征。在其无量纲形式中，用于计算惯性路径的方程因液体反向运动而发生变化，该运动的速度分布可用线性关系式表示（不同阻滞颗粒的仅由雷诺准数变化所得的常系数线性二阶微分方程）。可写作

$$K'\left(\frac{d^2\tilde{r}}{d\tau^2}+\frac{d\tilde{r}}{d\tau}+3(\tilde{r}-1)\right)=0 \tag{11.55}$$

考虑近似式（11.54），可通过指定二阶导数常系数（分别指定极小值和极大值）解出方程（11.55），并通过满足以下初始条件

$$(\tilde{r}-1)\big|_{\tau=0}=\frac{E_0}{3} \tag{11.56}$$

$$\frac{d\tilde{r}}{d\tau}\Big|_{\tau=0}=\frac{v_0}{v} \tag{11.57}$$

其解具有以下形式

$$(\tilde{r}(\tau)-1)=\left[\left(\frac{v_0}{v\omega_1}+\frac{E_0\sigma_1}{3\omega_1}\right)\sin\omega_1\tau+\frac{E_0}{3}\cos\omega_1\tau\right]e^{-\sigma_1\tau} \tag{11.58}$$

其中

$$\sigma_1=(2K')^{-1}\ \text{及}\qquad \omega_1=\sqrt{12K'-1}/2K' \tag{11.59}$$

对于超临界值 $K'=1/12$，对应于式（11.55）的特征方程的根为虚数。式（11.58）的解对阻尼振荡进行了描述。当颗粒失去速度时，液体反向运动将其带回表面。因此，当颗粒距表面的距离在时间 τ_0 达到最大值时，其速度接近零。基于式（11.58），可得

$$\dot{r}(\tau)=\left\{\frac{v_0}{v}\cos\omega_1\tau-\left[\frac{\sigma_1}{\omega_1}\frac{v_0}{v}+\frac{E_0}{3\omega_1}(\sigma_1^2+\omega_1^2)\right]\sin\omega_1\tau\right\}e^{-\sigma_1\tau} \tag{11.60}$$

从中可得

$$\tau_0 = \frac{1}{\omega_1}\text{arctg}\,\frac{v_0/v}{\sigma_1 v_0/v + (\omega_1 + \sigma_1^2/\omega_1)E_0/3} \tag{11.61}$$

将此值代入式（11.59），可得关于惯性路径的非常长的方程式。该方程可在路径足够短，并可忽略 $E_0/3$ 时进行简化

$$\begin{aligned} l &= \frac{v_0}{v}a_b\,\frac{\sin\omega_1\tau_0}{\omega_1}e^{-\sigma_1\tau_0} = a_b\frac{v_0}{v}(\omega_1^2+\sigma_1^2)^{-1/2}\exp\left(-\frac{\text{arctg}(\omega_1/\sigma_1)}{\omega_1/\sigma_1}\right) \\ &= a_b\,\frac{v_0}{v}\left(\frac{K'}{3}\right)^{1/2}\exp\left(-\frac{\text{arctg}\sqrt{12K'-1}}{\sqrt{12K'-1}}\right) \end{aligned} \tag{11.62}$$

在反弹距离与颗粒半径相当的另一种极限情况下，式（11.55）中的第三项可视作是等于 E_0 的常数。因此可降低方程的阶数以获得简化解

$$\frac{d\tilde{r}}{d\tau} = \left(\frac{v_0}{v}+\frac{E_0}{3}\right)e^{-\tau/K'} - \frac{E_0}{3} \tag{11.63}$$

$$\tilde{r}(\tau) - 1 - \frac{E_0}{3} = K'\,(1-e^{-\tau/K'})\left(\frac{v_0}{v}+\frac{E_0}{3}\right) - \frac{E_0}{3}\tau \tag{11.64}$$

对反弹距离，可得

$$l = a_b K'\left[\frac{v_0}{v} - \frac{E_0}{3}\ln\left(1+\frac{v_0}{v}\,\frac{3}{E_0}\right)\right] \tag{11.65}$$

此结果的应用限定条件为

$$-\frac{v_0}{v} \leqslant \frac{1}{K'}\,\frac{E_0}{3} \tag{11.66}$$

因此，我们可以定义擦过轨迹计算方法的条件。

11.5 在角度 $\Theta<\Theta_{0cr}$ 下颗粒从气泡表面反弹及离心力的共同作用阻止颗粒沉积在气泡表面

惯性力量至少表现为三种效果：（1）颗粒轨迹离开气泡的液体流线（第 10.1 节）；（2）碰撞时颗粒在气泡表面的变形（参见 11.1 节）；（3）防止由于离心力而使颗粒在气泡表面的某些部分发生沉积（参见第 11.3 节）。在本节中，这些效应将同时被考虑（Dukhin 等 1986），尽管对气泡和颗粒的性质施加了一些限制。

对于此项研究，气泡被认为是球形的，其直径为毫米数量级，并具有非阻滞表面（这对于使用 11.3 节中的理论是必需的，可将气泡流体动力场描述为势能场）。另外，仅考虑了具有光滑表面的球形颗粒（可使 11.2 节和实验数据来考虑在气泡表面颗粒的惯性冲击下的薄膜减薄的结果）。假定粒度的上限和下限，其必要性将在后面解释。

为追踪颗粒的最终位置，重要的是了解惯性冲击的条件作为其在气泡表面位置函数的变化。Schulze 和 Gottschalk（1981）在其实验研究中明确了这种依赖关系。其观察表明，

气泡表面上存在两个区域。在与气泡极点相邻的第一区域中，其角度为 $0<\Theta<\Theta_{cr}$（其中 $\Theta=0$ 对应于气泡极点），颗粒在该区域撞击之后发生反弹；在第二区域中，在任何角度 $\Theta>\Theta_{cr}$下均未观察到反弹，并且颗粒沿着表面滑动。在 $\Theta<\Theta_{cr}$的区域，颗粒在其接近期间的径向速度远高于液体的径向速度。这意味着颗粒到表面的沿惯性路径发生沉积。随着角度 Θ 的增加，径向速度的减小导致颗粒在表面冲击时的动能降低。在 $\Theta>\Theta_{cr}$时，碰撞颗粒的反弹减弱，无法观测到。较大的 Θ 值则导致较大的切向速度，因此在 $\Theta>\Theta_{cr}$时主要观察到颗粒的切向运动。在相当大的 Θ 下，颗粒径向速度降低和反弹减弱的另一个原因在于离心力的增加对应于颗粒切向速度增加的事实（参见 10.14 节）。

在 $\Theta<\Theta_t$的区域，沉积可能存在两种机理。首先在反弹后，颗粒被切向流输送到不能发生沉积的区域 $\Theta<\Theta_t$。显然，发生这种情况的可能随着撞击距离和反弹距离的增加而增加。第二种可能性是随后的冲击发生在 $\Theta<\Theta_t$，最终导致液膜破裂。

为明确第一种变化的条件，式（11.60）表征了反弹颗粒运动的法向分量，及颗粒从表面弹回和返回表面的过程。在小的反弹距离下，式（11.46）反映了颗粒的切向位移。使用式（11.58），可以计算开始反弹至颗粒与表面发生第二次碰撞之间的时间 T_0。从式（11.44）可计算出此时间内颗粒的切向位移，用角度单位表示。将反弹发生的角度表示为 Θ_0，第二次冲击的角度为 Θ_1。$\Theta_1=\Theta_t$的情况最为重要。用相应的 Θ_{cr}值表示 Θ_0，显然，函数关系 Θ_1（Θ_0）中 Θ_1随 Θ_0增加而增加。如果 $\Theta_0>\Theta_{cr}$，则 $\Theta_1>\Theta_t$，即反弹颗粒被输送到离心力较强的区域，故其不会到达气泡表面。因此，碰撞不仅在 $\Theta>\Theta_t$，而且在 $\Theta_{0cr}<\Theta<\Theta_t$的范围内是无效的。

颗粒返回到气泡表面所花费的时间 T_0对应于条件式（11.56）的反复成立。比较式（11.56）和式（11.58），可得到一个确定 T_0的超越方程。如果反弹距离足够大，则

$$\beta=\frac{\exp\left(\frac{\pi\sigma_1}{\omega}\right)}{\left(\frac{v_0}{v}\frac{3}{E_0}+1\right)}\ll 1 \tag{11.67}$$

返回时间可近似表示为

$$T_0\cong(\pi-\varepsilon)\omega^{-1} \tag{11.68}$$

其中

$$\varepsilon=\beta/(1+\beta) \tag{11.69}$$

在另一种极限条件下，当反弹距离与颗粒半径相当时，并且式（11.65）和式（11.66）成立，可得

$$T_0\cong K'\left(1+\frac{v_0}{v}\frac{3}{E_0}\right)\quad at\ \frac{v_0}{v}\frac{3}{E_0}\geqslant\frac{1}{K'} \tag{11.70}$$

$$T_0\cong 2K'\frac{v_0}{v}\frac{3}{E_0}\quad at\ \frac{v_0}{v}\frac{3}{E_0}\ll 1 \tag{11.71}$$

若定义 $\Theta|_{\tau=0}=\Theta_0$，从式（11.44）可得

$$\Theta = \Theta_0 e^{ST_0} \tag{11.72}$$

与式（11.45）、式（11.59）和式（11.68）联立，最终可得

$$\Theta_{0cr} = \Theta_t e^{-ST_0} = \Theta_t \exp\left(-\pi \frac{-1+\sqrt{1+6K'\left(1-\frac{3}{2}K''\right)}}{\sqrt{12K'-1}}\right) \tag{11.73}$$

从中可以估计过程对捕集效率的影响。

11.6 碰撞效率的估算

与 Langmuir 公式表示的碰撞效率不同（参见 10.1 节），捕集效率 E_c 由表征颗粒附着可能性的擦过轨迹确定。上述结果提供了估算该数量的可能性，因为流管在接近表面时发生膨胀，在 $\Theta>\Theta_{0cr}$ 的表面主要部分上，碰撞不会导致捕获。所有的简化都会导致 E_c 的增加。由于可发生捕集的流管横截面均小于 $(\Theta_{0cr}^{real})^2$ 。此处 Θ_{0cr}^{real} 表示 Θ_{0cr} 的真实值，与计算所得 Θ_{0cr}^{calc} 不同。引入一些简化大大高估了 Θ_{0cr} 值。离心力也在 $\Theta<\Theta_t$ 时发生作用，其计入应导致 Θ_{0cr} 的减小。连续颗粒沉积通过短程流体力学相互作用减慢，这也导致 Θ_{0cr} 的降低。因此

$$E_c < (\Theta_{0cr}^{real})^2 < (\Theta_{0cr}^{calc})^2 \tag{11.74}$$

所得结果应用了以下关系式

$$E_c^{calc} = \Theta_t^2 (\Theta_{0cr} / \Theta_t)^2 \tag{11.75}$$

其中第一项从式（10.12）中计算得到，第二项从式（11.73）得到，如图 11.7 所示。

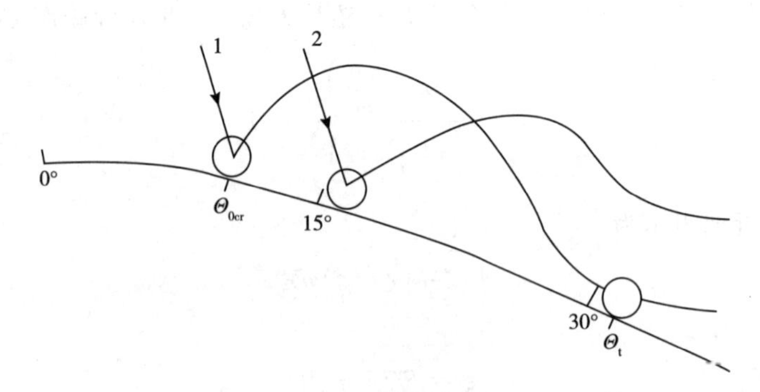

图 11.7 $\Theta_{0cr}<\Theta<\Theta_t$ 区域颗粒从气泡表面惯性反弹和离心力共同作用阻止沉积的机理

1—单次反弹的擦过曲线；2—在 $\Theta>\Theta_{0cr}$ 时沉积不可能发生

以上理论大大改变了光滑颗粒浮选动力学的概念，因为与 Sutherland 公式相比，计算所得的效率降低了大约一个数量级。然而，该理论仍需进一步的发展，因为最终方程式（11.46）低估了 $v_{p\theta}$ 的值和离心力，因为

$$\beta = \frac{E_0}{2St}\frac{\rho_p}{\Delta\rho}y^{-2} \tag{11.76}$$

式中，$\frac{2S}{3} < y < 1$。附录 10D 中将对此进行详细解释。

11.7　三相接触线延伸的动力学

Derjaguin 和 Dukhin 的微浮选理论中没有讨论这个重要问题。Scheludko 及其同事（Scheludko 等，1970）讨论了浮选的适用条件。

在薄膜破裂期间形成初级孔是非常快速的过程，其动力学对于浮选并不重要。三相接触线的延伸需要相当长的时间。因此，这种微观过程可以在浮选正常尺寸的颗粒中起决定性作用。薄膜中孔自发形成的初始状态远离平衡状态。所得弛豫过程终止于形成最终平衡三相接触线和平衡接触角。显然，三相接触线在此过程中发生扩展。该过程的驱动力是界面之间的能量差，可以通过比较动态后退接触角 θ_R^* 的瞬时值与平衡值 $\theta_{R\infty}$ 近似估算。

三相接触线膨胀过程的动力学方程可以通过薄膜中圆柱孔半径 r 的增加率 $\frac{dr}{dt}$ 来表示。湿润膜中的这种过程通常可以类比自有泡沫液膜中孔扩张过程来讨论（Scheludko 等 1970）

$$\frac{dr}{dt} = a_{tpc}(\cos\theta_R^* - \cos\theta_{R\infty}) \tag{11.77}$$

其中 a_{tpc} 是三相接触线的瞬时移动系数。估算显示其初始速率在 100km/h 的数量级。液体夹层中的这种快速流动导致高黏性阻力。Tschaliovska（1988）的实验表明，a_{tpc} 与表面性质和瞬时半径 $r(t)$ 有非常复杂的关系。因此，目前只能提供 t_{tpc}，即三相接触线延伸时间非常粗略的估计值（Schulze 1989）。Scheludko 估算了三相接触线的半径，这是形成稳定气泡-颗粒聚集体的必要条件，该半径与颗粒半径的平方成正比

$$r_{tpc} \approx a_p^2 \tag{11.78}$$

因此，可假设脱除力是由重力引起。

前面讨论的 $\frac{dr}{dt}$ 对 r 的关系及 pH 的强烈影响由 Stechemesser 等（1980），Hopf 和 Geidel（1987），以及 Hopf 和 Stechemesser（1988）进行了研究。Hopf 和 Stechemesser（1988）也指出了表面活性剂吸附-解吸过程的重要作用。DAL 在浮选中的作用对三相接触线的自发延伸似乎具有最重要的影响。

三相接触线延伸运动学的另一个重要特征在于其初始速率非常高，然后在达到平衡之前减慢数十至数百倍。初始速率对应于较小半径 r，r 越小，延伸速率越高。该特性也解释了为什么这种微观过程在微浮选过程中可以忽略，以及为什么其作用越高，浮选的颗粒

越大。

如果假设微浮选过程中颗粒的特征半径约为 5μm，在浮选中则为 50μm，并且三相接触线的延伸速率不依赖于瞬时半径，可以得出结论，在微浮选过程中，该过程比浮选过程中速度快 100 倍。

实际上，差异甚至更大，可达到三或四个数量级，因为在较小的 r（微浮选条件）下的膨胀率非常高，在较大的 r（浮选条件）下降低 10 或 100 倍。

经常观察到大颗粒的浮选，这可以通过足够高的三相接触线延伸速率来实现。对于小颗粒，不仅需满足上述条件，还需将三相接触线延伸的速度降低三个数量级左右。因此可得出结论，该过程不能控制微浮选动力学。

因此，微浮选中的三相接触线是一种快速过程，不能成为控制步骤。相比之下，在浮选中，三相接触线的延伸是一种缓慢的过程，有可能是浮选的控制步骤。

按照 Scheludko 的（1970）观点，慢速三相接触线的延伸对控制浮选动力学的控制对于大颗粒可能非常重要。需注意的是，浮选和微浮选之间的决定性差异之一也包括静电屏障。在第 10.5 节中，与大颗粒相反，微米颗粒的重量和流体力学压紧力不足以克服静电屏障。因此，静电排斥可以阻止微量浮选，而不影响浮选，而三相接触线延伸速率可控制浮选动力学，但可能对微浮选没有影响。

这意味着 Derjaguin 和 Dukhin 的微浮选动力学理论中，控制步骤是克服气泡和颗粒之间静电排斥作用，与 Scheludko 的浮选毛细管理论中对于 t_{tpc} 和接触角的特别关注之间没有矛盾。两种模型对气泡-颗粒聚集体的稳定性热力学条件定义相同。而 Derjaguin 和 Dukhin 在表面力和分离压力的基础上规定了这种条件，而 Scheludko 则使用了可通过分离压力表示的接触角（附录 10D）。

关于浮选和微浮选的动力学，可以在两种概念的基础上提出一个通用模型。

对于浮选和微浮选，均可推荐使用阳离子表面活性剂。在微浮选过程中，静电屏障可以通过阳离子去除（参见第 10.5 节）。在浮选中，阳离子的吸附提供了较大的接触角（见附录 10D）。

11.8 碰撞附着

11.8.1 接触前（BCS）后（ACS）的碰撞附着阶段

Rulyov 和 Dukhin（1986）及 Dukhin 和 Schulze（1987）（见第 11.1～11.5 节）的理论证明了通过惯性力或通过无惯性微浮选（见第 10.1～10.4 节）中两种不同碰撞过程的重要性。这些单独过程中的某些方面已经由其他研究人员进行了理论和实验研究。例如，Schulze 等（1989）对惯性碰撞进行的理论研究，Stechemesser 等（1980）及 Hopf 等

(1988, 1987) 进行的实验研究。这些实验证实了惯性碰撞的理论模型，Rulyov 和 Dukhin (1986) 和 Schulze 等的两个模型 (1989) 基本相同。理论和实验研究在三相接触线延伸过程方面也取得了实质性的进展（第 10.8 节）。需注意的是，Rulyov 和 Dukhin (1986) 及 Dukhin 和 Schulze (1981) 理论的其他部分也得到了专家的认可。因此，例如，Schulze (1992) 的综述中引用了由 Rulyov 和 Dukhin (1986) 提出的碰撞过程机制的一般分类；描述惯性力影响的方程组 (Dukhin 和 Schulze 1987，参见第 11.3～11.7 节) 在 Van Nguen (1993) 近期的一篇文章中被引用。通过 Schulze 和 Birzer (1987) 对临界厚度 h_{cr} 作为可通过加入添加剂来控制的界面作用力（如表面张力 γ 和前进接触角 θ_A）函数的研究，提高了碰撞附着理论的预测水平。前进接触角用于表征颗粒的疏水程度。Schulze 和 Birzer (1987) 发现了 h_{cr} 与 θ_A 之间的相关性。前一个参数在实验上基本无法测量，而 θ_A 则可以很容易地测量

$$h_{cr} = 23.3\left[\gamma(1-\cos\theta_A)\right]^{0.16} \tag{11.79}$$

因此，基于 Rulyov 和 Dukhin (1986) 及 Dukhin 和 Schulze (1987) 的两种理论的组合，通过附着过程描述碰撞的先决条件在一定程度上得到了发展。

在此可列出此理论的要点，导出过程中假设球形颗粒具有光滑表面，并且紧邻有明确表面粗糙度的颗粒。11.2 节提出的理论可计算 h_T 作为气泡和颗粒尺寸、颗粒密度和表面阻滞程度的函数。碰撞附着的首要条件是

$$h_T \leqslant h_{cr} \tag{11.80}$$

当颗粒返回时，两种过程同时进行；三相接触线的加宽及颗粒反弹期间的速度增加。第一种过程稳定了气泡-颗粒聚集体，第二种过程将其稳定化。颗粒和气泡越大（因此 Stokes 数越大），则返回速度越大。在一些关键的 Stokes 数下，延伸的三相接触线和产生的毛细管力不能阻止颗粒与气泡表面的分离。在较小的 St 值，即 $St < St_{ACS}$ 时，被排斥颗粒的动能不足以抵抗由三相接触线延伸引起的毛细管力，不能发生分离。

11.1～11.7 节中描述的理论基于对 Schulze (1989, 1992, 1993) 研究结果的讨论，即 BCS。ACS 理论在碰撞附着过程中的理论尚未讨论，因为三相接触线延伸理论的进一步发展存在困难。

因此，仅能对不同机制进行综合定性表征和分类。两个条件控制了颗粒-气泡碰撞的最终结果。第一个条件涉及 BCS 阶段，第二个涉及 ACS 阶段。在 $St < St_{ACS}$ 处 ACS 阶段的条件如上所述。BCS 阶段的条件可以用类似的方式限定，因为 h_T 随 Stokes 数的减小而满足条件式 (11.80)。因此，如果第一次碰撞发生附着的条件为

$$St < \min(St_{BCS}, St_{ACS}) \tag{11.81}$$

反弹发生的条件为

$$St > \min(St_{BCS}, St_{ACS}) \tag{11.82}$$

现在可引入颗粒粗糙度和形状不规则性的影响。它们在表面不均匀性的尺度上不同。粗糙度与小规模不均匀性有关。如果不存在大的不规则性，则可以定义与平均粗糙度有关

的线性尺寸。平均后获得宏观光滑和粗糙表面的均匀模拟物。（注意不太粗糙表面的概念保留了具有宏观平滑（粗糙）表面颗粒的物理意义）

如果粗糙表面的微观几何结构满足某些条件，则润湿膜临界厚度 h_{cr} 的概念可以保持其物理意义。光滑球形颗粒附着的必要条件［式（11.80)］也可用于宏观球形光滑表面。

粗糙度对 ACS 产生影响。颗粒表面上的不规则形状及其分布对三相接触线的延伸有影响。

11.8.2 重复碰撞附着

假设附着由 BCS 控制，可以估算通过重复碰撞发生附着的颗粒的最小 h_{cr} 值。如果 St 超过 St_{cr}，则可将流体力学相互作用定义为碰撞。在 $St \ll St_{cr} = 1/12$ 时，通常使用无惯性浮选的概念。在 $St < St_{cr}$时，若 $|St - St_{cr}|$ 较小，事实上可能发生反弹。

因此，作为第一种近似

$$St \geqslant St_{cr} \tag{11.83}$$

可考虑为碰撞附着的必要条件。这意味着后续重复碰撞在碰撞满足 St 以下条件时终止

$$St \sim St_{cr} \tag{11.84}$$

了解最后一次可能碰撞的 St 值可量化重复碰撞附着的条件。足以根据式（11.17）和式（11.18)，最终通过 St 来表示减小的厚度

$$h_r = \frac{h_0}{3} = \frac{a_p}{3}\sqrt{\frac{3v\eta}{2\gamma\alpha}} = M\sqrt{St_r} \tag{11.85}$$

其中 $M = \sqrt{\dfrac{3a_b\eta\nu\rho}{4\gamma\alpha\rho_p}}$。

式（11.85）描述了 h_T 和重复碰撞 h_{min}^{rep} 的水夹层最小厚度。因此，可得最小厚度的比率

$$\frac{h_{min}^{rep}}{h_T} = \sqrt{\frac{St_{cr}}{St}} \tag{11.86}$$

其中使用 St_r代替 St_{cr}。例如，如果 $St=1$ 及 $St_{cr}=1/12$，则 h_{min}^{rep} 比 h_T（$h_{min}^{rep}=0.3\mu m$）小约三倍。

可得出结论，只有当特殊的粗糙度或颗粒形状有利于相当厚的液膜破裂时，重复碰撞才可能导致附着。

从式（11.75）仅能得到 E_c的值，而没有关于附着可能性的任何信息。则附着的必要条件由 $St_r \leqslant St_{cr}$给出，颗粒表面必须满足条件

$$h_{cr} \geqslant h_{min}^{rep} \tag{11.87}$$

可通过建立初始和最后碰撞 Stokes 数之间的关系并估计碰撞数。Stokes 准数的减小

与重复碰撞相关，St_r可通过将颗粒速度 v_r（在颗粒与气泡表面发生重复接触时）St 的方程式来估算。V_r 可将两次碰撞的时间间隔 T_0［参见式（11.61）］代入式（11.60）确定。式（11.60）的第二项可忽略，可得 $\omega_1\tau_0 \cong \pi$。考虑到这一点，从式（11.59）和式（11.68）可得

$$v_r = \tilde{r}v \approx v_0 \exp(-\gamma_1\tau_0) = v_0 \exp\left(-\frac{\gamma_1}{\omega_1}\omega_1\tau_0\right) = v_0 \exp\left(-\frac{\pi\gamma_1}{\omega_1}\right) \tag{11.88}$$

意味着

$$St_r \cong St\,\frac{v_0}{v}\exp\left(-\frac{\pi}{\sqrt{12K^* - 1}}\right) \tag{11.89}$$

将此方程应用于最后一次跳动，可使用 $St_r \sim St_{cr} \sim 0.1$ 及 $\frac{v_0}{v} \approx 0.3$ 的近似值（在 11.2 节中使用了 $\frac{v_0}{v} \approx 0.5$ 的值）。然而，颗粒冲击产生的毛细管波导致的能量消耗使 $\frac{v_0}{v}$ 降低，如 Stechemesser 等（1985）的实验数据和 Rulyov（1988）的计算结果。

式（11.89）的近似解之一为

$$\overline{St} = 1 \tag{11.90}$$

由于式（11.89）的精确解在一定程度上取决于可以在小范围内变化的气泡速度，但未被使用。超过 $\overline{St}$ 的 St 值被排除在进一步考虑之外，因为式（11.62）不成立。因此，如果 $St<1$，则只能进行一次重复碰撞。

当 v_0 必须被 v_r 和 $\omega_1\tau_0 \cong \pi$ 取代时，重复反弹的距离由式（11.58）确定。根据式（11.60），在 $St_r \approx St_{cr}$ 时 v_r 非常小，在式（11.58）中用 v_r 替换 v_0 所得非常小的项可忽略。方程（11.58）中的第二项和第三项相等，并且

$$l_r \approx 2\,\frac{E_0}{3}a_b \approx \frac{a_p}{e} \tag{11.91}$$

重复反弹长度 l_r 小于粒径。这意味着颗粒和表面的振荡也包括液体中间层。式（11.55）推广时必须考虑此效应。这些结果与 Rulyov 等（1987，1988）的结果根本不同。

11.8.3　颗粒形状对碰撞附着的影响

Rulyov（1988）考虑了气泡与锥形颗粒的惯性流体动力学相互作用，其轴线垂直于气泡表面。其中考虑了 BCS（类似于 11.1～11.2 节中的描述），并补充考虑 ACS，并特别注意能量消耗。

可发现液体夹层中的黏性流动引起的能量消耗程度在足够小的锥角处接近 100%，这使得三相接触线高度延伸。在此条件下，可防止颗粒与气泡表面分离。附着过程通过第一次大直径的颗粒，即 200μm，来实现。

然而，随着锥角的增加，动态接触角减小，颗粒发生反弹。在不对称锥体取向下，锥

轴与法向表面之间的角度 β 的增加有利于颗粒反弹。颗粒的冲击主要发生在不对称的锥体取向时。因此，即使在相当尖锐的锥角下，颗粒反弹也可以占主导地位。当角度 β 较小时，以及在角度 β 较大时，发生重复碰撞后，可以在第一次碰撞时即发生颗粒的附着。

11.8.4 Schulze叠加模型

Schulze（1993）注意到“单颗粒的整体碰撞概率应该是各个碰撞效率的代数和”。这些效应包括拦截效应 E_{ic}，重力效应 E_g 和惯性效应 E_{in}。该方法的效果可以通过与擦过轨迹方法的确切结果进行比较来评估。用于计算颗粒轨迹的微分方程包含四个无因次数值 $\left(\frac{a_p}{a_b}, Re, St, \tilde{g}\right)$。因此，碰撞效率是这四个参数的函数。

将四维函数表示为低维函数的叠加形式通常是不合理的。然而，在极端条件下，当其中一个参数的值非常小时，对其依赖关系可以忽略不计。例如，在条件式（10.76）的情况下，碰撞效率不依赖于 St。在 $St \geqslant 0.1$ 时，对 $\frac{a_p}{a_b}$ 的依赖可以被忽略。因此，可以得出结论，在极端条件下，Schulze（1993）提出的叠加可成立（例如 Sutherland 或 Langmuir 方程），其他小项可以忽略。但是对于中间情况来说，此情况不成立，例如，如果条件式（10.76）和下式

$$\frac{a_p}{a_b} \ll 1 \tag{11.92}$$

成立，且其值为同一数量级。在此情况下，Ec 可用式（10.68）来表示，其中第一个因子由拦截引起，第二个由惯性力引起。此例显示，函数乘积在排除极端条件后可用。

颗粒反弹的过程未并入 Schulze 叠加模型中，因此该模型只能用于在第一次碰撞时发生附着的颗粒。

所用的流体动力场不包括在势能流动下较大上升气泡的情况。E_{ic} 和 E_{in} 对流体动力场和气泡表面状态敏感，尚未被考虑。

作为半经验关系评价 Schulze 方程，可分析实验方法和数据。Schulze 使用直径为 2mm 的气泡和 $Re=30$ 条件下的流管实验。在 Schulze（1993）和 Hewitt 等（1994）的实验之间存在显著差异。后者使用了直径为 2mm 的单个上升气泡，$Re=600$ 及 $St=0.25$ 的条件。尚不清楚 Schulze 的实验在 $St \sim 0.07$ 时是否发生碰撞。

在 Anfruns 和 Kitchener（1976）的实验中，未关注水的净化。这意味着 1mm 直径气泡的表面可能会发生阻滞。在浓度高于 10^{-3} M 的 SDS 溶液中，当接触角很大时，仍完全没有颗粒沉积。在势能流下，对 1mm 气泡和直径为 40μm 颗粒的流体动力压紧力相当强大，可以克服静电分离压力（参见 10.5.2 节）。相反，该力对于阻滞表面变弱，并不足以克服静电屏障。因此，Anfruns 和 Kitchener（1976）的实验中气泡表面被阻滞。此外，Stokes 数低，不存在离心力，颗粒反弹也不太可能发生。因此，Schulze 利用实验数据验

证了他的叠加模型，其中颗粒反弹和显著的离心力是不可能出现。然而，即使不是在相对较高的 Re 值下，Stokes 数也可以达到大颗粒的超临界值，然后颗粒反弹成为可能。因此，必须排除不能通过第一次碰撞附着的颗粒。在这两个限制下，Schulze 的叠加可以看做插值方法。

额外限制条件下，可采用另外的方法测试 Schulze 近似的有效性。实际上如果可排除第一次冲击期间不能附着的颗粒，在势能流情况下，当 $St>St_{cr}$时，如果在第一次冲击时发生附着，则可以应用此方法。该方法在 $St<St_{cr}$时无效，如上所述。

势能流 E_{ic}可以用 Sutherland 方程表示，E_{in}可用 Langmuir 方程表示。需注意，Langmuir 从颗粒轨迹微分方程的数值计算得到该方程。其中，颗粒被视作点质量，即在式（10.10）中不存在颗粒尺寸。这意味着颗粒尺寸对轨迹没有直接的影响。然而，颗粒质量、阻力系数和 Stokes 数均取决于粒度，只有后来的 Langmuir 方程才能用于有限颗粒尺寸。此结果不能用于 Schulze 近似，因为在 Sutherland 方程中考虑了 $\frac{a_p}{a_b}$ 的影响。

11.9　动态吸附层对碰撞附着的影响

DAL 几乎影响到基本浮选过程的所有阶段。阻滞和非阻滞表面有限尺寸气泡的上浮速度可以彼此相差约 2 倍（参见图 8.2）。根据准弹性（10.1 节）和非弹性（10.2 节）碰撞理论，当气泡速度降低时，可得对应于表面冲击开始时的较小膜厚度 h_0。通过冲击 h_T获得的最小膜厚取决于 h_0（即气泡速度），另外也取决于表面阻滞的程度。在 DAL 影响下上浮气泡速度的下降有助于减小 h_T。

在 DAL 的作用下，颗粒和气泡之间液膜表面的阻滞对 h_T产生相反的影响。只有当表面活性剂满足条件式（8.71）时，DAL 的这种配对效应才是可能的。这种表面活性剂也可以二次影响 h_T。如果表面活性剂浓度低，则气泡前导表面上的表面浓度也低。由于相同的原因，DAL 不能确保表面膜的阻滞，而是仅通过气泡上浮速度影响 h_T。可以从图 8.2 给出的数据来评估每种表面活性剂对作为浓度和表面活性函数的气泡前导表面的流动性的影响。

DAL 对三相接触线延伸的影响可能更为重要。该延伸的驱动力为相应表面浓度值下瞬时和平衡表面能之间的差值。

如果式（8.71）成立，则气泡表面的流动性对表面浓度没有影响。然而，在条件式（8.72）下，气泡前极附近流动性强烈降低是可能发生的。对于每种表面活性剂，可以从图 8.2 给出的数据估计前极附近发生显著表面浓度降低的可能性。因此，有可能获得平衡接触角 $\theta_{R\infty}$和上浮气泡尺寸、表面活性剂浓度及其表面活性之间的关系。在目前的 DAL 理论中，只有在处于液体速度长势能分布下大气泡表面大部分存在弱阻滞时，才能获得这种关系。

有必要开发 DAL 用于延伸液体夹层的理论。当三相接触线移动时，表面活性剂从液/气界面迁移至固/液界面，反之亦有可能。因此，取决于表面活性剂分子的扩散速率，界面能及移动液体在由表面活性剂分子扩散速率决定的弯液面处液体的表面张力发生变化(Schulze 1992)。因此，液体弯液面的移动也可以取决于表面活性剂解吸-吸附的动力学。第 12 节中将进一步进行评述。

11.10 势能流下的滑动附着，颗粒反弹和临界液膜厚度的影响

11.10.1 多级碰撞的分类/势能流和 $St > St_{cr}$ 时的附着过程

对于特殊颗粒形状和高三相接触线延伸速率，在以下条件下，颗粒在气泡表面发生第一次冲击有可能发生附着

$$St > St_{cr} \tag{11.93}$$

根据式（11.80）对较大 h_{cr} 和三相接触线的高延伸速率，颗粒有可能在宏观光滑的粗糙表面，颗粒发生重复冲击而附着。在以下实现条件下

$$h_{cr} < h_{cr_{min}}^{coll} \tag{11.94}$$

粗糙和光滑颗粒均有可能发生滑动附着，不排除颗粒发生反弹的可能。在式（11.93）条件下，颗粒反弹不可避免，除 11.8.2 节讨论的情况之外。忽略这些特殊情况，可得出结论，在式（11.94）的条件下，颗粒有可能通过重复碰撞之后的滑动发生附着。

Luttrel 和 Yoon（1992）及 Nquen Van 和 de Kmet（1992）在分析滑动过程时，忽略了滑动之前的颗粒反弹。这仅适用于小颗粒，而对于大颗粒［当条件（11.93）成立时］，滑动附着在重复碰撞后发生。

Schulze（1992）对滑动过程进行量化的方法与 Luttrel 和 Yoon（1992）的方法完全不同。Schulze 观察到颗粒滑动发生在之前的颗粒反弹后。这是一个非常重要的现象，可区分碰撞/附着的不同变化过程。在其综述中，Schulze（1992）将滑动附着视作两段过程，考虑了滑动阶段前的颗粒反弹过程。Schulze（1992）对颗粒反弹对滑动过程初始条件影响的描述基于 Dukhin 和 Schulze（1987）的数据。Ye 和 Miller（1988，1989）也考虑了碰撞附着。

11.10.2 反弹和临界液膜厚度对滑动附着的影响

子过程（图 11.8）的顺序为初始碰撞，然后是颗粒反弹及第二次碰撞，随后是伴随着

液膜在颗粒和气泡之间排出而引起的反复反弹和滑动。该过程最终导致液膜达到临界厚度并破裂，以及三相接触线的延伸，导致平衡接触角的产生。为计算 E_{col}，需要指定边界条件。在滑动期间，临界膜厚度在角度 θ_t 下产生

$$h(\theta_t) = h_{cr} \tag{11.95}$$

如果三相接触线的延伸速度非常高。三相接触线的延伸需要一定的时间，液膜在小角度下发生破裂

$$h_r = h(\theta_t - \Delta_{tpc}) = h_{cr} \tag{11.96}$$

三相接触线的延伸在颗粒滑动期间，角度 $\theta_t - \Delta_{tpc} < \theta < \theta_t$ 范围内发生。

若 θ_b 为表征重复反弹颗粒和重复滑动颗粒边界的特征角度，则反弹在最大距离时停止，该角度可用式（11.91）计算

$$h(\theta_b) = \frac{a_p}{e} \tag{11.97}$$

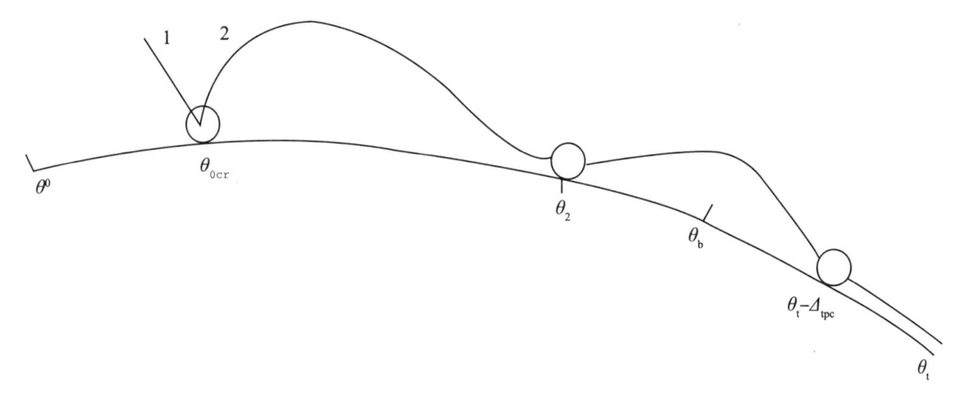

图 11.8　第二次碰撞之后通过滑动发生附着的浮选机理。

θ_{0cr}—第一次碰撞的临界角度；θ_2—第二次反弹及滑动开始的角度；$\theta_t - \Delta_{tpc}$—发生液膜破裂及三相接触线开始延伸的角度；θ_t—离心力影响限定的最大滑动角度

滑动过程的考虑可关联在 θ_b，$h(\theta_b)$ 时滑动开始和在 $\theta_t - \Delta_{tpc}$，h_{cr} 结束的坐标

$$\sin\theta_b = \sin(\theta_t - \Delta_{tpc}) \left(\frac{h_{cr}}{h(\theta_b)}\right) = \sin(\theta_t - \Delta_{tpc}) \left(\frac{eh_{cr}}{a_p}\right)^{1/8} \tag{11.98}$$

按式（11.68）和式（11.61），第一次碰撞和滑动开始之间的时间间隔为

$$T + \tau_0 = 2K^* \left(\frac{\pi}{\sqrt{2K^* - 1}}\right) \tag{11.99}$$

可通过代入式（11.73）T 用 $T+\tau_0$ 代替，$\sin\theta_t$ 用 $\sin\theta_0$ 代替，S 通过式（11.45）获得关联角度 θ_0 和 θ_b

$$\theta_{0cr} \cong \sin(\theta_t - \Delta_{tpc}) \left(\frac{eh_{cr}}{a_p}\right)^{1/8} \exp[-S(T+\tau_0)] \tag{11.100}$$

11.10.3 短程流体力学作用的理论（SRHI）

10.5.2 节中讨论了 SRHI 的物理特性。在本节中，将从数学角度讨论此问题。Natanson（1957）证明了分子力对气溶胶颗粒附着的重要性，在气溶胶科学中获得了第一个重要的结果。但 Natanson 没有考虑 SRHI。Derjaguin 和 Smirnov（1967）第一次提出了对此问题的严格处理，并同时考虑了 SRHI 和分子力。Spielman 和 Goren（1970，1971）稍后阐述了在大颗粒（捕集剂）表面层流条件下小颗粒沉积问题的更普遍方法。其中引入了一个局部坐标系，用于描述小颗粒周围以及颗粒与捕集剂之间的液膜中的局部流体动力场，并得出了短程流体力学方程。这些结果是 Derjaguin，Dukhin 和 Rulyov（DDR）关于 SRHI 在浮选中作用理论的重要组成部分（1976，1977）。

当颗粒沿着气泡表面移动时，颗粒/气泡相互作用的条件发生变化，短程相互作用变得不稳定。然而，在与颗粒相关的局部坐标中，相互作用可视作是准稳态的。可使用圆柱坐标系，其中心在气泡表面，z 轴穿过移动颗粒的中心。这种圆柱坐标可简化流体动力学相互作用的描述。颗粒速度的法向分量 $V_{pz}=\dfrac{dz}{dt}$ 和切向分量 $V_{po}=a_b\dfrac{d\theta}{dt}$ 方程如下

$$\frac{dz}{dt}=F_n f_1/b\pi\eta a_p \tag{11.101}$$

以及

$$a_b\frac{d\theta}{dt}=u_\theta f_2 \tag{11.102}$$

该方程描述了当液体中间层较薄且颗粒中心与气泡之间的距离等于 a_b 时的颗粒运动阶段。夹层变薄和颗粒移动的速率是相同的，并且由压力 F_n 和阻力（Stokes 阻力系数和无因次函数 f_1（H），$H=\dfrac{z-a_p}{a_p}=\dfrac{h}{a_p}$，的乘积）的作用控制。颗粒轨迹方程由式（11.101）和式（11.102），将 z 替换为 H 并排除时间后得到

$$\frac{dH}{d\theta}=\frac{a_b F_n(\theta,H)f_1(H)}{6\pi a_p^2\eta u_\theta(\theta,H)f_2(H)} \tag{11.103}$$

通常，压紧力是几种力的叠加［参见式（10.54）］。如果表面力的作用半径与粒径相比较小，且不考虑布朗运动，并且存在足够高的电解质浓度，则式（11.103）可能存在半解析解。这意味着仅考虑微米尺寸和更大的颗粒，并且双层的厚度超过 1～10nm。超过 10nm 的距离，颗粒在流体动力压紧力（参见第 10.5 节）和重力的作用下移动到表面。重力将被忽略，因为在这一节中考虑的是势能流体力学流动。流体动力压紧力与流体力学速度法向分量的局部值成正比

$$F_n=F_h=6\pi a_p\eta\times u_z(H,\theta)\times f_3(H) \tag{11.104}$$

函数 f_3（H）与液膜厚度相关。在代入式（11.103）后，可得

$$\frac{\mathrm{d}H}{\mathrm{d}\theta}=\frac{a_{\mathrm{b}}u_{z}(\theta,H)f_{1}(H)f_{3}(H)}{a_{\mathrm{p}}u_{\theta}(\theta,H)f_{2}(H)} \tag{11.105}$$

函数 f_1，f_2，f_3 由 Goren（1970），Goren&O'Neil（1971），Goldman 等（1967），Spielman 和 Fitzpatrick（1973）确定。在颗粒尺寸数量级，即 $H \geqslant 1$ 的距离处，可以假设 $f_1 f_2/f_3 \approx 1$，颗粒轨迹与液体流线一致。

该理论可以指定两种不同表面效应的模型对液膜排水的影响：

（1）存在临界厚度 h_{cr}。不考虑 h_{cr} 和 DL 厚度之间的相关性，忽略 h_{cr} 之外的表面力。在该模型中，当满足液膜减薄的边界条件时，颗粒发生附着

$$H(\pi/2)=H_{\mathrm{cr}} \tag{11.106}$$

颗粒在 $h(\theta)=h_{\mathrm{cr}}$ 时在任何 θ 处都会发生附着。然而，式（11.106）的条件分离了擦过轨迹。根据势能流动（Dukhin 和 Rulyov，1977），结果可得

$$E_{\mathrm{c}}=1.8\times\frac{a_{\mathrm{p}}}{a_{\mathrm{b}}}\left(\frac{h_{\mathrm{cr}}}{a_{\mathrm{p}}}\right)^{1/8} \tag{11.107}$$

（2）h_{cr} 的概念被忽略，附着由引力导致。在第一个模型（分子吸引力被忽略）中，不能考虑在气泡下表面上的颗粒附着，因为任何颗粒在重力作用下均离开气泡表面。当忽略 h_{cr} 时，可认为颗粒在超过重力的吸引力作用下几乎接近气泡表面。因此，该模型允许考虑在气泡下表面上的颗粒附着。擦过轨迹终止于气泡的后阻滞极点。对于圆柱对称可得

$$\left.\frac{\mathrm{d}H}{\mathrm{d}\theta}\right|_{\theta=\pi}=0 \tag{11.108}$$

比较式（11.108）和式（11.103），可得出擦过轨迹的最终坐标为

$$\theta_0=\pi, F_{\mathrm{n}}(\pi,H_0)=0 \tag{11.109}$$

式（10.16）和式（10.17）由以上模型得到。

11.10.4　颗粒和气泡性质对碰撞效率的影响

图 11.9 显示了表征碰撞效率对由第一次或第二次冲击附着和气泡表面状态造成的颗粒尺寸依赖性的曲线之间差异。该计算根据 Ralston 及其同事的实验（Crawford 和 Ralston 1988，Hewitt 等 1994）中给出的条件进行，并将在下一节讨论。

在这些实验中，Ralston 等使用三种不同尺寸的气泡。此处选择直径为 2mm 的气泡，尽管其可能会偏离球形。为使用这些方程，最重要的标准是比精确的气泡形状更好的表面流动性。可以排除这种大气泡的表面阻滞。

图 11.9 中的数据对应于图 3 中 Hewitt 等（1994）的结果，其中曲线通过 Schulze 叠加模型计算。实线由 Hewitt 等对 2mm 直径的阻滞气泡表面使用 Schulze 叠加计算。如果气泡表面没有表面活性剂，则 Sutherland 方程（10.11）可得 Schulze 近似的 E_{ic}，Langmuir 方程可用于估算惯性的影响（见第 10.4 节）。与势能流下的 E_{ic} 相比，E_{g} 可以忽略不计。将该计算结果绘制为虚线。固体和虚线两者对应于第一次冲击后发生的附着。

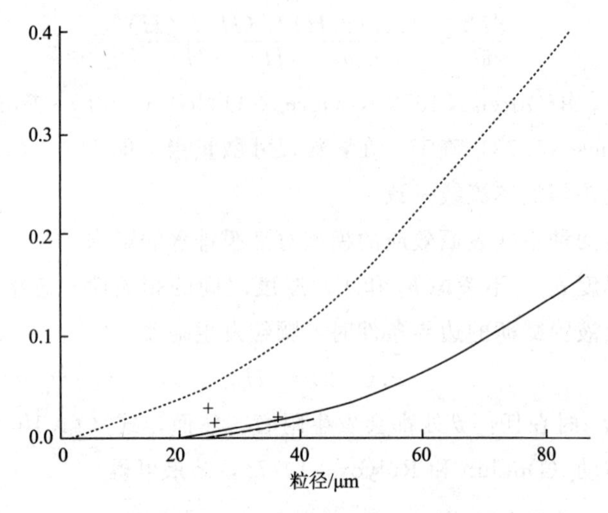

图 11.9 在不同假设下计算所得碰撞效率；阻滞气泡表面及第一次碰撞发生附着（—），未阻滞气泡表面及第一次碰撞发生附着（……），为阻滞气泡表面及第二次碰撞发生附着（+——+）；气泡直径 2mm，$\rho'=2.6\text{g/cm}^3$，$Re_b=600$

势能流和第二次碰撞发生附着的结果在图 11.9 中位于下方。对亚临界 St 值，计算采用式（11.141）～式（11.143）完成，对亚临界 Stokes 数，通过将 θ_{0cr} 代入式（11.74）完成。因此，根据式（11.100），可得

$$E_{col}=E_1(\theta_0)\times\theta_0^2=E_cE_{at} \tag{11.110}$$

其中

$$E_c=e(\theta_0)\sin^2\theta_t\exp[-2s(T+\tau_0)] \tag{11.111}$$

以及

$$E_a=\frac{\sin^2(\theta_t-\Delta_{tpc})}{\sin^2\theta_t}\left(\frac{eh_{cr}}{a_p}\right)^{1/4} \tag{11.112}$$

在式（11.112）中，第一因子表征了 ACS 对附着的影响，第二个因子描述了 BCS 阶段（即排液）的影响。函数 $e(\theta_0)$ 考虑了颗粒轨迹与第一次撞击之前的直线的偏差（图 11.8）（参见图 11.8）。$e(\theta_0)<1$ 是第一次冲击时的碰撞效率，可独立计算。因此，实际碰撞效率 E^{real} 低于图 11.9 中绘出的碰撞效率，其中忽略了式（11.111）中的 $e(\theta_0)$ 及下式

$$E=\sin^2\theta_t\exp[-2S(T+\tau_0)] \tag{11.113}$$

其中采用

$$S(T+\tau_0)=\left[-1+\sqrt{1+6St\left(1+\frac{\rho}{2\rho_p}\right)\left(1-\frac{9}{2}St\,\frac{\rho}{\Delta\rho}\right)}\right]\left[\frac{\pi}{\sqrt{12St(1+\rho/2\rho_p)-1}}+1\right] \tag{11.114}$$

此实验数据和计算所用方程总结于表 11.1 中。

超临界 Stokes 数的计算结果存在很大的不确定性，这是由于三个原因。Basset 积分

(Basset 1988，Thomas 1992）不包括在轨迹的计算中，并且根据式（11.76）所得颗粒切向速度用于计算离心力，θ_s和 θ_r。

亚临界和超临界 St 值的理论在 St_{cr}附近无效。式（11.114）仅在 $\frac{1}{12}\left(1+\frac{\rho}{2\rho'}\right)<S<\frac{2}{9}\frac{\Delta\rho}{\rho}$ 条件下才能使用。在间隔极限附近，其精度很低。幸运的是，对应于 Ralston 等的实验的 St 值在此间隔内，因而式（11.110）成立。

表 11.1　计算中所用数据和方程，$\rho_p=2.6g/cm^3$，$2a_b=2000\mu m$，$Re_b=600$

$a_p/\mu m$	25	35	equation	$a_p/\mu m$	75		equation
				y	2/3 S	S	
E_0	0.04	0.05	Sutherland	E_0	0.1	0.1	Sutherland
St	0.02	0.04	11.48	St	0.2	0.2	11.48
				S	0.5	0.5	11.45
β	0.25	0.17	10.72	β	0.3	0.13	11.76
$\sin^2\theta_t$	0.35	0.35	10.71	$\sin^2\theta_t$	0.4	0.2	10.71
E/E_0	0.3	0.3	Dukhin 1982，1983	$S\ (T+\tau)$	1.1	1.1	11.114
E	0.012	0.016	$E=(E/E_0)\ E_0$	E	0.044	0.022	11.113

第一次冲击后附着情况的碰撞效率（图 11.9 中的实线和虚线）为单调函数。颗粒跳跃和离心力使曲线中出现最大值，并在超临界 St 值下导致碰撞效率的大幅降低（参见图 11.9）。

11.11　动态吸附层对滑动附着过程的影响

DAL 影响浮选的所有微观过程。滑动的初始条件由碰撞过程决定。DAL 影响碰撞过程，也影响颗粒滑动。

碰撞后的颗粒反弹由式（11.55）描述。在反弹之后，气泡表面的颗粒运动被相反方向的液体运动，即气泡流体动力场的法向分量所阻滞。对于自由和阻滞的气泡表面，该组分的值有很大差异。如第 10.2 节所述，法向分量与自由气泡表面的比率 a_p/a_b有线性依赖关系，并且对于强烈阻滞的表面与 $(a_p/a_b)^2$成正比。

因此，液体逆流所致反弹颗粒的运动阻滞对气泡表面的阻滞程度，即在气泡前极附近的 DAL 结构非常敏感。运动在弱表面阻滞处较快，并且在强烈表面阻滞处较慢。因此，在强烈表面阻滞情况下，反弹颗粒的惯性路径可以超过弱阻滞表面的惯性路径。切向速度越大，滑动时间越短。

如果惯性路径的长度减小，则颗粒附近的切向液体速度减小并且导致更长的滑动时间。

气泡表面阻滞对切向颗粒速度有直接和间接的影响。直接影响由气泡流体动力场对其表面速度分布的依赖性引起。间接影响由反弹颗粒的惯性路径对其切向速度和路径对气泡表面阻滞的依赖性影响引起。两种效果的方向相反。在从自由到阻滞表面的过渡处，液体切向速度在任何点都减小，并且惯性路径增长，这导致切向颗粒速度的增加。

由于表面阻滞的直接和间接影响方向相反，因此很难确定 DAL 对滑动时间即使是定性的影响。然而很明显，这种影响很强，而 DAL 理论的发展将会很有用。

DAL 对离心力的影响更为明显。由于表面是可移动的，其影响很强，可以防止颗粒沉积在角度 $\theta>\theta_t$ 处（见 11.5 节）。DAL 还可阻碍表面运动，并降低离心力，这可以导致重力的作用占优。在 10.15 节中，对气泡尺寸进行了估算，可使离心力在弱表面阻滞（大约 1mm）处占优。在更大气泡直径下，表面活性剂浓度的增加和表面阻滞的增强导致离心力的降低，这有利于浮选。作为表面活性剂浓度及其表面活性函数的气泡前导表面流动性可以通过图 8.2 中的数据来估算。

通常，起泡剂在浮选中的作用可用其防止气泡聚结的能力来解释。起泡剂或可增加气泡表面阻滞程度，从而减少离心力的不利影响。

通过滑动的附着可以用排液速度来控制，随着 DAL 液膜表面阻滞增加而下降。因此，DAL 所致的表面阻滞是有利的，因其可以防止离心力的不利作用。另一方面，DAL 妨碍排液过程，不利于浮选。

DAL 的影响还体现在三相接触线的延伸。与碰撞附着相比，这种影响可能不是至关重要的，因为滑动时间超过了碰撞时间的数量级。

11.12 微浮选、浮选碰撞和附着阶段的研究

11.12.1 大气泡浮选的重要性和难点

浮选粒度的上限约为 200μm（Jain 1987）。专著中经常指出，粒径不超过 100μm。机械和气动浮筒可产生直径 1～3mm 的气泡（Jain 1987），与 Schulze（1993）的表述一致，在浮选中，a_p/a_b比值总是小于 0.1。如果气泡上捕集的颗粒过载，则会发生沉淀并强化浮选的选择性。颗粒捕集的偶然性特征由某些气泡捕获颗粒的数量可以超过平均值许多倍这种可能性导致。因此，a_p/a_b必须较小，这可以通过使用大气泡实现。

此问题必须解决，因为关于颗粒和气泡大小上限的文献值存在巨大的差异。当然，气泡的过载取决于颗粒的浓度和密度。如果密度和浓度都较小，则可以减小 a_p/a_b的比例。

然而，浮选在浓缩纸浆生产中更为经济，并且直径＜0.5mm 的气泡完全不适用（Jain

1987)。最佳浮选速率对应于 30～40μm 的粒度区间。在此平均尺寸外，浮选率也快速下降。

澄清大颗粒浮选缓慢的原因对于技术的改进是非常重要的。固有的三种因素降低了较大颗粒的浮选率。第一个与 BCS 阶段相关，第二个与 ACS 阶段相关，第三个与气泡/颗粒聚集体的稳定性相关。第一个因素的影响由图 11.9 中的较低曲线表示。超过 40～50μm 的粒度后，由于颗粒反弹和离心力的联合作用，碰撞效率急剧下降。如第 11.7 节所强调的那样，颗粒越大，颗粒附着所需的三相接触线延伸越快［参见式（11.78)］。这可能导致浮选率降低。根据 Schulze（1993）及 Crawford 和 Ralston（1988）的观点，气泡/颗粒聚集体的稳定性受湍流控制。如果粒径超过临界值，则气泡/颗粒聚集体变得不稳定。

11.12.2　微浮选和浮选在附着方面的相似性及碰撞方面的差异

浮选和微浮选理论的分离由 Derjaguin 和 Dukhin（1960）提出，由于碰撞阶段的显著差异，对大颗粒和气泡进行描述存在困难。微浮选引起了关注，因为两个阶段都比较简单，微浮选中附着机制的澄清也可用于浮选。

术语“附着”通常通过薄液体夹层与气泡/颗粒相互作用相关。液体中间层流体动力学的一般规律表现为所谓的润滑近似，而液膜稳定性控制了附着过程。该规则对中间层和粒径的线性尺寸不敏感。没有理由认为“小”颗粒（小于 10～30μm）附着过程在 BCS 阶段存在质的差异。任何尺寸的颗粒的常见 BCS 机制均存在于微浮选条件下的研究中。Collins 和 Jameson（1977）及 Anfruns 和 Kitchener（1977）的实验研究与 10.5 节强调的短距离相互作用理论一致。

附着阶段的显著相似性和前一阶段的差异在超临界 Stokes 数下的捕集效率中体现在式（11.74）和式（11.100c）及势能流下的无惯性浮选中（Derjaguin 等 1976)。

上述两方程都是两种因素作用的产物。第一个取决于滑动前的阶段。例如，式（11.107）是 Sutherland 方程和来自 SHRT 的参数 $\frac{3}{1.8}(h_c/a_p)^{1/8.15}$ 的乘积。式（11.100）具有相似的结构。

两个方程中第一因素结构的巨大差异是碰撞阶段不同机制的表现。可以看出，两个方程（11.112）和（11.107）中的第二个因子由于短程类滑动机制而显示出紧密的相似性。从方程（11.112）和（11.107）可以看出，滑动依附于 h_{cr} 的依赖非常弱。然而，在超临界 St 下，该影响更大。此外，h_{cr}/a_p 的指数在方程式（11.112）中高出两倍，导致附着效率与微浮选通常非常小的 h_{cr}/a_p 值相比显著降低。甚至在疏水表面，对于 $a_p \approx 50\mu$m 的情况，在 $h_{cr} \approx 100$nm 时可得 $(h_{cr}/a_p)^{1/4} \approx 0.1$。因此，浮选速率的降低可以因大颗粒滑动时的附着效率低引起。然而，h_{cr} 的应用对于破碎的颗粒尚不明确。

11.12.3 微浮选和浮选的碰撞和附着阶段研究

与微浮选相反，并不是所有的浮选阶段都被研究。对于浮选的碰撞阶段，理论已经阐明，但尚未经实验验证。该理论可以解释大颗粒浮选率的降低（第 11.1～11.9 节）。然而，存在两种可供选择的解释，这使得在微浮选和浮选中碰撞和附着阶段的复杂实验研究非常重要。最近，Ralston 及其同事进行了系统的研究。考察了不同尺寸的颗粒和气泡的浮选速率，以及不同破碎程度的石英颗粒经表面改性所得的不同接触角。重要的是完成了单个单分散气泡实验，可为估计 E_c 提供更好的条件。

与 Anfruns 和 Kitchener（1977）的实验不同，产生了一个重要的革新，可提高单个气泡捕获颗粒数量的测量准确性。使用摄像机以电子方式记录气泡，以便可以计算气泡的数量，并确定其速度和尺寸。根据捕获的颗粒在已知数量的气泡上的总量可得单个气泡所捕获颗粒的数量。Hewitt 等（1994）给出了直径为 2mm 的气泡数量及具有不同疏水程度颗粒分数，如图 11.10 所示。

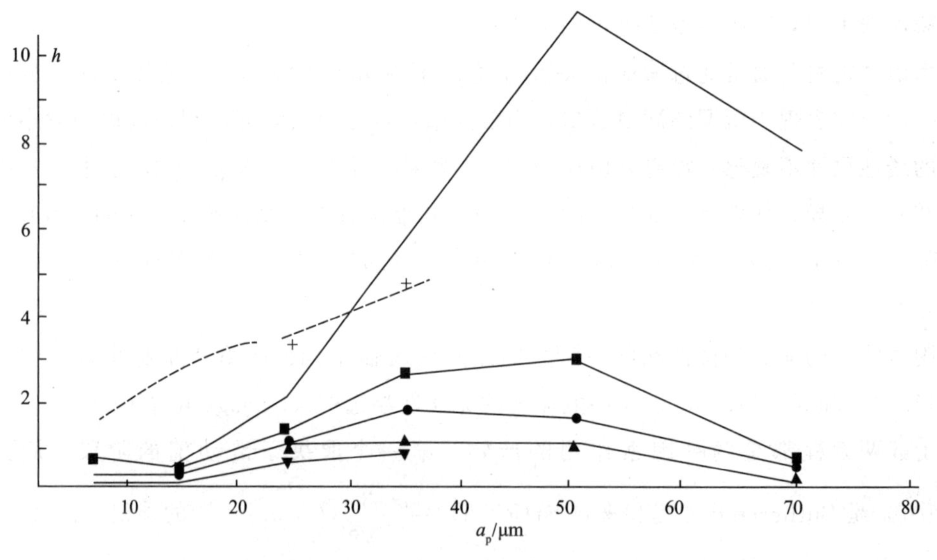

图 11.10 在水中 2mm 直径气泡捕集的不同程度疏水性石英颗粒数：

$\theta=20°$（■），$\theta=50°$（●），$\theta=65°$（▲），$\theta=88°$（▼）；

实线表示从碰撞效率计算出的每个气泡导致附着的碰撞次数，

在阻滞表面第一次碰撞（—），在未阻滞表面第二次碰撞（++）

单个气泡捕获的颗粒数可以通过碰撞效率来表示。该数量由 Hewitt 等（1994）使用 Schulze 叠加模型（图 11.9 中的实线）进行了计算，如图 11.10 所示。可使用图 11.9 的虚线遵循相同的程序，并考虑到颗粒反弹的不利影响（图 11.10 中的虚线），图 11.10 中虚线的纵坐标是从图 11.10 中实线的纵坐标计算所得，为该实线与虚线纵坐标和图 11.9

中实线纵坐标比值的乘积。自然地，所有这些纵坐标对应于相同的横坐标。该步骤通过每个气泡捕获的颗粒数与碰撞效率之间的线性关系证明是合理的。由于粒度分布的最大值，图 11.10 中的实线与图 11.9 中的实线相比，也存在最大值。

关于气泡表面状态的结论可以从 Crawford 和 Ralston（1988）给出的上升气泡尺寸和速度的信息得出："90％气泡的直径在 $10^{-3}\sim1.4\times10^{-3}$m，对应于气泡上升速度 20×10^{-2} m/s 和 30×10^{-2}m/s。"这些气泡速度超过表 10.1 中给出的速度，这表明其表面存在弱阻滞。Hewitt 等（1994）发表的实验结果中没有相似的信息。然而，其中描述了水的深度净化程序。所用浮选槽的高度为 33cm。根据第八章给出的估计值及 Loglio 等（1989）的实验数据，大气泡吸附层在如此短的路径内不能达到饱和。考虑这些信息，可以得出结论：特别是直径 2mm 的气泡不能被阻滞。实验中使用了三种不同破碎石英颗粒分数。每个分级的平均尺寸与从式（11.48）计算所得 St 值及从式（11.50）计算所得 K^* 值见表 1。在速度对气泡直径存在限行一览关系条件下，St 与 a_b 不相关。K^* 则取决于 a_b，因为 Re_p 是气泡速度的函数。因此，第一（25μm）和第二（35μm）分级的 St 值小于 St_{cr}，即亚临界值，对于第三级（70μm），St 是超临界的，因此，第一和第二分级的数据对应于微浮选建模，第三部分的数据对应于浮选建模。

三种理论曲线可与实验数据进行比较。曲线的选择通过考虑 2mm 气泡表面的流动性实现。实线对应于阻滞表面，因此可以忽略。虚线和短划线分别对应于运动气泡表面。第一次冲击后的附着产生高 E_{col} 值（虚线）。该曲线与实验数据之间存在较大的差异。因此，我们可以得出结论，在实验条件下，在第二次冲击期间或之后，颗粒附着到可移动气泡表面。这意味着实验数据必须与短划线进行比较。

这些发现有利于第 10 章和第 11 章所述的理论。同时，可得出结论，碰撞阶段，即颗粒反弹和离心力的影响，对于测得的超临界尺寸颗粒捕集效率降低起主要作用。

这个结论可以通过对实验数据中的两种讨论确定：

1. 虚拟理论短划线和实验曲线的高度相似性及其之间的较小偏差允许得出结论：亚临界和超临界尺寸颗粒浮选的定性差异是由碰撞阶段的差异引起的。实验数据显示，在 $St<St_{cr}$ 时，浮选速率提高，在 $St>St_{cr}$ 时降低。因此，St_{cr} 是从一种浮选状态到另一种状态转变的主要特征参数，由碰撞阶段确定。

2. SRHI 在浮选动力学中的作用可以通过比较不同程度疏水性的曲线来估计。接触角在较大范围内变化导致浮选速率降低 3 倍。疏水性的定性变化不影响从亚临界到超临界粒度过渡区域的浮选速率。两种粒度的浮选速率降低程度相同。疏水性表现在附着过程中。亚临界和超临界颗粒的疏水性对捕集效率的影响没有显著差异。因此，不同粒度在附着阶段不会发生定性变化。

当附着效率接近零时，附着阶段在低疏水性条件下是非常重要的。Crawford 和 Ralston（1988）提出了这一现象的实证证据，引入了浮选区域这一重要概念。该区域的极限由附着阶段决定。似乎可以通过 SRHI 的 DDR 理论来解释此限制。根据式（11.107）和式（11.100），若 $h_{cr}\to 0$，则 E_a 趋于 0。

相反的情况由 Hewitt 等（1994）进行了研究。选择了相当大的接触角，可排除附着过程碰撞效率随粒度变化的影响。

实验数据与 SRHI 和附着过程的 DDR 理论定性一致。在上述实验中，对 DDR 理论的要点进行了定性或半定性的确认。如果由于液膜充分变薄而导致附着，则 E_a 的绝对值不能增加超过一倍。确实，h_{cr} 在广泛的范围不变，$h_{cr}{}^{1/8}$ 的范围甚至更小。已知 $h_{cr}\approx 100$nm 适用于高疏水性石英。但更低的 h_{cr} 值是不合理的。相反，必须考虑分子吸引力对减薄过程的直接影响，则 $h_{cr}=0.3\div 1.0$nm 的值更合理。在这种情况下，$h_{cr}^{1/8}$ 变化小于 2 倍。Hewitt 等（1994）在实验中获得的 h_{cr} 值的变化在 3 倍范围内，与 DDR 理论具有良好的定性一致性。然而，DDR 理论低估了 SRHI 的作用。

最近的研究中，阐明了表面性质对排液率的影响（Hewitt 等 1993，Fischer 等 1992）。DDR 方法有可能对这些现象进行量化处理。

DDR 理论低估 SRHI 有两个可能的原因。如果 ACS 阶段控制附着率，则无法用 DDR 理论解释实验数据，因其描述的是 BCS 阶段。此外，衍生出了对于光滑表面球形颗粒的 DDR 方程。碰撞过程中破碎颗粒的行为可能完全不同，正如 10.8.3 节所强调的那样。在破碎颗粒向表面采取有利取向条件下，附着可以在第一次冲击时发生。在不利取向条件下，附着不可能发生。在这两种极端情况之间存在许多取向和附着的可能性。不排除在第一次碰撞期间少部分破碎的颗粒发生附着，而在第二次冲击期间另一部分发生附着，甚至在滑动期间也有更多的颗粒附着。目前尚无关于破碎颗粒的附着理论。Hewitt 等（1994）的实验显示，DDR 理论定性预测也适用于破碎颗粒，尽管定量描述低估了 BCS 或 ACS 附着阶段的重要性。

使用 Hewitt 等（1993，1994）的独特浮选装置很有意义。该装置可用于研究不同大小的球形单分散玻璃颗粒。球形颗粒实验有希望确认碰撞和附着的理论。随后，球形和破碎颗粒的实验结果比较可以产生关于破碎颗粒附着机制的有价值且唯一的信息。

另一个有希望的观点与下一节讨论的上升气泡的动态吸附层有关。

11.13 动态吸附层对脱离的影响

10.7 节中讨论了 DAL 对小颗粒脱离的影响。主要的定性结果也适用于大颗粒脱离过程，尽管存在显著的定量差异。第一，由于强大的分离力，对于大颗粒，不可能进行非接触式无聚集剂浮选。因此，聚集剂是提供气泡-颗粒聚集体稳定性所必需的。第二，为了提供与小颗粒-气泡聚集体的稳定性不同的这种颗粒-气泡聚集体的稳定性，需要较大接触角。第三，可以通过 DAL 的控制来减小分离作用力。该过程涉及大气泡，因其下表面不能在狭窄的后阻滞帽之外发生阻滞。在下表面移动部分处的较大液体速度法向分量可导致强大的分离力。这种困难可以通过提高可延长后阻滞帽的表面活性剂的浓度来避免。起泡剂在浮选中应用的另一个原因是对气泡表面流动性的影响。

由于表面浓度超过平衡值，后阻滞帽内的接触角可能与其平衡值有很大的不同。特别地，后阻滞帽中的表面浓度与平衡值之间的差异也可引起 Stern 电势的差异。因此，由于 OH^- 的表面浓度高于平衡值，所以 Stern 电势的绝对值超过其平衡值，此差值对后阻滞帽内接触角的影响可以基于式（10A.6）进行估算。

Li 和 Somasundaran（1991，1992）已经确定，在足够高的 pH 值和 $10^{-2}\sim10^{-1}$ M NaCl 中，水-气界面的负电荷绝对值已足够高。可得出结论，水-气界面的 OH^- 吸附量满足条件式（8.72），其在后阻滞帽内的值也超过平衡值。因此，Stern 电势也可能超过平衡值。由于接触角对 Stern 电势的高灵敏度，这种差异可能很重要。

假设水-空气界面处 Stern 电势 Ψ_1 的绝对值超过矿物颗粒的电势 Ψ_2，即 $|\Psi_1|>|\Psi_2|$。因此，在后阻滞帽内，$|\Psi_1-\Psi_2|$ 值高于平衡值。考虑到式（10A.6）中的第四种程度，即使 $|\Psi_1-\Psi_2|$ 的小幅度增加也可能导致后阻滞帽内的接触角大幅度增加。

最初由 Derjaguin 和 Dukhin（1961）提出阳离子表面活性剂的应用，以降低阻止颗粒接近气泡表面的静电屏障。该屏障在浮选正常尺寸的颗粒中并不重要，因其可以克服由重力引起的屏障。然而，在普通尺寸颗粒的浮选中推荐使用阳离子表面活性剂，因其通过增加 $|\Psi_1-\Psi_2|$ 的值提高了气泡-颗粒聚集体的稳定性。

因此，阳离子表面活性剂对微浮选和浮选的促进机理可能不同。在微浮选过程中，可降低静电屏障，在浮选时可增大接触角。当然，这两种效果可同时表现出来。Li 和 Somasundaran（1990，1992）观察到由于多价无机阳离子吸附引起的气泡再荷电。因此，为增大接触角并稳定气泡-颗粒聚集体，推荐使用上述阳离子。当然，多价离子在水-空气界面的选择性吸附也很重要。在后阻滞帽处有机或无机阳离子的吸附量可能超过其平衡值。这对于由阳离子吸附引起的接触角增大的预先估算有重要意义。

11.14　小结

超临界 Stokes 数下浮选碰撞阶段的定性变化

在 $St>St_{cr}$ 时，颗粒的惯性冲击使气泡表面变形，在颗粒和气泡之间产生薄水层，并使颗粒从气泡表面回跳。这可降低碰撞效率，否则效率随颗粒尺寸增加。对于亚临界直径的颗粒，碰撞效率随着粒径增加。所提出的非弹性碰撞理论与其他理论不同，描述了液体夹层中气泡-颗粒惯性相互作用和排液过程的耦合。

该理论使碰撞期间达到的液膜最小厚度计算结果更准确。在 0.2～1μm，h_{min} 的估计值超过了薄膜自发破裂的临界厚度 h_{cr}。这意味着在表面足够光滑的颗粒上不可能发生碰撞附着。

重复碰撞

已对重复碰撞的理论进行了描述，表明在第二次碰撞期间液体中间层的最小厚度超过了 h_{cr}。因此，通过第二次碰撞的附着也不可能在非常平滑的颗粒表面发生。导出的第一次和第二次碰撞之间的颗粒轨迹方程被限制在 Stokes 数 $St<1$ 条件下。该条件下只能进行一次重复碰撞。St 和 St_{cr}之间的差值给出了一种额外的限定条件，即不能太小。

对于具有特殊表面粗糙度或形状有利于较厚水膜破裂的颗粒，理论上不排除第一次或重复碰撞发生附着。

光滑表面颗粒的附着

只有通过滑动才能使具有光滑或稍微粗糙表面的颗粒发生附着。颗粒反弹不能忽视，因其控制了在第一次或第二次反弹之后开始的滑动过程初始条件。第二次反弹的距离 l_r确定了滑动过程到表面的初始距离。当第一次碰撞发生的位置与前极太远时，即在 $\theta>\theta_{0cr}$时，颗粒反弹和离心力的联合作用使第二次碰撞不能发生。

超临界 Stokes 数下碰撞效率定性差异的量化与 Ralston 及其同事的实验

通过考虑颗粒反弹和离心力对颗粒-气泡碰撞的联合负面影响，获得了 θ_{0cr}的方程和碰撞效率。Hewitt 等（1994）的实验显示浮选率完全依赖于高疏水性颗粒的直径和较大的接触角。这种依赖性以及对疏水性和接触角的弱敏感性意味着浮选率对粒径依赖极限是由碰撞阶段引起的。在亚临界 Stokes 数下，测量的捕获效率随着粒径而增加，而对于超临界 St，观察到与符合该理论的相反趋势。

碰撞或滑动下 DAL 对附着的影响

DAL 几乎影响所有通过碰撞和滑动表现出来的子进程。通过 DAL 的表面阻滞影响气泡速度，从而影响气泡-微粒惯性流体力学相互作用。还影响排液过程，从而影响在第一次或第二次碰撞和滑动期间实现的液体夹层最小厚度。表面阻滞对气泡周围的流体动力场、离心力和颗粒反弹的实际距离也有影响。结果，第一次和第二次碰撞之间的颗粒轨迹以及碰撞效率对 DAL 结构非常敏感。在式（8.71）和式（8.72）的条件之间，DAL 对附着的影响存在很大差异。对三相接触线的延伸速率也有显著影响。这些子过程对捕获效率的影响方向可能相反，使得即使对 DAL 效应的定性预测也非常复杂。

动态吸附层对脱离的影响

与微浮选不同，由于强大的分离力，对于大颗粒，无接触式无聚集剂浮选是不可能的。因此，聚集剂和大的接触角是必需的，以提供与小颗粒-气泡聚集体不同的颗粒-气泡聚集体稳定性。可以通过 DAL 的控制来减小脱离力。该过程涉及大气泡，因其下表面不能总处于在狭窄阻滞帽范围之外处于阻滞状态。在下表面运动部分处的液体速度较大法向分量可导致强大的分离力。这种困难可以通过提高扩大后阻滞帽的表面活性剂浓度来避免。

由于表面浓度超过平衡值，后阻滞帽内的接触角可能与其平衡值有很大的不同。特别地，三相接触线处的表面浓度与平衡值之间的差异也引起了 Stern 电势的差异。这样，由于 OH^-的表面浓度高于平衡值，其电位的绝对值可能会超过其平衡值，只要离子型表面活性剂的存在不会使情况复杂化，这一点就能成立。

此现象在 Li 和 Somasundaran（1991，1992）发表的结果之后变得更加重要。已经确定，在足够高的 pH 值的情况下，水-空气界面负电荷的绝对值已经足够高，在 $10^{-2}\sim10^{-1}$ M NaCl 情况下，从与 DAL 理论的比较可以得出结论在三相接触线处的 OH^-吸附超过平衡值。因此，Stern 电势也可能超过平衡值，由于接触角对于 Stern 电势的敏感性高，这一差异可能很重要。

因此，如果满足所有条件（足够高的 pH，不太高的电解质浓度和颗粒确定的表面电性质），则 OH^-离子不能用作离子聚集剂。由于缺乏大雷诺准数下的 DAL 理论，对这种现象的定量评估似乎是不可能的。在吸附阳离子表面活性剂时，水-空气界面电势 Ψ_1的绝对值可以小于颗粒电势 Ψ_2的绝对值，即 $|\Psi_1|<|\Psi_2|$。在三相接触线中，Ψ_1可能显著减小，并且同时 $|\Psi_1-\Psi_2|$ 增加。考虑到方程式（10D.6）的第四种程度，即使 $|\Psi_1-\Psi_2|$ 的小幅增加也可能导致三相接触线内的接触角大幅度增加。

因此，阳离子表面活性剂对微浮选和浮选的促进机理可能不同。在微浮选过程中，静电屏障可以减少，而在浮选时可以提高接触角。当然，这两种效果可同时表现出来。Li 和 Somasundaran（1990，1992）观察到由于多价无机阳离子的吸附引起的气泡再荷电。因此，为增加接触角并稳定气泡-颗粒聚集体，推荐使用上述阳离子。当然，多价离子在水-空气界面的选择性吸附也很重要。但是即使在平衡条件下没有吸附选择性，也可能由于三相接触线内的吸附量增加而发生对平衡的偏离。这对于由阳离子吸附引起的接触角增大的预先估算有重要意义。

参考文献

Anfruns，J. P. and Kitchener，J. A.，Trans. Inst Mining and Mat.，86 (1977) C9.

Basset，A. B.，A Treatise on Hydrodynamics，(Cambrigde，Beighton Bell)，Cambrigde，2 (1988).

Bergelt，H.，Stechemesser，H. and Weber，K.，Intern. J. Miner. Process.，34 (1992) 321.

Brauer，H. Grundlagen der Ein-und Mehrphasenströmungen. Aarau：Verl. Sauerlander，1971.

Collins，C. L. and Jameson，G. L.，Chem. Eng. Sci.，32 (1977) 239.

Crawford，R. and Ralston J.，Int. J. Miner. Process.，23 (1988) 1.

Derjaguin，B. V. and Kusakov，N. N. Acta Physicochim USSR，10 (1939) 25.

Derjaguin，B. V. and Smirnov，L. P.，in book Issledovania voblasti povorkhnortnik sil M. Nauka，(1967) 188.

Derjaguin，B. V.，Dukhin，S. S. and Rulyov，N. N.，Kolloidn. Zh.，38 (1976) 251.

Dimitrov，D. S. and Ivanov，I. B.，J. Colloid Interface Sci.，64 (1978) 971.

Dukhin，S. S.，Rulyov，N. N. and Dimitrov，D. S.，Coagulation and Dynamics of Thin Films，Naukova Dumka，Kiev，1986.

Dukhin，S. S. and Schulze J.，Kolloidn. Zh.，49 (1987) 644.

Evans，L.，Ind. Eng. Chem.，46 (1954) 2420.

Fisher L. R.，Hewitt D.，Mitchel E. E.，Ralston J.，Wolfe E..，Adv Colloid Interface Sci.，39 (1992) 397.

Fuchs，N. A.，Uspekhi Mekhaniki Aerosoley，Izd-vo AN USSR，Moscow (1961)，p. 158.

Goldman，A. L.，Cox，R. G. and Brenner，H.，Chem. Eng. Sci.，22 (1967) 637.

Goren，S. L.，J. Fluid Mech.，41 (1970) 619.

Goren，S. L. and O'Neill，M. E.，Chem. Eng. Sci.，26 (1971) 325.

Hewitt，D.，Fornasiaro，D.，Ralston，J.，and Fisher，L.，J. Chem. Soc. Farady Trans.，89 (1993) 817.

Hewitt，D.，Fornasiaro，D. and Ralston，J.，Mining Eng. Minerals Engineering，7 (1994) 657.

Hopf，W. and Geidel，Th.，Colloid. Polym. Sci.，265 (1987) 1075.

Hopf，W. and Stechemesser，H.，Colloid&Surfacec，33 (1988) 25.

Hornsby，D. and Leya，I.，in Surface and Colloid Science. (Ed. E. Matijevic)，N. Y.，Wiley Interscience，12 (1982) 217.

Ivanov，I. B.，Dimitrov，D. S. and Radoev，B. P.，Kolloidn. Zh.，41 (1979) 36.

Jain，S. K.，Ore processing，A. A. Balkema，Rotterdam，1987.

Luttrel，G. H. and Yoon，R. H.，J. Colloid Interface Sci.，154 (1992) 129.

Natanson，G. L.，Dokl. Acad. Nauk SSSR，112 (1957) 110.

Nquen Van，A. and de Kmet，S.，Intern. J. of Mineral Processing，35 (1992) 205.

Reynolds，O.，Phil. Trans. Rog. Soc. London，177 (1986) 157.

Rulyov，N. N.，Kolloidn Zh.，50 (1988) 1151.

Rulyov, N. N. and Dukhin, S. S., Kolloidn. Zh., 38 (1986) 302.

Rulyov, N. N., Dukhin, S. S. and Chaplygin, A. G., Kolloidn. Zh., 49 (1987) 939.

Rulyov, N. N. and Chaplygin, A. G., Kolloidn. Zh., 50 (1988) 1144.

Schulze, H. J., Int. J. Miner. Process, 4 (1977) 241.

Schulze, H. J. and Gottschalk, G., Kolloidn Zh., 43 (1981) 934.

Schulze, H. J. and Dukhin, S. S., Kolloidn Zh., 44 (1982) 1011.

Schulze, H. J. and Birzer, O., Colloids Surf., 24 (1987) 607.

Schulze, H. J., Radoev, B., Geidel, Th., Stechemesser, H. and Töpfer, E., Int. J. Miner. Process, 27 (1989) 263.

Schulze, H., J. in Flothing in Flotation, (J. S. Laskowski, Ed.), Gordon and Breach, Glasgow, 1989, Chapter 3.

Schulze, H. J., Adv. Colloid Interface Sci., 40 (1992) 283.

Schulze, H. J. in B. Dobias (Ed.), Coagulation and Floculation, Marcel Decker, New York, 1993.

Scheludko, A, Tchaljovska, S. and Fabrikand, A. M., Faraday Spec. Discuss. 1, A (1970) 112.

Li, Ch. and Somasundaran, P., J. Colloid Interface Sci., 146 (1991) 215.

Li, Ch. and Somasundaran, P., J. Colloid Interface Sci., 148 (1992) 587.

Spedden, H. R. and Hannan, W. S., AIME Technical Publication, 2534 (1948) 37.

Spielman, L. A. and Goren, S. L., Environ. Sci. and Technol. 4 (1970) 135, 5 (1971) 85.

Spielman, L. A. and Fitzpatrick, L. A., J. Colloid Interface Sci., 42 (1973) 607.

Stechemesser, H. J., Geidel, T. and Weber, K., Colloid Polym. Sci., 258 (1980) 109.

Stechemesser, H. J., Geidel, T. and Weber, K., Colloid Polym. Sci., 258 (1980) 1206.

Stechemesser, H. J., Freiberger Forschungshefte, A790 Aufbereitungtechnick, (1989).

Stechemesser, H. J., Schulze, H. J. and Radoev, B., Thesis of International Conference Surface Forces, Moscow, (1985) 64.

Thomas, P. J., Phsy. Fluids, 4 (1992) 2090.

Tschaliovska, S., Alexandrova, L. B., Godishnik na Sofisky Universitet, 72 (1977/78) 45.

Tschaliovska, S. Thesis, Univ. Sofia, Fac. Chemie, 1988.

Van Nguen, A., Int. J. Miner. Process., 37 (1993) 1.

Whelan, P. F. and Brown, D. J., Trans. Inst. Mining and Met., 65 (1956) 181.

Ye, Y. and Miller, J. D., Coal. Prep., 5 (1988) 147.

Ye, Y. and Miller, J. D., Int. J. Miner. Process., 25 (1989) 199.

Yoon, R. H. and Luttrel, G. H., Mineral Processing and Extructive Metallurgy Review, 1989, Vol 5, 101.

第12章　动态吸附层引起的非平衡表面力及其在液膜稳定性和浮选中的关联

DAL产生表面力，可自然地称为非平衡力，因其由于吸附层对平衡的偏离而产生。非平衡表面力对这些层的动力学的影响与平衡力的作用显著不同。在许多情况下，其作用半径远大于平衡表面力的作用半径，因为它们位于扩散边界层内。接近表面颗粒需首先通过扩散层，从而在许多情况下凝聚的可能性是由非平衡表面力的作用决定的。在其他情况下，其与平衡表面力的作用相关联，而非平衡力影响过程的速度。

12.1　动态吸附层对凝聚过程的影响

吸附材料的表面浓度和表面张力都是动态表面位置的函数。每个流体表面积元都经受沿着增加的表面张力梯度的定向作用力。由这些表面张力梯度引起的切向液体运动可能阻碍或加速薄膜的减薄过程（Alan和Mason 1962，Charles和Mason 1960，Groothius和Zuiderweg 1960）。在这些效应中，Marangoni-Gibbs效应是最为人所知的，并且在泡沫和乳液的稳定中起重要作用。

例如，假设肥皂膜被拉伸并变薄。表面积的增加导致吸附的表面活性剂表面浓度下降，从而导致表面张力的上升，这种效应倾向于抵抗液膜拉伸的过程。

液体乳液液滴（相1）悬浮在第二不混溶液体（相2）中的聚结动力学受界面处存在第三组分的影响，该组分可溶于两相并能降低界面张力。实验发现，如果通过扩散到相2中将第三组分从界面除去，则聚结速率增加，而如果扩散到相1，则速率降低。这一观察结果可解释为扩散到外部相中导致两个接近的液滴间隙中的表面活性剂浓度增加，同时向内相的扩散则具有相反的结果。在前一种情况下，富含表面活性物质的间隙区域产生较低的局部界面张力，表面从间隙区域开始扩展，然后变薄并增加液滴碰撞和聚结速率。在两个接近的液滴之间富集表面活性物质，由于表面运动而增加了液膜厚度，并且聚结相应地受到抑制。

MacKay和Mason（1963）对这些效应进行了深入的研究，考察了平坦表面和接近液滴之间夹层变薄的动力学。干涉法的实验结果与基于间隙中体相流体层流理论及流体界面稳定理论的预测结果进行了对比。通过将间隙设置为等价于两平行平板之间的间隙而使理论得到简化。

作为第一个近似，实验结果支持了此理论，只需考虑减薄间隙的黏性阻力。第三可溶性组分对减薄动力学的影响也至少定性符合扩散模型的预期，但需定量时，则不可能克服与表面张力梯度引起的表面运动相关的数学难题。通过在液滴界面处灰尘颗粒的显微观察证实了这种梯度存在的事实。

Thiessen（1963）提出了类似的结果。表面活性剂扩散对液滴聚结的影响证实了 MacKay 和 Mason（1963）的结果。此外，还考察了无机盐等表面活性物质的影响。如预期的那样，当无表面活性物质代替表面活性物质时，该效应的符号被反转。Thiessen（1963）指出了这种研究与使用有机溶剂从水溶液中萃取盐过程的相关性。通过这种技术分离金属是目前的一个普遍问题。

关于泡沫稳定性，研究人员（Rebinder 和 Vestrem 1930，Venstrem 和 Rebinder 1931，Allan 等 1964）的注意力已经转变到气泡接近气液界面的过程中相间膜的减薄和破坏，及其动力学和表面活性物质对这些过程的影响。基于黏性流动理论的减薄速率预测已经通过实验验证。该理论考虑了系统中表面活性材料产生的表面张力梯度，其作用是减小变薄速度。Klassen 的结果（1949）关于两个收敛气泡之间的减薄动力学与表面张力梯度和黏性力耦合的观点非常一致。

由于微小颗粒的惯性力与黏性力相比较小，Sutherland 和 Work（1960）假设在颗粒和气泡之间存在吸引力，导致它们的相互黏附。这些力的作用范围足够远，超过了边界层的厚度。

该理论被用来解释 Ewans 和 Ewers（1953）得到的结果。在其实验中，倾斜固体表面的一小部分涂有可溶性有机表面活性剂的厚层。用水冲洗表面，除了含有表面活性剂的部分的排水膜较薄之外，其厚度在倾斜表面上均匀分布。该现象发生在厚膜和薄膜之间的过渡区域，空气/水界面必须表现出一定的局部曲率。研究人员得出结论，认为所得到的毛细管压力由源于含面活性剂的区域的长程作用力补偿，膜厚度等于几十微米。虽然 Sutherland 和 Work（1968）没有解释这些长程力的性质，但指出了其发现对浮选理论和实践的重要性。导致减薄的长程力效应与表面活性剂从固体表面的解吸及其向空气/水界面的扩散输送有关。表面张力的局部降低产生 Marangoni 效应，其中膜的向外流量从包含表面活性剂的区域朝向较厚的水膜区域，从而增强液膜减薄过程。

Dukhin（1960，1961，1963）首次预测了该实验条件下产生的长程力作用与该现象的定量理论的统一，其主要结果将在后续章节中讨论。

12.2　离子吸附层对凝聚过程的影响

动态离子吸附层的任何部分均导致电中性条件下产生的双电层。吸附层获得快速扩散离子的电荷，而扩散层从慢扩散离子处得到电荷。无需严格的数学分析就可以定性描述吸附层相互作用及其动力学。表面活性离子的初始吸附之后是驻留在扩散双层中的抗衡离子的吸附。存在宏观等价数量的带相反电荷的离子以保持整体电中性，每个离子通过扩散输送。反离子与表面活性物种相比迅速扩散，但是界面处电场的积聚改变输送过程的方式为：加速缓慢扩散物质并使快速扩散的物质减速，使得每种物质的最终通量都相等。因此，吸附离子和抗衡离子电流近似相等的条件为符号与快速扩散离子一致的过量表面电荷的出现。

最后讨论表面活性剂的离子特性对表面力的影响。首先考虑 Marangoni-Gibbs 效应的扩散-电化学模拟。由于膜的拉伸导致吸附，所以两个膜表面同时被荷电并被推开。这使得薄膜减薄变得困难。非平衡双层的这种排斥发生在距离比双层厚许多倍的位置。

在 Ewans 和 Ewers（1953）的实验中，使用离子表面活性剂，使薄膜减薄的机理更加复杂。发生离子表面活性剂解吸的固体基质获得与在空气/水界面处吸附表面活性剂产生的电荷相反的电荷。所得的静电吸引作用有助于薄膜减薄（Dukhin 1960）。这种效应伴随着 Marangoni 流体动力学减薄。综合结果只有在对每种机制所起的作用进行彻底的数学分析之后才可以理解。只有在高浓度和高表面活性的情况下，才可以忽略静电对减薄动力学的贡献。Thiessen（1963）在讨论无机电解质的动力学影响时，需要引用 Dukhin（1963）的论点来解释其结果。

12.3　基础浮选过程中动态吸附层所致的液体夹层稳定

天然和废水的特征为相当高的电解质浓度，大大削弱了扩散-电化学性质的非平衡表面力，但几乎不影响由非离子表面活性剂的动态吸附层引起的非平衡表面作用力（Dukhin 1981）。因此，可认为这些力的作用很重要，其机制值得特别注意。然而，如果气泡和颗粒表面之间的距离小于临界值 h_{cr}，则微粒的浮选是可能的。厚度为 h_{cr} 的薄膜变薄，并变得不稳定，如果颗粒和气泡之间存在长程吸引力，则将其拉在一起时就会发生崩塌。

沿气泡表面的吸附量变化导致膜中的吸附量变化（气泡和接近颗粒之间的水夹层）。液体夹层中心的吸附量小于其周边的吸附量，因此中心的表面张力大于周边。朝向薄膜中心的表面张力增大后应发生整个薄膜液体在相同方向上的表面流动。颗粒和气泡间隙中的液体流动可防止膜变薄并阻碍浮选。在基本浮选过程中，将此效应称为动态吸附层所致的液体夹层稳定化是合理的。在基本浮选过程中，有一种类似 Marangoni-Gibbs 效应的作用。该作用可解释动态吸附层如何通过 Marangoni-Gibbs 效应有利于在界面处使液膜稳定。如果气泡上的表面浓度保持均匀，则此效应为零。

这种效应的定量分析需要计算膜中心 Γ_f（0，t）与其周边 Γ_f（a_p，t）之间的吸附量变化（参见图 12.1），对于碟形颗粒已经进行了计算，因其膜可视作与平面平行，并且膜内部的扩散过程具有轴对称性。此处 θ_1 为表征在 $t=0$ 时刻进入气泡扩散层的颗粒的位置角度，$\Gamma(\theta)$ 为气泡表面的吸附量分布。

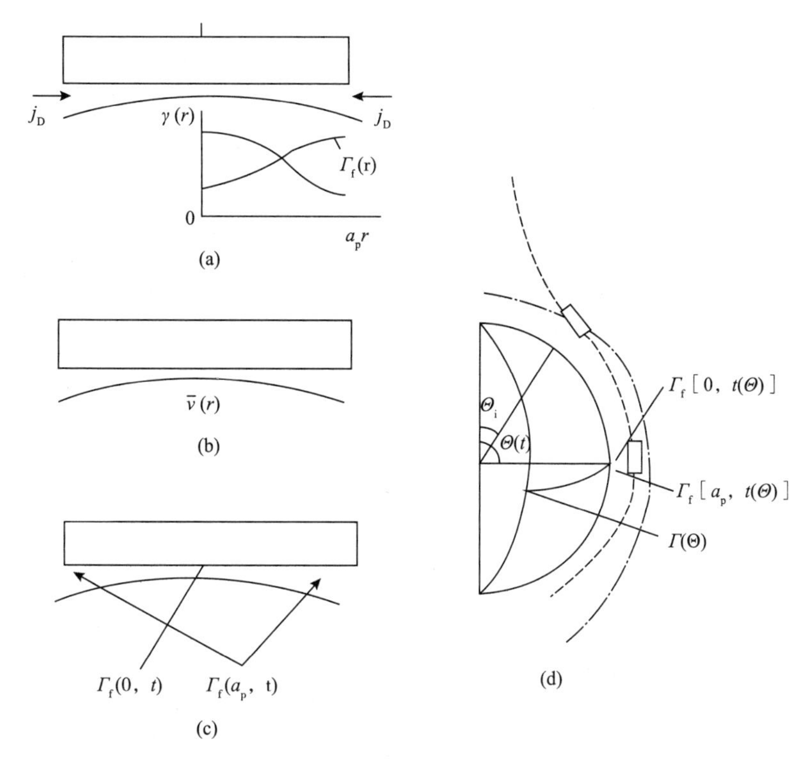

图 12.1　动态吸附层所致的液体夹层稳定；沿气泡表面的平板颗粒轨迹（a），吸附量分布（b），相间液膜中的速度（c），j_D为扩散通量（d）

因此，非稳态扩散方程为

$$\frac{\partial \Gamma}{\partial t} = D_S\left(\frac{\partial^2 \Gamma_f}{\partial r^2} + \frac{1}{r}\frac{\partial \Gamma_f}{\partial r}\right) \tag{12.1}$$

其中 D_s为表面活性分子的表面扩散系数。初始和边界条件分别为

$$\frac{\partial \Gamma_f}{\partial r}(0,t) = 0, \Gamma_f(a,t) = \Gamma(t), \Gamma_f(a,0) = \Gamma(\theta_1) \tag{12.2}$$

式（12.1）的解可通过 Duamel 积分表示

$$\delta\Gamma_f(r,t) = \sum_{n=1}^{\infty} \frac{2J_0(v_n r/a)}{v_n J_1(v_n)} \chi_n(t) \tag{12.3}$$

其中

$$\chi_n(t) = \frac{v_n^2}{\tau_D}\int_0^t (\Gamma(\tau) - \Gamma(\theta_1))e^{-v_n^2(\tau-t)/\tau_D}\mathrm{d}\tau + \Gamma(\tau) - \Gamma(\theta_1) \tag{12.4}$$

J_0和 J_1为第一类 Bessel 函数，v_n为 J_0，$\tau_D = a^2/D_s$的根，与膜中扩散存在时间相关性。非平衡吸附层的稳定作用可以被液体速度法向分量产生的压紧力中和。液体向气泡前导表面移动。在此过程中，液体在颗粒周围流过，就像被压紧到气泡表面一样。在 $Re \gg 1$ 时将厚度为 b 的碟形颗粒压紧在气泡表面的力为

$$F_1 = 48\eta \frac{abv}{a_b}\cos\theta \tag{12.5}$$

上式中使用了碟形物体的流体力学作用力方程（Happel 和 Brenner 1976）

将颗粒压紧在气泡表面的流动也可导致液体夹层 δp（r）中的过剩压力，可平衡 F_1

$$F_2 = \int_0^a 2\pi r\delta p(r)\mathrm{d}r \tag{12.6}$$

膜厚的最小值为 $h_{\lim}$。在 $h>h_{\lim}$ 时，由于压紧力，液膜变薄。在 $h=h_{\lim}$ 时，液膜厚度稳定，由于压降引起的间隙中的液体流出，该压降被表面张力梯度导致的液体流入平衡。可以计算得到碟形颗粒间平行平面夹层中，以及具有较大表面横截面气泡的接近平坦间隙的最小液膜厚度，其由膜厚度的稳定性条件确定。对应于通过膜的任何圆柱截面的零液体流动方程

$$2\pi r\int_0^{h_{\lim}} v(r,z)\mathrm{d}z = 0 \tag{12.7}$$

径向切向速度分布 v（r，z）由压力梯度和表面张力的相互作用决定。在 Navier-Stokes 方程中描述了 $\partial p/\partial r$ 对 v（r，z）的影响，其中考虑了 $\partial\gamma/\partial r$ 的影响，且在边界条件（12.9）下解出，因为 $\partial\gamma/\partial r$ 必须被表面-空气界面处的液体黏性张力平衡。由于使用薄膜流体动力学的近似，Navier-Stokes 方程的简化有利于确定函数 v（r，z）

$$\eta\frac{\partial^2 v}{\partial z^2} = \frac{\partial p(r)}{\partial r} \tag{12.8}$$

$$v_r\big|_{z=h} = 0;\frac{\partial v_r}{\partial z}\big|_{z=0} = \eta^{-1}\frac{\partial\gamma}{\partial r} \tag{12.9}$$

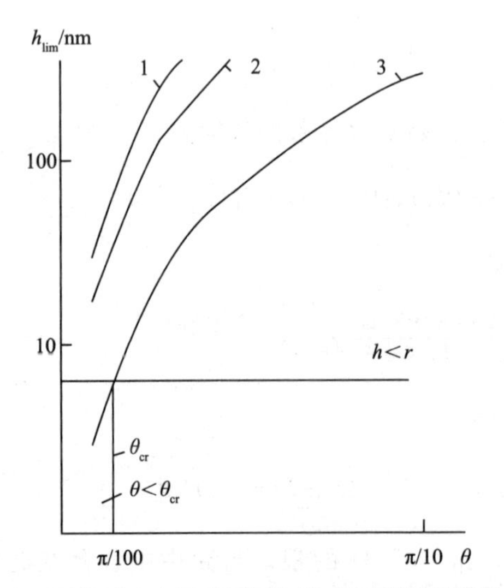

图 12.2　以角度 θ 表征的不同气泡表面截面的液体夹层最小厚度 $h_{\lim}$，不能发生沉积的区域 $\theta<\theta_{cr}$ 尚未证明

在此 $z=0$ 和 $z=h$ 对应于气泡和固体颗粒间液体夹层的表面。式（12.8）的解中出现了两个位置常数，可通过边界条件式（12.9）确定。将 v（r，z）的表达式代入式（12.7）并积分可得相间液膜压力和吸附量分布的关系式

$$\delta p(r) = \frac{3}{2h_{\lim}}\frac{\partial\gamma}{\partial r}\mathrm{d}\Gamma(r) \tag{12.10}$$

此方程可得出 $h_{\lim}$ 的计算公式，因为吸附量分布可用式（12.3）表示，压力分布通过式（12.6）与压紧力关联

$$-F_1 = F_2 = \frac{3}{2h_{\lim}}\int_0^a 2\pi r\delta\Gamma(r)\mathrm{d}r \tag{12.11}$$

此方程的左边可用式（12.6）及数值的气泡速度公式表示

$$v = \frac{1}{9}ga^2/v \tag{12.12}$$

右边可用式（12.3）给出的吸附量分布表示，积分可得

$$\int_0^a J_0\left(\frac{v_n\Gamma}{a}\right)rdr = \frac{a}{v_n}J_1(v_n) \tag{12.13}$$

所得关系式可表示 $h_{\lim}$

$$h_{\lim}(\theta) = \frac{\chi_b}{\eta}\frac{3\pi a_b}{16}\frac{a}{b}\sum_{n=1}^{\infty}\frac{\chi_n(t)}{v_n} \tag{12.14}$$

其中 χ_b 由式（8.35）给出。

现在，可用 $\theta(t)$ 表征液体夹层和颗粒沿气泡表面输送过程

$$\mathrm{tg}\frac{\theta}{2} = \mathrm{tg}\frac{\theta_1}{2}e^{t/\tau_b} \tag{12.15}$$

其中 $\tau_b = a_b/v_0$ 为气泡表面运动的特征时间，$\theta_1 = \theta|_{t=0}$。

此关系式可通过对气泡表面横截面运动方程的积分获得

$$a_b\frac{\mathrm{d}\theta}{\mathrm{d}t} = v_0\sin\theta \tag{12.16}$$

气泡上半部分吸附量的角关系可近似为

$$\Gamma(\theta) = \Gamma_0 - \Delta\Gamma\cos\theta \tag{12.17}$$

其中

$$\Delta\Gamma = c_0\left(\frac{\Gamma_0}{c_0}\right)\frac{\sqrt{Pe}}{a_b} \tag{12.18}$$

将式（12.17）代入式（12.4），按照式（8.69）积分可得

$$\chi_n(t) = 2\Delta\Gamma\mathrm{tg}^2\frac{\theta_1}{2}\left(e^{-2t/\tau_b} - e^{-v_n^2t/\tau_D}\right)\frac{1}{1+v_n^2\tau_b/2\tau_D} \tag{12.19}$$

采用式（12.14）、式（12.15）、式（12.18）和式（12.19），通过简单代数变化可得关于 $h_{\lim}$ 的更具实用性的方程

$$h_{\lim} = \frac{\chi_b}{\eta}\frac{9\pi a_b}{48}\frac{a}{b}\mathrm{tg}^2\frac{\theta}{2}\sum_{n=1}^{\infty}\frac{1-\left[\dfrac{\mathrm{tg}(\theta_1/2)}{\mathrm{tg}(\theta/2)}\right]^{2(1+v_n^2\tau_b/2\tau_D)}}{v_n^2(1+v_n^2\tau_b/2\tau_D)} \tag{12.20}$$

此方程可在 $\theta > 2\theta_1$ 时相当大程度地简化，其中取消了依赖 θ 的项。$h_{\lim}$ 在 $\theta > 2\theta_1$ 时根据以下条件

$$\frac{\chi_b}{\eta} = 0.3, \frac{a}{b} = 3, a_b = 0.1\mathrm{cm}, D_S = 10^{-5}\frac{\mathrm{cm}^2}{\mathrm{s}}, \tau_b = 3\times10^{-3}\mathrm{s}, v_0 = \frac{3}{2}v = 30\mathrm{cm/s} \tag{12.21}$$

可进行计算，对于 $\tau_b/\tau_D=3$，0.3 和 0.03 的计算结果，对应颗粒半径分别为 1μm，3.3μm 和 10μm，如图 12.2 所示。颗粒仅在靠近气泡前极时，才从小于 h_{cr}（浮选的必要条件）的距离接近气泡。

角度区域由以下条件确定

$$h_{lim}(\theta_{cr}) = h_{cr} \tag{12.22}$$

此区域非常狭窄（参见图 12.2），因此浮选效率并不重要。θ_{cr} 的计算公式可从式（12.20）通过设定 $h_{lim}=h_{cr}$ 而很容易地得到

$$\theta_{cr} = \sqrt{\frac{\dfrac{\eta b}{\chi_b a}\dfrac{64h_{cr}}{3\pi a_b}}{\sum_{n=1}^{\infty}\dfrac{1}{v_n^2(1+v_n^2\tau_b/2\tau_D)}}} \tag{12.23}$$

液体中间层的存在时间（与相邻的颗粒表面部分的气泡运动的时间）为 τ_b 的数量级。通过扩散在液态中间层中的浓度均化时间为 τ_D 的数量级。如果 $\tau_D/\tau_b \gg 1$，扩散没有时间恢复浓度梯度。因此，在较大的 τ_D/τ_b 值下，其对稳定性的影响是显著的［参见方程（12.23）］。

从式（12.16）可以看出，在 $\theta \to 0$ 时，表面运动速率降低，相应地颗粒和液态夹层的运动速率也降低。因此，颗粒越接近气泡的上极点，相间膜的浓度梯度越不明显。因此，根据式（12.20），h_{lim} 最终减小为 0，并且可能在前极附近产生颗粒沉积。

在从板状颗粒到球形颗粒的过渡期间，可预见的是液体层间稳定效果的快速减弱。由压紧力引起的间隙中同样的压力过剩，因为液体中间层（在球体的情况下）的厚度从其中心开始快速增大，所以薄膜减薄过程强化。这也有利于液体的流出。

12.4 考虑动态吸附层对液体中间层稳定作用时颗粒捕集效率的估算

气泡附近势能流流线方程如下

$$b^2 = \sin^2\theta r^2(1-a_b^3/r^3) \tag{12.24}$$

此公式在 $r \approx a_b$ 时可简化为

$$b^2 = \sin^2\theta(H+1)3a_b a \tag{12.25}$$

其中 $H=h/a$，h 为颗粒中心距气泡的最短距离。在距离较小的情况下，颗粒轨迹在流体力学相互作用下偏离流线，需进行更精确的定义（Derjaguin 等 1976）

$$\frac{1}{H+1}F_p(H)\frac{dH}{d\theta} + 2\frac{\cos\theta}{\sin\theta} = 0 \tag{12.26}$$

在没有已阐明的液体层间稳定现象的情况下，极限轨迹由下列事实决定：颗粒在 $\theta=$

$\pi/2$ 处以 H_{cr} 的距离接近气泡。积分结果为

$$\int_{H_{cr}}^{H} \frac{F_p(H)\mathrm{d}H}{H+1} = \ln\frac{1}{\sin^2\theta} \tag{12.27}$$

将积分分为两个区间（H_{cr}，1）和（1，H），并假设在 $H>1$ 时 $F_p(H)=1$，可应用 Derjaguin 和 Smirnov（1967）的方法。在 $H>1$ 时，可得

$$\int_{H}^{l} \frac{F_p(H)\mathrm{d}H}{H+1} = \ln\frac{2}{\sin^2\theta(H+1)} \tag{12.28}$$

由于在 $H>1$ 区域内流体力学相互作用可忽略，式（12.28）与式（12.25）给出的 $b=b_{cr}$ 时的临界流线相同。

联立式（12.27）、式（12.28）和式（12.24），可得

$$E_p = 6\frac{a}{a_b}e_p^{-1} \tag{12.29}$$

其中

$$I_p = \int_{H_{cr}}^{1} \frac{F_p(H)\mathrm{d}H}{1+H} \tag{12.30}$$

稳定现象的影响限定了极限轨迹不超过 $\theta_{cr}<\pi/2$。考虑边界条件，可得

$$\int_{H_{cr}}^{H} \frac{F_p(H)\mathrm{d}H}{1+H} = \ln\frac{\sin^2\theta_{cr}\times 2}{\sin^2\theta} \tag{12.31}$$

并且替代式（12.29），可得

$$E_p^* = 6\frac{a}{a_b}e_p^{-1}\sin^2\theta_{cr} \tag{12.32}$$

因此，夹层稳定对捕集效率的降低可表示为

$$\frac{E_p^*}{E_p} = \sin^2\theta_{cr} \approx \theta_{cr}^2 \tag{12.33}$$

其中 θ_{cr} 由式（12.23）确定。

Dukhin（1981）的理论被 Listovnichiy 和 Dukhin（1986）推广，其中在气泡周围的任意流体动力学流动条件下均考虑了稳定效应，以及表面活性剂通过对流传递进入吸附层的影响。对 θ_{cr}^2 进行了数值估算，结果表明，DAL 稳定的液态夹层使系统参数内的浮选效率在很大范围内降低了一个数量级以上。数值估算还指出，所考虑的效应在浮选过程中对球形颗粒的影响要比对碟形颗粒小得多。

12.5　浮选中非平衡表面作用力的扩散-电化学性质

双电层沿气泡表面随着表面电荷和电解质浓度的变化而变化。在表面每一处，表面结

构由平衡 DL 的理论描述。因此，可以用 Derjaguin 异相凝聚理论考虑基本浮选过程。然而，DL 的变形将定性地导致新效应的出现。已知电解质溶液中的扩散通常伴随着称为电扩散电位的电场的出现。浓度梯度梯度 C 的矢量线与电场 E_D 的矢量线一致，电场可以二元对称电解质的浓度梯度局部值表示（Derjaguin 等 1960，Dukhin 和 Derjaguin 1976）

$$E_D=\left(\frac{D^+-D^-}{z^+D^++z^-D^-}\right)\left(\frac{RT}{F}\right)\left(\frac{gradC}{C}\right) \tag{12.34}$$

结果，电场必须在与离子表面活性剂的动态吸附层相关的扩散边界层限度内产生。电场由 DL 的变形，即对电中性的轻微偏离引起。

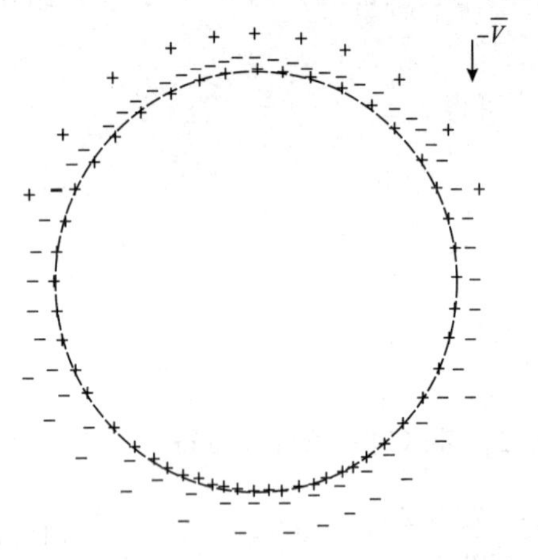

图 12.3　在较低活性阳离子表面活性物质存在条件下，第一和第二双层中的电荷符号分布

在准平衡 DL 的外边界处产生（或终止）的矢量线 E_D 定向为大致垂直于表面并在扩散层的某个点处终止（或起始）。众所周知，电场强度线的起源是正电荷，液池是负电荷。因此，相反符号的电荷大致相互平衡，位于准平衡 DL 和扩散层的极限内（图 12.3）。这两层电荷在同样意义上代表单一的系统，即一层电荷分布的变化必然伴随另一层电荷的再分配。这种由平衡 DL 的变形产生的电荷系统被设计为次级双层（Dukhin 1960，1961）。由于次级 DL 的厚度超过平衡 DL 的厚度几个数量级（除在低电解质浓度情况以外），可以在某些条件下使颗粒通过扩散来控制颗粒在气泡表面上的沉积层（Dukhin 1963）。如果颗粒尺寸小于 δ_D，则此问题可简化。当通过扩散层时，此颗粒经受均匀的电场和扩散场，从而经历电泳和扩散电泳（Derjaguin 等 1961）。

Derjaguin 和 Samygin（1962）考察了不同大小方铅矿颗粒在固定气泡运动表面上因液体垂直流动所致的重力沉降。发现颗粒小于一些临界尺寸的颗粒不能到达气泡表面。使用电位测量值可得，对于 $a_p<a_{pcr}$，电泳和扩散电泳的联合效应决定了颗粒和气泡之间的排斥力，超过了重力。随着电解质浓度的增加，这种排斥力变弱，a_{pcr} 的减少是这种现象的一个实验表现。

由于较大的速度，自由上升的气泡具有比所述实验中更薄的扩散层。只有当颗粒足够小以使其热运动变得显著时，这种效果才能显现出来。因此，在描述在非常低电解质浓度的条件下亚微米颗粒向气泡的移动表面进行布朗运动扩散的描述中，应考虑电泳和扩散电泳的作用。理论上，Zholkovsky 等（1983）证实了扩散电泳通过其扩散层向上升气泡表面的传递过程。

12.6 小结

当液滴或气泡相互接近时，其扩散层发生重叠。可导致表面浓度和表面张力的局部变化，并使液体流入或流出厚液体夹层。动态吸附层及其扩散层偏离电中性，带有相反电荷。荷电的动态吸附层和带有相反电荷的扩散层整体上是电中性的。该系统可以称为次级双电层。

接近的液滴或气泡次级双电层的重叠在其扩散层重叠之前可引起静电相互作用。

如果固体颗粒穿过气泡或液滴的扩散层，还存在由吸附层局部扰动引起的长程相互作用。这导致 Marangoni 效应并影响颗粒和气泡之间的薄膜排液过程或使其降低。表面活性剂从一个表面的局部解吸和在另一个表面上的吸附也可引起相互作用。

非平衡力的这些扩散-电化学性质可以通过增加电解质浓度来抑制，并且在水/油乳液中非常重要。

在非离子体系中，非平衡表面作用力被抑制，与表面活性剂吸附导致的表面阻滞效应一起，可抑制 Marangoni 效应。

参考文献

Allan, K. S., Charles, G. E. and Mason, S. G., J. Colloid Sci., 16 (1964) 150.

Allan, K. S. and Mason, S. G., J. Colloid. Sci., 17 (1962) 383.

Charles, G. E. and Mason, S. G., J. Colloid. Sci., 15 (1960) 236.

Derjaguin, B. V., Dukhin, S. S. and Korotkova, A. A., Kolloidn. Zh., 23 (1961) 409.

Derjaguin, B. V., Dukhin, S. S. and Lisichenko, V. A., Zh. Fiz. Khim., 34 (1960) 524.

Derjaguin, B. V., Dukhin, S. S. and Rulev, N. N., Kolloidn. Zh., 38 (1976) 251.

Derjaguin, B. V. and Samigin, V. D., Collection of Papers of Ginzvetmet, No. 9, Metallurgizdat, (1962) 840.

Derjaguin, B. V. and Smimov, L. P., "Sb. Issledovaniya v oblasti poverkhnosmikh sil", Nauka, Moscow, (1967) 188.

Dukhin, S. S., Kolloidn. Zh., 23 (1961) 409.

Dukhin, S. S., "Sb. Issledovanija v oblasti poverkhnostnikh sil", Moscow, (1961) 38.

Dukhin, S. S., Dokl. AN SSSR, 130 (1960) 1298.

Dukhin, S. S. and Derjaguin, B. V., Electrophoresis, Nauka, 1976, Moscow.

Dukhin, S. S., Zh. Fiz. Khim., 34 (1960) 1053.

Dukhin, S. S., in Research in Surface Forces, Vol. 1, Derjaguin B. V. (Ed.) Consultants Bureau, N. Y., (1963) 27.

Dukhin, S. S., in The Modern Theory of Capillarity, Eds Goodrich F. and Rusanov A., Akademie Verlag, Berlin, 1981.

Ewans, L. F. and Ewers, W. E., "Recent Developments in Mineral Dressing" (London), Ind. Eng. Chem. Institution of Mining and Metallurgy, 46 (1953) 2420.

Groothius, H. and Zuideriweg, F. S., Chem. Eng. Sci., 12 (1960) 289.

Happel, J. and Brenner, G., "Gidrodinamika pri malikh chislakh Reynoldsa", MIR, Moscow, (1976) 174.

Klassen, V. I., Voprosy teorii aeratsii i flotatsii. Goskhimizdat, M., 1949.

Listovnichiy, A. V. and Dukhin, S. S., Kolloidn. Zh., 48 (1986), 1184.

MacKay, D. C. and Mason, S. G., J. Colloid. Sci., 18 (1963) 674.

Rehbinder, P. A. and Venstrem, E. K., Kolloidn. Zh., 53 (1930) 145.

Sutherland, K. C. and Work, E. V., "Printsipy flotatsii". Metallurgizdat, M., 1968 (in Russian).

Thiessen, D., Z. Phys. Chem., Lzg., 223 (1963) 218.

Venstrem, E. K. and Rehbinder, P. A., Zh. Fiz. Khim., 2 (1931) 754.

Zholkovskij, E. K. Listovnichij, A. V. and Dukhin, S. S., Kolloidn. Zh. 47 (1985) 517.

附　　录

附录 2A　界面自由度的一般原理

最常见的胶体和表面化学现象是，必须做功才能形成新的表面。此定律是一个基本原理，不仅对液体界面有效，如第一章所示，也适用于固体物质；例如，研磨和粉碎必须做功。表面热力学从通用热力学的基本原理开始，包括平衡和非平衡状态。

对于本书的主题，Langmuir（1933）在平衡和非平衡条件下对吸附相律的推广是表面热力学处理方法的源头。在用 Gibbs 方法对异相平衡的研究中，术语“相”指系统的均匀部分，而不考虑其数量或形式。

Langmuir 引入了场的概念，以区分可能发生吸附的表面均匀部分，以及结构或组成不同，与面积或形状无关的区域。两个场系统的简单示例是两种类型晶面的表面，其表面晶格赋予其不同的性质。

单独的场是正常情况。因此，表面相可以被定义为系统的均匀部分，在与其他部分通过边界分离出的表面场上延伸。在相的概念中，每个相的属性都具有确定数量的参数或自由度是至关重要的。

Langmuir 的表面相定律可写作：“即使在非平衡条件下，表面相的所有固有特性也具有 $C+E+1$ 个自由度”。这里 C 表示系统中与相律中具有相同意义的组分数。符号 E 用于表示作用在表面场上的外部电场力对应的自由度。根据 Langmuir（1933）的观点，处于 S 场中的体相 R_V 与表面相 R_S 之间的平衡相律为

$$F_N = (R_V + R_S)(C + 1) \tag{2A.1}$$

平衡条件指以下性质：

1. 温度平衡；所有 R_V+R_S 相必须具有相同的温度，可得 R_V+R_S-1 的条件；
2. 体相中的压力平衡；R_V-1 条件；
3. 每种场中的表面相铺展作用力平衡；
4. 浓度平衡。

如下所示，Gibbs 热力学要求每个组分的化学势在所有阶段都是相同的。这一切都导致（R_S+R_V-1）C 的条件。使用 K 场和成立的 1～4 的条件，在系统中总共定义了（R_V+R_S+1）（$C+2$）$-K$ 个变量。

从总自由度 F_N 中减去这些定义的变量可得 F_0，即平衡条件下整个系统的自由度，

$$F_0 = C + S - R_V - R_S + 2 \tag{2A.2}$$

如果设置 $S=R_S=0$，则 F_0 减少到普通相律的情况。Langmuir 指出，非平衡状态有两

种：稳态，其中所有相的固有特性和相的相对数量不随时间变化，以及瞬态，其中变量有至少一个随时间变化。

根据平衡状态的限制条件 1 至 4，可得非平衡状态

$$F = F_0 + \Delta F \tag{2A.3}$$

其中 ΔF 代表所有的瞬态现象：

（1）部分热平衡；

（2）压力平衡；

（3）部分铺展力平衡；

（4）部分浓度平衡。

作用于所有表面相的同源可变电场将 F_0 增加了 1。

表面活性剂的非平衡吸附层主要以 Langmuir 定义的第 3 和第 4 点为特征：由于外界流体动力学剪切场的作用引起的部分铺展，以及由于表面活性剂在新形成表面上的依时性吸附，或由于吸附层的膨胀或压缩而产生的局部浓度平衡。

附录 2B　吸附等温式的进一步讨论

2B.1　Hückel-Cassel 等温式

根据吸附层的非理想化特性，分子 β 的自身面积由 Volmer（1925）引入

$$\pi(A - \beta) = RT \tag{2B.1}$$

微分 $\frac{d\gamma}{dc}$ 可得：

$$\frac{d\gamma}{dc} = \frac{a}{b + c} \tag{2B.2}$$

其中 a 和 b 是常数。与 Gibbs 基本方程（2.33）一起，可得到一个等温线，其结构与 Langmuir 等温式（1918）具有完全相同的结构，若设置 $\frac{a}{RT} = \Gamma_0$，以及 $\frac{1}{b} = k$：

$$\frac{\Gamma}{\Gamma_0} = \Theta = \frac{kc}{1 + kc} \tag{2B.3}$$

类似于三维真实气体，范德华力的类似状态可以描述为

$$(\pi + a/A^2)(A - \beta) = RT \tag{2B.4}$$

将 Gibbs 吸附等温式写作以下形式

$$\Gamma = \frac{c}{RT}\frac{d\pi}{dA}\frac{dA}{dc} \tag{2B.5}$$

并将二维范德华方程（2B.4）改写为

$$\frac{d\pi}{dA} = -\frac{RT}{A - \beta} + \frac{2\alpha}{A^3} \tag{2B.6}$$

其中，$\Gamma = \frac{1}{A}$，$\Gamma_0 = \frac{1}{\beta}$，$k'$ 为积分常数，可得 Hückel（1932）和 Cassel 方程（1944）

$$c = k' \frac{\Theta}{1-\Theta} e^{\Theta/(1-\Theta)} e^{-2a\Gamma/RT} \quad (2B.7)$$

de Boer（1953）和 Kretzschmar（1975，1976）给出了此方程在界面动态过程中的应用实例。

在三维范德华图的辅助下，临界压力，临界面积和临界温度可在以下设定值时定义

$$\pi_c = \frac{\alpha}{27\beta^2}, F_c = 3\beta, T_c = \frac{8\alpha}{R\beta} \quad (2B.8)$$

式（2B.7）与 Langmuir 吸附等温式的关系如下，根据 $\Theta=\Gamma/\Gamma_0$，$A=1/\Gamma$ 和 $\beta=1/\Gamma_0$ 可得

$$c = \frac{k'}{F-\beta} e^{\beta/F-\beta} e^{-2a\Gamma/RT} \quad (2B.9)$$

对于较大 A 值，发现

$$c \cong \frac{k'}{A-\beta}\left(1+\frac{\beta}{A-\beta}\right)\left(I-\frac{2a\Gamma}{RT}\right) \quad (2B.10)$$

等价于

$$c = \frac{k'}{A\left[2\beta - 2\alpha/RT - (\beta - 2\alpha/RT)^2/A\right]} \quad (2B.11)$$

根据每个分子 $A \gg 100\text{Å}^2$，可得

$$c = \frac{k'}{A-(2\beta-2\alpha/RT)} \quad (2B.12)$$

式（2B.12）在结构上等于 Langmuir 吸附等温式。

总之，可以认为，1918 年导出的 Langmuir 吸附等温线是半经验条件下，在固体表面气体吸附实验的基础上，由 Volmer（1925）在动力学模型上建立起来的。De Boer（1953）然后对 Langmuir 等温线进行了一般解释，Langmuir 等温线在极限范围内与范德华状态方程类似。Langmuir 和 von Szyszkowski 吸附等温线与吉布斯吸附方程（Davies&Rideal 1961）一致。当考虑液体界面处的分子的自身面积以及吸附分子之间的相互作用力时，可得由 Frumkin（1925）首先发表的等温线，现在已被普遍使用。

2B.2　Volmer 吸附等温式

Volmer（1925）导出了另一个吸附等温式，其中假设了吸附分子自身的面积。

$$\frac{\Theta}{1-\Theta}\exp\left(\frac{\Theta}{1-\Theta}\right) = bc \quad (2B.13)$$

或

$$c = \frac{1}{b}\frac{\Theta}{1-\Theta}\exp\left(\frac{\Theta}{1-\Theta}\right) \quad (2B.14)$$

当每个吸附物种占据的面积较大时，此方程变为 Langmuir 等温式。

2B.3　Butler-Volmer 等温式

Bockris 和 Reddy（1970）将 Butler-Volmer 方程描述为“电极动力学的中心方程”。

在平衡中，界面处的电荷的吸附和解吸量相等。在可极化汞/水界面处的电荷交换动力学和在液体/流体界面处带电表面活性剂的吸附动力学具有相同的原理。关于离子吸附动力学静电阻滞的理论考虑首先由 Dukhin 等（1973 年）引入。

在 Butler-Volmer 方程（1924）的推导中，Langmuir（1916，1917，1918），Milner（1907），Ward 和 Tordai（1946），Baret 等（1968，1969）使用了相同的吸附和解吸量动力学方程。可极化汞电极的优点在于，跨界面的电位差是可以直接调节的，而水/流体界面的电位只能通过吸附等温线或直接铺展实验获得。在这两种情况下，还存在更复杂的情况，将在其他地方进行更为详细的讨论。现在回到 Butler 等温式。按照 Bockris 和 Reddy（1973）的观点，表面构成电化学系统的重要组成部分。这是将电荷泵入和送出系统的地方。因此，该系统主要可由在界面处发生的转移反应来描述。这种类型的电荷转移反应已由 Butler-Volmer 用电极过程的关系表示

$$i=i_{\mathrm{o}}\left[e^{(1-\beta)F_{\eta}/RT}-e^{\beta F_{\eta}/RT}\right] \tag{2B.15}$$

其中

$$i_{\mathrm{o}}=F\overrightarrow{k}c_{\mathrm{A}}^{0}e^{-\beta F\Delta\Phi/RT}=F\overleftarrow{k}c_{\mathrm{D}}^{0}e^{(1-\beta)\Delta\Phi_{\mathrm{e}}/RT} \tag{2B.16}$$

β 称为对称因子，由跨越 DL 达到顶点的距离与总 DL 厚度的比例定义。界面处的电场是一个矢量。$\Delta\Phi_{\mathrm{e}}$表示界面上的特征平衡电位差，是反应的特征参量

$$\overrightarrow{k}=\frac{kT}{\mathrm{e}}\mathrm{e}^{-\overrightarrow{\Delta G}^{0\neq}/RT} \tag{2B.17}$$

这种情况如图 2B. 1 所示。

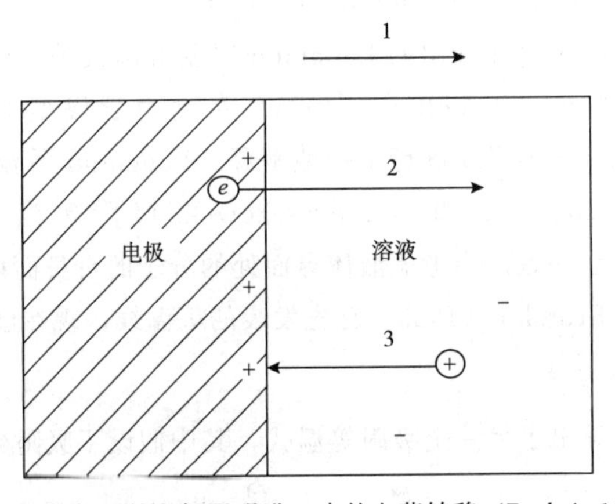

图 2B. 1　跨越界面的电场阻碍进一步的电荷转移（Bockris 1970）

$\beta\Delta\Phi F$ 为离子电极迁移能垒降低的幅度，因此，$(1-\beta)\ \Delta\Phi F$ 为促进金属-溶液反应的作用。总之，可认为在电场存在下，电极反应活化的总自由能等于自由化学活化能。

附录 2C　非平衡表面热力学

表面的平衡，即没有任何传递过程的状态，在不可逆热力学框架下的特征是完全不存在作用在界面处的通量和力

$$J_k^{eq} = 0 \text{ 及 } X_k^{eq} \tag{2C. 1}$$

限于 Defay 等（1977）的观点，非平衡状态的 Gibbs 表面定律是通过非平衡过程的基本熵方程形成的

$$dS = d_e S + d_i S \tag{2C. 2}$$

其中 $d_e S$ 表示熵通量，$d_i S$ 表示熵增率。

最后一项是不可逆过程热力学的特征。如果系统的进程是不可逆转的，其大小为正。表面活性剂在液界面的吸附或解吸是典型的不可逆过程。方程（2C. 2）第二项的导数为局部熵增率：

$$\frac{d_i S}{dt} = \int \sigma(s) dV = \int \sum_k J_k X_k dV \geqslant 0 \tag{2C. 3}$$

其中 $\sigma(s) = \sum_k J_k X_k$，此处 J_k为通量梯度，X_k为推广的热力学作用力，可以是梯度或化学亲和力。

在体系，如吸附层中，热力学和机械平衡条件下，全局熵增率为

$$T^{-1} \sum_{\gamma\alpha} A_\gamma^\alpha \frac{d\xi_\gamma^\alpha}{dt} + T^{-1} \sum_p A_p \frac{dF}{dt} \geqslant 0 \tag{2C. 4}$$

A_γ^α表示组分 γ 从 α 相吸附至表面的亲和力，A_p 为化学反应 p 的亲和力，ξ_γ^α和 ξ_p 分别为吸附和反应的坐标。其他项的意义前面已经说明。

根据 Defay 等（1977）的解释，在非平衡状态下，表面能在不同于平衡状态的条件下决定。非平衡吸附层只能通过考虑表面和体相之间的分子间相互作用来精确描述。

表面能不仅取决于表面层的组成，而且取决于体相的组成。体相可称作自发的，而表面相则是非自发的。这种区别是动态表面张力的来源，例如，对于液体双组分系统，Defay 等（1966）在其经典专著中进行了深入研究，如图 2C. 1 所示。

Defay 等（1966）做出了以下定义

$$\varepsilon_\gamma^\alpha = \delta f^\Omega / \delta C_\gamma^\alpha \tag{2C. 5}$$

其中

$$f^\Omega = f^\Omega (T, C_{1\cdots\cdots\gamma}^{1\cdots\cdots\alpha}, \Gamma_{1\cdots\cdots\gamma}) \tag{2C. 6}$$

随表面的延伸：

$$s^\Omega = s^\Omega (u^\Omega, \Gamma_{1\cdots\cdots\gamma}, C_{1\cdots\cdots\gamma}^{1\cdots\cdots\alpha}) \tag{2C. 7}$$

表面张力的基本 Gibbs 方程对于非平衡态可写作

$$d\gamma = -s^\Omega dT - \sum_\gamma \Gamma_\gamma d\mu_\gamma^\Omega + \sum_{\gamma\alpha} \varepsilon_\gamma^\alpha dC_\gamma^\alpha \tag{2C. 8}$$

其中

$$\mu_\gamma^\Omega = \delta f^\Omega / \delta F_\gamma \tag{2C. 9}$$

当体系处于平衡状态，可得基本 Gibbs 方程（2. 33）。

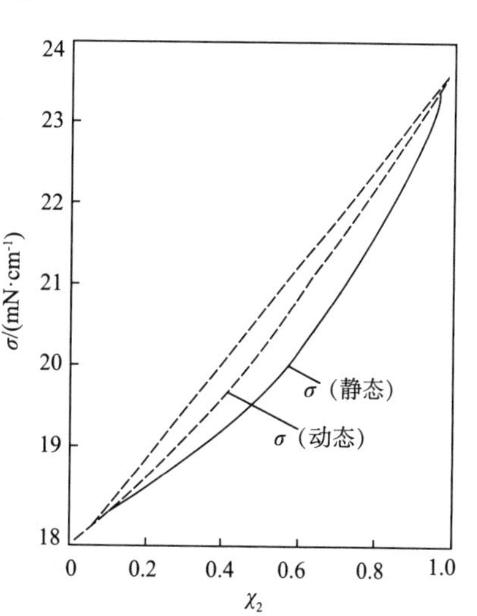

图 2C. 1　乙醚/丙酮混合物的静态和动态表面张力与丙酮摩尔分数的关系

本附录中使用的其他符号为：

C_γ^α	组分 γ 在附近体相中的浓度
d_e	熵流
d_i	熵增率
f^Ω	单位面积
S^Ω，u^Ω	表面单位面积的熵和内能
u	内能密度
v	分子体积
X_k	相应的推广热力学作用力（梯度或化学亲和力）
Γ_γ	组分 γ 的 Gibbs 吸附量，定义式为 $\mu_\gamma{}^\Omega=\delta f^\Omega/\delta\Gamma_\gamma$
$\varepsilon_\gamma^\alpha$	跨越化学势
$\varepsilon_\gamma^\alpha=0$	体系平衡条件
δ^Ω/dt	表面总时间微分
μ_γ	体相化学势

附录 2D　薄液膜热力学

分散系统的聚结，例如泡沫和乳液，以及例如在浮选过程中的气泡与固体颗粒的接触，分两步进行。第一步的特征是系统的絮凝，形成具有平衡厚度的薄液膜。在第二步中，液膜变得足够薄以使颗粒间相互作用克服液膜状态，因此两个分开的界面形成一个新的界面。图 2D.1 中显示了小气泡附着于液体界面的情况。

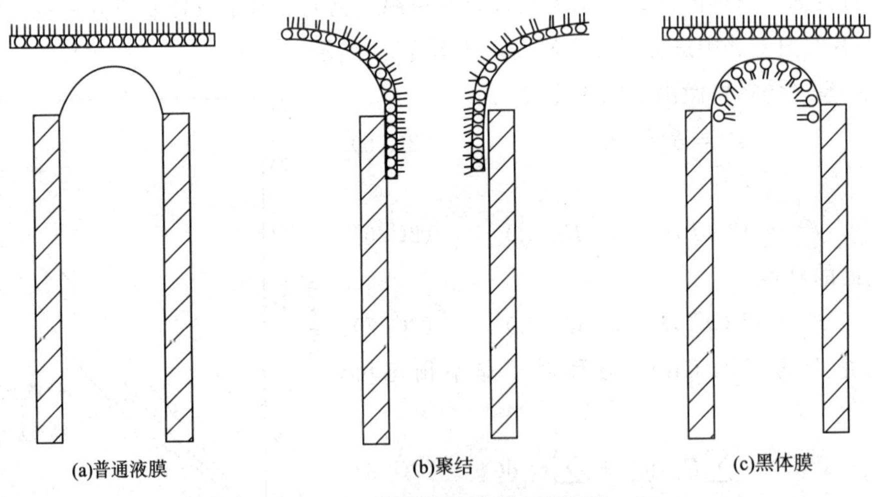

图 2D.1　附着于液体界面的气泡

（Richter 等 1987）

薄膜是世界范围的科研主题。相关理论和基础实验的基础已经由荷兰、俄罗斯、乌克兰和保加利亚的科研结构发表。研究文献是巨量的。Scheludko（1966）及 Sonntag 和

Strenge (1970) 的教科书简要描述了这一主题。Ivanov (1988) 编辑的 "Thin Liquid Films" 则更详细。Hunter (1992) 在一本专门讨论界面动态特性的书中进一步详细介绍了该领域的进展。薄液膜的形成是一个时间依赖过程，因为液膜减薄到其平衡状态只能在液体从膜中排入边界区域时发生。液膜的减薄率受两个膜边界处的剪切张力影响而减小；其表面流变性质使其具有刚性。

在这一点上，可简要描述形成薄液膜的热力学前提条件及其与相关液体体相不同的物理性能。此外，还根据相关的表面流变性质，介绍关于液膜薄化速率的研究现状。

Derjaguin (1993) (图 2D. 2) 说明了两液相之间夹层的情况。显而易见，当薄液膜的特性被忽略时会发生什么情况。

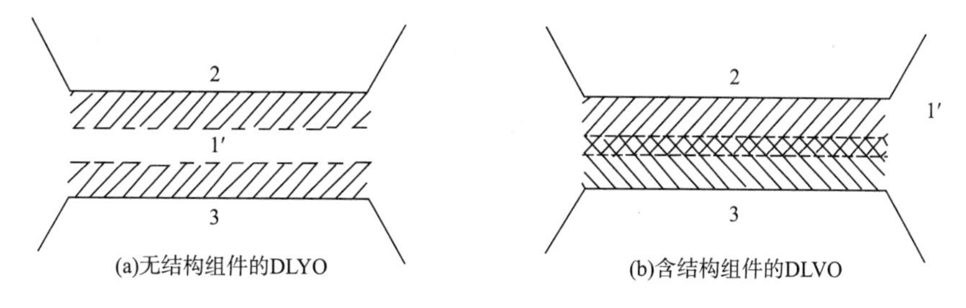

图 2D. 2　薄液膜性质简图

(Derjaguin 1993)

Derjaguin 及其合作者早期研究工作的主题是将 "分离压力" 一词作为薄液膜的基本性质进行评估。Derjaguin 和 Obuchov (1936) 及 Derjaguin 和 Kussakov (1939) 已经检测液膜减薄过程中排斥力的增长。Gibbs 的经典热力学通过分离压力概念的构象得以延伸。

从 Gouy-Chapman 理论来看，在薄液膜中观察到的排斥力必须是由相应的扩散电双层重叠引起的静电性质。其基本思想包括在 "排斥的" 静电项和 "吸引的" 范德华力项中分离压力 π,

$$\pi = \pi_{el} + \pi_{vdW} \tag{2D. 1}$$

作为示例，使用两个分量的实际值得到 π (h) 等温线，如图 2D. 3 所示。其特征为两个明显的最小值。图 2D. 4 显示了皂素水溶液的实验实例 (Scheludko 等 1969)。

稀薄液膜中相互作用力的经典定量计算是在二战期间由 Derjaguin 和 Landau (1941) 及 Verwey 及 Overbeek (1948) 在其专著中进行的。因此，这种薄液膜的理论被称为 Derjaguin, Landau, Verwey 和 Overbeek 理论 (DLVO)。

分离的压力 π 完全可由薄液膜中的一种物质化学势相对于同样物质在附近延伸相中化学势的变化量 $\Delta\mu$ (h) 表示

$$\Delta\mu(h) = \pi v \tag{2D. 2}$$

其中 v 为分子体积。薄液膜膜张力不是体相表面张力两倍的结果是因为薄液膜的平坦部分和相邻体相之间的接触角的存在，如图 2D. 5 所示。

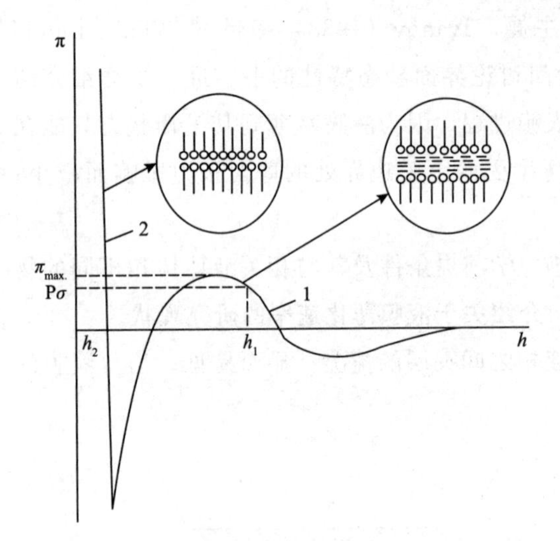

图 2D.3 离子表面活性剂溶液的典型 π（h）等温式

h_1—稳定液膜；1—普通黑体膜；2—Newton 黑体膜

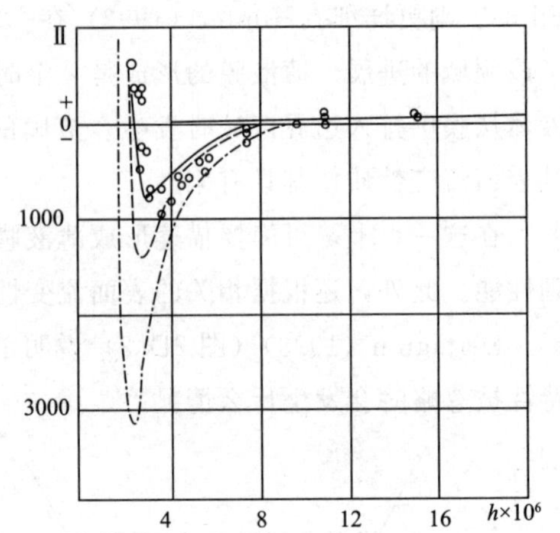

图 2D.4 5×10⁻⁴%皂素在 0.01M KCl 中的溶液的 π（h）等温线，虚线对应于具有不同 Hamaker 常数的 DLVO 理论，Scheludko 等（1969）

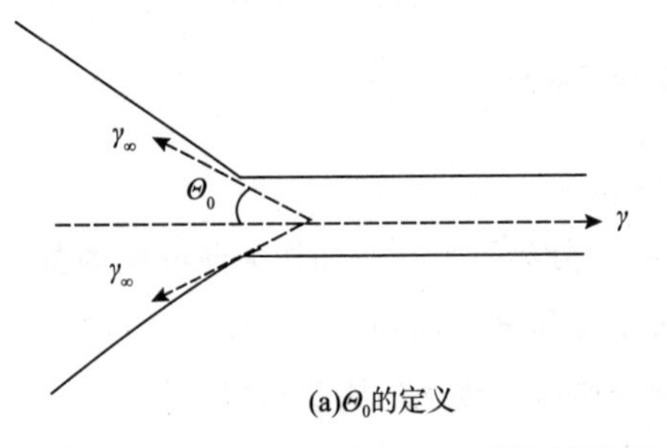

(a)Θ_0的定义

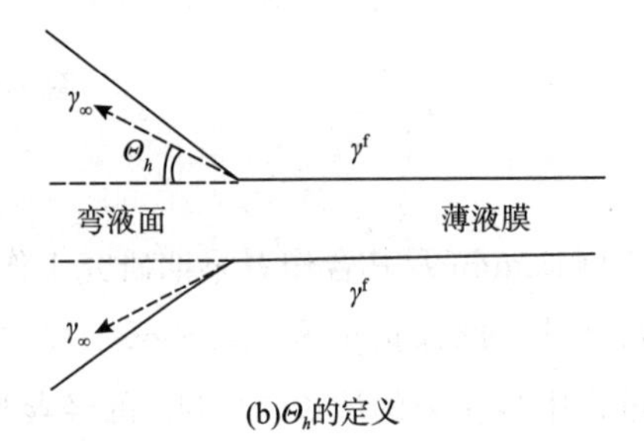

(b)Θ_h的定义

图 2D.5 薄液膜平坦部分和隆起边界之间的接触角

基于方程（2D.2）对液膜状态进行热力学分析，可得对称膜张力和分离压力等温线之间的关系。

$$\gamma^f = 2\gamma^\infty - \int_\infty^h \pi \, dh + \pi h = 2\gamma^\infty + \Delta f(h) + \pi h \quad (2D.3)$$

除了直接分离压力测量之外，该接触角的干涉测定提供了检查薄液膜的另一种方式。这里应用的 Young 方程式为

$$2\gamma^\infty \cos\Theta_h = \gamma^f \quad (2D.4)$$

式（2D.3）和式（2D.4）联立，可得

$$2\gamma^\infty \cos\Theta_0 = 2\gamma^\infty - \int_\infty^h \pi dh + \Delta f(h) + \pi h \quad (2D.5)$$

或

$$\overline{\Delta} = 2\gamma^\infty (1 - \cos\Theta_0) \quad (2D.6)$$

这种薄膜破裂的临界厚度由 de Feijter（1988）使用 Mandelstam 的概念确定

$$\frac{d\pi}{dh} \geqslant \frac{dP_\gamma}{dh} \tag{2D. 7}$$

在一些应用中，例如在浮选过程中，可使用在固体基质上自由液膜或薄液膜破裂的概念。Scheludko 等（1968）首次发表了液膜的接触角测量方法。

作为主要组分，分离压力包含静电部分和范德华吸引力。静电部分是如图 2D. 6 所示的薄液膜中的扩散双电层重叠的结果，包括薄膜中的坐标。

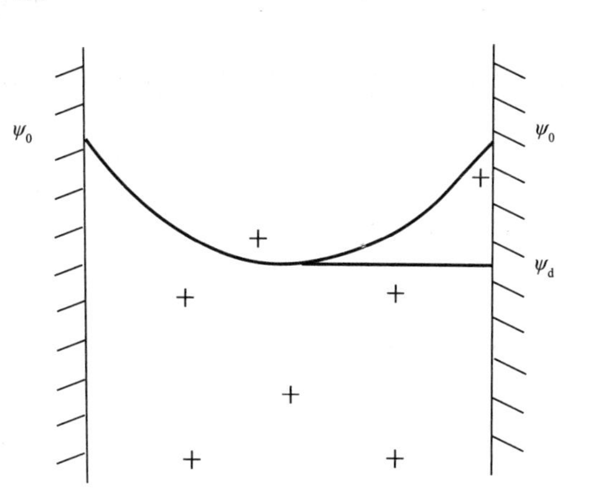

图 2D. 6　重叠扩散双电层的情况

在这些坐标的基础上求解重叠扩散双层情况下的电势分布计算的复杂问题，可得到界面电荷的关系。Gouy-Chapman 方程的解仅限于 Grimson 等（1988）在重叠扩散双层的情况下分析的一些边界条件。这些边界条件着重于静电分离压力与电荷调节。这意味着通过使液膜减薄，表面电荷 σ 或表面电势 Ψ_0 保持恒定。还要注意由于电解质引起的离散电荷效应和结构成分。

取代中间电位 Ψ（0）和电势 Ψ（1），可有效使用无量纲电位 u_0 和 u_1 以及无量纲表面电荷 α 进行计算。首先由 Langmuir 以近似形式给出了薄液膜中重叠双电层引起的压力问题的解：

$$\pi(z) - \pi(\infty) = P = \frac{2n_0}{\beta}(\cosh u_0 - 1) \tag{2D. 8}$$

后来导出了 Verwey 和 Overbeek（1948）方程

$$a^2 = 2(\cosh u_1 - \cosh u_0) \tag{2D. 9}$$

图 2D. 3 表明平衡膜，所谓的普通黑体膜可以达到由于表面扰动而破裂的临界厚度。Vrij（1966）根据 Mandelstam 理论和计算机模拟研究了表面涨落理论。Newton 黑体膜破裂由 Exerowa 等（1982）和 Exerowa&Kachiev（1986）进行了实验和理论研究。假设薄膜中存在空穴，这些空穴的移动性是控制液膜稳定性的机制（图 2D. 7）。

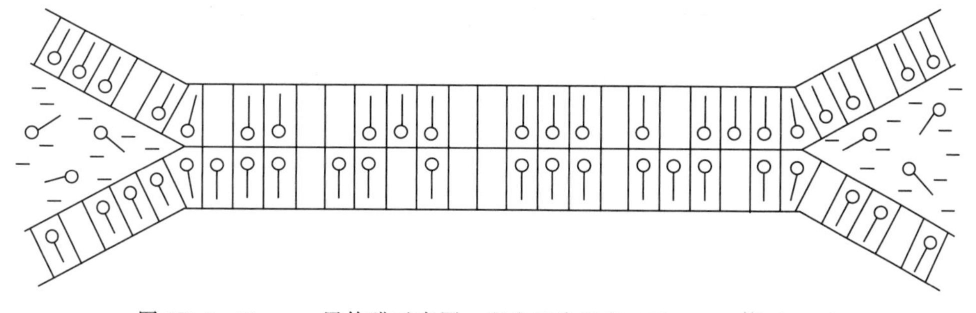

图 2D. 7　Newton 黑体膜示意图，空盒子为空穴，Exerowa 等（1982）

Scheludko 的薄膜形成和稳定性理论对现代浮选理论有重要的贡献（Fijnaut 和 Joosten 1978）。第十和十一章详细描述了这一理论，特别是关于动态吸附层的影响。

附录 3A　声音在液体/流体分散系统中的传播和化学反应

从 de Donder（1927）的原理开始，将亲和力 $\overline{A}_i$ 定义为组分 k 的原子化学势 $\overline{\mu}_k$ 的和，$\overline{\Delta} G_i$ 为特定反应 Gibbs 自由能的变化。对于进行的反应，$\overline{\Delta} G_i$ 必然为负。

$$\overline{A}_i = \sum \overline{A}_{ik}\,\overline{\mu}_k \tag{3A.1}$$

将不可逆过程的熵增率 S 定义为负。若考虑单独化学反应，通量 j 和亲和力 $\overline{A}$ 符号相反，可得

$$S = -\frac{1}{T}\sum_i j\,,\overline{A}_i \tag{3A.2}$$

与化学反应相反，动态表面过程的主要特征为“不完全”。这意味着需要平衡状态所需的一个或多个参数来描述整个系统的瞬时状态与平衡的距离。化学反应可以通过进行程度 ε 来描述。对于包括质量转移和缔合物形成及解体过程的表面化学反应，也可用相同的方法处理。ε 在 +1 和 −1 之间变化，取决于平衡状态和亲和力 $\overline{A}$。亲和力对进行程度的微熵由 Yao（1981）定义为排序系数：

$$(\partial\overline{A}/\partial\varepsilon)_{p,T} \tag{3A.3}$$

根据负排序系数的定义，常压比热变为

$$\Delta C_p = C_{pA} - C_{p\xi} = T\left(\frac{\partial s}{\partial T}\right)_{p,A} - T\left(\frac{\partial S}{\partial T}\right)_{p,\xi} = T\left(\frac{\partial S}{\partial \varepsilon}\right)_{p,T}\left(\frac{\partial \varepsilon}{\partial T}\right)_{p,A} \tag{3A.4}$$

从基本方程出发

$$\left(\frac{\partial G}{\partial \varepsilon_k}\right)_{T,p,\varepsilon_{i,i\neq k}} = -A_k \tag{3A.5}$$

可区分两个反应，并且可以发现表面化学反应的强烈类似性。起初，化学势不受限于恒定温度和压力下的偏吉布斯自由能，因此可得

$$-A_k = \left(\frac{\partial G}{\partial \varepsilon_k}\right)_{T,p} = \left(\frac{\partial F}{\partial \varepsilon_k}\right)_{T,V} = \left(\frac{\partial U}{\partial \varepsilon_k}\right)_{S,V} = \left(\frac{\partial H}{\partial \varepsilon_k}\right)_{S,p} \tag{3A.6}$$

其次，对于一个离平衡不远的化学反应的极限（对表面化学很重要），可得

$$A = A_o - A_{eq} = \Delta A = \left(\frac{\partial A}{\partial \varepsilon}\right)\Delta\varepsilon \tag{3A.7}$$

其中

$$j_i = \rho\frac{d\varepsilon_i}{dt} = -\sum_k \frac{L_{ik}A_k}{T} \tag{3A.8}$$

从此开始

$$\frac{\partial\varepsilon}{\partial t} = \frac{j}{\rho} = -\frac{L}{\rho T}\left(\frac{\partial A}{\partial \varepsilon}\right)_{T,p}\Delta\varepsilon \tag{3A.9}$$

通过定义 $\frac{L}{\rho T}=B$，并将 $\frac{\partial\varepsilon}{\partial t}=\frac{\Delta\varepsilon}{\tau_{T,p}}$ 线性化后，可得

$$\frac{\partial\varepsilon}{\partial t}=-B\left(\frac{\partial A}{\partial\varepsilon}\right)_{T,p}\Delta\varepsilon \tag{3A.10}$$

以及

$$\left(\frac{\partial A}{\partial\varepsilon}\right)_{T,p}=-\frac{1}{B\tau_{T,p}} \tag{3A.11}$$

此处 τ 为对应于衰减程度降至其原始值的（$1/e$）的弛豫时间。

经总结，可以得出结论，对于简单的反应，可以定义四个弛豫时间

$$\tau_{T,p}\ ,\tau_{T,V}\ ,\tau_{S,p}\ ,\tau_{S,T} \tag{3A.12}$$

在不可逆热力学的基础上，在理想流体中声音传播所遵从的以下扰动关系

$$\frac{I}{I_0}=\exp[i(\kappa\times x-\omega t)] \tag{3A.13}$$

不能对声音的吸收做出解释（I_0为零时刻的声密度）。流体中的声音传播与化学反应不可逆性为弛豫过程的最佳证明之一。不可逆理论可正确应用于动态表面过程。

表面流变学和表面光散射研究中有关液体界面弛豫时间研究的现状将在以后进行介绍。Einstein（1920），Liebermann（1949），Frenkel 和 Obraztsor（1940）及 Yao（1981）等著名科学家开发了数学算法，将化学不可逆性流体中的声音传播理论转换到覆盖有吸附层的液体界面上。

如果假定“反应”的特征在于组分 A 和 B 的时间相依性变化，则表面化学可以简单地限于体相化学。就表面科学而言，A 可以是单体，B 可以是吸附物种的缔合状态。换言之，体相中的声音传播和流体动力学应力的作用方式相同。考虑到只有一个化学反应，将 V 与 ε 作为独立变量，$\ln\varepsilon-t$ 图可得到下式

$$\begin{bmatrix}\mathrm{d}p\\ \mathrm{d}A\end{bmatrix}=\begin{bmatrix}\left(\frac{\partial p}{\partial V}\right)_{S,\varepsilon} & \left(\frac{\partial p}{\partial\varepsilon}\right)_{S,V}\\ \left(\frac{\partial A}{\partial V}\right)_{S,\varepsilon} & \left(\frac{\partial A}{\partial\varepsilon}\right)_{S,V}\end{bmatrix}\begin{bmatrix}\mathrm{d}V\\ \mathrm{d}\varepsilon\end{bmatrix} \tag{3A.14}$$

在线性化条件下，矩阵第二行可忽略，从下式

$$\left(\frac{\partial A}{\partial\varepsilon}\right)_{\alpha}=-\frac{1}{B\tau_{\alpha}} \tag{3A.15}$$

（α 和 β 为固定但未指明的变量）可得

$$\frac{\partial\varepsilon}{\partial t}=-BA \tag{3A.16}$$

将式（3A.16）代入式（3A.11），可得

$$-i\omega\varepsilon_0=-BA_0 \tag{3A.17}$$

以及

$$\frac{A_0}{\varepsilon_0}=\left(\frac{\partial A}{\delta\varepsilon}\right)_{\alpha,B}=\frac{i\omega}{B} \tag{3A.18}$$

从矩阵第一行，可得

$$\left(\frac{\partial p}{\partial V}\right)_{S,\beta}=\left(\frac{\partial p}{\partial V}\right)_{S,\varepsilon}+\frac{\left[\left(\frac{\partial p}{\partial V}\right)_{S,A}-\left(\frac{\partial p}{\partial V}\right)_{S,V}\right]}{1+i\omega\tau_{S,V}} \tag{3A.19}$$

其中 β 为与 ω 相关的特定发展阶段。

$$\chi(\omega)=\left(\frac{\partial p}{\partial V}\right)_{S,\varepsilon}+\frac{\left[\left(\frac{\partial p}{\partial V}\right)_{S,A}-\left(\frac{\partial p}{\partial V}\right)_{S,\varepsilon}\right]}{1+i\omega\tau_{S,V}} \tag{3A.20}$$

在平衡的零频率条件下，式（3A.20）可简化为

$$\chi(0)=\left(\frac{\partial p}{\partial V}\right)_{S,A}=-\frac{1}{V_{S,A}}<0 \tag{3A.21}$$

当过程冻结时，在无限频率下

$$\chi(\infty)=\left(\frac{\partial p}{\partial V}\right)_{S,\varepsilon}=-\frac{1}{V_{S,\varepsilon}}<0 \tag{3A.22}$$

其中，χ 为压力对体积的微熵。

可以将简单流体中的声音传播视为黏性不可逆而不是化学不可逆的。化学不可逆性的熵增率 Δs_i 为

$$\frac{\partial\,\Delta s_i}{\partial t}=\frac{1}{\rho BT}\left(\frac{\partial\varepsilon}{\partial V}\right)_{T,p}^{2}(div\ V)^2 \tag{3A.23}$$

对黏性不可逆性

$$\frac{\partial\,\Delta s_i}{\partial t}=\frac{\eta V}{T}(div\ V)^2 \tag{3A.24}$$

比较式（3A.23）和式（3A.24），可得

$$\eta v=\frac{1}{\rho B}\left(\frac{\partial\varepsilon}{\partial V}\right)_{T,p}^{2} \tag{3A.25}$$

式中，v 为速度；ηv 为体相黏度系数。

可以看出，在单个弛豫时间下，动力学方程呈指数衰减。通过方程（3A.10）线性形式的解，其中 $\varepsilon_o-\varepsilon=\Delta\varepsilon$，可得

$$\varepsilon(t)=\exp\left(\frac{-t}{\tau}+\varepsilon_0\right) \tag{3A.26}$$

$d\ln\varepsilon/dt$ 的数量代表抵抗流动的活化能势垒。弛豫时间谱将微分方程的阶数增加到 n，其中 n 为弛豫时间。动力学方程不再为指数形式，所有的解释都变得困难，例如

$$\alpha_1 s+\alpha_2\dot{s}=\alpha_3\varepsilon+\alpha_4\dot{\varepsilon} \tag{3A.27}$$

式中，s 为应力；ξ 为应变。若 $\dot{s}=0$，$\dot{\varepsilon}=0$，可得弹性单元或弹簧，若 $\dot{s}=0$，$\varepsilon=0$，可得黏性单元或阻尼器。若 $\varepsilon=0$，可得串联的弹性单元和黏性单元，称为粘弹单元。

这种基于不可逆热力学的推导与上述经典处理一致。

附录 3B　动态接触角

润湿现象的主要特征是三相接触线处固体/液体/空气的接触角。在平衡中，接触角 Θ 通过杨氏方程（1.9）可以很好地描述。通过使用方程式（1.9）获得正确的实验数据和计算固体基质的表面张力存在许多问题，如文献中存在的争议一样。Neumann（1972）介绍了不完美固体的接触角。

一些重要的工业过程由接触角控制，最重要的是通过动态接触角，例如浮选或涂覆过程。这些过程不在由等式（2.8）表达的热力学平衡中。在三相接触线的高速滑动时，可观察到动态接触角。例如，当液滴散布在固体表面上时，接触角增加。将板浸入液体中也存在类似的现象。根据实验条件，可观察到前进或后退的接触角。润湿的动态过程或动力学是一个进行了深入研究的领域。除了使用经验方程外，还提出了理论计算的两个基本命题。其中一个基于三相接触区中的分子动力学，另一个处理在弯液面中流动的流体动力学。

根据 Blake 和 Haynes（1969）的观点，润湿是可用 Eyring 经典理论描述的应力改变分子速率的过程。其假设为三相区域内的分子位移。黏性流动的活化能在 Cherry 和 Holmes（1969），Blake（1973）及 Hoffmann（1983）的理论中起着决定性的作用。Blake（1988）考虑了毛细管数

$$Ca = (\eta v/\gamma) \tag{3B.1}$$

未做任何分子动力学假设，Joos 等（1990）发现了动态接触角的余弦值和网的速度之间的线性关系。此关系可外推至速度为零时可得静态接触角；外推至高速时则可得到 180° 的接触角。根据 Joos 等（1990）的结果，此线性方程为

$$\cos\Theta = \cos\Theta_0 - Kv^{1/2} \tag{3B.2}$$

或

$$\cos\Theta = \cos\Theta_0 - \gamma\left(\frac{\eta v}{\gamma_1}\right)^{1/2} \tag{3B.3}$$

式中，K 为速率常数；η 为黏度；v 为三相接触线的速度。

相关实验基于在移动的网上涂布液体。该方法是指涂覆工艺中的应用技术，例如薄膜涂层和塑料薄膜的涂层。涂布机具有固定位置，并且涂有薄层的基材沿着涂布机移动。在液体和基材的接触区域中，可形成具有动态接触角的三相接触线，该接触角不仅受到杨氏关系式的控制，而且受到流体动力剪切应力的控制。因此，动态接触角受到接触区的表面能量特性及以更高速度（几米每秒）下的流体动力作用力的影响。

必须牢记，许多动态润湿过程在特殊类型表面活性剂的润湿剂存在下起作用。与没有剪切应力存在并且吸附平衡已建立的接触线具有非常低的位移相反，在更高的速度下，该过程的建模（表面能量和流体动力学作用力的重叠）变得非常困难，并且大量的边界条件必须经过简化。

Voinov（1976）介绍了可行的动态接触角定义。情况如图 3B.1 所示。切线在固体距离 H 处与弯月面接触；该距离 H 被定义为半月板可见的最低高度。

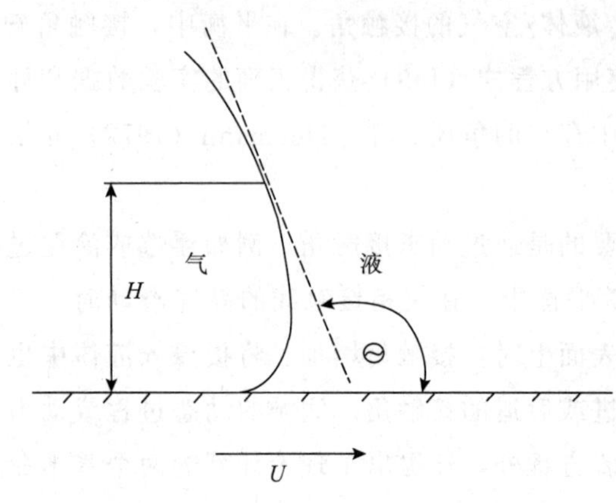

图 3B.1　Voinov（1977）定义的动态接触角

使用各种边界条件，表面形状，流动和流线的几何形状等，动态接触角 Θ_b 建模的问题已由一些杰出的科学家进行处理：Moffat（1964），Fritz（1965），Ludviksson 和 Lightfoot（1968），Yin（1969），Hansen 和 Toong 1971），Huh 和 Scriven（1971），Voinov（1976），Huh 和 Mason（1977），Petrov 和 Radoev（1981），Giordano 和 Slattery（1983）。Kretzschmar（1983）最近使用 Miller（1990）和 Grader（1985）的数值结果，针对润湿剂的吸附动力学对动态接触角的影响进行了半定量计算。

附录 3C　Marangoni 不稳定性和耗散结构

虽然 Bénard（1901）效应主要在液体密度梯度的影响下发生（例如从底部加热液体的容器），但 Marangoni 效应是界面张力梯度的结果。这种梯度可以通过表面活性剂的不均匀分布或液体界面处的温度差异产生。如第 3.3 节所示。这种梯度只能通过相反作用力而存在，如在吸附层覆盖的界面处的流体动力学或空气动力学剪切应力。这种情况导致液体界面的变形。表面张力梯度也可以通过将界面流与相邻液体的流动相结合作为结构的来源。

从热力学的观点来看，耗散结构的形成如 Prigogine 和 Glansdorf（1971）所强调，是由熵驱动的。Sternling 和 Scriven（1959）评估了通过液体界面的质量传递所致表面不稳定性的标准。典型的 Marangoni 不稳定性始于两相之间的表面活性剂浓度或温差。如果不存在其他干扰，表面上的表面张力差从涨落性质的初始扰动开始被放大。

耗散结构的经典形式是所谓的一阶或更高阶滚动单元。图 3C.1 显示了通过传质引起的一级滚动单元的流线（Linde 1978）。图 1.19 中给出了该图的放大部分。Linde（1959）和 Linde 和 Kretzschmar（1962）发表了首个“纹影”—在液/液界面传质过程中观察到的流体力学导致的结构信息。

图 1.19 描述了在垂直取向的毛细管间隙中，沿着一级滚动单元的轨迹，小颗粒排列形成的相同结构。液体弯月面的曲率控制了毛细管压力差。

两相间温度梯度引起的不稳定性导致沿界面的表面张力梯度如图 3C.2 所示。在较高的温度下，小的初始扰动，如从 R 到 S 的界面对流在额外的质量传递下将被放大，因为在 $d\gamma/dT<0$ 的条件下，这会导致 $\gamma_R<\gamma_S$。

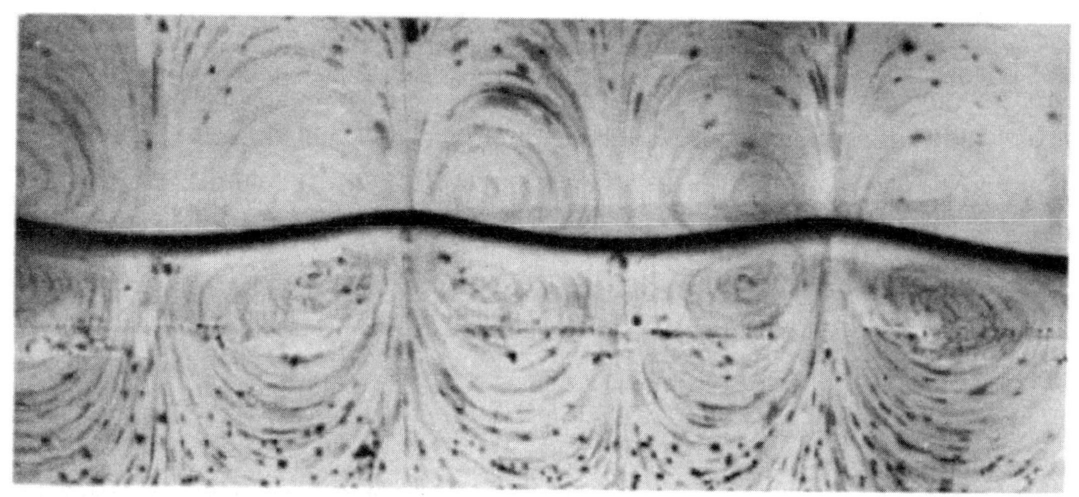

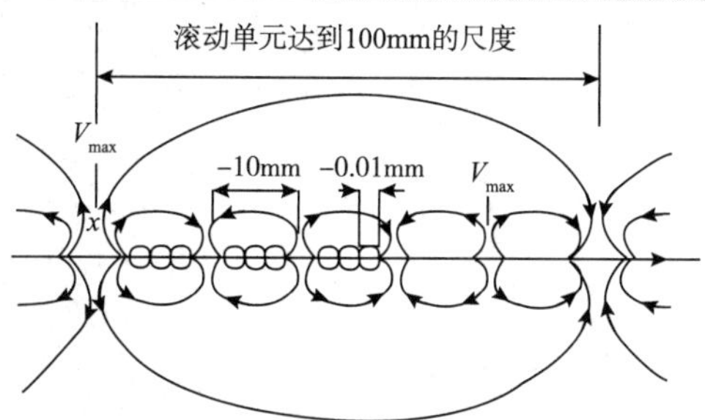

图 3C.1　SDS 穿过异戊醇/水界面过程中的一级滚动单元流线

Linde（1978）

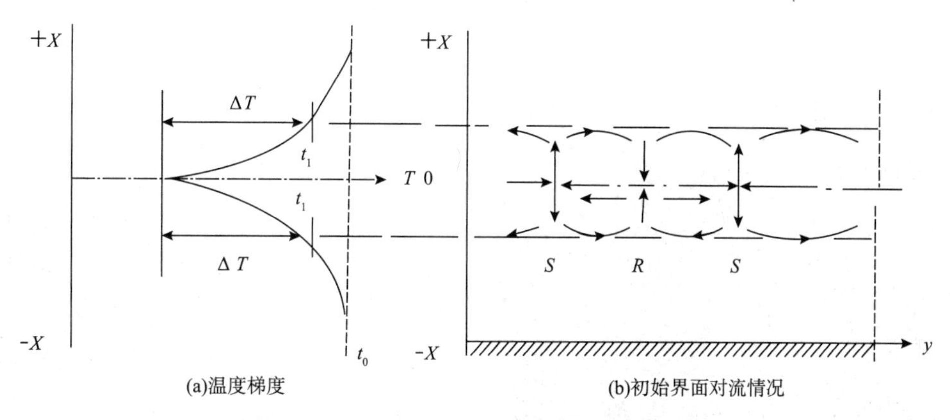

图 3C.2　池中温度梯度导致的不稳定性示意图

由于弛豫振荡，任何级别的滚动单元都可能是不稳定的。这意味着滚动单元在其振幅中被放大或解体。新的放大和随后的解体越来越明显。在高度密集的循环中，可导致湍流般的混沌行为，即众所周知的界面对流。在低强度下，其可导致调制性漂移对流单元的形成，表现类似熟知的 Belousov-Zhabotinski 反应（BZR）中的自动波。已观察到移动自动波可形成同心环和螺旋线（图 3C.3a、b，左侧）。图 3C.3a、b（右侧）显示了 BZR 的类似自动波。

如果我们通过保持 $\dfrac{\Delta\gamma}{\Delta c}<0$ 及 $\dfrac{\Delta\gamma}{\Delta T}<0$ 的条件不变，改变液/气系统中的质量或热传递的方向，则从理论上可以观察到振荡机制，并且由 Linde 及其同事在实验中得以发现。

最近发现，这种振荡可产生一系列类似孤波的非线性波束。它们之间或与器壁的非线性相互作用显示出不同的效果：在锐角相互作用下可观察到反向相转变（图 3C.4a）。在正面碰撞之后（图 3C.4b），保留了锐角交叉的图案，而另一个交叉点由于正向相转变而变为具有共振相互作用的钝角交叉，以及有反向相转变导致的三次波（Machstem）（图 3C.5）。

入射波与反射波相互作用形成三次波，呈矩形传播到器壁。

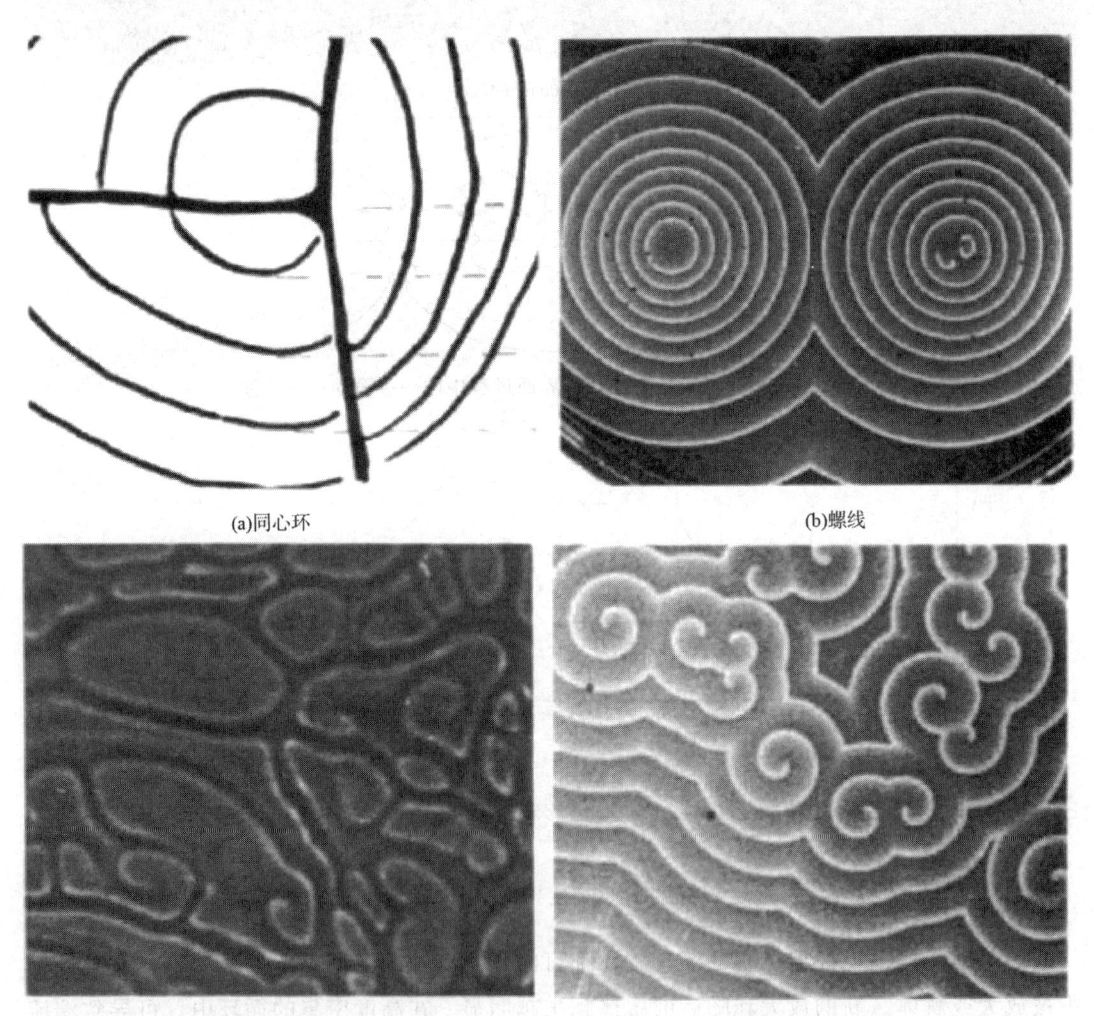

图 3C.3　Marangoni 不稳定性（左图）和 BZR（右图）的初级滚动单元的自动波

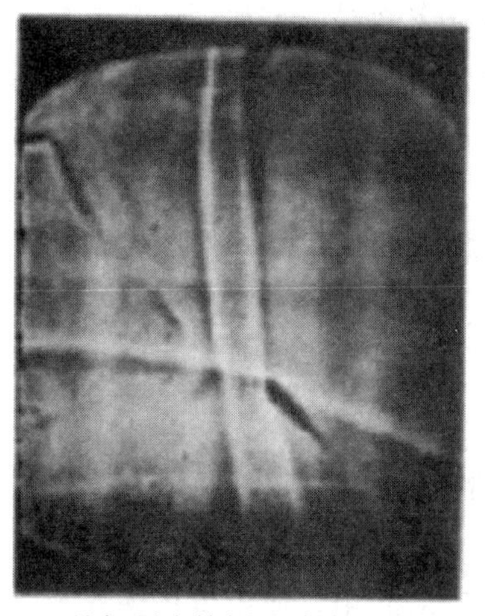

(a)具有反向相转变的两束波迎面碰撞

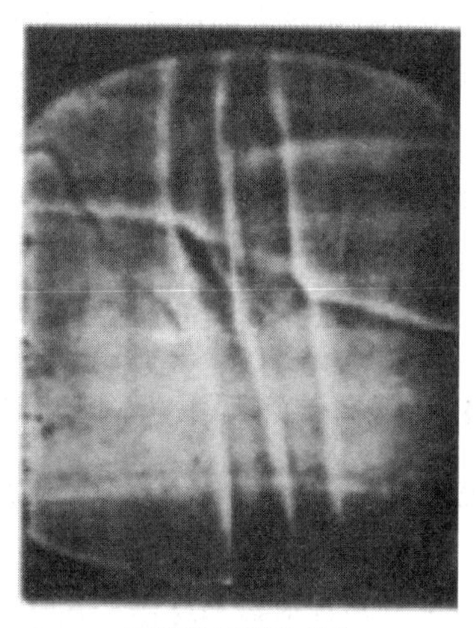

(b)碰撞后的锐角交叉

图 3C.4　三种 Marangoni 波的相互作用

当表面活性剂覆盖框架中的液体表面时，例如在 Langmuir 槽上，可观察到另一种复杂的界面动态不稳定性。如果表面经受由液体体积中的一维流动或气流产生的剪切应力，则观察到的表面不稳定性看起来像发针状流动（Linde 和 Shuleva 1970，Linde 和 Friese 1971，Schwartz 等 1985）。

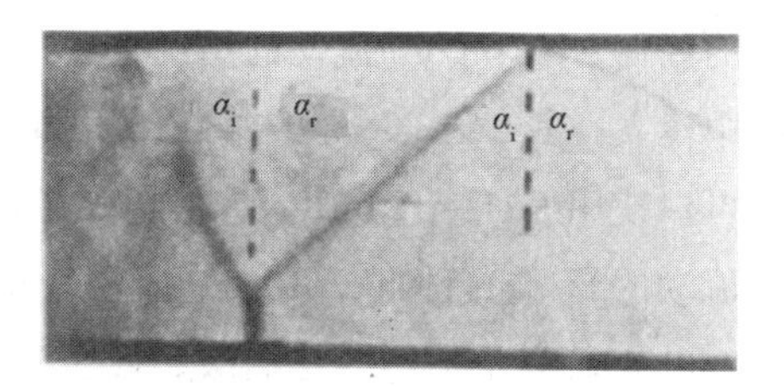

图 3C.5　Marangoni 波的震波反射

Wassmuth 等（1990）模拟了这种类型的表面不稳定性，称为 Linde 不稳定性。所得到的发针状流动图案如图 3C.6 所示。二维连续性流动的条件在该表面成立。

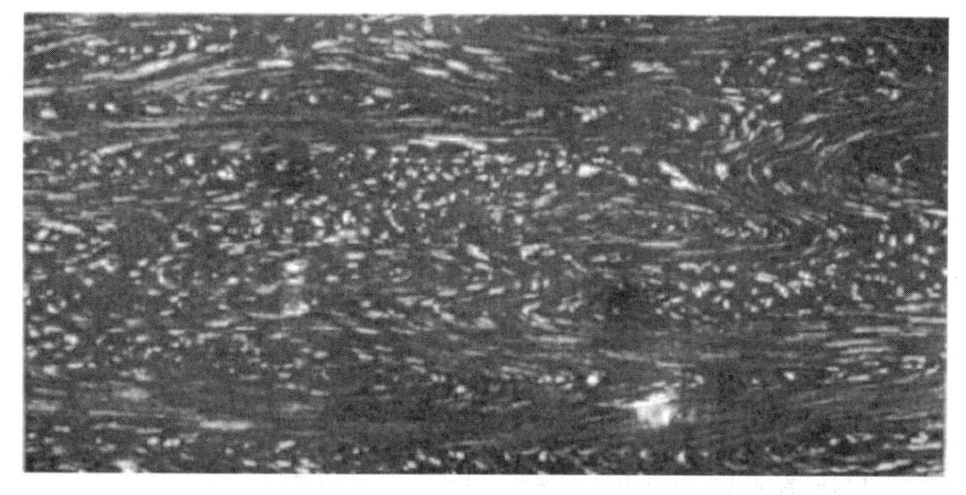

图 3C.6　在自身表面上的发针状流动图案

Marangoni 不稳定领域显示了各种耗散结构，包括静态结构的原理，具有有限自相似性的分级结构，弛豫振荡和具有混沌湍流行为的传播自动波的有规律行为。还有振荡机制，其中波数中每一束波的行为都类似孤波。这些波的正常和不正常弥散近来都得到了证实。该领域对于更好地理解分子的行为和界面动力学是非常重要的（Linde 和 Schwartz 1989，Linde 和 Engel 1991，Linde 和 Zirkel 1991，Linde 等 1993，Weidman 等 1992，Velarde 和 Normand 1980，Velarde 和 Chu 1989）。

附录 3D　横向传递现象

横向传输现象可以被观察到，例如在表面自扩散（Vollhardt 等 1980）中，从可溶或不溶性单层的压缩或膨胀所致表面膜中的浓度梯度（Dimitrov 等 1978）中，从这种单层中的凝聚或结构域形成的效应（Lucassen-Reynders 1987）中，或由电场诱导形成的单层中的结构域运动（Heckl 等 1988）中。

表面自扩散是液体中分子布朗运动的二维类似物。必须在完全不存在由表面张力差引起的任何 Marangoni 流动的情况下才能进行自扩散的测量。这种实验条件最好在不溶性单层中建立，其中一部分由未标记分子组成，另一部分由放射性示踪剂标记的分子组成。现在可以使用 Geiger-Müller 计数器观察表面单层内分子的运动。在亚层中可能存在液体对流流动的影响，例如 Vollhardt 等（1980a）的实验，使用专门设计的装置，Vollhardt 等（1980b）研究了不同的棕榈酸、硬脂酸和硬脂醇的自扩散，并获得了 $1 \div 4 \times 10^{-5}\,\mathrm{cm}^2/\mathrm{s}$ 之间的自扩散系数。

最近常用于测量二维扩散的技术之一是光漂白后的荧光恢复（FRAP）。该方法使用通过荧光显微镜聚焦的激光束来跟踪荧光分子在垂直于激光束平面中的扩散。测量了已知直径（通常为几微米）的激光光斑的荧光强度。然后增强激光强度约 1000 倍，可对任何光斑中的荧光团进行不可逆的漂白。然后强度再次降低，测量恢复的荧光强度，以确定未漂白分子扩散至光斑中的量。然后分析荧光强度的时间函数以获得表面自扩散系数（Clark 等 1990a，b，Wilde 和 Clark 1993，Ladha 等 1994）。

Dimitrov 等（1978）研究了不溶性单层的动力学。在连续压缩期间观察到了 Marangoni 效应，并用颗粒运动机制进行了描述。这种机制基于弹性系数及单层和亚层间的 Bressler-Talmud 系数。Dimitrov 等（1978）的工作可能是对仅能持续数秒的不溶单层中非各向异性膜压力的首次实验观察。

Lucassen-Reynders（1987）根据吸附分子的聚集现象讨论了可溶性表面活性剂吸附层动态表面张力的不规则性。给出了表面稀释特性频谱的理论模型。

Heckl 等（1988）研究了电场对脂质单层中结构域运动的影响（参见图 3D.1）。不均匀电场中的结构域的流动性取决于表面黏度，并导致特殊团簇的形成。

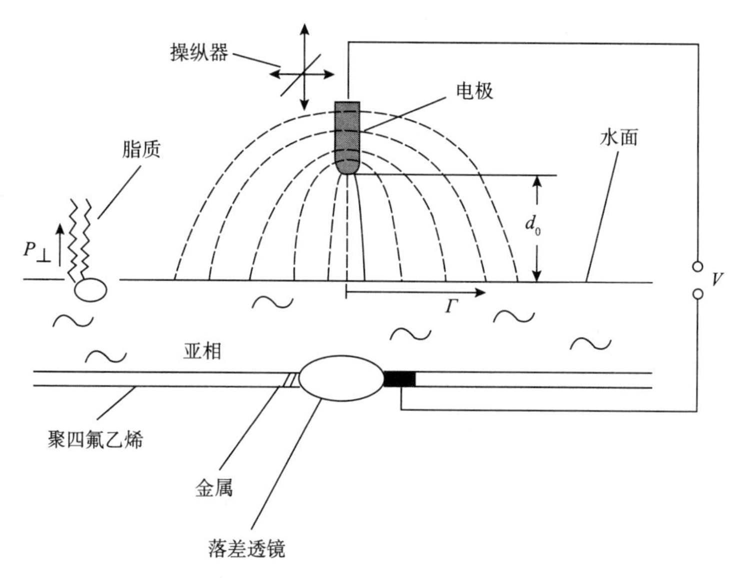

图 3D.1　不溶单层内的电场诱导结构域运动（Heckl 等 1988）

附录 4A　Ward 和 Tordai 积分方程的数值解

为解得方程（4.1）的数值解，需要进行积分近似。最简单的积分公式是梯形定律，其将积分间隔设置为 n 个等距子区间，并且通过梯形近似每个子区间的积分。如果通过下式定义 n 个间隔：

$$t_1 = 0, t_i = t_{i-1} + \Delta t; i = 2, \cdots, n+1 \tag{4A.1}$$

则积分可近似为

$$\int_0^{\sqrt{t}} c(0, t-\tau) \mathrm{d}\sqrt{t} = \sum_{i=1}^{n} \int_{\sqrt{t_i}}^{\sqrt{t_{i+1}}} c(0, t-\tau) \mathrm{d}\sqrt{t} \approx \frac{1}{2} \sum_{i=1}^{n} [c(0, t-t_{iH}) + c(t-t_i)][\sqrt{t_{i+1}} - \sqrt{t_i}] \tag{4A.2}$$

将近似式（4A.2）代入方程（4.1），整理可得以下关系式

$$\Gamma(t_{n+1}) \approx a_1 c(0, t_{n+1}) + a_2(c(0, t_1), \cdots, c(0, t_n)) \tag{4A.3}$$

从初始条件（4.17b）给出的初始值 c（0，0）开始，当吸附等温线被假设为 Γ（t）和 c（0，t）之间的关系时，可以连续计算 c（0，t_i）的值。作为最常用的等温式之一，此处使用 Langmuir 等温式

$$\Gamma(t_{n+1}) = \Gamma_\infty c(0, t_{n+1}) / (a_L + c(0, t_{n+1})) \tag{4A.4}$$

用方程（4A.4）左边代替 Γ（t_{n+1}），可从每个后续时间 t_{n+1} 得到关于 c（0，t_{n+1}）的二次方程

$$c^2(0, t_{n+1}) + \left(a_L + \frac{a_2}{a_1} - \frac{\Gamma_\infty}{a_1}\right) c(0, t_{n+1}) + \frac{a_L a_2}{a_1} = 0 \tag{4A.5}$$

两个根中只有一个可给出有物理意义的值 c（0，t_{n+1}）。Γ（t_{n+1}）的对应值来自公式

(4A. 4)。可以使用任何形式的吸附等温线而不是所选择的 Langmuir 方程，并且给定的算法也适用。

附录 4B　函数 exp (x^2) erfc (x) 的数值解

误差函数 erfc (x) 的定义如下

$$\mathrm{erfc}(x) = 1 - \mathrm{erf}(x) = \frac{2}{\sqrt{\pi}}\int_x^{\infty} \exp(-\xi^2)\mathrm{d}\xi \tag{4B. 1}$$

此函数的值很难确定，通常用表格才可获得。更复杂的是计算扩散和热传递问题中标准函数 exp (x^2) erfc (x) 的乘积。在第 4 章中，给出了小和大 x 值下［参见方程 (4.81) 和 (4.82)］的近似解。特别是对于中间值区间，$0.1<x<3$，近似式 (4.81) 和 (4.82) 不成立。计算函数的一种可能办法是将 exp ($-\xi^2$) 进行级数展开

$$\exp(-\xi^2) = \sum_{i=0}^{\infty}(-1)^{i}\frac{\xi^{i}}{i!} \tag{4B. 2}$$

代入方程 (4B. 1) 并积分，可得

$$\mathrm{erfc}(x) = 1 - \frac{2}{\sqrt{\pi}}\sum_{i=0}^{\infty}\frac{(-1)^{i}}{\mathrm{i}!}\frac{x^{2i+!}}{2\mathrm{i}+1} \tag{4B. 3}$$

根据 Leibnitz 公理，级数在 $i=n$ 间断后的最大误差可估算为

$$R_n \leqslant \left|\frac{x^{2n+3}}{(n+1)!(2n+3)}\right| \tag{4B. 4}$$

最后，exp (x^2) erfc (x) 可以从方程 (4B. 3) 使用因子 exp (x^2) 计算，使用直到 n 的级数的所有项，其中 $R_n<10^{-m}$。如果 $m=4$，$x=5$，则必须计算该级数的 76 个项。在高次幂下计算每项准确性变得非常低，因此这类解也变得非常不精确。

Cody 使用切比雪夫近似提出了更精确的近似形式。对函数 exp (x^2) erfc (x) 导出了最大相对误差范围低至 10^{-19} 的三次有理逼近。这些形式和相应的区间为

$$\exp(x^2)\mathrm{erfc}(x) \approx \exp(x^2)\left(1 - x\frac{\sum_{i=0}^{4}p_{\mathrm{i}}x^{2\mathrm{i}}}{\sum_{i=0}^{4}q_{\mathrm{i}}x^{2\mathrm{i}}}\right), |x| < 0.5 \tag{4B. 5}$$

$$\exp(x^2)\mathrm{erfc}(x) \approx \frac{\sum_{i=0}^{7}p_{\mathrm{i}}x^{2\mathrm{i}}}{\sum_{i=0}^{7}q_{\mathrm{i}}x^{2\mathrm{i}}}, 0.46875 \leqslant x \leqslant 4 \tag{4B. 6}$$

$$\exp(x^2)\mathrm{erfc}(x) \approx \frac{1}{x}\left(\frac{1}{\sqrt{\pi}} + \frac{1}{x^2}\frac{\sum_{i=0}^{3}p_{\mathrm{i}}x^{-2\mathrm{i}}}{\sum_{i=0}^{3}q_{\mathrm{i}}x^{-2i}}\right), x \geqslant 4 \tag{4B. 7}$$

多项式 p_i 和 q_i 的系数列在表 4B. 1 中。关系式 erfc ($-x$)=2−erfc (x) 可用于评估负参数的函数。

表 4B.1　$|x|<0.5$ 区间进行切比雪夫近似的多项式系数

i	p_i	q_i
0	242.667955230532	215.058875869861
1	21.9792616182942	91.1649054045149
2	6.99638348861914	15.0827976304078
3	−0.0356098437018154	1.00000000000000

表 4B.1　$0.46875\leqslant x\leqslant 4$ 区间进行切比雪夫近似的多项式系数

i	p_i	q_i
0	300.459261020162	300.459260956983
1	451.918953711873	790.950925327898
2	339.320816734344	931.35409485061
3	152.98928504694	639.980264465631
4	43.1622272220567	277.585444743988
5	7.21175825088309	77.0001529352295
6	0.564195517478974	12.7827273196294
7	1.36864857382717E−007	1.00000000000000

表 4B.1　$x\geqslant 4$ 区间进行切比雪夫近似的多项式系数

i	p_i	q_i
0	−0.00299610707703542	0.0106209230528468
1	−0.0494730910623251	0.19130892610783
2	−0.226956593539687	1.0516751076793
3	−0.278661308609648	1.98733201817135
4	−0.0223192459734185	1.000000000000000

附录 4C　有限差分方法解决扩散控制吸附模型的初始条件和边界条件问题

有限差分方案是解决扩散控制吸附模型初始和边界值问题的直接方法之一。为尽量减少解决当前具有数个独立物理参数的复杂问题的数值计算工作，可使用无量纲变量。以下变换可用于当前的传递问题，在第 4 章中进行了定义

$$\Theta=\frac{Dt}{K^2},X=\frac{x}{K},K=\frac{\Gamma_0}{c_0},C=\frac{c}{c_0},\bar{\Gamma}=\frac{\Gamma}{\Gamma_0} \tag{4C.1}$$

则传递方程和所有进一步的边界和初始条件为

$$\frac{\partial C}{\partial\Theta}=\frac{\partial^2 C}{\partial X^2},X>0,\Theta>0 \tag{4C.2}$$

$$\frac{\partial\bar{\Gamma}}{\partial C}\frac{\partial C}{\partial\Theta}=\frac{\partial C}{\partial X},X=0,\Theta>0 \tag{4C.3}$$

$$\lim_{x\to\infty} C = 1, \Theta > 0 \tag{4C.4}$$

$$C = 1, X > 0, \Theta = 0 \tag{4C.5}$$

有限差分法的一般思想是用差分来代替差商。例如，c 对时间 t 的导数可近似为

$$\frac{\partial c}{\partial t} \approx \frac{\Delta c}{\Delta t} = \frac{c(x, t_2) - c(x, t_1)}{t_2 - t_1} \tag{4C.6}$$

以相同的方式，逼近函数的一阶和二阶导数。在当前 x 和 t 的条件下，所有坐标间隔被划分为等距的子间隔，并且对于每个间隔均可得到一个差分方程。在间隔边界处，必要的关系式由相应的边界条件给出。

一步一步地，已知函数初始值的前提下可以计算函数随时间的变化。

当然，如果微商在坐标某一处被差商替代，则剩余的坐标必须保持不变。例如，有三种方法来定义 $\frac{\partial c}{\partial x}$ 的差商（实例参见 Kiesewetter 和 Maess 1974）

$$\frac{\partial c}{\partial x} \approx \frac{c(x_2, t_1) - c(x_1, t_1)}{x_2 - x_1} \tag{4C.7}$$

$$\frac{\partial c}{\partial x} \approx \frac{c(x_2, t_2) - c(x_1, t_2)}{x_2 - x_1} \tag{4C.8}$$

$$\frac{\partial c}{\partial x} \approx \frac{c(x_2, t_1) - c(x_1, t_1)}{x_2 - x_1} + (1-\alpha)\frac{c(x_2, t_2) - c(x_1, t_2)}{x_2 - x_1}; 0 < \alpha < 1 \tag{4C.9}$$

最简单的形式为式（4C.7），可得每个时间间隔内的显式方程，而另外两个则导出隐式方程。如果我们使用（4C.9）的方法，在 $\alpha=0.5$ 时，在时间级 t_1 和 t_2 时可得两个浓度梯度的算术平均值，由等式（4C.2）可得以下线性方程组

$$C_{i-1,j+1} - 2\left(1 + \frac{\Delta X^2}{\Delta\Theta}\right)C_{i,j+1} + C_{i+1,j+1} = -C_{i-1,j} + 2\left(1 - \frac{\Delta X^2}{\Delta\Theta}\right)C_{i,j} - C_{i+1,j}; \tag{4C.10}$$

$$i = 2, 3, \cdots, N; j = 2, 3, \cdots$$

其中的指数可用以下关系式定义

$$C_{i,j} = C(X_i, \Theta_j) = C((i-1)\Delta X, (j-1)\Delta\Theta) \tag{4C.11}$$

在时间 $\Theta=0$，即 $j=1$ 时，初始条件（4C.5）可得

$$C_{1.1} = 0, C_{i,1} = 2, 3, \cdots, N \tag{4C.12}$$

对每个时间步长 j，$C_{1,j+1}$ 可用不同的方法从边界条件（4C.3）分别得到

$$\frac{1}{2\Delta\Theta}\left(\frac{\partial\bar{\Gamma}}{\partial C_{(1,j+1)}} + \frac{\partial\bar{\Gamma}}{\partial C_{(1,j)}}\right)(C_{1,j+1} - C_{1,j}) = \frac{1}{2\Delta X}(c_{2,j+1} + C_{2,j} - C_{1,j+1} - C_{1,j}) \tag{4C.13}$$

再次使用两个后续时间级的差分方案的平均值。方程（4C.13）经重排可得

$$C_{i,j+1} = \frac{\left(C_{1,j} + \frac{\Delta\Theta}{\Delta X}(C_{2,j+1} + C_{2,j} - C_{1,j}) \Big/ \left(\frac{\partial\bar{\Gamma}}{\partial C_{(1,j+1)}} + \frac{\partial\bar{\Gamma}}{\partial C_{(1,j)}}\right)\right)}{\left(1 + \frac{\Delta\Theta}{\Delta X} \Big/ \left(\frac{\partial\bar{\Gamma}}{\partial C_{(1,j+1)}} + \frac{\partial\bar{\Gamma}}{\partial C_{(1,j)}}\right)\right)} \tag{4C.14}$$

上式中存在隐含关系，因其仍然包含时间步长（$j+1$）上的未知值。为求解这样的隐式线性方程组，通常可以假设时间步长（$j+1$）未知值的起始值作为上次时间步长 j 的值来进行简单的迭代。对于当前类型的问题，不超过三步迭代，即可使新的时间步长（$j+1$）值变得稳定。

考虑到界面面积随时间的变化，边界条件（4.37）的无量纲形式为

$$\frac{\mathrm{d}\overline{\Gamma}}{\mathrm{d}C}\frac{\mathrm{d}C}{\mathrm{d}\Theta}+\frac{\overline{\Gamma}}{A}\frac{\mathrm{d}A}{\mathrm{d}\Theta}=D\frac{\mathrm{d}C}{\mathrm{d}X};X=0;\Theta>0 \tag{4C.15}$$

方程（4C.15）右边第二项可很好地近似为

$$\frac{\overline{\Gamma}}{A}\frac{\mathrm{d}A}{\mathrm{d}\Theta}\approx\frac{\overline{\Gamma}_{\mathrm{j}}+\overline{\Gamma}_{\mathrm{j+1}}}{A_{\mathrm{j}}+A_{\mathrm{j+1}}}\frac{A_{\mathrm{j+1}}-A_{\mathrm{j}}}{\Delta\Theta} \tag{4C.16}$$

代替式（4C.14），以下等式可得出边界值 $C_{1,\mathrm{j+1}}$，$x=0$ 时的值和时间步长（$j+1$）

$$C_{1,\mathrm{j+1}}=\frac{\left(C_{1,j}-2\dfrac{\overline{\Gamma}_{\mathrm{j}}+\overline{\Gamma}_{\mathrm{j+1}}}{A_{\mathrm{j}}+A_{\mathrm{j+1}}}\dfrac{A_{\mathrm{j+1}}-A_{\mathrm{j}}}{\left(\dfrac{\partial\overline{\Gamma}}{\partial C_{(1,\mathrm{j+1})}}+\dfrac{\partial\overline{\Gamma}}{\partial C_{(1,\mathrm{j})}}\right)}+\dfrac{\Delta\Theta}{\Delta X}(C_{2,\mathrm{j+1}}+C_{2,\mathrm{j}}-C_{1,\mathrm{j}})\Big/\left(\dfrac{\partial\overline{\Gamma}}{\partial C_{(1,\mathrm{j+1})}}+\dfrac{\partial\overline{\Gamma}}{\partial C_{(1,\mathrm{j})}}\right)\right)}{\left(1+\dfrac{\Delta\Theta}{\Delta X}\Big/\left(\dfrac{\partial\overline{\Gamma}}{\partial C_{(1,\mathrm{j+1})}}+\dfrac{\partial\overline{\Gamma}}{\partial C_{(1,\mathrm{j})}}\right)\right)} \tag{4C.17}$$

附录 4D 用于解决双组分表面活性剂体系扩散控制吸附模型的初始条件和边界条件问题的有限差分方案

表面活性剂混合物吸附动力学问题的解决方案可以用相同的差分方案进行数值计算。当计算各个组分的吸附量时，必须满足一些细节条件。

对于每个分量，可得一个线性方程组，类似式（4C.10）。作为双组分系统空间和时间函数的浓度值可定义为

$$C1_{\mathrm{i,j}}=C1(X_{\mathrm{i}},\Theta_{\mathrm{j}})=C1((i-1)\Delta X,(j-1)\Delta\Theta) \tag{4D.1}$$

$$C2_{\mathrm{i,j}}=C2(X_{\mathrm{i}},\Theta_{\mathrm{j}})=C2((i-1)\Delta X,(j-1)\Delta\Theta) \tag{4D.2}$$

每个分量相当于式（4C.13）的边界条件，包含有 $\frac{\mathrm{d}\overline{\Gamma}1}{\mathrm{d}C1_{(\mathrm{i,j+1})}}$ 和 $\frac{\mathrm{d}\overline{\Gamma}2}{\mathrm{d}C2_{(\mathrm{i,j+1})}}$ 两个微分，通过广义吸附等温式存在相依关系。因此，为计算 $C1$ 和 $\Gamma1$ 的演化，需要知道 $C2$ 和 $\Gamma2$ 的实际值，反之亦然。由于预期这些函数仅能缓慢变化，所以可以将前一时间层的值用作第一近似值，然后使用相应函数 $C1$ 和 $\Gamma1$ 或 $C2$ 和 $\Gamma2$ 的最新值进行所有值的迭代。每个时间步长的内部迭代通常只需要两到三个周期，并且在必要的精度内结果不变。如图 4.7 所示的结果用这种计算方法根据广义 Langmuir 等温式获得。

附录 4E 应用拉普拉斯变换求解扩散控制吸附动力学模型

用于求解普通和偏微分方程的拉普拉斯变换微积分方法的优点在于其可将函数变换为

另一个函数空间来减少原始问题的复杂程度这一特性。变换通过以下关系式进行

$$\boldsymbol{L}(f)=\int_0^{\infty}\exp(-st)f(t)\mathrm{d}t=F(s) \tag{4E.1}$$

其中 $f(t)$ 是原始函数，$F(s)$ 是镜像函数（实例参见 Bronstein 和 Semendjajew 1960）。为求解微分方程，以下规则极为有用

函数 $f(t)$ 微分的变换

$$\boldsymbol{L}\left(\frac{\mathrm{d}f}{\mathrm{d}t}\right)=sF(s)-f(0) \tag{4E.2}$$

函数 $f(t)$ 二阶微分的变换

$$\boldsymbol{L}\left(\frac{\mathrm{d}^2 f}{\mathrm{d}t^2}\right)=s^2F(s)-sf(0)-\frac{\mathrm{d}f}{\mathrm{d}t}(0) \tag{4E.3}$$

函数 f_1 和 f_2 卷积积分的变换

$$\boldsymbol{L}\left(\int_0^t f_1(t-\tau)f_2(\tau)\mathrm{d}\tau\right)=\frac{1}{s}F_1(s)F_2(s) \tag{4E.4}$$

使用初始条件（4.17a）和（4.17b），传递方程（4.9）在边界条件（4.11）和（4.15）下，对于时间坐标 t，使用微积分方法可得以下常微分方程

$$D\frac{\mathrm{d}^2C}{\mathrm{d}x^2}=sC-c_0, x>0 \tag{4E.5}$$

边界条件为

$$D\frac{\mathrm{d}C}{\mathrm{d}x}=s\upsilon-\Gamma_{\mathrm{d}}, x=0 \tag{4E.6}$$

以及

$$\lim_{x\to\infty}C(x,s)=\frac{c_0}{s} \tag{4E.7}$$

函数 $C(x, s)$ 和 $\upsilon(s)$ 分别为 $c(x, t)$ 和 $\Gamma(t)$ 的镜像函数。

非齐次微分方程（4E.5）的通解由相应的齐次解和特解，即非平凡的通解得出。其特解为

$$C(x,s)=\frac{c_0}{s} \tag{4E.8}$$

线性二阶微分方程的通解为

$$C(x,s)=\exp(\lambda x) \tag{4E.9}$$

将 $C(x, s)$ 的导数代入（4E.5）中，可得 λ 的代数方程，最后可得微分方程的解

$$C(x,s)=\frac{c_0}{s}+A_1\exp\left(\sqrt{\frac{s}{D}}x\right)+A_2\exp\left(-\sqrt{\frac{s}{D}}x\right) \tag{4E.10}$$

系数 A_1 和 A_2 必须从边界条件确定。$A_1=0$ 时条件式（4E.7）立即可得

$$\lim_{x\to\infty}\left(C(x,s)-\frac{c_0}{s}\right)=0 \tag{4E.11}$$

A_2 的值来自第二边界条件式（4E.6）

$$A_2 = -\sqrt{\frac{s}{D}}\upsilon + \frac{\Gamma_d}{\sqrt{sD}} \quad (4E.12)$$

最终解为

$$C(x,s) = \frac{c_0}{s} - \left(\sqrt{\frac{s}{D}}\upsilon + \frac{\Gamma_d}{\sqrt{sD}}\right)\exp\left(-\sqrt{\frac{s}{D}}x\right) \quad (4E.13)$$

为得到关于时间 t 的函数空间的解，上述解必须采用反拉普拉斯变换进行再变换（实例参见 Oberhettinger 和 Bordii 1973）。在 $x=0$ 时，此反变换最终可得

$$c(0,t) = c_0 - \frac{2}{\sqrt{D\pi}}\frac{\mathrm{d}}{\mathrm{d}t}\int_0^{\sqrt{t}}\Gamma(t-\tau)\mathrm{d}\sqrt{\tau} + \frac{\Gamma_d}{\sqrt{\pi D t}} \quad (4E.14)$$

（4E.13）经过整理可得

$$\upsilon(s) = \left(\left(\frac{c_0}{s} - C(x,s)\right)\exp\left(\sqrt{\frac{s}{D}}x\right) + \frac{\Gamma_d}{\sqrt{sD}}\right)\sqrt{\frac{D}{s}} \quad (4E.15)$$

根据经典 Ward 和 Tordai 方程最终可得

$$\Gamma(t) = 2\sqrt{\frac{Dt}{\pi}}\left(c_0\sqrt{t} - \int_0^{\sqrt{t}} c(0,t-\tau)\mathrm{d}\sqrt{\tau} + \Gamma_d\right) \quad (4E.16)$$

方程（4E.14）和（4E.16）等效，描述了扩散控制吸附过程。如前所述，其导数与任何吸附等温式无关，因此这些方程提出了问题的通用解决方案。只有在选择平衡吸附等温式或 Γ（t）与 c（0，t）之间的非平衡关系后，才能得出具体的模型。

附录 4F　Ziller 和 Miller（1986）的集合解式（4.25）的多项式参数

C_0/a_L	ξ_1	ξ_2	ξ_3
0	1.138343	0.181811	−0.320154
0.1	1.240679	−0.320797	0.080118
0.2	1.291053	−0.522419	0.231366
0.3	1.319633	−0.628327	0.308694
0.4	1.337294	−0.688920	0.351626
0.5	1.348353	−0.723634	0.375281
0.6	1.355013	−0.742049	0.387036
0.7	1.358563	−0.749568	0.391005
0.8	1.359828	−0.749516	0.389688
0.9	1.359368	−0.744064	0.384696
1.0	1.357582	−0.734697	0.377115
1.5	1.336915	−0.657505	0.320590
2.0	1.307549	−0.564116	0.256567

续表

C_0/a_L	ξ_1	ξ_2	ξ_3
2.5	1.276178	−0.472994	0.196816
3.0	1.245410	−0.389817	0.144407
3.5	1.216315	−0.316119	0.099804
4.0	1.189300	−0.251908	0.062608
4.5	1.164460	−0.196610	0.032150
5.0	1.141751	−0.149457	0.007706
6.0	1.102232	−0.076390	−0.002584
7.0	1.069598	−0.026782	−0.042816
7.5	1.055498	−0.009194	−0.046304
8.0	1.020524	0.004298	−0.046996
9.0	1.020524	0.020802	−0.041326
10.0	1.002232	0.025864	−0.028096

附录 5A　作为 $rV^{-1/3}$ 的函数，以 r_{cap}/a 形式表示的 Wilkinson（1972）校正因子

$rV^{-1/3}$	0	1	2	3	4	5	6	7	8	9
0.10	0.0535	0.0543	0.0550	0.0558	0.0566	0.0574	0.0582	0.0590	0.0598	0.0606
0.11	0.0614	0.0622	0.0630	0.0638	0.0646	0.0654	0.0662	0.0671	0.0679	0.0687
0.12	0.0695	0.0703	0.0712	0.0720	0.0728	0.0737	0.0745	0.0754	0.0762	0.0770
0.13	0.0779	0.0787	0.0796	0.0804	0.0813	0.0822	0.0830	0.0839	0.0847	0.0856
0.14	0.0865	0.0873	0.0882	0.0891	0.0900	0.0908	0.0917	0.0926	0.0935	0.0944
0.15	0.0953	0.0962	0.0971	0.0979	0.0988	0.0997	0.1006	0.1015	0.1025	0.1034
0.16	0.1043	0.1052	0.1061	0.1070	0.1079	0.1089	0.1098	0.1107	0.1116	0.1126
0.17	0.1135	0.1144	0.1154	0.1163	0.1172	0.1182	0.1191	0.1201	0.1210	0.1219
0.18	0.1229	0.1238	0.1248	0.1258	0.1267	0.1277	0.1286	0.1296	0.1306	0.1315
0.19	0.1325	0.1335	0.1344	0.1354	0.1364	0.1374	0.1384	0.1393	0.1403	0.1413
0.20	0.1423	0.1433	0.1443	0.1453	0.1463	0.1473	0.1483	0.1493	0.1503	0.1513
0.21	0.1523	0.1533	0.1543	0.1553	0.1563	0.1573	0.1583	0.1594	0.1604	0.1614
0.22	0.1624	0.1635	0.1645	0.1655	0.1665	0.1676	0.1686	0.1696	0.1707	0.1717
0.23	0.1728	0.1738	0.1748	0.1759	0.1769	0.1780	0.1790	0.1801	0.1812	0.1822
0.24	0.1833	0.1843	0.1854	0.1865	0.1875	0.1886	0.1897	0.1907	0.1918	0.1929
0.25	0.1939	0.1950	0.1961	0.1972	0.1983	0.1993	0.2004	0.2015	0.2026	0.2037
0.26	0.2048	0.2059	0.2070	0.2081	0.2092	0.2103	0.2114	0.2125	0.2136	0.2147

续表

$rV^{-1/3}$	0	1	2	3	4	5	6	7	8	9
0.27	0.2158	0.2169	0.2180	0.2191	0.2202	0.2213	0.2224	0.2236	0.2247	0.2258
0.28	0.2269	0.2281	0.2292	0.2303	0.2314	0.2326	0.2337	0.2348	0.2360	0.2371
0.29	0.2382	0.2394	0.2405	0.2417	0.2428	0.2439	0.2451	0.2462	0.2474	0.2485
0.30	0.2497	0.2508	0.2520	0.2532	0.2543	0.2555	0.2566	0.2578	0.2590	0.2601
0.31	0.2613	0.2625	0.2636	0.2648	0.2660	0.2671	0.2683	0.2695	0.2707	0.2719
0.32	0.2730	0.2742	0.2754	0.2766	0.2778	0.2790	0.2802	0.2813	0.2825	0.2837
0.33	0.2849	0.2861	0.2873	0.2885	0.2897	0.2909	0.2921	0.2933	0.2945	0.2957
0.34	0.2969	0.2982	0.2994	0.3006	0.3018	0.3030	0.3042	0.3054	0.3067	0.3079
0.35	0.3091	0.3103	0.3115	0.3128	0.3140	0.3152	0.3165	0.3177	0.3189	0.3202
0.36	0.3214	0.3226	0.3239	0.3251	0.3263	0.3276	0.3288	0.3301	0.3313	0.3326
0.37	0.3338	0.3351	0.3363	0.3376	0.3388	0.3401	0.3413	0.3426	0.3438	0.3451
0.38	0.3464	0.3476	0.3489	0.3502	0.3514	0.3527	0.3540	0.3552	0.3565	0.3578
0.39	0.3590	0.3603	0.3616	0.3629	0.3641	0.3654	0.3667	0.3680	0.3693	0.3706
0.40	0.3718	0.3731	0.3744	0.3757	0.3770	0.3783	0.3796	0.3809	0.3822	0.3835
0.41	0.3848	0.3861	0.3874	0.3887	0.3900	0.3913	0.3926	0.3939	0.3952	0.3965
0.42	0.3978	0.3991	0.4004	0.4017	0.4031	0.4044	0.4057	0.4070	0.4083	0.4096
0.43	0.4110	0.4123	0.4136	0.4149	0.4163	0.4176	0.4189	0.4202	0.4216	0.4229
0.44	0.4242	0.4256	0.4269	0.4282	0.4296	0.4309	0.4323	0.4336	0.4350	0.4363
0.45	0.4376	0.4390	0.4403	0.4417	0.4430	0.4444	0.4457	0.4471	0.4484	0.4498
0.46	0.4512	0.4525	0.4539	0.4552	0.4566	0.4580	0.4593	0.4607	0.4620	0.4634
0.47	0.4648	0.4662	0.4675	0.4689	0.4703	0.4716	0.4730	0.4744	0.4758	0.4771
0.48	0.4785	0.4799	0.4813	0.4827	0.4841	0.4854	0.4868	0.4882	0.4896	0.4910
0.49	0.4924	0.4938	0.4952	0.4966	0.4980	0.4994	0.5007	0.5021	0.5035	0.5049
0.50	0.5064	0.5078	0.5092	0.5106	0.5120	0.5134	0.5148	0.5162	0.5176	0.5190
0.51	0.5204	0.5218	0.5233	0.5247	0.5261	0.5275	0.5289	0.5304	0.5318	0.5332
0.52	0.5346	0.5361	0.5375	0.5389	0.5403	0.5418	0.5432	0.5446	0.5461	0.5475
0.53	0.5489	0.5504	0.5518	0.5533	0.5547	0.5561	0.5576	0.5590	0.5605	0.5619
0.54	0.5634	0.5648	0.5663	0.5677	0.5692	0.5706	0.5721	0.5735	0.5750	0.764
0.55	0.5779	0.5794	0.5808	0.5823	0.5837	0.5852	0.5867	0.5881	0.5896	0.5911
0.56	0.5926	0.5940	0.5955	0.5970	0.5984	0.5999	0.6014	0.6029	0.6044	0.6058
0.57	0.6073	0.6088	0.6103	0.6118	0.6133	0.6147	0.6162	0.6177	0.6192	0.6207
0.58	0.6222	0.6237	0.6252	0.6267	0.6282	0.6297	0.6312	0.6327	0.6342	0.6357
0.59	0.6372	0.6387	0.6402	0.6417	0.6432	0.6447	0.6462	0.6478	0.6493	0.6508

续表

$rV^{-1/3}$	0	1	2	3	4	5	6	7	8	9
0.60	0.6523	0.6538	0.6553	0.6569	0.6584	0.6599	0.6614	0.6630	0.6645	0.6660
0.61	0.6675	0.6691	0.6706	0.6721	0.6737	0.6752	0.6767	0.6783	0.6798	0.6814
0.62	0.6829	0.6844	0.6860	0.6875	0.6891	0.6906	0.6922	0.6937	0.6953	0.6968
0.63	0.6984	0.6999	0.7015	0.7030	0.7046	0.7062	0.7077	0.7093	0.7108	0.7124
0.64	0.7140	0.7155	0.7171	0.7187	0.7202	0.7218	0.7234	0.7250	0.7265	0.7281
0.65	0.7297	0.7313	0.7328	0.7344	0.7360	0.7376	0.7392	0.7408	0.7424	0.7439
0.66	0.7455	0.7471	0.7487	0.7503	0.7519	0.7535	0.7551	0.7567	0.7583	0.7599
0.67	0.7615	0.7631	0.7647	0.7663	0.7679	0.7695	0.7712	0.7728	0.7744	0.7760
0.68	0.7776	0.7792	0.7809	0.7825	0.7841	0.7857	0.7873	0.7890	0.7906	0.7922
0.69	0.7939	0.7955	0.7971	0.7988	0.8004	0.8020	0.8037	0.8053	0.8069	0.8086
0.70	0.8102	0.8119	0.8135	0.8152	0.8168	0.8185	0.8201	0.8218	0.8234	0.8251
0.71	0.8268	0.8284	0.8301	0.8317	0.8334	0.8351	0.8367	0.8384	0.8401	0.8417
0.72	0.8434	0.8451	0.8468	0.8484	0.8501	0.8518	0.8535	0.8552	0.8568	0.8585
0.73	0.8602	0.8619	0.8636	0.8653	0.8670	0.8687	0.8704	0.8721	0.8738	0.8755
0.74	0.8772	0.8789	0.8806	0.8823	0.8840	0.8857	0.8874	0.8891	0.8908	0.8925
0.75	0.8943	0.8960	0.8977	0.8994	0.9011	0.9029	0.9046	0.9063	0.9080	0.9098
0.76	0.9115	0.9132	0.9150	0.9167	0.9184	0.9202	0.9219	0.9237	0.9254	0.9272
0.77	0.9289	0.9307	0.9324	0.9342	0.9359	0.9377	0.9394	0.9412	0.9430	0.9447
0.78	0.9465	0.9482	0.9500	0.9518	0.9536	0.9553	0.9571	0.9589	0.9607	0.9624
0.79	0.9642	0.9660	0.9678	0.9696	0.9714	0.9731	0.9749	0.9767	0.9785	0.9803
0.80	0.9821	0.9839	0.9857	0.9875	0.9893	0.9911	0.9929	0.9948	0.9966	0.9984
0.81	1.0002	1.0020	1.0038	1.0057	1.0075	1.0093	1.0111	1.0130	1.0148	1.0166
0.82	1.0184	1.0203	1.0221	1.0240	1.0258	1.0276	1.0295	1.0313	1.0332	1.0350
0.83	1.0369	1.0387	1.0406	1.0424	1.0443	1.0462	1.0480	1.0499	1.0518	1.0536
0.84	1.0555	1.0574	1.0592	1.0611	1.0630	1.0649	1.0668	1.0686	1.0705	1.0724
0.85	1.0743	1.0762	1.0781	1.0800	1.0819	1.0838	1.0857	1.0876	1.0895	1.0914
0.86	1.0933	1.0952	1.0971	1.0991	1.1010	1.1029	1.1048	1.1067	1.1087	1.1106
0.87	1.1125	1.1145	1.1164	1.1183	1.1203	1.1222	1.1241	1.1261	1.1280	1.1300
0.88	1.1319	1.1339	1.1358	1.1378	1.1398	1.1417	1.1437	1.1456	1.1476	1.1496
0.89	1.1516	1.1535	1.1555	1.1575	1.1595	1.1615	1.1634	1.1654	1.1674	1.1694
0.90	1.1714	1.1734	1.1754	1.1774	1.1794	1.1814	1.1834	1.1854	1.1874	1.1894
0.91	1.1915	1.1935	1.1955	1.1975	1.1995	1.2016	1.2036	1.2056	1.2077	1.2097
0.92	1.2117	1.2138	1.2158	1.2179	1.2199	1.2220	1.2240	1.2261	1.2281	1.2302

续表

$rV^{-1/3}$	0	1	2	3	4	5	6	7	8	9
0.93	1.2323	1.2343	1.2364	1.2385	1.2405	1.2426	1.2447	1.2468	1.2489	1.2509
0.94	1.2530	1.2551	1.2572	1.2593	1.2614	1.2635	1.2656	1.2677	1.2698	1.2719
0.95	1.2740	1.2761	1.2783	1.2804	1.2825	1.2846	1.2868	1.2889	1.2910	1.2932
0.96	1.2953	1.2974	1.2996	1.3017	1.3039	1.3060	1.3082	1.3103	1.3125	1.3146
0.97	1.3168	1.3190	1.3211	1.3233	1.3255	1.3277	1.3298	1.3320	1.3342	1.3364
0.98	1.3386	1.3408	1.3430	1.3452	1.3474	1.3496	1.3518	1.3540	1.3562	1.3584
0.99	1.3606	1.3629	1.3651	1.3673	1.3695	1.3718	1.3740	1.3762	1.3785	1.3807
1.00	1.3830	1.3852	1.3875	1.3897	1.3920	1.3942	1.3965	1.3988	1.4010	1.403
1.01	1.406	1.408	1.410	1.413	1.415	1.417	1.4200	1.422	1.424	1.427
1.02	1.429	1.431	1.433	1.436	1.438	1.440	1.443	1.445	1.447	1.450
1.03	1.452	1.454	1.457	1.459	1.461	1.464	1.466	1.469	1.471	1.473
1.04	1.476	1.478	1.480	1.483	1.485	1.487	1.490	1.492	1.495	1.497

附录 5B　选定液体的密度和黏度

液体	温度/℃	密度/(g/cm³)	黏度/(mm²/s)	文献
水	20	0.998	1.0	1983 年手册
	25	0.997	0.89	1983 年手册
甘油	15	1.264*	245*	1994 年手册
己烷	20	0.660	0.326	1983 年手册
庚烷	20	0.684	0.409	1983 年手册
辛烷	20	0.703	0.542	1983 年手册
壬烷	20	0.718	0.711	1983 年手册
癸烷	20	0.730	0.92	1983 年手册
十二烷	20	0.7511	1.35	1983 年手册
氯仿	15	1.498		1983 年手册
二乙醇胺	30	1.097	303	Miller 等 1994
蓖麻油	20		986	Miller 等 1994
乙醇	20	0.789		1983 年手册
正丁醇	20	0.810	2.948	1983 年手册
正己醇	20	0.814		1983 年手册
辛醇	20	0.827		1983 年手册

续表

液体	温度/℃	密度/(g/cm³)	黏度/(mm²/s)	文献
正癸醇	20	0.830		1983年手册
苯	20	0.877	0.652	1983年手册
甲苯	20	0.867	0.59	1983年手册
二氧六环	20	1.034		1983年手册

*：非无水

附录5C　选定液体的表面张力及与水的界面张力

液体	温度/℃	表面张力/(mN/m)	界面张力/(mN/m)	参考文献
水	20	72.4		1983年手册
甘油	20	63.4		1983年手册
己烷	20	18.4	51.1	1983年手册
庚烷	20	19.7	51.0	1983年手册
辛烷	20	21.6	50.8	1983年手册
壬烷	20	22.7	51.5	Miller等1994
癸烷	20	23.8	51.8	1983年手册
十二烷	20	24.9	52.1	1983年手册
氯仿	20	27.2	36.1	Miller等1994
蓖麻油	30	36.4		Miller等1994
乙醇	20	22.0		1983年手册
己醇	20	25.8	6.8	1983年手册
辛醇	20	27.5	8.5	1983年手册
苯	20	28.9	35.0	1983年手册
甲苯	20	28.5	36.1	1983年手册
二氧六环	20	35.4		1983年手册

附录5D　选定表面活性剂的等温式参数

物质	a_F/(mol/cm³)	Γ_∞/(mol/cm²)	a'/(mN/m)	参考文献
辛基硫酸酯	3.5×10^{-5}	1×10^{-9}	0	Wüstneck等1992
癸基硫酸酯	1.3×10^{-5}	1×10^{-9}	6.5	Wüstneck等1992
十二烷基硫酸酯	2.1×10^{-6}	6.8×10^{-10}	11.8	Wüstneck等1992
十四烷基硫酸酯	6.0×10^{-7}	7.5×10^{-10}	17.3	Wüstneck等1992

续表

物质	a_F/(mol/cm³)	Γ_∞/(mol/cm²)	a'/(mN/m)	参考文献
十二烷基二甲基氨乙酸溴化物	3.23×10^{-8}	3.77×10^{-10}	0	Wüstneck 等 1992
十四烷基二甲基氨乙酸溴化物	4.76×10^{-9}	3.96×10^{-10}	3.6	Wüstneck 等 1992
十六烷基二甲基氨乙酸溴化物	1.16×10^{-9}	3.87×10^{-10}	9.0	Wüstneck 等 1992
己基二甲基氧化膦	3.19×10^{-6}	3.23×10^{-10}	0	Lunkenheimer 等 1987b
辛基二甲基氧化膦	3.73×10^{-7}	3.66×10^{-10}	0	Lunkenheimer 等 1987b
癸基二甲基氧化膦	4.96×10^{-8}	3.85×10^{-10}	0	Lunkenheimer 等 1987b
十二烷基二甲基氧化膦	4.98×10^{-9}	4.10×10^{-10}	0.5	Lunkenheimer 等 1987b
辛基二乙基氧化膦	9.31×10^{-8}	3.08×10^{-10}	0	Lunkenheimer 等 1987b
癸基二乙基氧化膦	1.04×10^{-8}	3.30×10^{-10}	0	Lunkenheimer 等 1987b
十二烷基二乙基氧化膦	1.34×10^{-9}	3.60×10^{-10}	0	Lunkenheimer 等 1987b
1，2—十二烷二醇	8.72×10^{-8}	5.6×10^{-10}	29.8	Lunkenheimer 和 Hirte 1992
癸酸	9.44×10^{-8}	6.1×10^{-10}	21.8	Lunkenheimer 和 Hirte 1992
Tritn X—45	2.1×10^{-8}	4.7×10^{-10}	—	Fainerman 等 1994c
Tritn X—100	1.3×10^{-8}	3.3×10^{-10}	—	Fainerman 等 1994c
Tritn X—114	1.2×10^{-8}	3.1×10^{-10}	—	Fainerman 等 1994c
Tritn X—165	8.3×10^{-9}	2.8×10^{-10}	—	Fainerman 等 1994c
Tritn X—305	2.4×10^{-9}	1.8×10^{-10}	—	Fainerman 等 1994c
Tritn X—405	1.4×10^{-9}	1.4×10^{-10}	—	Fainerman 等 1994c

附录 5E　有机溶剂和水的互溶性

液体	温度/℃	水溶性/(mol—%)	水在有机溶剂中的溶解性/(mol—%)	参考文献
己烷	20	3×10^{-4}	0.043	Sörensen 和 Arlt 1979
庚烷	20	5×10^{-5}	0.070	Sörensen 和 Arlt 1979
辛烷	20	1×10^{-5}	0.060	Sörensen 和 Arlt 1979
癸烷	20	2×10^{-7}	0.057	Sörensen 和 Arlt 1979
十二烷	20	4×10^{-8}	0.061	Sörensen 和 Arlt 1979
氯仿	15	0.15	0.517	Sörensen 和 Arlt 1979
二乙醇胺	20	∞	∞	Sörensen 和 Arlt 1979
己醇	20	0.1	29.0	Sörensen 和 Arlt 1979
辛醇	20	0.06	19.4	Sörensen 和 Arlt 1979
苯	20	0.04	0.25	Sörensen 和 Arlt 1979

续表

液体	温度/℃	水溶性/(mol－%)	水在有机溶剂中的溶解性/(mol－%)	参考文献
甲苯	20	0.01	0.24	Sörensen 和 Arlt 1979
二氧六环	20	∞	∞	Timmerman 1950

附录 5F 解 Gauss-Laplace 方程的数值算法

有几种数值算法来解 Gauss-Laplace 方程，以便使其适应实验中的滴形坐标。Cheng (1990) 在 Runge-Kutta 方法的基础上开发了一个例程，使用有限弧长步长法对微分方程式 (5.23) ～式 (5.25) 进行积分。这种算法非常快，并可得到非常精确的数值结果。然而，Lohnstein (1906) 已提出了一种解 Gauss-Laplace 方程的算法，当时用于手动计算。与现代快速计算机获得的结果相比，Lohnstein 的计算令人惊讶地准确。Lohnstein (1906) 提出的算法从 Gauss-Laplace 方程的以下形式开始

$$\frac{y''}{(1+y'^2)^{3/2}}+\frac{y'}{x\sqrt{1+y'^2}}=\frac{2}{a^2}(R-y) \tag{5F.1}$$

其中 R 是悬垂滴顶点的曲率半径。对于躺滴，仅右侧表达式的符号改变

$$\frac{y''}{(1+y'^2)^{3/2}}+\frac{y'}{x\sqrt{1+y'^2}}=\frac{2}{a^2}(R+y) \tag{5F.2}$$

二阶常微分方程 (5F.1) 可以用一阶微分方程组 (Lohnstein 1906) 的形式重写为

$$\frac{\mathrm{d}(xu)}{\mathrm{d}x}=\frac{2x}{a^2}(R-y) \tag{5F.3}$$

$$\frac{\mathrm{d}y}{\mathrm{d}x}=\frac{u}{\sqrt{1-u^2}} \tag{5F.4}$$

其中函数 u 定义为

$$u=\frac{y'}{\sqrt{1+y'^2}} \tag{5F.5}$$

在最大直径点，函数 u 趋于 1，系统变得不稳定。除了极点区域外，另一微分方程组在 x 和 y 的整个范围内都是稳定的

$$\frac{\mathrm{d}v}{\mathrm{d}y}=\frac{\sqrt{1-v^2}}{x}-\frac{2}{a^2}(R-y) \tag{5F.6}$$

$$\frac{\mathrm{d}x}{\mathrm{d}y}=\frac{v}{\sqrt{1-v^2}} \tag{5F.7}$$

其中函数 v 定义为

$$v=\sqrt{1-u^2} \tag{5F.8}$$

通过使用有限差分而不是微商，可以容易地求解两个微分方程组

$$\frac{dy}{dx} \approx \frac{\Delta y}{\Delta x}, \frac{du}{dx} \approx \frac{\Delta u}{\Delta x}, \frac{dx}{dy} \approx \frac{\Delta x}{\Delta y}, \frac{dv}{dy} \approx \frac{\Delta v}{\Delta y} \tag{5F.9}$$

由不同的公式来表示微商，每个公式都可用，但又精度不同。例如，使用简单的后向差分可得

$$\frac{dy}{dx} \approx \frac{y_{i+1} - y_i}{x_{i+1} - x_i} \tag{5F.10}$$

方程（5F.1）的积分现在可以从方程组（5F.3）和（5F.4）开始，直到达到某个点（例如 $u=0.5$）为止。然后，基于方程（5F.6）和（5F.7）进行进一步的计算。

附录 5G　亚微秒范围内的动态表面张力

使用来自 LAUDA 的实验装置 MPT1，可以达到毫秒级的吸附时间（Fainerman 1992，Fainerman 等 1993a，b，1994a，b，c，d）。这通过测量池的特殊设计成为可能，其具有比单个气泡更大的气体体积。在这种情况下，当气泡分离时，池内压力不会改变。从压力-气体流量相关性 P（L）可以计算所谓的系统死区时间的特征点结果。在最近的实验中，研究了控制死时间的主要参数（Fainerman 和 Miller 1994b）：毛细管半径、毛细管长度、气泡尺寸。

在 $MPT1$ 测量单元的标准版本中，死区时间约为 70～80ms。为将 τ_d 降低到 10ms，必须减小毛细管的长度 l 和分离气泡的体积，气泡体积可以通过毛细管尖端与相对电极之间的距离来控制（参见图 5.12）。对于不同长度的毛细管在表 5G.1 中总结的条件下可以实现可重现和精确的气泡形成过程。

在非常短的吸附时间内对最大气泡压力极性测量的另一个非常重要的问题是在形成气泡的表面处材料的初始吸附。这个量越大，初始表面压力 $\Pi=\Pi_0=\gamma_0-\gamma$（$t=0$）越高。气泡从其半球形连续生长到最终尺寸的时间间隔为 τ_d。气泡表面积 A 的相对膨胀 θ 为

$$\theta = \frac{d\ln A}{dt} = \xi/t \tag{5G.1}$$

表 5G.1　具有三种不同长度和恒定内尖端直径 $2r_{cap}=0.15$mm 的毛细管的临界点特征参数，Fainerman 和 Miller（1994b）

长度 l/mm	死时间 τ_d/ms	气泡体积/mm³	临界流量 L_c/(mm³/s)
15	80～100	4～7	55～60
10	30～40	2～3	75～80
7	8～10	0.8～1.2	100～105

系数 ξ 取值为 $\xi=2/3$（理想球体）和 $\xi=1$［MPT1 中的条件（Fainerman 等 1994a)］，在气泡脱离的时刻，该系数可达到 $\xi>1$。因此，在其增长的第二阶段（有效死时间），气泡的有效寿命为

$$\tau_{d,eff} = \frac{\tau_d}{2\xi+1} \leqslant \frac{\tau_d}{3} \tag{5G.2}$$

为计算时间 $\tau_{d,eff}$ 后的表面压力 $\Pi=\Pi_0$ 的初始值，可使用扩散控制吸附模型及 $\xi=1$。在短吸附时间范围内，表面压力由近似解给出（Fainerman 等 1994d）

$$\prod = 2RTc_0\sqrt{\frac{Dt_{eff}}{\pi}} \tag{5G. 3}$$

使用方程式对常用表面活性剂（$D=10^{-6}\,cm^2/s$，$c_0=10^{-6}\,mol/cm^3$）进行评估。采用式（5G. 3）和死时间 $\tau_d=100ms$ 可得 $\Pi_0=4mN/m$，而对于 $\tau_d=10ms$，初始表面压力降低到 $\Pi_0=1mN/m$。在非扩散吸附动力学的情况下，该值变得更小。例如，假设纯动力学控制的吸附机理下，Π 与 t 成正比，并且 Π_0 减少一个数量级。因此，为了在最大气泡压力测量下达到非常短的吸附时间，必须达到非常短的死时间，即高气泡形成频率。如果要测量更高的浓度，则不可能进行定量解释，并且需要在时间 $t=0$ 时准确考虑气泡表面的初始覆盖率。

附录 6A　应用系统理论确定界面张力函数对小界面面积扰动的响应

在线性条件下，流体界面吸附层的非平衡特性可以通过界面热力学模量进行定量描述（Defay，Prigogine 和 Sanfeld 1977）

$$E_0 = A\left(\frac{\partial^2 G}{\partial A^2}\right)_{T,p,n} \tag{6A. 1}$$

按照该 Loglio 等（1979）的观点，该模量可用以下形式表示

$$E_c(i\omega) = \boldsymbol{F}(\Delta\gamma(t))/\boldsymbol{F}(\Delta\ln A(t)) \tag{6A. 2}$$

F 为 Laplace-Fourier 算子，其定义如下

$$\boldsymbol{F}(f(t)) = \int_0^\infty f(t)\exp(-i\omega t)\mathrm{d}t \tag{6A. 3}$$

函数 $F(i\omega)=\boldsymbol{F}\{f(t)\}$ 是 $f(t)$ 的镜像函数。对方程式（6A. 2）进行重排后，可使用 Laplace-Fourier 变换定律（参见附录 4E），获得体系可测量表面张力 $\Delta\gamma(t)$ 对面积扰动 $\Delta\ln A(t)$ 的响应

$$\Delta\gamma(t) = \boldsymbol{F}^{-1}(E_c(i\omega)\boldsymbol{F}(\Delta\ln A(t))) \tag{6A. 4}$$

算子 $\boldsymbol{F}$ 的反运算用 $\boldsymbol{F}^{-1}$ 表示。或者，可使用卷积定理获得以下关系（Oberhettinger 和 Bardii 1973）

$$\Delta\gamma(t') = \int_0^t \boldsymbol{F}^{-1}(\varepsilon(i\omega),\tau)\Delta\ln A(t-\tau)\mathrm{d}\tau \tag{6A. 5}$$

附录 6B　界面张力函数对谐振和几种类型的瞬态面积微扰的响应

为计算任何微小面积变化下的界面张力响应，必须确定时间函数 $\Delta\ln A(t)$ 的 Fourier 变换。对于周期性面积变化

$$A(t) = A_0 + \Delta A\cos(\omega_a t) \tag{6B. 1}$$

相应的 $\boldsymbol{F}$—变换为

$$\boldsymbol{F}\left(\Delta\ln A(t)\right)=-\frac{\Delta A}{A_0}\omega_a\frac{\omega_a}{(i\omega)^2+\omega_a^2}\tag{6B.2}$$

对于 A 的步长类型变化［参见图 6.1（a）］

$$A(t)=\begin{cases}A_0 & at\ t<0\\ A_0+\Delta A & at\ t>0\end{cases}\tag{6B.3}$$

F—变换可得

$$\boldsymbol{F}\left(\Delta\ln A(t)\right)=\frac{\Delta A}{A_0}\frac{1}{i\omega}\tag{6B.4}$$

由于在实验条件下难以产生脉冲，所以更容易进行斜坡型面积变化，在有限时间间隔 $0<t<t^*$ 内的线性面积变化［参见图 6.1（b）］。因此可得

$$\boldsymbol{F}\left(\Delta\ln A(t)\right)=\frac{\Omega}{(i\omega)^2}\left(1-\exp(-i\omega t^*)\right)\tag{6B.5}$$

其中

$$\Omega=\frac{1}{t^*}\ln\left(1-\frac{\Delta A}{A_0}\right)\tag{6B.6}$$

函数 $\Delta\ln A$（t）的形式来自 $0<t<t^*$ 时间范围内条件 $\Delta\ln A$（t）～t 的变化。经简单积分可得式（6B.6）。

更为方便的弛豫研究方法是采用矩形脉冲［参见图 6.1（c）］或实际等效的梯形面积变化［参见图 6.1（d）］。各面积变化的 F 变换如下（参见 Miller 等 1991）

矩形脉冲

$$\boldsymbol{F}\left(\Delta\ln A(t)\right)=\frac{\Delta A}{A_0}\frac{1}{i\omega}\left(1-\exp(-i\omega t_2)\right)\tag{6B.7}$$

梯形面积变化

$$\boldsymbol{F}\{\Delta\ln A(t)\}=\frac{\Omega}{(i\omega)^2}\left(1-\exp[-i\omega t_1]-\exp[-i\omega(t_1+t_2)]-\exp[-i\omega(2t_1+t_2)]\right)\tag{6B.8}$$

其中

$$\Omega=\frac{1}{t_1}\ln\left(1-\frac{\Delta A}{A_0}\right)\tag{6B.9}$$

体系的界面张力响应现在由交换函数 ε（$i\omega$）与实际面积变化函数 $\boldsymbol{F}$［$\Delta\ln A$（t）］根据等式（6A.5）的适当组合产生。

对于物质的扩散交换，第 6 章中得出的函数 ε（$i\omega$）为

$$E_c(i\omega)=E_0\frac{\sqrt{i\omega}}{\sqrt{i\omega}+\sqrt{2\omega_0}}\tag{6B.10}$$

可得以下界面张力响应

周期面积变化-

$$\Delta\gamma(t)=E_0\omega_a^2\frac{\Delta A}{A_0}\int_0^t\exp(2\omega_0\tau)\mathrm{erfc}(\sqrt{2\omega_0\tau})\cos(\omega_a(t-\tau))\mathrm{d}\tau \tag{6B.11}$$

阶梯函数-

$$\Delta\gamma(t)=E_o\frac{\Delta A}{A_o}\exp(2\omega_0\tau)\mathrm{erfc}(\sqrt{2\omega_0 t}) \tag{6B.12}$$

斜坡函数-

$$\Delta\gamma_1(t)=E_0\frac{\Omega}{2\omega_0}(\exp(2\omega_0\tau)\mathrm{erfc}(\sqrt{2\omega_0\tau})-1)+\frac{2E_0\sqrt{t}}{\sqrt{2\pi\omega_0}}\quad at\ 0<t<t^* \tag{6B.13}$$

$$\Delta\gamma_2(t)=\Delta\gamma_1(t)-\Delta\gamma_1(t-t^*)\quad at\ t>t^* \tag{6B.14}$$

矩形脉冲-

$$\Delta\gamma_1(t)=E_o\frac{\Delta A}{A_0}\exp(2\omega_0 t)\mathrm{erfc}(\sqrt{2\omega_0 t})\quad at\ 0<t<t_2 \tag{6B.15}$$

$$\Delta\gamma_2(t)=\Delta\gamma_1(t)-\Delta\gamma_1(t-t_2)\quad at\ t>t_2 \tag{6B.16}$$

梯形面积变化的结果在第 6 章中已经给出。

附录 6C　存在不溶单层时界面压力对面积微扰的响应

在最近的发展中，使用悬滴技术来研究不溶性单层的静态和动态行为。Kwok 等（1994a）首次使用水悬滴和 ADSA（参见 5.4 节）作为膜天平进行十八烷醇单层的表面压力-面积等温式的测量。与传统的 Langmuir-Wilhelmy 膜天平测量结果一致，显示 ADSA 也可作为单层膜研究的有力工具。

一般的想法是将非常少量含有一定量不溶性表面活性剂的铺展剂铺展在悬滴的表面上，例如水滴。然后，通过改变悬滴的体积，可以减小或增大液滴表面的面积。ADSA 可随时提供表面张力、表面积和液滴体积，同时获得液滴的图像。因此，可以连续获得精确的表面压力和表面积，并且可以测量等温线。

在 Li 等的论文中（1994a），通过这种技术对两种磷脂，DMPE 和 DPPC 的表面活性剂单层动态行为进行了研究。虽然十八烷醇等温式仅覆盖了 30Å^2/分子与 18Å^2/分子的区间，但 DMPE 和 DPPC 的完整等温式的范围超过 60Å^2/分子的面积变化。获得了从液体膨胀（LE）−液体冷凝（LC）共存范围到液体凝聚相和最终崩解的明显相变，并与经典的 Langmuir 天平测量结果进行比较。对于磷脂单层也观察到了与十八烷醇单层相同的非常高的崩解压力（Kwok 等 1994b）。根据压缩率，可观察到高达近 70mN/m 的崩解压力（Li 等 1994a，Kwok 等 1994b）。

悬滴技术也已扩展到对水/正十二烷界面处磷脂的不溶性单层研究（Li 等 1994b）。在这些实验中，首先如上所述在水滴表面上产生单层。然后将水滴轻轻地浸入第二液体，例如正十二烷。然后，液滴尺寸的变化使界面膜能够压缩和扩展。再次，使用 ADSA 获得的等温式显示出与经典 Langmuir-Blodgett 槽技术测量结果相同类型的动态行为（Thoma 和 Möhwald 1994）

在悬滴实验中，通过使用小石英池很容易控制周围的温度。在测量过程中，池可以密封，以避免蒸发效应。这使得悬滴技术特别适合在非常宽的温度范围以及长时间间隔内对空气/液体或液体/液体系统进行测量。常规 LB 平衡作为开放系统，在高于 50℃的温度下实现测量存在客观困难。此外，小液滴尺寸保证了系统的良好的温度均匀性。有研究表明后者在相位共存范围内可导致有限的等温线斜率。此外，液滴表面积的变化比 Langmuir 槽的面积变化大得多。沿单层表面的压力梯度可能是从两种技术获得的崩解压力存在显著差异的原因。

ADSA 作为膜天平的主要限制是铺展量的准确性。大量表面活性剂的铺展会使液滴下降或使等温线进入相变区域的时间过早。考虑到有限的表面积，必须保证只有少量的表面活性剂发生铺展，这可能对计算表面活性剂在液体表面上的绝对分子面积形成相对较大的误差。这种情况将导致等温线沿 x 轴的移动及伸展。所以有必要特别注意将物质输送到悬滴上的过程。

附录 7A　多价离子吸附微分方程的近似积分

式（7.40）中的浓度 c（κ^{-1}，t）必须用 $\overline{\Gamma}(t)$ 表示。分子吸附动力学的通解由 Ward 和 Tordai（1946）以等式（4.1）表示。该方程式也可用于离子吸附（Miller 等，1994）。其表示非稳态扩散问题的解，由微分方程（4.9）与边界条件式（4.11）和式（4.15）给出，并描述了 DL 外的浓度分布。必须对边界条件（4.11）进行一些解释，形式如下

$$\frac{\mathrm{d}\Gamma(t)}{\mathrm{d}t}=D_{\mathrm{eff}}\frac{\partial c(x,t)}{\partial x}\Big|_{x=0} \tag{7A.1}$$

从体相到表面的通量导致吸附量 Γ（t）的变化，并且扩散层中离子吸附量也发生变化。因此，更准确的边界条件应考虑扩散层中吸附离子的这种变化。在条件式（7.11）下，吸附的离子仅为共离子，其在扩散层中的含量可以忽略不计。

离子吸附的边界条件（7A.1）的显著特征是将表面活性剂扩散系数 D 替换为方程（7.18）中定义的有效扩散系数 D_{eff}。这是由电场中离子的扩散迁移对扩散层内离子迁移进行补充的事实引起的。

将方程（4.1）或等价方程（4.18）代入式（7.40）可得

$$\frac{\mathrm{d}\overline{\Gamma}}{\mathrm{d}\theta}+\frac{\exp(-z(\overline{\Psi}_{\mathrm{St}}-\overline{\Psi}_{\mathrm{Sto}}))\overline{\Gamma}(\theta)K(\Psi_{\mathrm{Sto}})}{K(\Psi_{\mathrm{St}})}=1-\frac{2}{\sqrt{\pi D_{\mathrm{eff}}}}\frac{\mathrm{d}}{\mathrm{d}\theta}\int_0^{\sqrt{\theta}}\overline{\Gamma}(\theta-\tau)\mathrm{d}\sqrt{\tau} \tag{7A.2}$$

从式（7.34）可得

$$\exp\left(\frac{z^{+}(\overline{\Psi}_{\mathrm{Sto}}-\overline{\Psi}_{\mathrm{St}})}{2}\right)=\frac{\Gamma}{\Gamma_0}=\overline{\Gamma} \tag{7A.3}$$

$$\frac{K(\Psi_{\mathrm{Sto}})}{K(\Psi_{\mathrm{St}})}=\exp\left(-\left(z-\frac{z^{+}}{2}\right)(\overline{\Psi}_{\mathrm{Sto}}-\overline{\Psi}_{\mathrm{St}})\right)=\overline{\Gamma}^{(1-2z/z^{+})} \tag{7A.4}$$

从式（7A.2）和式（7A.4），可得以下关系式

$$\frac{\mathrm{d}\bar{\Gamma}}{\mathrm{d}\theta}+\bar{\Gamma}^{2}\approx\bar{\Gamma}^{(l-2z/z^{+})}\left(1-\delta\int_{0}^{\sqrt{\theta}}\frac{\mathrm{d}}{\mathrm{d}\tau}\bar{\Gamma}(\theta-\tau)\mathrm{d}\sqrt{\tau}\right)\tag{7A.5}$$

其中

$$\delta=\sqrt{\frac{8}{\pi}\frac{c_{\mathrm{el}}}{c_{0}}\exp((z-z^{+})\bar{\Psi}_{\mathrm{Sto}})\frac{z-z^{+}/2}{z}}\tag{7A.6}$$

比较式（7A.6）和式（7.51），强静电阻滞最重要的条件存在于以下条件下

$$\delta\ll 1\tag{7A.7}$$

在式（7A.7）条件下，方程（7A.5）变为

$$\frac{\mathrm{d}\bar{\Gamma}}{\mathrm{d}\theta}+\bar{\Gamma}^{2}\approx\bar{\Gamma}^{(1-2z/z^{+})}\tag{7A.8}$$

式（7A.8）指明了可忽略共离子对扩散层电荷和吸附过程速度降低的贡献时的吸附值。换言之，吸附量在初始时就不为零，但远小于平衡吸附值

$$\bar{\Gamma}\ll 1\tag{7A.9}$$

忽略 $\bar{\Gamma}$ 阶数的影响，可采用以下近似初始条件

$$\bar{\Gamma}|_{\theta=0}=0\tag{7A.10}$$

问题基于此初始条件的解对于初始期并不精确。然而，其准确度将随着 θ 的增加而增加。方程（7A.8）的解具有以下形式

$$\theta=\int_{0}^{\bar{\Gamma}}\frac{\xi^{(2z/z^{+}-1)}}{1-\xi^{(2z/z^{+}+1)}}\mathrm{d}\xi\tag{7A.11}$$

方程（7A.5）和（7A.11）描述了在无限时间内达到平衡态的吸附过程

$$\bar{\Gamma}|_{\theta\to\infty}=1\tag{7A.12}$$

假如忽略接近平衡的状态，可得

$$\bar{\Gamma}^{(1+2z/z^{+})}\ll 1\tag{7A.13}$$

可简化式（7A.11）的积分。则该积分为：

$$\theta\approx\int_{0}^{\bar{\Gamma}}(\xi^{(2z/z^{+}-1)}+\xi^{(4z/z^{+})})\mathrm{d}\xi=\frac{z^{+}}{2z}\bar{\Gamma}^{(2z/z^{+})}+\frac{z^{+}}{4z+z^{+}}\bar{\Gamma}^{(4z/z^{+}+1)}\tag{7A.14}$$

在（7A.9）的条件下，可忽略（7A.14）中的第二项，得到

$$\bar{\Gamma}(\theta)=\left(\frac{2z}{z^{+}}\theta\right)^{(z^{+}/2z)}\tag{7A.15}$$

这些简化相当于忽略了方程（7A.5）左侧的第二项。这意味着在条件（7A.13）下可以省略方程式（7A.5）和（7A.8）中的第二项

$$\frac{\mathrm{d}\,\bar{\Gamma}^{(2z/z^{+})}}{\mathrm{d}\theta}+\delta\frac{\mathrm{d}}{\mathrm{d}\theta}\int_{0}^{\sqrt{\theta}}\bar{\Gamma}(\theta-\tau)\mathrm{d}\sqrt{\tau}\approx 1\tag{7A.16}$$

式（7A.16）与初始条件（7A.10）一起可以容易地积分得到

$$\frac{z^{+}}{2z}\bar{\Gamma}^{(2z/z^{+})}+\delta\int_{0}^{\sqrt{\theta}}\bar{\Gamma}(\theta-\tau)\mathrm{d}\sqrt{\tau}\approx\theta\tag{7A.17}$$

方程（7A.17）左边的第二项与 DL 外表面浓度的降低有关。该效应随着 $\bar{\Gamma}(\theta)$ 的增加而减小。因此，方程（7A.15）给出的吸附动力学适用性在初始阶段和平衡附近均受到限制。然而，近似式（7A.15）是对 *DL* 对吸附动力学影响的问题的可用解，因为方程（7A.8）在强静电阻滞下成立。

附录 8A　高雷诺准数下气泡的较小阻滞帽

如果已知黏性应力分布对于下极点附近的强阻滞区域，则可以计算 $\Gamma(\theta)$ 与积分解吸通量的关系。从边界条件（8.143）可知

$$\eta \frac{\partial v_\theta}{\partial r}\Big|_{r=0} = \eta \frac{V}{a_b}\widetilde{E} = -\frac{RT}{a_b \phi^*}\frac{\partial \Gamma}{\partial m} \tag{8A.1}$$

其中 $\widetilde{E}$ 为无因次剪切应力；$m=(\pi-\theta)/\Phi^*$（Harper 1973）。与这项工作不同，我们得到了适用于任意函数 $\widetilde{E}(m)$ 的结果。从式（8.143）可以看出

$$\Gamma(m) = \frac{\eta V \phi^*}{RT}\int_1^m \widetilde{E}\,dm' \tag{8A.2}$$

由于假设强烈阻滞区域内液体速度的切向分量等于零。因此可以假设在薄扩散层内，速度的切向分量在 $s=(r-a_b)/(a_b\Phi^*)$ 中为线性

$$v_\theta = V\widetilde{E}\phi^* s \tag{8A.3}$$

径向分量可从以下连续方程获得

$$v_r = -\frac{1}{2}V\frac{(\phi^* s)^2}{\sin\theta}\frac{\partial}{\partial\theta}(\widetilde{E}\sin\theta) \tag{8A.4}$$

在强阻滞区域的极限范围内，对流扩散方程式为

$$-s\widetilde{E}\frac{\partial c}{\partial m} + \frac{1}{2}\frac{s^2}{m}\frac{\partial}{\partial m}(\widetilde{E}m)\frac{\partial c}{\partial s} = \frac{D}{Va_b^2\phi^{*2}}\frac{\partial^2 c}{\partial s^2} \tag{8A.5}$$

变量变化后可得

$$s = \frac{Y}{A\sqrt{\widetilde{E}m}};\ X = \int_m^1 \widetilde{E}^{1/2} m'^{3/2}\,dm' \tag{8A.6}$$

其中

$$A = \left(\frac{1}{9}\frac{a_b V\phi^{*2}}{D}\right)^{1/3} \tag{8A.7}$$

可大幅简化为

$$\frac{\partial c}{\partial X} = \frac{1}{Y}\frac{\partial^2 c}{\partial Y^2} \tag{8A.8}$$

从（8A.6）和（8A.7）可得

$$Y^2 = A^2\widetilde{E}ms^2 = \left(\frac{1}{81}\frac{a_b^2V^2\phi^{*4}}{D^2}\right)^{1/3}\widetilde{E}ms^2 \tag{8A.9}$$

以我们的观点，Harper（1973）给出的简化公式具有某种不精确性。

（8A. 8）的解具有以下形式

$$c=\frac{1}{(1/3)!}\int_0^X \mathrm{d}X' \frac{\mathrm{d}c}{\mathrm{d}X'}\Big|_{Y=0}\int_{Y/(X-X')^{1/3}}^{0} \mathrm{e}^{-t'^3}\,\mathrm{d}t' \tag{8A. 10}$$

通过此解，可计算导数

$$\frac{\partial c}{\partial Y}\Big|_{Y=0}=-\frac{1}{(l/3)!}\int_0^X \mathrm{d}X' \frac{\mathrm{d}c}{\mathrm{d}X'}\Big|_{Y=0}\frac{1}{(X-X')^{1/3}}$$

则积分解吸通量 J_d 为

$$\begin{aligned}\frac{J_\mathrm{d}}{2\pi a_\mathrm{b}^2 D}&=\frac{1}{a_\mathrm{b}}\phi^*\int_0^1 \frac{\partial c}{\partial s}\Big|_{s=0}\mathrm{mdm}=\frac{1}{a_\mathrm{b}}A\phi^*\int_0^{X_m}\frac{\partial c}{\partial Y}\Big|_{Y=0}\mathrm{d}X\\&=\frac{A}{a_\mathrm{b}}\frac{\phi^*}{(1/3)!}\frac{3}{2}\int_0^{X_m}\mathrm{d}X'\frac{\mathrm{d}c}{\mathrm{d}X'}\Big|_{Y=0}(X-X')^{2/3}\end{aligned} \tag{8A. 11}$$

将（8A. 2）代入（8A. 11）可得最终结果如下

$$J_\mathrm{d}=\frac{3^{1/3}\pi}{(1/3)!}a_\mathrm{b}Dc\left(\frac{a_\mathrm{b}V}{D}\right)^{1/3}\frac{\eta V}{RT\Gamma}\phi^{*\,8/3}I_1 \tag{8A. 12}$$

其中

$$I_1=\int_0^1 \mathrm{d}m\widetilde{E}(m)\left(\int_0^m \widetilde{E}^{1/2}m'^{3/2}\,\mathrm{d}m'\right)^{2/3} \tag{8A. 13}$$

对于 $Re\ll 1$，当

$$\widetilde{E}(m)=\frac{4}{\pi}\frac{m}{\sqrt{1-m^2}} \tag{8A. 14}$$

计算所得积分数值为 $I_1=0.515$。相当于解吸和吸附通量（方程（8.142）)，在 $Re\gg l$ 时可得

$$\phi^*=1.29Pe^{1/16}\left(\frac{RT\Gamma}{\eta V}\right)^{3/8} \tag{8A. 15}$$

附录 10A　限制微浮选水质净化的过程，以及气泡表面阻滞的预防

气泡的表面在其形成之时是最洁净的。此后，其表面被吸附的杂质所覆盖，这些杂质在非常低的体相浓度下存在即足以阻滞小气泡的表面。如果大量的气体（预先除去气溶胶）通过少量液体（也可以通过任何可用的方法初步清除杂质），水中的杂质含量随着新气泡的增加而降低。因此，可预期每个后续气泡部分的表面应该含有更少的混合物，并且阻滞程度更低。单靠这种方式，即可成功地获得小气泡的非阻滞表面。

为进行成功的净化，一旦气泡达到水-空气界面并爆裂，就必须防止混合物返回净化水中。Loglio 等（1984）对此过程进行了深入的研究。泡沫膜的破裂产生富含混合物的气溶胶滴，会再次污染水。完全阻滞混合物返回体相几乎是不可能的，但可以减少这种扰动

效应的影响。其中一种方法是通过切向空气流吹走液滴。在足够高的速度下，液滴将在比沉淀所需时间更短的时间内从与水面相邻的空气层中除去。水面积越小，所需切向气体流速越小。由于不可能完全从常见的气溶胶颗粒中净化气体，所以也不可能防止这些气溶胶颗粒到达水面。从气体中除去通过扩散而不是沉淀而从气流中沉积在水表面的亚微米颗粒也特别困难。随着空气过水体相的速度减小，扩散层的厚度增加，气溶胶颗粒向水面的扩散传递量也减小。因此，切向空气速度的增加在防止液滴返回到表面的同时可增强气溶胶颗粒的沉积。

乍看似乎有可能通过使用更高的水柱来避免将杂质从表面输送到更深的水层。但不幸的是，上浮气泡对水的搅拌使这种情况不能发生。由于气泡的存在，一些体积单元会下沉，其他的则上升。一个上升的气泡使一定体积的液体下降。任何上升的气泡都会反复出现这种情况，所以液体向下流动，杂质同时发生输送。

如果在给定的空间没有气泡寿命的相关性，由上升气泡引起的液体运动及其平均性质在气泡平均寿命范围内具有随机游走的特征。随机游走的步长很大，与气泡尺寸相当，从而可以输送相当数量的杂质。任何估计都非常复杂，因为单独一步的步长和时间不是恒定的，而且变化很大。例如，气泡表面附近的液体单元向上移动较大的距离。同时，离气泡较远的液体单元气则在气泡经过时候的向下运动不明显。单元离气泡越远，其运动路径越短。

在高起泡速率下，沿气泡运动方向相反产生了更密集的混合输送机理。这是由上升和下降的液流体系引起的（即所谓的 Benard 单元，或者简单地称为 benards）。Benards 或多或少呈正六边形，其中液体升起而其周长上液体下降。Derjaguin 等（1986）在本书的第 2.4 节中阐明了这一观点，对流流速可以大大超过上浮气泡的速度。因此，为提供最大洁净度的气泡表面，建议不要使用大截面单元，并且如果可能的话，尽量在截面与气泡直径相当的垂直长毛细管中进行实验。

如果我们假设一些气泡沿着同一垂直轴线上升到表面，则可很容易地想象出一种表示周期结构的液体流线，其间距等于气泡中心之间的距离，其外形接近矩形，垂直尺寸超过其水平尺寸几个数量级。

液体沿着这些闭合的流动线路以大致相同的速度向上移动靠近气泡表面，并在毛细管壁附近再次缓慢地流动。一段时间后，由于气泡的上升而导致杂质浓度下降，而在顶部浓度增加。当杂质浓度下降时，其向上的气泡输送减慢。当顶部的浓度增加时，杂质向下的输送随着液体的下降而增加。因此，应该期待建立一种静止状态，其中杂质通过气泡向上输送的量由向下液流输送的杂质补偿。

由于通过微浮选获得高纯度水存在困难，也应用了其他的净化方法。因为电子工业消耗大量高度脱盐和极度纯净的水，高纯水技术在广泛的领域内获得了巨大的成功。

附录 10B 不同颗粒附着机理下后阻滞帽在传递阶段的作用

由于限定于颗粒表面和气泡之间的润湿膜的不稳定性以及在某个临界厚度 h_{cr} 下破裂，可能发生附着过程。如果 h_{cr} 基本上超过了表面间吸引力的有效半径，则将颗粒输送到 h_{cr} 的距离不会发生引力作用。这意味着擦过轨迹不会延伸到气泡表面的下部，因为在 $\theta > \pi/2$ 处，重力将阻碍沉积过程。后阻滞帽的存在会影响气泡表面下半部附近的流体动力场，对远离后阻滞帽的表面前导部分影响不大。这意味着后阻滞帽对浮选的传递阶段没有影响，因其远离擦过轨迹。

当 $h_{cr}=0$ 时则出现不同的情况，并且由于表面吸引力而发生颗粒的固着。这些作用力可以超过重力，可在气泡下极点附近发生颗粒固着。即使在低极点附近出现较小后阻滞帽也将导致擦过轨迹的变化。

因此，如果实验表明碰撞效率对较小后阻滞帽存在具有敏感性，则表明固着由表面吸引力机理控制。相反的实验结果则指示润湿膜破裂控制机理的颗粒固定。碰撞效率的定量描述导致定性不同的公式，这取决于控制机理，其中一种情况包含 h_{cr}，在另一种情况下则包含 Hamaker 常数。

当后阻滞帽和气泡的尺寸相当时，靠近气泡上半部的流体动力场发生显著变化。因此，大尺寸的后阻滞帽会影响任何固着机理浮选的传递阶段。在其影响下，液体速度的切向分量必须急剧下降，而法向分量则增加。这导致后阻滞帽和自由表面的界面处表面法向的液体流线发生尖锐偏转（参见图 10.4）。更详细的分析表明，这种偏转开始更早。结果，角度 θ_i 减小（拦截角度）。这自然导致颗粒在气泡表面整体流量的减小和碰撞效率的降低。

附录 10C 生产条件下流体力学机制的选择，十分之一微米尺寸的颗粒

控制方法根据附着力大或小，即势阱较浅或不存在情况下，都有很大的不同。在研究浮选体系性质的阶段，应该选择颗粒和气泡的控制方式。建议对大和小的气泡均进行颗粒浮选回收实验，例如在 $Re \approx 1$ 和 $Re \approx 400$。显然，应提供相反的颗粒和气泡电荷，并应使用同样受到未知表面活性剂的污染的分散介质，如在计划使用的技术中一样。

对于具有轻微阻滞表面的较大气泡，可能会出现表面活性剂向后部区域的漂移，使其选择受条件式（8.71）的限制。在这种情况下，为降低试剂消耗，应优选改变颗粒电荷的符号。

如果给定颗粒类型，则回收率随着气泡尺寸的增加而降低，此时存在较小粘附力并发生颗粒的分离。这种体系的特殊问题是气泡尺寸的增加。由于这个原因，应使用平均尺寸相当小的气泡。还应考虑多分散性；提供很小碰撞效率的最大气泡分数不会对浮选回收率作出明显的贡献。也可能发生气泡尺寸分布向增大方向的变化，这是由气泡聚结引起的。由于这种系统中的浮选回收仅在气泡表面存在强烈阻滞下发生，所以根据条件式（8.72）可以应用少量的高活性表面活性试剂。非试剂非接触浮选受到阻碍，因为在电斥力下，势

阱深度变得更小，其在静电吸引力条件下也较小。

如果在大气泡尺寸下也观察到明显的回收率，则势阱必定很深，即 α -薄膜不存在或非常薄。

在深势阱中可能发生各种类型的浮选。例如，在高盐浓度下，当气泡电位较小时，可能发生非试剂浮选。高电解质浓度下的润湿膜（附录 10D）稳定性实验表明，虽然 α -膜继续存在，并且 κ^{-1} 和静电吸引力的有效范围减小，接触角在百分之一当量溶液上仍会增大。因此，当大气泡和静电吸引力出现时，应检验无试剂浮选的可能性。

实现所述程序的困难可能开始时就存在：即使提供静电吸引力和较小气泡，浮选颗粒的产出量也非常小。即使在此最初阶段，对浮选颗粒很小的产出量是纯附着的结果还是低碰撞效率的表现进行评估也是非常重要的。答案由以下完全不同的程序决定。仅由传递阶段限制的浮选动力学模型在这里非常有用（第 10.1 节）。气泡和颗粒的尺寸可以很容易地测量。碰撞效率计算所需的唯一参数是气泡表面阻滞程度，并且难以测量。使用小气泡，可假设表面是完全静止的。如果事实证明，实验测量的浮选率远远小于公式（10.57）计算所得浮选率，则颗粒固着是微浮选的限制阶段。因此，改善颗粒固着过程是重要的。在抑制静电屏障时仍固着不良的原因可能是在颗粒表面附近或在水-空气界面处存在非电性能垒。

这种能垒产生的原因可以是颗粒的亲水性，颗粒表面附近边界水层存在与否（参见第 10.5 节）或由表面活性剂吸附层引起的颗粒亲水化。由于在胶体化学中已经研究了许多分散体系的亲水性，因此可以使用独立的信息来判断颗粒表面上能垒的性质。大颗粒浮选的广泛经验可用于选择表面活性剂以破坏混凝土性质颗粒的边界层。

当颗粒表面上已形成稳定的吸附层时，则需要完全不同的技术。显然，需要提供表面活性剂吸附的可逆性，使体相表面活性剂浓度的降低导致解吸。这种解吸过程曾用做基于吸附方法的净水技术。具体来说，如果表面活性剂稳定了颗粒上的吸附层并在水-空气界面处吸附，则表面活性剂的初步浮选可以降低其吸附量，从而使颗粒不稳定。然后可以使用微浮选来提取不稳定的颗粒。

可以以同样的方式去除水-空气界面上的能垒。表面活性剂应通过初步浮选从体系中除去。在能垒去除之后，颗粒的固着发生在覆盖率较小的气泡表面上。

当实验确定的微浮选动力学常数 K 接近其计算值时，则需要相当不同的措施。在这种情况下，有必要通过实现颗粒的初步聚结或通过应用两级微浮选来强化传递阶段（第 10.9 节）。

附录 10D　表面作用力的新进展

气泡-颗粒聚集体的稳定性的主要特征是接触角 Ψ，以下方程

$$F_{at} = 2\pi a_p(1-\cos\Psi) \tag{10D.1}$$

表示附着力 F_{at} 为接触角的函数。表面现象的热力学将接触角的值与固-气界面自由能

γ_{sv}和固-液界面自由能γ_{sl}之间的差异联系起来。该差值$\gamma_{sl}-\gamma_{sv}$可以在表面作用力理论的基础上计算而得（Derjaguin 等 1987）。

因此，平衡接触角θ_0可以从 Frumkin-Derjaguin 理论的已知方程（Frumkin 1938，Derjaguin 1940）计算

$$\cos\theta_0 = 1 - \frac{1}{\gamma}\int_{h_0}^{\infty}\prod(h)\mathrm{d}h \tag{10D.2}$$

其中h_0是与体相弯月面接触的润湿膜的平衡厚度，而Π（h）等于弯月面毛细管压力的相应分离压力。

等温式Π（h）可以根据表面力理论的实验或计算得到。将润湿膜的方程（10D.2）用于水或水溶液时，有必要至少考虑分离压力的三个分量，即色散分量Π_m，静电分量Π_e和结构分量Π_s的贡献。

首先，考虑不存在分离压结构分量的情况下气泡静电势Ψ_b和颗粒静电势Ψ_p对接触角的影响。用Φ_1表示Ψ_b和Ψ_p之间的较大电势，而用Φ_2表示较小的电势。

当Φ_1和Φ_2符号相同但数量级不同时，如在二氧化硅上的水湿润膜的情况，在某个临界厚度下，静电力由$h>h_1$时的斥力变为$h<h_1$时的引力（Derjaguin 等 1987），

$$h_1 = \kappa^{-1}\ln(\Phi_1/\Phi_2) \tag{10D.3}$$

由于薄膜表面在$h<h_1$处的吸引力，润湿水膜通常发生破裂。例如已观察到在甲基化石英表面上的平面水膜（Blake 和 Kitchener 1972）发生这样的破裂。

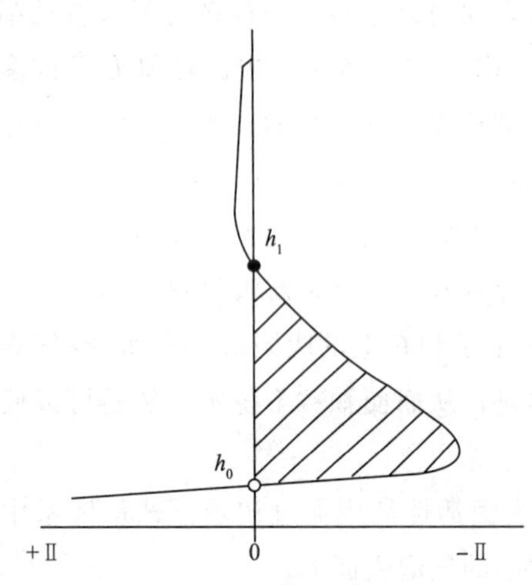

图 10D.1　分离压力等温线Π（h）在部分润湿的情况下（h 为平衡膜厚度，h_1是静电作用力的符号发生变化的膜厚度）的示意图。阴影区域与接触角θ的值成正比

图 10D.1 显示了当电势Φ_1和Φ_2存在数量级差异情况下水性润湿膜的等温线。当景点吸引力在$h<h_1$区域中占主导地位时，会发生局部润湿。由于在厚膜区域$h>h_1$时对方程（10D.2）中积分的贡献较小，$\cos\theta$的值主要取决于图 10D.1 中的阴影面积。面积越大，$\cos\theta$值越小，接触角θ的值越高（Derjaguin 和 Churaev 1984）。

对于$h<h_1$的区域，等温线Π（h）的方程可以写为以下形式（Churaev 1993）

$$\prod(h) = (A_{130}/6\pi h^3) - [\varepsilon^2(\Phi_1-\Phi_2)^2/8\pi h^2] \tag{10D.4}$$

此处第一项表示斥力中色散力$\Pi_m>0$的贡献，其中A_{130}是复合 Hamaker 常数。第二项表示静电吸引力$\Pi_e<0$的贡献。

令式（10D.4）中的Π=0，可以得出膜平衡厚度的表达式（参见图 10D.1）

$$h_0 = 4A_{130} / 3\varepsilon^2 (\Phi_1 - \Phi_2)^2 \quad (10D.5)$$

因此通过将（10D.4）中的Ⅱ（h）和式（10D.5）中的 h_0 代入方程（10D.2）可导出 $\cos\theta$ 的解析表达式

$$\cos\theta = 1 - [3\varepsilon^2 (\Phi_1 - \Phi_2)^4 / 64\pi A_{130} \gamma_{lv}] \quad (10D.6)$$

对于差值 $\Delta\Phi = |\Phi_1 - \Phi_2| = 10mV$，$20mV$，$30mV$，方程（10D.6）分别给出接触角值 $\theta = 0.5°$，$\theta = 1.5°$，$\theta = 3.5°$，膜平衡厚度 $h_0 = 11nm$，$h_0 = 2.7nm$ 和 $h_0 = 1.2nm$，假设石英 $A_{130} = 7 \times 10^{-21}$ J（Churaev 1984）。

如果颗粒足够小，附着力可在这些很小的接触角下稳定气泡-颗粒聚集体。因此，即使在气泡和颗粒的表面电位符号相同时，也可能发生小颗粒的附着，因为必要条件仅为其值只有很小的差异。然而，计算所得接触角值和测量所得疏水表面接触角的高值之间存在差异。因此 Churaev（1993）认为必须考虑疏水力的作用。但这种理论不存在，而且仅在两个疏水性固体表面之间的水夹层中进行过实验（Israelachvili 和 Pashley 1984，Claesson 和 Christenson 1988，Rabinovich 和 Derjaguin 1988）。Churaev 提出水-蒸气气界面可以认为是疏水性的。至少在水和蒸气之间以及水与疏水表面之间的过渡区域中，水的密度降低，水分子偶极优先取向为平行于界面（Brodskaja 和 Rusanov 1986，Iljin 等 1991，Derjaguin 和 Churaev 1989，Townsen 和 Rice 1991）。这可充分导致接触角值的增加。Botsaris 和 Glazman（1982）还提出结构排斥可以与吸附的表面活性剂分子端基的水合作用相关联。

密实单层的形成［图 3（b）］也影响色散力 Π_m。在 $h < 3nm$ 处，该作用力变为引力，因为 CTAB 单层屏蔽了膜-空气界面（Pashley 和 Israelachvili 1981）。

亲水表面的结构力比疏水性表面更早纳入胶体和润湿膜的稳定性理论（Churaev 和 Derjaguin 1985）。DLVO 理论推广的实验基础是研究极性液体蒸气在抛光玻璃表面上的多分子吸附（Derjaguin 和 Zorin 1955）。对这些数据的后续分析表明（Derjaguin 和 Churaev 1974），只有在考虑到结构力时才能正确地解释这些数据。水蒸气的多分子吸附测量表明，结构力的作用半径随着表面亲水性的增加而显著增加。

在亲水性石英表面的情况下，范德华力是排斥性的，但是静电力在更短的距离处从排斥转变为吸引。这导致所谓 β-膜的破裂，并且在 $h = 6.4nm$ 使 α-膜稳定，该现象被解释为排斥性结构力的作用结果。

计算给出了接近实验数据的水在石英上的接触角值 $\Psi \sim 4°$。对此基于公式（10D.2）的计算，第三分量即排斥结构力引入到分离压力的方程式中。因此，硅酸盐表面不完全润湿的现象与膜-气体界面的电化学状态的影响相关。结构排斥力导致较小的接触角。通过对膜-气体表面进行荷电可以提供更好的效果，已经实验证实（Zorin 等 1979）。

因此，可得出结论，在颗粒和气泡之间的润湿膜存在下，小亲水颗粒的附着是可能的。换言之，亲水或未改性的细颗粒可以通过异相凝聚发生附着。这在某些实际情况中可能是非常有价值的。这也说明了细粒度浮选的选择性较低的原因（Schulze 1984）。最近，对 Derjaguin 和 Churaev（1989）的研究由 Skvarla 和 Kmet（1993）进行了重新分析。结果得到几乎相同的接触角值，并指出“在这种情况下，附着仅在所谓的第二最小值下才可能发生”。该评论值得关注，因为分析是考虑了 Fowkes 的界面相互作用方法而推广的，这种方法将固体和液体的表面能分解成两个分量，即所谓的非极性和极性相互作用（Fowkes 1990，Van Oss 等 1987）。Skvarla 和 Kmet（1993）将 Van Oss 在两个相同表面之间界面相互作用的表面热力学扩展到颗粒-气泡附着过程，并且基于路易斯酸碱（AB）对粘附功的贡献导出了亲水-疏水表面分数的公式。这些结果与 Derjaguin-Churaev 润湿膜和接触角理论的一致性已得到验证。

近期，Xu 和 Yoon（1989，1990）使用疏水相互作用的存在来解释疏水性颗粒的自发凝结。Yoon（1991）对于较弱气泡-颗粒相互作用采用了类似的方法，并强调疏水相互作用在颗粒-气泡附着过程中可能的作用。研究中低估了 Churaev（1993）强调的静电相互作用的可能作用。没有任何理由，Yoon 断言“只有当颗粒足够疏水时才发生气泡-颗粒粘附”。

但是，Yoon 没有澄清“足够疏水”的含义。如果这意味着存在非零接触角，那么在 Derjaguin 和 Dukhin（1961，1984）对浮选理论的讨论中没有任何异议。在该理论中，术语疏水性或亲水性与分离压力的疏水或亲水组分的存在相关。Yoon 有理由强调吸引性结构力在浮选中的作用，但不应忽视存在排斥结构力的情况下微浮选的可能性，因为附着可能是由吸引性静电力导致。

对于小颗粒，在足够低的电解质浓度及气泡和颗粒表面的电荷符号相反，且颗粒表面存在显著阳离子表面活性剂吸附的情况下，亲水性石英颗粒的浮选性已经通过实验证明（Bleier 等，1977）。这些作者强调了浮选在其实验中的特殊性质，即由气泡表面上的阳离子表面活性剂吸附引起，与通常通过聚集剂吸附在亲水性矿物颗粒表面上进行浮选的做法不同。作者得出结论“最终确定气泡和/或颗粒异相凝聚能否发生的条件是如式（1a）和（1b）所述固体表面的相对疏水性”。这个说法和 Yoon 的前述观点截然不同。Bleier 等（1977）使用术语“相对疏水性”来表示类似于“不完全润湿”的物质。换言之，该术语是指接触角的非零值，因其公式（1a）和（1b）将相应的界面自由能与接触角相关联。

在向高电解质浓度（10^{-2}～10^{-1} M）的转变过程中，静电相互作用受到一定程度的抑制，静电吸引力的主导作用值得质疑。该结论成立的原因之一是亲水表面附近的特殊水分子结构通过增加盐浓度而被破坏。需要进行更多的考察以澄清分离压力的何种分量占主导地位，因为在较高的盐浓度下，静电和结构分量均在一定程度上被抑制。

Somasundaran 和 Li（1991，1992，1993）的系统研究证明了 OH^- 离子与多价无机阳离子对气泡表面的高吸附性。即使在高浓度（10^{-1} M）下，气泡的负电动势绝对值在碱性 pH 区域也足够高（－40mV），在 pH＝6 时等于－20mV。这些结果与在水-气界面处无机离子的吸附的旧概念比较（Lopis 1971，Randles 1977）显示出重要的区别。

由铝吸附引起的气泡再荷电在 0.01M NaCl 下可提供 15mV 的电动势。这些新结果表明，即使在高盐浓度下，静电吸引力的条件也保持不变。附加条件不是颗粒表面较小的 Stern 电势。重要的是考虑到在高电解质浓度下，Stern 电势显著超过 ξ 电势值。例如，在 Matijevie 及其同事（Colie 等 1991，Hesleiter 等 1991）进行的系统研究中，赤铁矿分散体的 Stern 电势超过了 ξ 电位，在离子强度 $I=10^{-2}$M 下，从 20mV（pH=6）变化至 40mV（pH=4）。在 pH=4 时，Stern 电势从 40mV 降至 10mV。这些结果与通过低频电介质分散体（Kijlstra 等 1993）对赤铁矿的附加表面电导率的测量结果定性一致。额外的（异常的）表面电导率是由位于扩散双层的流体动力学不固定部分的表面电流引起的，其中电势下降 $\Psi \sim \xi$ 局域化（Dukhin 和 Semenikhin 1970，Dukhin 1993）。完整的表面电化学研究，包括通过低频介电色散（Lyklema 等 1983）的移动电荷 σ_m 测量，以及电动电荷 σ_ξ 的电泳测量，被世界范围内许多研究组用于颗粒表面表征。Dukhin（1993）在综述中总结了这些研究结果，通常 σ_m 超过 σ_ξ 许多倍，因此，Ψ_d 大大超过 ξ。根据方程（10A.5），考虑到接触角对 Stern 电势的高灵敏度，可以得出结论，胶体颗粒的运动电荷测量是必要的，并且现有的 ξ—电位测量方法不足以用于浮选体系中的颗粒表征。或许该结论与气泡无关，因其表面是分子平滑的，可假定其 ξ 和 Ψ_d 电势的一致性。

附录 10E　亚微米、微米和十分之一微米颗粒的微浮选

10E.1　微米和亚微米颗粒，溶气浮选和微浮选

在满足强化传递阶段条件的同时，也同时简化了附着和分离条件的分析。如第 10.4 节所述，使用常规浮选尺寸的气泡会导致非常低的碰撞效率。使用大约 20μm 直径的气泡是必要的。这正是电浮选和溶气浮选成功的原因（Iunzo 和 Isao 1982）。与产生毫米尺寸气泡的气动浮选机不同，在电浮选和溶气浮选中产生较小尺寸的气泡。在俄国，溶气浮选得到了较多关注，特别是在 Klassen（1973）的出版物中。Matsnev（1976）和 Stakhov（1983）在书中描述了四种不同的机制。这些机制的共同缺点是在使用的压力下气体在液体中的饱和极限。为了消除这种缺点，开发了改进方案，额外的空气喷射到初步饱和的水中。水中一系列大气泡随着空气的注入而膨胀。在 2.6wt%的喷射空气流速下，气泡的大小增加到 50～1000μm。当流量降低到 0.57wt%时，气泡尺寸减小到 50～500μm。采用特殊技术进行额外的分散可实现气泡的更精细分裂（Kovalenko 等 1979）。由于电泳逃逸的气泡的大小取决于其产生方式，可达 15～200μm（参见 Matsnev 1976，Matov 1971）。这种气泡的表面完全或至少非常强烈地阻滞。两种因素非常强烈地降低了分离力：小粒度和强（完整的）阻滞表面。泡沫-颗粒聚集体的破坏问题可能不会在通过十分之一微米的气泡浮选微米颗粒时产生。

显然，如果初级能量最小值的深度和聚集体内聚力非常小，则可能发生分离。克服静电排斥是在这种类型的微浮选以及传递阶段的关键任务。

使用术语“微浮选体系”，最重要的是需注意颗粒和气泡的尺寸。微浮选系统的特征

首先在于这些尺寸。在颗粒的微米尺寸和Stokes流体动力学状态下，流体动力学压紧力非常小（参见图10.8）。因此，通过阳离子表面活性剂的吸附对气泡表面进行再荷电是必要的。强烈（完全）阻滞的情况下需要具有非常高活性的表面活性。

对于亚微米颗粒（例如，尺寸为0.1～0.3μm），甚至使用十分之一微米的气泡也不能提供足够高的碰撞效率。这里不再讨论尺寸较小的颗粒，因其传递受布朗运动扩散的影响。这些困难可通过颗粒聚结来克服（第10.9节）。

10E.2 十分之一微米颗粒

这里介绍了两种可能性。具有完全或足够强烈阻滞表面的气泡可以在雷诺准数小于40的情况下使用。第二种可能性是使用具有不完全阻滞表面的毫米级气泡。从（10.50）的估算可以看出，传递阶段在两种情况下都以大致相等的强度进行。每种方法都有其优点和缺点。

附录10F 百分之一微米和毫米级气泡的浮选

10F.1 百分之一微米气泡的应用

优点：

1. 由于百分之一微米气泡强烈的表面阻滞，附着颗粒不可能脱离。

2. 由于百分之一微米气泡的强烈阻滞，所以需要少量高表面活性的阳离子表面活性剂（参见10.13节）。

缺点：

1. 难以产生百分之一微米的气泡。浮选机主要产生较大尺寸的气泡，并且在溶气浮选和电浮选中获得较小尺寸的气泡。

2. 由于强烈的表面阻滞和弱流体动力学压紧力，需要使用阳离子表面活性剂。

在瞬态流体动力学机制下，通过流体力学压紧力克服静电屏障的可能性尚未进行评估，但很明显，在强烈的表面阻滞情况下，情况将比在Stokes机制下好得多（参见第10.5.2）。

10F.2 毫米级气泡的应用

优点：

1. 容易获得毫米气泡，并且已有生成这种尺寸气泡的设备。

2. 有无试剂浮选的可能性。由于表面的非阻滞和气泡上升的高速度，气泡流体动力场的法向分量足够大，以提供流体动力压紧力，确保克服静电屏障（参见图10.8）。

这些缺点是存在以下可能，由于分离的颗粒沉积在气泡表面，并沿气泡表面移动到法向速度分量从气泡表面起始的区域，并且可能发生脱离。

附录10G 使用介于毫米和百分之一微米级气泡的浮选

当使用毫米级气泡时，颗粒分离的可能性至关重要。如果不能防止这种情况，应该明确使用十分之一微米的颗粒。毫米气泡可与试剂结合使用，其在颗粒表面的吸附可防止脱离。

使用毫米气泡是有吸引力的，因其可通过现有技术产生，并且由于静电排斥可以通过流体动力学压紧力来克服。如果必须加入表面活性剂改善颗粒的表面以防止其分离，则后一个优点将丧失。

在毫米级和百分之一微米之间尺寸的气泡后阻滞帽上附着颗粒可以结合上述两个过程的优点：

1. 很容易获得毫米级气泡。

2. 由于后阻滞帽区域中气泡表面的强烈阻滞，固定颗粒分离的可能性不大。

3. 只需要少量的阳离子表面活性剂。由于附着在后阻滞帽上，吸附的表面活性剂从气泡前导表面的漂移及其低稳定值并不会带来麻烦。

在 $Re>40$ 下，颗粒向后阻滞帽的输送仍未进行研究，但其仅为纯粹的暂时问题。所预言的优点指出了系统实验和理论研究的验证的必要性。在工业条件下，杂质的性质，气泡表面的阻滞程度，气泡-颗粒聚集体的可逆或不可逆特性是未知的。缺乏关于浮选系统所有这些特性的信息意味着必须按照附录 10C 中讨论的特殊考察步骤来选择工业过程中的流体动力学机制和试剂方案。

附录 10H　从下方捕集微气泡的可能性，动态吸收层和表面活性剂消耗量下降的可能性

如第 10.4 节和 10.8 节所述，使用毫米和百分之一微米之间的气泡在技术上可能有效，因为用于产生百分之一微米尺寸气泡的工业方法研究很少。

在此，必须讨论如何将颗粒固定在毫米级气泡的后阻滞帽上。颗粒的沉淀在一定程度上阻碍了颗粒抵抗重力的作用从下方输送到后阻滞帽。两阶段微浮选中存在较为有利的情况。由于其上浮速度，十分之一微米级的气泡可以从下方沉积在后阻滞帽上。它们也可通过后阻滞帽附近产生的对流来输送。考虑到只沉积到小的上浮气泡上，从方程（10.25）可确定较低的碰撞效率。迄今为止，尚无理论来描述具有完整后阻滞帽气泡的上浮速度。气泡的上浮速度与其半径之间呈二次方关系，如式（10.6），由 Levich 在势能速度条件下，即没有任何表面阻滞的假设下获得。考虑表面阻滞将导致从二次方到线性关系的变化。

如果 a_{b1} 达到 10 微米，a_{b2} 为几百微米，由方程（10.60）计算所得的碰撞效率比 Sutherland 公式得到的数值小几倍。当通过惯性力的作用使颗粒沉积在气泡上时，差异要小得多（参见 10.14 节）。

为使用方程（10.25），要求表面附近的颗粒数量与无限远的颗粒数量略有差异，这在 $Re>40$ 时上升的气泡中尚未证实。流动的分离在一定程度上产生了两种流动方式，某种程度上的自发流动，上部在上自由表面附近流动（出机流动），以及下部在后阻滞帽附近

流动（二次流动）。当下部流动为闭合的涡流时，其中的颗粒数量可能减少，因为微气泡连续地离开，向后阻滞帽移动。从外部向这个封闭的涡流提供的微气泡量可能不足，并且随着雷诺准数的增加，稳态浓度可能低于无穷远处的浓度。上下部流动之间的边界层产生湍流并导致强烈的湍流交换，并补偿下部涡流中的颗粒通过沉积在后阻滞帽上减小的量。

对 DAL 与后阻滞帽及其附近的流体力学旋涡的耦合似乎很有必要，这是第八章中描述的大量研究的合理结论。与强化微浮选，特别是两级微浮选有关的问题变得尤为重要。

附录 10I　溶气浮选和两级浮选

颗粒-气泡聚集体不仅可以通过碰撞而形成，而且也可以是所谓溶气浮选过程中气泡从溶液分离的结果（Klassen 1973）。浮选络合物的形成以几种方式获得：由于颗粒和气泡的碰撞（1），向气体（空气）过饱和的溶液中注入气体（2），以及颗粒聚集体捕获上升的气泡（3）。

不仅对于第 1 种过程，而且一般来说，溶气浮选是基于前述的部分规律。从液体中分离出十分之一微米的络合物是必要的。溶气浮选可用作两级浮选的第一阶段。这种两段微浮选现已在工业上得到了应用。

附录 10J　两段微浮选的工业应用

随着加拿大 Mines Gaspe 工厂使用 12m 高的液柱（Coffin 1982），在再提纯循环中直径小于 30μm 的钼颗粒的损失大大减少。这种较高设备中回收率的增加显然与颗粒表面溶解空气的释放，以及通过大气泡进一步捕获活化聚集体有关，即 Klassen（1959）首先提出的聚结机理在这些条件下的作用。

通过用空气或整体纸浆饱和一部分水，以及直接注入可强化聚结回收机理。考察表明，在 343kPa 的压力罐中，后续在机械浮选机中进行浮选的全纸浆预饱和方法（Shimoi-izaka 1982）具有优势。

在液柱中（专利 a），注入的空气以直径为 17～20μm 的微泡形式释放到液体层，并且通过孔状曝气器从下面释放直径为 1～2mm 的大气泡（Nebera 1982）表现出很高的效率。这种柱装置的比体积效率比机械效率高 100 倍。颗粒碰撞和附着在小气泡上的可能性使流体动力学捕获的总值增加；活化聚集体上升速度受大气泡的速度控制，不存在强湍流，有利于絮凝物的存在。因此，絮凝条件下颗粒的无惯性浮选率增加了 6～10 倍（Samygin 等 1980 年）。

快速浮选有希望应用于小颗粒回收（Petrovitz 1981）。该过程由以下操作组成。在少量空气（80 至 $100/m^3$ 纸浆）的强烈搅拌下，机械浮选机中使纸浆被直径 100μm 的微气泡饱和。饱和纸浆被释放到增稠器中，在其中分离为泡沫和器内产物。饱和时间为 5 分钟，浮选时间为 1 分钟。Olenegorskii 矿床的精细粉碎铁矿石的提取率可达 98%。通常的浮选操作 10 分钟内即可完成。

空气分散到微泡中可以通过表面流完成，而不使用搅拌器（专利 b）。此类设备推荐用于净化造纸污水。絮团可通过机械浮选净化破坏。

附录 10K　两级浮选中的气泡多分散性

如第 10.8 节及图 10.11 所示，在溶气浮选和电浮选中可观察到气泡的显著多分散性。其程度高度依赖于电浮选和微浮选的条件。

如果气泡的多分散性高，即使没有额外引入 $10^{-2}\mu m$ 的气泡，两级浮选也可进行颗粒回收。小气泡主要捕获颗粒，大气泡主要与小气泡聚结。捕集过程有效，并且聚结过程的高速率可能是不利的。实际上，可导致小气泡浓度的迅速降低，从而导致颗粒捕集量的减少。一些结论如下。

如果在溶气浮选或电浮选中产生气泡的多分散性高，则不需要额外引入 $10^{-2}\mu m$ 气泡。两级浮选的最佳流量对应于最大可达到的气泡单分散度。在这种情况下，微气泡和大气泡体积分数之比，以及通过小气泡颗粒捕集过程的碰撞效率必须使颗粒捕集过程超过聚结过程。

由于气泡范围的减少关系到额外的困难，因此电浮选和溶气浮选的气泡多分散性不可避免，因此了解多分散性的影响是重要的。该效应不应该太高，因为颗粒捕集的过程应该超过聚结过程。但其也不能太低，以使大气泡可以在适度的时间内捕获小气泡。然而，这种看起来令人信服的机制意味着小气泡的聚结速度较慢。聚结可以比颗粒捕集更快地进行，使得强化捕集变得非常重要。因此，必须将小气泡的引入与颗粒的聚集相结合。

附录 10L　两级微浮选和颗粒聚集

在文献中有两种通过引入微气泡和聚结在废水处理中的联合作用机制。两阶段工艺流程是第一种方案的特点。首先进行颗粒的聚集，然后进行气泡捕集。

使用电凝聚浮选额外的优点在于可同时进行以下两个过程：电极溶解金属离子或电解液体相中的电化学反应产生的电流作用下的凝聚所致分散状态的变化，以及电解液中气泡在凝结颗粒表面上的固定，然后才能进行浮选（Rogov 1973）。电凝聚-絮凝过程强制性条件之一是在颗粒凝结和形成浮选络合物所需的时间内，净化液体能够通过电极间的空间。

这些实例不仅仅是为了证明微浮选在水净化中的广泛应用。显而易见的是，优化技术设计（微浮选方式和工艺参数的选择，例如气泡的体积分数和尺寸，浮选聚集体中的流体动力学条件等）强烈地取决于根据污染水来源装置的不同而变化的水的性质。即使对于同一装置的废水，由于生产过程的条件不断变化。优化和控制微浮选工艺的运行需要进行过程数学模型的考法。其中最困难的是描述碰撞效率。因此，对碰撞效率理论的要求提高，最重要的是需要考虑吸附层动力学。

附录 10M　Mileva（1990）对边界层和离心力作用的讨论

Mileva（1990）第一次考虑了流体动力学边界层对基于无吸附层的移动气泡表面和高雷诺准数无惯性微浮选基本过程的影响。速度按方程（8.117）的电势分布，沿边界层横截面速度微分方程（8.127）也有额外的贡献。气泡表面速度分布与电势分布之间的差值如方程（8.128）。相比之下，Mileva（1990）使用了 Moore（1963）的相关理论的公式，在同一边界条件（8.118）下，是相同方程（8.122）的解。

如气泡势能流体动力场一样，当边界层对切向速度分量的影响可忽略时，Moore 公式只有在高雷诺准数（$Re>100$）时才成立。

方程（10.28）沿流体动力层横截面的积分可检查在其极限范围内径向速度分量是否与沿气泡表面速度分布的切向导数成正比，其与电势分布略有不同。因此边界层对法向速度分量和无惯性颗粒沉积的影响应该非常小。因此，Mileva 作为无惯量近似的碰撞效率公式比 Sutherland 的碰撞效率小$\sqrt{Re}$倍，这种情况是绝对错误的。

导出这个公式的误差是将气泡流体动力场的不完整表达式代入了液体流线的方程，当然不可能得到一个正确的结果，特别是在省略 Sutherland 公式中最高次项的极限情况下。

10M.1　举升力

虽然 Faxen（1922）的效应是由颗粒与空间不均匀流体动力场的黏性相互作用引起的，但举升力是与滞后速度 v_L，即相对颗粒速度成正比的惯性力。在存在速度梯度 v_θ/z 的切向流中，力作用于垂直于流动方向的颗粒。该力的符号取决于 v_L：如果 $v_L<0$，则举升力指向气泡，如果 $v_L>0$，则 F_L是远离气泡的漂移力（提升力）。根据 Saffman（1965）的结果，$F_L=3.2\eta a_p v_L\sqrt{\mathrm{Re}}$。

10M.2　表征颗粒对液体相对运动的雷诺准数

在气泡表面阻滞的情况下，速度 v_L超过自由表面 $\sqrt{Re}$ 倍，因为边界层厚度略有差异，沿边界层速度梯度大 $\sqrt{Re}$ 倍。因此，在阻滞表面上，可预期有更高的 F_L。Mileva（1990）对势能流的情况比较了 F_L和压紧力（Dukhin 和 Rylov 1971），并得出 F_L可忽略不计的结论。但是从这样的比较可以看出，对于阻滞气泡，显然压紧力远小于 F_L。

10M.3　举升力和离心力

将 F_L与其他不同的力进行比较，Mileva（1990）得出结论，对于非阻滞气泡表面，F_L大大超过离心力。需注意的是，重力超过 F_L一个数量级。因此，通过比较 Mileva 估算的 F_L与离心力之比与 F_L和重力之比，可得出结论，重力超过离心力 2 个数量级。Mileva（1990）的工作中，在其非常复杂的表达式中存在一个误差，在气泡半径大于 200μm 时，离心力必须超过气重力（方程 10.79）。重要的是在“离心力/重力”比例中抵消了颗粒密度。当从无阻滞表面转变到阻滞表面时，离心力可以大大降低，同时 F_L增加，从而超过离心力。不幸的是，Mileva 针对非阻滞表面提出的这个观点是绝对错误的。

附录 11A　在 $St > Stc$ 时对离心力计算的校正

当 Stokes 数增加时，切向颗粒速度 $v_{p\theta}$越来越偏离局部液体速度 v_{θ}。在方程（11.36）的推导中考虑了该速度。颗粒速度的降低由乘数 $\frac{2}{3}S$ 表示，导致 $\beta \sim \left(\frac{2}{3}S\right)^2$ 引起的离心力大幅下降。然而，方程（11.46）中低估了 $v_{p\theta}$。

附着在气泡表面的颗粒处于离心力的强烈作用下，离心力与 $\frac{v_\theta^2}{a_b}$ 成正比。在相同的距离处，此颗粒将处于离心力 $\frac{2}{9}S^2\frac{v_\theta^2}{a_b}$ 的作用下，这是矛盾的。

随着气泡和颗粒之间的距离变小，液体间隙中较大的黏性应力阻止了气泡和颗粒速度产生较大差异。因此，β 的方程，即方程（11.76）必须加以推广。

附录 11B　Schulze 及其他碰撞附着理论的分析

Schulze 等进行的计算（1989）及 11.1～11.7 节描述的理论是众所周知的。这些研究的一般理论先决条件在许多方面相符。

考虑到球形颗粒表面的变形，Schulze 等考察了与平面平行的球形膜之外弯月面的形成，这在 11.1～11.2 节中没有考虑。此外，如作者所述，颗粒对气泡表面的影响产生沿气泡表面传播的波。在理论的基础上，反映与此波相关的能量损失项必须纳入能量平衡。Schulze 等的理论中对此忽略（1989）意味着忽略了与排液过程相关的能量损失。

Schulze 等的理论经过发展，已用于解释 Stechemesser 等的（1980）实验。其中球形颗粒对水-空气界面的影响是由重力作用引发的。在此情况下，将碰撞开始时的颗粒速度作为边界条件。该速度在浮选条件下是未知的。在 11.2 节中，提出了一种计算方法，基于在上升气泡接近表面过程中对颗粒能量损失的考虑。因此，与 Schulze 等的理论相反，Rulyov 和 Dukhin（1986）的理论是针对浮选条件下惯性颗粒-气泡相互作用的流体力学条件而发展的。Rulyov 和 Dukhin（1986）的理论考虑了这种相互作用的子过程及其相互关系。在 11.2 节中描述的从颗粒和气泡之间的水夹层排出液体的过程在任何时刻均是通过惯性颗粒-气泡相互作用引起的。排液对惯性相互作用的反作用也被考虑在内，因为排液伴随着能量的黏性消耗（见 10.2 节）。在 Schulze 等的理论（1989）中，气泡-颗粒系统中发生的单一过程和其间的水膜被人为地视为两个独立的子过程：气泡表面上的颗粒振荡和排液。显然，忽略这些子过程的相互作用会使该现象的物理描述出现扭曲，从而导致大量的定量误差。

在描述惯性相互作用时，Schulze 等（1989）没有考虑排水引起的能量消耗。因此，颗粒的阻尼振荡被连续振荡所取代。11.2 节显示，液膜中的能量消耗导致振荡阻尼。对

所谓诱导时间 τ_i 内持续排液时间的描述准确性进一步降低（Schulze 等 1989）。当在颗粒碰撞的作用下气泡表面发生变形时，其间膜的半径也增长（参见图 11.1），并且其厚度减小。这意味着排水比会剧烈降低，排水（诱导时间 τ_i）只能通过（11.29）类型方程的积分来计算。但方程不可用，因此 Schulze 等忽略了排水率的强烈时间依赖性。故其必须通过雷诺准数公式估算流体动力学阻力实现自限。随时间的推移，强烈变化的流体动力学阻力由薄膜变薄达到临界值 h_{cr} 的最后时刻的值来代替。